高等学校软件工程专业系列教材

U0214890

软件质量保证和管理
（第2版）

◎ 朱少民 张玲玲 潘娅 编著

清华大学出版社

北京

内 容 简 介

好的质量是软件产品在激烈的市场竞争中立于不败之地的根本。软件企业如何建立现代的质量管理体系? 如何在整个软件开发过程中保证软件质量? 本书将全面、系统地解答这些问题。

全书共 15 章,分为基础篇、实践篇和过程篇。第 1 章~第 3 章是基础篇,阐述了质量和软件质量、软件质量管理层次与模式、软件质量工程体系等概念、思想和方法;第 4 章~第 9 章是实践篇,主要讨论如何做好软件质量控制、质量保证、评审、配置管理和质量度量、可靠性度量等具体工作;第 10 章~第 15 章是过程篇,贯穿软件研发生命周期,深入探讨了需求分析、软件设计、编程和测试、软件发布和维护等阶段的软件质量活动,最终构建高质量的产品。

全书内容丰富,涉及软件质量工作的各个层次,强调质量文化和理念,引入了质量管理领域里最具代表性的质量体系、先进的方法和优秀的实践、工具等,并将这些应用到整个软件开发全过程的质量保证和管理活动之中。

本书适合作为高等学校软件工程专业、大数据或人工智能等专业的教材,也适合从事软件管理、软件测试的相关工作人员阅读。

图书在版编目(CIP)数据

软件质量保证和管理/朱少民,张玲玲,潘娅编著. —2 版. —北京:清华大学出版社,2019(2023.9重印)
高等学校软件工程专业系列教材
ISBN 978-7-302-53190-6

Ⅰ. ①软… Ⅱ. ①朱… ②张… ③潘… Ⅲ. ①软件质量—质量管理—高等学校—教材
Ⅳ. ①TP311.5

中国版本图书馆 CIP 数据核字(2019)第 116059 号

策划编辑:魏江江
责任编辑:王冰飞
封面设计:刘 键
责任校对:焦丽丽
责任印制:宋 林

出版发行:清华大学出版社
   网   址:http://www.tup.com.cn,http://www.wqbook.com
   地   址:北京清华大学学研大厦 A 座   邮   编:100084
   社 总 机:010-83470000   邮   购:010-62786544
   投稿与读者服务:010-62776969,c-service@tup.tsinghua.edu.cn
   质量反馈:010-62772015,zhiliang@tup.tsinghua.edu.cn
   课件下载:http://www.tup.com.cn,010-83470236
印 装 者:天津鑫丰华印务有限公司
经 销:全国新华书店
开 本:185mm×260mm 印 张:30.25 字 数:732 千字
版 次:2006 年 12 月第 1 版 2019 年 11 月第 2 版 印 次:2023 年 9 月第 5 次印刷
印 数:30001~31200
定 价:79.80 元

产品编号:048497-01

前 言

对于很多学生来说,"软件质量保证和管理"这门课的内容有些教科书的味道,因为管理对于没有工作经验的学生来说比较陌生;提起"质量",很多时候又被"测试"这个词汇所替代。相对而言,软件工程的学生更愿意写代码而不愿意写过程文档,这门课似乎与代码不沾边。如何改变大家这样的感觉或看法呢?如何让学生喜欢上这门课呢?

在工业界,"软件质量保证"(Software Quality Assurance,SQA)与"软件测试"分设为两个部门,它们有各自的定位和职责。SQA 强调过程质量和构建质量,测试侧重产品质量的检验。随着敏捷开发模式的盛行,测试与开发渐渐融合,更强调质量反馈。是不是说 SQA 就不再重要了?或者说,通过测试工具就可以解决质量问题?如果迭代越快、开发速度越快,构建高质量是不是更重要呢?质量管理的影响是否更为深远、SQA 更具价值呢?

事实上,软件质量保证和管理的外延远比软件测试大得多,软件测试只是软件质量控制的一部分。质量管理也绝非纸上谈兵,而是要落实于实实在在的实践之中,落实到企业的管理制度、研发流程、具体操作方式和质量工具之中,如质量闭环、质量反馈、流程化、持续质量改进、问题管理等。我们常说的质量文化,是指企业将质量价值观、质量保证思想、质量管理方法论等化为无形,融入日常工作之中,如品管圈(Quality Control Circle,QCC)、合理化建议等。那么,又如何将看似无形的质量管理方法论提取出来,更易于复制落地呢?

随着质量理念的发展,持续集成(CI)、测试左移和右移、DevOps 成为主潮流,大家更关注技术与工具,新的软件质量实践越来越具有工程化特点,软件质量管理不仅过程可见,其结果也越来越可见。如何将最新的前沿技术和实践也糅合到课程中?

所有这些,都是此次改版的初衷,除了基础理论外,此版整合了学界和业界的优秀经验,更新了软件质量体系,并力求体现它的模块化、工程化、过程化、工具化等特点。

(1) 教材编排的模块化。此版将全书分为三大模块:基础篇、实践篇和过程篇。基础篇讲述软件质量的概念和基本方法,从质量、软件质量入手,扩展到软件质量管理的层次和模式,最终构筑起软件质量的工程体系。实践篇从工程的角度讲述软件质量工程的关键活动与实践,包括软件质量度量、质量控制、评审、配置管理等。为避免与软件测试课程重复,软件测试的内容不展开讨论。过程篇以软件开发生命周期过程为主线,讲述如何保证软件开发过程各个阶段的交付件的质量,包括需求质量、设计质量、代码质量、测试质量、发布和维护质量等。

(2) 软件质量活动的工程化。基于软件质量的多年实践,软件质量归根结底是构建出来的,软件质量工程是软件工程的一个剖面。为凸显其工程化的特点,此版中强化了软件工程中与质量相关的实践活动。除了配置、评审等软件质量工程中固有的工程活动外,还有一些为提高软件质量所开展的具体工程实践。例如,持续集成、持续交付(CD)、质量管理平台、度量数据库、经验库、工具集等,都属于工程化的一部分。此版中加强了 CI、CD 和 DevOps 等最新的软件质量工具的应用。

(3) 软件质量管理的过程化。 在软件工程知识体系 SWEBOK V3 中,对于软件质量知识域,提到了软件质量管理过程。可以把软件质量管理视作与需求管理、测试管理一样,将其过程化。从 PDCA 的角度看,软件质量管理过程由质量计划、质量保证、质量控制、质量改进等阶段构成。大过程套小过程,而且这几个阶段也不是绝对串行的,例如软件质量改进是贯穿始末的,质量控制和保证过程中也会调整质量计划。软件质量管理的过程化也体现在软件研发生命周期,贯穿软件研发和运维整个过程,即在软件需求、设计、编码、测试等不同活动中不断思考如何保证和提升软件质量,依靠质量标准指导流程控制、方法落地等,全过程构建高质量的产品。此版重构了全书结构,软件质量管理过程更加清晰,教师授课更加自然。

(4) 质量工具箱的整合。 在质量界,有质量老七工具、新七工具之说,同时在实践中,又出现了一些实用的质量分析手法,如 FMEA、5WHY 等。这些工具各有特点,应用于质量过程的不同方面,有定性的、有定量的,按应用场景又可分为创意、过程分析、数据分析、根因分析等。此版将与软件质量相关的分析工具抽取出来,加以汇总。在此书中同时介绍了一些新的工具或平台,并给出了这些质量工具在实际软件质量活动中选择和应用的建议。

另外,考虑到软件质量度量具有较强的软件技术特点,在此版中强化了这部分内容。软件质量度量从大的方面分为产品质量和过程质量,产品质量又包括内部质量和外部质量;软件复杂性度量属于内部质量度量,可用性、可靠性等软件质量属性度量则属于外部质量度量。此版中用了较多篇幅描述软件产品质量度量,不同于软件测试的执行、观察和结果比对,此处更多体现如何用数据描述软件产品特征、如何对软件质量属性进行度量和指标计算。

此版中更为强调软件质量相关理论和方法的实践和可操作性,具体来说,增强了以下 4 个方面。

(1) 理论实践案例。结合案例阐述,增强对理论的理解。例如,在阐述 PDCA 时结合研发流程说明如何设置质量控制点。

(2) 课后配套练习。设置问题场景,增强对方法的实践。例如,针对软件开发过程中某项具体活动,设计检查表。

(3) 引入软件工具,固化了质量管理的方法。例如,结合软件度量工具 Metrics 说明各类软件度量集是如何实现的。

(4) 配套课程实验。关键工程活动设置配套实验,体现工程实践中是如何应用的。例如,结合 SVN 工具说明如何在实际软件开发过程中配置管理。

本书经过两年的准备和修订,终于和大家见面了,但仍会存在不足,希望后续能加快修订频率,未来不久能出第 3 版、第 4 版,以不辜负长期以来选择本书的各位教师的期望。本教材第 1 版 10 年前就已出版,且不断重印,被许多老师选用,而我们迟迟未能及时更新本教材,借此机会郑重地对选用本书的各位教师说一声"对不起"。

为便于教学,本书提供教学大纲、教学课件、教学进度表,扫描封底的课件二维码可以下载。

参与本书修订工作的作者有 3 位老师,他们分别是同济大学朱少民(第 3、6、9、第 10~

14章)、南京晓庄学院张玲玲(第4、5、8章)、西南科技大学潘娅(第1、2、7、15章)。全书结构由大家讨论协商确定,最后由朱少民老师统稿。

最后,感谢选用本书作为教材的各位老师!感谢清华大学出版社魏江江及其他编辑的大力支持,感谢我们家人的大力支持,使本书再上一个台阶,延续其生命力,更好地为教学提供服务。

编　者

于 2019 年 5 月

目　　录

实践篇 软件质量工程的关键活动与实践

过程篇 全过程提升软件质量

基 础 篇
软件质量保证与管理体系

第1章 质量与软件质量

> 质量好的产品就是上市后给社会带来损失小的产品。
>
> ——田口玄一(Genichi Taguchi)

本章将阐述"质量"(quality)的概念,试图为本书读者建立一个正确、全面的质量认识。质量是一个大家都非常熟悉的词汇,日常生活中可以说无处不在。但人们对质量的理解有时却非常简单,通常用"好"与"坏"来评判。例如,这个 MP3 播放器的声音质量不够好,那个数码相机拍出来的相片质量非常好。似乎每个人在讨论质量的时候,都明白其含义,但实际上,"好"的程度很含糊,"质量"的描述也不清晰。质量不是一个简单的概念,它是一个相对客户而存在的、具有丰富内涵的、多面的概念。因此,给"质量"所下的定义必须是可控制和可衡量的,这样才可以帮助企业控制质量、管理质量,从而获得经营上的成功。

1.1 质　　量

从字面上看,"质量"由"质"和"量"构成,是物质在"质"和"量"上的集合或程度。"量"代表数量,即物质的数量多少,是和物理学相关联的;而"质"作为名词,可以理解为事物的素质、本质或禀性。

把"质量"拆开为两个单字可以帮助理解,但不准确。在物理学上,质量被定义为"物体所含物质的多少",与重量密切相关。而这里讨论的是"质量"的另一层含义,即与客户满意程度所关联的内涵。在现代汉语词典里,对"质量"这个词的解释很简单,就是产品或工作的优劣程度。换句话说,质量就是衡量产品或工作的好坏。那么,什么是好的产品?什么是劣的产品?还需要从质量概念的产生和发展来认识它。

1.1.1 质量的概念

随着社会生产力的进步和人们认识水平的不断深化,人们对质量的需求不断提高,对质量概念的认识也在不断地更新和发展。

1. 符合性质量的概念

20 世纪,传统的质量概念基本是指产品性能是否符合技术规范,也就是将产品的质量特性与技术规范(包括性能指标、设计图纸、验收技术条件等)相比较。质量特性处于规范值的容差范围内,为合格产品或质量高的产品;超出容差范围,为不合格产品或次品,这就是所谓的"门柱法"(Goalpost),即符合性质量控制。符合性质量控制是最初的质量观念,即:

能够满足国家或行业标准、产品规范的要求。

它以"符合"现行标准的程度作为衡量依据。"符合标准"的产品就是合格的,"符合"的程度反映了产品质量的一致性。这是长期以来人们对质量的定义,认为产品只要符合标准,就满足了客户需求。"规格"和"标准"有先进和落后之分,过去认为是先进的,现在可能是落后的。落后的标准即使百分之百地符合,也不能认为是质量好的产品。同时,"规格"和"标准"不可能将客户的各种需求和期望都列出来,特别是隐含的需求与期望。

2. 适用性质量的概念

工业化发展的初期,产品技术含量低、结构简单,符合性质量控制可以发挥其重要的质量把关作用,但对于高科技和大型复杂的产品,符合性质量控制已不能满足质量管理的要求。于是美国质量管理大师朱兰(Joseph M. Juran)提出了"产品的质量就是适用性(fitness for use)"的观点。所谓适用性,就是产品在使用过程中满足客户要求的程度。适用性质量的定义:

让客户满意,不仅满足标准、规范的要求,而且满足客户的其他要求,包括隐含要求。

它是以适合客户需要的程度作为衡量产品质量的依据。从使用角度定义产品质量,认为产品的质量就是产品"适用性",即"产品在使用时能成功地满足客户需要的程度"。"适用性"的质量概念,要求人们从"使用要求"和"满足程度"两个方面理解质量的实质。

质量从"符合性"发展到"适用性",使人们逐渐把客户的需求放在首位。客户对所消费的产品和服务有不同的需求和期望,意味着提供产品的组织需要决定服务于哪类客户,是否在合理的前提下所做的每件事都能满足或都是为了满足客户的需要和期望。

3. 广义质量的概念

朱兰博士对质量的定义逐渐演变为国际标准化的定义。国际标准化组织总结质量的不同概念并加以归纳提炼,逐渐形成人们公认的名词术语。这一过程既反映了符合标准的要求,也反映了满足客户的需要,综合了符合性和适用性的含义。

1986年ISO 8492中所给出的质量定义:

质量是产品或服务所满足明示或暗示需求能力的特性和特征的集合。

ISO 9000系列国际标准(2000版)中关于质量的定义:

质量是一组固有特性满足要求的程度。

这里的"要求"是指明示的、隐含的或必须履行的需求或期望。下面通过对特性、固有特性、明示或暗示需求等的进一步解释,以便更好地理解质量的定义。

1) 特性

特性指可区分的特征,可以有各种类别的特性,如物理特性、化学特性和生理特性。物理特性表现为电流、电压、温度、光波等;化学特性表现为成分的组成、合成、分解等。

2) 固有特性

特性可以是固有的或赋予的。固有特性是指某事物本身具有的,尤其是那种永久的特性,如木材的硬度、桌子的高度、声音的频率、螺栓的直径等。赋予特性不是某事物本身具有的,而是完成产品后因不同的要求而对产品所增加的特性,如产品的价格、硬件产品的供货时间、售后服务要求和运输方式等。同时,固有特性与赋予特性是相对的,某些产品的赋予特性可能是另一些产品的固有特性。例如,供货时间及运输方式对硬件产品而言,属于赋予特性;但对运输服务而言,就属于固有特性。

3）明示或暗示的需求

明示的需求可以理解为规定的要求，一般在国家标准、行业规范、产品说明书或产品设计规格说明书中进行描述，或客户明确提出的要求，如计算机的尺寸、重量、内存和接口等，用户可以查看。暗示或隐含的用户需求，一般没有文字说明，而是由社会习俗约定、行为惯例所要求的一种潜规则，所考虑的需求或期望是不言而喻的。一般情况下，客户或相关方的文件中不会对这类要求给出明确规定，组织应根据自身产品的用途和特性进行识别，并做出规定。例如，台式电脑可以使用本地区的、约定的家用电压，在我国就是 220V，在北美和欧洲就是 110V；但对笔记本电脑，由于是移动式设备，可以随身携带，所以应该支持国际范围（110～240V）的电压，这样笔记本电脑就可以在世界各地使用。如果某种笔记本电脑不支持这个范围的电压，它就存在质量上的缺陷。再如，一张四条腿的餐桌，只要告诉一条腿的高度就可以了，暗示着另外三条腿也是、必须是相同高度，而且桌面要光滑，不能刮破用户的手脚，这些都是隐含的要求，是必须满足的。

4）必须履行的需求

必须履行的需求是指法律法规要求的或有强制性标准要求的，如《中华人民共和国食品安全法》、GB—8898《音频、视频及类似电子设备安全要求》等，组织在产品的实现过程中必须执行这类标准。

5）要求可以是多方面的

要求需要特指时，可以采用修饰词表示，如产品要求、质量管理要求、客户要求等。因此，要求可以由不同的相关方提出，不同的相关方对同一产品的要求可能是不相同的。例如，对汽车来说，客户要求美观、舒适、轻便、省油，但社会要求对环境不产生污染。组织在确定产品要求时，应兼顾客户及相关方的要求。

ISO 9000 系列标准强调质量，具体如下。

（1）以客户为关注焦点，以增强客户满意度为目的，确保客户的要求得到确定并予以满足。

（2）提供满足客户和符合法律法规要求的产品。

（3）理解并满足现有及潜在客户和最终使用者的当前和未来的需求和期望，以及理解和考虑其他相关方的当前和未来的需求和期望。

（4）要持续改进。

ISO 9000：2000 给出的一个广义的质量概念，代表了当前世界对于质量概念的最新认识，体现了质量概念方面的进步。广义质量定义：

不仅要让客户满意，还要让客户愉悦，也就是，想在客户的前面，超出客户的期望。

IEEE *Standard Glossary of Software Engineering Terminology* 给出的质量定义与 ISO 9000：2000 非常接近，即质量是系统、部件或过程满足：

（1）明确需求。

（2）客户或用户需要或期望的程度。

在统一过程模型（Rational Unified Process，RUP）中，质量被定义为：

满足或超出认定的一组需求，并使用经过认可的评测方法和标准来评估，还使用认定的流程生产。

因此，质量达标不是简单地满足用户的需求，还包含证明质量达标的评测方法和标准，以及如何实施可管理的、可重复使用的流程,以确保由此流程生产的产品能达到预期的质量水平。

在质量管理体系所涉及的范畴内,组织的相关方对组织的产品、过程或体系都可能提出要求。产品、过程和体系又都具有固有特性,因此,质量不仅指产品质量,也指过程和体系的质量。这就提出了"广义质量"的概念,广义质量指产品的质量以及开发这种产品的过程、组织和管理体系的质量。

朱兰博士将广义质量概念与狭义质量概念作了比较,如表 1-1 所示。

表 1-1　广义质量概念与狭义质量概念的对比

主　题	狭义质量概念	广义质量概念
产品	有形制成品(硬件)	硬件、软件、服务和研发流程
过程	直接与产品制造有关的过程	包括制造核心过程、销售支持性过程等的所有过程
产业	制造业	各行各业
质量被看成	技术问题	技术问题及经营问题
客户	购买产品的客户	所有有关人员,无论内部还是外部
如何认识质量	基于职能部门	基于普遍适用的朱兰三部曲原理
质量目标体现在	工厂的各项指标中	公司经营计划承诺和社会责任
劣质成本	与不合格的制造品有关	无缺陷使成本总和最低
质量的评价主要基于	符合规范、程序和标准	满足客户的需求
改进是用于提高	部门业绩	公司业绩
质量管理培训	集中在质量部门	全公司范围内
负责协调质量工作	中层质量管理人员	高层管理者组成的质量委员会

从哲学角度说,量的积累才可能产生质的飞跃,量是过程(过程品)的累积,不断增加并完善过程,最终实现质的飞跃。这也说明广义质量包含了过程质量的完善。

与"质量"相关的概念

1. 组织

组织(organization)是指"职责、权限和相互关系得到安排的一组人员及设施"。例如:公司、学校、工厂、民间社团、科学研究机构或上述组织的部分或组合。可以简单理解为:组织是由两个或两个以上的个人为了实现共同的目标组合而成的,稳定的且具有独立法人地位的有机整体。组织中的每个人有相应的位置和责任,发挥着不同的作用。

2. 过程

过程(procedure)是指"一组将输入转化为输出的相互关联或相互作用的活动"。过程由输入、实施活动和输出 3 个环节组成,过程一般伴随着有时间先后次序的、不同的事件发生。过程包括产品实现过程和产品支持过程。对于软件过程,通常把它分为:

- 软件工程过程:软件开发和生产的过程,如需求分析、设计、编码、测试等过程。
- 软件管理过程:对软件开发和生产的过程进行管理的过程,如项目策划过程、跟踪监控过程、质量保证过程。
- 软件支持过程:对软件的服务、维护提供支持的过程,如技术支持、培训过程。

3．产品

产品（product）是指"过程的结果或过程的中间结果"。产品可以分为有形产品和无形产品，又可以分为硬件、软件和服务。

- 硬件：通常是有形产品，其量具有计数的特性（可以分离，可以定量计数），如自行车、餐桌、鞋、衣服等。
- 软件：由信息组成，通常是无形产品并能以方法、论文或程序的形式存在，如计算机程序、产品说明书等。
- 服务：如酒店招待、运输、客户电话服务等，可以归为广义产品概念的一种。

许多产品由不同类别的产品构成，服务、软件、硬件的区分取决于其主导成分。例如，汽车是由硬件（发动机、车轮等）、软件（控制软件、汽车说明书等）和服务（销售人员所做的操作说明）所组成，但主要是硬件。

4．客户

客户（customer）不仅包括接受产品或服务的组织或个人，而且包括潜在的客户。所以客户更广义的含义是，公司为实现目标所需要的产品和过程而影响的人，既包括目标达到而影响的人，也包括目标未达到而影响的人，如消费者、委托人、最终使用者、零售商和采购方。客户可以是组织内部的客户，也可以是组织外部的客户。

顾客一般是指商店或服务行业前来购买东西的人或要求服务的对象。所以说，客户相对顾客来说是更广的概念，顾客可以看作外部客户的一部分。在不严格的概念定义下，两者可以认为是一致的。

5．服务

服务（service）是向客户提供相应的技术支持、帮助和关心等的行为。服务可以看作是对客户的忠诚，对于每一个客户，服务传达的是一份保障、一份信心。

传统意义上的服务是指服务态度，而广义的服务是指满足客户需求、提升客户忠诚度的所有活动的总和。服务可以提供客户良好的体验，提升企业品牌形象，直接影响到客户关系。

服务也是一种无形的产品，是对有形产品的补充。多数情况下，我们在谈软件产品、软件服务时，还是要区别对待，使有关软件开发流程、部署和维护等问题的讨论更清楚些。

6．体系

体系（system）是指相互关联、相互作用和相互依存的一组要素构成的有机整体。体系一般拥有一定的组织形式，其相互作用受某些规则或规律所控制，变化过程有一定的秩序，趋于和谐的状态。例如，人的身体就是一个复杂的、和谐的、有机的体系。对于理论体系，是一套经过组织的、相互作用、相互佐证的思想或原则。

1.1.2　质量因客户而存在

综上所述，质量最基本的属性就是"客户"，质量相对客户而存在。简单地说，质量就是客户的满意度，质量由客户判定，客户对产品或服务最关心的就是质量。客户是质量的接受者，可以直接观察或感觉到质量的存在，如服务等待时间的长短、服务设施的完好程度和服务用语的文明程度等。

根据对客户满意度的影响程度不同,可以对质量特性进行分类管理。常用的质量特性分类方法是将质量特性划分为关键、重要和次要 3 类,具体如下。

- 关键质量特性:指如果超出客户所要求的或规定的特性值界限,会直接造成产品整体功能或服务基本特性完全丧失的质量特性。
- 重要质量特性:指如果超出客户所要求的或规定的特性值界限,将部分影响产品功能或服务基本特性的质量特性。
- 次要质量特性:指如果超出客户所要求的或规定的特性值界限,暂不影响产品功能,但可能会引起产品功能的逐渐丧失。

因此,全面认识质量,做好质量管理工作,首先需要全面认识客户。

1. 识别客户

要做好产品,其前提就是要知道"谁是我们的客户"。正如质量大师戴明(W. Edwards Deming)所说:"每个人都有客户,如果他不知道自己的客户是谁,也不知道客户需要的是什么,那么他还没有了解自己的工作。"所以,做好质量管理工作,首先要进行客户的识别。基本的客户识别方法是:根据工作流、业务流等分析,了解每一项活动路线和决策过程,绘制流程图,识别出组织所影响的各种人群,也就是组织的不同客户群。这种方法的好处如下所述。

- 易于掌握客户的整体情况、知道客户的各种角色。通过流程图,可以了解客户在整个框架内所处的位置、客户对公司的影响程度。
- 识别以前被忽视的客户。通过流程图,可以贯穿整个产品开发、服务过程,不会错过任何一个环节,也就可以识别尽可能多的客户。这时就会惊奇地发现,以前所做的许多计划都没有识别全部的客户。因为,人们往往假设"客户是谁都很清楚",结果没有使用流程图方法,忽视了一些重要客户。
- 识别改进的机会。绝大多数流程图不仅显示整个产品的开发和服务过程,还显示很多子过程。这样容易发现薄弱环节(客户不满意的地方),对其进行分析,并得到解决方案。所以,每一个子过程都可以看成是一个改进的机会。
- 使不同的客户群边界更加清晰。每个过程或子过程都可能与组织内部或外部存在或多或少的关系,是比较复杂的,但通过流程图,可以帮助建立一个基础边界,使不同客户群的边界相对清晰。

2. 客户洞察

客户洞察(customer insight)主要由三部分组成:客户数据管理、客户分析与洞察力应用,即通常所说的客户数据的收集、分析和使用,以及客户数据挖掘等。客户洞察不是指个人(某个客户服务人员或支持人员)对客户的熟悉与了解的能力,而是指在企业或部门层面对客户数据的全面掌握及在市场营销与客户互动各环节的有效应用。

在客户数据管理方面的工作,包括数据的抽取、转换与上载、数据质量管理、客户与业务数据的丰富、数据比对排重与相关化,以及客户统一视图的建立。在客户细分方面的工作,包括战略层面细分、客户价值分析、战术性产品细分、客户体验开发等。在客户互动方面的工作,包括优先列表管理、客户与座席相对应的客户体验管理。在建模方面的工作有支撑客户获取、客户保留与交叉/向上销售的预测模型建立,动态模型建立及包含持续学习能力的倾向性和响应性模型建立。

客户资产对于企业来说是最珍贵的,同时也常常是最少被利用的资产。为使客户产生更多价值,企业应当学会更整体地看待客户,能够超越业务与功能部门的局限,对于客户管理建立整体规划与操作,同时能够应用精密的细分与预测方法对大量客户数据找出规律性的认知,并能够将对客户的知识加以运用,驱动客户洞察力服务于质量管理。

3. 对客户有必要进行分类

在进行客户识别时候,应该首先了解客户的属性,这样有助于对客户进行归纳、分析,然后对客户进行分类并采取相应的对策,可以将客户进行如下不同的分类。

- 外部客户和内部客户。
- 实际客户和潜在客户。
- 直接客户和间接客户。
- 关键少数客户和次要多数客户。

重点关注外部客户、实际客户、直接客户和关键少数客户,但也不能忽视内部客户、潜在客户、间接客户和次要多数客户,潜在或间接客户往往是企业未来利润的来源。对于现有的客户,也可以进一步分析客户的忠诚度,以确定稳定的客户群和动态的客户群。一般来说,忠诚的客户是稳定的,有以下行为表现。

- 客户对自己的忠诚表示认同。
- 对该项产品或服务有较强的依赖性。
- 继续使用该产品或服务的意向高。
- 会做口碑传播。

虽然可以将所有目前还不是客户的人群都看作未来的潜在客户,但实际上,对一些特定的服务或产品,还是有特定的人群。需要对这些人群进行识别,确定真正的、潜在的客户,从而去开发这样的客户群。对于潜在的客户分析,一般从以下几方面入手。

- 对已有的客户群横向分类,了解不同类别的客户的特点,进行比较,可能会找出一类新组合的客户群。
- 对已有的客户群纵向分析,找出客户的共性和需求的来源,进一步追溯下去,可以发现一些深层次的客户。
- 对产品特性进行分析、改进以满足用户的新需求,有可能开拓一个新领域,并获得新客户群。
- 对产品进行组合以覆盖那些单一产品不能覆盖的客户群。

对潜在的客户进行分析,也有助于改善与现有客户的关系。

4. 有必要建立内部客户的文化

过去习惯上认为,生产部门是采购部门的客户,上级是下级的客户,这种理解带有一定的片面性。由于组织是一个有机的整体,客户关系又是相互的,特别是职级客户和职能客户,这种相互关系是明显的。就职级客户而言,上级将工作任务交给下级,下级要努力圆满完成任务让上级满意,这时,下级为上级服务,上级被看成是下级的客户,即上级是下级的任务客户(task customer),也就是人们的习惯认识。但同时,上级为了使下级完成任务或企业的使命,必须努力为下属提供各种条件、创造机会和提供帮助与支持,使下级能够实现既定目标,这时,上级为下级服务,下级被看成是上级的客户,即上级是下级的条件客户(condition customer)。

在传统的管理模式中,由于人们没有认识到这种企业内部的客户关系,管理的基础建立在授权与分权的基础上,往往是上级对下级行使权力,这实质上是一种垂直管理模式。这种模式可能会导致组织内部上下级间人格上的不平等、信息的不流畅、不对称和沟通困难,难以调动下级的积极性,更无法增强上级为下级完成任务提供条件与保障的责任心,最终导致矛盾重重、管理效率低下等,严重影响组织的经营和运作。但是一个组织的领导,如果认识到这种上下级相互服务的关系,企业在管理上就会风调雨顺,企业的运作就会团结一致、卓有成效。

内部客户关系的相互性形成了服务的相互性。员工在各自工作岗位上,明确了何时自己是对方的客户,何时对方是自己的客户,就能不断提升自己的工作能力,能提高自己服务的内部客户的满意度,沟通流畅、各尽其职,工作积极性高,保证各项工作顺利进行。对于组织来说,提高了员工满意度,也就增强了内部客户的满意度。

各种类型的客户

客户是指任何接受或可能接受商品或服务的对象,包括组织或个人。然而,习惯上人们常常把客户局限于外部客户,没有看到在企业内部也存在着相互提供产品和服务的关系,也就忽视了内部客户的存在。有时也只看到直接客户、关键少数客户,而忽视了次要多数客户、间接客户和潜在客户。

1. 外部客户和内部客户

- 外部客户:不是组织内部的组成部分,但是受本组织活动影响的个人和组织。外部客户是传统意义上大家所认知的客户,就是那些已经、正在、潜在的购买企业产品和服务的组织或个人,他们是产品的实际使用者或服务的直接对象,也是企业赖以生存的根本所在,满足他们的需求是企业生产经营的目标,即质量目标。

- 内部客户:指组织内部的部门和员工。组织内部某一方向对方提供产品或服务,"对方"就被视为内部客户。例如,下一道工序的接受者是上一道工序的执行者的客户,或更广泛地说,有直接或间接服务关系的周围所有的人或组织,都可以被认为是组织客户中的一员。

2. 直接客户、间接客户和潜在客户

- 直接客户是正在服务的对象或正在使用产品的人员,或曾经服务过的对象或过去曾经使用产品的人员,即他们和产品、服务有直接的关系。

- 间接客户与产品、服务没有直接关系,只有间接的关系,这种间接的关系一般来自于直接客户的周围关系。要确定间接客户,不仅需要对我们自身所处的环境进行分析,还要对直接客户的周围环境进行分析,从而找出特定的客户关系来确定间接客户。

- 潜在客户是未来可能会成为服务的对象或产品的使用人员,潜在的客户是需要重点识别的对象,间接客户也往往是潜在客户。

3. 关键少数客户和次要多数客户

在众多客户当中,不同的客户对组织的影响是不一样的。例如,一个酒店的客户,有参加会议的组团、关系户(单位、企业客户),也有零星的散客,前者对酒店的业务影响很大,后者人数多但对酒店的盈利影响小。这就是帕雷托(Pareto)原理所暗示的一个道理,关键客户是少数的,他们占 20% 的比例,但其影响可能达到 80%。在市场销售的客户调查中会发现,20%的客户带给公司80%的销售额。同时,另外80%的客户可能带给公司销售额只有20%。

- 这20%的客户是关键少数客户,要得到公司的特别关注,即对他们逐个对待。逐个进行质量计划管理,所以他们的要求能及时得到完全的满足。
- 对多数客户给予正常的关注就可以了,即一般按集体方式进行质量计划管理。

4. 职级客户、职能客户、工序客户和流程客户

- 职级客户(post scale customer):由组织内部的结构关系和权力层次演变而来的上下级之间的客户。
- 职能客户(function customer):由于职能部门间提供服务而构成的客户关系,接受服务方为职能客户,它是以职能为基础界定的。服务提供方有责任为其职能客户提供满意的服务,而职能客户方有权对服务进行评估和鉴定。
- 工序客户(work procedure customer):在工作或作业中存在产品加工或服务的先后次序,在这种次序之间存在服务或产品提供和接受的关系,接受的一方是工序客户,通常下道工序是上道工序的客户。在生产组装线和流水线上,存在典型的工序客户关系。
- 流程客户(process customer):有些组织内部并不存在生产组装线和流水线,但业务流程是每个组织都有的,这时就不叫工序客户,而叫流程客户,即在组织内流程间存在着提供与接受产品或服务的客户关系,接受产品或服务的一方,就是流程客户。一般来说,后序流程是前序流程的客户,例如设计、采购、生产和销售部门之间的业务流程就构成了流程客户关系,并借助于财务核算发生货币转移。因此,后序流程对前者的业务行为有评价权和否决权,并对其业务绩效有鉴定权。在软件开发过程中,有关人员都可被定义为这一类型的客户,软件设计人员是需求分析人员的客户,需求分析的结果需要容易被设计人员理解而且不能产生误解;编程人员是设计人员的客户,所有设计说明书需要编程人员转化为计算机的程序代码。

1.1.3 不同的质量观点

前面讨论了质量和客户的关系,质量由客户评判、决定,所以当谈质量时需要站在客户的角度看待质量、分析质量。从客户、用户角度看质量,不会注重质量成本,只关心产品是否符合使用目的,关心所接受的服务是否完全满足自己的要求,这是质量的基本观点。实际上,不同的组织对软件质量有不同的理解。

- 微软公司:软件质量只要好到能使大量的产品卖给顾客。
- 美国宇航局(National Aeronautics and Space Administration,NASA):生命攸关,飞行中必须接近零缺陷(可靠性>99.999%)、无故障。
- 典型的合同承包商:满足合同的要求和规格。
- Motorola:需要达六西格玛(6 Sigma,6σ),以走在竞争对手的前面。

R. T. Vidgen 和 A. T. Wood-Harper 提出了4种可能的开发者对质量的认识观点。

（1）客观的/协调的：在目标没有问题并且得到很好的描述时,开发人员会客观地认为质量是一个合理的工程过程。质量是和"开发过程的详细阐述和严格控制"联系在一起的,开发者趋向于接受"质量是产品属性"的观点(这是目前大多数软件工程师的观点)。

（2）客观的/矛盾的：开发者不仅明白"质量是客观的",而且理解"质量属性之间总是存在冲突的——矛盾的存在",于是认为不可能满足所有的质量需求,而只能满足主要的需求。

（3）主观的/一致的：开发者认为质量关系到团体的结构,要考虑不同团体(投资者或受益者)的不同观点和兴趣。最终的结果反映了不同观点的一致意见。

（4）主观的/矛盾的：开发者考虑了不同的观点和兴趣,但是,如果有冲突和功能上的限制,就需要构造质量的新思路,以满足多数的兴趣而忽略少数的部分功能。这一点更像一种协调而不是意见统一。

上述可能性决定了一些务实的或者充满哲学思想的质量观点。在整个产品开发过程或商业、市场环境中,由于不同的组织或个人处于不同的角色,从不同的角度看待质量,就会存在不同的质量观点。

1. 先验论

先验论重视感觉、经验,忽视了一些客观的因素。从先验论的观点看质量,质量被看成是产品一种可以认识但不可定义的性质。产品好,可以根据认识或经验,知道好在哪里,可用一些定性的词语描述,如比较实用、美观、时尚、耐磨等,但无法用具体的数值去描述。

2. 制造者的观点

从产品制造者角度看,质量是产品性能符合规格要求的程度,符合的程度越高,质量就越好,而不在乎最终用户的需求。这种观点,在某些按订单生产的场合下是存在的,或者说是正确的。例如,制造者不是直接将产品销售给最终用户,而是受第三方委托生产,或者说,承接了某承包商的总合同中某个生产的子合同,这时制造商不关心市场,而是按照合同办事。产品是否合格,是按照合同的附件(产品规格书)来验收。对制造者来说,生产出来的产品和产品规格书一致,就是高质量的产品;如果产品性能不符合规格要求,就不能通过,属于次品,必须返工。至于在制造前,第三方对用户需求分析错了,也就是产品规格书存在问题,那是销售商或总承包商的质量问题,而不是制造方的质量问题。

3. 产品观点

不考虑市场、成本或社会属性对质量的影响,从纯客观的产品观点看,这时质量被看成是联结产品固有性能的纽带,即质量完全由产品的固有特性决定。产品的观点,往往是理想主义者或完美主义的观点,不考虑投入多大的成本,耗费多长的设计和制造时间,而是关心产品本身的特性,看产品能否达到尽善尽美的程度。这种观点,在一些宗教的建筑、手工艺品、艺术品上得到部分体现。

4. 市场或商业观点

从质量的市场或商业观点看,越受市场欢迎的产品或服务,其质量就越好;市场占有率越高,其质量就越好。在一定程度上说,受市场欢迎的产品或服务代表了客户需求的趋势或迎合了客户的喜好,反映了产品的一些特性非常好,是质量的一个侧面体现,但不能代表全部。例如,某手机制造商为了迎合用户的心理,其手机设计时尚、增加了 MP3 和摄像功能,同时在竞争策略上又选用低价方式,从而占领了市场,但因其手机可靠性低、返修率高,就不能说这些手机的质量很高。所以,有些时候,质量和市场占有率并不和谐,没有完全统一起来,质量最好的产品,不一定在市场占有最多的份额,质量较好的产品偶尔占据着市场的主导地位。但市场最终是由质量决定的,所以这种观点具有冒险性,会给企业带来较大的风险。

5. 价值的观点

质量依赖于顾客愿意付给产品报酬的多少,或者说产品的质量取决于该产品的价值,这就是质量的价值观点。这个观点有些类似质量的市场或商业观点,但也有不同。因为即使是对价值而言,也不一定和市场上的价格一致,价值和价格也有背离的时候。手工艺品、艺术品可以被看作支持这种观点的较为典型的产品。

上述观点在不同工作角色的质量观点中也有所体现。不同的角色(质量内审员、开发部经理、项目投资者等)承担不同的责任,处在不同的环境,导致对质量的认识也不一样,有着不同的观点,具体如下。

- 质量内审员:任何生产、开发活动中脱离质量计划、控制流程、产品标准的现象和行为都视为质量问题,所有使过程偏离质量控制的活动应受到全体人员的反对。该观点类似于制造者的观点。
- 开发部经理:好的产品程序结构设计合理,语句规范,而且系统可靠、可维护性好。类似于产品的观点。
- 项目投资者:好的质量要求按时、按预算地交付产品,而且在市场上好卖。这实际上是一种成本的观点、价值的观点。
- 系统分析员:好的质量是靠和客户充分沟通来实现的,保护用户定义的功能和需求不受外部改变干扰,最终让用户满意。该观点类似于用户的观点。

综上所述,质量是由市场、客户还是自身决定的呢?也就是说,质量的市场观点、客户观点和价值观点的碰撞,谁会取胜?一般可以这样看,质量是由客户决定,即质量依赖客户而存在。市场有时会背离客户的需求,市场被某些"高超的"操作手段所扭曲,但那只是一种暂时的状态。因为市场最终由客户决定,也就是说市场最终由真实的质量决定。产品特性或价值是质量的一种体现,产品特性没有被百分之百地开发出来,正是质量的社会属性所带来的影响。

1.1.4 质量属性

从上述质量的基本概念可以看出,质量是一个多层面的概念,也就是说其具有多层次的属性,可以从不同的层面或角度去审视质量,从而对其有一个全面的理解。

质量的内涵是由一组固有特性组成,这些固有特性以满足客户及相关方所要求的能力加以表征,作为评价、检验和考核质量的依据。由于客户的需求是多种多样的,所以反映产品质量的特性也是多种多样的,包括适用性、美观性、可靠性、可维护性、安全性和经济性等。例如,巴利·玻姆(Barry Boehm)从计算机软件角度看,认为质量是"达到高水平的用户满意度、扩展性、维护性、强壮性和适用性"的体现。

产品质量特性可以分为内在和外在特性。内在特性包括结构、性能、精度、化学成分等;外在特性是外观、形状、颜色、气味、包装等。服务质量特性主要集中在服务产品所具有的内在特性上。概括起来,质量具有客户属性、成本属性、社会属性、可测性和可预见性;产品或服务的客户属性是质量最基本的属性;所有的产品或服务都围绕客户进行。下面逐一介绍这些属性。

1) 质量的客户属性

质量是相对客户而存在,也是质量相对性的一种体现。组织的客户和相关方可能对不同产品的功能提出不同的需求;也可能对同一产品的同一功能提出不同的需求;需求不同,质量要求也就不同,只有满足需求的产品才会被认为是质量好的产品。这种相对性要求对质量的优劣要在同一等级基础上作比较,不能与等级混淆。等级是指对功能用途相同但质量要求不同的产品、过程或体系所做的分类或分级。

2) 质量的成本属性

质量的成本属性也可以称为质量的经济性。一方面,从生产过程看,对质量要求越高,投入的研发成本就越高。另一方面,质量越好的产品,带给社会的损失就越小,为企业带来更好的经济效益;而质量差的产品或服务,带给社会的损失大,会消耗较大的企业成本。由于需求汇集了价值的表现,价廉物美实际上是反映人们的价值取向,物有所值,就表明质量有经济性的特征。详细内容见 3.5 节"软件质量成本"。

3) 质量的社会属性

质量很多时候体现的是一种理念,是哲学思想而不仅仅是方法,它与社会的价值观有直接的关系。社会是不断发展变化的,这种社会属性就会决定质量具有一定的时效性,即客户对产品、服务的需求和期望是不断变化的。例如,原先被客户认为质量好的产品会因为客户要求的提高而不再受到客户的欢迎。因此,组织应不断地调整对质量的要求。

4) 质量的可测性

产品的质量好坏取决于对相应特征的衡量。如笔记本电脑超薄超轻的特性,一般都可以通过一定数据描述,厚度小于 2cm 可称得上"超薄",重量小于 2kg 可称得上"超轻"。质量的可测性决定了质量的可控特性。质量特性有的是能够定量的,有的是不能够定量的,只有定性。实际工作中,在测量时通常把不定量的特性转换成可以定量的代用质量特性。

5) 质量的可预见性

在了解客户需求的基础上,对质量目标可以事先定义,可以预测质量在不同过程(设计、生产、销售、维护等)中的结果。产品特征是在产品设计、生产和销售等整个过程中要控制的内容,对产品特征的控制可确保产品的质量。产品质量的控制和保证在一定程度上反映了质量的可预见性。

1.1.5 质量形成过程

产品质量是经过一个过程形成的,这个过程贯穿产品的整个生命周期,不仅是在设计阶段或生产阶段。朱兰博士用一条螺旋曲线表示质量的形成过程,也就是著名的朱兰质量螺旋曲线,如图 1-1 所示。

从图 1-1 中可以看出,质的形成经过很多环节,从市场研究开始,经过开发、设计、制订产品规格、销售、服务等,最终回到市场研究。朱兰博士通过质量螺旋曲线阐述 5 个重要的理念。

(1) 产品质量的形成贯穿整个产品生命周期。这里,由 13 个环节组成,每一个环节都会影响到质量,所以在质量管理中,需要进行全过程管理,每一个环节都不能放松。

(2) 所有活动都围绕质量这个唯一的核心进行,即围绕产品的适用性(适用性是朱兰质量理念的核心,虽然现在认为质量以客户为中心)进行。

(3) 产品质量的形成过程不只是组织内部的影响,还包括外部影响,即生产组织、内部

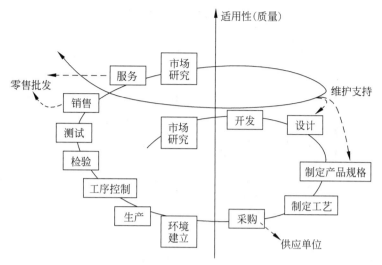

图 1-1　质量形成过程——朱兰质量螺旋曲线

销售组织、外部供应方、第三方销售商和客户等对产品质量形成过程的影响、控制和管理等，所以质量管理是一个社会系统的工程。

（4）产品质量形成中的环节一环扣一环，是循环往复的过程，但不是简单的重复，而是像螺旋那样不断上升、提高。

（5）所有的质量活动都由人完成，质量管理应该以人为主体。

在 ISO 9000 质量标准中，采用另外一种方法描述质量形成的过程——质量环。它是从识别需求到评定这些需求是否得到满足的各个阶段中，影响质量的活动相互作用的概念模式。硬件产品的质量环包括 12 个环节，如图 1-2 所示。其中，"使用寿命结束时的处置或再生利用"阶段主要是指那些如果任意放弃后对公民健康和安全有不利作用的产品，如塑料制品、电池、核废料等，用后一定要回收作妥善处理。

虽然这里用平面闭合环表示，但不是简单的重复循环，具有朱兰质量螺旋曲线的不断循环上升、不断改进质量的含义。表 1-2 对这两种质量形成过程描述方法作了一个简单的对比。

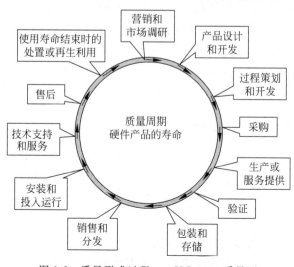

图 1-2　质量形成过程——ISO 9000 质量环

表 1-2　两种质量形成过程描述方法的对比

序　号	朱兰质量螺旋曲线	ISO 9000 质量环
1	市场研究	① 营销和市场调研
2	开发/研制	② 产品设计和开发
3	设计	
4	制订产品规格	
5	制订工艺	③ 过程策划和开发
6	采购	④ 采购
7	生产	⑤ 生产或服务提供
8	生产环境建立	⑥ 包装和储存
9	工序控制	
10	检验	⑦ 验证
11	测试	
12	销售	⑥ 包装和储存
		⑧ 销售和分发
13	服务	⑨ 安装和投入运行
		⑩ 技术支持和服务
		⑪ 售后
14		⑫ 使用寿命结束时的处置或再生利用

1.2　软件质量

在早期(20 世纪 50 年代至七八十年代),软件应用不广泛,还没有形成一个产业,而是作为高新技术"高处不胜寒",所以那时很少有人谈及软件质量。在那个时代,人们感兴趣的是软件技术,关心如何通过新技术实现以前没有实现的产品新功能或很酷的界面,这个阶段的软件企业竞争主要是技术上的竞争。但是,随着软件技术的成熟和普及,互联网的迅速发展,软件开始渗透到每一个行业、每一个角落。从某种程度上说,软件产品的竞争已经发生了很大的变化,越来越多地依靠软件品质的竞争。同时,软件在质量上表现的问题也越来越多,如软件系统不稳定、可靠性差、安全性问题突出、可维护性差等。

一般来看,软件质量属于 1.1 节所谈的"质量"范畴,但软件具有鲜明的特点,不同于传统工业产品,软件开发也不同于传统制造业。因此,有必要重新审视软件的特点,了解软件质量特有的内涵和软件质量属性,了解影响软件质量的因素。

1.2.1　软件特点和软件质量

硬件是可以直观感觉到、触摸到的物理产品。硬件在生产时,人的创造性的过程(设计、制作、测试)可以完全转换成物理的形式。例如,生产一台新的计算机,初始的草图、正式的设计图纸和面板的原型一步步演化成为一个物理的产品,如模具、集成芯片、集成电路、电源、塑料机箱等。

软件相对硬件而存在,是知识性的产品集合,是对物理世界的一种抽象,或者是某种物理形态的虚拟化、数字化。软件开发更多是一种智力活动,和传统的生产方式有较大差别,而且大多数软件是自定义的,虽然也会用到库、中间件,但不是通过已有的"零件"组装而成。因此,软件具有与硬件完全不同的特征,如表 1-3 所示。

表 1-3　软、硬件特征比较

特　征	软　件	硬　件
存在形式	虚拟、动态	固化、稳定
客户需求	不确定性	相对清楚
度量性	非常困难	正常
生产过程	逻辑性强	流水线、工序
逻辑关系	复杂	清楚
接口	复杂	多数简单、适中
维护	复杂、新的需求、可以不断打补丁	多数简单、适中、没有新的需求

随着时间的推移,硬件构件由于各种原因会受到不同程度的磨损,但软件不会。硬件开始使用时故障率很低,随着时间的推移硬件会老化,故障率会越来越高。相反,软件中初期隐藏的错误会比较多,导致在其生命初期具有较高的故障率。随着使用的不断深入,发现的问题慢慢地被修正,软件的功能特性会越来越完善,故障率会越来越低。

从另一个侧面看,硬件和软件的维护差别很大。当一个硬件构件磨损时,可以用另外一个备用零件替换它,但对于软件,不存在替换,而是通过打补丁程序不断解决适用性问题或扩充其功能。一般来说,软件维护要比硬件维护复杂得多,而且软件正是通过不断地维护,改善、增加新功能,提高软件系统的稳定性和可靠性。

软件质量与传统意义上的质量概念并无本质差别。二者的共性是明显的,软件质量也是软件固有特性满足要求的程度,也是产品或服务满足客户的程度。而且,软件也拥有一些共有的质量特性,如适用性、功能性、有效性、可靠性和性能等。

1983 年,ANSI/IEEE STD729(现已被 ISO/IEC/IEEE 24765:2010 标准代替)给出了软件质量定义:

软件产品满足规定的和隐含的与需求能力有关的全部特征和特性。

它包括:①软件产品质量满足用户要求的程度;②软件各种属性的组合程度;③用户对软件产品的综合反映程度;④软件在使用过程中满足用户要求的程度。

关于软件质量,还有其他一些定义,体现了软件质量属性的不同视点。

SEI 的 Watts Humphrey 认为,软件质量是"在实用性、需求、可靠性和可维护性一致上,达到优秀的水准"。软件质量还被定义:

(1)客户满意度:最终的软件产品能最大限度地满足客户需求的程度。

(2)一致性准则:在生命周期的每个阶段中,工作产品总能保持与上一阶段工作产品的一致性,最终可追溯到原始的业务需求。

(3)软件质量度量:设立软件质量度量指标体系(如 GB/T—16260 和 ISO 25000 系列),以此来度量软件产品的质量。

(4)过程质量观:软件的质量就是其开发过程的质量。因此,对软件质量的度量转化为对软件过程的度量。要定义一套良好的软件"过程",并严格控制软件的开发照此过程进行。Humphrey 的质量观是"软件系统的质量取决于开发和维护它的过程的质量"。

软件质量和一般产品质量一样,具有 3A 特性:可说明性(Accountability)、有效性

(Availability)和易用性(Accessibility)。

(1) 可说明性:用户可以基于产品或服务的描述和定义进行使用(如市场需求说明书和功能设计说明书)。

(2) 有效性:产品或服务对于客户是否能保持有效,即在预定的启动时间中,系统真正可用并且完全运行时间所占的百分比,可以用"系统平均无故障时间(Mean Time To Failure,MTTF)除以总的运行时间(MTTF 与故障修复时间之和)"计算有效性。例如,银行系统有更严格的时间要求——有效性要高,大于 99.99% 有效性才能满足质量要求。一个有效性需求可能这样说明:"工作日期间,在当地时间早上 6 点到午夜,系统的有效性至少达到 99.5%;在下午 4 点到 6 点,系统的有效性至少要达到 99.95%。"

(3) 易用性:对于用户,产品或服务非常容易使用并且具有非常有用的功能(如确认测试和用户可用性测试)。

由于软件需求分析是最难的,所以软件质量首先强调可说明性。需求分析必须通过一系列文档清楚地表示出来,包括市场需求文档(Marketing Requirement Document,MRD)或产品需求文档(Product Requirement Document,PRD)、产品规格说明书和界面模拟展示(UI Mock-up)等。其次,软件质量强调易用性,特别是一些通用软件、工具软件,要使界面设计简洁、概念清晰,让用户不需要培训就可以使用。

1.2.2 软件质量的需求

在计算机软件刚兴起的时候,它的确非常有趣,即使到了今天,它依然在某些方面日新月异,保持着趣味性。所以,用户常常为之买单,而忽略了质量。一种典型的场景是:"您完全可以相信,我们研制的软件系统已经实现了各种所需要的功能,但是我们确实不能保证软件不出错。如果有什么问题,我们会在 8 小时内做出响应,尽快修正它。"软件开发厂商,常常让用户扮演软件系统的测试员。只有当用户的抱怨声越来越多,其他的竞争对手从他们手中抢走用户之后,他们才开始认真考虑用户的想法、满足用户的需求,关注软件质量,开始软件质量管理。与此同时,软件质量形势不容乐观,软件缺陷造成的质量事故数不胜数,给企业带来的损失或负面影响很大,下面列举几个典型的例子。

- 1994 年,英特尔奔腾 CPU 芯片曾经存在一个浮点运算的缺陷。最后,英特尔公司为自己处理软件缺陷的行为道歉并拿出 4 亿多美元支付用户更换坏芯片的费用。可见,软件缺陷的成本是很大的。
- 1995 年,丹佛新国际机场设计了一个拥有复杂的、计算机控制的、自动化的包裹处理系统。不幸的是,这个包裹处理系统中存在严重的程序缺陷,导致行李箱被绞碎时,还开着自动的包裹车往墙里面钻。最后,机场不得不废弃这个自动化包裹处理系统,使用手工处理包裹系统,结果导致机场启用推迟 16 个月,损失超过 32 亿美元。
- 由于两个测试小组单独进行测试,没有进行很好沟通,缺少一个集成测试的阶段,结果导致 1999 年美国宇航局的"火星极地登陆者号"飞船在试图登陆火星表面时突然坠毁失踪。问题就出在当飞船的脚迅速摆开准备着陆时,机械震动触发了着地开关,设置了错误的数据位,计算机关闭了推进器,而飞船下坠 1800 米之后冲向地面,撞成碎片。

- Windows 2000 存在许多安全性漏洞。例如，远程服务存在 7 个漏洞，可能会导致 DOS 攻击，使得系统无法向合法用户提供远程登录服务；或者有可能帮助攻击者通过键盘输入的一个系统组件便在没有登录的情况下完全控制 Windows 2000 系统。
- 著名安全机构 SecurityFocus 的数据表明，2003 年 8 月 14 日发生的美国及加拿大部分地区史上最大停电事故是由软件错误导致的。由于电力监测与控制管理系统 XA/21 出现软件错误，引起系统中重要的预警部分出现严重故障，负责预警服务的主服务器与备份服务器连接失控，使错误没有得到及时通报和处理，最终多个重要设备出现故障导致大规模停电。

这样的例子还有很多，由于软件缺陷而造成的经济损失是很大的。2002 年 6 月 28 日，美国国家标准技术研究院（National Institute of Standards and Technology，NIST）发表了有关软件缺陷的损失调查报告。报告表示，由于软件缺陷而引起的损失每年高达 600 亿美元，而 Standish Group 的数据是 2000 亿美元。

如今，软件的应用已经遍及社会生活的方方面面，大到宇宙飞船、飞机、导弹系统，小到电视机、平板电脑、智能手机，软件已经形成一个很大的产业，慢慢地成为比较成熟、应用广泛的行业。人们对软件的依赖性也日益增加，也越来越不能接受质量低下的软件，更不能接受那种典型的、忽视质量的态度。因此，必须面对由来已久但不被重视的问题——软件的质量需求。

质量的需求是被绝对认可的，但质量在软件业的地位还不十分坚固。用户希望开发出质量高的软件，但多数软件企业认为，软件的缺陷可以存在，只要不危及产品有效性，不引起客户的过多抱怨，就可以了。如果要求产品质量非常高，会降低开发效率，延长开发周期，从而丢掉市场，或降低投资回报等。实际情况真是那样吗？软件质量在市场中的作用是什么？市场到底是怎么影响软件质量的？

市场力量对于软件质量的影响，既有正面的，也有负面的。如果软件产品质量非常糟糕，没有人愿意买它，也就没有客户，结果颗粒无收，失去市场。相反，如果穷尽时日、耗尽人力和物力去构造绝对完美的软件，那么其过长的开发周期和高昂的成本也可能导致该企业无力去开拓市场或丧失市场机会。所以，置身软件行业的人们努力寻找一个难以把握的平衡点：产品要足够好，确保它不会在评估或早期版本等阶段被否定；也不追求十全十美、不过于精雕细琢，尽快尽早将产品投放市场，通过快速迭代不断完善产品。

软件的复杂性是软件质量（包括软件可靠性）的另一个敌人。软件经过长时间演化越来越复杂，如 Windows 操作系统。如果让微软公司摈弃过去的一切，重新设计它，肯定没有现在 Windows 操作系统这么复杂，也不需要 4500 万代码行。但是，它是从 DOS、Windows 3.0/3.1/3.2 到 Windows 95/98/NT/2000/XP，再到 Windows 8/10 等，一步一步发展过来，还要处理大量的 API、兼容大量的输入输出设备，复杂性可想而知。即使做了很大的努力，这种复杂性使软件仍然存在过多的缺陷。所以敏捷开发提倡"简单"，在系统架构设计、代码开发上力求简单，必须保持对复杂性的控制力，剔除没必要的复杂部分，尽量避免系统的不断复杂化。例如，采用面向对象方法、对象封装技术、模块化设计等方法降低软件的复杂性。

软件对质量的需求，不仅要满足用户的需求，还要降低复杂性，满足可靠性要求，保证具有良好的可维护性。正如一些软件质量专家对软件质量的定义：
- 质量保证研究所（QAI）的 Bill Perry 定义质量是用户满意度的高水准、忠实于用户需求。

- 贝尔实验室的 John Musa 认为,质量是"低缺陷率、软件功能忠实于用户需求、高可靠性"的组合。
- SEI 的 Watts Humphrey 倾向于把质量说成"在实用性、需求、可靠性和可维护性一致上,达到优秀的水准"。
- 软件复杂性领域内专家 Tom McCabe 定义质量是"用户满意度的高水准、低缺陷率,而且伴随着低复杂性"。

1.2.3 软件质量的特性分析

虽然软件质量具有质量的一些基本属性或特性,如正常使用全部所需的功能、功能强大且易用、好用,但其具体内涵是不同的,而且软件质量还必须认真地考虑安全性、扩充性和可维护性等。例如,软件的安全性除了数据存储安全、备份等要求,用户的数据还需要受保护。通过设定合理的、可靠的系统和数据的访问权限,防止一些不速之客的闯入和黑客的攻击,避免数据泄密和系统瘫痪。政府系统、银行系统、信用卡系统、军事系统等,对安全性都有非常高的要求。

根据国家标准 GB-T 16260 及国际标准 ISO/IEC 25010:2010,软件质量分为内部质量、外部质量和使用质量,三者间的关系,如图 1-3 所示。内部质量影响外部质量,外部质量影响使用质量;而使用质量依赖于外部质量,外部质量依赖于内部质量。

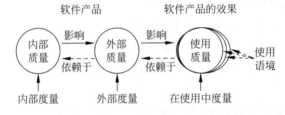

图 1-3 内部质量、外部质量、使用质量之间的关系

1) 内部质量

内部质量需求从产品的内部视角规定要求的质量级别,内部质量是针对内部质量需求被测量和评价的,是从内部视角出发的软件产品特性的总体。内部质量可以追溯到代码内部,纯内部质量包括需求的可追溯性、软件规模、代码的复杂度、软件信息流复杂度、代码耦合性、数据耦合性、模块化、变量命名、程序规范性等。内部质量需求可用作不同开发阶段的确认目标,也可用于开发期间定义开发策略以及评价和验证的准则。

2) 外部质量

外部质量需求从外部视角规定要求的质量级别,包括用户质量要求派生的需求。外部质量是从外部视角出发的软件产品特性的总体,当软件执行时,典型的是在模拟环境中用模拟数据测试时,使用外部度量所测量和评价的质量。外部质量需求用作不同开发阶段的确认目标,外部质量需求应在质量需求规格说明中用外部度量加以描述,宜转换为内部质量需求,而且在评价产品时应该作为准则使用。

3) 使用质量

使用质量是在了解内部和外部质量的基础上,对每个开发阶段的最终软件产品的各个使用质量的特性加以估计或预测的质量。使用质量是基于用户观点的软件产品用于指定的环境和使用语境(上下文)时的质量,即用户在特定环境中能达到其目标的程度,而不是测量软件自身的属性,虽然依赖这些自身的属性(外部质量和内部质量)。不同用户的要求和能力间存在着差别,以及不同硬件和支持环境间有差异,用户仅评价那些用于其任务的软件属性。

现在外部质量和内部质量合并为产品质量,包含软件的功能适应性、效率、兼容性、易用性、可靠性、安全性、可维护性和可移植性等,如图 1-4 所示。用户可通过使用质量和产品质量的度量定量地评估软件质量。通常采用迭代的软件开发方法,不断获得用户的反馈,从而持续交付给用户满意的产品。

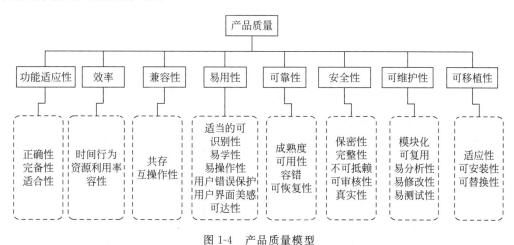

图 1-4　产品质量模型

软件系统的可靠性和性能是相互关联的,更确切地说是相互影响的,高可靠性可能降低性能。例如,数据的复制备份、重复计算等可以提高软件系统的可靠性,但在一定程度上降低了系统的性能。再如,一些协同工作的关键流程要求快速处理,达到高性能,而这些关键流程可能是单点失效设计,其可靠性是不够的。

软件系统的安全性和可靠性一般是一致的,安全性高的软件,其可靠性也要求相对高,因为任何一个失效,可能造成数据的不安全。一个安全相关的关键组件,需要保证可靠性,即使出现错误或故障,也要保证代码、数据被储存在安全的地方,而不能被不适当地使用和分析。但软件的安全性和性能、适用性会有些冲突。例如,加密算法越复杂,其性能可能会越低;对数据的访问设置保护措施,包括用户登录、口令保护、身份验证、所有操作全程跟踪记录等,必然在一定程度上降低了系统的适用性。

增强软件系统的安全性是完全必要的,特别是对一些数据敏感的系统,如银行系统、信用卡系统、军事系统等。增强系统的可靠性也是人们希望的,有时甚至是必要的。总之,对软件系统的设计不仅要考虑功能、性能和可靠性等的要求,而且在可靠性、安全性、性能、适用性等软件质量特性方面达到平衡也是非常重要的。

从 ISO/IEC 25000 标准看,软件测试还要关注使用质量,如图 1-5 所示。在使用质量中,不仅包含基本的功能和非功能特性,如功能(有效、有用)、效率(性能)、安全性等;还要求用户在使用软件产品过程中获得愉悦,对产品信任;产品也不应该给用户带来经济、健康和环境等方面风险(如游戏软件不应该含有暴力、色情内容,而且不断提醒用户,长时间玩游戏有害于健康),并能处理好业务的上下文关系,覆盖完整的业务领域。

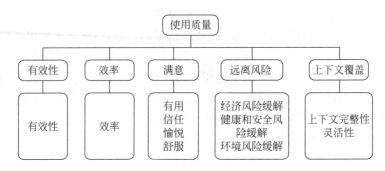

图 1-5　使用质量的属性描述

1.3　广义的软件质量

从广义质量的角度,可以赋予软件更为宽泛的概念。软件不仅指软件产品,而且包括软件的开发过程以及软件的运行或软件提供的服务。基于软件的广义概念,软件质量是由三部分构成。

(1) 软件产品质量:满足使用要求的程度,详见 1.2.3 节。

(2) 软件过程质量:能否满足开发所带来的成本、时间和风险等要求。

(3) 软件在其商业环境中所表现的质量。

总结起来,高品质软件应该是相对的无产品缺陷(bug free)或只有极少量的缺陷。它能够准时提交给用户,所用的费用都是在预算内的,满足客户需求,是可维护的。但是有关质量的最终评价依赖于用户的反馈。

1.3.1　软件过程质量

产品质量是建立在过程质量的基础上,只有保证软件过程质量,才能保证稳定的软件产品质量。从这个意义上看,软件过程质量更为重要,它可以帮助企业大大降低软件开发成本,保证软件的及时发布,并实现企业的目标——发布高质量的软件产品。

探索复杂系统开发过程的秩序,按一定规程工作可以较合理地达到目标。规程由一系列活动组成,形成方法体系。建立严格的工程控制方法,要求每一个人都要遵守工程规范。目前主要流行的过程改进模型或工程规范有:

- 软件能力成熟度模型(Capability Maturity Model,CMM);
- 个人软件过程 PSP 和团队软件过程 TSP;
- 软件过程改进和能力决断(Software Process Improvement and Capability dEtermination,SPICE);
- 国际标准过程模型 ISO 9000。

CMM(软件能力成熟度模型)是美国卡耐基梅隆大学软件工程研究所(SEI)提出的一套用于软件过程改进的模型,现已得到国内软件行业的广泛关注。个人软件过程 PSP 和团队软件过程 TSP 刚开始独立发展,现已并入 CMM 体系,形成新的 CMM 集成体系,即CMMI。

SPICE(软件过程改进和能力确定)是国际标准化组织(ISO)和国际电工委员会(IEC)

于 1998 年发布的一份技术报告,它提供了一个软件过程的评估框架。这个框架可用于软件产品的策划、管理、监督、控制和改进,适用于软件的设计、开发、维护等各个阶段。

SPICE 包含的过程管理参考模型与 SM-CMM 类似,不过,SM-CMM 着眼于过程能力,SPICE 着眼点是组织能力,而且 SPICE 提出的一套通用惯例适用于任何过程的过程管理,而不仅仅是软件过程。

作为技术报告发布的 ISO/IEC 15504 是软件过程评估的国际标准,可以被任何组织用于软件的设计、管理、监督、控制,以及提高"获得、供应、开发、操作、升级和支持"的能力。它提供了一种结构化的软件过程评估框架,包括以下 9 个部分内容:

(1) 概念与导论;

(2) 过程和过程能力的参考模型;

(3) 评估;

(4) 评估指南;

(5) 用于评估模型和指针的指南;

(6) 审核员资格审定指南;

(7) 在过程改进中参考模型使用指南;

(8) 在确定供方过程能力中参考模型使用指南;

(9) 词汇。

1.3.2 软件商业环境质量

开发软件的目的是要投入市场,软件质量的表现最终要在生存的商业环境中体现。软件在商业环境中的表现,不一定和产品质量及软件开发过程质量保持同步。一个好的软件产品不一定获得好的市场。原因很多,因为软件产品会涉及与商业、应用环境相关的一些因素,包括产品的客户培训、向市场发布的日程安排、商业风险评估、产品的客户和维护和服务成本等。

软件产品投放到市场时,要考虑培训的周期和用户的习惯意识。例如,一个新版本的软件系统在界面上做了彻底的改变,界面变得非常友好,从产品本身看是好质量的一种体现,但在商业环境中,可能会给产品的推广带来一些阻力,因为原来的用户不一定能适应这种太大的变化。例如微软公司的 Windows 操作系统,从 Windows 3. x、Windows 95、Windows 98、Windows 2000 到 Windows XP,在界面和操作变化上,就遵守循序渐进的原则。

软件发布的时间会受到市场的影响,或者说,制订一个合适的发布时间,对软件打开市场有较大的影响。控制或降低软件的风险和成本,提高软件整体的生产能力,都是软件开发企业或团体所追求的。

1.4 软 件 缺 陷

由于软件属于无形产品,系统越来越复杂,不管是需求分析还是程序设计和编程都面临越来越大的挑战,不能一目了然地识别其"庐山真面目",软件缺陷的产生在一定程度上是很难避免的。软件的缺陷导致软件系统的故障或失效,带来软件质量问题。因此,需要认识软件缺陷,分析造成软件缺陷有哪些主要原因,从而控制和保证软件产品的质量。

1.4.1 什么是软件缺陷

软件缺陷(defect)又被叫作 Bug(臭虫),在讨论什么是软件缺陷之前,先介绍"软件缺陷第一次被叫作臭虫"的有趣故事——Grace Hopper 在计算机的继电器中发现一只飞蛾导致计算机死机的传说。虽然关于软件 Bug 的名称起源有其他传说,但这是最流行的一个版本。

故事发生在 1945 年 9 月的一天,一个炎热的下午,机房是一间第一次世界大战时建造的老建筑,没有空调,所有窗户都敞开着。Hopper 正领着她的研究小组夜以继日地工作,研制一台称为 MARK Ⅱ 的计算机,它使用了大量的继电器(电子机械装置,那时还没有使用晶体管),一台并不纯粹的电子计算机。突然,MARK Ⅱ 死机了。研究人员试了很多次还是启动不了,然后就开始用各种方法找问题,看问题究竟出现在哪里,最后定位到板子 F 第 70 号继电器出错。Hopper 观察这个出错的继电器,惊奇地发现一只飞蛾躺在中间,已经被继电器打死。她小心地用镊子将蛾子夹出来,用透明胶布帖到"事件记录本"中,并注明"第一个发现虫子的实例",计算机又恢复了正常。从此以后,人们将计算机错误戏称为 Bug(臭虫),而把找寻错误的工作称为 Debug(找臭虫)。Grace Hopper 的事件记录本连同那只飞蛾现在都陈列在美国历史博物馆中,如图 1-6 所示。

图 1-6　第一个有记载的 Bug

日常使用软件的经历中,也有这样一些体验:使用一个新软件时,弹出错误提示窗口;使用浏览器时,打开了几个网页之后浏览器崩溃了;访问某个网站时,速度很慢,但访问其他网站,速度还正常,说明不是网络连接问题,而是那个网站性能问题,所有这些都是软件缺陷的例子。那么,什么是软件缺陷?

软件缺陷是计算机系统或者程序中存在的,任何一种破坏软件正常运行的问题、错误、隐藏的功能缺陷或瑕疵。缺陷会导致软件产品在某种程度上不能满足用户的需要。在 IEEE 1983 of IEEE Standard 729 中对软件缺陷下了一个标准的定义:

(1) 从产品内部看,软件缺陷是软件产品开发或维护过程中所存在的错误、瑕疵等各种问题;

（2）从外部看，软件缺陷是系统所需要实现的某种功能的失效或违背。

软件缺陷就是软件产品中所存在的问题，最终表现为用户所需要的功能没有完全实现，没有满足用户的需求。

软件缺陷表现的形式有多种，不仅体现在功能失效方面，还体现在其他方面，其主要类型有：

- 功能、特性没有实现或部分实现；
- 设计不合理，存在缺陷；
- 实际结果与预期结果不一致；
- 没有达到产品规格说明书所规定的特性、性能指标等；
- 运行出错，包括运行中断、系统崩溃、界面混乱；
- 数据结果不正确，精度不够；
- 用户不能接受的其他问题，如存取时间过长、界面不美观；
- 硬件或系统软件上存在的其他问题。

相对而言，软件缺陷是一个更广的概念，而软件错误（error）属于缺陷的一种——内部缺陷，往往是软件本身的问题，如程序的算法错误、语法错误或数据计算不正确、数据溢出等。对于软件错误，也可以列出不少，例如：

- 数组和变量初始化错误或赋值错误；
- 算法错误：在给定条件下没能给出正确或准确的结果；
- 语法错误：一般情况下，对应的编程语言编译器可以发现这类问题；对于解释性语言，只能在测试运行的时候发现；
- 计算和精度问题：计算的结果没有满足所需要的精度；
- 系统结构不合理、算法不科学，造成系统性能低下；
- 接口参数传递不匹配，导致模块集成出现问题；
- 文字显示内容不正确或拼写错误；
- 输出格式不对或不美观等。

软件错误往往导致系统某项功能的失效，或成为系统使用的故障。软件的故障、失效是指软件所提供给用户的功能或服务，不能达到用户的要求或没有达到事先设计的指标，在功能使用时中断，得不到最后的结果，或得到的结果是不正确的。

1.4.2　软件缺陷的产生

软件缺陷的产生主要是由软件产品的特点和开发过程决定的。如软件的需求不够明确，而且需求变化频繁，开发人员不太了解软件需求，不清楚应该"做什么"和"不做什么"，常常做不合需求的事情，产生的问题最多；同时，软件竞争非常厉害，技术日新月异，使用新的技术也容易产生问题；而且对于不少软件企业，"争取时间上取胜"常常是其主要市场竞争策略之一，实现新功能被认为比质量更为重要，导致日程安排很紧，需求分析、设计等投入的时间和精力远远不够，也是产生软件错误的主要原因之一。

产生软件错误可能还有其他一些原因，如软件设计文档不清楚，文档本身就存在错误，导致使用者产生更多的错误；还有沟通上的问题、开发人员的态度问题以及项目管理问题等。《微软开发者成功之路（之一）》将软件缺陷产生的原因概括为以下 7 项：

- 项目期限的压力;
- 产品的复杂度;
- 沟通不良;
- 开发人员的疲劳、压力或受到干扰;
- 缺乏足够的知识、技能和经验;
- 不了解客户的需求;
- 缺乏动力。

从软件自身特点、团队工作和项目管理等多个方面进一步分析,就比较容易确定造成软件缺陷的一些原因细节,归纳如下。

1. 软件自身特点造成的问题

- 需求不清晰,导致设计目标偏离客户的需求,从而引起功能或产品特性上的缺陷。
- 系统结构非常复杂,无法设计成一个很好的层次结构或组件结构,导致意想不到的问题或系统维护、扩充上的困难;即使设计成良好的面向对象的系统,由于对象、类太多,很难完成对各种对象、类相互作用的组合测试,而隐藏着一些参数传递、方法调用、对象状态变化等方面问题。
- 新技术的采用可能涉及技术或系统兼容的问题,事先没有考虑到。
- 对程序逻辑路径或数据范围的边界考虑不够周全,容易在边界条件出错或超过边界条件缺少保护。
- 系统运行环境复杂,不仅用户使用的计算机环境千变万化,很难考虑用户的各种使用方法或各种不同的输入数据在一些特定的用户环境下的问题;而且系统实际运行中的数据量比开发、测试环境的数据量大得多,从而可能会引起负载和数据不兼容问题。
- 对一些实时应用系统要进行精心设计和技术处理,保证精确的时间同步,否则容易引起时间上不协调、不一致所带来的问题。
- 没有考虑系统崩溃后系统的自我恢复或数据的异地备份、灾难性恢复等问题,从而存在系统安全性、可靠性的隐患。
- 由于通信端口多、存取和加密手段的矛盾性等,造成系统的安全性问题。

2. 软件项目管理的问题

- 质量文化的影响,不重视质量计划,对质量、资源、任务和成本等的平衡性把握不好,容易挤掉需求分析、评审和测试等的时间,遗留的缺陷会比较多。
- 开发周期短,需求分析、设计、编程和测试等各项工作不能完全按照定义好的流程进行,工作不够充分,结果也就不完整、不准确,错误较多;周期短,会给各类开发人员造成太大压力,引起一些人为的错误。
- 开发流程不够完善,存在较多的随机性和缺乏严谨的内审或评审机制,容易产生问题。
- 文档不完善、风险估计不足等。

3. 团队工作的问题

- 沟通不充分、不流畅,导致不同阶段、不同团队的开发人员对问题的理解不一致;
- 项目组成员技术水平参差不齐,或新员工较多,或培训不够,等等,也容易引起问题。

1.4.3 软件缺陷的分布

软件缺陷是由很多原因造成的,如果把这些缺陷按整个软件开发周期的结果——软件产品(市场需求文档、规格说明书、系统设计文档、程序代码、测试用例等)归类、统计会发现,规格说明书是软件缺陷出现最多的地方,如图1-7所示。

软件产品规格说明书为什么是软件缺陷存在最多的地方,主要原因如下。

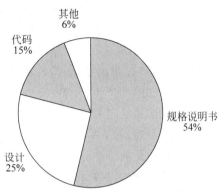

图 1-7 软件缺陷构成示意图

- 用户一般是非计算机专业人员,软件开发人员和用户的沟通存在较大困难,对要开发的产品功能理解不一致。
- 由于软件产品还没有设计、开发,完全靠想象去描述系统的实现结果,所以有些特性不可能很清晰。
- 需求变化不一致,用户的需求总是在不断变化的,这些变化如果没有在产品规格说明书中得到描述,容易引起上下文的矛盾。
- 没有得到足够重视,在规格说明书设计和写作上投入的人力、时间不足。
- 没有与整个开发队伍进行充分沟通。

从图1-7可以看出,产生软件缺陷第二位的是设计,编程排在第三位。而许多人印象中,软件测试主要是找程序代码中的错误,从这里分析看是一个误区。

如果从软件开发各个阶段所能发现的软件缺陷分布看,也主要集中在需求分析、系统设计中,编码的错误要比前两个阶段少,如图1-8所示。

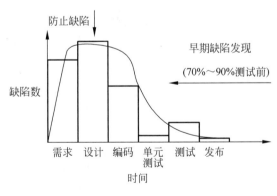

图 1-8 软件缺陷在不同阶段的分布

本 章 小 结

本章重点是围绕质量和软件质量进行展开讨论,主要介绍质量概念和质量属性,从各个方面帮助读者理解质量的内涵,包括:

- 质量不仅要满足明示的需求,而且要满足暗示的需求;

- 质量具有社会属性、成本属性、可预见性和可测性;
- 对质量认识有不同观点,包括制造方的观点、市场的观点、用户的观点、价值的观点等;
- 质量概念的 3 个层次,以及狭义的质量概念如何发展到广义的质量概念。

在此基础上,能够比较容易正确看待质量与客户的关系,知道如何识别客户,理解朱兰质量螺旋曲线和 ISO 9000 质量环所描述的质量形成全过程。

讨论了软件质量的定义、特性和内容,包括:

- 软件缺陷的产生、分类;
- 软件质量的定义,软件质量不同视点(客户满意度、一致性准则、软件质量度量和过程质量观)和 3A 特性;
- 软件质量的特性分析;
- 软件质量的内容,即软件产品质量、软件过程质量和软件商业环境质量。

思 考 题

1. 谈谈自己对质量的理解,并给出生活中的典型、生动的例子。
2. 如何给软件开发组织中内部客户一个完整的分类?
3. 如何辩证地看待质量和客户的关系?
4. 在 1.3 节中介绍了不同的质量观点,与质量的定义有没有冲突?
5. 广义的质量概念给质量管理带来了哪些益处?
6. 通过一个具体的软件项目实例,分析软件质量特性的具体表现。
7. 如何看待软件质量的地位?

第2章 软件质量管理

以扔掉被检验出有缺陷的东西为目的的检验已经太迟了,没有效率并且成本很高。质量不是来自于检验而是来源于过程的改进。

——戴明(W. Edwards Deming)

随着社会的发展,人们对产品或服务的质量要求越来越高,不仅注重产品基本特征的表现,而且开始注重产品的可靠性、安全性和经济性。对质量问题的研究也逐渐深入,认识到质量管理是一个系统的、全面的工程,不能仅仅立足于产品的分析,人的因素应该是决定性因素,包括组织行为的影响因素。菲根堡姆于 1961 年提出全面质量管理(Total Quality Management,TQM)的概念,强调人在质量管理中的根本作用,全员参与质量管理活动,或者说,质量问题不再仅仅是质量检验员或质量管理人员的责任,而是公司或组织中每个人的责任。

最早通过简单的手工检验来进行质量控制,发展到以统计学为基础的控制理论和控制技术,再后来的质量保证手段是全面质量管理思想等,质量的管理水平在不断地提高。

全面质量管理的概念还强调质量管理内容和方法的全面性,不仅要着眼于产品的质量,而且要注重形成产品的工作质量。工作质量是产品质量的保证,通过提高工作质量,不仅可以预防质量问题的产生,更有效地提高产品质量,而且还有利于降低成本、提升服务,更好地满足用户各方面的要求。

2.1 什么是软件质量管理

谈到软件质量管理,人们经常会提到软件质量控制和软件质量保证。的确,软件质量控制和软件质量保证是软件质量管理的基础。人们开始关注软件质量管理时,首先想到质量检查和质量控制,然后逐步意识到"预防问题"比"事后发现问题"更重要,从而形成软件管理的 3 个层次。

- 软件质量控制(Software Quality Control,SQC)是科学地测量过程状态的基本方法,就像汽车表盘上的仪器,可以了解行驶中的转速、速度、油量等。
- 软件质量保证(Software Quality Assurance,SQA)是过程和程序的参考与指南的集合。ISO 9000 是其中的一种,就像汽车的用户手册。
- 软件质量管理(Software Quality Management,SQM)是操作的教学,教你如何驾车,建立质量文化和管理思想。

为了更容易理解软件质量工作层次,可以从另一个方面简单地阐述软件质量管理的

4个层次。

(1) 检查。通过检验保证产品的质量,符合规格的软件产品为合格品,不符合规格的产品为次品,次品不能出售。这个层次的特点是独立的质量工作,质量是质量部门的事,是检验员的事。检验产品只是判断产品质量,不检验工艺流程、设计、服务等,不能提高产品质量。这个层次是初期阶段,相当于"软件测试——早期的软件质量控制"。

(2) 保证。通过软件开发部门来实现质量目标,开始定义软件质量目标、质量计划,保证软件开发流程合理性、流畅性和稳定性。但软件度量工作很少,软件需求和设计质量还不明确,相当于初期的"软件质量保证"。

(3) 预防。软件质量以预防为主,以过程管理为重,把质量保证工作重点放在过程管理上。从软件产品需求分析、设计开始,就引入预防思想,面向客户特征大大降低质量的成本,相当于成熟的"软件质量保证"。

(4) 完美。以客户为中心,全员参与,追求卓越,相当于"全面软件质量管理"。

在质量控制、质量保证和质量管理基础之上建立质量方针,在质量方针指导下,质量管理指挥和控制组织的质量活动,协调质量的各项工作,包括质量控制、质量保证、全面质量管理和质量改进。

2.1.1 软件质量控制

质量控制是质量管理的一部分,致力于满足质量要求。作为质量管理的一部分,质量控制适用于对组织任何质量的控制,不仅仅限于生产领域,还适用于产品的设计、生产原料的采购、服务的提供、市场营销、人力资源的配置,涉及组织内几乎所有活动。

早在20世纪20年代,美国贝尔电话实验室成立了两个研究质量的课题组,其一为过程控制组,学术领导人是美国统计应用专家休哈特;另一为产品控制组,学术领导人为道奇(H. F. Dodge)。通过研究,休哈特提出了统计过程控制的概念与实施方法,最为突出的是提出了过程控制理论以及控制过程的具体工具——控制图,现今统称为SPC(Statistical Process Control)。道奇与罗米格(H. G. Romig)则提出了抽样检验理论和抽样检验表。这两个研究组的研究成果影响深远,休哈特与道奇成为统计质量控制的奠基人。

统计过程控制是一项建立在统计学原理基础之上的过程性能及其波动的分析与监控技术。从其诞生至今,经过80多年的不断发展与完善,已经从最初的结果检验到今天的过程质量控制;从最初的仅应用于军事工业部门,发展到今天被广泛应用于社会经济生活的各个领域。由于统计过程控制技术对于分析和监控过程性能及其波动非常有效,它已成为现代质量管理技术中的重要组成部分。

质量控制的目的是保证质量、满足要求。因此,要解决要求(标准)是什么,如何实现(过程),需要对哪些进行控制等问题。质量控制是一个设定标准(根据质量要求)、测量结果,判定是否达到预期要求,对质量问题采取措施进行补救并防止再发生的过程。质量控制已不再仅仅是检验,而更多地倾向于过程控制,确保生产出来的产品满足要求。

2.1.2 软件质量保证

质量保证是质量管理的一部分,是为保证产品和服务充分满足消费者的质量要求而进行的有计划、有组织的活动。组织规定的质量要求,包括产品的、过程的和体系的要求,必须完全反映顾客的需求,才能给顾客以足够的信任。"帮助建立对质量的信任"是质量保证的核心,可分为内部和外部两种。

- 内部质量保证是组织向自己的管理者提供信任。
- 外部质量保证是组织向外部客户或其他方提供信任。

质量保证定义的关键词是"信任",对达到预期质量要求的能力提供足够的信任。这种信任不是买到不合格产品以后保修、保换和保退,而是在顾客接受产品或服务之前就建立起来的,如果顾客对供方没有这种信任,则不会与之签订协议。质量保证要求,即供方的质量体系要求往往需要证实,以使顾客具有足够的信任。证实的方法可包括:供方的合格声名;提供形成文件的基本证据(如质量手册,第三方的检验报告);提供经国家认证机构出具的认证证据(如质量体系认证证书或名录)等。

从管理功能看,质量保证着重内部复审、评审等,包括监视和改善过程、确保任何经过认可的标准和步骤都被遵循,保证问题能被及时发现和处理。质量保证的工作对象是产品及其开发全过程的行为。从项目一开始,质量保证人员就介入计划、标准、流程的制订;通过这种参与,有助于满足产品的实际需求和能对整个产品生命周期的开发过程进行有效的检查、审计,并向最高管理层提供产品及其过程的可视性。

在 CMMI(Capability Maturity Model Integration,能力成熟度模型集成)中,软件质量保证是其等级 2 的一个关键过程域(Key Process Area,KPA),软件质量保证被定义为:从事复审/审查(review)和内审/检查(audit)软件产品和活动,以验证这些内容是否遵守已适用的过程和标准,并向软件项目和相应的管理人员提交复审和内审的结果。CMMI 同样清楚地告诉我们,其复审或内审的对象不只是产品,还包括开发产品的流程。软件质量保证的活动被分为以下两类。

- 复审(review):在软件生命周期每个阶段结束之前,都正式用结束标准对该阶段生产出的软件配置成分进行严格的技术审查。例如,需求分析人员、设计人员、开发人员和测试人员一起审查"产品设计规格说明书""测试计划"等。
- 内审(audit):部门内部审查自己的工作,或由一个独立部门审查其他各部门的工作,以检查组织内部是否遵守已有的模板、规则、流程等。

基于软件系统及其用户的需求(包括特定应用环境的需要),确定每一个质量要素的各个特征的定性描述或数量指标(包括功能性、适用性、可靠性、安全性等的具体要求)。再根据所采用的软件开发模型和开发阶段的定义,把各个质量要素及其子特征分解到各个阶段的开发活动、阶段产品上去,并给出相应的度量和验证方法。复审或内审就是为了达到事先定义的质量标准,确保所有软件开发活动符合有关的要求、规章和约束。软件质量保证过程的活动形式主要如下。

- 建立软件质量保证活动的实体。
- 制订软件质量保证计划。
- 坚持各阶段的评审和审计,并跟踪其结果作合适处理。
- 监控软件产品的质量。
- 采集软件质量保证活动的数据。
- 对采集到的数据进行分析、评估。

质量管理体系的建立和运行是质量保证的基础和前提,质量管理体系将所有(包括技术、管理和人员方面)影响质量的因素考虑在内,并采取有效的方法进行控制,因而具有减少、消除、预防不合格的机制。

经过长期的发展和演变,软件质量控制和质量保证的思想和方法越来越融合,都强调活动的过程性和预防的必要性,最终保证产品的质量。

2.1.3 缺陷预防

软件开发过程在很大程度上依赖于发现和纠正缺陷的过程,但缺陷被发现之后,软件过程的控制并不能降低太多的成本,而且大量缺陷的存在也必将带来大量的返工,对项目进度、成本造成严重的负面影响。因此,相比软件测试或质量检验的方法,更有效的方法是开展缺陷预防的活动,防止在开发过程中引入缺陷。

缺陷预防要求在开发周期的每个阶段实施根本原因分析(root cause analysis),为有效开展缺陷预防活动提供依据。通过对缺陷的深入分析可以找到缺陷产生的根本原因,确定这些缺陷产生的根源和这些根源存在的程度,从而找出对策,采取措施消除问题的根源,防止将来再次发生类似问题。

缺陷预防也会指导我们怎么正确地做事、如何只做正确的事、了解哪些因素可能会引起缺陷,吸取教训,不断总结经验,杜绝缺陷的产生。

- 从流程上进行控制,避免缺陷的引入,也就是制订规范的、行之有效的开发流程来减少缺陷。例如,加强软件的各种评审活动,包括需求规格说明书评审、设计评审、代码评审和测试用例评审等,对每一个环节都进行把关,杜绝缺陷,保证每一个环节的质量,最后就能保证整体产品的质量。
- 采用有效的工作方法和技巧减少缺陷,提高软件工程师的设计能力、编码能力和测试能力,使每个工程师采用有效的方法和手段进行工作,有效地提高个体和团队的工作质量,最终提高产品的质量。

2.1.4 质量管理的发展历程

1875 年泰勒制诞生,意味着科学管理的开始。最初的质量管理就是将检验活动与其他职能分离,出现了专职的检验员和独立的检验部门,检验产品是否符合规格,将产品简单标为正品或次品。1925 年,休哈特提出统计过程控制(Statistics Process Control,SPC)理论——应用统计技术对生产过程进行监控,以减少对检验的依赖。从那时起,开始步入漫长的质量管理发展历程。源于传统手工业的质量检验管理引入数理统计方法和其他工具之后,就进入了"统计质量管理"阶段。接着,从质量控制、质量保证向"全面质量管理"(Total Quality Management,TQM)发展,质量管理已经从单纯依靠检验的方式发展到全面质量管理。再后来,发展为"以顾客为中心"的"零缺陷"质量理念、六西格玛质量管理。图 2-1 形象描述了管理发展的完整脉络。

1. 20 世纪 30—40 年代

1930 年,道奇和罗明提出统计抽样检验方法,20 世纪 40 年代美国贝尔电话公司应用统计质量控制技术取得成效。

那时,质量管理的主要手段是数理统计的方法,和一些产品质量检验方法结合起来使用,寻找一些补救措施,进行质量控制。当时,物质缺乏,产品也很好卖,低质量的东西也能

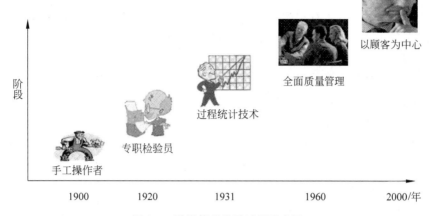

图 2-1　质量管理发展过程示意图

卖出去,客户也习惯于对付产品和质量问题。人们基于可接受的、较低的质量水平,允许有少量不符合要求产品及服务的存在,把重点放在对不符合产品及服务的评估上,以保证绝大多数产品合格,可以销售给客户。

同时,因为处在战争年代,民用工业的水平相当低,质量控制的方法主要来源于军事工业。例如,美国军方物资供应商在军需物中推进统计质量控制技术的应用,美国军方以休哈特、道奇、罗明的理论为基础制订了战时标准 Z1.1、Z1.2、Z1.3——最初的质量管理标准。美国政府的文件 Mil-Q-5923 建立对不符合要求材料的控制,以保证制造的产品的质量,也是军事工业的一个标准。

2. 20 世纪 50—60 年代

20 世纪 50 年代,戴明系统科学地提出质量改进的观点:

- 用统计学的方法进行质量和生产力的持续改进。
- 强调大多数质量问题是生产和经营系统的问题。
- 强调最高管理层对质量管理的责任。

此后,戴明不断完善他的理论,最终形成了对质量管理产生重大影响的"戴明十四法"。

这一时期,在美国国防部的质量保证规范 Mil-Q-9858(1958 年制订)的推动下,质量保证(Quality Assurance,QA)得到了很好发展,并在西方工业社会产生影响。20 世纪 60 年代中北大西洋公约组织(NATO)以 Mil-Q-9858A 等质量管理标准为蓝本制订了 AQAP 质量管理系列标准。所不同的是,AQAP 引入了设计质量控制的要求。

20 世纪 60 年代初,朱兰、费根堡姆提出"全面质量管理"(TQM)的概念。他们提出,为了生产具有合理成本和较高质量的产品以适应市场的要求,只注意个别部门的活动是不够的,需要对覆盖所有职能部门的质量活动进行策划。

戴明、朱兰、费根堡姆的全面质量管理理论在日本被普遍接受。日本企业创造了全面质量控制(TQC)的质量管理方法。TQC 使日本企业的竞争力有了极大提高,其中,轿车、家用电器、手表、电子产品等占领了大批国际市场,促进了日本经济的极大发展。

统计技术,特别是"因果图""流程图""直方图""检查单""散布图""排列图"和"控制图"被称为"老 7 种工具"的方法,被普遍用于质量改进和质量控制。

3. 20 世纪 70—80 年代

20 世纪 70 年代,日本企业的成功,使全面质量管理的理论在世界范围内产生巨大影响。这一时期,日本产生了石川馨、田口玄一等世界著名质量管理专家,对质量管理的理论和方法的发展作出了巨大贡献。这一时期产生的管理方法和技术主要来源于日本,包括:

- JIT——准时化生产;
- Kanben——看板生产;
- Kaizen——质量改进;
- QFD——质量功能展开;
- 田口方法;
- 新七种工具。

由于田口博士的努力和贡献,质量工程学开始形成并得到巨大发展。

1979 年,英国制订了国家质量管理标准 BS 5750,将军方合同环境下使用的质量保证方法引入市场环境。这标志着质量保证标准不仅对军用物资装备的生产,而且对整个工业界产生影响。

20 世纪 80 年代,菲利浦·克劳士比(Philip B. Crosby)提出"零缺陷"(zero defects)观念——"第一次就把事情做对"的观念,创造了质量的新文化。随后,他指出,"质量是免费的",告诉人们"如果质量仅仅被当作是一个控制系统,那么它永远不会得到实质性的改进,质量不仅是一个控制系统,它更是一个管理功能";指出"高质量将给企业带来高的经济回报",突破了传统上认为高质量是以高成本为代价的观念。

此后,质量运动在许多国家展开,包括我国、美国、欧洲等许多国家和地区设立了国家质量管理奖,以激励企业通过质量管理提高生产力和竞争力。质量管理不仅被引入生产企业,而且被引入服务业,甚至医院、机关和学校。许多企业的高层领导开始关注质量管理。全面质量管理作为一种战略管理模式进入企业。

1987 年,基于英国质量标准 BS 5750,ISO 9000 系列国际质量管理标准问世,质量管理与质量保证开始在世界范围内对经济和贸易活动产生影响。1988 年,摩托罗拉因创立六西格玛管理而成为第一个美国国家质量奖的得主。

这一时期忽略了质量文化的建设,或者说缺乏足够的培训和教育,所以,质量还没有得到彻底的改善。检测和流程能起作用,但不是决定的作用,决定的作用还是人,必须靠管理哲学才行,靠树立预防哲学观念改善质量。

4. 20 世纪 90 年代以后

1994 年,ISO 9000 系列标准改版,更加完善,为世界绝大多数国家所采用。第三方质量认证普遍开展,有力地促进了质量管理的普及和管理水平的提高。朱兰博士提出:"即将到来的世纪是质量的世纪。"

20 世纪 90 年代末全面质量管理成为许多世界级企业的成功经验,证明这是一种使企业获得核心竞争力的管理战略。质量的概念也从狭义的"符合规范"发展到"以顾客满意为目标"。全面质量管理不仅提高了产品与服务的质量,而且在企业文化改造与重组的层面上,对企业产生深刻的影响,使企业获得持久的竞争能力。在围绕提高质量、降低成本、缩短开发和生产周期方面,新的管理方法层出不穷,如并行工程(CE)、企业流程再造(BRP)等。

质量管理与系统工程结合使质量管理迈进了现代质量管理阶段,逐步从管理科学体系中脱颖而出,渐渐形成质量管理工程。

21世纪,随着知识经济的到来、经济全球化进程的推进,质量问题越来越成为经济发展的战略问题,知识创新与管理创新必将极大地促进质量的迅速提高。摩托罗拉(Motorola)公司、通用电气(GE)公司等世界顶级企业的成功旅程,给世人展示了质量经济性管理的魅力。

质量已成为管理人员日常工作的一部分。质量的提高,不仅是为了企业获得更高的竞争力和利润,更重要的是服务于客户和社会,让客户满意。在意识上,将客户视为中心,一切工作为客户服务,不知不觉地改进过程,提高质量。以客户为中心的质量管理工作,才真正回归到质量的本质。以全面质量管理的思想和实践为基础,零缺陷质量管理和六西格玛质量改进的应用越来越深入,质量管理的理论和方法将更加丰富,并将不断突破旧的范畴而获得极大的发展。

2.2　高水平的质量管理

全面质量管理(Total Quality Management,TQM)以顾客为中心,以"全员、全过程、全方位"构成其内涵。TQM的定义千差万别,但其内涵是明确的、一致的。基于TQM的基本思想,产生了零缺陷管理、六西格玛等质量管理的新体系,丰富了TQM的内涵。

2.2.1　全面质量管理

TQM,就是全面的、全过程的、全员的和科学的质量管理的指导思想。也就是说,TQM是一套思想体系,指导各类组织开展质量管理活动。TQM建议在质量管理过程中,首先认为质量是企业的生命、是企业生存的根本,树立全员参与的思想,综合应用科学的管理方法和手段对包括产品或服务、活动或过程、组织或人员以及它们的任意组合进行全面的质量管理,对组织内外的生产、服务和经营的全过程中的每一个环节进行管理。

理解TQM的概念和内涵,就是要正确地理解它的4个特点:全面的、全过程的、全员的和科学的质量管理。

(1) 质量管理的目的是充分满足客户的需求,包括利益相关者(stakeholder)各方的需求。要充分满足各利益相关者的需求,靠组织内某几个人或某几个部门肯定是做不到的,必须让组织的所有人员深刻认识到我们所有的工作都是以顾客为中心。例如,软件公司的每个人都与软件缺陷的产生有关,但是人们习惯上认为缺陷主要是由软件设计和编程人员的工作产生的,而与市场和行政人员无关。实际上质量与所有过程都有关,自然就与每个过程中的人都有关。如需求分析不准确造成的软件缺陷,与市场人员有关;行政工作做不好,技术人员的情绪就受影响,在设计和编程中会造成较多的软件缺陷。所以组织中的每一个人都对质量负有不可推卸的责任。

(2) 每个员工都有内部顾客,即接收其工作成果的人。因而与自己内部顾客一起讨论其要求,就是让内部顾客——每个员工满意。这种广义的顾客观有助于发挥全体员工的创造性和潜能,完全彻底地提高阶段性产品的质量。

(3) TQM要求全员参与到提高质量的活动中,全组织关注客户,还要关注产品生产、服务的全过程,因为产品质量形成于开发和维护的全过程。不仅对组织内部的开发过程进行质量管理,而且要对组织外生产辅助过程——售前或售后服务、产品维护和升级等非生产过程进行质量管理。

(4) TQM 中的"全员、全过程"是在组织上、过程中保证质量,我们还要求在思想方法上提高质量管理的水平。想充分满足顾客的需求,单靠统计方法控制生产过程是远远不够的。统计方法控制生产过程相对来说是一种被动的、事后检查的方法,我们应该引进主动的、积极的思想和方法来提高质量管理的水平,包括"以预防为主,质量第一;第一次就把事情做对"等质量管理的文化、思想和观点,注重全员教育和培训,从企业文化到组织和体系的建立,从资源的优化到经营成果的评价,都以质量为中心组织协调工作。

(5) 产品质量应当是"最经济的水平"与"充分满足顾客需求"的平衡和统一。企业质量管理的最终目的是提高企业竞争力、获得更好的利润,使企业自身能长期发展。也只有提高质量才是长久改善企业赢利水平的唯一正确途径。同时,质量管理工作也不能不计成本,要合理地定义质量目标,满足社会和客户的实际的、真正的需求,而不应该满足客户的不合实际的需求或未来非常长远的需求;要合理有效地配置和使用资源优化流程,不断提高工作效率,降低管理成本。

由于需求是不断变化的,TQM 强调"持续的质量改进"(continual improvement),质量的不断改进和提高是一个永无止境的过程。TQM 必须应用过程方法对组织的产品、过程、体系和人员等进行不断地改进。在 TQM 中,团结协作精神——总体大于各个部分之和的思想,是一个非常重要的概念。它用来增强团队成员的合作精神,达成统一意见,并激发富有创造性的争论和建议,使团队成功。

在 TQM 实践过程中,人们还总结出"四个一切"的指导思想:一切为用户着想;一切以预防为主;一切凭数据说话;一切按 PDCA 循环办事。

2.2.2 零缺陷管理

TQM 的核心是坚信在绝大多数的时间内,工作都可以做到无缺陷。这一信念的发展就是质量大师克劳士比的"零缺陷管理",强调"预防为主,事情第一次就做好"。质量保证也是通过有计划、有系统的活动(如工作过程文档化、质量每一个环节审核),预防质量问题的产生。TQM 的中心思想是建立一种体系或管理原则来预防产生于企业经营过程中的缺陷,为实现工作的完美无缺而努力。这样,质量成本才是最低的,如克劳士比所说的"质量是免费的",再次强调了质量管理的理念和思想在全组织、全员中贯彻是最重要的。

零缺陷管理背景

1960 至 1961 年间,美国潘兴导弹的前 6 次发射都很成功,但第 7 次发射却失败了。在导弹的第二节点火之后,引爆了导弹第一节顶部的射程安全包。导致这次事故的原因是用 PVC 线替代了胶皮导线。由于它不是关键设备,所以在日常物料变更会上无人对这个替换进行核查。不幸的是,这次发射是马丁公司首次在全国新闻界和国防部高级官员面前展示他们的导弹。

此次事故以后,马丁公司将质量管理提上了日程。一天下午,总项目经理找质量负责人克劳士比谈话。"我们把导弹送到卡纳维拉尔角去发射之前,通常会出现几个错,菲尔?"他问。"平均会发生 10 个缺陷,大多数是小毛病,但时不时也会出大问题。"克劳士比进一步解释道,"我认为,之所以这些缺陷不可避免,是由于 AQL(Acceptable Quality Limit,接收质量限)的观念和现实的要求。"

"你的意思是说我们的这里有问题?"他说着,用手指了指自己的头。"没错。我们必须放弃修修补补的习惯做法,而学会防患于未然。但在目前的质量观念上,这根本无法做到。"

"那么,就按你说的去灌输和建立正确的观念吧,我和其他执行官都会全力地支持你的。"他带着微笑说。

发射台上那位嘉宾的神情以及项目经理的暗示,深深地触动着克劳士比敏感的神经。他感到有一种动力在推动着他去做他本该早就要做的事情:改变质量管理的方法,而不仅仅是发一下牢骚而已。"是应该选择我自己终生的生活方式的时候了。我需要挑战,需要动力推动自己不断地前进……"克劳士比默默地想着,"多少年来,我写过也说过抱怨传统质量控制和质量管理观念陈腐的话,但我从未对此采取过任何实际行动。我未曾提出一种全新的替代思想,而仅仅是对那些不再适用的解决方案进行一些改正和调整而已。"

突然间,他心头一亮,仿佛触电一般,他一下就意识到原来自己就是问题的本身!因为当公司需要在第一次就把事情做对的时候,他自己却仍然在使用 AQL 的标准。所以,问题绝不是出在工人身上,而是出在管理者提供的工作执行标准上。必须进行变革,必须努力追求"零缺陷",而不再是"差不多够了,差不多行了"的可接受的质量水平……是的,零缺陷!

2.2.3 六西格玛质量管理

六西格玛是在 20 世纪 90 年代中期开始,从一种 TQM 方法演变而来的一种高度有效的企业流程设计、改善和优化技术,一套用以推动和实现某一组织内部过渡变革的、经实践检验成功的质量管理方法和工具。后来六西格玛与全球化、电子商务等战略齐头并进,成为追求卓越管理的企业最为重要的战略举措。六西格玛逐步发展成为以顾客为主体确定企业战略目标和产品开发设计标尺,并追求持续进步的一种质量管理哲学。

Sigma 即希腊字 σ 的发音,在统计学上用来表示标准偏差,即表示数据的分散程度,可以度量质量特性总体上对目标值偏离程度。

如图 2-2 所示,可以看出 6σ 的目标偏离程度集中而且很小,意味着质量很高。无论分布参数是多少,在用标准偏差定义的正态分布曲线下的区域是用百分比表示的常量。曲线下方的区域的值通过从平均值中加减一个标准偏差(σ)定义这个偏差是 68.26%,通过加/减两个标准偏差(σ)的区域值是 95.44%,依次类推。所以几个 σ 是一种表示品质的统计尺度,不同的 Sigma 水平,它带来的缺陷概率(错误机会)是不同的,任何一个工作程序或工艺过程的质量都可以用几个 σ 表示。如 20 世 50 年代之前,人们一直沿用休哈特博士的

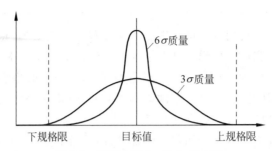

图 2-2　正态分布 3σ 和 6σ 的水平

经济控制的理论,以 3σ 法则控制产品质量。当时认为以 ±3σ 的控制界限控制产品质量是最经济、最合理的,其对生产设备的精度要求并不苛刻,能为降低生产成本提供方便。

　　±3σ 的合格率还比较低,不能满足日益激烈的企业竞争与现代社会顾客对质量越来越高的追求,所以六西格玛法则被推出来。通过加/减 6σ 得到的值是 99.999 999 8%,因此 6σ 的区域为 100%−99.999 999 8%=0.000 000 2%。假如给定具体限制(即满足用户的特定需求),质量目标是生产在这些限制内的产品或部件,超出这些限制的部件和产品则不符合需求,即限制内的区域作为无缺陷区域,限制外区域作为缺陷部分。如达到 6σ 水平的生产质量,限制内区域达到 99.999 999 8%,限制外区域只有 0.000 000 2%,也就是说 6σ 等价于每 10 亿个产品中只有 2 个产品有缺陷,即百万个产品中有 0.002 个产品有缺陷。

　　为什么我们常常说六西格玛水平是百万个产品中有 3.4 个产品有缺陷(3.4ppm),而不是只有 0.002 个产品有缺陷(0.002ppm),为什么差别这么大呢? 原因是六西格玛水平 0.002ppm 的值来自于没有偏离的、完全的正态分布。实际生产过程中往往存在偏离,根据研究,这种过程的偏离最大值为 1.5σ,3.4ppm 正是来源于产生 1.5σ 的六西格玛水平的质量指标。通过表 2-1 和图 2-3,就一目了然了。

表 2-1　不同 Sigma 水平的合格率和缺陷概率

质 量 水 平	合格率/%(无偏离)	合格率/%(1.5σ 偏离)	缺陷概率/ppm(有偏离)
1σ	68.26	31	690 000
2σ	95.44	69.2	308 000
3σ	99.73	93.32	66 807
4σ	99.9937	99.379	6210
5σ	99.999 994 3	99.9767	233
6σ	99.999 999 8	99.9996	3.4

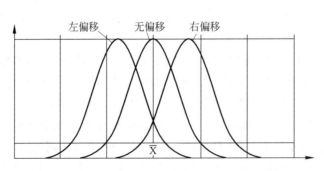

图 2-3　目标无偏离和有偏离(±1.5σ)的比较

六西格玛是一种以数据为基础、追求几乎完美的质量管理方法和实施技术，能够严格、集中和高效地改善企业流程管理质量。20 世纪 80 年代摩托罗拉公司首先全面实施以六西格玛作为质量管理的理念和方法，摩托罗拉公司也是以此成为美国鲍德里奇国家质量奖的首位获得者。

六西格玛代表了新的管理度量和质量标准，体现了新的管理理念和追求卓越的价值观，**"顾客需求、过程统一、严谨分析、及时执行"**，是一种在提高顾客满意度的同时降低不良成本和缩短经营周期的过程革新方法。六西格玛从顾客的观点考虑质量问题，通过提高组织核心过程的运行质量，将所有的工作作为一种流程，采用量化的方法分析流程中影响质量的因素，找出最关键的因素加以改进，消除无附加值活动，缩短生产周期，从而达到更高的客户满意度，带动质量成本的大幅度降低，增加利润，进而提升企业赢利能力，最终实现财务成效的显著提升与企业竞争力的重大突破。

2.2.4 六西格玛质量管理和 TQM 比较

六西格玛是基于 TQM 思想发展而来，因此它不是对 TQM 思想的否定，它们有如下共同之处。

- 面向顾客，以顾客为关注焦点。
- 过程的观点，视任何工作均为流程。
- 持续改进的思想。
- 基于数据决策，广泛地应用统计工具等。

经过十几年的发展，六西格玛已不同于传统的 TQM 思想，已经有了比较重要的变化。那么，六西格玛与传统的 TQM 思想又有什么不同？ 概括起来，六西格玛有以下几个特点。

1. 真正关注顾客

全面质量管理强调以顾客为中心，顾客是关注的焦点。但六西格玛更强调从"了解顾客、确定顾客的关键要求"（Critical to Quality，CTQ）开始，通过顾客调查建立"顾客仪表板"（Customer Dashboard）作为构建六西格玛管理基础的重要活动，将资源和管理活动的重点放在关键的顾客要求，强调通过科学的手段对顾客满意度进行度量，即不仅思想上重视，更有非常有效的方法和手段。例如，卡诺顾客期望满意模型，就是基于顾客对质量、成本和周期的全面期望，由外向内分解和回溯至组织内部的关键要素、关键环节、关键流程和关键活动，组织内部每一个六西格玛项目，都与"顾客仪表板"相连，从而有效地支持顾客满意程度的改进。因此，六西格玛改进与设计是以对顾客满意所产生的影响确定的。六西格玛管理比 TQM 更加真正关注顾客。

2. 以数据和事实驱动管理

全面质量管理在改进信息系统和知识管理等方面投入了很多注意力，但很多经营决策仍然是以主观观念和假设为基础。六西格玛把"以数据和事实为管理依据"的概念提升到一个新的、更有力的水平，分辨什么指标是衡量经营业绩的关键，然后收集数据并分析关键变量。这时问题能够被更加有效地发现、分析和解决。也就是说，六西格玛帮助管理者回答两个重要问题来支持以数据为基础的决策和解决方案。

（1）真正需要什么数据/信息？

（2）如何利用这些数据/信息以使利益最大化？

3. 系统观点

六西格玛管理中十分强调将组织作为系统看待,而不是一些独立的部门和孤立的过程集合。质量大师戴明在著名的"十四项法则"中指出:"85%以上的质量问题和浪费是由系统原因造成的,只有 15%是由岗位上的问题造成的。"组织向顾客提供产品和服务的活动是一系列环环相扣的过程构成的系统,如从市场宣传、合同签订、需求分析、设计、编程和测试到产品的发布和维护等整个软件开发系统,都需要系统间的协调。因此,六西格玛项目团队一般是跨职能的,由对这些部门具有管理权限的管理者担任"保证人"(sponsor),以此实现组织上的"自由度",从系统上解决问题并获得突破。

4. 不良成本和财务结果

六西格玛管理核心之一是通过降低不良成本(Cost of Pool Quality,COPQ)提高企业效益,即要求为顾客和股东同时创造价值,要求产生经营业绩的突破,要求量化结果,包括明确的财务结果。这些明显的财务特征使六西格玛更容易为企业所接受。

5. 人才战略和支持基础

六西格玛以黑带大师、黑带和绿带为核心,为其实施部署了关键的人才,全力承担起六西格玛项目领导者的职责;强调构建完善的支持基础,包括企业经营过程管理的架构,建立量化业绩测量体系,把从上至下的战略改进目标与项目选择、实施、跟踪和审核相结合,以及促进文化变革等支持六西格玛的实施。

六西格玛从 TQM 发展而来,是一个渐进过程和开放的体系,任何关于改进的努力和成功经验都可以整合到这个体系中,并不是要用六西格玛推翻原来成功的经验和做法。表 2-2 对六西格玛与 TQM 进行了概括比较。六西格玛管理接近完美的产品和服务以及极高的顾客满意度,必然给传统的全面质量管理注入新的动力,也使依靠质量取得直接经济效益成为现实。美国通用电气公司在 2000 年年报中指出:"六西格玛所创造的高品质,已经奇迹般地降低了通用电气公司在过去复杂管理流程中的浪费,简化了管理流程,降低了材料成本。六西格玛的实施已经成为介绍和承诺高品质创新产品的必要战略和标志之一。"

表 2-2　六西格玛与 TQM 的比较

六西格玛	TQM	六西格玛	TQM
企业和顾客利益	企业利益	瞄准核心流程	聚焦产品质量
领导层的参与	领导层的领导	绿带、黑带(大师)	全员
清晰且具挑战的目标	追求全面	由顾客策动	内部策动
关注经济	关注技术	改进底线	改进质量
跨职能流程管理	职能部门管理	专心于关键质量指标	专心于产品
着重方法和数据	着重理论和人员		

2.3　软件质量管理模式

从管理学角度看,管理模式是管理中一个首要问题,有什么样的管理模式,就决定什么样的管理目标、活动和结果。软件质量管理属于组织管理内容的组成部分,自然,我们要研究软件质量管理模式。在众多的软件质量管理模式中,主要有:

- 目标驱动模式;

- 顾客导向模式；
- 标准衡量模式；
- 全面质量管理。

2.3.1 目标驱动模式

目标驱动模式，也可以称目标导向模式，是以组织事先设定的各项经营、管理等业绩目标为核心，所有活动围绕目标展开，其结果也以目标衡量。目标驱动管理模式是一种相对成熟的、应用成功的模式之一，它创建于 20 世纪 40—50 年代，得到了广泛的应用。

目标管理在组织中扮演着领航标和推进器的角色，一方面引导组织向着目标前进，另方面在后面推动着组织内落后者跟上组织整体前进的步伐。目标管理能使组织内管理岗位上的人员责、权、利很好地结合起来，只有实现了自己的目标，即履行了自己的责任，利益才得到充分体现。

目标管理模式中，一般要经过目标拟定、目标分解和界定、目标实施、目标评估和目标改进等过程。

1. 目标拟定

目标拟定，就是事先设定要达到的目标，也可以说是进行目标计划。在制订目标时，首先要清楚组织的发展方向和需求，分析过去的管理行为和结果，不管是进行横向还是纵向比较，关键是找出差距和问题所在，然后设立目标以缩小差距和解决问题。

对于目标设定，著名的方法有 SMART(Specific, Measurable, Achievable, Results oriented, Time bound)方法。要求制订的目标符合 SMART 中 5 个字母所代表的要求。

- S——特定而明确的，要求目标具体、针对性强。例如，设定一个"软件质量"的目标，就范围太大、目标不明确，而应该设定诸如"代码行质量""缺陷描述质量"和"测试用例设计质量"等具体目标。
- M——可度量、衡量的，即至少要有一种有效的方法来衡量所设定的每个目标，从而可以确定目标最后是否实现，否则目标的实现与否就不能评估，这样目标的建立就可能失去意义。例如，"代码行质量"可以用"缺陷数/KLOC"衡量，即基于所有改动的(新增加的、修改的)源程序代码行来计算每千行所发现的缺陷数，用以衡量软件产品开发过程中的编程质量。
- A——可完成的，目标设定不能脱离现实，如果制订的目标通过怎样的努力也够不着，那是不可接受和不可行的目标，执行起来就失去了目标管理的意义。同时需要说明，为了实现这个目标应采取哪些措施、有哪些方法，还包括实现这个目标所依赖的外部条件(dependencies)，来自于其他团队努力、环境的影响。例如，代码行质量不仅靠编程人员的努力，还依赖于需求分析、产品设计规格说明书等的质量。
- R——结果导向，设定目标达到后的结果表现或组织内某个状态。例如，设定有关的降低软件缺陷的目标，其结果可能要求"缺陷数/KLOC"的值必须小于或等于 2。
- T——时间绑定，即要求目标达到的日期，包括不同阶段的约定日期。

2. 目标分解和界定

目标，一般来说自上而下进行，先制订总目标，然后逐层分解到各个部门、各个团队，建立各级的子目标。只有所有子目标都实现，组织的总目标才能百分之百地得到实现。也有少数的目标建立是从下往上进行,根据下面估计和分析的数据,归并到一类目标,然后得到相应的上一层目标。对于后者,实际上事先对目标进行了分类,可以作为目标的一种分解形式。

在目标分解过程中,要区分不同的部门或团队所承担目标的范围和内容,即让组织内各个部门或团队在实现组织的整体目标中所尽的责任和义务清楚,这就是目标的界定。例如,软件的发布日期,不仅取决于软件测试的进度和效率,同时也依赖于代码的质量,修正软件缺陷的速度和质量,以及产品市场部门的反馈速度和参与程度等。所以,当设定"某个软件按时发布"的目标时,要设定好各个团队(开发组、测试组、文档组、产品设计组等)的子目标以及相应的责任。

3. 目标实施

在软件开发过程中,采用一些新的方法和流程帮助所要实现的目标。在目标实施过程中,保持跟踪以定期掌握目标实施状态,保持经常性的、良好的沟通是非常重要的。优先解决他人/其他部门的所依赖的条件,是对组织的最有力的支持和帮助。

4. 目标评估

目标的评估不仅可以了解目标实现的结果,以帮助衡量相应的部门、团队和个人所表现出来的绩效,还可以了解目标实施过程中所有正确的措施和方法,以帮助下一个环节——目标改进。目标评估一般由上一层管理部门进行,也可以由第三方进行。

5. 目标改进

根据目标的评估,可以进一步了解组织的潜力,了解软件开发中所存在的一些深层次问题,而且可以确认哪些方法和流程更有效。最终帮助组织建立一套更完善的、更完整的目标管理体系。

平衡计分卡

平衡计分卡(balanced scorecard)是一套非常有效的目标管理模式的工具。它将企业战略目标逐层分解转化为各种具体的相互平衡的绩效考核指标体系,并对这些指标的实现进行周期性的考核,从而为企业战略目标的实现建立起可靠的执行基础。平衡计分卡将战略分成 4 个不同维度的运作目标,并依此 4 个维度分别设计适量的衡量指标。因此,它不但为组织提供了有效运作所必需的各种信息,克服了信息的庞杂性和不对称性,而且所提供的指标具有可量化、可测度和可评估性,从而更有利于对企业的战略执行进行全面系统的监控,促进企业战略与远景的目标达成。

平衡计分卡完全可以用于企业质量目标的管理,包括软件企业质量目标的管理。平衡计分卡从企业的长期目标开始,逐步分解到企业的短期目标,使组织的长期战略目标和近期目标很好地结合起来,达到结果性指标与动因性指标之间的平衡。长期目标是质量文化、质量方针所要达到的目标,如"软件程序的零缺陷"这个长期目标的实现,需要很多个短期目标的实现。同时,平衡计分卡实现企业组织内部与外部客户的平衡,从而提高客户的满意度,诠释了质量的真谛。

2.3.2 顾客导向模式

目标的制订有时脱离顾客的需求;近期目标的制订有时会损害长期目标——企业生存

最终依赖于质量、依赖于顾客；组织内部的目标和顾客的期望有时会发生冲突。同时，当今是信息社会，信息容易获得并传递快，导致市场和顾客的需求变化越来越快，企业的竞争越来越厉害。所以，从目标驱动模式向顾客导向模式的发展就变得非常自然。

顾客导向模式是以顾客为中心，将顾客的需求、期望和关心作为组织管理的活动原则和价值准则，特别是质量方针和质量目标，充分体现了"以顾客为关注焦点"的原则。顾客导向管理模式的核心是组织的管理是否使顾客的需求、期望和关心得到充分的满足。以顾客为中心，本质是以顾客的需求为关注焦点。顾客的需求也是质量的集中反映，所以顾客导向模式是质量管理的最佳模式之一。

以顾客的需求为关注焦点，就是满足顾客不同层次的需求。需求和需要在经济学中是有区别的。需要是本身具有的，需求是需要的反映，是需要和实际购买能力相结合的产物，是受条件限制的需要。不同的顾客所表现出的需求是不同的，某一个组织一般只能满足某一层次的顾客或者只能满足某一层次顾客某一方面的需求。从组织的角度看，要对自己的软件产品/服务有一个清楚的认识，从而决定满足特定的顾客哪一层次、哪一方面的需求，是当前的需求还是将来的需求。

将来的需求表现出顾客的一种期望和一份关心，以顾客为关注焦点，就是要使自己的产品/服务去满足顾客的要求并努力超越顾客的期望。顾客的期望很大程度上是隐含的，而且往往高于顾客当前的需求。达到"顾客的要求"，顾客就容易认可这种软件产品和服务；如果满足了"顾客的期望"，可能就大大提高了顾客的满意度；如果超越了顾客的期望值，顾客可能"喜出望外"。组织"以顾客为关注焦点"最鲜明的表现，就是努力超越顾客的期望。理解和把握顾客的期望，可以进一步提高软件质量，满足客户的潜在需求或更好地计划未来开发的软件产品。

以顾客导向作为软件质量的管理模式，要保证"顾客的需求和期望"在软件质量的方针和活动中时刻体现出来，也就是让顾客参与到公司的质量管理中。例如，可以和顾客一起设计产品规格说明书，和顾客一起审查测试计划书与测试用例，征求顾客对开发和测试流程的意见等，这和敏捷开发的价值观是一致的。价值的多元化是顾客导向模式的一个显著特征。评估者会要求顾客对软件产品或软件服务的某些方面做出判断并发表看法，而不同顾客的需要和对软件产品/服务的满意度肯定是不同的。顾客可以在评估中表达不同的意见，甚至是相互冲突的观点。顾客的反馈不管是正面还是反面，都会得到软件系统设计者的认真考虑，顾客在这过程中是主动的，不是被动地接受软件产品和服务，最终会帮助改善和顾客的关系，并且提高软件产品的质量。

以顾客导向作为软件质量的管理模式和管理核心，依旧可以建立软件质量的目标管理，只是目标的制订、实施和评估围绕顾客的需求和期望展开，即目标管理服从顾客导向模式。当组织的短期目标和顾客的期望发生冲突时，应尊重顾客的期望，在这两者间达到平衡。

2.3.3　价值驱动模式

田口玄一在多年研究和实践的基础上，创造性地提出了关于质量的定义："所谓质量，是指产品上市后给社会带来的损失。"田口把产品质量与给社会带来的损失联系在一起，即质量好的产品就是上市后给社会带来损失小的产品。这个定义保留了满足社会需要的中心内容，在本质上它与 ISO 9000：2012 给出的质量定义是一致的。田口关于质量的定义最有价值之处是引入了质量损失的概念,开辟了定量研究质量的道路。日本的众多企业就是用田口的质量管理方法进行质量管理。

由过程、产品和服务中的软件缺陷引起的费用称为劣质成本,劣质成本是衡量质量成本的有效方法,更是体现了现代质量管理的思想,将质量水平和财务指标结合起来,用量化方法度量质量的改进过程,而不再用主观的评估或口号式的表达。基于 PONC 和 COPQ,人们建立了价值驱动的质量管理模式:

- PONC,即"不符合要求的代价"(Price of Nonconformance)或称"劣质成本",是指由于缺乏质量管理而造成的人力、财力、物力以及时间成本的浪费。PONC 是在"零缺陷"质量管理中为了更有效地衡量质量成本而引入的一个重要概念。

- COPQ,即"不良成本"(Cost of Poor Quality)或称"劣质成本"。COPQ 指所有由过程、产品和服务中的质量缺陷引起的费用。COPQ 则是六西格玛质量管理中的一个重要概念,用于有效地衡量质量成本、质量改进过程在经营效益上的表现。

价值驱动的质量管理模式就是强调"质量成本"的概念,以消除 PONC 或 COPQ 的质量改进过程。它强化员工基于成本的质量意识,以价值评估展示质量改进的成果,以财务数据直观地显示企业的质量改进所带来的效益。

如何实现价值驱动的质量管理模式呢?首先,要培养员工的质量成本意识,将质量成本意识作为员工的基本职业素养、企业的核心竞争力因素来培养。培养员工的质量意识的方法无处不在,可以用一些具体的实例来讲清楚由于软件缺陷造成的成本。例如,向开发人员说明,在代码完成后修正一个软件缺陷,前前后后一共需要经过从"报告缺陷、开发人员重现缺陷、调试、源文件检出、修正、代码复审、单元测试、改变缺陷状态、源文件检入、构建软件包、上载软件包到服务器、安装设置、验证缺陷到最后关闭缺陷"等 14 个步骤。如果一个软件缺陷在产品发布后被客户发现,修正这个缺陷,其流程将更为复杂,经过 20 多个步骤,成本还要大得多。但是,如果在编程阶段,修正一个开发人员自己发现的缺陷就很快,成本就小得多。

工作过程中发现问题之后,质量管理团队和相关人员还需要以 PONC 或 COPQ 为指南,按照优先级对这些问题进行排序。对于那些能够为组织创造较大价值的问题,应该优先得到解决,而且是主动、及时地得到解决,而不是靠上级指令来行事。

价值驱动的质量管理模式,一般包括 5 个步骤:战略与政策的制订、价值驱动要素的识别、战略执行目标的设定、战略计划的实施和监督、质量过程改进的评估。其中,战略的制订确定了质量经营的方向,价值驱动元素的发现有利于战略目标的设定与实现,质量管理的效益将最终体现在财务报表之上。

1. 战略与政策的制订

战略就是对组织质量或经营发展路线进行选择和取舍,以达到宏观上的最优平衡。质量是一个相对性的概念,质量的好坏是由客户定义的,对于企业来说,目标是获利。因此,企业要制订战略,从客户的角度出发,对影响质量的关键因素进行分析,包括客户市场的差异化,选择恰如其分的质量战略。

质量战略是企业的整体定位,一旦被确定,要被分解到各项管理议程中,这就是质量策划,也就是说在质量战略指导下,要进一步制订为实现这些质量战略的质量政策,确定质量的标准和度量的准则、方法。

2. 价值驱动要素的识别

价值驱动的要素可以分为两类：财务要素和非财务要素。价值驱动的要素集中体现在财务要素上。非财务要素是一种间接的价值驱动要素，包括软件组织内部开发过程、维护过程、人力资源、质量文化、组织结构、工作规则等，还包括外部过程（市场、销售和技术支持等）、与客户和供应商等外部公共关系。

为了寻找价值驱动的财务要素，就要对财务报表进行逐层分解，找出企业财务的收益和亏损和哪些要素有关。其结果可通过资产损益表和资产负债表等清楚地呈现，包括销售收入、软件开发固定投入、人力成本和流动资产等。进一步分解，就可以了解哪些要素影响销售收入，如每个客户平均收益、客户量、客户的服务质量等；也可以从成本管理中了解软件开发的产品、开发周期、人力资源、整体开发效率和设备利用率等构成成本的主要因素。从而得到价值驱动要素的 4 个层次，从能力到过程、再从过程到客户、最后到财务表现，如图 2-4 所示。

（1）整个组织的个人能力和组织能力，包括系统改进的工具、过程管理系统、质量的组织工具包等决定过程的能力。

（2）需求分析质量、设计和编程质量、开发效率、开发周期等决定了质量改进过程，而质量改进过程建立在过程的能力之上。

（3）客户审核记录、减价、准时交货、客户投诉率等，决定了客户表现，而客户表现建立在质量改进过程之上。

（4）市场份额、单位成本等决定了财务表现，而财务表现建立在客户表现之上。

经过（1）到（4）的各个操作层面，逐步到达良好的财务表现。

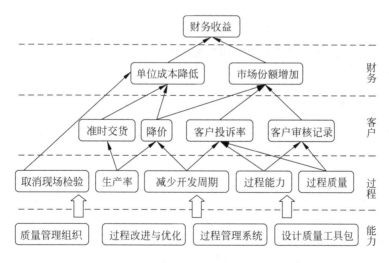

图 2-4　价值驱动要素分解图

3. 战略执行目标的设定

制订了质量战略和确定了价值驱动的要素后，下一步就是设定战略执行的目标。在设定执行目标之前，首先要度量和竞争者或行业标准、优秀水平的差距。对于差距的比较，主要集中在 PONC 或 COPQ 及价值驱动的要素上，如 COPQ 在总体成本上所占的比重、软件开发效率（如每个人平均日产生的代码行）、软件设计编程质量（如注入一个缺陷的平均人日或每 KLOC 产生缺陷数等)。

找出差距之后,我们就知道自己企业哪些方面差距较大,那些方面就成为质量过程改进的关键指标,从而确定质量战略执行的目标。例如,如何把每个人日产生的代码行提高到业界的平均水准(70LOC/man-day)之上、如何做到每 KLOC 产生缺陷少于两个,如何提高服务器等设备的使用效率等。

4. 战略计划的实施和监督

战略执行目标设定之后,就是实施和监督。在实施过程中进行不断的引导,按照计划执行,采用各种技术手段和工具进行控制,保证各项质量要素得到有效的跟踪。

5. 质量过程改进的评估

通过对质量改进过程的评估,比较质量管理实施前后的区别,这样才能够判断质量经营过程的效果。如果效果不好,找出原因,修正一些要素或质量目标,开始新的一轮实施和评估。总之,要进行类似于 PDCA 循环地、持续地质量改进。

质 量 成 本

"质量成本"概念,是由美国质量大师费根堡姆在 1945 年美国电子工程师杂志上提出来的,1951 年在他所著的 *Total Quality Control*(《全面质量控制》)一书中作了说明,1956 年在《哈佛经营周刊》上再次作了详尽的解释。他主张把质量预防费用和检验费用与产品不合要求所造成的厂内损失和厂外损失一起加以考虑,并形成质量成本报告,成为企业管理者了解质量问题对企业经济效益的影响并进行质量决策的依据。

质量成本是为保证满意的质量而发生的费用以及没有达到满意的质量所造成损失的总和,即包括保证费用和损失费用,这是 ISO 8402—1994 所给出的标准定义,即质量成本可以分为质量保证成本和损失成本。

- 保证成本:为保证满意的质量而发生的费用。
- 损失成本:没有达到满意的质量所造成损失。

但有些专家建议将质量成本分为预防成本、评价成本(或称评估性成本)和失效成本(补救性成本)。

- 预防成本:预防产生质量问题(软件缺陷)的费用,是企业的计划性支出,专门用来确保在软件产品交付和服务的各个环节(需求分析、设计、测试、维护等)不出现失误,如质量管理人员投入、制订质量计划、持续的质量改善工作、市场调查、教育与培训等费用。
- 评价成本:是指在交付和服务环节上,为评定软件产品或服务是否符合质量要求而进行的试验、软件测试和质量评估等所必需的支出,如软件规格说明书审查、系统设计的技术审计、设备测试、内部产品审核、供货商评估与审核等。
- 失效成本:分为内部和外部失效成本。如果在软件发布之前发现质量问题,要求重做、修改和问题分析所带来的成本属内部失效成本,包括修正软件缺陷、返工、回归测试、重新设计和重新构造软件,以及因产品或服务不合要求导致的延误。如果软件已发布,给用户所带来的失效成本就是外部成本,包括去用户现场维护、处理客户的投诉、产品更新或出紧急补丁包件、恢复用户数据等，外部失效成本比内部失效成本要大多。

质量预防成本和质量评价成本之和就是质量保证成本，而失效成本就是劣质成本（COPQ）。

2.3.4 其他管理模式

除了前面讨论的目标驱动、顾客导向和价值驱动等管理模式之外，还存在其他质量管理模式或质量运行模式，如：

- 标准衡量模式。
- Cerosys 的运行模式。
- ECR（错误原因消除）系统。
- CAT（零缺陷的改正行动组）模式。

1. 标准衡量模式

标准衡量模式，以标准为准绳，所有活动在标准的框架内展开，开发的流程遵守标准的约定，其结果要通过标准的检验。标准衡量模式在软件质量管理中也得到一定的应用，特别是对一些中小软件企业，按照现有的软件质量标准（ISO 9000、CMM 等）实施质量管理。

2. Cerosys 的运行模式

Cerosys 是文化（Culture）-效能（Efficiency）-关系（Relation）的质量管理运行系统的缩写，产生于零缺陷管理体系，所以也被称为零缺陷运行系统的过程模式。

- C——文化，指企业质量战略目标和质量文化的内涵，包括回顾企业愿景、重温使命宣言。
- E——效能，是企业运行时整个外围的过程，包括质量改进效率、质量过程的识别与优化、提高整体运营速度等。
- R——关系，指客户之间的互动关系、员工以及供应商的关系，即企业的价值链，包括识别与确定客户要求、员工和供应商的需要及确定竞争优势与基准。

在著名的"质量杠杆原理"中，管理者的全部努力是为了将杠杆的左端压下来，从而使杠杆右端的财务绩效上翘。需要提高速度、降低成本和建立良好的关系（包括客户、员工以及供应商的关系，乃至与社会、政府的关系等），效能和关系可以看作是提高财务的要素，而文化是杠杆原理的支点，作用就更明显了。虽然在现实中，人们往往重视杠杆左端的力量——质量控制、质量保证、提高效能、关系上的努力，却忽视了杠杆的支点——质量文化的建设，如图 2-5 所示。

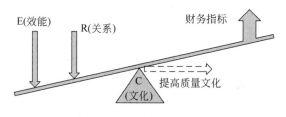

图 2-5 Cerosys 质量杠杆原理

3. ECR 系统

企业组织里面有很多基础作业单元,这些单元可能是基于工序的,也可能是某个管理部门的。通过有效的系统,这些基础单元能够起到沟通信息的作用,从而有效地发现问题,让大家敢于报告,这就是错误原因消除(Error Cause Remove,ECR)系统。ECR 系统是以预防为主的,构建沟通的畅通渠道,在错误的征兆转化为问题之前将它消除掉。

ECR 系统运行过程有 7 个要点:告知征兆、发现征兆、项目建议、攻关小组、系统整合、系统报告和树立榜样等。管理者在具体实施的过程中,可以采用 3 种递进的模式:ECR 会议、征兆报告板和 ECR 系统帮助各层组织解决问题。征兆报告板,类似于公告板,可以在软件开发的各个小组、各个项目或各个部门灵活设立,只要发现对质量有影响的征兆,任何一位员工都可以记在这报告板上,有利于集思广益解决问题,也可以引起管理者注意。

ECR 系统强调预防为主的质量文化,组织质量改进团队解决问题。系统的原则是抓住最根本的东西,而不仅仅是抓表面的。此外,管理者一定要把质量纳入管理议程,要设立质量绩效考核的方法和制度,才有可能真正进行质量沟通。

4. CAT 系统

CAT(Correcting Action Team),即改正行动组,分为管理层面、执行层面、业务层面和支持层面,分别对应的组织单元为质量政策委员会(Quality Policy Committee,QPC)、质量管理团队(Quality Management Team, QIT)、创新管理单元(Unit of Management innovation,U-Mi)和质量先锋队(Quality Pioneer Team,QPT)。

- QPC:由企业的管理高层组成质量政策委员会,负责整体决策。
- QIT:面临七项工作任务,对每一件事情进行科学的评估来确定年度目标和重点改进措施、通过传播质量文化方法激发和落实管理上的变革,做到以身作则,带着问题思考的浸泡式培训和总结,赞赏与激励,通过不同的方式设定不同的目标及时地展示质量改进的成果等;QIT 还需要面对制订规章制度、衡量状况并确立目标、持续的跟踪、设定具体要求、进行激励、改善各项关系、建立预防和改善的行动制度七个工作议程。
- U-Mi:在质量改进过程中,不断进行创新的组织单元。
- QPT:是具有特殊技能的基层骨干,是质量改进过程中的快速反应部队。

浸泡式培训,不是简单的灌输,也不是讲案例。浸泡式培训要求带着问题思考,然后形成明确的杠杆因素,最后催化为明确的解决方案,如图 2-6 所示。

图 2-6 浸泡式训练的步骤

处理每件事情的时候都应该遵循"三个七作业法":七项工作任务、七个工作议程和七步的改进方法。只要跟踪 CAT 系统的运行结果,公司高层就可以轻松地掌握各部门存在的问题。只要公司高层有决心,任何发现的问题都能够得到及时解决。

本 章 小 结

软件质量管理经过不同层次改进,从软件质量控制上升到软件质量保证,通过良好的过程和缺陷分析等预防缺陷的产生,从质量通过检测防守提升到构建质量。在整个质量管理过程中有一系列的方法与实践,但这个过程中,需要坚守下列信念。

- 客户导向。
- 全员参与,全组织管理。
- 全过程控制和管理。
- 质量管理内容和方法的全面性。
- 持续不断改进。

在此基础上,介绍了零缺陷管理、六西格玛质量管理,并和 TQM 作了比较。随后,介绍了软件质量管理模式,主要有目标导向模式、顾客导向模式、价值驱动模式、标准衡量模式、Cerosys 的运行模式、ECR(错误原因消除)系统和 CAT(零缺陷的改正行动组)模式。

思 考 题

1. 软件质量控制与软件质量保证之间有什么区别?
2. 论述全面质量管理的思想体系,并与零缺陷、六西格玛质量管理进行比较分析。
3. 试谈零缺陷管理在软件设计和编程活动中的一些具体实践。

第3章　软件质量工程体系

质量管理体系作为持续发展议程中经济增长的构成要素之基础,着实担纲了举足轻重的角色,然而,相较于近年来广受重视的环境整合和社会公平等较为热门的议题,却经常被忽视。

　　——摘自《ISO 9001:2015 未来 25 年的质量管理标准》

　　从最早通过简单的手工检验进行质量控制,发展到以统计学为基础的控制理论和控制技术,及后来的质量保证手段、全面质量管理思想等,质量的管理水平在不断地提高。但是,如果不能系统地建立一套有效的管理体系,这些质量的控制技术、预防措施、评审活动等不能真正发挥作用。软件开发是以个人智力为基础的、有组织的团队性活动,这使软件质量变为一项复杂系统工程问题,我们必须用系统方法研究它。

　　借助系统工程学、管理学等理论,把质量控制、质量保证和质量管理有效地集成在一起,形成现代软件质量工程体系,是当今质量管理的发展趋势,也是真正改善软件质量的最彻底、最有效的方法。

　　工程的概念在传统领域应用有相当长一段历史,从一千多年前的水利工程到后期的铁路、公路、建筑等工程,它一直被使用着,而且逐渐形成一套科学体系,即系统工程学。系统工程学是系统学和系统方法论在工程领域的应用,是组织管理系统的规划、研究、设计、制造和使用的科学方法,并用定量和定性相结合的系统方法处理大型复杂系统的问题,内容涉及工程项目的计划、时间周期管理、成本管理和风险管理等。软件工程学发展比较迟,在 20 世纪 60—70 年代,不得不借助传统工程项目的管理经验和实践,解决软件出现的危机,避免软件项目开发经常出现延期、开发经费远大于预算、软件质量差等各种糟糕情况。系统工程学的理论与软件工程的理论有着紧密的联系,可以说系统工程理论是软件工程理论的基础。

　　软件质量管理的困难性,主要是由软件特点——规模大、软件内部构成复杂、难以度量等造成的,我们是否也可以引进系统工程方法克服这些困难、获得更有效的软件质量管理呢? 回答是肯定的。软件质量所存在的问题不仅是管理的问题,而且是工程的问题,需要系统地解决问题。

3.1　系统工程学的思想

　　进行大型项目或复杂问题的实施和解决,一般需要按照系统工程学的理论进行,即将整个项目或问题作为一个系统,用系统论的思想和系统方法论的技术分析、规划、设计和实施,以保证项目或问题的解决方案和计划得到更为有效、彻底地执行。

系统工程学是以系统论的思想和系统方法论为基础,借助控制论、运筹学、统计学、信息处理和计算机技术,研究复杂系统的构成和子系统的相互作用,对系统的构成要素、组织结构、信息流动和控制机制等进行分析,并建立相关的数学模型或逻辑模型,从而掌握该系统随时间推移而产生的行为模式。系统工程学把系统的行为模式看成是由系统内部的信息反馈机制决定的。通过建立系统工程学模型,可以研究系统的结构、功能和行为之间的动态关系,以便寻求较优的系统结构和功能。

系统分析在系统工程学中占据着相当重要的位置。把一个项目或问题看作一个系统,以系统的方法去完整地、全面地分析对象,而不是零星地处理问题。这就要求人们必须考虑影响系统的各种因素,而且了解这些因素动态的、变化的规律及相互之间存在的关系。

系统工程主要是沿着逻辑推理的路径,去解决那些原本靠直觉判断处理的问题。根据实践经验,可以将系统分析过程概括为如图 3-1 所示的逻辑结构。它包括 5 个环节:问题定义、分析问题、预测未来变化、建模和计算、方案评估,整个过程可归纳成问题说明、解决方案的策划和评估结果 3 个阶段。问题说明阶段的工作成果是提出目标,确定评价指标和约束条件;解决方案策划阶段提出各种备选方案并预计一旦实施后可能产生的结果;最后的评估阶段是将各个备选方案的评价比较结果提供给决策者,作为判断抉择的依据。

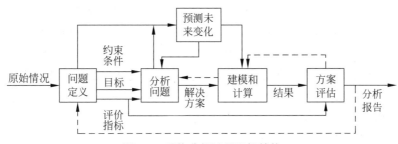

图 3-1   系统分析过程逻辑结构

1. 问题说明阶段

需要分析研究质量问题的来源、产生过程、约束条件和影响因素等,完成质量问题的定义,包括质量问题解决的目标(如将缺陷率降低 30%)、评价解决问题方案的具体指标,形成问题分析报告,主要包括以下两项内容。

- 问题性质,包括问题的结构、影响范围、形成过程和未来可能发展的势态。
- 问题条件,问题解决所需的资源,依赖于问题的性质。

问题说明阶段的工作决定着今后的分析过程,如问题的解决方案、构造的模型和某种结果是否可行等。所以,问题分析报告很重要,一定要将问题性质分析清楚,不能只看到问题的表面现象,应该追溯到问题的根源。为了保证这一阶段的成果,需要对问题性质和问题条件是否匹配做检验、审查,从而使工作任务和所需资源相当,达到一个相对平衡状态,而不会形成一头重一头轻的结果。例如,任务太重而缺乏资源,目标是不可能达到的。

2. 解决方案的策划

解决方案的策划是指方案提出和筛选的过程。策划方案是为了达到所提出的目标,一般要具体问题具体分析。通常,良好的解决方案应具备以下特性。

- 适应性。目标经过修正甚至变动较大的情况下,原来方案仍能适用。这在不确定因素影响大的情况下尤为重要。

- 可靠性。可靠性是指系统在任何时候正常工作的可能性,即使系统出错、失效也能迅速恢复正常。
- 可操作性,即方案实施的可行性。决策者支持与否是关键,不可能得到支持的方案必须取消。

总之,进行良好系统分析是取得良好解决方案的基础。在系统分析过程中自始至终要意识到,需要而且有可能发现新的更好的解决方案。

3. 评估和比较备选方案

工程问题不是数学问题,一般不会只有一个解决方案,而是可以找出多个解决方案,然后根据一定的评估准则,选出更优或最优的方案。根据评选的方法(如"成本-效益分析""成本-利润分析"法等)以及问题定义时确定的评价指标,对不同解决方案运行的结果进行评估分析,选择最为可行的一种或两种方案报给决策者。

3.2　软件质量工程体系的构成

建立软件质量工程体系(SQES)之前,应先了解传统的质量管理体系,然后基于这个质量管理体系,结合系统工程、软件工程等学科,建立现代的软件质量工程体系。

传统的质量管理体系能够帮助组织提高顾客满意度,鼓励组织分析顾客要求,规定相关的过程,并使其持续受控,从而能够持续提供满足顾客要求的产品。质量管理体系能提供持续改进的框架,以增加顾客和其他相关方满意的机会,也就是使质量管理过程成为一个持续改进的过程,这也是系统工程学的一个基本目标——有良好的反馈机制,即通过设定顾客满意度作为管理体系的质量目标,顾客的需求则是系统的约束条件,对系统中的资源再分配、质量功能进行调节等,以便寻求质量管理体系越来越优化的结构和功能。为了使组织有效地运行这个持续改进的过程,必须识别和管理许多相互关联和相互作用的过程。由国际标准ISO 9000 或国内标准 GB/T 19000 所表述的、以过程为基础的质量管理体系模式如图 3-2 所示。

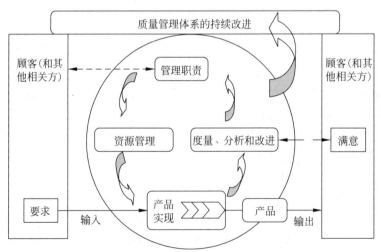

图 3-2　以过程为基础的质量管理体系模式

3.2.1　通用的软件质量工程体系

上面简单地分析了软件质量的管理体系,而软件质量工程体系需要从工程的视角考虑软件工程特点,即软件的开发流程、开发技术、项目管理等特点,如:

- 明确相关的质量标准,建立组织特定的质量目标;
- 明确产品自身质量属性中需要特别关注的质量特性;
- 确定实现质量目标必需的过程和职责;
- 了解软件技术现状及其发展趋势;
- 确定和提供实现质量目标必需的资源;
- 确定防止不合格并消除产生原因的措施;
- 应用这些度量方法确定每个过程的有效性和效率;
- 建立和应用持续改进软件开发流程。

运用系统科学,将软件质量管理视作一个系统,关注系统的输入、输出和外部环境,不断收集软件产品和过程的质量信息及其反馈,然后进行调控和优化。虽然在图 3-2 中,其输入只有客户及其相关方的需求,但在软件质量工程体系中,要关注软件项目的上下文,包括项目影响因素(如团队、预算、资源、进度、风险等)、软件产品自身特点(如行业、规模、采用的技术框架等)、软件工程环境(如组织、文化、软件开发的基础设施等)和团队已经掌握的软件研发方法和技术等。其输出是产品,对顾客有价值的功能特性或服务,让顾客及其相关方满意,同时还要考虑企业自身可持续的发展,如团队的发展、经验的积累,包括及时减少或消除技术债务、提升产品的易维护性等,最终实现对软件质量进行全面、综合的系统性管理。

讨论软件质量工程体系构成之前,先讨论软件质量管理的层次性。项目的质量管理依赖于组织的质量方针、软件质量标准和规范以及与之配套的培训体系、技术、工具、模板等,事先定义质量标准与规范,建立良好的流程和培训体系,提供成熟的质量管理技术、工具和各种文档模板等,都能预防软件缺陷的产生,从这个意义上看,项目质量管理更多地体现了"软件质量保证",不过,有些技术、工具是为了质量控制。软件质量管理最终需要落实到项目上,因为软件产品的交付是由项目团队完成的。在团队这一层更多体现质量控制,如研发团队中主要的质量活动是软件测试——属于事后检查,归为质量控制。但在项目中,也会进行过程评审、缺陷分析等活动,这些活动可以看作"质量保证"。正如 CMMI 提倡的组织、团队和个人的 3 个层次,这里将软件质量工程体系也分为组织层次、项目层次和质量工程基础设施 3 个层次,如图 3-3 所示。

1)组织层次

软件质量保证主导的层次。在软件质量方针的指导下,选择或参考国际、国内的软件质量标准和规范,建立组织的软件质量工程规范,建立良好的研发流程及其各种评审活动准则,以及如何做好缺陷预防。软件质量工程规范规定了一系列的质量活动,这些活动必须遵守相应的流程,约束软件开发人员的行为模式,创建所需的软件质量管理技术、工具、检查表和模板等。在执行质量标准或规范过程中,首先要对全员进行培训,过程中要进行常规性的评审,及时发现问题以求改进。持续改进是软件质量管理一个永恒的主题,可以参考相应的改进模型、国内外标准等,从而不断改进已建立的软件质量工程规范。

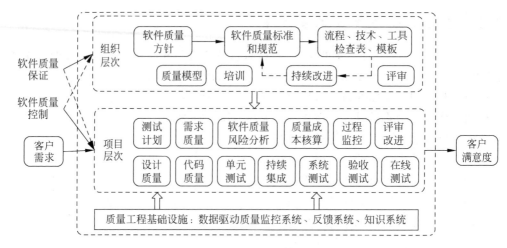

图 3-3 软件质量工程体系的层次

2) 项目层次

软件质量控制主导的层次。在组织层次的软件质量保证的工作基础上,加强项目的质量控制,依据软件质量工程规范、质量模型,做好软件测试、软件质量风险控制、过程监控等工作,通过对影响质量各种因素的分析,了解可能存在的质量风险,加以回避、控制。过程监控重点是检查活动或阶段的入口与出口准则,确保研发活动遵守相应的工程规范。在目前的软件工程实践中,软件测试是软件质量控制的主要活动之一,覆盖全生命周期,包括单元测试、集成测试、系统测试、验收测试等;软件质量更依赖于其构建的过程,包括需求定义、设计和代码的质量,这其中也包括对需求、设计和代码等的分析与评审。

3) 质量工程基础设施

质量工程基础设施相当于软件质量管理平台,在这平台上更好地实现软件质量的管理。从软件产品及其研发过程看,也具有传统的建筑工程、土木工程或机械工程等所没有的一些特性,如持续迭代、代码重构与复用、版本控制及其相关的配置管理等。在软件质量工程中如何适应快速迭代的需求、如何及时获取用户的反馈,是需要特别考虑的一些方面,即建立软件质量工程的基础设施。如今软件技术发展很快,包括容器技术、云计算、数据可视化技术等,可以利用这些技术改善软件研发质量管理的实时性、可视化(透明)和效率。同时,借助这样的平台,研发人员可以及时获得用户的反馈,及时改进产品的质量,可以随时随地获得需求质量、设计质量、代码质量和测试等相关知识。

我们可以借助软件质量工程体系,揭示软件质量方针、质量标准、质量策划、质量保证和质量控制之间的关系,使软件开发人员或质量管理人员有章可循,清楚组织的质量工作框架和自己在框架中的位置,然后与团队其他成员协同做好质量工作,交付高质量产品。

质量目标相对抽象,从组织上看,需要依据产品质量模型,综合考虑软件质量影响因素及其之间的关系,对质量目标进行分解,形成相对明确、具体的质量指标。每个测试项目会根据这些质量指标的优先级,进行适当的筛选,建立项目的质量目标,从而指导质量计划、测试计划的制订。例如,确定了软件质量指标及其影响因素,就可以针对性地制订相应的对策,消除或降低某个因素的消极影响,或者提高某个因素的积极影响,从而提高软件质量。在整个软件研发过程中,执行质量计划或测试计划,并根据上下文变化与反馈,调整质量计划或测试计划,直至交付客户满意的软件产品或软件服务。

如果不能定量地确定软件产品质量属性、软件研发过程质量属性,就无法定义可验证的质量目标,质量目标是否实现也就无法验证。从系统方法论说,系统工程学是系统的结构方法、功能方法和历史方法的统一。也就是说,软件质量工程体系,不仅体现在对质量管理系统的结构划分、结构分析、质量功能展开上,而且基于质量的历史数据可以建立质量的预测或评估模型,包括软件的可靠性评估模型,从而实现软件质量的可预见性。这样,我们能够更有效地控制和管理软件质量风险。软件质量目标的定义与验证、质量预测模型等都建立在软件度量的基础上,软件质量度量在软件质量工程体系中扮演着重要角色,软件本身就是数字化产品,容易实现其度量及其管理。基于软件度量,我们能够有效地实施、控制并优化质量管理体系,形成优化的质量结构和组织功能体系,从而提升软件开发过程的质量控制、管理能力,不断改进软件开发过程,按质按量完成软件项目,以实现软件质量目标。

概括起来,从系统工程的角度描述质量管理体系如图 3-4 所示。软件质量工程体系的思想是从系统工程学、软件工程理论出发,沿着逻辑推理的路径,对软件质量的客户需求、影响软件的质量因素、质量功能结构、问题根源等进行分析,以建立积极的质量文化、构造软件质量模型,基于这些模型研究相应的软件质量标准和软件质量管理规范,并配以相对应的质量分析技术、工具等,把质量控制、质量保证和质量管理有效地集成在一起,降低质量成本和质量风险,从而系统地解决软件质量问题,形成现代软件质量工程体系。

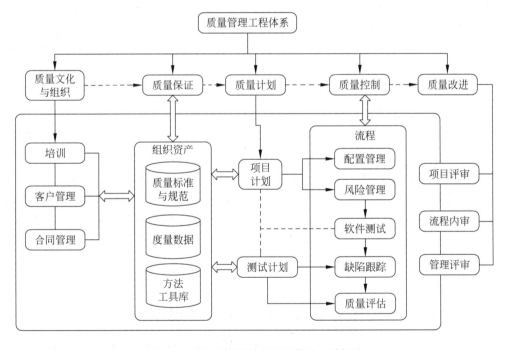

图 3-4 通用的软件质量工程体系及其构成

3.2.2 软件质量工程体系和管理体系的关系

简单地说,软件质量管理体系侧重管理,更通用、更抽象些;而软件质量管理工程体系,更侧重工程实践,涉及软件产品的研发与运维的各个环节,对质量管理落地实施提供具体的工程实践指导。

质量管理体系集中在管理方面,其核心是管理组织、文化和流程;其基础是现有的软件质量标准、方法和工具。质量管理体系主要强调两个方面的内容,具体如下。

- 体系中的上层建筑:质量文化、上层领导的重视及对全面质量的承诺、有效的沟通和持续的改进等。
- 体系中的运行基础:软件质量管理组织(SQA 小组)、软件质量标准(ISO 9000 系列、CMMI 等)、质量管理的流程、质量管理方法(抽样调查或问卷调查等)和质量管理工具(排列图、因果图、散布图等)。

这里论述的软件质量管理工程体系,着重从软件工程、系统工程学的角度构建质量、管理质量,在有限的资源情况下,获得最好的质量效益。其主要内容表现在:

- 将软件质量视为一个系统,深入了解软件质量的构成和结构,建立软件质量模型,应用于软件工程中。
- 软件质量策划,如同项目计划,定义软件质量管理要实现的目标、范围和方法。多数情况下,实际工作中的软件质量计划体现在软件测试计划中。
- 质量成本的分析,如何降低由低质量造成的成本。
- 软件质量风险的识别、分析与防范,这是贯穿软件生命周期的工作,与软件测试结合起来,基于风险的测试策略是最常用的策略。
- 软件质量度量,为质量管理提供客观的信息,清楚质量现状和改进的效果。

软件质量工程体系作为系统对象,具有系统的一些其他特性,包括可控性、目标性、柔性等。提出"软件质量工程"的概念,不仅能增强人们在质量管理中的"工程意识",考虑利益相关者、风险、成本、进度等,而且会促进人们采用系统工程的方法解决问题。在软件质量评价中,会采用定性和定量结合的方法:在质量目标管理、过程管理中采用统计工具、控制技术等;在软件质量成本管理中,采用指标分析、费用估算和偏差分析法。

软件质量管理不仅可以自成体系,还是软件工程理论的一部分。软件质量管理在自成体系中遵守系统学原理、采用系统方法论。同时软件质量工程体系作为软件工程理论的一部分,可以看作是软件工程体系的一个子系统,与时间管理、成本管理、风险管理并存,并相互作用。在一个组织中,软件质量管理体系占有核心的位置,对其他各项管理工作具有指导和约束作用。时间管理、资源管理、成本管理都要服从质量管理。但在一个项目中,质量管理又是项目管理的一部分,项目总体目标中包含质量目标、进度目标、成本目标等。质量、时间、资源和成本之间相互制约、相互影响,要在这些项目的关键目标上力求平衡。

3.2.3 根据上下文构建自己的软件质量工程体系

软件质量工程体系(SQES)处在不同行业、不同公司的软件研发环境中,一般会受行业特点、公司文化和组织行为模式等的影响。这种影响有多大,会产生怎样的后果? 这里所说的行业特点、公司文化和组织行为模式等,可以理解为建立软件质量工程体系的上下文,上下文因素可能不局限在这几个方面,还可能包括以下内容。

- 组织规模:大型、中小型企业。
- 企业性质:国企、民企或外企等。

- 研发流程：如敏捷开发、精益开发、瀑布模型等。
- 产品类型：如性命攸关系统、使命攸关系统、一般商业系统。
- 团队能力、地域等。

上面我们已建立了一个通用的 SQES,如图 3-4 所示。如何根据上下文建立适合自己组织的 SQES? 综合考虑这些上下文因素,分析哪些因素会比较显著地影响 SQES,哪些因素影响很弱,分析哪些因素会产生积极影响,哪些因素会产生负面影响。例如,大型组织比较复杂,更需要严格的、全面的制度和流程提供质量保证;而小型企业可以更灵活些,更多地依赖团队沟通、协作提高质量。技术能力强的团队,可以加强软件质量管理的基础设施的建设,通过持续集成、实时监控系统更好地控制质量、快速提供质量反馈。

在工业界,一方面强调构建高质量的需求、设计和代码,加强业务需求评审、系统需求评审、架构设计评审、组件设计评审等;另一方面通过构建软件测试体系保证质量、控制质量。图 3-5 展示了 IBM 公司的软件质量工程体系,分为以下 6 个层次。

(1) 建立适合自己的、先进的软件开发流程。

(2) 加强阶段性成果的评审,保证产品质量。

(3) 综合运用测试方法,采用合适的测试技术,提升软件测试的效率和质量。

(4) 抓好每一个测试环节,让缺陷无处藏身。

(5) 不仅覆盖各种软件质量特性的验证,而且覆盖业务、软件维护等所需的测试。

(6) 部署所需的测试平台,善于使用各种测试工具。

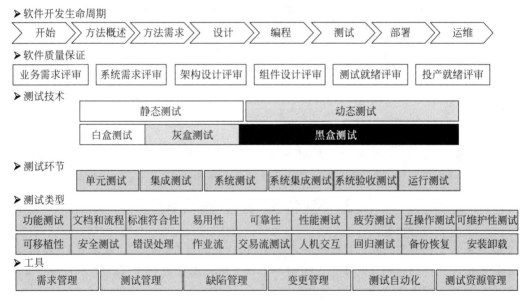

图 3-5　IBM 公司的软件质量工程体系

埃森哲(Accenture)公司根据测试左移的质量方针构建自己的软件质量工程体系,如图 3-6 所示。整个软件开发生命周期分为前期和后期。前期重心放在"缺陷预防",推动软件自身的构建质量升级,基于测试准则分析为早期阶段提供建设性的输入,推荐更优秀的研发实践。后期重心放在"软件测试"上,驱动团队尽早发现缺陷,并根据缺陷分析、测试过程评估和测试结果分析,不断提高测试覆盖率,更好地保证测试的充分性。在研发过程中,将质量融入测试的每一个环节,强调计划性、规范性和可管理性,具体体现在如下方面。

- 计划性:质量管理计划、需求计划、环境计划、测试计划等。
- 规范性:研发过程标准化、测试过程标准化、准则标准化、测试入口准则、测试退出准则、测试服务水平 SLAs。
- 可管理性:需求跟踪矩阵、变更管理、版本控制、发布管理、风险管理、测试管理、测试度量集成、持续评估、及时总结和报告等。

同时,强调借助工程技术更好地支撑软件质量的建设,包括需求和设计转化、低耦合架构、持续集成、自动部署、自动化测试等。

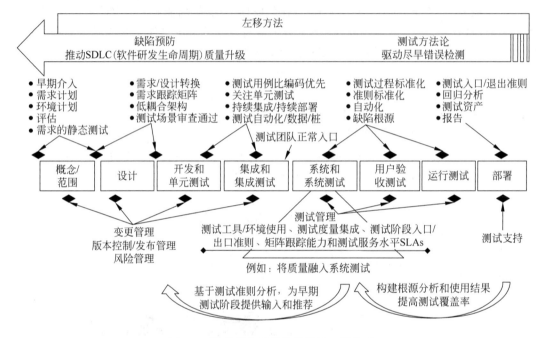

图 3-6 埃森哲公司的软件质量工程体系

3.3 软件质量工程环境

软件质量工程需要组织内良好的环境支撑,包括软环境和硬环境。软环境,主要指良好的组织质量文化并建立相应的质量机构服务于软件质量的保证与管理。良好的组织文化,实际上已在第 2 章做了充分介绍,主要有:

- 以顾客为中心的质量管理模式,只做对顾客有价值的工作。
- 缺陷预防,包括缺陷根本原因分析,建立相关的质量风险检查表。
- 全面质量管理,包括全员、全过程的质量管理。
- 零缺陷管理,指第一次就把事情做对、第一次就把工作做好。
- 六西格玛质量思想,指高要求、严要求,精益求精。

在组织上建立相应的质量管理机构,目前主要有下列 3 类机构。

（1）软件质量保证（SQA）部门，如质量部、质量中心、SQA 工作组等，督促全体研发人员遵守已定义或引入的质量标准和已建立的软件过程规范，负责软件研发过程的规范性检查和审计，评审软件研发阶段性文档，帮助团队提升质量水平。部分软件公司没有 SQA 这样的机构，由软件测试部门或项目管理部门代替行使职责。

（2）软件测试部门，如测试部、测试中心、测试组等，负责软件系统测试、验收测试，参与需求评审、设计评审和代码评审、单元测试、集成测试等，提供测试报告或软件质量评估报告。

（3）软件过程改进组（SEPG），负责或协调软件过程的定义与改进。部分软件公司没有这样的机构，由 SQA 部门代替行使职责。

在硬件环境上，要建立软件质量管理（支撑云）平台，能够自动收集质量度量的相关数据，可以实时地展示软件质量状态，让软件质量管理具有良好的可视性和可追踪性。例如，实时收集软件缺陷数据，及时呈现缺陷的分布情况和趋势，随时掌控软件质量的状态，这就要求我们具有良好的缺陷跟踪与管理平台，即部署像 Jira、MantisBT 等这样的工具，构建缺陷管理平台。我们还可以采用代码静态分析工具（如 Findbugs、Checkstyle、PMD 等）、测试覆盖率分析工具（如 JaCoCo、JCover、Cobertura 等）、质量（缺陷）数据统计呈现工具（如 SonarQube）等进行更广、更深的质量管理。例如，SonarQube 可以度量缺陷、安全性漏洞、代码坏味道和覆盖率，如图 3-7 所示。达到质量要求，标示"通过"（passed）呈绿色（A 级）。如果达不到质量要求，则呈现淡绿（B 级）、黄色（C 级）、橘黄色（D 级）、红色（E 级），标示着质量问题越来越严重。它还可以把代码规模、复杂度等度量集成到一起，通过一个页面统一呈现。如果像图 3-7 中有 4 个 Bugs，还可以单击链接仔细查看。

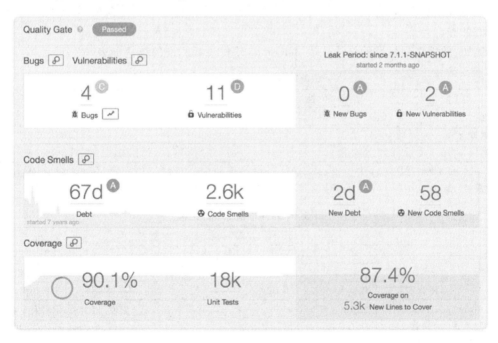

图 3-7　SonarQube 质量 dashboard

这部分内容还将在第 7 章和第 8 章进行更深入的讲解。从未来看，可以建成由 DevOps 工具链构成的软件工程环境，包括支撑软件质量工程体系的软硬件环境。

3.4 依据质量标准有章可循

经过数十年的发展,软件行业形成的标准体系类别多、分工细,错综复杂。为了保证软件研发各项活动的科学性、一致性,需要采用相应的标准或规范指导工作,遵守业界的标准,更好地保证软件产品的质量。

质量标准体系是为了帮助某个行业和某类产品的生产开发过程而建立的文件体系,它包括全面管理所要求的操作规范、产品规格、活动流程,还包括强制执行的制度和指导性的思想和要求。从质量标准体系划分看,既可以横向分类,也可以纵向分类。

- 从纵向看,分为产品质量管理标准和过程质量管理标准。
- 从横向看,分为通用标准和各个行业的质量标准。
- 从范围看,分为国际标准和国内标准。

这里只讨论通用的软件质量标准体系,而不介绍其他行业的质量标准体系。

对于软件质量标准体系,主要分为软件产品、过程、技术、工具、人员和材料资源、数据、风险等几大类质量管理标准。对于每类质量标准,又可以进一步分为原理、要素标准和指南3 个子类。

- 原理标准,描述各个原理级的关键组织标准。
- 要素标准,原理标准中的各个要素的详细性能要求,必须执行。
- 指南和补充,如何把原理或要素标准应用于特定场合而提供指导性文件。

在这大类基础上,有一个通用标准,主要描述软件工程领域所涉及的术语、组织框架和参考信息等。

例如,软件产品标准的结构如表 3-1 所示,软件过程标准的结构如表 3-2 所示。

表 3-1 软件产品标准的结构

	产 品 特 性		软 件 产 品	产 品 文 档	功 能 规 格
原理	9126-1				
要素标准	TR 9126-2/3/4	15026	12119	9127	TR 14143-1/2
指南				18019	TR 14143-3/4/5

表中,9126 指软件产品质量的模型和度量,15026:1998 指系统和软件完整性级别,9127:1998 指客户软件包的用户文档和覆盖信息,12119:1994 指软件包质量需求和测试,14143-1:1998 指软件测量功能性规格测量。

表 3-2 软件过程标准的结构

	软 件 过 程						系 统 过 程
原理	12207/AMD1 的过程结果						ISO/IEC 15288
要素标准	12207/14764	TR 15846	TR 16326	15939	14598	15910	15288 标准部分
指南	TR 15271	ISO 9000-3	TR 9294			18019	15288 指南

表中,12207:1995 指软件生存周期过程,14764 指软件维护,TR15846 指软件配置管理,TR16326 指软件工程项目管理,15939 指软件测量过程,14598 指软件产品评价,15910 指软件用户文档过程,15271 指 ISO/IEC 12207 使用指南,15288 指系统生存周期过程。

3.4.1 标准的层次

根据制订软件工程标准的机构和标准适用的范围,可将其分为 5 个级别,即国际标准、国家标准、行业标准、企业(机构)规范和项目规范。很多标准的原始状态可能是项目标准或企业标准,随着行业的发展与推进,这个标准的权威性可能促使它发展成为行业、国家或国际标准,因此这里所说的层次也具有一定的相对性。

1. 国际标准

一般由国际机构制订和公布供各国参考的标准为国际标准。这类机构包括国际标准化组织(International Standards Organization, ISO)、国际电工委员会(International Electrotechnical Commission, IEC)、电气和电子工程师协会(Institute of Electrical and Electronics Engineers, IEEE)等。ISO具有广泛的代表性和权威性,所公布的标准也具有国际影响力。20年纪60年代初,ISO建立了"计算机与信息处理技术委员会"——ISO/TC97,专门负责与计算机有关的标准化工作。

ISO/IEC JTC1/SC7
发布的标准

ISO/IEC JTC1/SC7是ISO/IEC第一联合技术委员会的第七分技术委员会的编号,成立于1987年,1991年正式命名为"软件工程分技术委员会",2000年更名为"软件和系统工程分技术委员"会。从成立至今,ISO/IEC JTC1/SC7按照ISO/IEC严格的标准制订程序,正式制订出版了180多个ISO/IEC标准。这些标准中有几十个直接和软件质量相关,而且对质量管理工作具有很高的指导意义和参考价值。

2. 国家标准

由政府或国家级的机构制订或批准的适用于本国范围的标准。例如:GB (GuoBiao)——中华人民共和国国家技术监督局,是我国的最高标准化机构,它所公布实施的标准简称"国标"(GB)。ANSI(American National Standards Institute)——美国国家标准学会。它是美国民间标准化组织的领导机构,在美国甚至全球都具有一定权威性。它所公布的标准都冠有ANSI字样。FIPS有(NBS)(Federal Information Processing Standards (National Bureau of Standards))——美国商务部国家标准局联邦信息处理标准。它所公布的标准均冠有FIPS字样,如1987年发表的 *FIPS PUB 132-87 Guideline for validation and verification plan of computer software* 软件确认与验证计划指南。其他的还有BS (British Standard)——英国国家标准,JIS(Japanese Industrial Standard)——日本工业标准。

3. 行业标准

行业标准是由一些行业机构、学术团体或国防机构制订,并适用于某个业务领域的标准。例如:

- IEEE(Institute of Electrical and Electronics Engineers)——美国电气与电子工程师学会。该学会专门成立了软件标准技术委员会(SESS),积极开展软件标准化活动,取得了显著成果,受到了软件界的关注。IEEE通过的标准通常会报请ANSI审批,使其具有国家标准的性质。因此,我们看到IEEE公布的标准常冠有ANSI字样,例如,ANSI/IEEE Str 828-1983软件配置管理计划标准。

- GJB——中华人民共和国国家军用标准。这是由我国国防科学技术工业委员会批准,适合于国防部门和军队使用的标准。例如,1988年发布实施的《GJB 473-88 军用软件开发规范》。

- DOD-STD(Department Of Defense Standards)——美国国防部标准。

- MIL-S(Military-Standards)——美国军用标准。

另外,我国的一些经济部门(如信息产业部、经贸委等)也开展了软件标准化工作,制订和公布了一些适应于本部门工作需要的规范。在制订这些规范的时候大都参考了国际标准或国家标准,对各自行业所属企业的软件工程工作起了强有力的推动作用。

4. 企业规范

一些大型企业或公司,由于软件工程工作的需要,制订适用于本部门的规范,如美国IBM公司通用产品部(General Products Division)1984年制订的《程序设计开发指南》。

5. 项目规范

项目规范是为一些科研生产项目需要而由组织制订一些具体项目的操作规范,此种规范制订的目标很明确,即为该项任务专用,如《计算机集成制造系统(CIMS)的软件工程规范》。项目规范虽然最初的适用范围小,但如果它能成功地指导一个项目成功运作并可以重复使用,也有可能发展成为行业的规范或标准。

3.4.2 ISO 主要软件质量标准

ISO 9001 是 ISO 9000 族标准体系之一,即设计、开发、生产、安装和服务的质量保证模式,这一套标准中包含了高效的质量保证系统必须体现的 20 条需求。

(1) 管理职责。

(2) 质量系统。

(3) 合同复审。

(4) 设计控制。

(5) 文档和数据控制。

(6) 采购。

(7) 对客户提供产品控制。

(8) 产品标识和可跟踪性。

(9) 过程控制。

(10) 审查和测试。

(11) 审查、度量和测试设备的控制。

(12) 审查和测试状态。

(13) 对不符合标准产品的控制。

(14) 改正和预防行动。

(15) 处理、存储、包装、保存和交付。

(16) 质量记录控制。

(17) 内部质量审计。

(18) 培训。

(19) 服务。

(20) 统计技术。

ISO 9000 自 1987 年诞生以来,历经了 4 次正式改版。

(1) 第 1 次改版发生在 1994 年,它沿用了质量保证的概念,传统制造业的烙印仍较明显。

(2) 第 2 次改版是在 2000 年,不论是从理念、结构还是内涵,这都是一次重大的变化。

标准引入了"以顾客为关注焦点""过程方法"等基本理念,从系统的角度实现了从质量保证到质量管理的升华,也淡化了原有制造业的痕迹,具备了更强的适用性。

(3)第3次改版是在2008年,一次"编辑性修改",并未发生显著变化。

(4)第4次是2015版本,这次改版在结构、质量手册和风险等方面都发生了变化。

ISO 9001:2015版本发生了很大的变化,下面列出几个最重要的变化。

(1)强调建立适合各组织具体要求的管理体系。

(2)要求组织高层能参与其中并承担责任,使质量与更广泛的业务策略相适应。

(3)风险防范意识贯穿整个标准,使整个管理体系适用于风险预防,并鼓励持续改进。

(4)对文件的规定性要求更少:组织机构可以自行决定需要记录什么信息,应该采用什么文件格式。

(5)通过使用通用的新高层结构(Annex SL),与其他主要管理体系标准保持一致。

ISO 9001:2015要求:更多地理解外部环境、解决风险以及高级管理层更大的"质量领导力"责任,这与管理体系和产品/服务质量之间的关联环节息息相关。同时,新标准更加注重内部利益相关方的直接参与,或者说是对组织管理体系的设计、实施、架构和绩效的监督,从而确保质量管理体系是组织业务流程中的一个不可或缺的组成部分。新标准要求组织的质量管理体系(QMS)与组织的业务流程整合与统一。

(1)赋予最高管理者更积极的角色,促使高层管理者更大程度地领导和参与组织的质量管理体系。

(2)引入"基于风险的思维"的理念,该理念引导组织将资源重点分配到处理关键和主要风险,以及可能带来重大机会的领域。

(3)新增"组织环境"的要素并作为整个质量管理体系的核心与基础。

(4)统一的标准结构适用于所有的管理体系标准,有利于整合与兼容不同的管理体系。

因为ISO 9001标准适用于所有的工程行业,所以为了在软件过程的使用中帮助解释该标准,专门开发了一个ISO指南的子集,即ISO 9000-3。由于软件行业的特殊性,ISO 9001在软件行业中应用时一般会配合ISO 9000-3作为实施指南。需要参照ISO 9000-3的主要原因是软件不存在明显的生产阶段,故软件开发、供应和维护过程不同于大多数其他类型的工业产品。例如,软件不会"耗损",所以设计阶段的质量活动对产品最终质量显得尤其重要。

ISO 9000-3其实是ISO质量管理和质量保证标准在软件开发、供应和维护中的使用指南,并不作为质量体系注册/认证时的评估准则,主要考虑软件行业的特殊性制订。参照ISO 9001《质量体系设计、开发、生产、安装和服务的质量保证模式》,并引用ISO 8402《质量管理和质量保证术语》,使得ISO 9000系列标准应用范围得以拓展。ISO 9000-3核心内容主要如下。

(1)合同评审。

(2)需方需求规格说明。

(3)开发计划。

(4)质量计划。

(5)设计和实现。

(6)测试和确认。

(7) 验收。

(8) 复制、交付和安装。

(9) 维护。

当我们展望未来时,确保"质量管理"被视为"不只是 ISO 9001 认证"是很重要的,它真的可以帮助组织"实现长期的成功"。这是"推广质量"最广泛的意义,并且鼓励组织看待质量管理超越于仅仅符合一套要求。这可以通过提供联结激发对于诸如 ISO 9004 及其他 ISO 管理体系标准的运用实现。

3.4.3 IEEE 相关的软件质量标准

IEEE 系统软件工程标准由软件工程技术委员会(Technical Committee on Software Engineering,TCSE)之下的软件工程标准工作小组(Software Engineering Standards Subcommittee,SESS)积极创立。

所有的标准依对象导向的观念进行分类,并假设软件工程的工作执行都是透过项目的方式完成,即每一个项目都会与"顾客"互动,它也会耗用某些"资源"以执行某些"流程",而交付特定的"产品"。根据这种理念,软件工程标准汇编便环绕在顾客标准、资源与技术标准、流程标准及产品标准等 4 种对象上,而每一种标准之下又再细分为需求标准(standards)、建议惯例(recommended practices)及指南(guides)。

1. 顾客标准

- 软件获得(software acquisition);
- 软件安全(software safety);
- 软件需求(system requirements);
- 软件开发流程(software life cycle processes)。

2. 流程标准

- 软件质量保证(software quality assurance);
- 软件配置管理(software configuration management);
- 软件单元测试(software unit testing);
- 软件验证与确认(software verification and validation);
- 软件维护(software maintenance);
- 软件项目管理(software project management);
- 软件生命周期流程(software life cycle processes)。

3. 产品标准

- 可靠性度量(measures to produce reliable software);
- 软件质量度量(software quality metrics);
- 软件用户文档(software user documentation)。

4. 资源与技术标准

- 软件测试文件(software test documentation);
- 软件需求规格(software requirements specifications);
- 软件设计描述(software design descriptions);
- 再用链接库的运作概念(concept of operations for interoperating reuse libraries);

- 辅助工具的评估与选择（evaluation and selection of CASE tools）。

3.4.4 IEEE 730-2014：SQA 流程

《IEEE 730-2002 软件质量保证计划》已被《IEEE 730-2014 软件质量保证流程》取代，IEEE 730-2014 规定了启动、规划、控制和执行软件开发或维护项目的软件质量保证流程的要求。该标准与 ISO/IEC/IEEE 12207：2008 的"软件生命周期过程"和 ISO/IEC/IEEE 15289：2011 的"信息内容要求"相协调。IEEE 730-2014 规定了 SQA 的主要任务，其结构如图 3-8 所示。

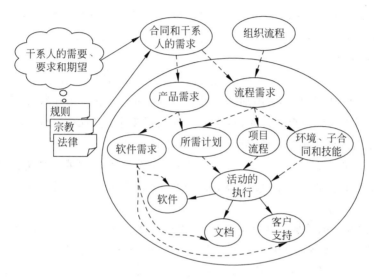

图 3-8　IEEE 730-2014 标准结构示意图

1. SQA 流程实施中的任务

- 建立 SQA 流程；
- 协调相关软件流程；
- 规划 SQA 活动；
- 执行 SQA 计划；
- 管理 SQA 记录；
- 评估和确保组织的客观性。

2. 产品保证期内的任务

- 评估一致性计划；
- 评估产品的一致性；
- 评估产品的可接受性；
- 评估产品支持；
- 测量产品。

3. 过程保证中的任务

- 评估生命周期过程；
- 评估环境；

- 评估转包商流程；
- 衡量流程；
- 评估员工技能和知识。

3.4.5　IEEE 1012-2016：验证与确认

IEEE 1012-2016 是 IEEE 系统、软件和硬件验证和确认(V&V)标准,针对不同的集成层次,明确软件研发生命周期过程中 V&V 的要求。V&V 流程包括产品的分析、评估、审查、检查、评估和测试,用于确定给定活动的开发产品是否符合该活动的要求,以及产品是否满足其预期用途和用户需求,其范围包括系统、软件和硬件以及它们的接口。本标准适用于正在开发、维护或复用的系统、软件(还包括固件和微代码)和硬件(包括商业离岸的遗留传统),包括相应的文档。

(1) IEEE 这样定义"验证":"它是用来评价某一系统或某一组件的过程,判断给定阶段的产品是否满足该阶段开始时施加的条件。"也就是说,验证活动在很大程度上是一种普通的测试活动,要求验证每个开发阶段(例如软件某项需求或多项需求的实现)是否符合先前阶段定义的需求,而且开发人员应严格坚持审计跟踪。

(2) IEEE 这样定义"确认":"它是开发过程中间或结束时对某一系统或某一组件进行评价的过程,以确定它是否满足规定的需求"。换句话说,需要确认已经实现的组件是否按照规格说明书进行工作。

IEEE 1012-2016 的结构分为三部分——软件技术流程、硬件技术流程和系统技术流程,前两者支持后者,如图 3-9 所示。在软件技术流程中,除了贯穿软件研发生命周期的流程——从概念开发、需求分析、架构设计到软件验收、软件安装之外,还有采购流程、供应流程、测试计划、集成/系统/验收测试、验证与确认流程。

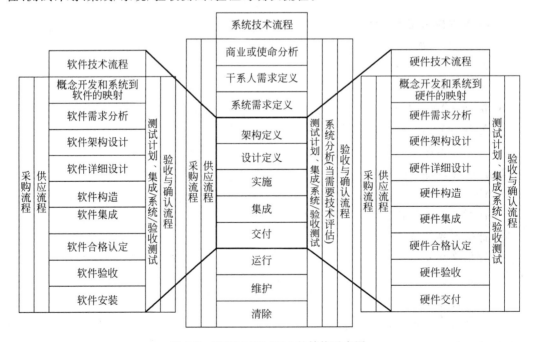

图 3-9　IEEE 1012-2016 的结构示意图

3.4.6 IEEE 1028-2008：评审与审计

IEEE Std 1028 对评审做了较为详尽的标准化工作。评审是对软件元素或者项目状态的一种评估手段,以确定其是否与计划的结果保持一致,并使其得到改进。一般来说,评审包括管理评审、技术评审、审查、走查和审计,如表 3-3 所示。

表 3-3　不同评审形式的说明

类　　别	目　　的	参　与　人	备　　注
管理评审 (management review)	监控进展是否与需求相符,判定计划和进度表的状态及需求在系统中的分配;或评价为达到与目的相符所采用的管理途径的有效性;它们由对本系统负有直接责任的管理人员实行	决策制订者 评审领导人 记录员 管理人员 其他小组成员(可选) 技术人员 客户或用户代表(可选)	
技术评审 (technical review)	评价软件产品,由认定的小组人员决定对预期使用的适宜性,并标识与规格说明和标准的偏差。可能还要推荐各种替换(方案物),以便考核	决策制订者 评审领导人 记录员 技术人员 管理人员(可选) 其他小组成员(可选) 客户和用户代表(可选)	
审查 (inspection)	查出并标识软件产品的反常,验证软件产品是否满足规格说明;验证软件产品是否满足指定的质量属性;验证软件产品是否与用到的规章、标准、指南、计划、规程相符;标识与标准和规格说明的偏差;收集软件工程数据,用收集到的软件工程数据改善审查过程本身,以及相应的支持文档	审查领导人 记录员 读者 作者 审查员	评审的所有参与者都是审查员,管理地位比审查小组所有成员都高的人不应参与
走查 (walk through)	找出反常;改善产品;考虑替换物的实现;评价与标准和规格说明的相符性	走查领导人 记录员 作者 小组成员	
审计 (auditor)	就用到的规章、标准、指南、计划和规程对软件产品和过程独立地提供评价	审计领导人 记录员 作者 项目发起人 审计组织	审计员应将观察到的不相符处和相符处记入文档

3.4.7 CMMI 质量框架

CMMI(Capability Maturity Model Integration,软件能力成熟度模型集成模型)是实现一个组织的集成化过程改进框架,集成了 3 个过程改进模型:软件(SW-CMM)、系统工程

(EIA/IS 731)以及集成化产品和过程开发(IPD CMM)。CMMI 模型将整个软件改进过程分为 5 个成熟度等级,这 5 个等级定义了一个有序的尺度,用以衡量组织软件过程成熟度和评价其软件过程能力。CMMI 模型中最基本的概念是"过程域",在软件和系统工程之间实现了较高的集成性,产生了一些非常具有通用性的工程过程域。CMMI 的模型构件主要有以下 3 类。

(1) 需要的构件,即"目标",表示某个过程域想要达到的最终状态,其实现则表示项目和过程控制已经达到了某种规定的程度。针对单一过程域的目标,称为特定目标;可适用于所有过程域的目标则称为共性目标。

(2) 期望的构件,即"实践",代表了达到目标所"期望的"手段。CMMI 模型中每个实践都恰好映射到一个目标。当然,只要能够实现模型中规定的目标,组织可以采用其他经过认证的手段作为"替代的"实践,而不一定非要采用模型中规定的实践。因此,实践只是模型中期望的构件,而不是需要的构件。同样,针对单一过程域的实践,称之为特定实践;可以用于所有过程域的实践则称为共性实践。

(3) 提供信息的构件有 10 种,分别是目的、介绍性说明、引用、名字、实践与目标关系表、注释、典型工作产品、子实践、学科扩充以及共性实践的详尽描述。这些构件为需要构件和期望构件提供了有益的补充。

CMMI 的思想是一切从顾客需求出发,从整个组织层面上实施过程质量管理,实现从需求管理到项目计划、项目控制、软件获取、质量保证、配置管理的软件过程全面质量管理,正符合了 TQM 的基本原则。因此,它的意义不仅是对软件开发的过程进行控制,它还是一种高效的管理方法,有助于企业最大程度地降低成本,提高质量和用户满意度。总的来说,SQA 是通过协调、审查、促进和跟踪以获取有用信息,形成分析结果以指导软件过程。

1. 提出软件质量需求

软件质量保证部门在新项目的需求分析阶段就开始介入,对形成的软件需求进行分析与评价,并提出可能存在的诸如安全性、可靠性、可扩展性和易用性等问题,再根据软件本身特性、规模及将来的运行环境等进行综合评定,确定软件要满足的质量要求,并记录下来形成正式文档,尽可能地做到对软件周期各个阶段的测量确定一个定量或定性的标准,作为以后各阶段评审的标准和依据。

2. 确定开发方案

经过需求分析阶段深入详细的工作,软件质量保证组与开发部门共同研究确定软件开发方法,选择软件开发所使用的开发工具。各种开发工具都各有所长,各有侧重,根据要开发的软件本身的一些特性和功能要求,同时还要考虑将来的维护,综合平衡考虑软件过程的各个阶段。例如,Delphi 的数据库功能强大,C 比较适合编写底层的程序等,某些情况下可能会同时使用多个开发工具进行混合编程。

3. 阶段评审

阶段评审就是利用在需求分析阶段所选择与制订的标准、规范以及安排的计划,对软件工程各个阶段的进展、完成质量及出现的问题进行正式技术评审,确保过程按计划执行,遵守相应的标准与规范执行,并形成报告。如果发现有不符合的问题,遵循逐级解决的原则进行处理,将处理结果通知所有相关人员,记录解决的过程及结果,以作为日后改进时的重要参考资料。

4．测试管理

测试管理的好坏，直接关系到测试实施的效果。SQA 必须从宏观上制订并监督执行软件测试策略和测试计划，形成测试完成的标准以作为审查时的依据及制订测试策略时的参考，并组织测试人员制订更详细的测试计划与案例，促使测试有效地进行。

5．文档化管理

提到文档化管理，首先想让读者思考一个问题：一个好的组织机构是如何一天比一天、一年比一年变好的？读者可能会说：经验丰富，管理有方，技术过硬。且不说技术，经验与管理意味着他们做了些什么？不是一个好的管理方式拿来一用就是适合的，而是管理体系本身具有自我完善的特性，也就是不断地自我改进。这好像与文档化管理没有直接关系，其实不然。一个组织要使改进成为可能，首先工作要有合理的依据、步骤、方法和解决问题的原则，同时这些过程所产生的数据必须记录在案，以供总结经验时参考、工作时作为依据及评价时作为标准，不断改进并产生新的文档。同样的，SQA 的工作也遵循相同的规则，生成软件文档并对文档的改变进行控制也是 SQA 一项非常重要的工作。不一定所有文档内容都是自己独立形成的，如 ISO 或 GB 等标准与规范也可以列入文档的管理范围内，成为自己文档体系的一部分。

6．验证产品与相应文档和标准的一致性

SQA 人员会依据已经形成的相关文档对应其所处的阶段，对过程进行审查，检查执行情况形成报告，对不符合的问题依据逐级解决的原则做相应的处理，同时对问题的处理过程和结果通知与该问题相关的所有人，并跟踪至问题彻底解决，以确保软件开发过程与相应文档要求一致。

7．建立测量机制

通过以上活动可定性评估项目工作，可以了解工作做到什么程度，达到要求的大致情况，存在哪些不足，最终项目是否可以如期按质按量地完成等。如果客户想知道完成的具体量化的数字，如质量情况占项目的要求百分比，项目进展情况占完成整个项目（包括质量要求与项目阶段）比例是多少等，可能就很难准确回答了。因此，建立软件质量要素的测量机制非常重要，能让 SQA 人员和领导层了解各种指标的量化信息，方便对进度进行精确控制，调整资源，紧急时可以做出准确的决策。

8．记录并生成报告

记录并生成报告属于文档化管理的范畴，前述的文档化管理是对所有阶段、所有人的要求，在这里单独提出来，是作为 SQA 本身活动的一个部分，而且也是 SQA 工作结果的体现之一。

3.4.8 软件过程改进标准

软件过程评估与改进标准主要有两个：SPICE 和 CMMI。其中，SPICE（Software Process Improvement and Capability Determination，软件过程改进和能力确定）上升为国际标准——ISO/IEC 15504 信息技术—过程评估，这是一套用于计算机软件开发过程和相关业务管理功能的技术标准文档，但正在被新的国际标准所代替，例如：

- "ISO/IEC 15504-1：2004 信息技术—过程评估—概念和术语"被 ISO/IEC 33001：2015 代替。

- "ISO/IEC 15504-2：2003 信息技术—过程评估—实施过程与评估要求"被 ISO/IEC 33002：2015、ISO/IEC 33003：2015、ISO/IEC 33004：2015、ISO/IEC 33020：2015 等标准代替。
- "ISO/IEC 15504-3：2004 信息技术—过程评估—为过程评估实施提供指导"被 ISO/IEC TS 33030：2017 标准所代替。
- "ISO/IEC TR 15504-7：2008 信息技术—过程评估—组织成熟度评估"被 ISO/IEC 33001：2015、ISO/IEC 33002：2015、ISO/IEC 33003：2015、ISO/IEC 33004：2015、ISO/IEC TR 33014：2013 等标准代替。

截至目前,ISO/IEC 15504 的第 4～6、8～10 部分依旧有效,但最终也会被 ISO/IEC 330 系列标准所代替。ISO/IEC 15504 的第 4～6、8～10 包含的主要内容如下。

- 过程改进和过程能力确定的使用指南。
- 软件生命周期的示例过程评估模型。
- 系统生命周期的示例过程评估模型。
- IT 服务管理的示例过程评估模型。
- 目标过程简介。
- 安全扩展。

SPICE 过程能力度量框架考虑了评估的过程在执行中的前后关系,涵盖过程参考模型、过程评估模型等,构成一套完整的结构,对实施评估做了详细的要求,并验证过程评估一致性,使其能够保证评估结果的客观、公正、一致和可重复,保证被评估过程具有代表性。过程评估建立在二维模型之上。

(1) 过程维由外部的过程参考模型(PRM)提供,PRM 用来定义一个过程集合,过程由陈述过程的目的和结果表征。

(2) 能力维由测量框架组成,包括 6 个过程能力级别和与其相连的过程属性,评估输出称为过程剖面,由每个过程评估获得的分数的集合构成,同时也包括该过程达到的能力等级。

这个框架可用于组织的计划、管理、监督、控制和改进采办、供应、开发运行、产品和服务的演变和支持。

CMMI 流程改进基本上可归纳为 3 大步：确定流程改进的总体框架、细化框架内的要求和明确流程改进的度量方法与标准。

1. 确定流程改进的总体框架

这部分内容包括 CMM 流程改进的总体方案、总体策略、总体目标、阶段性目标,还包括目标流程的确定,流程改进与项目生命周期的关系,度量体系需要涉及的部分与总体标准,流程中权责分配表及体系文件管理。

- 策略：要求组织明确自己是采取自顶向下或自底向上、一步走或分步到达的方式来执行流程改进过程。
- 目标：分为总体目标与阶段性目标。总体目标,要求组织在较长的时间内,明确组织在实施 CMM 流程改进后可以达到的预定的运行状态。阶段性目标可以理解为大目标下的小里程碑。只有每个小里程碑可以按预期完成,大的目标才有可能达到预期要求。

- 目标流程：一般地，组织的流程相对较多，实施 CMM 为考虑平稳过渡，不可能一次完成所有流程的改进。部分重点流程可能完全被确立为改进流程，而部分流程可能本来与 CMM 的要求相近，只需要做小部分调整。还有一部分流程虽然与 CMM 要求不一致，但其具有很好的独立性，它的存在本身不影响其他流程，同时改进的必要性不大。所以，准备实施 CMM 流程改进时需要考虑改进的目标流程及改进的程度。
- 度量方案与标准：依 CMM 的关键过程域的要求，结合组织的具体情况确定大的度量方案与标准。这与目标是有区别的，目标只是从高层管理者的层面上看希望达到的状态，而度量标准却是衡量流程改进的测量参考数据。两者之间有关系却又有不同的侧重点。
- 体系文件：体系文件就是支持体系所需要的所有的文档的集合。为什么需要对其进行管理呢？原因很简单：保持文档的完整性和有效性。

2. 细化框架内的要求

细化工作主要包括详细的过程定义与描述，详细的度量和过程监控方法，以及整个过程涉及内容的详细有效的文档描述。

有关过程的定义，有标准的模板，内容涉及：

- 目的——定义本过程的目的。
- 角色——本过程中涉及的角色及其职责。
- 入口准则——什么条件会触发本过程的启动。
- 输入——文档、资源和数据。
- 过程步骤——本过程有关的处理步骤。
- 输出——文档、资源和数据。
- 出口准则——什么条件会触发本过程的结束。

对于度量、过程监控方法、工具技术和方法、差距分析、过程改进历史和相关过程，必要时也可以对其进行详细的描述。

3. 明确流程改进的度量方法与标准

度量就是依据度量的目标采集过程相关数据，对数据进行有效的分析以用来评价、跟踪和指导流程，如图 3-10 所示。

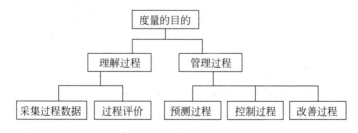

图 3-10　流程改进的度量过程

通常采用的是 GQM(Goal-Question-Measurement，目标问题度量)法，如图 3-11 所示。这种方法通常需要先采集代码缺陷、进度数据、跟踪数据。例如，需要对软件缺陷进行度量设计时，需要考虑：

- 有效地消除和记录缺陷;
- 有效地分析缺陷、有效的缺陷度量评审;
- 有效地缺陷评审报告。

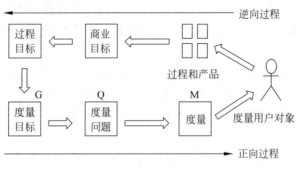

图 3-11　GQM 示意图

3.5　软件质量成本

质量成本(Quality Cost)是追求软件高质量及与此相关的活动所带来的一切成本,这好比"管理是有成本的"。质量与生产率之间有着内在的联系,高生产率必须以质量合格为前提。从短期效益看,追求高质量会延长软件开发时间并且增大费用,似乎降低了生产率。从长期效益看,高质量将保证软件开发的全过程更加规范流畅,大大降低了软件的维护代价,实质上是提高了生产率,同时可获得很好的信誉。下面介绍质量成本的概念,然后对软件质量成本进行分析,以帮助改进质量、提高软件开发的生产率。

3.5.1　质量成本

质量的成本属性,可以追溯到日本质量大师田口玄一的质量思想。田口玄一在多年研究和实践的基础上,创造性地提出了关于质量的定义:所谓质量,是指产品上市后给社会带来的损失。田口把产品质量与给社会带来的损失联系在一起,即质量好的产品就是上市后给社会带来损失小的产品。这个定义保存了满足社会需要的中心内容,在本质上它与 ISO 9000:2000 给出的质量定义是一致的。田口关于质量的定义最有价值之处是引入了质量损失的概念,开辟了定量研究质量的道路。日本的众多企业就是用田口的质量管理方法进行质量管理的。

真正的"质量成本"概念,是由美国质量大师费根堡姆在 1945 年美国电子工程师杂志上提出来的,1951 年在他所著的 *Total Quality Control*《全面质量控制》一书中作了说明,1956 年在《哈佛经营周刊》杂志上再次作了详尽的解释。他主张把质量预防费用和检验费用与因产品不符合要求所造成的厂内损失和厂外损失一起加以考虑,并形成质量成本报告,帮助企业管理者了解质量问题对企业经济效益的影响,成为进行质量决策的依据。

质量成本是为保证满意的质量而发生的费用与没有达到满意的质量所造成损失的总和,包括保证费用和损失费用,这是 ISO 8402—1994 所给出的标准定义,即质量成本可以分为质量保证成本和损失成本。

- 保证成本：为保证满意的质量而发生的费用。
- 损失成本：没有达到满意的质量所造成损失。

有的专家建议将质量成本分为预防成本、评价成本（或称评估性成本）和失效成本（补救性成本）。

- 预防成本：预防产生质量问题（软件缺陷）的费用，是企业的计划性支出，专门用来确保在软件产品交付和服务的各个环节（需求分析、设计、测试、维护等）不出现失误，如质量管理人员投入、制订质量计划、持续的质量改善工作、市场调查、教育与和培训等费用。
- 评价成本：是指在交付和服务环节上，为评定软件产品或服务是否符合质量要求而进行的试验、软件测试和质量评估等所必需的支出，如软件规格说明书审查、系统设计的技术审计、测试设备、内部产品审核、供货商评估与审核报告等。
- 失效成本：分为内部失效成果和外部失效成果，如果在软件发布之前发现质量问题而要求重做、修改和问题分析所带来的成本属内部失效成本，包括修正软件缺陷、返工、回归测试、重新设计和重新构造软件，以及因产品或服务不合要求导致延误带来的失效成本。软件发布之后给用户带来的失效成本是外部成本，包括现场维护、处理客户的投诉、产品更新或出紧急补丁包件、恢复用户数据等。外部失效成本比内部失效成本要大得多。

质量预防成本和质量评价成本之和就是质量保证成本；失效成本就是劣质成本（COPQ），在 3.5.2 节做详细介绍。

质量成本设置的目的是为了质量成本的优化，要使预防成本、评价成本和失效成本的总和最小，使质量成本各要素之间保持合理的结构。其观点建立在这样的认识基础上——质量越高，所花费的成本会越高。为维持或提高质量水平，避免产生过高的故障成本，必须付出一定的预防和保证费用，并使两者之间取得有效平衡。例如，评审可以发现软件产品的问题，检查与评估进行得越细致、彻底，客户发现的质量缺陷就越少，但是评审并不能改进被评估的产品或服务的质量，不能杜绝有质量缺陷的产品。所以，加大预防成本能够降低评价成本，同样能够减少补救性支出。

质量成本将质量与企业经济效益直接联系起来，质量得以用货币语言来表达，质量语言和货币语言形成对话，从一个务虚的概念转换成一个务实的概念，使企业管理层对质量及其管理的意义和作用有了新的认识，更容易树立质量至上的理念，进一步加大质量管理力度，使企业立于不败之地。这是质量成本对社会经济发展的重大贡献。

20 世纪 90 年代以后，质量专家又将质量成本分为符合性成本和非符合性成本。符合性成本是指现有的过程没有故障而能满足顾客所有明示或隐含的需求所发生的费用；非符合性成本是指现有过程的故障所发生的费用。明确了研究质量成本的目的就是为了降低非符合性成本，这就提高了质量成本的实用性。

质量成本得到了西方国家的普遍重视，后来朱兰、克劳士比等质量大师又对此概念做了补充和完善。特别是随着朱兰博士"矿中黄金"理论的提出，更使建立在这一基础之上的质量成本理论日趋完善。质量大师朱兰曾在《朱兰论质量策划》一书中对质量下过两个定义：产品特征和没有缺陷。

（1）产品特征越好，客户就觉得质量越高，产品就越容易销售，同时较高的质量通常有较高的成本。

（2）没有缺陷或缺陷较少，质量越高。质量是靠差异性表示的，即实际表现与客户的期望所存在的差异被用来衡量质量的程度。每一个缺陷都会带来修复这个缺陷的成本，就这个意义上的质量说，有较高的质量通常有较少的成本。

他给出了这两种概念的对比，如表 3-4 所示。

表 3-4　产品特征和没有缺陷的对比

对　　比	产 品 特 征	没 有 缺 陷
	较高的质量，使公司能	较高的质量，使公司做到
1	提高客户的满意度	降低差错率
2	增强产品可销性	减少返工和废料
3	符合竞争	减少现场失职和保证费
4	提高市场份额	减少检验和试验费
5	提高销售收入	减少客户的不满意度
6	获得优惠价格	提高产量和能力
7	对销售额有很大影响	改进交货绩效
8	较高的质量通常有较高的成本	有较高的质量通常有较少的成本

3.5.2　劣质成本 PONC 和 COPQ

追溯质量管理理论演变和发展的过程，可以了解到：质量成本和劣质成本都与质量密切相关，是质量管理的重要方法。质量成本概念是劣质成本概念的基础；劣质成本概念是对质量成本概念的继承和发展。下面，介绍劣质成本的两个重要概念：PONC 和 COPQ。

- PONC，即"不符合要求的代价"（Price of Nonconformance）或称"劣质成本"，是指由于缺乏质量而造成的人力、财力、物力以及时间成本的浪费。PONC 是在"零缺陷"质量管理中，为了更有效地衡量质量成本而引入的一个重要概念。
- COPQ，即"不良成本"（Cost of Poor Quality）或称"劣质成本"。COPQ 指所有由过程、产品和服务中的质量缺陷引起的费用。COPQ 则是六西格玛质量管理中的一个重要概念，用于有效地衡量质量成本、质量改进过程在经营效益上的表现。

虽然 PONC 和 COPQ 在定义上有些差异，但从思想或基本内容上看，PONC 和 COPQ 是一致的，可以说是同一个概念，只不过由不同的学派（零缺陷、六西格玛等）提出来的。

关于劣质成本，除了田口玄一，还有其他质量大师的论述。例如，朱兰认为"每一项任务都能毫无缺陷地执行，就不会发生的成本"；克劳士比认为"第一次没有把事情做对而产生的所有费用都应为劣质成本"。按照质量损失的要素，劣质成本可分为如下 3 类。

（1）故障成本，包括质量成本中的外部故障成本、内部故障成本，需采取返工、返修、纠正等补救措施所花费的成本。

（2）过程成本，包括非增值成本（非增值的预防成本和鉴定成本）、低效率过程成本（如多余的操作、重复的作业、低效或无效的服务和管理）、机会损失成本（指如果没有缺陷就不会发生的费用，或者可以减少的费用，由于没有努力去采取措施而导致增加的费用）。

（3）损失成本，包括顾客损失成本（指顾客在使用产品或服务的过程中，给顾客所造成的各种额外的费用及负担，它的增加或超过顾客的承受能力，就会失去忠诚的顾客而使企业蒙受损失）、信誉损失成本（指过程损害了企业信誉，造成顾客流失以及市场份额降低的损失）。

从劣质成本的要素构成，可看出"故障""过程""机会"和"顾客"是其关注点。这为降低成本指明了清晰的思路和途径，是对质量成本的突破和完善。

对于软件，劣质成本又有哪些呢？很容易就能列出一些：

* 验证缺陷；
* 回退到原来位置/版本（Roll Back）；
* 代码完成后功能修改、测试用例修改；
* 缺陷报告质量低；
* 回归测试和不断的重复测试；
* 错误的开发环境或测试环境；
* 为修正客户发现的问题，紧急发布程序补丁。

由于劣质软件产品，对于软件企业，同样会产生一些间接的、不可低估的甚至巨大的成本——订单/合同丢失、企业市场机会损失、企业信誉损失等所造成的成本。即使对于可以统计的财务数据的项目，劣质成本还是非常可观的，吞噬着企业的利润。例如，在制造业中，在那些没有建立完善的质量管理体系的企业，劣质成本占总成本的 20%～25%；如果企业成功实施了"零缺陷"和"六西格玛"质量管理，劣质成本占总成本的 10%～15%，甚至更低 6%～8%。在软件业中，劣质成本占软件开发成本的 40%～80%。

曾经对一个国际性的软件公司做了一个调查，选择了 10 个项目，即"开发人员修正缺陷、测试人员验证缺陷、返工、设计或代码完成后的需求变化、不清楚或无效的缺陷报告、代码完成后补充的测试用例、由于缺陷修复后所做的回归测试、测试环境设置错误、产品发布后遗漏的缺陷验证、为产品发布后遗漏的缺陷出补丁包等"，统计结果表明，劣质成本竟高达 45.86%，如果考虑开发周期的延长导致市场销售时机的错过、销售额的下降和产品发布后遗漏的缺陷导致客户的抱怨而影响销售额等，劣质成本肯定超过 50%。这就是软件业的质量现状，所以在软件业更需要大力推进质量的改进。

许多质量成本支出是隐性的，很难通过常规的质量成本评估系统进行测定。即使被发现，其中很大一部分也会被认为是企业的正常经营支出。多数质量成本系统无法检测的隐性成本主要集中在客户补救成本、信誉损失成本和客户不满成本 3 方面。虽然这些成本不能通过常规质量成本系统确定，但在成本构成中却占有相当大的比重。现有与未来客户是否购买产品就与这些成本有关。消除了外部问题因素，这些支出也随之消失。因此，消除企业外部补救支出尤其重要。

英国有句格言："每个人家中的门后都有一个骷髅"，这样的"骷髅"也存在我们的企业中，就是平时不为人注意的"隐形工厂"，不断造成损耗和浪费。在表面用于生产和销售的成本消耗背后，存在着惊人的浪费。每家企业、每个组织都有一个巨大的"隐形工厂"。正如克劳士比所说"在大多数组织中，他们在垃圾箱中浪费的金钱比他们废品桶中的损失更多"。质量成本犹如海洋中的冰山，看到的直接成本（如收费的账单出错、失败的项目、现场运行故障）是冰山一角，大部分的间接的质量成本是看不见的，好比隐藏在海平面以下的冰山主体，给企业带来的损失是巨大的，如图 3-12 所示。

所以，PONC 和 COPQ 的思想基础就是"质量提高了，劣质成本就低了，企业成本也会降低"，即费根堡姆指出的，质量与成本之间的关系是"和"不是"差"。质量成本和劣质成本

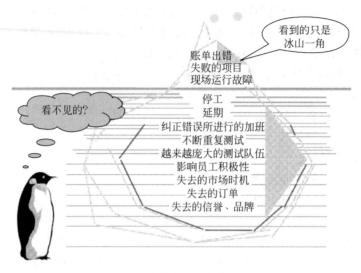

图 3-12 质量成本——海洋中的冰山

是两种质量观的体现,质量成本反映了传统的质量观,劣质成本(PONC 和 COPQ)代表着现代质量观。

质量成本依据财务部门提供的现成数据和企业财务活动结果,对各类质量成本的变化趋势进行分析,研究改进的途径,而对这些数据所反应的实质及数据背后所隐藏着的潜力分析较少,同时对现有数据之外的问题研究也很少见,从而造成企业对质量成本关注不够。

劣质成本引导我们对财务数据进行深层次的研究和分析,透过现有数据看到潜在和隐含的问题,揭示质量和成本之间的关系及其规律。劣质成本让我们透过数据追溯过程,对过程的各个环节、各项作业进行分析,判断其有效性和增值性。例如,对质量特性值的偏离状况,即使不超出规格限制,也要分析偏离的幅度,提高质量水平。它还通过对时间、资源、程序、环境和管理等众多因素的剖析,研究这些因素的影响及可能造成的损失,把握各种可能实施质量改进和降低成本的机会。

概括地说,质量成本的立足点是企业的成本,目的是将企业的成本降低,而对顾客利益方面的考虑则很少。劣质成本立足点是客户满意度,目的是减少质量损失,继承了质量成本的有效成分,扩展和延伸了质量成本的内涵和功能,使质量和成本、效益更加紧密地融合,把质量管理推进到新的阶段。

本 章 小 结

现代软件质量工程体系继承了全面质量管理思想,要求组织中每个人都承担质量的责任,将质量融于整个软件开发生命周期,从需求分析、设计、编程、测试到维护,所有软件开发流程中都包含有质量控制、保证和改进的流程。

软件质量工程体系,涵盖质量计划、质量风险管理、质量成本控制和质量计划的实施等内容。质量计划的制订受质量文化影响、质量方针指导,通过对影响质量各种因素的分析,了解可能存在的质量风险,从而加以回避和控制。通过对软件产品、过程的测量和质量的度量,不断改进软件开发过程,以达到软件质量预先设定的目标。

思 考 题

1. 软件质量工程体系的核心是什么？如何构建适合自己的软件质量工程体系？
2. 如何利用软件质量标准指导质量管理工作？
3. 定义质量成本和劣质成本有什么意义？

实　践　篇
软件质量工程的关键活动与实践

第4章 软件质量控制

所谓第一次就做对,是指一次就做到符合要求。因此,若没有"要求"可循,就根本没一次就符合"要求"的可能了。

——菲利浦·克劳士比(Philip Crosby)

一个成功的软件公司总是把软件产品质量看作企业的生命,而开发过程的质量直接影响着交付产品的质量。软件质量控制不仅包括产品的质量控制,而且包括开发过程的质量控制。前者是短期的、被动的;后者是全面的、长期的、主动的、可以预期的。软件质量控制不但涉及软件开发的各个部门,也贯穿于项目开发过程的所有环节。

通过不同的软件质量控制的方法和工具,达到软件质量设定的状态或目标,是本章要讨论的主要内容。

4.1 软件质量控制活动

4.1.1 控制论原理

顾名思义,控制论是关于控制的理论。"控制"一词汉语解释是"掌握住对象不使任意活动或超出范围"。例如,控制病情、控制情绪、控制犯罪等,虽然控制对象不同,但作为控制过程却有相同之处,《控制论与科学方法论》一书中对此总结如下。

(1) 被控制对象必须存在多种发展的可能性,了解其可能性空间。

(2) 在可能性空间中选择某一状态作为目标。

(3) 控制条件,使控制对象向既定目标转化。

选定了目标,并不是一下子就可以达成转化,这时可借助负反馈调节进行控制。负反馈调节是一个不断减少目标差的过程,系统不断把控制结果与目标作比较,使得目标差在一次次控制中慢慢减少,最后达到控制的目的。其控制原理如图4-1所示。作为有效的负反馈机制具备两个环节:①一旦出现目标差,产生反馈,控制系统进行减少目标差的调节;②减少目标差的调节作用能累积起来,控制着向目标方向逐步靠近。

如果把被控制对象看作一个黑箱,则可以借助黑箱理论来理解控制系统。控制系统通过一组输入输出变量对被控制对象发生作用。其中,

- 输入:可控制变量。通过构造控制条件,对被控制对象施以影响。输入变量愈多,控制能力愈强。

- 输出:可观察变量。通过测量观察变量,获得信息才可以比较、检验。输出变量愈多,获得的反馈愈多。

控制论认为,认识黑箱有两种方法:一种是打开黑箱;一种是不打开黑箱。打开黑箱是施加一定的控制影响原有黑箱结构,直接观察和控制黑箱的内部机理;不打开黑箱是不影响原有黑箱结构,通过外部输入输出探究黑箱内部机理。在软件测试中,常会应用黑箱理论(黑盒方法),如图 4-2 所示。

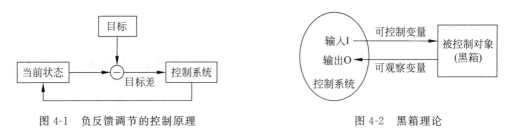

图 4-1 负反馈调节的控制原理   图 4-2 黑箱理论

4.1.2 软件质量控制概述

ISO 9000 中对质量控制的定义为"致力于满足质量要求的一系列活动,它是质量管理的一部分"。质量控制围绕质量要求开展活动,但并不包含建立质量要求、质量标准等活动,先有质量要求、再有质量控制,此概念应用到软件质量控制领域同样适用。

质量大师朱兰认为"质量控制是一个常规的过程,通过它度量实际的质量性能,并与标准比较,当出现异常时采取行动"。这个概念阐述了质量控制过程所包含的要素,有质量标准、度量、比较、发现异常和采取行动。

软件工程大师 Donald Reifer 对软件质量控制的定义是,"软件质量控制是一系列验证活动,在软件开发过程的任何一点进行评估:开发的产品是否在技术上符合上一个阶段制订的规约"。在这个定义里,将软件质量控制视为更为广泛的验证活动;验证所需要的质量要求来源不限,可以是预先制订的任何规约;但限定了软件质量控制只是针对产品从技术上加以验证,把过程质量排除在外了。

软件工程领域专家 Fisher 和 Light 在 *Definitions in Software Quality Management* 中这样定义:"质量控制是对规程和产品的符合性的评估,独立找出缺陷并予以更正以使产品与需求相符。"在这个定义里则将过程质量纳入了质量控制范围内。

综上所述,软件质量控制可以看作是围绕软件质量要求或目标这个靶心所做的一系列反馈活动,使质量对象符合要求或控制在某个特定范围之内。开发组织和质量组织使用软件质量控制可以在最低的成本条件和时间条件下,提供满足客户质量要求的软件产品并且不断地改进开发过程和开发组织、质量组织本身。

4.1.3 软件质量控制活动

软件质量控制活动通过检查软件项目指定的交付件(文档、代码、执行程序和数据等)来决定它们与建立的标准是否符合(包括需求、合同、约定、设计和计划等),质量控制对象既包括过程交付件也包括最终产品。

传统上认为,测试和评审是软件质量控制的基本活动。评审属于静态性检查方法,是阶段性软件产品质量、软件过程质量控制的主要检查手段。测试则是动态检查方法,通过执行软件发现软件本身的缺陷。对照前面软件质量控制定义,可以认为软件开发过程中一切与测量、检查、审核等相关的质量活动均属于软件质量控制活动。在质量管理体系中与此相关的术语有:测试、检查、检验、验证、确认、鉴定、评审、审核、测量和度量等。

如图 4-3 所示,质量控制活动可以设在软件开发过程的任何地方,可以是一个具体的质量控制点,也可以是一个阶段性的质量控制过程。例如,需求评审属于质量控制点,系统测试则属于质量控制阶段。

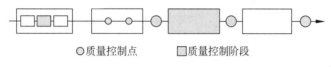

◯质量控制点　　☐质量控制阶段

图 4-3　质量控制活动

一般来说,软件质量控制活动包括以下 7 个步骤。

(1) 选择软件质量控制对象,属于产品、过程和资源某一类。

(2) 选择需要检查的质量特性,对于不同控制对象质量特性不一样。

(3) 确定规格标准,详细说明软件质量特性及质量要求。

(4) 制订检查方案,选取能准确测量该特性值或对应过程参数的项目、测量工具等。

(5) 进行实际测量并做好数据记录。

(6) 分析实际与规格之间存在差异的原因。

(7) 采取相应的纠正措施,进入下一个质量控制过程。

如此循环往复,形成反馈环,将软件质量控制在新的水准上。一个完整的软件质量控制活动体现了软件质量控制模型以及软件质量控制的一些方法,这些将在后面的章节逐一介绍。

4.2　软件质量控制的一般方法

软件质量控制的主要目的是获得更高的开发效率,避免返工,提高市场竞争力,从而为客户提供符合质量需求的、稳定可靠的软件产品。它是控制方法的集合,包括组织进行软件建模、度量、评审及其他活动。另外,软件质量控制也是一个流程,把组织所有活动的内容文档化并不断改进更新,以便产生更好的质量控制方法。软件质量控制的一般性方法有目标问题度量法、风险管理法和 PDCA 质量控制法(戴明环)。

4.2.1　目标问题度量法

目标问题度量法(Goal-Question-Metric,GQM)是由马里兰大学的 Basili 提出的,面向目标自上而下逐步细化到度量的方法,如图 4-4 所示。

- 目标(Goal):概念层面。它是一个对象在特定环境、特定视角下所产生的各类质量问题。这个对象可以是质量控制模型中的产品、过程、资源等控制参数。

- 问题(Question):操作层面。用来评定既定目标的一系列问题,问题是建立在一定的相关特性的质量模型基础上,所以选择问题应尽可能地刻画度量目标。

* 度量(Metric)：数据层面。为了回答每个问题所收集到的一套数据集。这些数据可以是客观数据，如程序长度；也可以是主观数据，如用户满意度。

目标问题度量法中设定度量目标是关键，有关目标可以从3个维度阐述：对象、问题和视角，如图4-5所示。例如，从项目经理的视角看项目进度是否正常，则对象为项目进度，问题为是否正常，视角为项目经理。

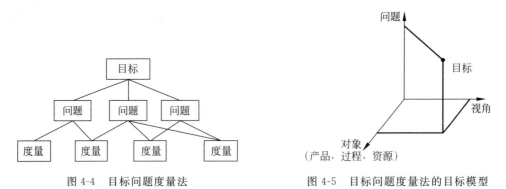

图 4-4　目标问题度量法　　　　图 4-5　目标问题度量法的目标模型

目标问题度量法是通过确认软件质量目标，并且持续观察这些目标是否达到软件质量控制的一种方法。具体做法是，根据客户的质量需求建立软件质量度量标准，根据这些量化的质量特性，有针对性地控制开发过程及其开发活动，从而控制开发过程的质量与产品的质量。

图4-6是一个导弹模拟软件的质量控制示意图，其质量在不断地收集数据和维护性开发的过程中得到提高。

图 4-6　目标问题度量法过程示例

这个例子中有3个关键，具体如下。

(1) 质量控制目标：改善导弹模拟的可靠性。目标表述十分具体和明确，定好目标是为了更好地理解在开发期间发生了什么，并且可以评估已经完成的部分哪些需要改进。

(2) 量化控制目标：可以试想一些问题，例如，在运行中发生了哪些问题？为什么会有偏差发生？如何研究正在发生的偏差？这些问题都有助于使目标量化。

(3) 度量：产品的缺陷次数，按照类别划分的发射失败缺陷的发生频率；缺陷发生所在阶段的频率分布，或按导致发射失败的原因进行归纳。

收集和分析必要的缺陷数据后，做出质量改进计划。并将这些数据保存起来，长期使用，使软件质量在一个阶段内持续地改进。最后根据导弹与软件模拟偏差的数据，确认目标是否达到。如果没有达到目标，那么应该选择适当的质量控制技术，对开发过程、产品及资源实行总体控制，完成增长型开发的控制循环。

【案例】 某项目为改进变更请求管理的及时性,对改进情况采用目标问题度量法进行度量,其分析过程表 4-1 所示。

表 4-1 目标问题度量法应用案例

目标	问 题	度 量
从项目管理者的视角改进变更请求管理的及时性问题:及时性 对象:变更请求管理 视角:项目管理者	Q1:当前变更请求处理速度是多少?	M1:平均周期 M2:标准差 M3:％超出上限的比例
	Q2:变更请求管理过程的实际执行情况如何?	M4:管理者的主观评定 M5:％评审发现的过程执行异常比例
	Q3:变更请求处理时间的估计值与实际值的偏差是多少?	M6:％(当前平均周期－估计平均周期)/当前平均周期×100 M7:管理者的主观评价
	Q4:过程改进的执行情况如何?	M8:％当前平均周期/基线平均周期×100
	Q5:当前执行情况管理者是否满意?	M7:管理者的主观评价
	Q6:当前执行情况是否有明显改善?	M8:％当前平均周期/基线平均周期×100

4.2.2 风险管理法

软件风险管理法是识别与控制软件开发中对成功达到质量目标危害最大的那些因素的系统性方法。进行风险管理意味着危机还没有发生之前就对它进行处理,这就提高了项目成功的概率并减小了不可避免风险所产生的后果。卡耐基梅隆大学的软件工程研究所(Software Engineering Institute,SEI)是软件工程研究与应用的权威机构,旨在领导、改进软件工程实践,以提高软件为主导的系统的质量。SEI 风险控制一般可以分成 5 个步骤,即风险识别、风险分析、风险计划、风险控制和风险跟踪,各步骤之间关系如图 4-7 所示,下面将逐一说明。

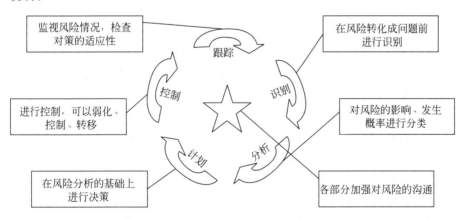

图 4-7 SEI 风险管理模型

1. 风险识别

风险识别是用系统化的方法确定威胁质量目标实现的因素。识别方法包括风险检查表、头脑风暴会议、流程图分析以及与项目人员面谈等。前两种方法比较常用。风险检查表建立在以往开发类似项目曾经遇到的风险基础上,如开发时利用了某种技术,那么有过这种技术开发经验的个人或者项目组就能指出他们在利用这种技术时遇到过的问题;头脑风暴会议可以围绕项目的范围、进度、成本和质量等方面有可能会出现的问题展开,讨论和列举出项目可能出现的各种风险,如表 4-2 所示。

表 4-2　软件项目中各阶段的风险

软件进行阶段	有可能出现的风险预期
计划阶段	①项目目标不清; ②项目范围不明确; ③用户参与少或与用户沟通少; ④对业务和需求了解不够; ⑤没有进行可行性研究
设计阶段	①项目队伍缺乏经验,如缺乏有经验的系统分析员; ②没有变更控制计划,以至变更没有依据; ③计划仓促,带来进度方面风险; ④漏项,由于设计人员疏忽某个功能没有考虑进去
实施阶段	①开发环境不具备; ②设计错误; ③程序员开发能力差,或程序员对开发工具不熟悉; ④项目范围改变,如突然修改一些功能,需要重新考虑设计; ⑤项目进度改变,如要求提前完成任务等; ⑥人员的变动,导致软件开发工作的不连续; ⑦开发团队内部沟通不够,程序员对系统设计的理解有偏差; ⑧没有有效的备用方案; ⑨没有合理的测试计划和测试经验
发布阶段	①软件产品质量差; ②客户不满意; ③设备没有按时到货; ④资金不能回收

对不同的项目应具体问题具体分析,识别出真正可能发生在该项目上的风险事件。

2. 风险分析

风险分析可以分为定性风险分析和定量风险分析。

- 定性风险分析是评估已识别风险的影响和可能性的过程,根据对项目目标可能的影响对风险进行排序。它在明确特定风险和指导风险应对方面十分重要。
- 定量风险分析是量化分析每种风险的概率及其对项目目标造成的后果,同时也要分析项目总体风险的程度。

不同的风险对项目的影响各不相同,主要从以下 3 个方面进行考虑。

(1)风险的性质,即风险发生时可能产生的问题严重性。

(2)风险的范围,即风险发生时影响的范围大小。

(3)风险的时间,即何时能感受到风险及风险维持多长时间。

据此确定风险估计的加权系数,得到项目的风险估计。风险严重程度等级如表 4-3 所示。

表 4-3　风险严重程度等级

影 响 程 度	标　　准	等　　级
危险	严重影响软件项目,可能导致项目被取消或者直接失败	10~9
高	影响软件项目进度,导致产品延期,客户抱怨严重	8~7
中	影响软件项目的预算或者软件性能,客户不满意	6~5
低	开发进程受到影响,但能够很快地解决,客户有些不满	4~3
小	对开发影响很小,客户很难察觉,或者认同这类影响	2~0

通过对风险进行量化、选择和排序,可以知道哪些风险必须要应对,哪些可以接受,哪些可以忽略。进行风险管理应该把主要精力集中在那些影响力大、影响范围广、概率高以及可能发生的阶段性的风险上。

3. 风险计划

制订风险行动计划,应考虑以下部分:责任、资源、时间、活动、应对措施、结果和负责人。建立示警的阈值是风险计划过程中的主要活动之一。阈值与项目中的量化目标紧密结合,定义了该目标的警告级别。

该阶段涉及参考计划、基准计划和应急计划等不同类型的计划。

* 参考计划:是用来与当前建议进行比较的参考点。
* 基准计划:是建议的计划编制基础,是项目实施的起始位置。
* 应急计划:是建立在基准计划基础上的补充计划,包括启动意外情况应对措施的触发点。

在这一阶段有巩固与解释、选择与细化、支持与说服等特定的任务。

* 巩固与解释:是指以文件的形式记录、核实、评估并报告参考计划和风险分析,完成项目风险管理全过程的更新,并提供对当前状态的描述。
* 选择与细化:是指使用参考计划和风险分析选择管理策略,并开发基准计划和应急计划,其中包括行动计划。
* 支持与说服:是指要对基准计划和应急计划为什么有效果和有效率进行解释,并提供目前最有说服力的案例。

4. 风险控制

风险控制主要采用的应对方法有风险避免、风险弱化、风险承担和风险转移,具体说明如下。

* 风险避免:通过变更软件项目计划消除风险或风险的触发条件,使目标免受影响。这是一种事前的风险应对策略。例如,采用更熟悉、更成熟的技术,澄清不明确的需求,增加资源和时间,减少项目工作范围,避免不熟悉的分包商等。
* 风险弱化:将风险事件的概率或结果降低到可以接受的程度,当然降低概率更为有效。例如,选择更简单的开发流程,进行更多的系统测试,开发软件原型系统,增加备份设计等。
* 风险承担:表示接受风险,不改变项目计划(或没有合适的策略应付风险),而考虑发生后如何应对,如制订应急计划、风险应变程序,甚至仅仅进行应急储备和监控,发生紧急情况时随机应变。例如,软件项目正在进行,有一些人要离开项目组,可以制订应急计划,保障有后备人员可用,同时确定项目组成员离开以及交接的程序。

- 风险转移:不去消除风险,而是将软件项目的风险连同应对的权力转移给第三方(第三方应知晓有风险并有承受能力)。这也是一种事前的应对策略,如签订不同种类的合同,或签订补偿性合同。

5. 风险跟踪

在风险被识别出来以后,我们要做好风险跟踪,具体如下。

(1) 监视风险的状况,如风险是已经发生、仍然存在还是已经消失。

(2) 检查风险的对策是否有效、跟踪机制是否在运行。

(3) 不断识别新的风险并制订对策。

可以通过以下几种方法进行有效的风险跟踪。

(1) 风险审计:项目管理员应帮助项目组检查监控机制是否得到执行。项目经理应定期进行风险审核,尤其在项目关键处进行事件跟踪和主要风险因素跟踪.以进行风险的再评估;对没有预计到的风险制订新的应对计划。

(2) 偏差分析:项目经理应定期与基准计划进行比较,分析成本和时间上的偏差,如未能按期完工、超出预算等。

(3) 技术指标分析:技术指标分析主要是比较原定技术指标和实际技术指标的差异,如测试未能达到性能要求等。

【案例】 某产品的研发依赖某外部计划、人员不稳定、风险高。为了预防问题发生、保证产品的按时高质量交付,该项目采取了如下措施。

(1) 安排了专门的项目风险管理员,统一负责风险识别、风险分析、制订风险管理计划、风险控制等活动。

(2) 制订专门的风险管理表,把各个风险项按技术、管理等进行分类并系统地进行管理。风险状态包括打开和关闭两种;关闭指风险得到缓解或者接受、风险不存在等;打开指风险仍然存在。风险发生前采取避免/减缓措施,风险一旦发生则转应急计划。

(3) 风险责任到人,保证每个风险项的计划得到有效执行。

(4) 项目例会上设置风险管理议题,通报风险监控进展,收集新的风险项,更新风险管理状态。

通过严格实施风险管理制度,最终规避了很多风险。该项目的风险管理为后续建立组织级的风险管理库提供了重要的输入。表4-4给出了一个风险管理的应用案例。

表4-4 风险管理应用案例

类　　别	风险描述	风险级别	避免/减缓措施	应急计划
技术	需求不明确,造成开发返工	M	·加强需求评审、澄清 ·与客户反复沟通 ·增加需求确认环节,确认后再转开发 ·阶段性向客户演示、听取反馈意见	·及时评估影响 ·不得已情况下暂停开发,重新确认需求
管理	计划进度过于紧张,不能按时交付	H	·安排加班 ·任务排序,优先完成高优先级的任务	·申请增加有经验人员 ·不得已情况下请求延期

4.2.3 PDCA质量控制法

PDCA，又称"戴明环"，最早由休哈特在 20 世纪 30 年代提出，后由戴明在 20 世纪 50 年代再度挖掘，被广泛应用于质量管理中。PDCA 后来又衍生了很多变种，如 PDSA、SDCA 等。

PDCA 由计划（Plan）、执行（Do）、检查（Check）和行动（Action）组成，如图 4-8 所示。

图 4-8　PDCA 质量控制法组成示例图

1. P——计划

计划就是分析现状，发现问题，找出原因特别是主要原因，制订质量方针、质量目标、质量计划书和管理原则等。管理原则有"过程方法""管理的系统方法"和"持续改进"等。关于质量的计划，见第 10 章。

2. D——执行

执行是计划的履行和实现，即按计划去落实具体对策，并实施过程的监控，使活动按预期设想前进，最终达到计划设定的目标。

3. C——检查

检查是对执行后效果的评估。检查是伴随着实施过程自始至终不断地收集数据、获取信息的过程，并通过数据分析、结果度量来完成检查。检查在过程实施之初也应该经过充分的策划，为效果做好评估。内部审核就是一项主要的检查工作。

在 PDCA 循环中，检查是承上启下的重要一环，是自我完善机制的关键。没有检查就无法发现问题，改进就无从谈起。在管理体系标准中，检查主要有以两种形式。

- 管理体系的检查：包括内部审核、管理评审、法律法规符合性评价以及绩效测量等。
- 产品和运行过程的检查：包括产品审核、产品检验、过程的监视和测量以及安全关键特性的测量等。

这两种检查形式相辅相成，体系的检查指导产品检查的具体实施。

4. A——行动

重点在于检查之后要采取措施，即总结成功的经验、吸取失败的教训，实施标准化，以后依据标准执行。行动是 PDCA 循环的升华过程，没有行动就不可能有提高。

PDCA 循环方法是闭合的，同时具有螺旋上升的必然趋势。PDCA 循环告诉我们，只有经过周密的策划才能付诸实施，实施的过程必须受控，对实施过程进行检查的信息要经过数据分析形成结果，检查的结果必须支持过程的改进。处置得当才能防止同类不合格（问题）的再次发生，达到预防的效果。例如，标准要求建立的预防机制：对监控、检查、内审和评审中发现的不合格部分，除及时纠正外，还需要针对产生的原因制订纠正措施，对纠正措施的评审、实施的监控及实施后的效果进行验证或确认，达到预防不合格、改进过程或体系的作用，使质量控制体系有效运行，进而保证持续、稳定地开发高水平产品。

【案例】 某公司端到端的产品研发流程框架如图 4-9 所示。整个流程分为概念阶段、计划阶段、开发阶段、验证阶段、发布与维护阶段，设置了 4 个决策评审点和 7 个技术评审点，它们与 PDCA 的映射关系如下。

（1）从大的方面看，P为概念阶段和计划阶段，D为开发阶段，C为验证阶段，A为发布与维护阶段。

（2）针对某个子阶段又可以进一步细分，组成一个PDCA。例如，每个开发阶段按迭代流程分为：迭代计划、迭代开发、迭代测试和迭代发布。

（3）评审点相当于PDCA中的C，决策评审点和技术评审点分别从管理和技术两方面对软件产品进行质量控制。

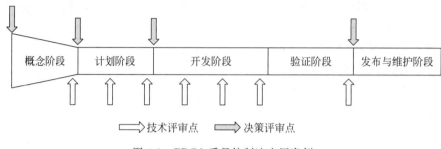

图 4-9　PDCA质量控制法应用案例

4.3　软件质量控制模型

当开发一个特定项目时，在项目的组织、计划和实施质量控制的过程中，必须非常了解软件质量控制的模型，才能简单有效地运用软件控制技术，进行全面质量控制。

4.3.1　软件质量控制模型概述

软件质量控制模型是指对于一个特定的软件开发项目，在如何计划和控制软件质量方面，为一个开发团队提供具体组织和实施指导的框架。为了使软件质量控制选项和所得到的软件质量结果之间形成一种定量关系，软件质量控制模型也可以作为开发组织在长期的项目开发中积累信息的框架。

图 4-10 是全面软件质量控制模型及其各组成要素的示意图。

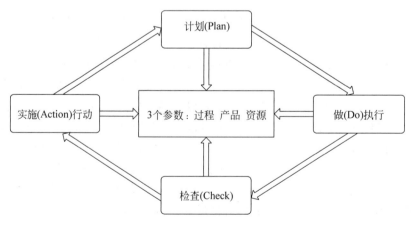

图 4-10　软件质量控制模型

对软件产品质量产生影响的过程,产品和资源是关系到该怎么去做、生产什么和用什么去做等方面的问题,而软件质量控制模型是一个 PDCA 循环过程,是调节和控制这些影响软件产品质量的参数的过程。我国 20 多年的全面质量管理(Total Quality Management, TQM)工作的实践,被证明是行之有效的质量管理理念。在 ISO 9000:2000 的修订换版中被 ISO 国际标准化组织接受并且纳入新版的 ISO 9000《质量管理体系》标准之中。

4.3.2 软件质量控制模型要素分析

在质量控制模型中的 3 类控制参数(产品、资源和过程)是具有相关性的。在质量控制中,应该不断地对这些参数进行调整与检查。

1. 产品

在质量控制中应该明确的是,一个过程的输出产品不会比输入产品质量更高。如果输入产品有缺陷,那么这些缺陷不仅不会在后续产品中自动消失,甚至它对后续阶段产品的影响将成倍放大。当发现产品的质量与预想有很大差别时,应反馈到前面的过程并采取纠正措施。这是产品的一个重要特性,也是软件质量控制的关键特性之一。

2. 过程

在质量控制中,一些过程是进行质量设计并将质量构建在产品中,而另一些过程则是对质量进行检查。因此,不管是管理过程还是技术过程,对软件质量都有着直接而重要的影响。

过程对质量的影响,通常包括以下几类。

- 产品质量是通过开发过程设计并进入产品的,同时也会引入缺陷。
- 在产品中已经获得的质量是通过检查过程来了解和确认的。
- 一个过程所涉及的组织或部门的数目以及它们之间的关系将影响引入差错的概率,也影响发现和纠正差错的概率。组织或部门的数目越多,技术接口、沟通等就会越复杂,更容易产生不一致及差错。不同组织或部门所具有的独立性以及权力也不一样,导致在开发过程中贯彻标准的力度不同。

3. 资源

资源指为了得到满足质量要求的软件产品的过程所使用的时间、资金、人和设备。资源的数量和质量通常以下列方式影响软件产品的质量。

- 人力资源是整个软件生命周期中对软件质量及生产效率最重要的影响因素。软件是一个智力型产品,人是决定的因素,而且软件开发人员的知识、能力、经验和判断都相差很大。
- 时间在一般情况下都是不够充分的,特别是在软件需求分析和单元测试阶段,表现得最为明显。
- 软件开发环境或测试设备的不足可能会使差错发生率提高,同时发现并纠正差错所需的时间也将增加。例如,当编译环境不稳定,人们是很难在这种情况下集中力量开发和测试软件的,由此而导致的开发时间和开发成本的增加和质量的降低是经常发生的。

4.3.3 软件质量控制技术

在理解了软件质量的模型和要素之后,下面介绍两类最常用的质量控制技术:文档编制控制技术和项目进展控制技术,先看一下它们的主要特征。

1. 软件质量控制技术的主要特征

(1) 软件生命周期的可运用性特征。质量控制技术可以运用于软件生命周期的不同阶段。项目之初必须做好质量计划,确保能在适当的开发阶段选用有效的控制技术。

(2) 预防性和检测性的结合性特征。预防性质量控制技术用以避免错误,指导怎么正确地做事,即通过对过程、产品和资源设立流程等方法,预防在产品开发过程中产生缺陷。根据软件工程原理和以往类似系统的经验,可以知道哪些预防性控制技术可以得到更高质量的产品,哪些因素可能会引起缺陷。因此软件工程原理和以往类似软件系统开发的经验是选择预防性质量控制技术的基础。

检测性质量控制技术是用来发现缺陷并予以纠正的技术,用于查找产品、过程和资源中的缺陷,从而评估产品的质量。一些检测性技术,不但找出缺陷,而且还分析缺陷产生的原因,对后续产品的开发进行指导,因此也具有预防性的作用。在实际软件开发工作中,一般都结合采用这两种技术,取长补短,从而达到最优化。

(3) 不同的质量控制技术对不同的质量控制参数有不同的影响。质量控制技术与三类质量控制参数之间有一定的作用关系。例如,在软件审计时,受到影响的产品有需求、接口和设计;受到影响的过程有需求分析、配置管理、软件测试部分;而受到影响的资源则为人力、管理、开发和测试设备。但不是所有的控制技术对每个参数都有影响。例如,可靠性建模这一控制技术,只会影响产品(设计、编码)和资源(为测试进行时间安排),而不会影响过程。

通过软件质量控制模型,可以看到软件质量控制是通过调节质量控制参数实现的。因此,准确理解质量控制技术与质量控制参数(产品、过程和资源)之间的关系,对于选择合适的质量控制技术至关重要。在引入缺陷的参数类型已经被识别并且可以纠正时,正确把握它们之间的关系,有针对性地选用那些对该参数类型能产生有效影响的控制技术,修复已产生的缺陷,并且尽量防止差错的再发生。

2. 文档编制控制技术

软件中涉及的文档对整个软件系统生命周期的质量保证是很重要的,因此引入文档编制控制的一些规则,以确保文档的可用性、可读性和完整性。具有这些特性或受这些规则约束的文档叫作受控文档。质量记录是一种特殊的受控文档。

管理受控文档的主要目标如下。

(1) 确保文档质量。

(2) 确保文档技术完整性。

(3) 确保文档符合结构规程和条例(包括模板使用、签名)。

(4) 确保文档的未来可用性,在维护、二次开发和用户投诉时需要此类文档。

(5) 支持软件失效原因的调查并能更好地支持未来纠正性措施。

管理从受控文档的生成到最后声明作废的操作的 SQA 工具被称为文档编制控制规则

（规程）。依照不同软件产品、维护、客户和结构等特征，机构之间文档编制控制规则也不相同。

文档编制控制规则包括以下几个部分。

- 受控文档清单。
- 受控文档的编制。
- 受控文档的批准。
- 受控文档的存储与检索结果方面的问题。

3. 项目进展控制技术

有的项目状态中会显示日期或预算正处于"黄色警告信号旗"和"红色危险信号旗"，产生的主要原因有以下几种可能情况。

- 对进度安排和预算过度乐观。
- 软件风险管理不够专业，表现为对软件风险反应迟钝或不合时宜。
- 对进度安排或预算困难的识别为时过晚。

第一种情况可以通过使用合同评审和项目计划工具预防。后面两种情况应该使用项目进展控制（CMM 使用术语：软件项目跟踪）防止。项目进展控制主要与项目的管理方面有关，即进度安排、人力和其他资源、预算和风险管理。

项目进展控制的目标是：早期检测非常规的事件，及时响应并促进其完全解决。它包括以下几个主要部分。

（1）风险管理活动的控制。对识别出来的软件风险项采取的措施。管理人员通过评审定期报告和评估进展信息等工作，以发现软件项目实施中出现的风险征兆，加以防范与控制。

（2）项目进度控制。涉及遵守项目批准的和合同约定的时间表。除了跟踪定期报告之外，还要跟踪项目里程碑（milestone），对合同中提到的顾客需求的里程碑应该特别关注。管理人员更注重控制那些对项目完成日期造成威胁的关键延期。

（3）项目资源控制。主要着重于人力资源，同时也涉及软件开发和测试的各种硬件和设施。管理人员基于使用资源的定期报告进行控制，应当根据实际项目进展的状况来审视这些报告。

（4）项目预算控制。基于真实成本和计划成本的比较。

项目进展管理制度的执行通常有一些规则，如：

（1）执行进展控制任务的职责分配，包括负责执行进展控制任务的人员或管理单位；所需的从各个项目单位和管理层上报的频率；要求项目负责人立即向管理人员上报的情况；要求低层人员立即向高层管理人员上报的情况。

（2）项目进展的管理审计，主要包括项目领导和较低层经理是怎样向更高层经理传送进展报告的，待启动的专门管理控制活动。

4.3.4 软件质量控制的实施与跟踪

选取适当的软件控制技术之后，接下来按照软件质量控制模型以及 3 个参数的调节，进行 PDCA 循环实施过程。

1. 软件质量控制的实施过程

软件质量控制过程就是在软件寿命周期的所有阶段,应用质量控制模型对产品、过程和资源的控制过程。软件质量控制模型中的"计划""做""检查""行动"这4个基本要素,在每一个开发阶段都要不止一次地循环应用,以实现那个阶段的质量目标。从产品开发的整个大过程看,准备阶段则是这4个基本要素中的"计划";在开发阶段和维护阶段,"做"计划的各种开发或维护活动,同时进行"检查",若发现未满足需求,则要采取"行动",改善开发和维护过程。

1) 准备阶段

准备阶段是指系统实施之前所经历的项目初始阶段。在准备阶段,客户方(甲方)通常要完成基本需求的研究、发布招标请求和评标以及与系统开发者签订合同等一系列的活动,具体如下。

(1) 计划(Plan):计划要采用的质量控制过程。在可用资源、已认识到的风险、经验和资金的基础上,制订选择开发组织的标准;选择已获得证实的、效果好的软件工程技术工具和方法。

(2) 做(Do):制作开发需求分析文档,包括功能和质量需求的规格说明、任务的描述、招标书评选的标准、进度计划数据和将来应移交的产品的要求等。

(3) 检查(Check):检查需求分析文档的质量,必要时采取措施进行改进;针对不同开发组织对需求分析文档的反应情况,对照选择的标准,选择合适的开发组织。

(4) 行动(Action):根据对开发组织、开发过程的选择以及已认识到的风险、可用资源等情况,提出改善质量控制的计划。

2) 开发阶段

在这一阶段,质量控制的典型活动如下。

(1) 计划(Plan):根据需求和风险提出详细的开发过程、要求使用的资源以及要得到的产品。此阶段的工作主要由开发者做,但要得到客户的认同。

(2) 做(Do):用计划的资源执行开发计划。此阶段的工作由开发组织实施。

(3) 检查(Check):检查计划与预期得到的结果的一致性。此阶段的工作由开发组织和客户共同实施。

(4) 行动(Action):改善计划、过程、资源分配以及产品。根据检查结果,审查并重新认识风险。此阶段的工作在客户认同的情况下由开发组织负责实施。

3) 维护阶段

在维护阶段,为了修复软件缺陷,或者由于需求变化而要进行改变,或者为了提高系统的性能,需要经常对系统进行各种维护活动。在这一阶段,软件质量控制要进行的主要活动如下。

(1) 计划(Plan):计划维护阶段处理缺陷的过程。

(2) 检查(Check,框架检查):检查目标是否已达到。

(3) 检查(Check,细节检查,维护性检查):检查并记录缺陷密度及修复速度,以确定什么时候进行软件的改变才能提高效率,改善质量,减少费用。

(4) 行动(Action):对影响已移交的软件的质量因素,特别是与运行性能、可维护性相关的质量因素进行研究,以提供数据。

2. 软件质量控制的跟踪与修订

在开发活动中,经常会发生一些变化。这些变化使软件质量控制计划中所做的假设可能不成立。由于这些变化,在决策时可能要增加更多的限制条件。有的活动完成了,就需要排除某些先前计划的选项。特别是在检查点上,有可能发生某些非计划的但很重要的事件,如需求方面有重大的改变。此时,要求重新考虑质量控制计划,并且在必要时进行修订。

(1) 在选定开发团队之后修订计划,其原因是:选定开发团队后,会出现一些新的风险根源和某些未知因素;同时,选定的开发人员,这时也可能会提出他们的风险估计并计划采取控制风险的措施。因此,至少风险要重新估计,特别是针对选定开发人员之后的那些不适合的风险要重新估计。

(2) 在开发进行期间客户和开发组织可能会带来更多的限制条件和风险,也可能减少甚至消除某些风险。因此,软件质量控制计划也要重新评审,至少在每个检查点应当做计划的评审及修改工作。例如:

- 评审在检查点上所获得的信息。
- 如果必要的话,修改质量需求和限制条件。
- 评审风险:检查风险是否发生了变化,如果风险发生了变化,那么要重新评审,必要时修改计划的内容。
- 修订计划:应修订的内容包括消除不需要的技术,增加要用到的技术,改变技术的使用等级,相应地调整进度和活动顺序。最后,将这些修订后的内容形成文档,纳入计划整体。

4.4 软件质量控制工具

近来,软件行业有通过使用科学方法来精确管理软件工程的趋势,广泛用于传统行业的质量工程和统计工具也开始逐渐运用到软件开发中。质量控制的 7 种基本控制工具最初由石川馨提出,它们是检查表、Pareto 图、直方图、散布图、分层法、控制图和因果图。有时分层法被更为常用的流程图或运行图(趋势图)所代替,被称为质量控制基础工具或质量老七工具。这些质量控制基础工具简单、实用,是软件质量管理中必不可少的工具。后来,日本科技联盟为了激发创新、交流信息需要,又提出管理新七工具:亲和图、关联图、树图(系统图)、矩阵图、矩阵数据分析、箭条图和过程决策程序图(PDPC)。整个质量工具一览表,如表 4-5 所示。后续重点介绍质量老七工具、部分常用的新七工具,表中其他后续未做详细介绍的工具在此简述如下。

- 雷达图:用于描绘一组指标现有状况与目标之间差距的大小程度。其形状如雷达的放射波,具有指引方向的作用,故而得名。
- 箭条图:明确各任务之间的顺序关系,常用于计划制订。箭条用于表示任务先后顺序。
- 箱线图:用于显示一组数据离散情况关键信息的统计图,包括:上边界、上四分位值 Q3、中位数、下四分位值 Q1、下边界。箱线图因其形状如箱子而得名。
- 矩阵数据分析法:对矩阵图法中的行与列之间因素的相关程度予以定量表示的方

法,是新七种工具唯一利用数据分析问题的方法。

- 质量功能展开 QFD：采用一定的规范化方法将顾客所需特性转化为一系列工程特性。
- 头脑风暴法：也称集思广益法,采用会议的方式广开言路、激发灵感,引导每个人发表独立见解的一种集体创造思维的方法。
- 水平对比法：是一项有系统的、持续性的评估过程,通过不断地将企业流程与世界处于领先地位的企业相比较,以获得有助于改善质量管理、经营绩效的信息。

表 4-5　质量管理工具

定量分析工具	检查表	直方图	散布图	矩阵数据分析
	运行图	控制图	网络图	Pareto 图
定性分析工具	亲和图	因果图	矩阵图	雷达图
	关联图	箱线图	树图	过程决策程序图(PDPC)
方法	质量功能展开(QFD)		头脑风暴法	水平对比法

后来,在质量管理工作中又逐步演变出很多新工具,在此重点推荐 FMEA、SIPOC、5WHY、5W2H 这几款经常用到的工具。

4.4.1　检查表和质量记录

1. 检查表

在质量管理中,我们需要收集数据,检查表(check list)是为每种文档专门构造的条目清单,或者是在进行某项活动之前所必须完成的准备清单,用来收集数据、检查和掌握整个过程的关键点,其方法有效、简单、处理简便。软件开发过程要经历很多阶段,每个阶段都有一组特定的任务要完成,都有入口(开始)和出口(结束)的标准。检查表能帮助开发人员/编写者确保每一组的任务完成,并覆盖每个任务中的重要因素或质量特性。

检查表的使用程度主要依赖检查表的专业属性,用户对检查表的熟悉程度及其可用性。检查表的使用有以下好处。

- 帮助开发人员进行各项任务的自检。
- 帮助开发人员发现没有完成的段落或其他丢失的错误。
- 有助于开发人员的任务准备。
- 保证评审组成员所评审的文档的完整性。
- 有助于提高评审会议的效率。

检查表在各个软件公司是被普遍使用的,通常是过程文档的一部分。有一种检查表是共同性缺陷清单,它是缺陷预防过程(DDP)的起始阶段的一部分。DDP 通常包括以下 3 个关键的步骤。

- 分析缺陷并找出原因。
- 执行大家提议的行动。
- 召开阶段首次会议,作为反馈机制重要组成部分。

阶段首次会议是由技术小组在每个开发阶段开始时召开的,评审共同性缺陷清单并集体讨论如何避免缺陷是焦点问题之一,表 4-6 是软件升级产品发布的检查表示例。

表 4-6　某软件升级产品发布检查表示例

项　目　组	项　目　内　容	结　　果
日志	有没有工程发布日志	有
	有没有达到里程碑	有
	有没有联系人及电话号码	有
	有没有任务详单	有
	新任务/BUG 修复	新任务
文档	是否用新的文档模板	是
	发布名称,发布日期	有
	第一责任人	XXX
	安装/备份向导内容	有
	联系人列表	有
	有没有拼写错误	无
QA 发布报告	用的是新的报告模板	是
	发布名称及简介	齐全
	发布类型及版本号	有
	安全性能	提高
	对用户的不良影响	需重新安装
	ROLL BACK 计划	有
	联系人列表	有
	高层已经签署	是

一个完善的检查表包括检查项目以及每个检查项目的检查方法、通过标准、权重、检查结果的记录方式、检查依据等。

检查表一般用来对事实进行粗略的描述和分析,检查结果是否反映质量本身,取决于检查范围和检查内容,检查项本身的粒度粗细也会影响检查执行结果。有关检查表的编制属于文档编写,此部分参见软件质量保证相关内容。

2. 质量记录

质量记录是软件项目质量活动所留下的记录,是质量体系有效运行的客观证据。检查表的检查依据很大部分来源于质量记录。

质量记录力求真实、完整。根据质量记录,可以了解一个软件产品实现过程的执行情况,如做了哪些活动,活动内容有哪些,做得怎么样等。常见的质量记录信息有:活动执行结果、会议纪要、评审记录、培训记录、经验总结等。项目完成后,质量记录按项目归档,以备后续查阅。例如,CMM 等级评估的实践证明来自于前期项目的质量记录。

质量记录作为一种文档存在形式,需要考虑其组织与标识、保存方式、如何检索、归档处置等问题,一般会有专门的说明文档。例如,PJM XX 项目 开工会 会议纪要 YYYYMMDD,代表该文档记录的是软件项目开工会的会议过程的记录。

4.4.2 Pareto 图和直方图

1. Pareto 图

Pareto 图,又称排列图或帕累托图。Pareto 分析在软件质量中是最适用的,因为软件缺陷或它的密度分布总是不相同的,大量的缺陷往往存在着聚集模式,也就是说大量的缺陷集中存在少数质量较差的模块或部件中,或者说80%以上的缺陷是由于20%的那部分主要原因造成的。通过 Pareto 图正好找出影响质量的这些主要因素、确立改进方向等。例如:

- 20%的错误来源80%的模块。
- 20%的用例发现80%的 Bug。
- 20%的操作影响80%的用户体验。
- 20%的模块消耗80%的系统资源。
- 20%的原因造成80%的产品不合格。

在 Pareto 图中,横坐标为所取的影响质量因素的分类数据,统计各自发生频数,按所占比率(频率)从大到小用条状块依次排列,纵坐标为累计频率,连接每个分类数据绘制累计频率曲线。

例如,Grady 和 Caswell 为惠普(HP)4 个软件项目提出一个关于软件缺陷分类的 Pareto 分析。结果发现,有3种类型的缺陷占了总缺陷的30%以上,它们是需要新功能或不同处理,需要对现有数据进行不同的组织和表现以及用户需要额外的数据字段。通过把注意力集中在这些更普遍的缺陷类型上,确定引起问题的可能原因,并且实施过程改进,惠普就能实现显著的质量改进,如图 4-11 所示。

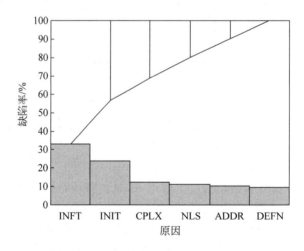

图 4-11 用 Pareto 图分析软件缺陷

2. 直方图

直方图,又称柱状图或质量分布图。由一系列间隔相等、高度不等的纵向段表示数据分布的情况。图 4-12 分别展示了软件产品质量(缺陷)管理的两个简单例子。图中可以看出,Pareto 图就是排序后的直方图。

一个简单的直方图基本能传达所需的信息,分析管理人员能够一目了然地了解项目总体质量状态。

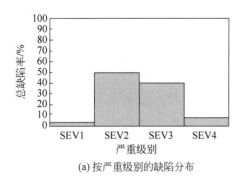
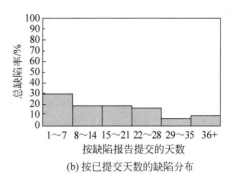

(a) 按严重级别的缺陷分布　　　(b) 按已提交天数的缺陷分布

图 4-12　直方图示例

4.4.3　运行图

运行图又叫折线图或时序图,是以时间轴为横坐标,变量为纵坐标的一种图,可以观察变量随时间变化是否呈现某种趋势或规律。在软件项目管理中也经常看到运行图的实例,运行图被用来与预测情况或历史记录数据进行比较,从而在某些方面解释所发生的情况。例如,可以通过运行图来监视每星期出现的缺陷和在正式机器测试期间积累的缺陷,这些图可作为实时的质量报告和工作记录。另外,可以追踪超过修补响应时间标准的软件修补百分比,从而保证及时地把修补发送到顾客手中。

如图 4-13 所示为逾期修补的百分比情况。

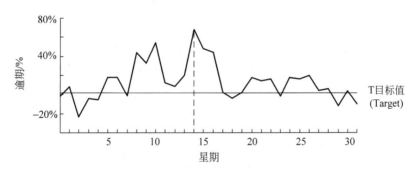

图 4-13　逾期修补百分比运行图

在质量管理里收集最多的是时间-缺陷数据,并由此来分析缺陷走势、可靠性增长等。运行图的数据可以是单次的,也可以是累计的。通过运行图,观察当前工作表现与目标和前一时期表现的差异;或观察运行图中有无重大变化和变化趋势,判断其原因所在,以便采取措施。

运行图中的数据变化趋势只是代表一个走势,具体的走势是否合理还需要结合控制图进行指标分析。

4.4.4　散布图与控制图

1. 散布图

散布图又称散点图,用来研究两个变量之间的相关关系。与前面 4 个工具相比,散布较少在软件质量控制中应用,因为它需要精确的数据,所以一般和调查性工作联系在一起,如相关分析、回归和统计模型之类的技术工作。

图 4-14 是一个散布图示例。

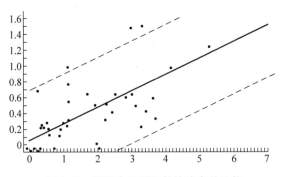

图 4-14　两平台重用组件缺陷率的比较

散布图的其他应用实例还包括同一产品的当前发布和先前发布之间在缺陷数、输入和输出、质量指数方面的关系,测试缺陷率和现场缺陷率之间的关系等。

散布图中包含的数据越多,分析的效果就越好。因素之间的关系包括原因与结果的关系,结果与结果的关系,原因与原因的关系。散布图显示因素之间存在相关性,但并不代表它们之间存在因果关系。

2. 控制图

控制图是用来实现精确质量统计分析的又一款工具。它是统计量的正态分布图在时间序列上的表示。控制图是实现统计过程控制中很有用的工具,可是在软件开发中,用正式的统计过程控制方式的控制图是很少的,因为软件开发过程的过程能力准确定义是很难实现的,也是基本不可能做到的。过程能力是过程关于规格的固有变异,过程变异越小,过程的能力就越大。如果用统计学的公式,过程能力被定义为 $C_p = \dfrac{|\,UCL - LCL\,|}{6\sigma}$,其中,UCL 和 LCL 代表的是控制上限和下限,σ 是过程的标准偏差,6σ 就是整体过程变异,控制界限设

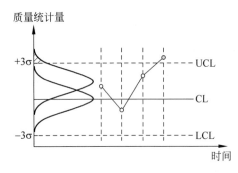

图 4-15　控制图示例

定在 CL±3σ 范围,呈正态分布。过程能力值体现了能力值与目标值的偏移。理论上所有的统计量落在 CL±3σ 能力值区间内,如果有某个目标值偏离了此能力范围,则需要进行异常分析。例如,图 4-15 中最右边的一个点落在了 UCL 控制线范围之外,则需要对该点所对应的过程进行分析,找到产生异常的原因;如果有需要,还会采取措施对过程进行调整。

传统制造企业每天生产很多零件,过程变异和过程能力能够进行统计学的计算,控制图也能在实时的基础上运用。但是软件开发和制造业在一些方面是不同的,以下这些不同之处使得评估软件开发的过程能力变得不切实际。

- 在软件项目中,用度量表达客户定义的规格说明是非常困难的,大部分度量定义的规格是不存在的。
- 传统制造行业生产产品,而软件是开发出来的,要经过很多阶段和很长时间,一个项

目才能完成。

- 在开发过程中,执行质量要求的严格程度不同会导致质量等级不同。
- 软件开发技术和过程变化迅速,而且多个过程经常被一起使用。

正因为有这些问题,控制图不作为正式统计过程控制和过程能力的方法,一般把它作为改进产品一致性和稳定性的工具,因为不是用在实时的情况下,它也被称为伪控制图。

4.4.5 因果图

因果图又叫鱼骨图或石川图,是一种用于分析质量特性(结果)与可能影响质量特性的因素(原因)的工具,常在根因分析的时候使用。通过因果图可以逐层分析并表达出因果关系,从表及里,进而寻找措施、促进问题的解决。

因果图的分析过程如下。

(1) 确定需要分析的主题(结果)。对需要分析的问题,应提得尽量具体、明确、有针对性。

(2) 讨论造成问题原因的主要种类。如果不好决定,可采用一般性的 6M 分类:人员(ManPower)、机器(Machine)、材料(Material)、环境(Mother-nature)、方法(Method)、测量(Measurement)。

(3) 针对各种分类找到所有可能的原因进行分析。分析过程要集思广益,可以采用头脑风暴法共同参与。

(4) 针对子原因再进行分析,找到更深层次的原因。原因的分析,应细化到可以采取具体措施为止。

(5) 找出所有的原因后,集中讨论,确定哪些是关键原因。大原因不一定是关键原因。

(6) 针对不同原因还可以设置权重、计数,确定最关键原因。当不确定关键因素时,在采取措施后,可再用 Pareto 图等方法检验其效果。

最终因果图表达出来就像一个鱼骨,因此得名鱼骨图。鱼头代表结果,鱼身上的一根根鱼刺代表可能原因,大刺代表各个分类要因,如图 4-16 所示。

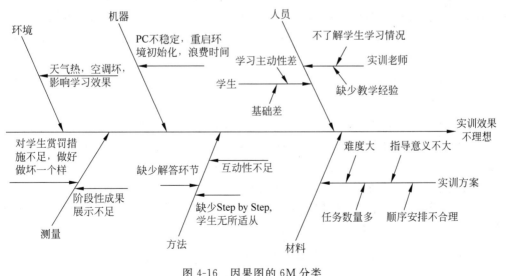

图 4-16　因果图的 6M 分类

【案例】 某学院计算机课程实训效果不理想,从6M方面进行根因分析如下。其中,学生也认为主要原因在于方法和材料方面,与负责实训的企业沟通后,降低难度、减少任务数量,按 Step by Step(一步步)指导学生,实训效果有了很大的改善。

最好的示例也就是由 Grady 和 Caswell 给出的关于惠普项目的因果图,这个开发小组在努力改进软件质量的过程中首先使用了 Pareto 图,并发现和寄存器分配相关联的缺陷在他们的项目中是最多的。该小组还召开了针对这些问题的会议,借助图 4-17 所示的因果图发现了寄存器使用的不良作用和不正确的用法是缺陷产生主要原因。究其根本是由寄存器操作知识的不完备引发的。由于发现了这一条,惠普分部采取行动,在后续项目进行之前提供了相关的正确培训和文档,以避免类似错误的再次发生。

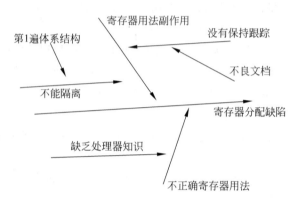

图 4-17　因果图示例

4.4.6　亲和图和关联图

1. 亲和图

亲和图是一种数据精简的图示方法,通过识别各种观点潜在的相似性对其进行分类,如用于归纳、整理由"头脑风暴法"产生的观点、想法等语言资料。亲和图把大量的定性输入转化为少量的关键因素、结构或类别。亲和图有利于分析质量问题(如软件缺陷)、顾客投诉、顾客满意度调查等。例如,澳大利亚的质量组织在 Modern Approaches to Software Quality Improvement 中就通过一个亲和图描述软件开发过程改进的一些要素:创新、适用性增强、过程控制等,如图 4-18 所示。

2. 关联图

关联图和亲和图有些类似,亲和图是对不同的项目、问题或观点进行分类,而关联图试图找出不同的问题或观点的相互之间影响的关系,用于将关系纷繁复杂的因素按"原因-结果"或"目的-手段"等有逻辑地连接起来的一种图形方法,如图 4-19 所示。关联图可以把各种分析问题的观点串联起来,形成解决问题的思路或有效途径。在关联图中存在一些根节点(起始节点),它们往往是解决问题的关键。关联图和亲和图结合起来使用比较好。

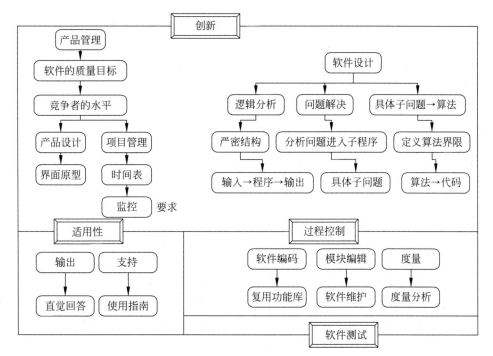

图 4-18 软件开发过程亲和图示例

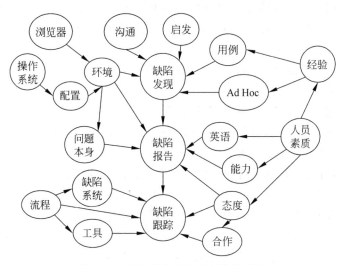

图 4-19 软件缺陷原因分析的关联图

4.4.7 FMEA 失效模式与影响分析

FMEA(Failure Mode and Effects Analysis)又叫潜在失效模式与后果分析,旨在强调该失效模式是潜在的、没有实际发生的,从这点上看,它本质上属于预防性措施,将可能发生的失效提前考虑到,它可应用于软件的产品研发、软件过程的设计阶段。失效模式指的是产品失效的外在表现形式,影响分析指的是对失效后所造成的后果或带来的影响进行分析。根据分析结果对各类失效模式进行排序,优先级高的失效模式优先采取相应的保护措施。

FMEA 最早应用于美国军队,后来在其他行业得到进一步发展。将此应用于软件系统就是 SFMEA(Software Failure Mode and Effects Analysis),专注于与软件相关的失效模式的分析。

FMEA 的应用步骤如图 4-20 所示。下面结合"消息发送失败"这一失效模式的分析说明该过程。

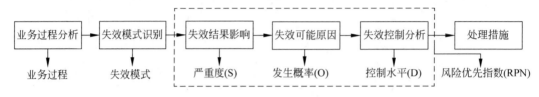

图 4-20　FMEA 的应用步骤

- 业务过程分析:首先确定 FMEA 分析对象的边界(分析的范围),然后明确业务对象的过程步骤(有哪些步骤、每步的功能要求),可以采用流程图的方式梳理业务过程,每步动作名称可以采用动名词短语命名,如"发送接口消息"。

- 失效模式识别:针对每个功能步骤识别出可能会发生的各类失效模式,即可能会发生哪些不期望或不应发生的事情,这部分很大程度上来源于经验和历史数据,有积累的组织会建立自己的故障模式库。例如,发送消息可能存在的失效模式有"发送错误消息""发送消息失败""发送消息收不到响应"等。

- 失效结果的影响:包括失效的潜在影响和失效严重性两部分。失效潜在影响包括失效发生会产生什么样的后果、给客户造成的影响是什么。根据影响分析结果对其失效严重性给出一个量化的等级。失效严重性等级定义在组织内应有统一的规范,主要从对客户所造成的损害角度衡量。例如,定义失效严重性S∈{1~10},S=10代表最严重。

- 失效的可能原因:包括每种模式发生的可能原因、每种原因发生的概率。每种失效模式发生的可能原因分析从业务处理逻辑关系上找出会导致该失效的所有可能原因,然后再对该原因发生概率给出一个量化值。若有历史失效模式统计数据,该概率数字较易得到,若没有这样的统计数据作支撑,只能根据经验给出。例如,定义失效原因发生的概率 O∈{1~10},O=10代表必定发生。

- 失效控制分析:针对每个原因,当前在可控范围内所进行的控制,包括失效是否能被检测出,是否能被阻止,万一失效是否能自动恢复等,这些控制措施多大程度上能减少失效发生的可能性,避免失效产品到达客户手中。根据控制分析结果对其控制水平给出一个量化的等级数字。例如,定义控制水平 D∈{1~10},D=10代表发生了一定不能检测出、控制住。

- 失效风险优先指数(RPN):RPN=S·O·D。量化失效模式的危害性(CRIT)公式是CRIT=S·O。根据值的大小对失效模式进行排序,确定行动的优先级。值越大优先级越高。在实际操作中较多的是采用 S·O 值判断失效风险性的大小,以确认是否需要进行相应的处理。

- 失效模式处理的建议措施:对于高风险的失效模式进行相应的控制处理,包括失效检测、失效阻止、失效自动恢复等。例如,软件系统常采用的备份机制、容灾措施、双机集群等。

【案例】 表 4-7 所示为某业务处理流程的建立连接过程的 FMEA 分析,最终提炼到 4 条设计要求:物理连接状态监控处理、业务层消息超时重发、监控 Socket 连接可用性和吊死后自动释放重连。

表 4-7　FMEA 分析过程的应用案例

功能过程	失效模式	潜在失效影响	影响严重性等级(S)	潜在失效原因	发生概率(O)	现行失效控制	控制水平等级(D)	失效风险优先指数 RPN	建议措施
建立连接	建立连接失败	业务中断	10	物理连接中断	2	单点故障,无保护措施	10	200	• 提供备用物理连接 • 监控物理连接状态
			10	Socket 连接中断	5	对 Socket 连接状态有检测,中断会自动重连	1	50	不处理
			10	网络平面故障	2	有网络平面故障检测,一旦发生故障可定位出,但故障属于系统范围外的,无法阻止	1	20	不处理
	连接不稳定	业务时断时续、数据丢失	5	网络不稳定	2	在业务层缺少处理,依赖底层重发机制	8	80	超发重发机制
	连接吊死	假连接,无法处理业务	10	中断重连机制问题	1	缺少监控	10	100	监控连接可用性,吊死自动释放重连

4.4.8　SIPOC

SIPOC 是由一代质量大师戴明提出来的组织系统模型,常用于流程管理和改进的技术,如图 4-21 所示。SIPOC 每个字母各代表:Supplier 供应者;Input 输入;Process 流程;Output 输出;Customer 客户。它是在流程的 IPO 的基础上又增加了两个要素——S 和 C,分别代表"谁为过程提供输入"和"过程输出交付给谁使用"。通过它可以迅速地了解过程关键要素的方法。

SIPOC 应用步骤如下。

- 识别过程。确定过程的范围、起点和终点。该过程可大可小,可以是一个组织内的宏观过程(如研发流程),也可以是某个组织内的某个活动(如研发流程中的评审活动)。
- 过程的输入和输出。将过程看成黑盒,以此为边界,输入是实施过程的基础、条件,输出是实施过程的结果。例如,项目范围就是项目的输入,项目成果就是项目的输出。过程中不同活动之间相互配合,上游过程的输出是下游过程的输入。

- 过程的关键步骤。按过程活动的顺序列出关键步骤。针对关键步骤再进一步填充细节。可以采用流程图表示过程活动。过程的关键步骤需要体现输入转化为输出的过程。
- 过程的供方和客户。供方为过程提供输入,客户接受过程输出。识别供方就是识别输入来源的过程,识别客户就是识别输出接收者的过程。供方和客户可以是人、设备、系统等。供方和客户可能为同一方。例如,对于一个软件系统研发过程,供方是用户,客户也是用户。

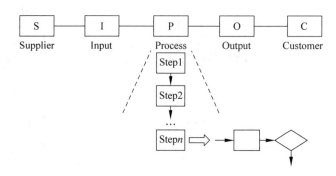

图 4-21　SIPOC 的应用步骤示意图

【案例】　某组织内过程活动模板,集成了 SIPOC 和过程活动关键要素,更具有可操作性。表 4-8 所示为该过程活动模板对 Delphi 项目范围估算的一个实例。

表 4-8　过程活动模板的应用案例

过程名称	Delphi 项目范围估算(基于代码行规模)
目的	通过估算范围确定所需要工作量、人员、进度等
适用范围	适用于软件开发项目估计
由谁提供输入	系统工程师,QA
操作步骤	① 组建估算组,确定估算专家 ② 估算人员进行预估算 ③ 汇总各个专家的估算结果 ④ 对估算结果进行分析,确认是否满足偏差要求 ⑤ 如果满足偏差要求则结束,如果不满足则分析偏差原因,重复步骤③和步骤④
过程输出	"XXX 估计表单"的估算结果(size)
方法与工具	Delphi 估计方法指导、Delphi 估计方法模板
结束标准	估计 size 满足偏差要求、专家们认同估计结果
责任角色	项目经理
参与角色	项目组成员、设计师、开发、测试等
交付给谁使用	开发项目组长(PL)、测试项目组长(PL)
备注	

4.4.9　质量控制的其他工具

1. 5W2H工具

5W2H是一种对过程或问题进行提问的方法,这种结构化的提问方式能让我们考虑到各个方面。一般在分析一个过程或定义一个问题时用。5W2H指:Why(原因、目的)、Who(何人)、What(何事)、When(何时)、Where(何地)、How(如何)、How much(多少)。5W2H是在5W1H的基础上增加一个H(How Much),用来表示时间/成本等目标值。

通过5W2H可以帮助识别条件、明确更多细节。例如,小学生手册规则这样定义:"总是称呼老师职位或尊姓,上学、放学走规定的路线靠右行走",这比"尊敬师长""遵守法规"更为具体明确。用户需求的UserStory的描述方式,采用"作为……,为了……,我想要……"这样的一种结构,里面体现了Who、Why、What的3个要素,比一句话需求更为明确。

5W2H实施很简单,只需针对每个问题项进行合适的提问。以下是一个问题提问参考框架。针对每个小问题可以采用头脑风暴法进一步深入挖掘。例如,针对"什么人"的进一步提问:

由谁来完成?

由谁来配合?

谁必须同意?

谁应该包括进来而没有?

谁不应该却包括进来了?

表4-9给出了5W2H的问题框架,5W2H本质上属于检查表的一种,属于一种结构化的检查表,它提供了每个问题的第一个单词,提醒应该提问题的问题种类,但具体的问题如何提出,还可以结合头脑风暴法和是非矩阵等方法进行。

表4-9　5W2H问题框架

5W2H	层次1	层次2	层次3	层次4
Why	什么理由	为什么是这个理由	有更合适的理由吗	为什么是更合适理由
What	什么事情	为什么做这个事情	有更合适的事情吗	为什么是更合适的事情
Who	什么人	为什么是这个人	有更合适的人吗	为什么是更合适的人
Where	什么地点	为什么是这个地点	有更合适的地点吗	为什么是更合适的地点
When	什么时间	为什么做这个时间	有更合适的时间吗	为什么是更合适的时间
How	如何去做	为什么是这个方法	有更合适的方法吗	为什么是更合适的方法
How much	花费多少	为什么要这些花费	有更合理的花费吗	为什么是更合理的花费

【案例】　为了策划某软件质量大会,通过5W2H方法帮助识别和思考问题。

Why:为什么要召开?目的是什么?增加组织内成员质量意识,增进不同小组间的质量实践活动共享。

What:会议议题是什么?质量改进最佳实践。

Who:谁组织?谁参加?质量部门组织、管理者主持、全员参与。

When:何时召开?每年一次。

Where:在哪里召开?会场安排在公司内。

How:怎么样把会议召开好？会前会后宣传、业务部门内的宣讲、有意识素材收集、邀请专家、质量行业内的活跃分子等参与。

How much:需要多少时间、费用？一天时间,礼品、就餐等费用等。

2. 5Why法

5Why又叫"5问法",对一个问题连续以5个"为什么"自问,以追究其根本原因。一般在查找问题根本原因时使用。这里的5次代表多次的意思,不限定必须是5次。针对某问题经过 N 次的层层设问,找到其根因,如图4-22所示。找到根因后,很多时候问题解决就很容易了。

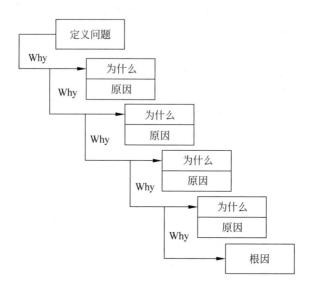

图4-22　5Why示例

有关5Why一个经典案例:美国华盛顿杰弗逊纪念馆大厦外墙出现裂纹的问题,多方专家经过分析,起初认为是酸雨造成,后来证实是由于大厦外墙冲刷过多、清洁剂腐蚀造成的。针对外墙冲刷过多的问题,通过5Why层层追问下去,最终找到根因是由于纪念馆晚6点开灯,附近飞虫被灯光吸引在大厦附近聚集造成的。改进措施:推迟一小时开灯。

针对一个缺陷,可以从以下几个层面思考:为什么会发生？为什么未被发现？为什么未能预防？每个层面问题可以再一步用5Why深入挖掘下去。

【案例】　某软件系统上线后出现业务中断,遭客户投诉。如图4-23所示,经5Why分析后原因系同一目录下文件数目过多所致,将文件分目录存放问题解决。

3. 树状图和过程决策程序图

(1) 树状图,也叫系统图,可以系统地将某一主题分解成许多组成要素,以显示主题与要素、要素与要素之间的逻辑关系和顺序关系。树图是用于对问题的逐层分解,以了解问题的细节内容,使问题易于理解和解决,如图4-24所示。当一个问题比较或非常复杂时,采用这种方法。

通过系统图,可以简化复杂的问题,找到原因之所在。系统图就是为了达成目标或解决问题,分为对策型系统图和原因型系统图。

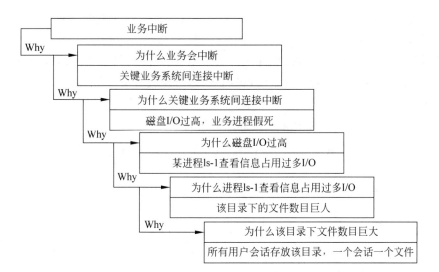

图 4-23　5Why 的应用案例

- 对策型系统图，以"目标—方法"层层展开分析，寻找最恰当的方法。例如，目标是"提升品质"，则开始发问"如何达成此目的，方法有哪些"，经研究发现有——推行零缺陷管理、质量奖惩制度等。再针对零缺陷管理继续展开。应用于新产品研制过程中设计质量、质量保证计划的展开。

- 原因型系统图，以"结果—原因"层层展开分析，以寻找最根本的原因。例如，"上一个版本为何出现大的质量问题"，接着发现原因是"任务太重、新进了一个新人……"，适用于出了比较大的质量问题，进行根因分析。

（2）过程决策程序图（Procedure Decision Program Chart，PDPC）是建立在故障模式、风险分析（FMEA）、故障树分析基础上的综合性的分析方法，如图 4-25 所示。PDPC 用于分析缺陷或故障对项目进程或软件开发过程进展的影响，从而寻求预防问题发生的相应措施，寻求消除或减轻问题产生的影响的解决方法。

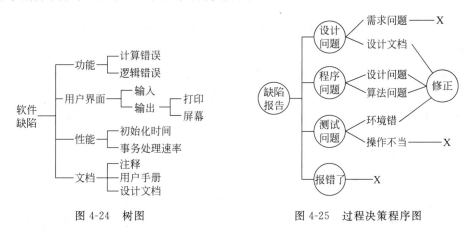

图 4-24　树图　　　　　　图 4-25　过程决策程序图

4. 矩阵图
矩阵图是以矩阵的形式分析因素间相互关系及其强弱的图形，将要考查的项目或事项中的具体元素,用一些表示它们之间相互关系的符号、数字,标在项目与对应元素或元素与对应元素等交点处,从而构造成一个关系的矩阵图。

在矩阵图中,可以引入优先准则、完全分析准则,使矩阵图趋于完善,更能真实反映元素之间的关系,也就是结合亲和图、关联图、树图等,进行层次分析、因果关系分析,使矩阵关系的层次清楚、重点突出,其最终的评估结果更准确。

表 4-10 为某软件产品市场开拓的矩阵图应用案例。

表 4-10　矩阵图应用案例:软件产品市场开拓

	新功能	性能好	易使用	价格低	市场宣传	技术支持
新功能		⊘	⊘	⊘	⊕	⊘
性能好	⊕		⊕	▽	⊕	⊕
易使用	⊕	⊕		▽	⊕	⊕
价格低	⊘	⊘	▽		⊕	▽
市场宣传	⊕	▽	▽	⊘		▽
技术支持	⊕	⊕	⊕	⊘	⊕	

(分析行、列要素的关系,⊕—有利影响,⊘—不利影响,▽—很小影响)

4.4.10　质量控制工具的选择和应用

质量工具在实际应用中应如何去选择呢?任何工具都是为了解决质量管理过程的某个特定问题,就像质量控制新七工具最初是为了激发创新而产生,根据应用场合的不同选用不同的工具。《质量工具箱》一书认为,在选择工具时可以从以下 3 个方面考虑。

1. 用质量工具实现什么目的

根据工具用途,与质量相关的工具可以分成以下几类。

(1) 创意类:当需要提出新的方法、需要集思广益的时候应用。例如,亲和图、关联图、5W2H。

(2) 过程分析类:当需要了解某个工作过程或过程的一部分的时候应用。例如,SIPOC 和 FMEA。

(3) 数据采集和分析类:当需要收集数据和分析数据的时候应用。例如,检查表、Pareto 图、直方图、运行图、散布图等,传统的 QC 基本工具属于此类。

(4) 原因分析类:当需要找到某个问题、缺陷或某种状况出现的原因的时候应用。例如,因果图和 5Why。

2. 正处在质量管理过程中的什么阶段

根据 PDCA,在质量管理过程的不同阶段应用不同工具。

(1) P 计划:分析现状、锁定目标。可以采用亲和图、Pareto 图。

(2) D 执行:分析根因、寻找方案、实施执行。分析根因时可以采用原因分析类,实施过程中可以用运行图监控实际过程。

(3) C 检查:实施效果确认。数据采集和分析类工具均较合适。

(4) A 行动:实施总结、标准化。SIPOC 工具、检查表等可以帮助流程分析、固化经验。

3. 需要发散思维还是集中思维

在解决问题过程中,常常是发散思维和集中思维交替进行。思维在发散阶段是创造性的,可以产生新的、有创新的想法。思维在集中阶段是分析性的,以行动为导向。为了获得成果,必须停止一味地思考,决定要做什么,并且采取行动。例如在寻找问题时是发散性的,在确定目标时则又是集中性的;在分析原因时是发散性的,在确定根因时又是集中性的;在分析解决方案时是发散的,在确定解决方案是又是集中性的。

对于质量工具来说,有些工具帮助找到更多可能性,属于发散性工具,如因果图;而有些工具是帮助锁定目标的,属于集中性工具,如 Pareto 图。有些工具则是两种模式均包括,例如亲和图,前半段发散思维,后半段集中思维。

有关质量工具的图表绘制,采用 Excel 质量控制的基本工具均可以支持。质量管理过程中统计分析功能,可以采用专门工具,如 MiniTab 工具。MiniTab 是支持质量管理和六西格玛实施的专用工具软件,具体如何应用可以参见 http://www.minitab.com.cn/

本 章 小 结

本章主要论述了软件质量控制基本概念、原理、模型、方法和工具,重点介绍了常采用的软件质量控制工具。通过本章的学习,读者可以加深理解软件质量控制 SQC 体系及活动,能够掌握 PDCA 等质量控制法,并使用合适的质量控制工具对软件开发和维护进行全过程质量控制,以满足软件产品的质量要求。

思 考 题

1. 软件质量控制中风险管理法包括哪些阶段?各阶段有哪些要点?

2. PDCA 管理法的思想对软件质量过程改进有什么作用和启示?

3. 软件质量控制模型有哪些要素?

4. 试举例说明在实际软件开发中,如何使用软件质量控制工具?

5. 请举例说明目标问题度量法 GQM 的应用。例如,从用户角度看针对某 App 所设计的系列候选图标选择哪一个更合适?

6. 请举例说明 PDCA 质量控制模型在工作或生活中应用,并指出在这个例子中 P、D、C、A 分别是什么。

7. 在实际软件开发中,可能存在哪些质量风险?列举得越多越好,并给出相应的风险控制措施。

8. 针对软件开发过程中一个具体活动,设计一个检查表。例如,代码编写质量规范检查表。

9. 针对软件开发过程中的一个具体活动,采用过程活动模板对其进行描述。例如,需求分析活动、代码评审活动等。

10. 针对软件开发过程中的一个具体问题,综合采用因果图、Pareto 图、5Why 等根因分析工具,找到其根因。例如,代码质量不高。

11. 针对某拟新开发的 App,综合采用亲和图、头脑风暴法等创意工具,分析其应具备的质量特性。

实验 1　质量工具实验

一、实验目的

① 巩固所学的质量工具的相关知识和应用方法。
② 掌握常见的质量管理工具数据分析方法。
③ 学习如何对收集到的数据选择合适的质量工具进行分析。
④ 质量管理工具的环境搭建和操作使用。

二、实验前提与准备

① 理解各种质量工具的应用场景。
② 质量工具选型:MiniTab 工具安装包、Excel 数据分析工具库。
③ 提前准备好实验所需要的待分析的质量数据样例。

三、实验内容

基于质量管理工具,对质量数据选择相应的质量工具,完成数据分析。

- 时序图:观察质量数据的变量随时间变化所呈现的趋势。
- 直方图:对质量数据进行分组,分析其分布情况,包括:分布区间、平均值等。
- Pareto 图:对汇总的质量数据按数据类型进行排序,确立主要质量因素。
- 散点图:质量因素间的相关性分析,判断两个因素间是否存在某种关联。
- 回归分析:对有相关性的两种或两种以上变量的定量关系进行分析,得到回归方程,以作出数据预测。

四、实验环境

质量管理工具:MiniTab 工具或 Excel 工具。

MiniTab 工具的下载地址:http://www.minitab.com/zh-cn/downloads/,可以下载试用版或早期版本网上的免费版。

五、实验过程

1) 质量工具环境构建和熟悉

- MiniTab 工具

工具的安装配置,具体可以参见相关的工具安装指导。实验中用到的工具主要位于图形、统计这两个菜单下。

- Excel 工具

时序图、散点图等采用 Excel 基本图表即可,直方图、Pareto 图、回归分析采用 Excel

的数据分析工具库。数据分析库需要手工加载,根据 Excel 版本不同,加载方法会有所不同:

方法一:文件→选项→加载项→分析工具库。

方法二:工具→加载宏→分析工具库→数据分析。

加载完成后,在"数据"工具栏下出现相应的按钮。

2)质量工具应用

(1)结合实验所准备的质量数据样例,熟悉质量工具的应用。针对不同的质量工具选取不同的质量数据。

• 时间序列图

对于 Excel,选择:插入→图表→折线图。

对于 MiniTab,选择:图形→时间序列图,填好需要的参数,如图所示。

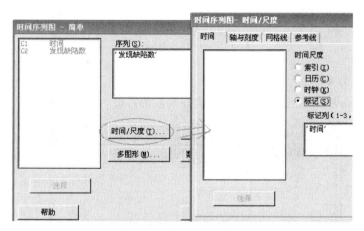

• 直方图

对于 Excel,选择:数据→数据分析→直方图。

对于 MiniTab,选择:图形→直方图,填好需要的参数。通过带拟合的直方图,可以计算出平均值、分布区间等。

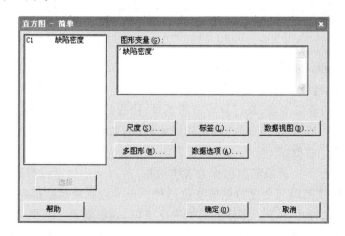

• Pareto 图

对于 Excel,选择:数据→数据分析→直方图,确定后,勾选"Pareto 图"。

对于 MiniTab,选择：统计→质量工具→Pareto 图,填好需要的参数,如图所示。

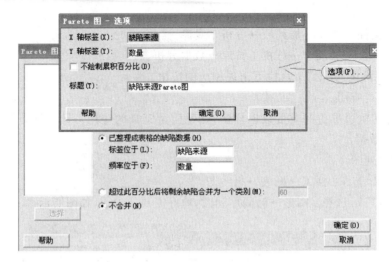

- 散点图

对于 Excel,选择：插入→图表→XY 散点图。

对于 MiniTab,选择：图形→散点图,填好需要的参数,如图所示。

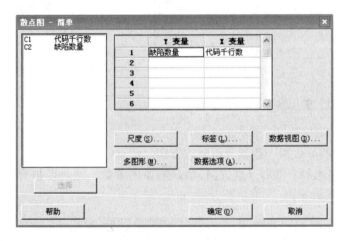

- 回归分析

对于 Excel,选择：数据→数据分析→回归。

对于 MiniTab,选择：统计→回归→回归。

(2) 针对不同的质量工具,自行设计应用场景,构造数据,并完成数据分析。

构造数据生成可以采用 Excel 的数学随机函数,例如＝RANDBETWEEN(30,100),生成 30～100 之间的任意数。

实验材料里准备了一份缺陷数据作为参考数据,可以从中提取需要的数据。

- 时序图：体现随时间变化数据的变化趋势。至少包括两组数据：时间、序列值。

例：燃尽图。敏捷中用于工作任务的可视化管理,表示随着时间剩余工作的完成情况,"烧尽"至零。横坐标是时间,纵坐标是未完成的任务数,分为预计和实际两组,图形序列值应随着时间推移逐步下降。

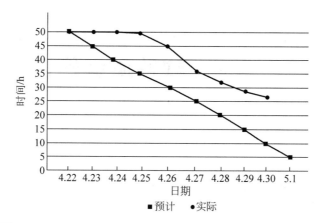

- 直方图：体现对质量数据的分组分布分析。例如，每个测试小组的每个人发现的Bug数分布。
- Pareto图：基于二八定律，找出影响质量的这些主要因素。例如，分析每个版本的缺陷数据，哪些模块缺陷较多、需要重点测试？哪些阶段发现缺陷较多，缺陷发现阶段是否合理？
- 散点图：体现质量因素间的相关性。例如，投入测试时间与发现缺陷数之间是否有关联关系。
- 回归分析：设计一组包含两个有相关关系变量的数据（可以采用散点图的数据），并确定好：自变量 X1,X2,…,因变量 Y,并依此进行回归分析,得到有关 X、Y 的回归方程,并进行相应的预测分析。

（3）选择某版本的缺陷数据作为原始数据,综合应用以上各种质量工具进行分析,并对分析结果加以总结,提交分析报告。体现：缺陷数据的趋势分析,缺陷分类数据的分布分析,缺陷分类数据的相关性分析,主要质量因素的分析等。

六、交付成果与总结

（1）实现中所要求的过程数据、分析结果和分析报告。
（2）实验过程数据遇到的问题及解决方案。

第5章　软件质量保证

以扔掉被检验出有缺陷的东西为目的的检验已经太迟了,没有效率并且成本很高。质量不是来自于检验而是来源于过程的改进。

——戴明(W. Edwards Deming)

CMMI 在第一级的改进方向中就提出"开展软件质量保证(SQA)活动",可见 SQA 工作在软件开发流程中具有非常重要的作用。而所有的 SQA 活动都离不开组织中的人,SQA 组织的好坏在一定程度上也决定了 SQA 活动被执行的情况。下面是被广泛使用的 SQA 活动流程。

(1) 建立 SQA 组织。

(2) 选择 SQA 任务。

(3) 建立/维护 SQA 计划。

(4) 执行 SQA 计划。

(5) 建立/维护 SQA 流程。

(6) 定义 SQA 培训。

(7) 选择 SQA 工具。

(8) 改进项目的 SQA 流程。

5.1　软件质量保证体系

软件质量保证和一般的质量保证活动一样,是在软件生存期所有阶段确保软件产品质量的活动。软件质量保证的目的是把对软件开发过程及其相关工作产品的客观洞察结果提供给项目的开发人员和管理人员。SQA 是为了确定、达到和维护需要的软件质量而进行的所有有计划、有系统的管理,主要包括以下功能。

- 制订和展开质量方针。
- 制订质量保证方针和质量保证标准。
- 建立和管理质量保证体系。
- 明确各阶段的质量保证任务。
- 坚持各阶段的质量评审、整理面向用户的文档与说明书等。
- 收集、分析和整理质量信息。
- 提出和分析重要的质量问题。
- 总结实现阶段的质量保证活动。

软件质量保证的主要作用是通过开发过程的可见性给管理者提供实现软件过程的保证,因此 SQA 组织要保证如下内容的实现。

- 选定的开发方法被采用。
- 选定的标准和规程得到采用和遵循。
- 进行独立的审查。
- 偏离标准和规程的问题得到及时的反映和处理。
- 项目定义的每个软件任务得到实际的执行。

相应地,软件质量保证的主要任务有 SQA 审计与评审、SQA 报告、处理不符合问题和实施。

1. SQA 审计与评审

SQA 审计包括对软件工作产品、软件工具和设备的审计,评价这几项内容是否符合组织规定的标准。SQA 评审的主要任务是保证软件工程组的活动与预定义的软件过程一致,确保软件过程在软件产品的生产中得到遵循。

2. SQA 报告

SQA 人员应记录工作的结果,并写入报告中,发布给相关人员。SQA 报告的发布应遵循 3 条基本原则:SQA 和高级管理者之间应有直接沟通的渠道;SQA 报告必须发布给相关的软件项目管理人员;在可能的情况下,向关心软件质量的人发布 SQA 报告。

3. 处理不符合问题

这是 SQA 的一个重要的任务,SQA 人员要对工作过程中发现的不符合问题进行处理,及时向有关人员及高级管理者反映。在处理问题的过程中要遵循以下两个原则。

(1)对符合标准过程的活动,SQA 人员应该积极地报告活动的进展情况以及这些活动在符合标准方面的效果。

(2)对不符合标准过程的活动,SQA 要报告其不符合性以及它对产品的影响,同时提出改进建议。

4. SQA 任务实施

软件质量保证任务的实现需要考虑以下几方面的问题。

(1)SQA 人员应具有良好的素质、专业技术能力和丰富的经验,保证胜任 SQA 工作以及 SQA 任务的有效执行。

(2)组织应当建立文档化的开发标准和规程,使 SQA 人员在工作时有一个判断的标准。如果没有这些标准,SQA 人员就无法准确地判断开发活动中的问题,容易引发不必要的争论。

(3)高级管理者必须重视软件质量保证活动。如果高级管理者不重视,SQA 人员发现的问题不能及时处理,软件质量保证可能会流于形式,很难发挥其应有的作用。

(4)SQA 人员在工作过程中一定要抓住问题的重点与本质,不要陷入对细节的争论之中。SQA 人员应集中审查定义的软件过程是否得到了实现,及时纠正那些疏漏或执行不完全的步骤,以此来保证软件产品的质量。

(5)做好软件质量保证工作还应有一个计划,用以规定软件质量保证活动的目标,执行审查所参照的标准和处理的方式。对于一般性项目,可采用通用的软件质量保证计划;对于那些有着特殊质量要求的项目,则必须根据项目自身的特点制订专门的计划。

5.2 软件质量保证的组织

在软件质量保证过程中,质量保证组织起着至关重要的作用。因为只有在一个得到良好规划和管理的流程下,才能生产出高质量的产品。

5.2.1 软件质量组织

在 SQA 组织建立之前,首先要考虑的问题是质量对于企业的重要性,例如:

- 质量的重要性超过了按时发布一个关键的产品?
- 产品中包含多少个 Bug 就不能发布? 1 个? 10 个? 100 个或者更多?

当意识到软件质量对于企业已经如此重要时,SQA 组织的创建也就顺理成章了。在企业中,基本的质量保证组织主要有软件测试部门和 SQA 小组(部门)。

1. 软件测试部门

软件测试是对开发出的半成品或成品进行测试,找出软件中存在的缺陷。这里所说的软件缺陷并不仅仅是指功能上的缺陷,任何不符合客户需求的地方都可以认为是缺陷。测试小组成员对其本身的技能又有一定的要求,因为软件测试更多的是通过各种测试技术来发现软件中的问题,如白盒测试、压力测试、性能测试等。关于专业软件测试技术在这里不做详细介绍,感兴趣的朋友可以参考《软件测试方法和技术》一书。

随着软件企业的不断发展、成熟,软件测试小组在现代企业中的地位越来越重要,但不同的组织,测试部门的独立性是不一样的,甚至不存在独立的测试部门。至于测试小组的组织形式,则主要有两种:一种是人才库模式,一种是项目模式。

- 人才库形式是指几乎所有的测试人员都处于公司的人才库中,当有项目时,从人才库中选取适合的人员参与该项目。这种形式最大的优点是资源统一分配,不会造成浪费;缺点是对于测试人员的要求高,因为项目千差万别,不同测试人员对项目的熟悉程度也有所不同。
- 项目形式则是将测试人员分配到相应的项目组中,始终从事该项目的测试。这种形式的测试小组对项目非常熟悉,测试效率较高,但因为项目大小、优先级别不同等可能造成人员分配不均,该组织形式较适合项目相对比较稳定的公司。

2. 软件质量保证组织

人们常说"我们都是人,人总是会犯错误的",软件开发人员也不例外,再好的工程师也难保不出错。对开发流程进行监察和控制并保证产品的高质量正是软件质量保证(SQA)组织的重要职能。IBM 公司曾说"在超过 8 年的时间内,SQA 组织发挥了至关重要的作用,并使得产品质量得到不断提高。越来越多的项目经理也感觉到由于 SQA 组织的介入,不管是产品质量还是成本节约都得到较大改善。"那么,应该如何建立 SQA 组织呢? 其实,根据企业的规模和过程能力成熟度的不同可以创建不同形式的 SQA 组织,但不管采用何种形式,都必须设置独立的 SQA 工程师,因为只有在职能/行政上独立于受监督人员(项目组),才能保障自身的独立性和评价的客观性。实际上,在许多的大型软件企业中,不仅有独立的 SQA 工程师,还设有独立的 SQA 组织,其主要责任就是跟踪和管理软件开发流程的执行。需要指出的是，很多企业存在一个误区，认为测试就是 SQA，其实测试只是 SQA 中的一个环节，SQA 部门不等于测试部门。SQA 部门需要确保以下工作的正常进行。

（1）项目按照标准和流程进行。

（2）创建各种标准文档，以便为后期维护提供帮助。

（3）文档是在开发过程中被创建的，而不是事后补上的。

（4）建立变更控制机制，任何更改都需要遵循该机制完成。

（5）准备好 SQA 计划和软件开发计划。

3. SEPG

软件工程过程组（Software Engineering Process Group，SEPG）通常由软件工程专家组成，在软件开发组织中领导和协调过程改进的小组。他们的主要任务是推动企业所应用的过程的定义、维护和改进。与 SQA 相比，SEPG 类似于一个立法机构，而 SQA 则类似于一个监督机构。

4. 一些虚拟的社区组织

SPIN（Software Process Improvement Network）是软件企业自发组织的地区性机构，为联合各地区对软件过程改进有兴趣的软件专业人员组成的非营利性组织。在国内，仅在少数几个地区有区域性的 SPIN，如北京 SPIN、上海 SPIN、深圳 SPIN、香港 SPIN。

以黑带团队为基础的六西格玛组织（Organization of Six Sigma，OFSS）是领导职能推进六西格玛方法的基础。它的重点在于建立和应用一些展开计划、报告系统和实施过程支持 PFSS（六西格玛过程）和 DFSS（策划）。图 5-1 为六西格玛组织结构图。

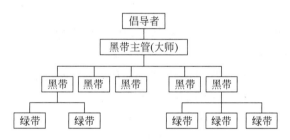

图 5-1　六西格玛组织结构图

5.2.2　软件质量组织结构

SQA 组织模型的选择非常重要，因为组织结构的确定也就决定了人员的分配、角色的职能定义等。在 SQA 发展的初期，通常没有专职的 SQA 人员，几乎所有的 SQA 人员都是由开发人员或其他人员兼任。在这种模式下，SQA 人员的工作职能也非常有限，往往只是从事一些相对比较简单的文档审核等初级的 SQA 任务。随着 SQA 的发展，专职 SQA 人员成为必然的需求。这时，遇到的第一个问题是：如何创建一个有效的 SQA 组织？

常用的 SQA 组织模型主要分为 3 种：独立的 SQA 部门、独立的 SQA 小组和独立的 SQA 工程师。

1. 独立的 SQA 部门

独立的 SQA 部门，顾名思义是在整个企业的组织结构中设立一个独立的职能/行政部门——SQA 部门，该部门和其他职能部门平级，因此这种组织结构模型又称为职能型组织结构,如图 5-2 所示。

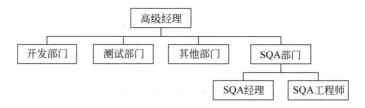

图 5-2　SQA 组织结构图——职能型结构

在这种结构中,所有的 SQA 工程师都隶属于 SQA 部门。在行政上,SQA 工程师向 SQA 经理汇报,在工作上,SQA 工程师向项目经理汇报。这种组织结构的优缺点如下。

1) 优点

- 保证 SQA 工程师的独立性和客观性。SQA 工程师在行政上隶属于独立的职能部门,因此在流程监控和审查中,更有利于工程师做出独立自主、客观的判断和汇报。
- 有利于资源的共享。由于 SQA 部门的相对独立,SQA 资源被所有项目共享,SQA 经理可以根据项目对 SQA 资源进行统筹分配,这样既避免了资源的相互冲突,又有利于资源的充分应用。

2) 缺点

- SQA 工程师对流程的跟踪和控制难于深入,往往流于形式,难于发现流程中存在的关键问题。
- 由于和项目组相互独立,SQA 工程师发现的问题不能得到及时有效的解决。

2. 独立的 SQA 工程师

这种组织结构模式又被称为项目型结构。因为在这种模式中,以项目为主体进行运作,在每个项目中都设立有专门的 SQA 岗位,如图 5-3 所示。

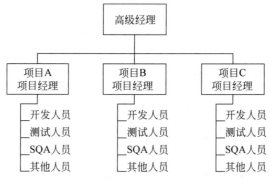

图 5-3　SQA 组合结构——项目型结构

在这种组织结构中,SQA 工程师属于项目成员,向项目经理汇报。该结构的优缺点如下。

1) 优点

- SQA 工程师能够深入项目,较容易发现实质性问题。
- 对于 SQA 工程师发现的问题,能够得到较快的解决。

2）缺点
- 项目之间相互独立，SQA工程师之间的沟通和交流有所缺乏，不利于经验的共享和 SQA 整体的培养和发展。
- 独立性和客观性不足。因为 SQA 工程师隶属于项目组，独立性和客观性有所欠缺。

3. 由独立的 SQA 工程师构成 SQA 小组

该组织结构是上述两种组织结构的综合结果，如图 5-4 所示。

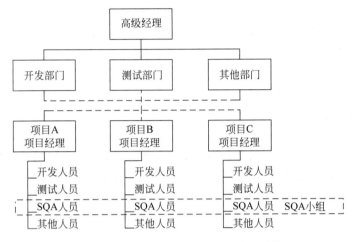

图 5-4　SQA 组织结构图——综合型结构

从职能/行政结构上说，创建了独立的 SQA 小组。SQA 小组虽然不算一个行政部门，但具有相对的独立性。同时，SQA 工程师又隶属于不同的项目组，在工作上向项目经理汇报。该结构综合了上面两种的结构的优点，既便于 SQA 融入项目组，又便于部门之间经验的分享，还利于 SQA 能力的提高。

5.2.3　角色的分类和职能

一旦选定了组织结构，接下来的任务便是确定组织中不同的角色和职能。5.2.2 节中提到的 3 种组织结构都具有一个共同点——专职的 SQA 人员。但需要说明的是，SQA 角色不一定要有专职人员担任，也可以由非全职的项目经理、开发工程师和测试工程师担任，即把专职的 SQA 经理和 SQA 工程师的责任分解给项目经理、开发工程师和测试工程师等角色上。这里侧重讨论专职的 SQA 人员角色与责任。

SQA 是整个企业、整个组织的责任，而不仅仅是某个部门或某几个人的责任。在实际工作中，专职的 SQA 人员承担了大部分的 SQA 任务，对质量保证目标的实现起着非常重要的作用。专职的 SQA 人员主要分为 SQA 经理和 SQA 工程师。

1. SQA 经理

SQA 经理对项目的全部质量保证活动负责，保证 SQA 正常、有序地工作。他们的主要职能如下。

- 制订 SQA 策略和发展计划。
- 管理 SQA 资源。
- 审定项目的 SQA 计划。

- 参加项目的 SQA 工作。
- 评审 SQA 工作状态。
- 提交跨项目的 SQA 计划。

2. SQA 工程师

SQA 工程师的主要职能如下。

- 按 SQA 计划检查指定的产品。
- 执行 SQA 评审/审核。
- 记录各种数据和观察情况。
- 提交不符合报告并处理不符合问题。
- 完成 SQA 计划规定的 SQA 测量和度量。
- 向 SQA 经理报告工作情况。

3. 各角色之间的关系

1) SQA 工程师与项目经理

SQA 工程师与项目经理之间是合作的关系,帮助项目经理了解项目过程的执行情况,如过程的质量、产品的质量、产品的完成情况等。但 SQA 工程师和项目经理的关注点不同:SQA 工程师关注过程和产品的质量;项目经理关注的是项目的目标、任务、进度和风险等。

2) 开发人员与 SQA

开发人员往往对 SQA 人员产生抵触情绪,认为 SQA 工程师本身不写代码,却总是对自己写的东西"指手画脚"。这种抵触情绪不仅会造成 SQA 人员与开发人员之间的对立,而且会影响产品的质量。SQA 工程师和开发人员之间应该是相辅相成的,SQA 工程师虽然不承担具体的开发工作,却要对整个开发过程进行监督和控制保证产品质量。实际上,质量保证并不只是 SQA 工程师的责任,所有的人(包括开发人员)都对产品质量负有责任。SQA 工程师和开发人员的关系在软件开发过程中也非常关键,SQA 工程师和开发人员应该保持良好的沟通和合作,任何对立和挑衅都可能导致质量保证这个大目标失败。

3) SQA 工程师与测试人员

SQA 工程师和测试人员都充当着第三方检查人员的角色。但是 SQA 人员主要对流程进行监督和控制,保证软件开发遵循已定的流程和规范。而测试人员则是针对产品本身进行测试,发现他的缺陷并通知开发人员进行修改。

4) SEPG 与 SQA

SEPG 的职责是制订过程、实施过程以及改进过程,而 SQA 的主要责任则是保证流程被正确地执行。SEPG 人员提供过程上的指导,帮助项目组制订项目过程和进行策划,从而帮助项目组更有效地工作。如果项目和 SQA 人员对过程的理解发生争执,SEPG 人员应当作为最终仲裁者。

总的来说,SQA 人员组织结构中存在不同的角色,不同的角色又有不同的分工,虽然具体工作不同,却有着同一个目标——生产符合条件的、高质量的产品! SQA 工程师需要努力协调各方面的关系,共同完成质量保证的大目标。

5.2.4 SQA 人员的要求和培养

1. SQA 人员的要求

SQA 人员应该具备怎么样的素质？SQA 人员如何规划和发展自己的职业生涯？作为 SQA 组织的重要组成部分，SQA 人员的要求和培养至关重要。下面列出了对一个优秀质量人员的基本要求。

1）扎实的技术基础和背景

质量保证工程师通常要求计算机科学的学术背景，以及扎实的软件开发经验。这些经验将帮助工程师很好地理解 SQA 人员的职责和责任，并在实际工作中起着重要作用。一个优秀的质量工程师至少需要 3～5 年的软件开发经验。

2）良好的沟通能力

这一点对于软件质量工程师也非常重要。有时候，SQA 工程师和开发工程师的观点相对立。开发工程师总是愿意保护他们所开发的东西，而 SQA 人员则需要坚持自己的观点，甚至向高层经理汇报。这时，如果 SQA 工程师具有良好的沟通能力则能够很好地缓和这种对立面，更有利于工作的完成。

3）敏锐性和客观性

SQA 工程师必须保持敏锐的洞察力和客观性。能够准确地发现软件产品和过程的质量问题。

4）积极的工作态度

这一点对于任何工作都是十分重要的。如果一个质量人员出现消极的工作态度，那么就无法在日常工作中认真地对待工作，以及无法对质量问题保持谨慎的态度，从而很可能对产品的质量问题睁一只眼闭一只眼。

5）独立工作的能力

SQA 人员必须具备独立工作的能力。因为当项目需要时，专职的 SQA 人员必须能够独立深入参与项目/产品开发，并保证项目/产品的质量达到预定的标准。

2. SQA 人员的培养

从总体上来说，对 SQA 人员的培养分为两个部分，技术培养和素质培养。所谓技术培养是提高 SQA 工程师的专业技能，而素质培养则是提升工程师的个人素质，以便更出色地完成相应任务。

1）技术培养

技术培养可以分为两个大的范畴：基础软件知识的培养和 SQA 专业知识的培养。基础软件知识的培养包括软件开发工具、开发语言和版本控制等，这些知识通常来源于工程师之前的工作经历。SQA 专业知识培养主要涵盖如下内容。

- 软件工程。
- 软件质量规范和标准。
- 软件质量模型。
- 软件质量控制。
- 软件配置管理和度量。

2) 素质培养

要成为一个优秀的质量保证工程师,不仅要具有良好的技能,还需要具备良好的个人素质,包括良好的沟通技巧、耐心、独立性以及逻辑性等各种能力。这主要依靠工程师在平时的工作和生活中自我提高。

5.2.5 六西格玛的角色和人员培训

1. 六西格玛的角色及其职责

六西格玛是一项以数据为基础,追求近乎完美的质量管理方法。六西格玛中涉及的人员包括绿带、黑带、黑带大师和倡导者等。凡实施六西格玛的企业都必须训练出一支属于自己的黑带、绿带队伍。六西格玛组织架构由组织的倡导者、大黑带、黑带、绿带和项目团队等构成,同时它需要组织的最高管理团队、项目的保证人以及过程的所有人给予充分地支持、沟通与协调。

1) 倡导者

由经过大量六西格玛培训的高级管理人员组成,是推动六西格玛的最高负责人。倡导者为顺利推动六西格玛提供必要的资源和支持,也是项目批准和审核的最终决策者。他们负有的职责如下。

(1) 负责六西格玛管理在组织中的部署。

(2) 构建六西格玛管理基础。例如,部署人员培训,制订六西格玛项目选择标准并批准项目,建立报告系统,提供实施资源管理等。

(3) 负责六西格玛管理实施中的沟通与协调。

2) 黑带大师

通过特别培训的质量技术专家,负责推动质量团队建设和加速过程改进。黑带大师挑选、培训和指导黑带,完善和执行六西格玛实施方案,并确保完成挑选的六西格玛项目。他们负有的职责如下。

(1) 对六西格玛管理概念和技术方法具有较深的了解和体验,并将他们传递到组织中。

(2) 对培训黑带和绿带的六西格玛项目提供指导。

(3) 协调和指导跨职能的六西格玛项目。

(4) 协调倡导者和管理层选择和管理六西格玛项目。

3) 黑带

全职的六西格玛项目领导,需要经过 4 个月的培训,同时在黑带大师的指导下自主完成两个六西格玛项目,并最终取得认证。他们所负有的职责如下。

(1) 领导六西格玛项目团队实施并完成六西格玛项目。

(2) 向团队成员提供适用的工具和方法的培训。

(3) 识别过程改进机会,并选择最有效的工具和技术实现改进。

(4) 向团队传达六西格玛管理理念,建立对六西格玛管理的共识。

(5) 向倡导者和管理层报告六西格玛项目的进展。

(6) 为绿带提供项目指导。

4) 绿带

半专职的六西格玛项目组成员。是组织中经过六西格玛管理方法与工具培训的,结合自己的本职工作完成六西格玛项目的人员。一般,他们是黑带领导的项目团队的成员,或结合自己的工作开展涉及范围较小的六西格玛项目。

2. 六西格码培训

近年来,随着越来越多的企业在实施六西格玛,六西格玛的培训也日益成为大家的焦点。2002 年 9 月 16 日,中国质量协会成立了"中国质量协会六西格玛管理推进工作委员会",宣传六西格玛管理理念,推广六西格玛管理方法和工具,引导我国企业实施六西格玛战略,不断改进企业的经营绩效,提升我国企业的国际竞争力。在企业中,六西格玛人员的培训主要分为下面 3 个部分。

1) 高层管理的培训

该阶段的培训主要是使高级管理层对六西格玛有正确、清晰的认识。因为六西格玛管理是自上而下的管理模式,在整个六西格玛的实施过程中都需要高层管理的大力支持。因此高层管理能否支持六西格玛,对整个六西格玛项目的成功与否非常重要。

2) 黑带/黑带大师和绿带培训

在六西格玛项目中,真正的执行人员是黑带和绿带。因此,黑带和绿带培训需要学员通过培训掌握六西格玛基本概念、基本工具的使用等。这不仅是理论上的学习,黑带和绿带还需要大量的项目实践过程。培训一个黑带,通常要花费 4 个月左右的时间,培训"黑带大师"则需要花费 2 年左右的时间。

3) 全体培训

要使六西格玛项目获得成功仅仅靠几个黑带、绿带是不够的,还需要所有人都能对六西格玛有一个正确的认识,因此还需要在整个企业内部推行六西格玛文化,这是一个循序渐进的过程。

3. 六西格玛中心的黑带培训

在上面提到的 3 个培训中,以黑带培训最为重要。黑带是六西格玛管理中非常重要的角色,是组织十分宝贵的资源,在六西格玛管理中起着承上启下的关键作用。一般说来,黑带是六西格玛项目的领导者,负责带领六西格玛团队通过完整的 DMAIC 或 DFSS 流程,完成六西格玛项目,达到项目目标并为组织获得相应的收益。

通常的黑带培训在 4 个月内完成,整个培训围绕 DMAIC 展开,即 Define 定义、Measure 测量、Analyze 分析、Improve 改进、Control 控制。培训分 4 个阶段,每个阶段的时间为一个月。在这一个月中,一周用于理论学习,其余 3 周均用于项目实践,然后再进行下一阶段的培训环节。

(1) 第一周 学习定义和测量的所有相关知识、方法和工具。

学会识别客户需求(CTQ),并找出造成不能满足客户需求的关键业务流程。同时需要将现有流程中的度量数据标准化,以便识别业务流程中的缺陷和造成失误的真正原因。

由于企业业务流程包含的许多大小不同的闭环流程,因此,黑带学员有必要回到工作岗位后,根据所学的知识选择需要改善的特定业务流程项目,并收集所有相关数据。

(2) 第二周 学习分析的所有相关知识、方法和工具。

这个阶段的黑带已经选择好了需要改善的流程项目,并在工作实践中带着问题回来。因此,在第二阶段培训师需要和学员共同探讨解决问题的方法。同时,学员们又要重点学习许多分析的工具和方法,如建立当前流程的能力基准线,定义结果的改善目标,判别造成结果变动的原因等。通过分析导致项目失败的主要原因,为解决真正的问题制订行动计划和时间表。

(3) 第三周 学习改进的所有相关知识、方法和工具。

黑带学员在此阶段将通过诸如实验设计概述(DOE)、单因素实验与分析、全面因素实验与分析等专业的方法过滤少数造成结果变动的最重要的原因,即关键原因,同时发现关键原因与结果的关系,进而建立关键原因的允许变动范围并改善业务流程能力,实施解决方案。

(4) 第四周 学习控制的所有相关知识、方法和工具。

黑带学员们将利用学到的技术控制工具和流程管理方法校准关键原因的测量系统,决定控制关键原因的能力,最终对改进的业务流程实施系统控制。

认证工作:在培训完成之后,为保证黑带学员掌握并且能够应用六西格玛管理方法来实施项目,一般要求黑带学员完成2~3个项目,并且还需要对他们的项目进行评审和认证,以证明他们成为合格的黑带,能够独立地领导企业内部六西格玛流程改进项目的实施。

5.3 SQA 组织的目标和责任

根据软件质量保证体系,SQA 质量保证过程如图 5-5 所示。其中,文档化的过程描述/开发标准/规程/模板等属于组织级 SQA,通常由质量组织 SEPG(软件工程过程组)预先定义好,供各个项目使用、定制,而项目组 SQA 保证所定义的流程被正确执行。SQA 计划、SQA 评审和审核、SQA 度量、SQA 评估和改进、SQA 报告等软件质量保证活动跟随软件开发过程例行开展。

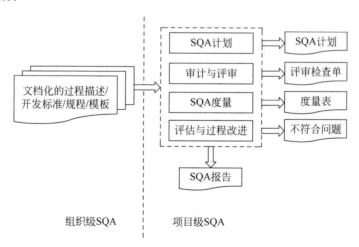

图 5-5 SQA 质量保证过程

SQA 组织并不负责生产高质量的软件产品和制订质量计划,这些是软件开发人员的工作。SQA 组织的责任是审计软件经理和软件工程组的质量活动并鉴别活动中出现的偏差。

软件质量保证的目标是以独立审查的方式监控软件生产任务的执行,给开发人员和管理层提供反映产品质量的信息和数据,辅助软件工程组得到高质量的软件产品。那么,SQA 组织将如何保证软件质量呢?

5.3.1 SQA 计划

SQA 计划实施的步骤如下。

(1) 了解项目的需求,明确项目 SQA 计划的要求和范围。

(2) 选择 SQA 任务。

(3) 估计 SQA 的工作量和资源。

(4) 安排 SQA 任务和日程。

(5) 形成 SQA 计划。

(6) 协商、评审 SQA 计划。

(7) 批准 SQA 计划。

(8) 执行 SQA 计划。

在每个项目开始之前,SQA 人员都需要按照要求完成详细的 SQA 计划。SQA 计划包含如下内容(根据具体情况,有所增减)。

- 目的:SQA 计划的目的和范围。
- 参考文件:SQA 计划参考的文件列表。
- 管理:组织、任务、责任。
- 文档:列出所有相关的文档,如程序员手册、测试计划、配置管理计划等。
- 标准定义:文档标准、逻辑结构标准、代码编写标准、注释标准等。
- 评审/审核。
- 配置管理:配置定义、配置控制、配置评审等。
- 问题报告和处理。
- 工具、技术、方法。
- 代码控制。
- 事故/灾难控制:包括火灾、水灾、紧急情况和病毒等。

下面就 SQA 计划中几项关键内容展开讨论。

1. 管理

在 SQA 计划中,管理主要是指组织结构、任务和责任。

(1) 组织结构是项目的组织结构,包括项目组成员的角色和地位,以及说明项目组中 SQA 人员相对独立的职权。

(2) 任务列出了整个项目需要完成的 SQA 任务,如需求说明审核、设计文档审核等。

(3) 责任指出在软件开发的不同阶段,项目经理、开发小组、测试小组和 SQA 等负有的主要责任。

2. 评审/审核

评审/审核在整个 SQA 工作中,占有十分重要的地位,因此在 SQA 计划中也需要阐述清楚哪些评审需要完成。ANSI(American National Standards Institute)曾建议了如下必不可少的评审内容。

(1) 需求说明评审(requirement specification review)。

（2）设计文档评审(design document review)。

（3）测试计划评审(test plan review)。

（4）功能性审核(functional audit)。

（5）物理性审核(physical audit)。

（6）管理评审(management review)。

3. 问题报告和处理

在 SQA 计划中，需要描述问题报告和处理系统，对该系统的说明确保了所有的软件问题都被记录并解决。所有问题都需要被分析，并归入特定的范畴(如需求、设计、编码等)和响应的级别。

4. 工具、技术、方法

确定需要使用的软件工具、技术和方法，并说明其目的。

5. 代码控制

代码控制包含的内容很多，如防止代码意外丢失，确保代码同步，允许回溯到开发过程中的任一点，允许多个工程师同时修改同一个文件等。

示例：

XYZ 项目质量保证计划

质量目标：

XYZ 项目需要遵循由 QMS 提供的并达成协议的质量目标。目标如下：

……

评审：

每周和每月都需要进行项目评审，并按照要求生成相应的状态报告。在项目的实施计划中，需要定义和安排同行评审，同样需要按照相关的模板记录评审情况并生成报告。在软件开发过程中，需要进行的评审包括：

……

测试计划：

该项目的测试计划文档为"XYZ 项目测试计划"，请参考相应文档(ID 1003)……

5.3.2 评审和审核

自从 Michael Fagan 的论文《设计与编码的审查过程》发表之后，审查一直被作为一种提高质量和减少花费的重要手段。审查的主要目的就是尽早地发现产品中的问题，减少后期维护成本，因此，评审和审核也成为 SQA 的主要责任之一。

- 评审(review)：在过程进行时，SQA 对过程的检查；SQA 的角色在于确保执行工程活动时各项计划所规定的过程得到遵循。评审通常通过评审会的方式进行。
- 审核(audit)：在软件工作产品生成时，SQA 对其进行的检查；SQA 的角色在于确保开发工作产品中各项计划所规定的过程得到遵循；审核通常通过对工作产品的审查来执行；

从上面的定义可以看出，评审和审核有不同的侧重点。评审是对工作流程的评审，而审核则主要侧重产品本身。在软件开发过程中，主要的评审或审核如下：

- 软件需求评审(software requirements review)。在软件需求分析阶段结束后必须进行软件需求评审,以确保在软件需求规格说明书中所规定的各项需求的合适性。
- 概要设计评审(preliminary design review)。在软件概要设计结束后必须进行概要设计评审,以评价软件设计说明书中所描述的软件概要设计的总体结构、外部接口、主要部件功能分配、全局数据结构以及各主要部件之间的接口等方面的合适性。
- 详细设计评审(detailed design review)。在软件详细设计阶段结束后必须进行详细设计评审,以确定软件设计说明书中所描述的详细设计在功能、算法和过程描述等方面的合适性。
- 软件验证与确认评审(software verification and validation review)。在制订软件验证与确认计划之后要对它进行评审,以评价软件验证与确认计划中所规定的验证与确认方法的合适性与完整性。
- 功能审核(functional audit)。在软件发布前,要对软件进行功能检查,以确认已经满足在软件需求规格说明书中规定的所有需求。
- 物理审核(physical audit)。在验收软件前,要对软件进行物理检查,以验证程序和文档已经一致并已做好了交付的准备。
- 综合检查(comprehensive audit)。在软件验收时,要允许用户或用户所委托的专家,对所要验收的软件进行设计抽样的综合检查,以验证代码和设计文档的一致性,接口规格说明之间的一致性(硬件和软件),设计实现和功能需求的一致性,功能需求和测试描述的一致性。
- 管理评审(management reviews)。对计划的执行情况定期(或按阶段)进行管理评审,评审必须由独立于被评审单位的机构或授权的第三方主持进行。侧重正确性、可测性等的需求评审、设计评审可归为静态、软件测试。

5.3.3 SQA 报告

SQA 活动的一个重要内容就是报告对软件产品或软件过程评估的结果,并提出改进建议。SQA 人员应记录工作的结果,并写入报告,发布给相关的人员。SQA 报告的发布应遵循以下 3 条基本原则。

(1) SQA 和高级管理者之间应有直接沟通的渠道。

(2) SQA 报告必须发布给软件工程组,但不必发布给项目管理人员。

(3) 在可能的情况下,向关心软件质量的人发布 SQA 报告。

表 5-1 是一个软件评审报告的样例。

表 5-1　SQA 评审报告样例

项目名称			项目标识	
部门/组织名			阶段名称	
主持人			会议地点	
评审类别	定期评审	阶段评审	事件评审	产品评审
评审性质	管理评审		技术评审	质量保证评审
评审人				

评审项与结论

项目名称:

评审内容:

评审结果:

存在的问题:

从上述例子可以看出,SQA 报告实际上就是对 SQA 工作的一个总结。作为 SQA 工作的重要输出,需要注意如下几个问题。

1. SQA 报告失去应有的价值

这个问题常常出现在 SQA 体系不太成熟的企业。因为 SQA 流程和技能等的不完善,导致 SQA 工程师不能发挥真正的作用。仅完成缺陷数据的统计,甚至审核一些无关紧要的问题,进行一些无关紧要的争论。在这种情况下,SQA 报告往往会失去其应有的价值。例如,在评审报告中,列出一长串语法、格式错误,却不能发现被评审文档中更深层次的问题。

2. 明确报告原则

在实际工作中,常常会遇到项目经理对 SQA 工程师提出的问题置之不理的情况。因为在项目紧张的情况下,项目经理往往不愿意对文档格式错误、文档全面性不足等问题进行修正。因此 SQA 应该具有基本的报告机制,以便于当问题在项目组内无法解决时,SQA 工程师可以寻找其他的途径。基本的问题报告机制如下。

- 当发现问题时,SQA 首先向项目经理报告。
- 问题无法解决时,SQA 可以向高级经理直接汇报。
- SQA 和公司的高级经理之间应该随时保持联系。
- 在实施过程中,SQA 可以向对质量非常关注的现场负责人或高管人员及时报告。

应该避免的报告机制如下。

- SQA 跨越本地组织进行报告。
- SQA 跨越管理层进行汇报。

5.3.4　SQA 度量

20 多年前,度量还是一个新鲜事物,只有极少数的个人、学校和组织在对此进行研究。而现在,度量已经变成了软件工程的一部分。SQA 度量是记录花费在 SQA 活动上的时间、人力等数据,并通过大量数据的积累与分析,可以使企业领导对质量管理的重要性有定量的认识,利于质量管理活动的进一步开展。通常,SQA 度量涉及 3 个方面:软件产品评估度量、软件产品质量度量、软件过程评审度量。

1. 软件产品评估度量

该度量需要记录在产品评估阶段所涉及的各项资源,如表 5-2 所示。通过该表格可以看到 SQA 在产品评估阶段分配的资源。

表 5-2　软件产品评估度量样例

软件产品评估	页　　数	评 估 耗 时	报 告 耗 时
软件需求说明	20 页	3 小时	1 小时

2. 软件产品质量度量

该度量需要记录的数据是在软件开发周期中发现的 Bug 的种类和数量。SQA 需要分析这些数据,并保证产品的质量。例如,如果 SQA 发现需求和设计引起的 Bug 占了相当高的比例,则 SQA 需要同开发小组一起对 Bug 的根本原因进行分析,看看为什么这些错误不能在早期被发现?是不是相关审查人员存在问题,或者是由于需求文件太过含糊、不清楚等。

为什么要进行软件产品质量度量呢?因为软件度量是对实际数据进行记录和分析,很大程度上减少了人为判断,从而反映了软件质量的实际情况。而且通过这些分析,可以发现软件开发过程中存在的问题并进行改进,有利于进一步提高软件产品的质量。因此,软件产品质量度量也是 SQA 人员的重要职能之一。

3. 软件过程审核度量

过程审核度量主要是记录 SQA 在过程度量方面消耗的各项资源,如表 5-3 所示。

表 5-3　软件过程审核度量样例

被审核的软件过程	审核准备耗时	评 估 耗 时	报 告 耗 时
错误纠正过程	2 小时	2 小时	1 小时

关于软件产品与过程质量度量的详细内容,可参阅第 8 章“软件质量度量”。

5.3.5　SQA 评估任务

SQA 的评估任务主要是在软件开发前期对项目的软件和硬件资源进行评估,以确保其充分性和适用性。SQA 评估在 SQA 的工作中虽然是必要的,但并不是主要任务。因此,本节中会简要介绍 SQA 评估任务,但不做更详尽的阐述。

1. 软件工具评估

SQA 需要对软件开发和正在使用的,以及计划使用的软件工具进行评估,其目的主要是保证项目组能够采用合适的技术和工具。对于正在使用的工具,从充分性和适用性两个方面对软件工具进行评估。充分性主要是检查该工具是否能提供所需的所有功能;适用性则是指该软件在性能等各方面能否满足软件开发和支持的需求。对于计划使用的工具,则主要是考查其可行性。可行性是评估该软件工具能否在现有的技术和计算机资源上有进一步发展。表 5-4 是工具评估表格的实例。

表 5-4　软件工具评估表格样例

<table>
<tr><td colspan="2" align="center">软件工具评估</td></tr>
<tr><td>SQA：＿＿＿＿＿＿＿＿＿＿</td><td>评估时间：＿＿＿＿＿＿＿＿</td></tr>
<tr><td colspan="2">被评估的软件工具：</td></tr>
<tr><td colspan="2">评估使用的方法和标准：</td></tr>
<tr><td colspan="2">评估结果：</td></tr>
<tr><td colspan="2">推荐的矫正措施：</td></tr>
<tr><td colspan="2">实施的矫正措施：</td></tr>
</table>

2. 项目设施评估

项目设施评估的内容非常单一,只检查是否为软件开发和支持提供了所需要的设备和空间。通过该评估确保项目组有充足设备和资源进行软件开发工作,也为规划今后软件项目的设备购置、资源扩充、资源共享等提供依据。项目设施评估表如表 5-5 所示。

表 5-5　项目设施评估表样例

<table>
<tr><td colspan="2" align="center">项目设施评估</td></tr>
<tr><td>SQA：＿＿＿＿＿＿＿＿＿＿</td><td>评估时间：＿＿＿＿＿＿＿＿</td></tr>
<tr><td colspan="2">设施评估(设备,人员等)：</td></tr>
<tr><td colspan="2">评估使用的方法和标准：</td></tr>
<tr><td colspan="2">评估结果：</td></tr>
<tr><td colspan="2">推荐的矫正措施：</td></tr>
<tr><td colspan="2">实施的矫正措施：</td></tr>
</table>

5.4　纠正和预防措施

纠正和预防措施(Corrective And Preventive Action,CAPA)最初由欧盟 GMP 提出,适用于药业,用于处理药品生产质量保证体系中的不符合问题。由于该 CAPA 体系的通用性,渐渐被其他行业接受,成为质量管理的一个过程标准。

- 纠正措施指的是为消除已发现的不合格或其他不期望情况的原因所采取的措施。
- 预防措施指的是消除潜在的不合格或其他潜在不期望情况的原因所采取的措施。

5.4.1　纠正性和预防性的过程

纠正和预防措施的目的不是处理或直接修改已经发现的缺陷,而是分析并消除那些缺陷在整个软件部门产生的原因,是一个缺陷预防的过程。

纠正措施是一个常规使用的反馈过程,包括质量不合格信息的收集、非正常原因的识别、改进的习惯行为与流程的建立与吸收、对流程执行的控制与结果的测量等。而预防措施则主要包括潜在质量问题信息的收集、偏离质量标准的识别等。纠正措施是为了防止同样问题的再发生;而预防措施是为了防止潜在的同类或相似问题的发生,如图 5-6 所示。

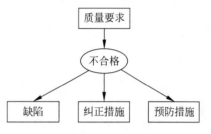

图 5-6　纠正和预防措施的概念示例

CAPA 的主要信息来自质量记录、报告、内部质量审计、项目风险评审、软件风险管理记录等。CAPA 过程重要组成部分如下。

- 收集相关信息;
- 对收集到的信息进行分析;
- 建立解决方案或改进方法;
- 执行新的方案或方法;
- 持续跟踪。

5.4.2　信息收集和分析

为了质量改进性和预防性过程的正常运行,必须建立起与大量产品质量信息相关的文档流,然后进行分析,具体如下。

(1) 筛选信息并找出潜在的改进可能性。评审从各种渠道得来信息或文档,识别出纠正和预防过程的潜在条件,包括与不同单位收到同一类型文档的比较或同一案例不同类型文档的比较。

(2) 对潜在改进进行分析,分析的主要内容如下。

- 由识别出的缺陷产生的损害预期类型和等级定义。
- 缺陷的原因,典型的原因一般是不符合工作条例或规程,技术知识水平不够,对极端时间或预算压力估计不足和对新开发工具缺乏经验。
- 对各种存在于整个组织范围内的潜在缺陷的概率进行估计。

（3）依照分析结果给出内容上或流程上的反馈。

例如：某软件公司接到市劳动保障局通知，因为国家法规调整，其开发维护的公积金收支软件必须做重大更改，方可继续使用。经公司常务高层会议，准备开发该软件2.0版，增加客户要求新功能的同时，考虑向其他市县销售，必须做到可以定制界面。为了提高该版软件的质量，质量经理和开发部门高层按CAPA过程进行实施。

经过信息收集，市场、开发、质量组织了解到：本市公积金管理较为正规，但是相邻市县差别较大，特别是B市，基本属于个人自己缴纳，只有少数是由单位代缴；相邻市县使用的对手软件功能丰富，但稳定性稍差，基层操作人员抱怨不断；前版软件易用性不佳，表现为有超过3%的操作失误，上岗人员因操作复杂而惧用该软件，需要较复杂的岗前培训。

经过会议讨论和分析，发现易用性不足的主要原因是，开发文档的编写只有质量部门参与，没有市场人员的审阅。会议一致认为，除了增加客户所需功能以外，软件必须在易用性上得到很大改进，其优先级很高。

5.4.3　解决方案及其执行

为了消除同一类型的质量问题一再出现和提高生产效率，需要找到问题的根本原因和解决办法，通常会在以下方向做出努力。

- 更新相关流程，包括开发与维护的规定和其他通用流程。
- 习惯做法的改变，包括相关工作条例的更新。
- 使用新的开发工具，使某些问题不容易发生。
- 培训和再培训或更新人员。
- 更改上报频率或上报任务。

以上方法从一个或几个方面组合，便产生了所需要的方案。对于上一个例子，经过评估，找到了解决方案，包括内部培训计划、市场部招聘具有开发资历的职员计划，制订了部分研发人员与市场部人员互换角色的流程等。为了预防此类问题再次发生，该公司还定期会晤客户，跟踪软件使用的流程，使软件的应用状态得到彻底的改变。

纠正和预防措施解决方案的执行主要在于正确的指导和适度的培训，但更重要的是团队和个人的充分合作，合作是执行CAPA的基础。成功的执行需要选定的人员对提出的解决办法充满信心。

5.4.4　相应措施的跟踪

CAPA过程的跟踪主要有以下几个任务。

- 整理CAPA记录流并跟踪。这些记录流使得反馈能够揭示没有报告以及低质量报告而导致的信息不准确或信息遗漏，而跟踪主要是通过分析长期活动信息而实现。
- 执行的跟踪。主要是CAPA过程执行（指定的措施）的跟踪，如培训活动、新开发工具、新流程改变等，将适当的反馈结果交付给负责CAPA的实体。
- 结果的跟踪，使我们能够准确地评估CAPA措施已经达到预期结果的什么程度。一般会把结果的反馈交付给改进方法的开发人员。

由此可见，正常的跟踪活动有利于及时了解信息和启动合适的反馈流，是纠正性和预防性活动链中的重要部分。

5.5 支持性质量保证手段

如何把以前的质量控制经验传递到当前项目中？如何把一个开发组织的理解传递到整个组织？除了组织培训之外，还应该加强模板、检查表这类支持质量保证手段的应用。

5.5.1 模板

在软件工程中，模板指的是用于创建和编辑某种特定计划书、设计书、报告或其他形式的格式文档。模板的应用对很多文档是必需的，对有些文档则是选择性的。大多数模板可从 SQA 相关标准中获得或从组织内部取得。

使用模板有很多益处，主要如下。

- 简化文档评审工作，使文档的编制过程更加方便，节省了一些详细构建报告所需的时间和精力。
- 确保开发人员编制的文档更完善。模板一般经过大量的人员评审，所以不太可能出现漏掉主题这样的常见错误，从而减少人为错误。
- 对新组员有利。这是因为模板是根据标准结构编制的，所以新组员比较易于读懂和理解。
- 增加项目的可理解性让分工不同的组员可以理解一致。
- 维护人员在需要时，更容易快速找到所需信息。

SQA 负责编制新模板、应用模板和不定期更新模板。表 5-6 是某产品发布报告的模板内容。

表 5-6 产品发布报告模板

日期： 年 月 日	版本号：XX. XX	发布类型：补丁包
质量第一责任人：	所属部门：	联系方式：
审查组负责人：	签字质量经理：	
背景情况		
相关客户需求	任务编号	界面文档编号
测试环境		
平台：Windows 2K	页面 Java 版本	客户端版本号
数据库包 DB Patch	组件要求	
测试执行范围		
测试阶段	测试目标计划	测试日程
测试序列编号	质量跟踪编号	
没有测试区域	平台与浏览器矩阵表	
Bug 报告集编号		
功能检测		
没有完成的功能：	有 Bug 的功能：	

续表

系统有效性 安装测试完成 安全性测试以及容量测试	升级/恢复测试完成	性能压力测试
本版主要存在问题 严重 Bug 数量 第三方配合问题	一般 Bug 数量	没有解决的问题
全面质量分析 总体质量评估: 能否发布?		

5.5.2 文档建立、应用和更新

一个组织的质量保证体系的文档呈金字塔式的层次结构,如图 5-7 所示。其中,上面 3 层为质量保证活动提供支撑,最下一层是质量保证活动实施的过程和结果记录。

- 质量手册:质量管理体系的纲领性文档。它描述了整个组织的业务流程框架,质量管理的基本要求,为后续质量管理建设提供指导原则。
- 过程流程:组织内的关键业务流程描述文档。它明确了组织内的业务流程运作过程,各个部门之间的分工合作,关键节点上的配合。此部分相对固化,一旦流程出现了大的变化会涉及组织变革。
- 操作指导:具体组织单元如何操作。它指导具体业务工作的执行,提供过程流程的执行细则和配套指导,这些文档包括指导书、标准、规范、模板和检查表等。
- 质量记录:具体的执行过程记录。它是证明工作已按流程执行的证据。

图 5-7 质量保证体系的文档层次结构

SQA 软件质量组织一般负责编制所需的常见类型的检查表和文档模板,编制最多的是第 3 层的操作指导类文档。过程流程一般由 SEPG(软件工程过程组)编制。质量记录一般是以软件项目为单位记录,由项目人员和质量人员共同编制。

1. 建立新的模板或调查表

文档(建立)组一般包括代表各种软件开发组织单元的软件工程师和 SQA 组织成员,其他成员如果愿意,也能加入文档组,这样的加入应该受到鼓励。文档编制的首要任务是找出编写文档所需要的清单,按清单上内容确定优先级。一般来说,最经常使用的功能要点应赋予较高的优先级。

编制新的文档可以从以下信息中获得支持。

- 本组织或机构中已经正式使用的非正式文档。
- 专业出版物或相关书籍中的文档示例。
- 类似组织或机构里使用的文档。

2. 文档模板的应用

一般文档模板的使用很少是强制性的,促进其使用是靠解释宣传和保证其可用性。所有的内部交流渠道都可以用来向组员解释宣传使用文档模板的好处,内部组员是 SQA 编制文档的"消费者"。在进一步应用新模板时会涉及以下问题。

- 应该怎么定位新写的文档模板,用哪些渠道宣传其益处?
- 如何让内部"消费者"在需要的时候能方便地获得这些文档模板?
- 哪些文档模板是强制性使用的? 怎么样推进其应用?

3. 文档模板的更新

由于以下一些原因,模板需要更新。

- 用户的建议和意见;
- 技术更新、组织结构或客户关系的变化;
- 设计评审小组在对文档评审时所提出的建议;
- 一些特别的对文档内容有影响的案例;
- 其他组织或机构里的经验。

更新文档的过程与建立新文档模板类似。

5.6 软件质量改进

质量改进过程是质量管理体系的重要组成部分。根据朱兰的质量三部曲,质量管理分为 3 个基本过程:质量策划、质量控制和质量改进。产品在生产过程中由于质量缺陷而不得不返工、造成浪费,而这种经常性的浪费就为质量改进提供了机会。

ISO 9000 将质量改进定义为:致力于增强满足质量要求的能力是质量管理的一部分。

软件质量改进过程是一个持续过程,改进契机往往借助审核发现、审核结论、数据分析、管理评审或其他渠道获得的信息,通过制订改进目标,采用一系列结构化的步骤来达到改进软件过程质量或产品质量的目的。

CMM 体系的最高等级 5 级为优化级,它其实关注的就是软件开发过程的持续改进。通过对软件过程中所得到的经验教训加以改进,提高质量、优化过程,并应用到未来的软件开发过程中,由此促进软件组织不断走向成熟。丰田更是将持续改进(Kaizen)作为其核心理念之一。

5.6.1 软件质量改进模型

不同组织或行业可能有不同的质量改进过程或模型,从这些过程模型中可以看出质量改进的一般过程。泰戈的《质量工具箱》一书中提出了一种通用的质量改进"10 步骤"法。该过程基本上涵盖了改进步骤的所有要点,可以很好地表述质量改进过程。如果将质量改进过程以白话的形式表达出来,它实际上需要解决的是 10 个问题,表 5-7 体现了这 10 个步骤及其对应的质量改进术语。

表 5-7 质量改进的 10 步骤法

步　　骤	拟解决问题	质量改进术语
1	我们想取得什么结果？	选择课题
2	谁关注？他们关注什么？	了解客户需要
3	我们正在做什么？我们做得怎么样？	调查现状
4	我们在什么方面可以做得更好？	设定改进目标
5	什么事情妨碍我们做得更好？	分析根本原因
6	为了做得更好？我们需要什么样的改变？	寻求改进方案
7	采取行动！	实施改进方案
8	我们做得怎么样？要不要再试一次？	效果确认
9	如果有效，如何保证每次都按照这个方法执行？	标准化
10	我们学到了什么？	项目总结

1. 我们想取得什么结果？——选择课题

课题指的是需要解决的问题及质量改进的方向。课题来源可能是一个产品缺陷、外部客户问题反馈、内部质量记录等。如果能收集到组织内部痛点、TOP 质量问题等信息，将有助于锁定焦点。

选择课题时，特别要分析清楚：为什么选择这样的一个课题，它能带来的价值是什么。当课题还不是十分清晰时，可以采用脑力风暴等发散思维工具集思广益，或采用一些数据统计分析工具帮助发现问题。课题一旦选定，则尽可能地明确课题范围、关键步骤里程碑的项目计划，如什么时候完成现状调查，什么时候完成根因分析等。

2. 谁关注？他们关注什么？——了解客户需要

客户是产品或服务的使用者，掌握问题的第一手原始资料。列出该课题的相关客户，可以是内部客户，也可以是外部客户。当客户还不是十分明确时，可以借助 SIPOC 工具（参见4.4.8 节 SIPOC）识别客户和供应商。

确定客户后，可以列一个信息收集计划确定需要了解的信息，包括：向哪些客户收集、收集信息方式、收集的信息内容等。例如，在访谈前列出访谈提纲，与关键客户进行深度的交流讨论。交流时务必注意倾听客户的声音，这有助于了解他们的真实需要。哪些问题是最困扰他们的，问题解决后给他们带来的直接感受是什么。例如，客户提出要一件丝绸服装，交流后了解到真实需要只是要吸汗，那么提供一件棉质服装也是可以的，还降低成本。收集到客户需求后，需要将客户需求进行分类、排序，可以借助 Kano 模型（东京理工大学教授狩野纪（Noriaki Kano）发明的对用户需求分类和优先排序的工具）分析客户需要与客户满意度的关系。

3. 我们正在做什么？我们做得怎么样？——调查现状

确认我们正在做的是否与客户需要一致，当前任务是否有效，可以通过绘制流程图等过程分析工具来帮助梳理任务过程。

要回答做得怎么样，则需要确定度量指标和采集到的数据。制订一个数据度量计划有助于现状的定量分析，包括：测量什么、测量频率、数据如何取得（包括取样方法）、数据如何记录等。需要注意的是，要同时考虑到产品和过程质量的测量。采集到的数据可以通过数据分析工具来进一步确认问题的分布。例如，客户对运维平台满意度不高的问题，主要发生在运维平台上报给维护人员的告警信息不准确方面。

4. 我们在哪些方面可以做得更好？——设定改进目标

针对获得的信息和当前情况，进行改进可行性分析，确定改进目标。将第2步的客户需要与第3步的测量结果进行比较，可以看到预期与现状的差异。这个差异可能会很大，不能一下子全部改进。此时，还需要结合现状进行分析，哪些问题当前是可以改进的，哪些问题改进后可能会给客户带来显著效果，哪些问题改进起来相对比较困难。分析完成后设定一个切实可行，又带有挑战性的改进目标。例如，通过整改界面控件使 UI 规范符合度提高10%。

5. 什么事情妨碍我们做得更好？——根因分析

根因指的是导致问题发生的关键因素，同时这种因素能被识别和纠正，消除了该因素，可防止问题的再次发生。根因是最基本、最深层次的原因。调查现状所得到的信息和数据是问题的现象，只有透过现象看本质，排除根本原因，才能彻底解决问题。在分析根因时，可以借助于鱼骨图、5Why 等根因分析工具，从不同分类层层深入。查找根因过程是复杂的，找到潜在根因后还需要进行确认是否为真正原因，这个过程可能会出现反复。识别出来的根因可能不止一个，存在多个方面不同层次。找到根因后则聚焦根因加以改进。

6. 为了做得更好，我们需要什么样的改变？——寻求改进方案

前面5个步骤都属于问题域，到第6步则开始进入解决方案域。针对每个根因逐条分析其改进方案。当用户想要一辆更快的马车时，脑子里并没有汽车、火车等形象，寻求解决方案的过程更多是一种创造性过程。可以借助于亲和图等发散思维工具帮助想出多种备选方案。在方案决策时，可以采用一些分析决策工具辅以方案选择。例如，对于界面控件难以对齐时，是人工对齐还是借助于工具对齐，这个时候需要分析人工和使用工具的成本，包括：工具熟悉、培训、引入成本，工具可以解决多大比例的对齐问题等。

方案一旦确定，则需要计划该方案的实施，包括方案实施可能的风险，需要的支持，实施结果如何交付，结果如何衡量等。建议能有一个改进项目文件夹，记录整个改进过程，包括计划、实施过程、输出件、度量数据、会议纪要、邮件讨论等。

7. 采取行动！——实施改进方案

针对改进方案的实施计划一步步执行。为避免方案的失败，可以先小规模实施，确认效果后再大范围执行。实施过程中要考虑验证的问题，以确认实施方案是否符合预期，可能的话，请客户参与实施过程。

8. 我们做得怎么样？要不要再试一次？——效果确认

分析改进方案实施以来所带来的改变。包括：

- 改进前和改进后的对比，现状是否发生了改变？
- 改进结果与预期目标的对比，目标是否已达到？

为了说明实施效果，需要收集一些数据进行量化分析，包括指标分析、趋势分析，与实施前的现状指标数据作对比，有可能的话，还可以做一些质量成本分析。

如果没有达到预期，可能需要返工，返回前面的步骤，找到正确根因并寻求更好的解决方案。

在这个步骤中可以采用一些数据收集和分析工具，如直方图、运行图等。

9. 如果有效，如何保证每次都按照这个方法执行？——标准化

这是一个真正体现质量改进核心价值的地方，它是预防性措施，避免同类问题再次出现。所谓标准化,是将已取得的成功经验程序化、规则化以供重复使用。检查表、流程图等是常见的固化工具。标准化的过程中需要考虑未来应用中可能会出现的变化,并尽可能在标准程序中加以处理。

标准化的过程是一个经验提取过程,其输出件不可避免地带有一定抽象性。为了让标准化的成果得到更好的推广应用,则需要有配套的培训、宣传及应用案例等,并在应用过程中不断完善标准化成果。

10. 我们学到了什么? ——项目总结

回顾整个改进过程,总结得失成败,以及后续还需改进的地方。可以借助前面的过程记录文件回忆所经历的过程。如果有后续打算继续改进的课题,也可以列出。可以在组织层面分享改进项目经验:该课题是如何改进的,会给其他课题改进带来怎样的启发。

以上是 10 步骤法的详细的通用改进过程,虽然每个组织可能都有自己的质量改进过程,根据改进目的的不同,所包括的过程及步骤描述粒度粗细不尽相同,但可以从通用过程中找出其中的对应关系。六西格玛的 DMAIC 改进流程与 10 步骤的对应,如表 5-8 所示。最终所有的过程都可以统一到 PDCA 的框架中去。

DMAIC (Six Sigma): Define → Measure → Analyse → Improve → Control

表 5-8   DMAIC 质量改进过程统一到 PDCA 框架

步骤	1	2	3	4	5	6	7	8	9	10
DMAIC	D 界定		M 测量	A 分析			I 改进		C 控制	
PDCA	P 计划						D 执行	C 检查	A 行动	

5.6.2 软件质量改进实践层次

CMM 体系的最高等级 5(优化级)共有 3 个关键过程区域:缺陷预防、技术变更和过程变更,分别从缺陷、技术和过程 3 个方面对组织过程能力的持续改进提出了要求。从改进的层次来看,可以用图 5-8 描述。其中,最底层是发挥非组织力量,上面 3 层则属于组织级改进行为。通过例行活动或事件触发等方式,发起质量改进活动,并进而提高质量、增加组织能力。下面对改进的 4 个层次分别进行说明。

图 5-8 软件质量改进实践层次

（1）日常自发改进：主要来源于基层员工，从日常工作中寻找可改进点，并自主提出或发起改进。主要的改进活动形式有 QCC 及员工改进建议。

（2）单个产品问题改进：针对单个产品内的问题进行改进，一般在某个项目内组织改进，重要问题则由产品来组织改进。产品问题来源可以是内部测试问题、外部客户外馈的一般线上问题。主要的改进活动形式有漏测问题分析及线上问题分析。

（3）跨产品问题或某一类共性问题改进：这类问题的改进需要多部门协调进行，一般由主导产品组织联合周边产品、职能部门一起进行分析。问题来源有内部审计报告、外部线上事故等。主要改进活动形式是质量回溯。

（4）组织级的短板改进：这类问题往往是组织内的共性重大问题，由上层组织发起改进，改进影响范围大，往往会引起组织变更、流程变更、技术变更等。问题来源有外部审计报告、认证报告、客户满意度调查报告等。主要改进活动形式是组织级变革项目。

下面对各层中的典型软件质量改进活动加以阐述。

5.6.3 品管圈

品管圈（Quality Control Circle，QCC），由石川馨提出。由同一工作场所的员工自发组成一个工作小组，旨在发现并解决日常工作中有关的质量问题。要在一个组织内实施QCC，需要具备以下基础条件。

- 全员普遍具备质量改进意识。
- 多数员工掌握一定的质量工具和质量管理手法。
- 组织提供支持，如 QCC 辅导员、提供相关培训。
- IT 支持。运用 IT 工具对改进活动过程进行管理。

以上几点都需要组织内管理层重视质量，并有一定的质量管理经验的积累。另外，对于QCC 的课题选择，改进问题会很多，着重选易于改进的、聚集于技术层面的问题。

选择课题
把握现状　→　分析根因　→　分析对策　→　对策实施
效果确认　→　总结与
标准化

图 5-9 QCC 实施过程

QCC 实施过程如图 5-9 所示，可能存在部分步骤与有些组织内的实施不同，但不管怎么分，实施过程的基本内容与通用质量改进过程是基本一致的，只是名称不同，或将一些更为细致的步骤整合成一个大的过程有利于实施等。

【案例】 QCC——某产品 UI 界面原型与实现差异过大。

1. 选择课题、把握现状。

UI 界面往往是影响用户体验的重要环节，但 UCD 部门辛苦设计出来的高保真界面原型往往与最终实现相差甚远，就连一些基本的界面规范要求也达不到（如控件格式、字体大小统一等），UI 规范不符合度达 50%，这些易用性问题已严重影响产品质量，过多的问题通过后期测试把关，往往投入成本高。为此，选择该课题有一定价值。表 5-9 为该案例的QCC 实施应用。

采用 Checklist 界面标准进行符合度对照，并找出现有界面的问题，采用 Pareto 图对问题统计，发现问题主要集中在布局和控件两类，这两类中突出问题是间距、对齐、任务交互流程不合理。经过讨论,决定将目标设在 UI 规范符合度达到 70％以上。

表 5-9　QCC 实施应用案例——选择课题

产品版本	问题描述	问题大类	问题小类	检查标准
V1R1C001	按钮长度比文字还要短,显示有问题	布局	间距	按钮的宽度可随其文字长度自适应,考虑左右预留间距
V2R3C002	Tab 键顺序设定不正确	控件	交互	Tab 键按表单输入焦点、网页元素焦点的顺序切换
…	…	…	…	…

2. 分析根因

针对提取出的间距、对齐以及任务交互流程不合理这 3 种问题,逐一进行根因分析。图 5-10 所示为任务交互流程不合理问题的 5Why 根因分析过程,其他问题还采用了鱼骨图的分析方法,最终锁定了几类根因。

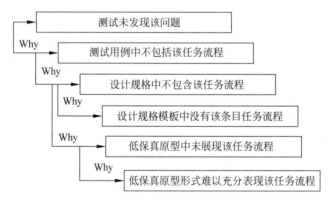

图 5-10　QCC 实施应用案例——根因分析

3. 分析对策

如表 5-10 所示,针对根因中的问题逐一进行对策分析。解决方案的好坏与最终的效果有很大关系,在这个阶段可以运用脑力风暴集思广益。另外,需要注意的是,解决方案需要从技术、流程等各方面考虑,真正从根本上解决问题。

表 5-10　QCC 实施应用案例——分析对策

主要原因	对　策	措　　施	目　　标	实施地点	完成时间	责　任　人
间距和对齐主要依靠肉眼判断测试难度高	提供工具和方法,降低测试难度	• 提供间距和对齐的测试工具 • 优化现有控件,在控件能力中扩展间隔和对齐的规范要求 • 提高可测试性,控件位置信息格式化输出,方便查看	测试人员不再反馈测试有问题	…	…	…
…	…	…	…	…	…

4. 对策实施与效果确认

每条措施分配到责任人,按任务方式实施。实施过程及实施结束后,需要再次进行数据收集,以及与改进前的现状对比。此时,可以采用控制图、运行图等进行数据度量分析,如图 5-11 所示。

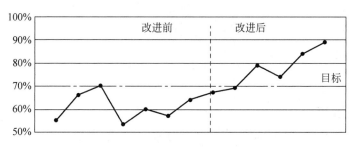

图 5-11　QCC 实施应用案例——效果确认

5. 总结与标准化

对工具、流程、模板、规范、标准更新等一系列进行固化工作,并进行相应的跟踪,如用问卷调查了解推广应用情况等。

5.6.4　漏测问题分析

漏测问题指的是,软件产品缺陷在测试过程中没有尽早被发现,包括后面的测试阶段发现前面测试阶段遗漏的问题,后面的测试或使用过程中发现以前版本的问题。此处的测试阶段可以是:同一个版本中不同的测试阶段,不同阶段中不同测试阶段。漏测问题分析就是针对流出到下一阶段的问题进行漏测分析,并采取相应的改进措施,减少漏测问题的发生。一般来说,漏测问题分析是每轮测试结束后的例行工作,同一个产品的问题在项目组内开展。

图 5-12 为漏测问题分析的过程。是否存在以前版本遗留下来问题,逐个分析漏测问题的根因。找到漏测试的根因后形成相应的改进措施。

图 5-12　漏测问题分析过程

1. 漏测问题识别

如图 5-13 所示,这一步相当于改进过程的现状分析,确认改进范围。判断“是否遗留 Bug”的依据:是否为以前版本遗留下来的 Bug。判断“是否漏测”的依据:测试版本与问题引入版本是否一致,该问题所在功能模块是否在引入版本经过测试,如果经过测试但没有测试出来则认为是漏测问题。例如,某问题是 V1R1C001 版本引入的,且该版本该功能经过测试,但却在后续版本V1R1C002 中通过测试被发现。

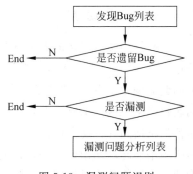

图 5-13　漏测问题识别

2. 分析漏测原因

对测试过程进行回放,结合测试过程及输出件的记录情况,判断是测试流程中哪一步的原因导致的漏测。常见的漏测分析过程如图 5-14 所示,针对找到的过程节点分析真正的根因。例如,用例执行遗漏还可以进一步深入分析下去,确定是因为用例问题还是执行人的疏忽。

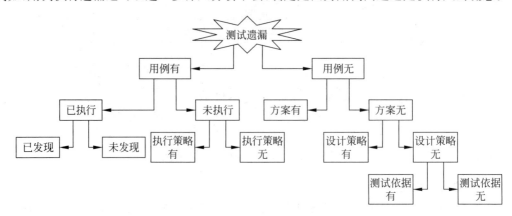

图 5-14　分析漏测原因

3. 分析改进措施

对于漏测问题来说,它的改进措施主要是从测试角度来看针对该问题怎么避免漏测,对于问题本身的改进、怎么避免该问题发生则不在此考虑之内。需要注意的是,对于一些工具与测试流程改进等具有共性的、长效改进措施往往是纳入规划项目中统一考虑。常见的漏测改进措施如下。

(1) 更新测试用例。例如,测试用例增加验证点。

(2) 输出测试经验。例如,补充测试案例、添加到测试经验库。

(3) 提高测试技能。例如,进行相关测试技能培训。

(4) 改进测试工具。例如,完善自动化工具,增加对日志的验证功能。

(5) 改进测试流程。例如,修改测试方案模板,测试设计过程中增加观察点分析。

4. 实施与确认

实施相应的改进措施,并做例行的任务跟踪,检查测试用例库、测试案例库等是否增加了相应测试用例、测试案例。一般来说,对于单个问题的改进不需要做特别的数据分析。

5.6.5　质量回溯

回溯的中文意思指向上推导。产生产品质量问题代表没有满足客户需求。此处的产品质量问题指的是,来源于客户反馈的问题,严重一点即是质量事故。质量回溯即指从产品质量问题的现象出发,一步步地向上追踪问题的发生过程,找到导致问题的根本原因,并针对问题根因采取改进措施。此处的问题根因包括技术原因、管理原因和人为原因。改进措施包括纠正措施和预防措施。纠正措施是为消除已出现的该质量问题而提出的改进措施;预防措施是预防将来出现已识别出的质量问题,或类似质量问题而提出的改进措施。质量回溯活动一般在重大质量问题发生后启动,由产品负责人牵头组织,研发当事人、质量小组人员、技术规划组人员等多方代表共同参与。

质量回溯过程框架,如图 5-15 所示。质量回溯起始阶段是指问题原因定位、问题处理过程,即例行的问题解决过程。而后面的过程则是回溯到问题发生的源头、追问为什么问题会发生,消除了这些原因后,可防止问题再次发生。

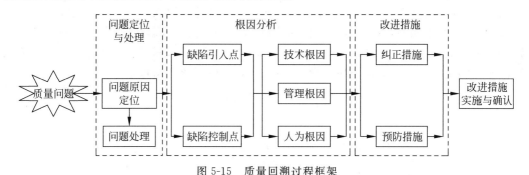

图 5-15　质量回溯过程框架

1. 问题定位与处理

描述问题发生→定位→处理的完整过程,具体内容包括:问题发生现象、问题发生时的场景、问题触发条件、问题发生过程、问题是如何定位的、收集了哪些数据、问题发生的直接原因是什么、做了哪些处理、最终问题是如何解决的、问题现象是否还存在等。

该过程除了一般的缺陷处理过程,还包含了一个应急处理过程,以减少现网事故对客户的影响。例如,某 A 产品的现网业务中断,经定位后发现:因第三方备份平台异常,没有按照约定及时取走数据库归档日志,导致数据库所在主机的磁盘空间满,数据库工作异常,从而业务中断。现场紧急启动数据库放通机制、业务恢复。

2. 根因分析

首先要确认问题的根源对象,明确缺陷引入点和缺陷控制点。缺陷引入点指缺陷在流程的哪一个点上产生、引入的;缺陷控制点指缺陷应在哪一个点被检查出、控制住。对于一个引入的缺陷来说,往往会有多个缺陷控制点,一般取离引入点最近的那个点作为缺陷控制点,最贴近缺陷的地方发现缺陷的效果最好。问题源头一般位于缺陷引入点,只有当缺陷引入点超出范围之外才会将缺陷控制点作为问题源头。例如,第三方供应商质量问题,只有通过缺陷控制点加以把关。软件开发过程中的缺陷引入点和缺陷控制点,如图 5-16 所示。例如,对某质量问题回溯发现缺陷引入点是系统需求,缺陷控制点则应在系统需求的评审阶段。在确认问题根源对象时需要借助研发过程记录,还原产品的研发过程。

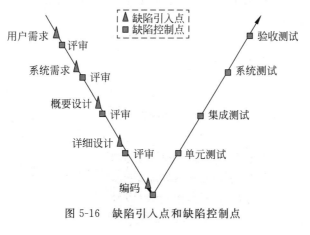

图 5-16　缺陷引入点和缺陷控制点

识别出缺陷引入点和控制点后,分别进行根因分析,从技术、人为和管理3方面展开分析,列出可能的原因以及各种原因之间的可能关系。根因分析工具因果图、5Why等可以在此应用。

技术根因指的是产品不符合某项需求规格(功能、性能等)要求。图5-17是技术根因的分析思路。针对不同的软件质量属性分别从规范、工具、方法、模板等来看,有没有相应的支撑手段。例如,某质量问题的缺陷引入点是可靠性系统需求遗漏,则分析可靠性规范中有无这样的条目,是不是缺少规范应用指导,是否缺少可靠性需求分析模板等。

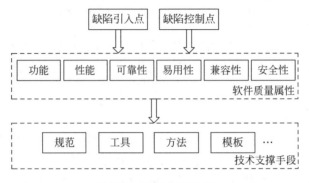

图 5-17　技术根因分析

人为根因指的是造成问题产生的人为因素。人因分析从缺陷引入点和缺陷控制点来看,分析人在相应活动中的思考过程,并了解到底是如何产生这个问题的。质量大师克劳士比在《质量免费》一书中将人的错误分为知识技能和缺少关注两个方面,也即一个有意识,一个无意识。英国心理学家Jam Reason在 *Human Error* 这本书中将人的SRK认知模型分为3种:S-Skill技能;R-Rule规则;K-Knowledge知识。将人因基本错误归为3类:疏忽、遗忘和错误。疏忽指行动计划正确,但执行了错误的动作;遗忘指行动计划正确,但没有执行任何动作;错误指行动计划是错误的,执行的动作也是错误的。还有一种违规,属于故意性犯错,其原因难以控制,在人因分析中往往不予以考虑。错误可以进一步分为知识型错误和规则型错误。规则型指的是情景是熟悉的,但任务执行过程中选择规则时出现了错误。知识型指的是情景是不熟悉的,依赖自身知识经验加以诊断与决策,任务执行时发生了错误。

无意识犯错往往是任务大量执行后自动发生;而有意识犯错往往是对信息了解不足或思维过程出了问题。通常所说的技能不足往往指的是有意识犯错,这个问题可以通过技能培训加以改进,而无意识犯错更多则需要通过工具改进、思维训练等方式加以改进。图5-18对人为根因分析进行了概括。

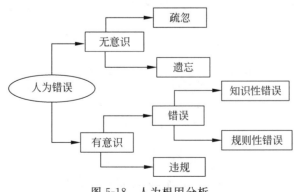

图 5-18　人为根因分析

【案例】 某产品上网后出现与第三方设备对接失败。

根因分析结果为测试人员执行不正确,初步改进措施为提高人员技能。

进一步交流发现该产品对接接口中有 N 个相似含义字段且取值各不同,例如,A 接口 0 代表 OK,而 B 接口则 1 代表 OK,测试人员执行过程中面对大量的重复对比搞混了,还以为自己是对的。

识别出真正的人因后,更新改进措施为改进工具并增加功能进行接口字段自动比对。这种机械重复性工作改进工具比提高人员技能更为有效。

管理根因指从组织结构、资源管理和流程制度等各个方面寻找造成问题的原因,可以结合质量管理体系(Quality Management System,QMS)进行分析。在寻找管理根因时,围绕 QMS 的各个方面进行提问,如图 5-19 所示。常见的管理根因有:培训不充分、计划不完善、资源分配不适当、监控不充分、流程不完善、管理制度不完善等。例如,客户反馈用户手册质量差,在管理根因方面分析后,缺少专门的资料测试人员。

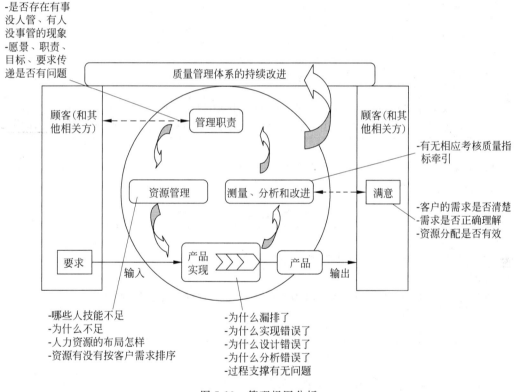

图 5-19 管理根因分析

3. 改进措施

首先确定哪些根本原因值得改进,并确定改进优先级。有些原因理论上可以改进,但不是很迫切或改进起来成本过高,超出组织承受范围的可以暂不考虑。分析改进措施时,要举一反三,与该问题类似的还有哪些情况需要改进。例如,与第三方平台的某接口 A 对接不通,则与此类似的接口 B 是否也需要改进。

对于改进措施的提出,除了纠正措施外,更多的是考虑预防措施,避免问题的再次发生。因此,在质量回溯里很多改进措施属于长期性的预防措施,实施的是固化、标准化的动作。

如规范建设、流程优化、组织机构调整等。

确立改进措施后，然后再制订明确的改进计划来实施改进措施，并纳入例行的计划实施管理中。在改进措施实施与确认过程中，改进措施不可能一下子就能达到一个很好的应用状态，需要在应用过程中不断完善。例如，流程先固化，再学习，再优化，往往存在实施与确认的多次反复，这是一个持续质量改进的循环过程。

综上所述，质量回溯过程中最重要的一环就是确定根因。表5-11是一个根因判别的检查表，供根因分析时对照参考。

表 5-11　根因判别检查表

序号	检 查 项	检 查 要 求
1	该原因是否为问题原因链的源头或关键因素	• 在逻辑上是问题原因链的源头（缺陷引入点） • 如果多个原因在逻辑层次上相同，则取关键的原因 • 如果缺陷引入点在能力范围之外，找缺陷控制点
2	该原因是否能够被识别	• 根本原因应该是客观的、具体的、可度量的原因
3	该原因是否能够被纠正	• 在目前的组织能力下，该原因可以被纠正 • 对原因的解决不能超出组织可承受的成本
4	如果消除了该原因，当前问题是否得到解决	• 该原因被消除后，当前出现的问题即得到解决
5	如果消除了该原因，是否能避免此类问题再度发生	• 当该原因被消除后，以后此类问题将不再发生，得到彻底解决 • 如果有些问题不能马上得到解决，但问题发生频率呈下降趋势

【案例】　某组织的质量回溯报告模板如表5-12所示，包含了问题定位与处理、根因分析、改进措施3个环节。

表 5-12　质量回溯报告模板示例

问题描述	
详细描述问题的发生情况。例如，时间、地点、故障现象等	
问题处理	
简要描述对问题的应急处理情况。例如，修改参数、升级等，及时降低问题的影响度	
问题定位	
分析并找出问题的缺陷，缺陷要细化到具体需要修改的地方，缺陷修改后当前产品问题即刻得到解决。例如，某条语句赋值错误、变量类型错误、参数错误；软件函数的算法错误等	
根本原因分析（在缺陷引入点或缺陷控制点中找出导致缺陷的原因）	
1	缺陷引入点分析（缺陷是从哪个环节或活动中引入的）： 一般指问题发生的根源对象。可对缺陷引入过程进行详细分析（可按时间或逻辑顺序展开）。例如，软件算法的问题可能是概要设计阶段造成；软件代码变量类型错误，一般是编码阶段造成
2	缺陷控制点分析（可选，缺陷在哪个环节或活动能够被阻止）： 如果"缺陷引入点"质量无法控制或在能力范围之外，则需要分析缺陷控制点。一般情况下，需要分析离缺陷引入点最近的控制环节或活动。结合图5-15进行位置分析。例如，如果缺陷引入点是编码，则缺陷控制点是编码评审

3	根本原因(在缺陷引入点、控制点中找出具体的、可识别、可改进的原因;这个原因导致了缺陷产生,可以从技术、管理、人为3个方面分析): 一般情况,问题根本原因在缺陷的引入点中,但如果缺陷的引入点在公司或组织的能力范围之外,只能通过缺陷的控制点进行控制(例如,入口检查)。根本原因必须SMART化(具体的、可识别、可改进的原因)。 例如,代码某参数设置不正确,造成产品性能下降。问题的根因有可能为"对用户的需求不明确/规格对参数要求不明确"等,需要根据实际情况而定

改进措施:制订对当前根本原因的纠正和预防措施

	根 本 原 因	纠 正 措 施	预 防 措 施	责 任 人	完 成 日 期
1	根本原因必须SMART化	针对当前根因如何进行解决,纠正措施要SMART化	哪些措施能纳入到当前的质量管理体系中,防止问题重犯?例如:制订或更新流程、管理制度、技术规范、Checklist等;预防措施要SMART化		

5.6.6 持续改善

持续改善(Kaizen)是一个日语词汇,指小的、连续的、渐进的改进。它是由日本持续改进之父今井正明在《改善:日本企业成功的奥秘》一书中正式提出,在此书中认为丰田成功的关键在于贯彻了Kaizen的经营思想。Kaizen被看作是日本独有的全面质量管理(Total Quality Management,TQM)的核心理念。Kaizen活动包括以下6个步骤。

(1) 背景梳理:明确选择改善任务的理由。

(2) 现状分析:弄清当前情况的本质,并予以分析。

(3) 原因分析:弄清事情的真实背景及原因。

(4) 对策制订:在分析的基础上,研究并制订对策。

(5) 效果检验:观察并记录采用对策后的效果。

(6) 引入管理:引入标准和规范(包括修改和创建),并对相关的标准和规范进行规范化,防止同类问题的再度发生,并建立相关问题的跟踪和解决机制。

可以看出,Kaizen活动过程是以PDCA为基础,与QCC步骤也极为相似,只是在不同步骤拆分存在细微的不同。

Kaizen的实施手法,主要是标准化、5S和消除浪费3个主要方面。

(1) 标准化。把改善成果固化下来,制订成可以重复使用的规则。标准化的目的在于预防,避免类似问题再次发生。

(2) 5S。来自以S开头的日语词汇,聚集于现场的可视化管理,对于软件研发,体现为软件工厂的管理,包括软件开发现场、软件实施现场、软件实验室等。

- Seiri(整理):区分必要与不必要的,将不必要的丢弃。
- Seition(整顿):摆放整理有序。

- Seico（清扫）：把现场变得整洁。
- Seiketsu（检查）：让干净整洁成为习惯。
- Shitsuke（素养）：自觉遵守相关规程。

（3）减少浪费。减少浪费正是精益思想的本质。精益思想源于 20 世纪 80 年代日本丰田的质量管理思想，"精"体现在质量上精益求精，"益"体现在成本上利益最大化。按照精益思想，任何不能为客户增加价值的行为即是浪费，而 Kaizen 就体现为减少浪费创造更多价值而进行的持续改善活动。将这个思想迁移到软件即是精益软件开发，Jack Mulinsky 在 agilesoftwaredevelopment.com 上总结了软件开发过程中存在的 7 大浪费，如表 5-13 所示。

表 5-13　软件开发过程中的浪费

序　号	浪费类别	浪费说明与举例
1	部分完成的工作	部分完成但没有最终落地的工作 • 没有转化成代码的设计文档 • 未及时合入的代码 • 没有相关说明文档的代码 • 未测试的代码
2	额外功能	研究表明，软件中有多达三分之二的功能几乎或从未被使用过 • 开发完成但没有被客户应用的特性 • 更多的代码 • 更高的复杂性带来额外维护工作量
3	再学习	由于经验不能传承带来的反复、额外的重复学习 • 分布式的开发团队，太多的代码迁移 • 人员频繁流动导致经验不能积累，反复重新学习 • 拥有某领域的专家，但在开发过程中需要此领域经验时，专家却没参与，由团队重新摸索
4	移交	知识信息的传递总是伴随信息丢失，隐性知识尤其困难 • 分工过细往往导致过多不必要的移交（如详细设计和实现分离）
5	任务切换	切换任务时，时间会浪费在切换背景和重置环境上，研究表明多任务工作会导致效率下降 20%～40% • 一个人同时指派到多个项目中 • 一个人杂事繁多
6	等待	等待任务条件满足，因任务或资源相互依赖而导致工作停滞 • 集成时被关键模块阻塞 • 等待测试环境就绪 • 任务流程设置不合理，导致过多同步等待
7	缺陷	缺陷引起的返工、不可预期的损失 • 解决缺陷活动本身 • 缺陷越往后遗留，浪费越大

本 章 小 结

本章主要论述了软件质量保证体系及软件质量改进相关内容。软件质量保证体系的内容包括：组织、结构、角色、职责、主要过程及活动、质量保证手段等。软件质量改进包括：软件质量改进模型、实践层次，并重点介绍了常见的一些软件质量改进活动。通过本章的学习，读者可以加深理解软件质量保证体系及活动，掌握软件质量改进的方法，增强质量预防意识，并能发现质量改进契机，以促进软件产品质量不断提高。

思 考 题

1. 简述 SQA 的体系、功能以及所进行的活动。
2. 常见的软件质量保证组织有哪些？
3. SQA 组织有几种组织结构模型？分别是什么？
4. 软件质量保证涉及多少种角色？他们的职能分别是什么？
5. CAPA 由哪几部分组成？各部分包括哪些内容？
6. 针对软件开发过程的某个具体活动编制一个模板。
7. 简述质量保证体系的文档结构层次。
8. 简述软件质量改进模型的 10 步骤法，并说明每个步骤包含的主要内容。
9. 软件质量改进实践层次分为哪几层？每一层的主要活动形式有哪些？
10. 软件开发过程中常见的缺陷引入点和缺陷控制点有哪些？
11. 如何判别某问题原因是否为问题根因？
12. 软件开发过程中存在哪些浪费？结合实际开发过程，对每个浪费类别至少列举一个实例。
13. Kaizen 有什么含义？
14. 简述 QCC 的实施过程。
15. 如何判断某问题是否为漏测问题？
16. 简述软件质量回溯过程框架。

【大作业】

结合 QCC 的质量改进过程，选取一个质量改进主题，并完成相应的改进措施制订。要求如下。

- 现状分析：需要有相应数据支撑。
- 根因分析：需借助根因分析工具寻找到问题根因。
- 对策制订：需要形成具体的可执行的措施。

具体可参考附录 G：软件质量改进方案模板。

第6章 软件评审

不管你有没有发现它们，缺陷总是存在，问题只是你最终发现它们时，需要多少纠正成本。评审的投入把质量成本从昂贵的、后期返工转变为早期的缺陷发现。

——卡尔·威格斯（Karl E. Wiegers）

第 4 章介绍了软件控制的相关理论和控制方法。实际上在质量控制方面，评审也是一种非常有效的方法。

根据 IEEE Std 1028—1988 的定义：评审是对软件元素或者项目状态的一种评估手段，以确定是否与计划的结果保持一致，并使其得到改进。检验工作产品是否正确地满足了以往工作产品中建立的规范，如需求或设计文档。

6.1 为什么需要评审

在软件开发过程中会进行不同内容、不同形式的评审活动。这么多的评审活动，都是必要的吗？管理者、开发人员、甚至客户有时都反对评审，因为他们认为评审浪费时间，减缓了项目的进度。实际上，真正造成项目进度缓慢的并不是评审，而是各种产品缺陷。

首先，从成本上衡量评审的重要性。大家都明白一个简单的道理：缺陷发现得越晚，修正这个缺陷的费用就越高。然而，值得注意的是，随着时间的增加，消耗的成本并不是呈线性增长，而是呈几何级数增长。在测试后期发现的缺陷所消耗的质量成本是需求分析阶段的 100 倍。

软件评审的重要目的就是通过软件评审尽早地发现产品中的缺陷，因此在评审上的投入可以减少大量的后期返工，将质量成本从昂贵的后期返工转化为前期的缺陷发现。通过评审，还可以将问题记录下来，使其具有可追溯性。下面是卡尔·威格斯在 *Peer Review in Software* 一书中提到的实例。

- IBM 公司报道，每小时的审查可节约 20 小时的测试，如果在发布的产品中遗留了审查的缺陷，则所需的返工时间为 82 小时。
- HP 公司测量所得的审查投资回报率为 10∶1，每年节省 2140 万美元，在设计过程中进行审查缩短了 18 个月的上市时间。
- 皇家化工公司维护经审查的 400 个程序的费用，是维护类似的未经审查的 400 个程序费用的十分之一。
- Litton 数字系统在审查中投入了总项目工作量的 3％，从而使得系统集成和系统测试发现缺陷的数量减少了 30％。设计和代码审查减少了 50％产品集成工作量。

- 在贝尔实验室,审查使得发现错误的费用降低到 10%,同时使质量提高了 10 倍,效率提高了 14%。
- 在广泛采用审查的 5 年中,Primark 投资管理公司总共节约了 3 万小时的人工,同时,平均每年每个客户报告的产品错误降低到原来的五分之一。
- 贝尔北方研究中心审查了 250 万行实时系统代码,避免了平均每个缺陷 33 小时的维护费用。通过审查发现缺陷的效率是测试的 2～4 倍。

从上面实例中的数据可以看出,评审的作用非常突出,在缩减工作时间的同时还节约了大量成本。

其次,从技术角度看,进行审查也是非常必要的。由于人的认识不可能百分之百地符合客观实际,因此生命周期每个阶段的工作中都可能发生错误。由于前一阶段的成果是后一阶段工作的基础,前一阶段的错误自然会导致后一阶段的工作结果中有相应的错误,而且错误会逐渐累积,越来越多。因此,前期的缺陷发现还能减少缺陷的注入量,从根本上提高产品的质量。

最后,及时地进行软件评审不仅有利于提高软件质量,还能进一步减少修订缺陷以及测试与调试的时间从而提高编程和测试效率,更好地控制项目风险,缩短了开发周期并减少了维护成本。

6.2 软件评审的角色和职能

整个评审过程由评审小组组织和举行。那么,如何形成评审小组?评审小组中又涉及哪些必要的角色呢?

一般来说,对于正式的评审活动应组建评审小组,评审小组主要由协调人、作者、评审员、用户代表和 SQA 代表等角色构成。

SQA 代表负责对产品的可测性、可靠性、可维护性以及是否遵循规定的标准等方面的审核工作。

1. 协调人

协调人在整个评审会议中起着缓和剂的作用,其主要的任务如下。

(1) 和作者共同商讨决定具体的评审人员。

(2) 安排正式的评审会议。

(3) 与所有评审人员举行准备会议,确保所有的评审员都明确其角色和责任。

(4) 确保会议的输入文件都符合要求。

(5) 如果作者或者评审员没有为即将召开的评审会议做好充分的准备,则需要重新安排会议并通知大家。

(6) 确保大家的关注点都是评审内容的缺陷,控制好会议时间。

(7) 确保所有提出的缺陷都被记录下来。

(8) 跟踪问题的解决情况。

(9) 和项目组长沟通评审的结果。

2. 作者

作者可以是部门经理或文档撰写人,其主要职责如下。

（1）确保即将评审的文件已经准备好。

（2）与项目组长、协调人一起定义评审小组的成员。

3. 评审员

评审员必须具备良好的个人能力。通常在评审员的选择上应该包含上一级文档的作者代表和下一级文档的指定作者。例如，需求说明文档的作者可以是总体设计文档的评审员，并检查该设计文档是否正确地理解了需求说明。详细设计的指定作者也同时是总体设计文档的评审员，并能对该总体设计的可行性进行分析。评审员的主要职责如下。

（1）熟悉评审内容，为评审做好准备。

（2）在评审会上关注问题而不是针对个人。

（3）区分主要问题和次要问题。

（4）在会议前或者会议后可以就存在的问题提出建设性的意见和建议。

（5）明确自己的角色和责任。

（6）做好接受错误的准备。

评审人员的数量一般应保持在3～6人，不要以为审查小组的评审人员越多越有效，因为并不是人越多越能发现问题。通常，代码审查只需要两个评审员，而需求规格说明审查则需要较多的评审员。人数太多往往很难集中所有人的精力，从而在控制会议流程上浪费过多时间，影响评审的质量。研究表明，同时安排几个小型评审会比安排一个大型评审会更加有效。

6.3 评审的内容

整个质量保证活动过程中，涉及的评审内容很多，主要分为管理评审、技术评审、文档评审和过程评审，下面分别对它们进行介绍。

6.3.1 管理评审

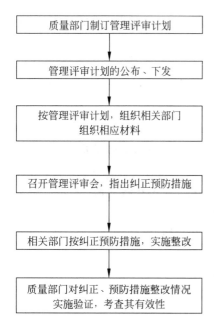

图 6-1 管理评审流程

一个组织为什么需要管理？当然是为了能够更好地进步和发展。为了达到这个目的，通常需要对原来的发展状况进行回顾，分析、总结存在的问题，并提出改进的措施。实际上，这也正是要进行管理评审的原因。

管理评审实际就是质量体系评审，ISO 8402：1994标准规定的定义是："由最高管理者就质量方针和目标，对质量体系的现状和适应性进行正式评价。"管理评审是以实施质量方针和目标的质量体系的适应性和有效性为评价基准，对体系文件的适应性和质量活动的有效性进行评价。其流程如图 6-1 所示。体系审核的结果有时是管理评审的输入，即管理评审要对体系审核的"过程"和"结果"进行检查和评价。

1. 管理评审的目标

管理评审是 ISO 9001 标准对组织最高管理者提出的重要活动之一。ISO 9001 标准中明确规定"负有执行职责的供方管理者,应按规定的时间间隔对质量体系进行评审,确保持续的适宜性和有效性,以满足本标准要求和供方规定的质量方针和目标"。管理评审通常由最高管理者策划和组织,管理评审会一般需要一年组织 1～2 次,有特殊情况可以适当增加会议次数。需要注意的是,管理评审会不能只流于形式,而应该如规定所说对质量体系进行回顾和总结并确保其适宜性、有效性和充分性。

- 适宜性:管理体系实施后,是否符合组织的实际情况,是否具备适应内外环境变化的能力,如市场变化、顾客变化、组织或人事变动、产品线调整等。
- 有效性:管理体系是否满足市场、顾客、相关方、员工、社会当前和潜在的需求和期望,评价管理体系各个过程展开的充分性、资源利用的有效性、众多相互关联的过程的顺序是否明晰、职责是否全面有效落实、过程的输入/输出和转化活动是否得到有效控制。
- 充分性:管理体系运行后,目标的达成程度,包括方针和目标的实现等。可以从顾客、经营绩效、过程业绩、产品的符合性、审核结果、员工、社会和相关方的反馈等方面进行判定。

2. 管理评审的输入

管理评审由最高管理者发起,要求各部门对管理体系目前的状况(适宜性、有效性、充分性)进行评审。各部门负责人接到任务之后开始准备评审会输入文件。输入文件是管理评审的重点,如果输入文件质量不高(如信息缺乏、不准确等),则管理评审会往往流于形式,不能对质量体系存在的问题进行正确的分析和判断,也就更谈不上改进了。

管理评审的输入文件需要包含如下内容。

- 质量管理体系运行状况(质量方针和质量目标的适宜性、有效性和充分性)。
- 内、外部审核结果。
- 改进、预防和纠正措施的状况(内部审核和日常发现的不合格项采取的预防和纠正措施的实施及其有效性的监控结果)。
- 上次管理评审提出的改进措施实施情况及验证信息。

根据实际情况,有时还需要准备组织机构设置、资源配置状况信息等。在准备输入文件时往往不能只简单地提供原始数据,还需要在此基础上进行分析和总结。例如,涉及产品质量的部分就不能仅仅提供目前的质量状况,还需要与同行或以前的数据对比分析,提出相应的改进建议和措施。

3. 管理评审的输出

管理评审的输出是最高管理者对组织的管理体系做出的战略性决定或决策,也是评审会所做出的决定,通常表现为"管理评审报告"。该报告在一定时间内将成为组织开展各项管理活动的重要依据。这是一个组织在一个时间段内围绕最高管理者战略性决策开展各项管理、经营活动的重要依据。

《管理评审报告》需要包含如下内容。

- 质量体系的总体评价(适宜性、有效性、充分性)。
- 质量管理体系及其过程的改进(包括对质量方针、质量目标、组织结构、过程控制等方面)。
- 产品是否符合要求的评价,有关产品的改进;
- 新资源需求的决定和措施。

6.3.2　技术评审

技术评审是对产品以及各阶段的输出内容进行评估。技术评审的目的是确保需求说明、设计说明等同最初的说明书一致,并按照计划对软件进行了正确的开发。技术评审后,需要以书面的形式对评审结果进行总结。技术评审会分为正式和非正式两种,通常有技术负责人(技术骨干)制订详细的评审计划,包括评审时间、地点以及定义所需的输入文件。

1. 技术评审的目标

技术评审作为一项软件质量保证活动需要,作用如下。

- 揭示软件在逻辑、执行以及功能和函数上的错误。
- 验证软件是否符合需求。
- 确保软件的一致性。

在技术评审的过程中,不仅需要关注上述的评审目标,还需要注意技术的共享和延续性。因为如果某些人对某几个模块特别熟悉,也可能形成思维的固化,这样既可能使问题被隐藏,也不利于知识的共享和发展。

2. 技术评审的输入

技术评审的输入文件,包含以下内容。

- 评审的目的:说明为什么要进行该评审,该评审的实施目的是什么等。
- 评审的内容(需求文档,源代码,测试用例等)。
- 评审检查单(检查项)。
- 其他必需的文档:如对设计文档进行评审,那么需求文档可以作为相关文档带入技术评审会。

在评审过程中,评审小组会按照评审检查单对需要评审的内容进行逐项检查,确定每项的状态,检查项状态可以被标记为合格、不合格、待定、不适用等。

3. 技术评审的输出

评审结束后,评审小组需要列出存在的问题、建议措施、责任人等,并完成最终的《技术评审报告》。《技术评审报告》需要提供如下的内容。

- 会议的基本信息。
- 存在的问题和建议措施。
- 评审结论和意见。
- 问题跟踪表。
- 技术评审问答记录(通常作为附录出现在报告中)。

6.3.3　文档评审

在软件开发过程中,需要进行评审的文档很多,主要包括如下内容。

(1) 需求文档评审:对《市场需求说明书》《产品需求说明书》《功能说明书》等进行评审。

(2) 设计文档评审:对《总体设计说明书》《详细设计说明书》等进行评审。

(3) 测试文档评审:对《测试计划》《测试用例》等进行评审。

在对以上各项进行评审时,又往往分为格式评审和内容评审。所谓格式评审,是检查文档格式是否满足标准；内容评审则是从一致性、可测试性等方面进行检查。下面是内容评审的检查列表示例。

1. 正确性
- 所有的内容都是正确的吗？
- 检查在任意条件下的情况。

2. 完整性
- 是否有漏掉的功能？
- 是否有漏掉的输入、输出或条件？
- 是否考虑了所有可能的情况？
- 通过增强创造力的方法避免思维的局限性。

3. 一致性
- 使用的术语是否是唯一的？不能用同一个术语表达不同的意思。
- 注意同义词以及缩写词等的使用在全文中是否一致。
- 在术语表和缩略语表中需要对文档中使用的缩写词进行说明。

4. 有效性
- 是否所有的功能都有明确的目的？
- 保证不会提供对用户毫无意义的功能。

5. 易测性
- 如何测试所有的功能？是否易于测试？
- 如何测试所有的不可见功能(内部功能、非功能特性)？

6. 模块化
- 系统和文档描述必须深入模块。
- 模块内部最大关联(高内聚性)，模块之间最低耦合。
- 模块的大小不能超过一定的限制，划分合理。
- 模块结构必须是分层的，层次的深度和宽度适当。

7. 清晰性
- 文档中所有内容都是易于理解的。
- 每一个条目(item)的说明都必须是唯一的。
- 每一个条目的说明都必须清晰、不含糊。

8. 可行性
- 针对高层次的文档(如需求文档)需要对可执行性、可操作性进行分析。

9. 可靠性
- 系统崩溃时会出现什么问题？
- 出现异常情况时，系统如何响应？
- 提出了什么诊断方法？
- 对于某些关键软件，要提供可靠性检查清单并召集专门的可靠性评审会。

10. 可追溯性
- 文档中每一项都需要清楚地说明其来源。

有效地召开各种评审会，可以尽早发现软件开发中的缺陷，提高生产效率、生产质量以及降低生产成本。

6.3.4 过程评审

过程评审是对软件开发过程的评审,其主要任务是通过对流程的监控,保证 SQA 组织定义的软件过程在项目中得到了遵循,质量保证方针能得到更快、更好地执行。过程评审的评审对象是质量保证流程,而不是针对产品质量或其他形式的工作产出。过程评审的任务如下。

- 评估主要的质量保证流程。
- 考虑如何处理、解决评审过程中发现的不符合问题。
- 总结和共享好的经验。
- 指出需要进一步完善和改进的地方。

进行过程评审,需要成立一个专门的过程评审小组。评审小组需要花费大概半天或更多的时间走访软件生产涉及的各个部门和人群,包括开发工程师、测试工程师,甚至兼职人员等。整个评审流程,如图 6-2 所示。

在走访过程中,评审小组需要关注:

- 质量保证流程在开发过程中是如何被遵循的。
- 还能采取什么措施加强质量保证流程的效率。
- 目前的流程对我们是否有帮助。

整个走访活动结束之后,评审小组需要提交《评审报告》,其中包括如下内容。

- 评审记录。
- 评审后,对现有流程的说明和注释。
- 评审小组的建议。

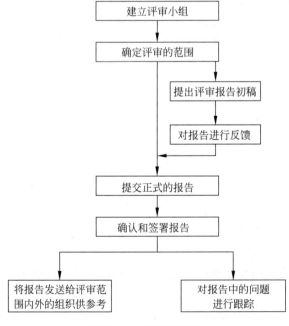

图 6-2　过程评审流程

6.4 评审的方法和技术

"Hi,Mark！可以帮帮看看这段程序吗？它存在一些问题,可我找不出问题在哪儿。"

"好的,Peter。我来看看!"

……

"噢,你看看,问题在这儿,你应该……"

"Mark,太感谢你了！我居然连这样的问题也没有看见。"

在工作中,这样的画面是不是经常出现？实际上,这就是一种简单的评审。

6.4.1 评审的方法

评审的方法很多,有正式的,也有非正式的。图 6-3 就是从非正式到正式的各种评审方法图谱。

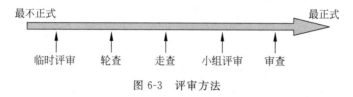

图 6-3 评审方法

1. 临时评审(ad hoc review)

临时评审是最不正式的一种评审方法。在 6.4 节开头描述的 Mark 和 Peter 对话的例子就属于临时评审,通常应用于平常的小组合作。更为正式的一种方式是双方相互评审,称 pear-to-pear review.

2. 轮查(pass-round)

轮查又称分配审查方法。作者将需要评审的内容发送给各位评审员,并收集他们的反馈意见,这种评审方法主要应用于异步评审方式(见 6.8 节),但存在的问题是轮查的反馈往往不太及时。

3. 走查(walkthrough)

走查也属于一种非正式的评审方法,它在软件企业中广泛使用,也称走读。产品的作者将产品向一组同事介绍,并收集他们的意见。在走查中,作者占有主导地位,由作者描述产品有怎样的功能、结构如何、怎样完成任务等。走查的目的是希望参与评审的其他同事发现产品中的错误,对产品了解,并对模块的功能和实现等达成一致意见。

然而,由于作者的主导性也使得缺陷发现的效果并不理想。因为评审者事先对产品的了解性不够,导致在走查过程中可能曲解作者提供的信息,并假设作者是正确的。评审员对于作者实现方法的合理性等很容易保持沉默,因为并不确定作者的方法是否存在问题。

4. 小组评审(group review)

小组评审是有计划的、结构化的,非常接近于最正式的评审技术。评审的参与者在评审会议之前几天就拿到了评审材料,并对该材料独立研究。同时,评审还定义了评审会议中的各种角色和相应的责任。然而,评审的过程还不够完善,特别是评审后期的问题跟踪和分析往往被简化和忽略。

5.审查(inspection)

审查与小组评审很相似,但比评审更严格,是最系统化、最严密的评审方法。普通的审查过程包含制订计划、准备和组织会议、跟踪和分析审查结果等。

审查具有其他非正式评审所不具有的重要地位,在 IEEE 中提到:

- 通过审查可以验证产品是否满足功能规格说明、质量特性以及用户需求等。
- 通过审查可以验证产品是否符合相关标准、规则、计划和过程。
- 提供缺陷和审查工作的度量,以改进审查过程和组织的软件工程过程。

在软件企业中,广泛采用的评审方法有审查、小组评审和走查。作为重要的评审技术,它们之间有什么共同点和区别呢? 见表 6-1。

表 6-1　审查、小组评审和走查异同点比较表

角色/职责	审　　查	小 组 评 审	走　　查
主持者	评审组长	评审组长或作者	作者
材料陈述者	评审者	评审组长	作者
记录员	是	是	可能
专门的评审角色	是	是	否
检查表	是	是	否
问题跟踪和分析	是	可能	否
产品评估	是	是	否

评审方法	计划	准备	会议	修正	确认
审查	有	有	有	有	有
小组评审	有	有	有	有	有
走查	有	无	有	有	无

通常,在软件开发的过程中,各种评审方法是交替使用的,在不同的开发阶段和不同的场合要选择适宜的评审方法。例如,程序员在工作过程中会自发地进行临时评审,而轮查用于需求阶段的评审则可以发挥不错的效果。要找到最合适的评审方法的有效途径是在每次评审结束后,对所选择的评审方法的有效性进行分析,并最终形成适合组织的最优评审方法。

选择评审方法最有效的标准是"对于最可能产生风险的工作成果,要采用最正式的评审方法"。例如,对于需求分析报告而言,它的不准确和不完善将会给软件的后期开发带来极大的风险,因此需要采用较正式的评审方法,如审查或者小组评审。又如,核心代码的失效也会带来很严重的后果,所以也应该采用审查或小组评审的方法进行评审,而一般的代码,则可以采用临时评审、同桌评审等比较随意的评审方法。

6.4.2　评审的技术

在 6.4.1 节集中说明了从非正式到正式的各种评审方法。在实际的评审过程中不仅要采用合适的评审方法,还需要选择合适的评审技术。

1.缺陷检查表(checklist)

专门提出缺陷检查表,是因为缺陷检查表在评审中占有相对比较重要的地位。它列出了容易出现的典型错误,是评审的一个重要组成部分。缺陷检查表有助于审查者在准备期间将精力集中在可能的错误来源上,以期避免这些问题从而开发出更好的软件产品。需要注意的

是,检查表应该尽量的短些,因为太长的检查表很可能给评审人员造成困扰。对于缺陷检查表的示例可以参考 5.6.4 节以及 6.3.3 节。

2. 规则集

规则集类似于缺陷检查表,通常是业界通用的规范或企业自定义的各种规则的集合。例如,各种编码规范(Java 编码规范,C++编码规范)都可以作为规则集在评审过程中使用。

3. 评审工具的使用

合理地利用工具可以极大地提高评审人员的工作效率。目前,已经有很多的工具被开发用于评审工作。NASA 开发的 ARM(自动需求度量)就是其中的一种,将需求文档导入之后,该工具会对文档进行分析,并统计该文档中各种词语的使用频率,从而对完整性、二义性等进行分析。分析的词语除了工具本身定义的特定词语(如完全、部分、可能等),使用者还可以自己定义词语并加入词库。

4. 从不同角色理解

通常,不同的角色对产品、文档的理解是不一样的。例如,客户可能更多从功能需求或者易用性上考虑;设计人员可能会考虑功能的实现问题;测试人员则更需要考虑功能的可测试性等。因此,在评审时,可以尝试从不同角色出发对产品、文档进行审核,从而发现可测性、可用性等各个方面的问题。

5. 场景

场景分析技术多用于需求文档评审,是指按照用户使用场景对产品、文档进行评审。使用这种评审技术很容易发现遗漏的需求和多余的需求。曾经有人证明,对于需求评审,场景分析法比检查表更能发现错误和问题。

6.5 准备评审会议

在 6.4 节中,介绍了各种各样的评审方法。其中提到正式和非正式评审方法的一个重要区别就是:正式评审是有计划的。那么,何时准备评审计划,又如何准备评审计划呢?

评审的第一步,是要确定评审方法。如果根据项目情况仅需要非正式评审就足够了,则不需要准备评审计划。但是如果选定了正式评审,则评审计划是必需的。

1. 评审发生的时间

评审计划首先需要确定评审发生的时间,评审的时间一般选在达到某个里程碑的时候。是不是每个里程碑完成后,都需要评审呢?这在软件开发工程计划中往往会预先定义需要的检查点。关于开发过程中的重要检查点,可以查看图 6-4。

2. 评审组长

选定评审组长对评审来说,是非常重要的。评审组长需要和作者一起,策划和组织整个评审活动。甚至有数据指出,一个优秀的评审组长所领导的评审组,比其他评审组平均每千行代码多发现 20%～30% 的缺陷。

在选派评审组长时,主要的要求如下。

- 善于制订和执行评审计划。
- 能够公平、公正地评审。
- 具有丰富的技术技能和知识。

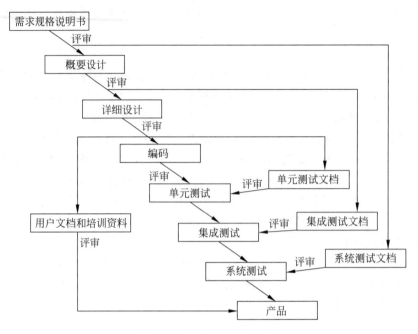

图 6-4　图主要评审检查点

- 积极主动地带领评审组按时保质地完成评审任务。

为了确保评审的公平、公正,通常选派的评审组长不能与作者有密切关系,以避免评审组长不能保持客观性。同时,选派的评审组长应该自觉自愿担任该职务,因为任何勉强都会导致评审不能达到预期的目的。

3. 评审材料

评审组长选派之后,评审组长需要和作者一起确定需要进行评审的材料。由于资源和时间的限制,对所有交付的产品和文档都进行评审的可能性不大,因此需要确定哪些内容是必须评审的。如何选出重要的评审内容呢? Daniel Freedman (Handbook of Walkthroughs,Inspections,and Technical Reviews,2000)曾提出了如下材料筛选方法。

- 基础性和早期的文档,如需求说明和原型等。
- 与重大决策有关的文档,如体系结构模型。
- 对"如何做"没有把握的部分,如一些实现了不熟悉的或复杂的算法的模块,或涉及复杂的商业规则而开发人员不了解的知识领域。
- 将不断被重复使用的部件。

总之,应该选择最复杂和最危险的部分进行审查。

评审组长在判定评审材料已经准备充分之后,需要确定其他的评审角色,如评审员和记录员等。关于如何确定评审员可以参考 6.2 节中的评审员说明。

4. 审查包

准备好评审材料之后,评审组长会将材料汇成一个评审包,在评审会议开始前几天分发给评审小组的成员,以便评审组成员在会议之前可以有所准备。通常,一个审查包应包含如下内容。

- 将被审查的可交付产品和文档,其中指明了需要审查的部分。

- 定义了可交付产品的前期文档。
- 相关标准或其他参考文档。
- 参与者需要的所有表格。
- 有助于审查者发现缺陷的工具和文档,如缺陷检查表、相关规则等。
- 用于验证可交付产品的测试文档。

评审员收到评审包后,需要阅读并理解其中的内容,然后采用相应的缺陷检查表或其他审查技术检查产品和文档中可能存在的缺陷,并记下想在会议中提出的问题。关于发现的拼写、语法错误等问题,评审员可以记录在一个专门的列表或表格中提交给作者,但这些问题可以不作为缺陷在评审会议中提出,以提高评审会的效率。

5. 活动进度表

评审会议召开之前,评审组长还需要制订相应的活动进度表,安排会议房间,并将活动、日期、次数和地点通知小组成员(协调员也可以帮助完成这些任务)。在安排会议时,需要注意以下几点。

- 至少提前 2～3 天通知小组成员会议的时间、地点。
- 不要安排同一个人一天内参加多个评审会议。
- 根据工作情况,适时安排评审会议。不要因为评审过多影响项目进度,也不要因为项目过多推迟评审的时间。

6.6 召开评审会议

评审会议是评审活动的核心,所有与会者都需要仔细检查评审内容,提出可能的缺陷和问题,并由记录员记录在评审表格中。值得注意的是,会议的目标是发现可能存在的缺陷和问题,会议应该围绕着这个中心进行,而不应该陷入无休止的讨论之中。

1. 会议启动

会议一开始,评审组长需要介绍每一位会议成员,并简述每个人所承担的角色和职责。然后,还需要简要说明待审查的内容,重申会议目标,提醒所有人会议的目的是尽快找到缺陷和问题。

接下来,评审组长需要判断每一位评审人员是否都准备充分,如果认为某些评审员并没有为该次会议做好准备,评审组长有权也应该中止该次会议,并重新安排会议时间。这么做的原因是,准备是否充分对于评审来说十分重要。如果评审员在会议前并没有充分阅读和理解分发给他的材料,那么评审会议并不能起到预期的效果,而只能是时间和成本的浪费。

如果评审组长认为一切都准备充分,则正式开始进行产品、文档的评审。

2. 评审开始

评审的主要步骤如下。

(1)由评审员或作者进行演示或说明。演示或说明可以按照测试用例的顺序进行,而不必按照文档的顺序进行。出现分歧时,需要保证所有的可能性都被考虑到。

(2)评审委员就不清楚或疑惑的地方与作者进行沟通。

(3)协调人或记录员在会议过程中完成会议记录。

首先,作者和评审员会向评审组一段一段地解说评审材料。虽然在会议之前所有的评审人员都会仔细阅读评审材料,但是这一步骤仍然不能省略。

"各位,下面我对 Jason 的设计进行说明。"

"……"

"嘿,Peter,等等"Jason 打断了 Peter"我不是这样想的……"

上面提到的情况是不是经常出现?这也说明解说仅仅表达了其中一个评审员对材料的理解,但并不是所有评审员都对材料达成了一致的理解,这也是为什么材料解说必不可少的原因之一。通过这种理解的不一致性,我们可以很快地发现二义性、遗漏或者某种不合适的假设。同时,如果评审员无法清楚地对材料进行解读,是不是说明该部分过于复杂或者结构混乱?

进行说明时,评审组长应该注意解说员的解读是否过快或过慢,过快可能会产生问题的遗漏,过慢则会使其他小组成员感到厌倦和烦躁。这时,评审组长应该适时地提出警告,提醒解说者适当调节解说的速度。当然,评审组长还需要确保在解读过程中,所有的评审人员都能够集中精力。

评审过程中,通常评审员的解读不会被随时打断,而是在一段解读完毕后,留出一段时间用于评审人员之间的沟通和问题的提出。在问题的提出和讨论上,需要注意如下问题。

- 不要进行人身攻击。在评审过程中,所有的参与人都应该将矛盾集中于评审内容本身,而不能针对特定的参与人。
- 不要进行无休止的争论。通常对于某些问题,评审组很难达成一致意见。例如,某个材料中的某个词是否具有二义性等。如果将时间浪费在某些并不真正影响质量的小问题上,是对资源的极大浪费。这时,可以把问题记录下来,而如何认定则留给作者自己决定。
- 防止偏离会议问题中心。在实际会议中,经常会发生内容偏离,如转到政治话题的讨论,或者当一个问题被提出时,话题转到该问题的解决方案上。评审会议的目的却是发现问题而不是解决问题。在会议过程中,评审组长要避免这种情况的发生。
- 鼓励所有人发言。鼓励不善言辞的参与者就评审内容发表自己的看法,如按照座位顺序轮流发表意见。

记录员在会议中承担着非常重要的责任:记录发现的缺陷和问题。作为评审会议的重要输出,如何快速有效地记录缺陷是非常重要的。

- 清楚、简明。对于记录的每一个问题和缺陷,都应该附有一个简短的说明,同时记录下该问题出现的位置(如第几页第几行)。有时,记录者还需要向小组重述记录的缺陷,以保证所有问题都被正确记录。
- 缺陷的分类。对于发现的缺陷可以按照不同的范畴进行分类:起源、类型、严重性。起源是指缺陷引入的阶段,如缺陷的起源可以分为需求、设计、实现和测试 4 个阶段。Boris Beizer 的广义缺陷分类法、HP 公司的层次缺陷分类法、IBM 公司的正交缺陷分类法等都详细定义了缺陷的类型。在实际工作中,可以根据需求定义相应的缺陷类型,如遗漏、错误、性能、可用性等。严重性很容易理解,是指缺陷对于产品质量的影响程度。可以分 4 个等级——致命、严重、一般、微小,也可以仅分为主要和次要两个等级。

3. 评审决议

评审会议最后,评审小组就评审内容进行最后讨论,形成评审结果。评审结果可以是以下 4 种情况。

- 接受:评审内容不存在大的缺陷,可以通过。
- 有条件接受:评审内容不存在大的缺陷,修订其中的一些小缺陷后,可以通过。
- 不接受:评审内容中有较多缺陷,作者需要对这些缺陷进行修改,并在修改之后重新进行评审。
- 评审未完成:由于某种原因,评审未能完成,还需要后续会议。

4. 会议结束

评审会议结束之后,评审小组需要一系列评审结果,具体如下。

- 问题列表。
- 评审总结报告(会议记录)。
- 评审决议。
- 签名表。

问题列表说明了项目或产品中存在的问题,并需要后期跟踪。评审总结报告包含了评审的内容、评审人和会议总结等基本信息。

6.7 跟踪和分析评审结果

评审会议结束并不意味着评审已经结束。评审会议的一个主要输出就是问题列表,发现的大部分缺陷是需要作者进行修订和返工的。因此,需要对作者的修订情况进行跟踪,其目的就是验证作者是否恰当地解决了评审会上所列出的问题,并使所有问题都得到妥善解决。

6.7.1 评审结果跟踪

在前面提到了评审的最后决议有"接受""有条件接受""不接受"和"未完成"4 种情况。其中"接受"和"未完成"基本不存在缺陷的跟踪,因此缺陷跟踪主要针对"有条件接受"和"不接受"的情况。

1. 有条件接受的缺陷跟踪

- 对于有条件接受的情况,被评审产品的作者在评审会后需要对产品进行修改,修改期限一般为 3～5 个工作日。修改完成后,被评审产品的作者将修改后的被评审产品提交给所有的评审组成员。
- 评审组对修改后的被评审产品进行确认,在 2 个工作日内提出反馈意见。如有反馈意见,被评审产品的作者应立即修改并重新发给评审组。
- 评审组长做好评审会后的问题跟踪工作,确定评审决议中的问题是否最终被全部解决。如全部解决,则认为可以结束此次评审过程;如仍有未解决的问题,则评审组长应督促被评审产品的作者尽快处理。
- 在满足结束此次评审过程的条件后,评审组长要将评审报告发给所有的评审组成员、被评审产品的作者和 SQA 人员。评审报告可以看作是评审会结束的标志。

2. 不接受的缺陷跟踪

- 对于不接受的评审结果,被评审产品的作者在评审会后需要根据问题列表对产品进行全面修改,并将修改结果提交给所有的评审组成员。
- 评审组长检查修改后的产品,如果已经满足评审输入的基本条件,需要重新组织和召开评审会议对产品进行审查。

6.7.2 分析评审结果

除了对缺陷进行跟踪之外,评审员的另一项重要工作是对评审结果进行分析,检查评审的效果。

1. 有效性分析

有效性的分析要求对所有发现的缺陷进行统计,包括由客户发现的产品缺陷。例如,

需求审查发现的缺陷:	3
代码审查发现的缺陷:	20
单元测试发现的缺陷:	15
集成测试发现的缺陷:	30
系统测试发现的缺陷:	5
由客户发现的缺陷:	0
发现的总缺陷数:	$73=3+20+15+5+30$

则对于该项目而言,

$$需求审查的有效性为:3/73=4.1\%$$
$$代码审查的有效性为:20/73=27.3\%$$

从大量项目的统计上,可以分析和计算出通用的审查有效性。例如,如果通过分析得出企业的代码审查有效性为 30%,那么当通过代码审查发现了 30 个缺陷的时候,可以假设实际缺陷数大致为 100 个,其余 70 个缺陷将会在以后通过其他审查或测试被发现。

2. 效率和成本的分析

评审的效率越高,在相同情况的评审中发现的缺陷也越多,则发现一个缺陷的平均成本也越低。在评审中,评审员总是试图通过各种评审手段或技术力争发现最多的缺陷,降低成本。但随着过程的改进,质量逐渐提高,使得发现一个缺陷的成本也越来越高。这时,需要一个平衡的标准,质量需要提高,但是发现缺陷的平均成本不应该超过该缺陷遗留给客户的商业成本。

6.8 如何实施成功的评审

在前面的各节中,已经详细阐述了评审的方法和流程。然而,在实际工作中却有各种因素阻碍评审的正常进行,以至于评审不能成功完成。阻碍评审正常进行的因素很多,但主要分为两大类:主观因素和客观因素。

1. 主观因素

虽然所有评审成员同在一个企业,但各部门、各人员之间也存在文化、情感、管理等多方面冲突,这些问题都可能导致评审失败。例如,开发人员拒绝参加评审,评审被认为会拖延

项目进度,评审人员选择了不恰当的方法和技术,参加评审者没有为评审做好必要的准备等。下面列出了一些评审方面的经验,希望能在一定程度上避免上述情况的发生。

(1) 对所有的工程师进行评审的培训,使评审深入人心。参加评审的工程师应该了解评审的重要性和熟悉评审的过程。如果评审参与者不了解整个评审过程,就会感觉到迷茫,影响参与评审的积极性,也影响整个评审过程的效果。因此,对工程师进行适当的评审培训是非常必要的。

(2) 预防个人冲突,尽量避免对作者有人身攻击的工程师加入评审小组。这是一个反复强调的问题,即在评审过程中必须牢牢记住评审的是产品而不是个人。评审的主要目的是发现产品中的问题,而不是根据产品评价作者的水平。针对个人的评审会极大打击工程师的自尊心,以致严重影响评审的效果。

(3) 将评审活动加入到项目计划中,并为评审分配足够的资源。参与评审的工程师需要投入大量的时间和精力到前期准备和评审会议中,如果事先没有为评审活动分配足够的资源,工程师就往往对评审采取敷衍的态度,无法体现出评审真正的效果。

(4) 收集以前的评审数据,了解哪一种评审方法最为有效。前面提到过选择适当的评审方法对评审本身非常重要。如何选择合适的评审方法?除了参考其他企业的成功经验外,最重要的还是结合本企业已经实施的评审的实际情况,总结适合自己的评审方法。

(5) 将评审列入个人的时间表,确保评审员有充分的时间为评审做准备和参加评审。

2. 客观因素

客观因素是一些无法消除的因素,如空间上的障碍等。当出现这样的问题时,又该如何解决呢?现在,越来越多的企业跨越了不同的地区和国家。这样的软件项目势必与传统的软件评审相冲突。近年来发展出很多不同的评审形式,如分布式评审和异步评审,见表6-2。

表6-2 不同的评审方式

地　点	时　间	
	相　同	不　同
相　同	传统的评审方式	异步评审
不　同	分布式评审	异步评审

1) 分布式评审

分布式评审是指评审员通过音频和视频会议系统在同一时间出席评审会议,如图6-5所示。这种评审方式解决了空间上分离的问题,但是这种特殊的评审方式也对评审组长提出新的挑战。首先,如果所有评审员都只能通过电话进行评审,相互之间无法见面,那么整个会议就会缺乏肢体语言交流。其次,由于评审员分散在不同的地方,如何同时确保所有的评审员都集中精力参加会议是个问题。

也有人提出了一个新的想法,如果评审会议在3个地点举行,那么可以在每个地点设立一个评审组长,由3个评审组长共同组织会议。然而,不管采用何种方法,空间上的隔离,都必然影响评审的有效性和效率,在实际情况中要有所权衡。

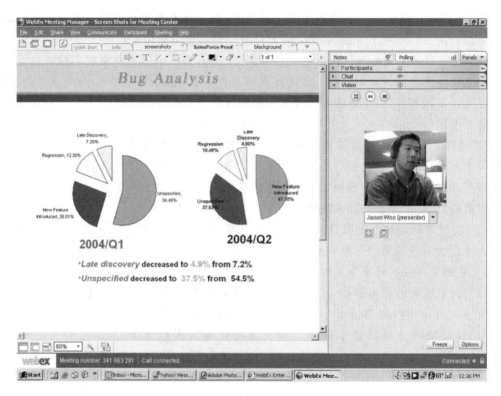

图 6-5　分布式评审示例

2）异步评审

异步评审适用于时间上无法统一的评审会议,允许评审员在不同的时间对产品进行评论,前面曾经介绍的轮查技术就是异步评审。下面介绍两种常见的异步评审方式。

- 共享文档。评审小组可以在网络上创建一个共享文档,所有的评审员都可以查看并提出自己的问题,最后由作者将所有的问题和缺陷进行整理,并根据问题列表对文档进行修订。在实际运用中,可以运用微软公司的 Sharepoint 站点。首先由作者上传文档到共享文件夹中,并打开 Word 的修订功能。这样,所有评审员对文档的操作都可以被文档修订记录下来,方便作者最后的整理和分析。
- 邮件评审。文档作者将需要评审的文档通过邮件发送给所有的评审员,评审员也可以通过邮件将反馈信息发送给作者。在实际运用中,可以采用 Office 2019 的“传送收件人”的功能,这样发送出去的文档可以根据事先定义的顺序依次传送给相应的评审员。

总的来说,异步评审通过共享文档、邮件评审等方式虽然解决了时间上的分离问题,但是缺乏控制,效率也难免有所降低。

本 章 小 结

本章对软件评审的基本情况进行了介绍,包括评审形式、评审方法、评审技术和评审流程。对于软件评审,评审过程越正式则评审的效率越高、越有效。会议审查是评审方法中最正式、最严格、最有效的评审方法。

思　考　题

1. 什么是评审？
2. 列举出至少 4 种不同的评审方法，并说明它们的特点。
3. 在评审过程中，需要特别避免哪几方面的问题？
4. 评审分为几类？分别是什么？
5. 如果需要进行"需求规格说明书的评审"，请说明你将采用哪种评审方法，并简述评审过程。

实验 2　需求评审

（共 2～3 学时）

一、实验目的

① 加强评审的意识。
② 提高评审的能力。
③ 掌握不同的评审方法。

二、实验内容

① 选定一个相对简单的软件开发规范或流程规范。
② 先完成个人单独的评审，再进行交互评审。
③ 最后进行集体的会议评审。
④ 整理评审中发现的问题，进行讨论分析。

三、实验过程

① 选定一个相对简单的软件开发规范或流程规范。
② 每个人独立从头到尾看一遍，发现问题，记下来。
③ 两个人相互交换材料，进行评审，然后讨论，发现自己评审的不足。
④ 再分配角色，4 人分别担任主持人、作者、记录员、评审人。
⑤ 作者简单介绍对开发规范或流程规范的个人理解。
⑥ 开始评审会议，主持人协调每个人呈现自己的问题、发表自己的意见。
⑦ 记录员负责记录问题，作者或主持人促进大家思考，发现更多问题。
⑧ 主持人判定是否结束会议。
⑨ 主持人跟踪问题，并督促作者修改问题。
⑩ 主持人召集大家开会，达成一致意见。

四、交付成果

① 交付评审报告，包括评审过程、发现的问题清单。
② 个人总结报告，谈谈对评审作用的认识。

第 7 章 软件配置管理

建造一个软件系统的最困难的部分是"决定要建造什么",没有别的工作在做错时会如此影响最终系统,没有别的工作比以后矫正更困难。

——弗雷德·布鲁克斯(Fred Brooks)

随着软件开发规模的不断增大,项目中的中间软件产品数目越来越多,也越来越复杂。软件团队人员的增加,开发时间的紧迫以及多平台开发环境的采用,使得软件开发面临越来越多的问题。例如,对当前多种产品的开发和维护,保证产品版本的精确,重建先前发布的产品,加强开发政策的统一和对特殊版本需求的处理等。解决这些问题的唯一途径是加强有效的配置管理。现在人们逐渐认识到,配置管理是适应软件开发需求的一种非常有效和现实的技术。

本章主要介绍作为软件工程规格之一的软件配置管理(Software Configuration Management,SCM),并说明如何借助 SCM 工具进行有效的软件配置管理。

7.1 概　　述

配置的概念最早应用于制造系统,其目的是有效标识复杂系统的各个组成部分,如材料清单。随着计算机软件的发展,软件的复杂性日益增大。此时,如果仍然把软件看成是一个单一的整体,就无法解决所面临的问题,诸如:

- 多个开发人员同时修改程序或文档。
- 人员流动造成企业的软件核心技术泄露。
- 无法重现历史版本,使维护工作十分困难。
- 开发冻结,造成进度延误。
- 软件系统复杂,编译速度慢,造成进度延误。
- 因一些特殊模块无法按期完成而影响整个项目的进度或导致整个项目失败。
- 已修复的 Bug 在新版本中出现。
- 分处异地的开发团队难于协同,可能会造成重复工作,并导致系统集成困难。

因此,软件行业同样需要类似材料清单的概念,于是配置的概念被逐渐引入到软件领域。

7.1.1 配置与配置项

软件配置(software configuration)是说明软件组成的一种术语,是指开发过程中构成软件产品的各种文档、程序及其数据的优化组合。该组合中的每一个元素称为配置中的一个配置项(Software Configuration Item,SCI)。简单地说,软件配置就是配置项的集合。

在软件配置管理中,"配置"与"配置项"是两个重要的概念。"配置"是在技术文档中明确说明最终组成软件产品的功能或物理属性。它不仅包括即将受控的所有产品特性、内容及其相关文档,而且包括软件版本、变更文档、软件运行的支持数据,以及其他一切保证软件一致性的组成要素。

配置项一个比较简单的定义是,软件过程的输出信息可以分为 3 个主要类别:计算机程序(源代码和可执行程序),描述计算机程序的文档(针对技术开发者和用户),以及数据(包含在程序内部或外部)。这些项包含了所有在软件过程中产生的信息,总称为软件配置项。

受控软件经常被划分为各类配置项,这类划分是进行软件配置管理的基础和前提,配置项逻辑上是组成软件系统的各组成部分。例如,一个软件产品包括几个程序模块,每个程序模块及其相关文档和支撑数据可能被命名为一个配置项。

软件开发的过程中,会有很多文档资料,如需求说明、设计手册、用户说明书等;也会用到许多工具软件,这些可能是外购软件,也可能是用户提供的软件。所有这些独立的信息项都要得到妥善的管理,决不能出现混乱,以便在提出某些特定的要求时,能将其进行约定的组合来满足使用的目的。这些信息项是配置管理的对象,都可称为配置项。

配置项的内容,如表 7-1 所示。

表 7-1　配置项内容

配　置　项	包　含　内　容
项目管理过程文档	(1) 项目任务书; (2) 项目计划; (3) 项目周报; (4) 个人日报和周报; (5) 项目会议纪要; (6) 培训记录和培训文档
QA 过程文档	(1) QA 不符合报告; (2) QA 周报; (3) 评审记录
工作产品	(1) 需求文档; (2) 设计文档; (3) 代码; (4) 测试文档; (5) 软件说明书和手册
项目中使用的第三方产品	Oracle、Java 语言等

7.1.2　基线

在软件开发过程中,由于各种原因,可能需要变动需求、预算、进度和设计方案等。尽管这些变动请求中绝大部分是合理的,但在不同的时机做不同的变动,难易程度和造成影响差别比较大。为了有效地控制变动,软件配置管理引入基线(base line)的概念。

IEEE 对基线的定义："已经正式通过复审核批准的某规约或产品,它可作为进一步开发的基础,并且只能通过正式的变更控制过程进行改变。"

简单地说,基线就是项目存储库中每个工件版本在特定时期的一个"快照"(snapshot)。它提供一个正式标志,随后的工作基于这个标志进行,并且只有经过授权才能变更这个标志。建立一个初始基线后,以后每次对它进行的变更都将记录为一个差值,直到建成下一个基线。

基线标志软件开发过程的各个里程碑,任一配置项(如设计说明书),一旦形成文档并复审通过,即形成一个基线,它标志开发过程中的一个阶段的结束。

根据 IEEE 对基线的定义,在软件的开发流程中把所有需加以控制的配置项分为基线配置项和非基线配置项两类。基线配置项包括所有的需求、设计文档和源程序等;非基线配置项包括项目的各类计划和报告等。最常用的软件基线,如图 7-1 所示。

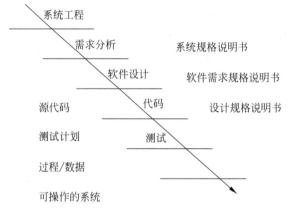

图 7-1 常用软件基线

某个配置项一旦成为基线,随即被放入项目数据库(project database)。此后,若开发小组中某位成员欲改动配置项,首先要将它复制到私有工作区并在项目数据库中锁住,不允许他人使用。在私有工作区中完成修改控制过程并复审通过之后,再把修改后的配置项推出并回到项目数据库,同时解锁。

基线是软件生存期各开发阶段末尾的特定点,也称为里程碑。在这些特定点上,阶段工作已结束,并且已经取得了正式的阶段产品。

建立基线的概念是为了把各个开发阶段的工作划分得更加明确,使得本来连续开展的开发工作在这些点上被分割开,从而更加有利于检验和肯定阶段工作的成果,同时也有利于变更控制。有了基线的规定后,就可以禁止跨越里程碑去修改另一开发阶段"已冻结"的工作成果。

如果把软件看作是系统的一个组成部分,以下 3 种基线是最受人们关注的。

(1) 功能基线(Functional Baseline),是指在系统分析和软件定义阶段结束时,经过正式评审和批准的系统设计规格说明书中待开发的系统的规格说明;或经过项目委托单位和项目承办单位双方签字同意的协议书或合同中所规定的待开发软件系统的规格说明;或由下级申请经上级批准或上级直接下达的项目任务书中所规定的系统规格说明书。

(2) 指派基线(Allocated Baseline),也称分配基线,是指在软件需求分析阶段结束时,经过正式评审和批准的软件需求规格说明书。

（3）产品基线（Product Baseline），指软件组装与系统测试阶段结束时，经正式评审和批准的有关所开发的软件产品的全部配置项的规格说明。

除了以上3种受关注的基线外，针对不同的软件配置管理项，相应地也会有不同的基线。随着软件开发活动的逐步深入，基线的种类和数量都将随之增加。如果将当前使用的各种不同类别的基线串接成一条当前基线，则可以认为当前基线随软件开发活动的深入而不断"生长"，即当前基线中受控的软件配置项不断增加。在一些大型软件开发活动中，可能会并行地存在多条不同的当前基线。

就各种不同类型的基线而言，有一条较为特殊的基线，它是软件开发过程中的第一条基线，包含通过评审的软件需求，因此被称为"需求基线"。通过建立需求基线，受控的系统需求成为软件进一步开发的出发点，对需求基线的变更请求将受到慎重的评估和严格的控制。受控的需求还是对软件进行功能评审的基础。需求基线是整个软件开发周期的起点和终结点。

图7-2所示为软件项目过程中特定点的配置基线。以需求基线为例，用户可能会提出新的需求，即需求发生了变化。但是，如果项目的进展已经跨越了需求基线，开始进行设计工作，那么需求的变更需要受到严格的控制，原则上不允许轻易变更。可以认为，此时需求已经被"冻结"。

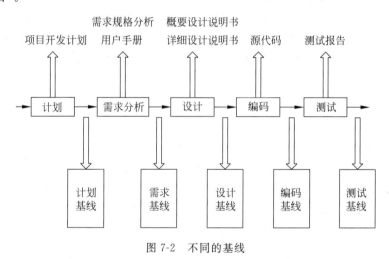

图 7-2 不同的基线

7.1.3 软件配置管理概念

软件配置管理（Software Configuration Management，SCM），简单而言就是管理软件的演化。它应用于软件工程过程，通常由相应的工具、过程和方法组成，在整个软件的开发活动中占有很重要的位置。

IEEE"软件配置管理计划标准"关于SCM的论述如下。

软件配置管理由适用于所有软件开发项目的最佳工程实践组成，无论是采用分阶段开发，还是采用快速原型进行开发，甚至包括对现有软件产品进行维护。SCM通过以下手段提高软件的可靠性和质量。

- 在整个软件的生命周期中提供标识和控制文档、源代码、接口定义和数据库等工件的机制。

- 提供满足需求、符合标准、适合项目管理及其他组织策略的软件开发和维护的方法学。
- 为管理和产品发布提供支持信息,如基线的状态,变更控制、测试、发布、审计等。

为了更好地理解软件配置管理,下面以组装计算机为例进行说明。用户组装一台计算机,必须将鼠标、键盘、硬盘、CPU 等零部件插入对应的接口,才可以保证它们的正常工作。硬件接口的匹配对于生产厂家来说无疑是很重要的,当需要改动这些零部件时会非常谨慎。他们会给出硬件的内容清单,清单中记录了所有部件以及它们的版本。因此,每种部件都要有用于识别的编号和版本号。版本号可以区别同类部件的不同设计。

与硬件类似,每个软件系统都由子系统、模块或者构件这些零部件组成,这些零部件都有自己的对外接口、明确的标识,并且具备相应的版本号。因此,软件系统同样需要内容清单,记录哪些版本、哪些构件组成了整个软件系统。由于软件更容易发生变化,所以软件配置管理比硬件配置管理的难度更大。

实施有效的软件配置管理,用户可以在资金、管理水平和保护知识财富等方面得到切实收益。

- SCM 自带的存储库增量备份、恢复功能,可以节约用户在备份方面的支出;保存开发过程中的所有历史版本,这样大大提高了代码的复用率,还便于同时维护多个版本和进行新版本的开发,最大限度地共享代码;通过与电子邮件系统的结合大大增强了开发团体之间的沟通能力;避免了代码覆盖、沟通不够、开发无序的混乱局面,大大缩短了产品的开发周期。
- 使用软件配置管理,可以有效地改进软件的开发模式和过程,提高企业软件能力成熟度的级别;还可以有效地管理工作空间,建立分支,管理基线,完善发布管理,确保变更的一致性;有效地跟踪和处理软件的变更,完整地记录测试人员的工作内容;电子邮件自动通知功能,有效地加强了项目成员之间的沟通,做到有问题及时发现、及时修改、及时通知,大大提高了开发团队的协同工作效率。
- 在技术日新月异、人员流动频繁的情况下,把个人的知识和经验转变为公司的知识和经验,这对于提高工作效率、缩短产品周期以及提高公司的竞争力都具有至关重要的作用。软件配置管理工具,可以帮助用户在内部建立完善的知识管理体系,包含代码范例库、优秀实践库、业务知识库。

对于任何一个软件企业,开发出满足用户需求的、高质量的软件产品是其追求的目标。而要实现这一目标,关键是要建立一个稳定、可控、可重用的软件流程。对于软件组织而言,要想保持竞争优势并不断取得成功,就必须不断地改进它的软件流程。要进行软件流程改进,就需要有明确的、量化的对现状的分析和对未来的预期,这些数据来源于对软件过程的度量,而进行度量的前提和基础就是软件配置管理。因此软件配置管理应以整个软件流程的改进为目标,为软件项目管理和软件工程的其他领域打好基础,以便稳步推进整个软件组织的能力成熟度。

7.1.4 软件配置管理标准

如何评价软件配置管理的效果?什么样的配置管理是成功的配置管理?首先要对照有

关的标准,对软件配置管理工作进行衡量,然后根据实际工作确定软件配置管理的度量准则。遵循配置管理标准,符合度量准则,就是成功的配置管理。

表 7-2 列出了一些与配置管理相关的标准和指南。

表 7-2 配置管理标准和指南

标准和指南	简 要 描 述
EIA Standard IS-649 National Consensus Standard for Configuration Management	给出基本的 CM 规则和业界最佳实践,以指导标识产品配置并进行高效、有条理的软硬件产品管理。
IEEE Standard 1042-1987, IEEE Guide to Software Configuration Management(ANSI)	描述 CM 规则在软件工程项目中的应用,包括 4 个完整的 SCM 计划的例子
IEEE Standard 828-1990, IEEE Standard for Software Configuration Management Plans (ANSI)	确定 SCM 计划至少需要哪些内容,是 IEEE Stndndard 1042—1987 的补充。应用于重要软件的整个生命周期,也适用于非重要软件和已开发的软件
IEEE/EIA 12207.0-1996, Industry Implementation of International Standard ISO/IEC 12207:1995 (ISO/IEC 12207) Standard for Information Technology—Software Life Cycle Processes	用明确的术语定义了软件生命周期的一个公共框架,包括在系统软件、独立软件产品、软件服务的获取过程和软件产品供应、开发、操作、维护中的流程、活动和任务
IEEE/EIA 12207.1-1997, Guide for ISO/IEC 12207, Standard fou Information Technology-Software Life Cycle Processes-Life Cycle Date	给出了在 IEEE/EIA 12207.0—1996 中的活动和任务执行过程中,哪些数据可以记录的指导,对记录内容、记录位置、记录格式和记录介质没有限定
IEEE/EIA 12207.2-1997, Software Life Cycle Processes-Implementation Considerations	给出了实现 IEEE/EIA 12207.0 过程要求的指导,目的是总结软件业在 ISO/IEC 12207 的过程结构环境方面最好的实践经验
ISO 9000-3:1991, Quality Mgmt & Quality Assurance Stds-Part 3: Guidelines for the Application of ISO 9001 to the Development, Supply and Maintenance of Software	为开发、供应、维护软件的组织应用 ISO 9001 所需的指导方针,目的是在合同双方需要供应方开发、支持和维护软件产品能力的证明时提供指导
MIL-HDBK-61,Configuration Management Guidance	提供了 DoD 采购经理、后勤管理员和其他个人已指派的 CM 职责方面的指导和信息;为国防系统及其配置项的所有生命周期阶段的实践活动制订计划,并有效实现 DoD CM 活动提供帮助
MIL-STD-2549, Department of Defense Interface Standard: Configuration Management Data Interface	给出了通过 CM 数据库进行信息交换时,政府的详细接口要求;定义了从一种活动(和管理工具)转到另一种活动时商业规则上必要信息和相互关系
GB/T 12505-90 计算机软件配置管理计划规范	规定了在制订软件配置管理计划时,应该遵循的统一的基本要求,适用于软件特别是重要软件的配置管理计划的制订工作;对于非重要软件或已开发好的软件,可以采用其规定的要求的子集

表 7-2 所列举的标准,要么明确地包含 SCM,要么包含更多的 SCM 的一般过程。这里列出的是特定的 SCM 标准和硬件配置管理。标准随着其覆盖范围的广度和深度的变化而变化。

7.2 软件配置管理活动与流程

软件配置管理贯穿整个软件生命周期,对于不同类别的软件项目,配置管理的流程有所不同。其中,软件配置控制是软件配置管理的核心工作。软件配置控制主要包括对软件的存取控制、版本控制、变更控制和产品发布 4 个方面,具体如下。

- 存取控制设定软件开发人员对软件基准库的存取权限,保证软件开发过程及软件产品的安全性。例如,
  - ➢ 开发库(不受控):开发者对自己的文件库有读写权,但是没有删除的权限。
  - ➢ 基线受控库:配置管理员有读写权限,开发人员只有读的权限。
  - ➢ 产品受控库:只有项目负责人和配置管理员有读写权限。
- 版本控制作为配置管理的基本要求,使得组织在任何时刻都可获得配置项的任何一个版本。
- 变更控制为软件产品变更提供了一个明确的流程,要求任何进行配置管理的软件产品变更都要经过相应的授权与批准才能实施。
- 产品发布的控制保证了提交给客户的软件产品是完整的、正确的。

本节将介绍软件配置管理的一般流程,并对其中的关键活动,如配置项标识、版本控制、基线管理、变更控制等进行详细阐述,以规范配置管理活动,确保配置项正确地唯一标识并易于存取,保证基准配置项的更改受控,明确基线状态,从而建立和维护项目产品的完整性和可追溯性。

7.2.1 配置管理流程

CMMI 推荐的配置管理活动流程,如图 7-3 所示。

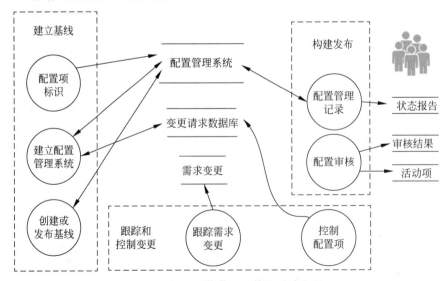

图 7-3　CMMI 推荐配置管理活动流程

实施配置管理一般包括以下 10 个核心活动。

1. 建立配置管理组织

实施配置管理,涉及项目经理、配置控制委员会(Configuration Control Board,CCB)、配置管理员、程序库管理员、开发人员、测试人员、软件质量保证人员等多种角色。其中,配置管理员负责编制配置管理计划,执行配置项管理方案,执行版本控制和变更控制方案,编制配置状态报告,并向 CCB 汇报有关配置管理流程中的不符合情况;程序库管理员负责配置库的建立和权限分配,配置管理工具的日常管理与维护,配置库的日常操作和维护等工作;CCB 负责制订和修改项目的配置管理策略,批准、发布配置管理计划,建立、更改基线的设置,审核变更申请,并根据配置管理员的报告决定相应的对策。

在大型组织或团队中,配置管理通常由独立的部门实施;在小型团队中,配置管理职责则分配到开发人员任务中,配置管理活动与开发任务同步实施。

2. 确定配置策略

CCB 成立后,由 CCB 组织会议,并根据项目的开发计划确定各个里程碑和配置策略。

3. 制订配置管理计划

规划和定义配置管理的目标、范围、目的、政策和流程步骤,以及配置管理中涉及的人员组织,配置管理数据库的初始设计、创建和发布等。IEEE 828 标准在附录中描述了 SCM 计划的内容,归纳为六大模块:

(1) 计划简介(目的、范围、术语)。

(2) SCM 管理(组织、职责、权限、适用政策、指导方针及规程)。

(3) SCM 活动(配置项识别、配置控制及其他活动等)。

(4) SCM 进度表(在项目进度表中标识 SCM 活动)。

(5) SCM 资源(工具、服务器、人力资源)。

(6) SCM 维护和更新。

4. 配置项标识

识别产品结构、产品构件及其类型,并为其分配唯一的标识符。

5. 版本控制

对系统不同版本进行标识和跟踪管理的过程。

6. 配置项和基线管理

配置管理员根据配置管理计划,对配置项和基线进行分阶段管理。

7. 变更控制

对软件开发过程中的所有变更进行跟踪和控制的过程。

8. 配置状态报告

记录和报告整个软件生命周期演化状态,一般包括软件和文档的标识、目前状态、基线演化状态、变更状态、版本交付信息等。

9. 配置审核

- SCM 审核用于评估软件项目如何满足所需要的功能和物理特性,以及评估 SCM 计划在项目中的实施情况。它可以分为功能配置审核(Functional Configuration Audit,FCA)和物理配置审核(Physical Configuration Audit,PCA)。

- FCA 审核软件功能是否与需求一致,是否符合基线文档要求;通常要审查测试方法、流程、报告和设计文档等。

- PCA 审核要交付的组成项是否存在,是否包含所有必需的项目,如正确版本的源代码、资源、文档、安装说明等。

10. 发布及交付管理

- 发布是指通过配置审核后,产生新版本,并检入产品库中,按照配置标识规则进行版本标识。
- 交付是指从配置库中提取配置项,交付给客户或项目外的人员。交付出去的配置项必须有据可查,避免发生混乱。

下面将分别详细阐述配置项标识、版本控制、基线管理、变更控制等配置控制活动。

7.2.2 配置项标识

软件配置项标识是为了识别产品结构、产品构件及其类型,而为其分配的唯一标识符,也就是说,每一个配置项要有一个唯一标识。一般来说,标识包括两个方面:文件名和版本。软件配置项标识是软件配置管理的基础性工作,是管理配置的前提。

1. 确定配置项

软件项目在开发过程中可能会产生成百上千个文档,其中有些是技术性的,有些是管理性的。技术性文档随着开发的过程,每个阶段都在演化,它们之间相互衔接,后期版本对前期有修正和扩展,两者间具有继承关系;而管理性文档也有类似的变化和变更。那么确定配置项就是要决定哪些文档需要被保存、管理。

2. 明确配置项标识的要求

首先合同有明确标识和追踪要求时,由开发人员按合同要求进行标识,以保证满足合同追踪要求。其次在开发过程中项目组人员提交的配置项,由项目组人员按照本节相关部分标识规则进行标识。最后项目组人员将要标识或已标识的配置项提交给配置管理员纳入配置库统一管理,并填写配置状态报告。

3. 配置项命名

配置项命名是配置标识的重要工作。所谓标识,实质就是区分,在众多的配置项中合理、科学地命名是最为有效的区分方法。为配置项命名时切忌任意。命名的基本要求是如下。

- 唯一性:在一个项目内不能出现重名,以避免混淆。
- 可追溯性:也是系统的要求,即名字应能体现相邻配置项之间的关系。

下面以程序、文档为例说明配置项标识的规则。

- 程序实体标识

如何根据程序实体的名称给出它们相应的标识符,没有固定的模式,根据实际情况来确定,只要直观,看得明白就行。由于开发工具的不同,程序实体标识除程序名的标识外,还可以加一个默认的扩展名,即:<程序实体标识> =<程序名标识>.<默认扩展名>。例如,用HTML 开发的程序文件,用<程序名标识>.html 标识;用 Java 开发的程序文件,用<程序名标识>.java 标识;用 C++开发的源程序文件,用<程序名标识>.cpp 标识。

- 文档标识

如表 7-3 和表 7-4 所示,各种文档的标识都具有易识别性,且在整个项目中具有唯一性。

表 7-3 项目管理文档标识规则（PM 代表项目管理）

序　　号	管理文档名称	管理文档标识
1	立项书	PM-Prj
2	开发计划书	PM-Plan
3	配置管理计划书	PM-Cnfpln
…	…	…

表 7-4 项目设计文档标识规则（PD 代表项目设计）

序　　号	设计文档名称	设计文档标识
1	需求规格说明书	PD-Req
2	概要设计说明书	PD-Prldsg
3	详细设计说明书	PD-Dtldsg
4	源程序	PD-SrcPrgm
…	…	…

7.2.3 版本控制

版本控制是对系统不同版本进行标识和跟踪的过程,是实行软件配置管理的基础,也是所有配置管理系统的核心功能。配置管理系统的其他功能大都建立在版本控制功能之上。

版本控制的对象是软件开发过程中涉及的所有文件系统对象,包括文件、目录和链接。文件包括源代码、可执行文件、位图文件、需求文档、设计说明和测试计划等。目录的版本记录了目录的变化历史,包括新文件的建立、新子目录的创建、已有文件或子目录的重新命名及删除等。

版本控制的目的在于对软件开发过程中文件或目录的发展过程提供有效的追踪手段,保证在需要时可回到旧的版本,避免文件的丢失、修改的丢失和相互覆盖,通过对版本库的访问控制避免未经授权的访问和修改。

实际上,对版本的控制就是对版本的各种操作控制,包括检入检出控制、版本的分支和合并、版本的历史记录。

1. 版本的访问与同步控制

软件开发人员对源文件的修改不能在软件配置库中进行,他们对源文件的修改是依赖于基本的文件系统,在各自的工作空间下进行的。因此,为了方便软件开发,需要不同的软件开发人员组织各自的工作空间。一般来说,不同的工作空间是由不同的目录表示的,对工作空间的访问是由文件系统提供的文件访问权限加以控制的。

1）版本的访问控制

工作区域中的源文件是从库中恢复得到的一个副本,该副本可以是可写的,也可以是可读的。对于可写的副本来说,它就是真正的工作文件。对于可读的副本,它可以被视为在软件库中的源文件的一个缓冲副本,此时一般有如下两种工作模式。

（1）在工作区域一旦有"读"请求,则做一次恢复操作,获得一个副本,当"读"操作结束,该副本被删除。这样就形成一种重复恢复,从而保证工作区域中的文件内容被更新为与软件库中的内容一致。

（2）针对上一种模式中重复恢复引起的较大时间代价，不是每次"读"操作都要求与软件库中发生交互，而是将重点放在工作区域上，仅当软件库中的内容发生更改时，才发生交互。

2）版本同步控制

同步控制实际上是版本的检入检出控制。什么是版本的检入检出？简单地说，检入就是将软件配置项从用户的工作环境存入到软件配置库的过程；检出是将软件配置项从软件配置库中取出的过程。

在实际操作的过程中，检入和检出都应该受到控制。同步控制可用来确保由不同的人并发执行的修改不会产生混乱。基本的同步控制方法是：加锁—解锁—加锁……。即在某人检出使用该配置项时，对该配置项加锁；当修改完成并检入到配置库之后解锁。这样的过程一直反复下去。

图 7-4 是版本访问和同步控制的流程图。

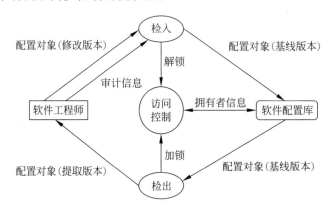

图 7-4　版本访问和同步控制的流程图

图 7-4 描述这样一个流程：根据经批准的变更请求和变更实施方案，软件工程师从配置库中检出要变更的配置对象。存取控制功能保证了软件工程师有检出该对象的权限，而同步控制功能则锁定了项目数据库中的这个对象，使得当前检出的版本在没有被置换前不能进行更新。当然，对这个对象还可以检出另外的副本，但是对它也不能进行更新。软件工程师在对这种成为基线的对象做了变更，并经过适当的软件质量保证和测试后，把修改的版本检入配置库，再解锁。

2. 版本分支和合并

版本的分支和合并是在并行开发过程中经常遇到的问题。版本分支的人工方法就是从主版本（称为主干）上复制一份文件，并做上标记；在实行了版本控制之后，版本的分支也是一个副本，这时的复制过程和标记动作由版本控制系统自动完成。

对于合并，在没有实行版本控制时，一般是通过文件的比较进行合并；实行了版本控制之后，还是要通过文件的比较进行合并，但这时的比较工作可以由版本比较工具自动进行，自动合并后的结果需要进行人工检查，才有很高的可靠性。

在考虑合并问题时，有两种途径，一是将版本 A 的内容附加到版本 B 中；另一种是合并版本 A 和版本 B 的内容，形成新的版本 C。显然后一种途径更容易理解，也是更符合软件开发思路的。需要特别指出的是，版本合并后所形成的新版本并不一定能符合要求，因为真正语义上的合并是很难实现的。

利用软件配置管理系统,可以很好地实现版本分支和合并,并解决分支的创建、冲突等问题。

3. 版本的历史记录

文件和目录的版本演化历史可以形象地表示为图形化的版本树(Version Tree)。版本树由版本依次连接形成,版本树的每个节点代表一个版本,根节点是初始版本,叶节点代表最新的版本。最简单的版本树只有一个分支,也就是版本树的主干;复杂的版本树除了主干外,还可以包含很多的分支,分支可以进一步包含子分支。图 7-5 所示就是一种版本树。

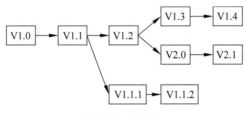

图 7-5　版本树

一棵版本树无论多么复杂,都只能表示单个文件或目录的演化历史,但典型的软件系统往往包含多个文件和目录,每个文件和目录都有自己的版本树,多个文件的版本需要相互匹配才可以协同工作,共同构成软件系统的一个版本或发布。

版本的历史记录有助于对软件配置项进行审计,有助于追踪问题的来源。版本的历史记录应该包含版本号、版本修改时间、版本修改者、版本修改描述这些最基本的内容,还可以有其他辅助性的内容,如该版本的文件大小和读写属性。

7.2.4　基线管理

基线的修改要严格按照变更控制要求的过程进行,在一个软件开发阶段结束时,上一个基线加上增加和修改的基线内容形成下一个基线,这就是基线管理的过程。基线管理是保证开发团队共同工作的一种有效方式。基线管理包括基线(产品)建立、发布和维护。

- 内部发布:内部使用的基线一般称为构造(build)。
- 外部发布:交付给外部顾客的产品一般称为发布(release)。
- 基线报告和基线备份。

基线管理可以使用户能够通过对适当版本的选择来组成特定属性(配置)的软件系统,这种灵活的"组装"策略,使得配置管理系统像搭积木似的使用已有的积木(版本)组装成各种各样、不同功能的模型。

作为阶段的正式产品,基线应该是稳定的,其对应的配置项是通过评审的。基线的变更也需要一个严格的流程,需要提出申请,经过审批,然后才能进行。

1. 基线的属性

- 基线通过正式的评审过程建立。
- 基线存在于基线库中,对基线的变更接受更高权限的控制。

- 基线是进一步开发和修改的基准和出发点。
- 进入基线前,不对变化进行管理或者进行较少管理。
- 进入基线后,对变化进行有效管理,而且这个基线作为后续工作的基础。
- 不会变化的东西不要纳入基线。
- 变化对其他没有影响的可以不纳入基线。

基线具有名称、标识符、版本、日期等属性。

2. 建立基线的好处

- 重现性:及时返回并重新生成软件系统给定发布版本的能力,或者是在项目中的早些时候重新生成开发环境的能力。当认为更新不稳定或不可信时,基线为团队提供一种取消变更的方法。
- 可追踪性:建立项目工作之间的前后继承关系,目的是确保设计满足要求、代码符合设计以及用正确代码编译可执行文件。
- 版本隔离:基线为开发工件提供了一个定点和快照,新项目可以从基线提供的定点之中建立。作为一个单独分支,新项目将与随后对原始项目(在主要分支上)所进行的变更进行隔离。

7.2.5 变更控制

在软件开发过程,要产生许多变更,如配置项、配置、基线、构建的版本、发布版本等。对于所有的变更,都要有一个控制机制,以保证所有变更都是可控的、可跟踪的、可重现的。

对变更进行控制的机构称为变更控制委员会(Change Control Board,CCB)。变更控制委员会要定期召开会议,对近期所产生的变更请求进行分析、整理,并做出决定,而且要遵循一定的变更机制。

图 7-6 所示为一个典型的变更机制。

1. 变更类型

软件变更通常有两种不同的类型:功能变更和缺陷修补(bug-fix)。功能变更是为了增加或者删除某些功能。缺陷修补则是对已存在的缺陷进行修补。

(1) 功能变更。功能变更是为了增加或者删除某些功能,或者为了完成某个功能而需要的变更。这类变更必须经过某种正式的变更评价过程,以评估变更需要的成本和其对软件系统其他部分的影响。如果变更的代价比较小且对软件系统其他部分没有影响,或者影响很小,通常会批准这个变更。

反之,如果变更的代价比较高,或者影响比较大,且必须权衡利弊,以决定是否进行这种变更。

(2) 缺陷修补。缺陷修补是为修复漏洞进行的变更。在项目前期,它是必须进行的,通常不需要从管理角度对这类变更进行审查和批准。在项目后期,如果发现错误的阶段在造成错误的阶段的后面,则必须遵照标准的变更控制过程来进行,如进行修补,且必须把这个变更正式记入文档,把所有受到这个变更影响的文档都做相应的修改。

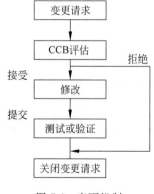

图 7-6　变更机制

2. 变更请求管理

软件的可变性是导致软件开发困难的一个重要原因。各种要素,如市场的变化、技术的进步、客户对于项目认识的深入等,都可能导致软件开发过程中的变更请求的提出。如果缺乏对变更请求的有效的管理,纷至沓来的变更就会成为开发团队的噩梦。缺乏有效的变更请求管理会导致一些问题,例如,

(1) 软件产品质量低下,对一些缺陷的修正被遗漏。

(2) 项目经理不了解开发人员的工作进展;缺乏对项目现状进行客观评估的能力。

(3) 开发人员不了解手头工作的优先级别。

变更请求管理的复杂程度与变更的类型有关。根据变更的分类,变更请求通常也被分为两个大类:增强请求(enhancements)和缺陷(defects)。

- 增强请求指系统的新增特征或对系统"预定设计"行为的变更。

- 缺陷指存在于一个已交付产品中的异常现象或缺陷。

变更请求管理过程可以分为 7 个阶段,如图 7-7 所示。

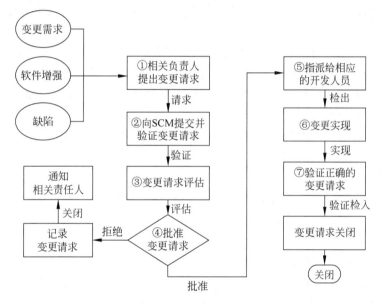

图 7-7　变更请求管理流程

(1) 变更请求提交。识别变更需要,对受控的配置项的修改提出一个变更请求(Change Request,CR),并进行记录。

缺陷和增强请求通常在请求起源和收集信息类型上不同,具体说明如下。

增强请求在许多情况下来自客户并直接或者通过市场部门或客户支持到达工程部门。对增强请求而言,所需捕捉的关键数据是请求对客户的重要性、关于请求尽可能详细的细节以及请求提出人的标识。

通常,大多数缺陷都在内部测试时被发现、记录并解决。在提交期间所记录的关键数据有:如何发现缺陷,如何重现缺陷,缺陷严重程度,以及谁发现了缺陷。同增强请求一样,缺陷也可以由客户发现。客户提交的缺陷需要记录的关键数据包括遇到问题的客户的标识、该客户所认识到的严重程度以及客户在使用哪一个版本的软件系统。这些都是处理流程过

程中第 3 个步骤即评估所需要的。

(2)变更请求接收。项目必须建立接收提交的变更请求并进行跟踪的机制。指定接收和处理变更请求的责任人,确认变更请求。

变更接收需要检查变更请求的内容是否清晰、完整、正确,包括:

- 是否存在重复请求或误解;
- 确定请求是缺陷还是增强请求;
- 对变更请求赋予唯一的标识符;
- 建立变更跟踪记录。

(3)变更请求评估。变更请求接收后,对请求变更的配置项进行系统的评估、分类和确定优先级,确定变更影响的范围和修改的程度。

在评估期间必须浏览所有新提交的变更请求并对每个请求的特征做出决定,确定变更影响的范围和修改的程度,为确定是否有必要进行变更提供参考依据。

大多数机构根据请求的类型不同而使用不同的评估过程。例如,缺陷必须是可重现、可确认的。缺陷的优先级会根据缺陷的严重程度和修复缺陷的重要性确定。通常,缺陷由工程部门评估。

增强请求不需要进行确认,但需要同其他的增强请求和产品需求相比确定优先级。在增强请求评估期间,要看有多少用户提出了相同的请求,提出请求的客户的相对重要性,在市场份额和产品利润上的可能影响以及对销售人员和客户支持的影响。通常,增强请求由产品管理部门进行评估。

(4)变更请求决策。决策阶段是当选择实现一个变更请求时所做出的决定,基于评估结果,实现哪一个变更请求以及以何种顺序实现进行决策。

对于缺陷和增强请求,以不同方式进行处理,具体如下。

- 对于增强请求,有多种因素影响是否实施一个软件产品:产品销售的容易程度,怎样经得起竞争,客户的需要是什么,需要进行什么变更以进入新市场等。所有的增强请求放在一起进行权衡,并且要对是否在一个给定的发布版本中实现、推迟或永远不实现某一个请求等进行决策。
- 对于缺陷的决策过程,根据两个因素会有所不同:开发生命周期中所处阶段和开发工作量的大小。在开发生命周期早期,一般缺陷会分配给某个开发人员,由开发人员决定做什么。如果缺陷是可重现的,开发人员会试着在当前发布版本中修复该缺陷。在开发生命周期后期,多数公司为所有缺陷建立正式的复审过程。例如,开发人员可以进行评估,但是他们不能对是否实现做出决策,而是需要得到项目领导人或测试组织的批准。

较大规模的组织通常都有一个正式的变更重审过程,这一过程涉及一个正式的重审委员会。这个重审委员会通常被称作"变更控制委员会"。在非常大的组织中可能存在一个以上的变更控制委员会,变更控制委员会通常是功能交叉的,并且在最后阶段关心产品质量和项目进度之间的平衡。尽管在最后阶段偶尔也会有增强请求出现,但变更管理委员会通常只关注缺陷。

(5)变更请求实现。针对请求变更的目标产生新的工件,更新软件系统文档以反映这一变更。

在实现过程中,增强请求实现较之缺陷实现需要更多的设计工作,这是因为增强请求经常涉及新特性或新功能。另一方面,缺陷修复需要建立一个环境,在该环境中可以对缺陷进行重现并测试相应的解决方案。

一些缺陷和增强请求是根据文档进行提交的,在实现期间相应的可能会对文档进行变更。对于增强请求,意味着对加入系统的新特性或新功能进行文档化。而对于缺陷,如果对缺陷的修复影响了用户可见的行为,则变更文档,当缺陷没有得到修复时,也有可能要求文档变更,也就是在决定不修复某个缺陷时需要将其变更方法文档化或者将该缺陷包含在版本发布说明中。

（6）变更请求验证。对变更请求实现进行验证,看是否满足了需求或修复了缺陷。验证发生在最终测试及文档制作阶段。验证实施后,验证组织提交验证结果及必要的证据。

- 增强请求的测试通常涉及验证所做的变更是否满足该增强请求的需要。
- 缺陷测试则简单地验证开发人员的修复是否真正消除了该缺陷,通常会使用一个正式的项目构建版本重现该缺陷,检查是否仍有问题。

（7）变更请求完成。完成是变更请求的最终阶段,关闭变更请求并通知请求提出人。这可能是完成了一项请求或者决定不实现某一请求。在完成阶段的主要步骤是由提交请求的最初请求者终止这一循环过程。

对于大的组织,变更请求可能会更加复杂并且会分为更多个层次。通过对上面变更请求管理过程的分析可以看出,实施有效的变更请求管理有如下益处。

- 提高产品管理的透明度;
- 提高软件产品质量;
- 提高开发团队沟通效率;
- 帮助项目管理人员对产品现状进行客观的评估。

7.3 软件配置管理系统

软件配置管理的环境及其工具越来越受到人们的重视,一些致力于软件工程研究的组织在深入理解 ISO 9000 的基础上,推出了各种符合 ISO 9000 配置管理要求的工具软件,如 IBM 公司的 ClearCase,基于构件复用的配置管理系统 JBCM,并发版本系统 CVS 以及开源系统 SVN、Git 等。

本节将阐述配置管理系统的主要功能特点,对比主流系统各自的特色,并对互联网上流行的开源系统 Git 进行介绍。

7.3.1 主流系统概述

为有效支持完成配置项标识、版本控制、变化控制、审计和状态统计等任务,软件配置管理系统通常包括以下基本功能。

- 并行开发支持:因开发和维护的原因,要求能够实现开发人员同时在同一个软件模块上工作,同时对同一个代码部分做不同的修改,即使是跨地域分布的开发团队也能互不干扰,协同工作。
- 修订版管理:跟踪每一个变更的创造者、时间和原因,从而加快问题和缺陷的确定。

- 版本控制：能够简单、明确地重现软件系统的任何一个历史版本。
- 产品发布管理：管理、计划软件的变更，与软件的发布计划、预先定制好的生命周期或相关的质量过程保持一致；项目经理能够随时清晰地了解项目的状态。
- 建立管理：基于软件存储库的版本控制功能，实现建立过程自动化。
- 过程控制：贯彻实施开发规范，包括访问权限控制、开发规则的实施等。
- 变更请求管理：跟踪、管理开发过程中出现的缺陷、功能增强请求或任务，加强沟通和协作，能够随时了解变更的状态。
- 代码共享：提供良好的存储和访问机制，开发人员可以共享各自的开发资源。

目前国内常用的配置管理系统可以分为统一配置管理和分布式配置管理两种不同的实现方式，也即中央管理和去中心化两种方式。

主流的配置管理系统如下。

1．ClearCase

这是 IBM-Rational Rose 公司推出的软件配置管理工具。它提供了比较全面的配置管理支持，包括版本控制、工作空间管理、建立管理和过程控制，给那些经常跨越复杂环境（如 UNIX、Windows 系统）进行复杂项目开发的团队带来巨大效益。此外，ClearCase 也支持广泛的开发环境，它所拥有的特殊组件已成为当今软件开发人员工程人员和管理必备的工具。ClearCase 的先进功能直接解决了原来开发团队面临的一些难以处理的问题，并且通过资源重用帮助开发团队，使其开发的软件更加可靠。

2．JBCM

基于构件复用的配置管理系统，构件是项目中的一个相对独立的开发单位。一个项目可以含有一个或多个构件。在 JBCM 中推荐使用项目或构件结构进行软件开发。

JBCM 可用于管理软件开发过程中的各种产品，帮助管理软件开发中出现的各种变化和演变方向，跟踪软件开发的过程，保存软件开发过程中待开发软件系统的状态，供用户随时提取，简化开发过程的管理工作，有助于软件开发和维护工作的有序进行。

3．并发版本系统（Concurrent Versions System，CVS）

并发版本系统由 Dick Grune 于 1986 年设计并最初实现。它的客户机、服务器存取方法可以让开发者从任何因特网的接入点存取最新的代码。它的无限制版本管理检出模式避免了通常的由于排他检出模式引起的人工冲突。它的客户端工具可以在绝大多数的平台上使用。

但是，CVS 只能跟踪单个文件的历史，并不支持那些可能发生在文件上但会影响所在目录内容的操作，如同复制和重命名。除此之外，CVS 里不能用拥有相同名字但是没有继承老版本历史或者用根本没有关系的文件替换一个已经纳入系统的文件。

4．分支管理系统（Subversion，SVN）

SVN 是由同一组织在 CVS 基础上开发出来的一个开放源代码的版本控制系统，现在已发展成为 Apache 软件基金会的一个项目。它采用了分支管理系统，其设计目标就是取代 CVS。互联网上很多版本控制服务已从 CVS 迁移到 SVN。

SVN 管理着随时间改变的数据。这些数据存放在中心版本库（repository），SVN 记录每一次文件和目录的修改，允许把数据恢复到早期版本，或是检查数据修改的历史。SNV 可以通过网络访问它的版本库，从而使用户可以在不同的计算机上进行操作。

SVN 优于 CVS 之处如下。

（1）原子提交。一次提交不管是单个还是多个文件，都是作为一个整体提交的。在这当中发生的意外，如传输中断，不会引起数据库的不完整和数据损坏。

（2）重命名、复制、删除文件等动作都保存在版本历史记录中。

（3）对于二进制文件，使用了节省空间的保存方法（就是只保存和上一版本不同之处）。

（4）目录也有版本历史。整个目录树可以被移动或复制，操作很简单，而且能够保留全部版本记录。

（5）分支的开销非常小。

（6）优化过的数据库访问，使得一些操作不必访问数据库就可以做到。这样减少了很多不必要的和数据库主机之间的网络流量。

5. Git

Git 是一款免费、开源的分布式版本控制系统，最早由 Linilus Torvalds 创建，用于管理 Linux 内核开发，现已成为分布式版本控制的主流工具，可以在 Linux、UNIX、Mac 和 Windows 等几大平台上运行，用于敏捷高效地处理任何项目。

Git 与 CVS、Subversion 等不同，它采用了分布式版本库的方式，不必服务器端软件支持，并且内容存储使用的是 SHA-1 哈希算法，能确保代码内容的完整性，以及遇到磁盘故障和网络问题时降低对版本库的破坏。7.3.2 节将详细介绍 Git 的思想、基本工作原理和使用命令。

归纳起来，Git 与 CVS、SVN 的简要区别如表 7-5 所示。

表 7-5　Git 与 CVS、SVN 简单对比

对 比 项	CVS	SVN	Git
实现方式	集中式	集中式	分布式
并发模式	合并	合并	合并或排它锁
存储方式	按文件	按文件	按元数据方式，存储的是一系列不同时刻的文件快照
变更范围	文件	目录树	目录树
全局版本号	无	有	无（全局唯一）
原子提交	否（仅针对文件）	是（针对项目范围）	是
部分克隆	是	是	否

7.3.2　分布式版本控制系统 Git

Git 自 2005 年诞生以来，日臻成熟完善，它不仅仅是一个版本控制系统，也是一套内容寻址文件系统（content-addressable）、内容管理系统（CMS）、工作管理系统等，极其适合管理大项目，可以应付各种复杂的项目开发需求。

1. 版本库（repository）

Git 版本库包含所有用来维护与管理项目的修订版本和历史的信息。一个版本库维护项目整个生命周期的完整副本，还提供版本库本身的副本。Git 对每个网站、每个用户和每个版本库的配置和设置信息都进行管理与检查。在每个版本库里维护一组配置值，包括对象库（object store）和索引（index）。所有这些版本库数据存放在工作目录根目录下一级扩

展名为.git 的隐藏子目录中。

2. Git 对象模型

Git 对象库存放块(blob)、目录树(tree)、提交(commit)和标签(tag)4 种类型的原子对象,这是构成 Git 高层数据结构的基础。

Git 的对象模型如图 7-8 所示。

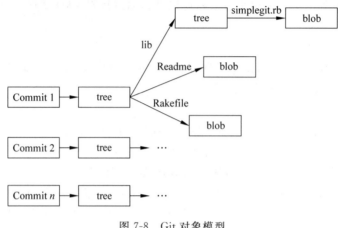

图 7-8　Git 对象模型

在 Git 对象模型中:

- 文件的每一个版本表示为一个块,用来指代某些可以包含任意数据的变量或文件。
- 一个目录树对象代表一层目录信息。它记录 blob 标识符、路径名和在一个目录里所有文件的一些元数据。它也可以递归引用其他目录树或子树对象,从而建立一个包含文件和子目录的完整层次结构。
- 一个提交(commit)对象保存版本库中每一次变化的元数据,包括作者、提交者、提交日期和日志消息。
- 一个标签对象分配一个任意的且人类可读的名字给一个特定对象,通常是一个提交对象。
- 为了有效地利用磁盘空间和网络带宽,Git 会把对象压缩成打包文件(pack file)并存储到对象库里。

3. 索引

索引是一个临时的、动态的二进制文件,它描述整个版本库的目录结构,捕获项目在某个时刻的整体结构的一个版本。

索引支持一个由开发人员主导的,从复杂的版本库状态到一个可推测的、更好状态的逐步过渡。作为开发人员,可以通过执行 Git 命令在索引中暂存(stage)变更。变更通常是添加、删除或者编辑某个文件或某些文件。索引会记录和保存那些变更,保障它们的安全直到准备好提交。

4. Git 基本工作流程

Git 是分布式的,因此有本地和远程两种仓库。项目成员在本地都有自己的仓库,可以自由地创建分支、修改、合并,在需要时自己的分支可以与任意一个成员的远程仓库的分支进行合并。

如图 7-9 所示,Git 的基本工作流程可以概括如下。

(1) 创建本地分支,修改代码,保存到暂存区,合并本地分支,解决冲突,形成本地最终分支。

(2) 获取其他成员仓库里的最终分支成为本地分支,并将此分支合并到本地最终分支里,解决冲突,形成最终项目发布分支。

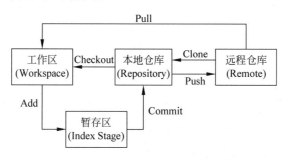

图 7-9　Git 基本工作流程

5. 分支

分支(Branch)是 Git 中非常重要的一个概念,也是 Git 的必杀技。利用 Git 的分支,可以非常方便地进行开发和测试。

所有开发者开发好的功能会在源仓库的 develop 分支中进行汇总。当 develop 中的代码经过不断的测试,已经逐渐趋于稳定,接近产品目标了,这时就可以把 develop 分支合并到 master 分支中,发布一个新版本。所以,一个产品不断完善和发布的过程就是分支的不断合并过程。

6. Git 常用命令

1) 创建仓库命令

- $ git init [- q | -- quiet] [-- bare] [-- template = <template_directory>] [-- separate - git - dir <git dir>][-- shared[= <permissions>]] [directory]

新建一个目录或找一个已经存在目录,初始化为 Git 仓库。在执行完成该命令后,Git 仓库会生成一个 git 目录。该目录包含了资源的所有元数据,其他的项目目录保持不变(不像 SVN 会在每个子目录生成.svn 目录,Git 只在仓库的根目录生成.git 目录)。

- $ git clone [-- template = <template_directory>] ... <repository> [<directory>]

从远程仓库克隆到本地仓库,或克隆一个 Git 仓库到新的目录。

2) 基本操作命令

- $ git add [-- verbose | - v] [-- dry - run | - n] ... [<pathspec> ...]

添加当前目录、文件及其子文件子目录等到本地仓库,以便为下一次提交准备暂存的内容。

- $ git commit [- a | -- interactive | -- patch] [- s] [- v] ... [--] [<file> ...]

提交修改到仓库,只有提交了才会保存到本地仓库里。

- $ git diff

显示提交、提交和工作树之间的更改,常用命令形式如下。

```
$ git diff [<options>] [<commit>] [ -- ] [<path> ...]
$ git diff [<options>] -- cached [<commit>] [ -- ] [<path> ...]
$ git diff [<options>] <commit> <commit> [ -- ] [<path> ...]
$ git diff [<options>] <blob> <blob>
```

```
$ git diff [<options>] -- no-index [--] <path> <path>
```

- $ git rm [-f | --force] [-n][-r]…<file>…

从索引或工作树和索引中删除文件。

3) 分支和合并命令

- $ git branch

查看、创建或删除分支,有以下一些使用方式。

```
$ git branch [--color[=<when>] | --no-color] [-r | -a]…[<pattern>…]
$ git branch [--track | --no-track] [-l] [-f] <branchname> [<start-point>]
$ git branch (--set-upstream-to=<upstream> | -u <upstream>) [<branchname>]
$ git branch --unset-upstream [<branchname>]
$ git branch (-m | -M) [<oldbranch>] <newbranch>
$ git branch (-c | -C) [<oldbranch>] <newbranch>
$ git branch (-d | -D) [-r] <branchname>…
$ git branch --edit-description [<branchname>]
```

- $ git checkout

切换分支或恢复工作树文件,有以下一些使用方式。

```
$ git checkout [-q] [-f] [-m] [<branch>]
$ git checkout [-q] [-f] [-m] --detach [<branch>]
$ git checkout [-q] [-f] [-m] [--detach] <commit>
$ git checkout [-q] [-f] [-m] [[-b|-B|--orphan] <new_branch>] [<start_point>]
$ git checkout [-f|--ours|--theirs|-m|--conflict=<style>] [<tree-ish>] [--] <paths>…
$ git checkout [<tree-ish>] [--] <pathspec>…
$ git checkout (-p|--patch) [<tree-ish>] [--] [<paths>…]
```

- $ git merge

将两个或多个开发历史合并。常用命令形式如下。

```
$ git merge [-n] [--stat] [--no-commit] … [-F <file>] [<commit>…]
$ git merge --abort
$ git merge --continue
```

- $ git log

显示提交历史。默认不用任何参数的话,会按提交时间列出所有的更新,最近的更新排在最上面。

4) 共享和更新仓库命令

- $ git pull [<options>] [<repository> [<refspec>…]]

从另一个存储库或本地分支中拉取并集成。

- $ git push [--all | --mirror | --tags]…[<repository> [<refspec>…]]

更新远程仓库。

- $ git fetch

从远程仓库获取分支,常用命令形式如下。

```
$ git fetch [<options>] [<repository> [<refspec>…]]
$ git fetch [<options>] <group>
$ git fetch -- multiple [<options>] [(<repository> | <group>)…]
$ git fetch -- all [<options>]
```

7. GitHub

GitHub 是一个开源协作社区,也是全球最大的 Git 版本库托管商,可用作免费的远程仓库,是成千上万的开发者和项目能够合作进行的中心。大部分 Git 版本库都托管在 GitHub 上,很多开源项目使用 GitHub 实现 Git 托管、问题追踪、代码审查以及其他事情。

GitHub 的基本工作流程可以分为以下步骤。

(1) 构建源仓库。

(2) 开发者 fork(派生)源仓库。

(3) 把自己开发者仓库 clone 到本地。

(4) 构建功能分支进行开发。

(5) 向管理员提交 pull request。

(6) 管理员测试、合并。

图 7-10 是一个非常经典的流程图,展示了 GitHub 分支管理的全貌。

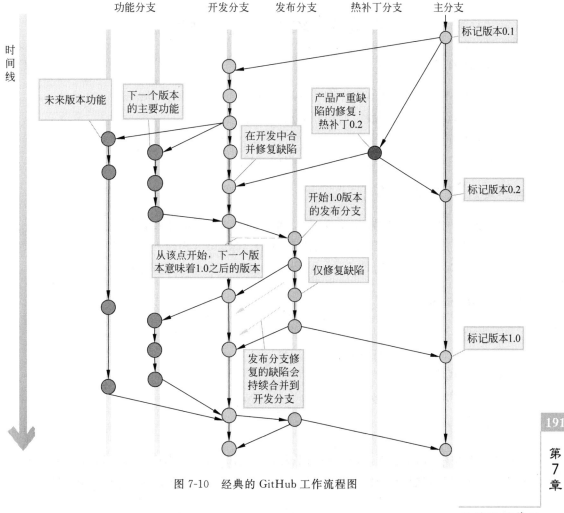

图 7-10 经典的 GitHub 工作流程图

软件配置管理

本 章 小 结

本章主要介绍了软件配置管理的相关概念。基于这些概念,讨论了软件配置管理的过程和核心活动。围绕软件配置管理过程,简单对比了几种开源软件配置管理系统,包括CVS、SVN 和 Git 等,用户可以根据自己的实际需要选择合适的软件配置管理工具。最后,对目前开源配置管理系统的佼佼者——Git 的思想和工作原理做了详细阐述。

思 考 题

1. 如何确定软件配置项? 如何给软件配置项命名?
2. 软件变更通常有哪些类型? 什么是变更控制? 如何进行变更请求管理?
3. 简述版本控制在软件配置管理中的重要性。
4. 列举软件配置管理系统以及各自的功能。
5. Git 是如何通过分支实现冲突管理的?

实验 3　软件配置管理实验

一、实验目的

① 熟悉配置管理的基本概念和基本原理,明确配置管理在团队开发中的重要性。
② 掌握软件配置管理服务的构建方法。
③ 掌握配置管理工具 Git 的基本使用命令。
④ 理解并分析配置管理工具解决冲突的方法,学会为项目团队制订版本控制策略。

二、实验前提与准备

① 准备一个项目的配置文件,包括文档、代码,以及不同的版本等。
② 注册自己的 GitHub 或者码云账号,或在 Windows 平台下使用 GitBlit 搭建一个 Git服务器(需要配置 Java 运行环境)。本教材使用 GitHub 作为远程仓库。

三、实验内容

① 安装 Git。
② 本地仓库的创建与使用。
③ 连接远程仓库。
④ 本地仓库、远程仓库协同工作。

四、实验环境

本实验使用 Git。根据当前使用的平台,选择在 Linux、UNIX、Mac OS X、Windows 上安装 Git,所有的安装帮助都可以在 Git 官网(https://git-scm.com/downloads)获取。

五、实验过程(步骤)

① 在本地安装 Git。

在 Linux 上安装 Git 比较简单,输入命令 $ git,即可根据提示查看系统是否安装 Git,并按提示完成安装。

在 Ubuntu 中,则通过命令 Sudo Apt→Get Install Git 可以直接完成 Git 的安装。

在 Mac OS 中,直接从 AppStore 安装集成了 Git 的 Xcode。

在 Windows 上使用 Git,从 Git 官网下载安装程序,运行 Git Bash 即可。

② 本地仓库的创建与使用。

明确工作区、版本库和暂存区的概念。练习在本地创建 Git 版本库,在工作区中的项目配置文件上传到版本库,提交对文件的修改文件、删除文件、下载文件、版本回退、管理修改、撤销修改等基本操作命令。

③ 连接远程仓库。

有 3 种方式可以添加远程仓库。

- 自行注册 GitHub 账号,完成本地仓库和 GitHub 仓库之间 SSH 加密传输设置,在 GitHub 上托管项目代码、配置文档等。
- 下载 GitBlit 等工具,搭建自己的远程配置管理服务。
- 在码云上注册自己的账号,创建一个私有项目作为远程仓库。码云是开源中国社区团队推出的基于 Git 的快速的、免费的、稳定的在线代码托管平台,相较于 GitHub 的国外服务器,码云在国内的访问速度是很快的,而且私有项目免费。

④ 在本地仓库、远程仓库间协同工作。

熟悉本地版本库和远程版本库的区别。练习从远程仓库克隆、分支管理、创建和合并分支、解决冲突等重要操作命令。

六、交付成果与总结

(1) 制订版本控制策略,为项目团队创建相应的配置管理库结构,包括权限分配。

(2) 思考:多人提交产生冲突如何解决?针对不同的产品线或者项目团队,版本控制策略如何评价?

第8章 软件质量度量

> 如果你不能量化某些事情,你就不能理解它;如果你不能理解它,你就不能控制它;如果你不能控制它,你就不能改进它。

> ——詹姆斯·哈林顿

在第4章我们学习了软件质量控制,第5章我们学习了软件质量保证,那么如何知道通过这些控制手段和保证措施是否达到了设定的质量目标? 通过什么样的方法来衡量软件质量控制和保证的过程和结果? 这就是本章要讨论的软件质量度量。

度量是项目管理或工程过程中的重要元素,软件也不例外。软件度量是软件工程学中的重要内容之一,软件质量的度量自然是软件质量工程体系不可缺少的部分。但是,由于软件的复杂性、抽象性等特点,软件度量相对一些物理测量难度大,而且相对性强,绝对性弱。例如,长度、速度、重量、电压和温度等物理测量,都容易获得绝对值和相对值;但软件的复杂度、耦合性、凝聚力、缺陷密度等都是相对的,对于不同的编程语言(汇编、C、Java、ASP、PHP 等),软件程序的代码行数可以代表其程序的相对规模,但没有绝对的可比性。

尽管软件度量存在一定的困难性和相对性,但还是可以度量的,并具有良好的应用价值。本章将提供一套定义清晰的、实用的方法和规则,来度量软件的产品(包括服务)质量和过程质量。

8.1 软件质量度量基础

测量和度量是从定性研究向定量研究必经的一个环节,对于所有学科领域的进步都是至关重要的,软件质量工程也不例外。"测量"和"度量"这两个词经常被混淆使用,也就是人们对这两个词的含义不是很清楚。实际上,"测量"和"度量"是两个具有不同含义的概念,在介绍软件质量度量之前,要先了解"测量""度量"和"指标"的准确含义。

(1) 测量(measurement)是对产品过程的某个属性的范围、数量、维度、容量或大小提供一个定量的指示。

(2) 度量(metric)是对软件产品进行范围广泛的测度,它给出一个系统、构件或过程的某个给定属性的度的定量测量。

(3) 指标(indicator)是一个度量或一组度量的组合,采用易于理解的形式,对软件过程、项目或产品质量提供更全面、深入的评价和了解,以利于过程和质量的分析。

测量是基础,度量建立在测量基础之上。指标是衡量某个对象或某个系统的关键因素之一,而度量的目的正是为获取这些指标评估的量化结果的重要手段或方法。

了解这些基本概念之后,还需了解度量的标准、层次、过程、可靠性、有效性和相关内容,然后再展开讨论软件度量、软件质量度量等内容。

8.1.1 什么是测量

1. 测量原理

在软件工程学的研究中,我们总是把一个完整的过程分解成不同阶段——需求分析、系统设计、程序设计、编程、系统测试、发布等进行分析,这样可以针对每个阶段的特点、属性来建模,实施更有效的分析。为了区分不同的阶段,我们必须定义进入每个阶段的条件和每个阶段的结束标志。例如,要进行系统设计阶段,需求分析的结果应该被阐述清楚并写成产品需求文档(PRD),该文档被审查通过(sign off)。对于类似的内容,相对规范的软件公司都会有系统的定义,并在相关的流程文档中说明。但是,仅有这些文档的定义是不够的,还需要根据已定义的文档收集数据,通过测试来检验是否真正达到了相关定义的阶段进入和进出标准。例如,对于测试阶段,要求根据程序代码行(Lind of Code,LOC)数或功能点(Function Point,FP)数来确定其测试的覆盖度,因为测试的覆盖度直接关系到程序或系统在发布后的质量情况。一般可假定如下。

- 测试的覆盖度越高,即被测试过的 LOC 或 FP 的百分比越高,后期的缺陷率就越低。
- 设计评审和代码审查越有效,后期的缺陷率就越低。
- 集成以前的开发测试越详细,后期的缺陷率就越低。

根据这些假定,首先要决定测量和数据的分析单位,然后确定在哪个层次上(样本集)进行数据收集,是在整个项目上还是在某个模块、子系统上。在这些关键点确定之后,就可以开始收集数据,对相应的数据进行统计分析,以论证上述的假定(命题)是否成立,更重要的是评估开发过程质量和产品质量的程度,最终提高软件的开发质量。

实例表明了测量和数据的重要性,没有数据和测量的检验,理论和概念始终都是抽象的;没有数据和度量的积累,理论很难有效地转化为操作和应用。反过来,通过测量和数据的检验,发现理论和概念中的问题,帮助修正,以提高理论的正确性和准确性,正如前面所说,测量和数据驱动着每个学科的进步。

测量方法依赖于一定的理论,而理论的基础则是概念和定义。在理论定义中,概念比较多,而且多为抽象的概念;而操作定义是描述获取和处理数据的过程,是比较具体的。例如,软件产品缺陷率的操作定义应当说明计算缺陷率的公式中测量的缺陷(分子)是如何获得的;是一个月的值还是产品整个生命周期的值;分母是代码行数还是以每千行代码行数(KLOC)计;要不要去掉注释行等非功能的语句行;在什么样的情况下,用功能点作分母好;在什么样的情况下,用 KLOC 好。

测量和度量,正是在现实世界和数学世界、经验世界和形式世界之间架起一座桥梁,通过研究出来的测量方法,以数量和单位形式表达,来度量现实世界中的实体。世界中的实体类似于面向对象设计的一个类,这个类具有相似的属性,而对于这个属性测量的组合,正是我们用以衡量这个实体的指标。整个度量原理如图 8-1 所示。

在图 8-1 中还有一个重要的概念——尺度类型,也被称为度量层次,依赖于测量方法或现实世界中的实体属性,它也决定测量的单位。从抽象的概念到实际的操作定义,从理论的测量方法到其应用的数据测量等具体化过程中,区分或设定不同层次是非常重要的,不同的操作定义应用不同的尺度类型。尺度类型一般分为4种:分类尺度(nomnal scale)、序列尺度(ordinal scale)、间隔尺度(interval scale)和比值尺度(ratio Scale)。

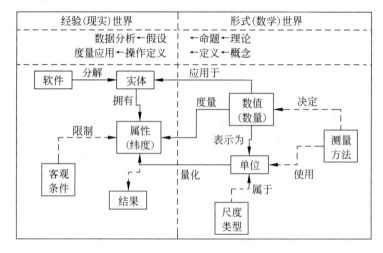

图 8-1 度量原理示意图

为了简单地把尺度类型表述清楚,我们用表格对比的方式加以说明,如表 8-1 所示。

表 8-1 尺度类型说明

名 称	定 义	实 例	限 制
分类	某个指标被分成一系列的类别。分类的关键要求——统计分类的最基本条件是结合得完备(完备性)与相互之间排斥(排斥性)。完备意味着分类覆盖了所有的可能性,而排斥意味着任何两个类别之间没有叠加、不存在包含关系	产品质量属性有功能性、适用性、性能、安全性、可靠性、可维护性等	最简单的操作和最低层次的测量是分类。即使将各个类别映射成相应的整数,也不能用公式表示,也没有先后的次序。可以将"适用性"放在"功能性"之前
序列	分类的序列,即在分类的基础上再加以排序。一个序列尺度是不对称但可以传递的,A>B 和 B>C 可以推得 A>C	① 可用在成本模型的各个因素测量上,例如给出结果"很高""高""中等""低""很低" ② 用 1、2、3、4、5 表示用户的满意度,1 表示满意度最低,5 表示满意度最高。也可以用以某中线为基准的相对百分比来表示程度	当把序列关系转换成数学运算时不可能使用加减乘除之类的运算。例如,CMM 被分为 5 级,CMM 2 和 CMM 3 特征是清楚的,但 CMM 2.5 是没有意义的。序列尺度并没有提供关于元素间差异程度的信息,我们知道 CMM 3 比 CMM 2 好,但不知道究竟好多少;CMM 2 和 CMM 3 差一级,CMM 4 和 CMM 5 也差一级,但不能说它们之间的差距是相同的

名　称	定　义	实　例	限　制
间隔	通过数值来表示两个邻近测量点之间的差异。数据之间的差异是等价的，但没有绝对的"零"值。加减数学运算可以应用到间隔尺度数据上，而且需要一个定义良好的测量单位，可以作为一个共同的标准并重复使用	华氏温度是一个间隔度量，一般可以假定夏季平均气温（80℉）与冬季平均气温（16℉）的温差为64℉，但不能说夏季比冬季热5倍	由于没有绝对的"零"值存在，不能用乘除等运算，只能用加减运算
比值	和间隔尺度相似，即当绝对的"零"值存在时，就是比值尺度	假设产品甲和乙用同一种语言开发，甲、乙的缺陷率分别是2.5/KLOC、5/KLOC，可以说产品甲的缺陷率低，而且比乙少2.5/KLOC。如果将/KLOC视为标准单位，就可以说少2.5个单位。如果产品丙缺陷率是7.5/KLOC，和乙的差异也是2.5个单位，就可以说它们的差异相等，而且产品丙的缺陷率是甲的缺陷率的3倍	比值尺度是最高层次的测量。所有的数学运算（包括除法和乘法）都可以应用于该测量

尺度类型是分层次的，也称测量层次，从而决定着一个高层次的尺度包含了其下面的低层次的尺度的所有属性。在实际测量应用或操作中，尽量往高层次的尺度靠拢，一方面测量的分析功能更强，包括可进行更多的数值运算；另一方面，一个高层次的尺度总能降低为一个低层次的尺度，反之则不行。

除了区分一些基本测量层次之外，对一些测量值的细节或有不同含义的测量值也要仔细对待，如比值（ratio）、比例（proportion）、百分比（percentage）和比率（rate）相近又有差异。

- 比值：是来自两个不同的组并且互为排斥的两个数值之比（分子除以分母）。例如，测试过的代码行和未测试的代码行之比，10000∶2000＝5∶1＝5。人们经常用测试团队人数与开发团队人数之间的比值来表示一个软件团队的构成是否有完整的质量保证体系。如果这个值在1∶3到2∶1之间，就是合理的。这个值的大小取决于代码和单元测试的质量、所开发的产品类型。
- 比例：不同于比值，比例的分子是分母的一部分，即每个成分或因素在整体中所占的比重，一般用百分比表示。例如，测试团队人数在整个软件公司中所占的比例为10%～30%。可以看出，比值常用在两种类别的比较，而比例则用于一组中多个类别的分析。
- 比率：是一个动态的测量表示方法，提供了在一段时间内某个因素的表现信息，经常是随时间而发生变化的，而比值、比例相对来说是一种静态的测量表示方法。例如，在软件中，缺陷率通常定义为一个时间单位内（产品的整个生命周期或某个季度）每千行代码（1000 Lines of Code，KLOC）内的缺陷数。在测量过程中，产品的缺陷被发现是不定的,有时多些,有时很少,而且缺陷代码的分布也是不均匀的。软件缺陷率只是给出代码质量的一个特征值,用以衡量代码质量的改进过程,是一个相对值,而不是一个绝对值,重在过程。

- 百分比:可表示比值、比例,更确切地说是比例的一种更为直观的表示方法,即在100个单位中所占的比例。百分比除了可以表示比值、比例之外,还可以代表相对频率。例如,某个软件缺陷(系统、浏览器崩溃)发生的概率不是百分之百时,可以用10%、30%、50%、80%来近似表示这个缺陷发生的概率。

不管采用哪种方法,为了使结果相对准确,其测量的样本量应足够大,才能反映实际情况。

2. 测量标准

无论使用哪种测量尺度或度量方法,都应该遵守一定的标准和规则,这样才能保证样本选择、数据收集和分析、结果表示等的质量。要保证测量本身的质量,就是保证测量的有效性(validity)和可靠性(reliability)。有效性和可靠性是测量标准中最重要的指标,其含义分别表述如下。

- 有效性指的是测量的结果真实反映了被测试对象的实际状况和程度,或合乎事物的发展变化的规律——我们所需要的测量。也就是说,其测量方法是有效的。
- 可靠性指的是使用同样的测量方法对同样的事物进行多次测量,得到的值是一致的。多次测量的值越接近,其测量方法的可靠性就越高;如果多次测量的值偏差越大,其测量方法的可靠性就越低。

有效性代表了测量的正确性(correction),有效性差一般意味着测量方法在原则性上(战略上)的错误;而可靠性代表了测量的准确性或稳定性(accuracy),可靠性差一般意味着测量方法在技术上(战术上)有待改进。一个高质量的测量是有效性和可靠性、正确性和准确性的统一。

从图 8-2 中就比较容易直观地理解这两个概念。待测量的实际值——真值相当于目标靶的靶心,测量的目的是击中靶心。可靠性是测量点集中的程度——保持一致的能力,而有效性是指靠近靶心的程度——逼近真值的能力。

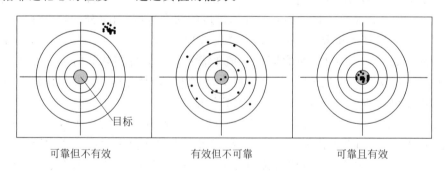

| 可靠但不有效 | 有效但不可靠 | 可靠且有效 |

图 8-2 有效性和可靠性的示意图

除了可靠性和有效性、正确性和准确性之外,我们还不得不提"精确性"(precision),它是用来衡量测量的精度,如将小数点从两位扩展到四位,预示着测量的精度提高。但精确性不同于可靠性或准确性,不能将这些概念混淆。

测量的目标是不断提高有效性和可靠性,这表明任何测量都不可避免出现偏差或误差,没有误差的测量结果是存在的。我们必须面对现实,同时,要通过一些统计方法确定误差的大小,从而计算出非常接近实际的目标值。对于可靠性,可以通过统计方法计算测量结果的标准方差来得到,但没有很好的数理统计方法来确定有效性,而只能采用一些定性的、对比方法来分析有效性。有效性分为构造有效性(construct validity)、标准相关的有效性(criteria-related validity)和内容有效性(content validity)。

可靠性可以用偏差指数(Index of Variation,IV)或偏差因子(Variation Factor,VF)表示,偏差指数越高,可靠性越低。偏差指数是标准偏差(σ)与平均值($\bar{u}$)的比值:

$$IV = \sigma / \bar{u}$$

评价经验测量方法的可靠性,还有其他几种方法,包括测试/再测试法(test/retest method)、替换形式法(alternatlve-form method)、等分法(split-halves method)和内部一致性法(internal consistency method)等。

测量误差一般由系统误差和随机误差构成。标准偏差来源于随机误差,所以可靠性由测量的随机误差决定,随机误差越大,标准偏差就越大,可靠性就越低。系统误差是导致测量有效性的主要原因,要保证有效性,就要剔除系统误差。系统误差和实际值有相关性,所以,通过对影响实际值的相关因素进行分析来消除系统误差。当然,消除系统误差的更好办法是真正理解被测量对象的属性和测量方法的概念,通过推理逻辑来验证方法的有效性。

消除随机误差的办法是,有良好的测量操作定义和操作规程,使测量具有很好的抗干扰性,并得到严格的执行。随机误差可以降低到最小,但也不能完全消除的,这时就要借助统计方法。统计方法不能消除随机误差,但在样本量足够大的情况下,众多测量值的平均值就等于真值,从而得到我们所需要的实际结果。

除了可靠性和有效性要求之外,软件度量标准还有其他的要求。例如,IEEE 有关软件质量度量的标准草案(IEEE 9126-软件产品质量的模型和度量、IEEE 15939-软件测量过程)包含了一些因素,如相关性、可回溯性、一致性、可预测性和鉴别性等;ISO 则强调精确性、可重复性、可转换型和随机误差等。

3. 测量过程和原则

根据度量目标、内容和要求的不同,度量活动可能涉及一个项目的所有人员,也可能包括各种活动的数据的收集与分析。一个完整的度量活动涉及的角色包括度量工作小组、数据提供者和 IT 支持者。

(1)度量工作小组由专职的度量研究人员和项目协调人员组成。度量研究人员的主要职责是定义度量过程和指导进行度量活动,并对数据进行分析、反馈;项目协调人员是度量小组和项目组之间的联系人,其职责是为定义度量过程提供详细的需求信息,并负责度量过程在项目组的推行。

(2)数据提供者一般是项目中的研发人员,有时还包括用户服务人员和最终用户。数据提供者的职责主要是按照规定的格式向度量小组或 IT 支持者提供数据。

(3)IT 支持者的主要职责是根据度量工作小组的需要,确定数据提供的格式与数据存储方式,提供数据收集工具与数据存储设备。

根据数据统计,度量活动所占用的研发工作量总体来说比较低,主要工作量由度量工作小组承担,IT 支持者为 5%～10%,而软件工程师作为数据提供者,其工作量仅占 2%～4%,相当于每天只要花 10～20min 就可以完成数据提供任务。随着度量过程体系、IT 支持工具的逐步完善,软件研发人员在度量活动上所花的时间越来越少。以度量活动的分析结果为基础,可以提高劳动生产率和产品质量,其收益将远大于度量活动的成本。

为了说明度量的过程,这里以目标驱动的度量活动为例,包括 5 个阶段。

(1) 识别目标和度量描述。根据管理者的不同要求,分析出度量的工作目标,并根据其优先级和可行性,得到度量活动的工作目标列表,并由管理者审核确认。根据度量的目标,通过文字、流程图或计算公式等进行表示、描述。

(2) 定义度量过程。根据各个度量目标,分别定义其要素和数据收集过程、分析反馈过程、IT 支持体系,具体的定义内容如下。

- 要素和数据收集过程:定义收集活动和分析活动所需要的数据要素与表格形式、定义数据收集活动的形式、角色及数据的存储。
- 分析反馈过程:定义对数据的分析方法和分析报告的反馈形式。
- IT 支持体系:定义 IT 支持设备和工具,以协助数据收集和存储、分析。

(3) 收集数据。根据度量过程的定义,数据提供者提供数据,IT 支持者应用 IT 支持工具进行数据收集工作,并按指定的方式审查和存储数据。

(4) 数据分析与反馈。度量小组根据数据收集结果,按照已定义的分析方法、有效的数学工具进行数据分析,并能做出合理的解释,完成规定格式的图表,向相关的管理者和数据提供者进行反馈。

(5) 过程改进。对于软件开发过程而言,根据度量的分析报告,可以获得对软件产品和开发流程改进的建设性建议,管理者基于度量数据做出决策。

其中,"识别目标"和"定义度量过程"是保证成功收集数据和分析数据的先决条件,是度量过程最重要的阶段;"过程改进"是度量的最终目的。

对于软件度量过程,过程的可视化或者收集可归属因素以求改进过程时,经常需要对所获得的信息彻底分类和理解,包括组织数据以及寻找模式、趋势关系等。在改进过程中也评估度量过程自身的完备性。度量核心小组根据本次度量活动发现的问题,对度量过程做出变革,以提高度量活动的效率,或者更加符合组织的商业目标。

先进的公司在软件开发的各个领域内广泛开展了软件度量活动,其对工作量的估计可以精确到一个"人天"(man-day),对缺陷的预测可精确到各个模块的缺陷密度。通过采用包括软件度量在内的各种软件工程技术,这些公司在生产力水平和产品质量水平上得到了极大的提高。

在掌握了测量基本过程之后,我们必须理解基本的测量原则,主要如下所述。

- 测量应该基于该应用领域正确的理论(例如,设计测量应该基于正确的设计概念和原则而导出),并在测量的定义中确定测量的目标。
- 每一个技术测量的定义应该具有一致性、客观性和无二义性,任何独立的第三方对其测量的理解是相同的。
- 测量在经验和直觉上也应该有说服力。测量应该符合人们对过程和产品的直觉概念。例如模块凝聚性的测量值应该随着内聚度的提高而提高,而不是降低。
- 测量的方法力求简单、可计算性。简单的测量方法往往是最有效的,而且选择较高的测量层次(如比值类),并给每个测量建立解释性指南和建议。
- 测量应该被剪裁以适应特定的产品和过程,而且任何时候应尽可能地使收集和分析自动化。

- 应该用正确的统计技术建立内部产品属性和外部待测量特征的关系,在其单位和维度的使用上保持一致。测量的数学计算应该使用不会导致奇异单位组合的测度。例如,把项目队伍的人数乘以程序中的编程语言的变量,会引起一个直觉上没有说服力的单位组合。
- 测量结果应该是可靠的,不会因为一些技术问题导致测量结果出现很大的偏离。
- 测量应该建立反馈机制,测量最终的目的还是为了过程改进,产品或服务的质量得到提高。

除上面提到的原则以外,测量活动的成功也和管理支持紧密相关如果要建立和维持一个技术测量计划,资金、培训和能力提高均应该认真考虑。

8.1.2 软件度量

软件度量,一方面遵守一般度量的标准和原则,另一方面具有一些自身的特点。软件的度量很少借助硬件设备、仪器测量,而借助一些软件的方法——软件工具、数理统计的方法和自身特定的方法,以及针对面向对象软件而设计的对象点、继承树深度等特定方法。

整个软件开发活动中,软件度量按其研究对象,可分为 3 类:软件项目度量、软件产品度量和软件过程度量。

(1) 软件项目度量:用来描述项目的特性和执行状态,如项目计划的有效性、项目资源使用效率、成本效益、项目风险、进度和生产力等。软件项目度量的目的是评估项目开发过程的质量、预测项目进度、工作量等,辅助管理者进行质量控制和项目控制。

(2) 软件产品度量:主要用来描述软件产品的特征,用于产品评估和决策。软件产品度量包括软件规模大小、产品复杂度、设计特征、性能以及质量水平。本书主要讨论软件产品的质量度量,测量产品的各个质量指标并最终对产品整体质量做出合理的评估。

(3) 软件过程度量:用于软件开发、维护过程的优化和改进,包括过程中某一时刻的状态(时间切面)、历史数据分析度量和未来变化预测的度量,如开发过程中的缺陷移除效率、测试阶段中的缺陷到达模式以及缺陷修复过程的效率等。对于软件过程本身的度量,目的是形成适合软件组织应有的各种模型,作为对项目、产品的度量基础,以及对软件开发过程进行持续改进,提高软件生产力。

软件过程度量与软件项目度量的区别是:软件过程度量是战略性的,不局限于一个项目,而是针对软件组织开发与维护的流程、执行效率等展开测量,是组织内大量项目实践的总结和模型化,为项目度量提供指导意义。而软件项目度量是战术性的,针对具体的项目展开,集中在项目的成本、进度、风险等特征指标测量上。

软件过程度量与软件产品度量的区别是:软件过程度量是对软件开发过程的度量,对软件开发过程的符合度进行评估并提供过程改进建议;软件产品度量是对软件产品本身的度量,对软件产品质量进行评估和预测。软件过程质量的好坏将直接影响软件产品质量的好坏,通过提高过程成熟度以改进产品质量。而软件产品质量的度量反过来为提高软件过程质量提供必要的反馈和依据。

1. 软件开发生命周期的度量活动

软件的度量是贯穿整个软件开发生命周期的,从需求分析、系统设计、程序设计、编程、测试到系统维护各个阶段,度量活动要贯穿整个生命周期,从需求分析度量、设计度量、测试度量到维护阶段的度量,具体的软件度量活动有:

- 项目评估,属于项目度量范畴;
- 系统规模度量,方法很多,如功能点、对象点和程序代码行方法等;
- 缺陷分析,包括缺陷移除效率、缺陷密度、潜在缺陷发生率等;
- 针对特定阶段的活动,如需求稳定指数、测试覆盖率、可靠性分析的测量等;
- 顾客满意度、系统复杂性的度量;
- 软件开发进度、成本、效率等的度量。

图 8-3 更清楚地描述整个软件开发生命周期中所有主要的度量活动。

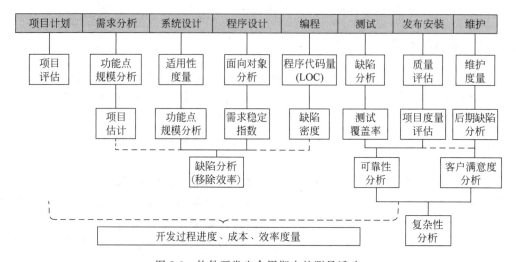

图 8-3　软件开发生命周期中的测量活动

整个软件开发生命周期中的所有测量活动,都是测量软件开发、维护的各个阶段是否达到事先设定的进入和退出的标准,包括对阶段性过程的测量和阶段性产品(需求文档、设计文档、测试用例、代码等)的度量。这些测量活动,不仅满足阶段性的测量需求,而且可以积累数据,在此数据的基础上进行系统的数据分析,以满足项目的整体度量和过程改进。其中,缺陷分析是比较活跃的,分布在各个阶段,一方面可以有效实施"以预防缺陷为主"的质量管理思想,更好地保证产品质量;另一方面,通过对各个阶段的缺陷分析(如移除效率、缺陷密度等),从而判断出哪个阶段质量问题严重。理想的话,缺陷越到后期,其所占的比例越小,因为越到后期,修复缺陷的成本越大,是呈几何级数增长的。缺陷分析是软件质量度量的重要组成部分之一,会在后面有关章节进行详细介绍。

软件度量应基于分析模型、设计模型或程序本身的结构进行,并独立于编程语言的句法和语法之外。对软件度量过程中遇到的偏差以及其他问题,可以采用头脑风暴法(Brainstorming trust)将这些问题罗列出来,再通过因果图(鱼骨图)描述各个问题,发掘引起度量各个问题的可能原因。

2. 软件项目度量

在软件度量中,项目度量是一个基础的度量,过程度量建立在项目度量基础上,产品的质量度量和项目度量也密切相关。

项目度量目的是评估项目开发过程的质量、预测项目进度、工作量等,有效地进行项目管理,包括质量、成本、时间等控制。软件项目度量的主要内容如下。

(1) 规模度量(size measurement):以代码行数、功能点数、对象点或特征点等衡量。软件规模度量是工作量度量、进度度量的基础,用于估算软件项目工作量、编制成本预算、策划项目进度的基础。

(2) 复杂度度量(complexity measurement):确定程序控制流或软件系统结构的复杂程度指标。复杂度度量用于估计或预测软件产品的可测试性、可靠性和可维护性,以便选择最优化、最可靠的程序设计方法,确定测试策略、维护策略等。

(3) 缺陷度量(defect measurement):帮助确定产品缺陷分布的情况、缺陷变化的状态等,从而帮助分析修复缺陷所需的工作量、设计和编程中存在哪些弱点,预测产品发布时间、预测产品的遗留缺陷等。

(4) 工作量度量(workload measurement):任务分解并结合人力资源水平度量,合理地分配研发资源和人力,获得最高的效率比。工作量度量是在软件规模度量和生产率度量的基础上进行的。

(5) 进度度量(schedule measurement):通过任务分解、工作量度量、有效资源分配等做出计划,然后将实际结果和计划值进行对比度量。

(6) 风险度量(risk measurement):一般通过两个参数"风险发生的概率"和"风险发生后所带来的损失"评估风险。

(7) 其他的项目度量,如需求稳定性或需求稳定因子(Requirement Stability Index,RSI)、资源利用效率(Fesource utilization)、文档复审水平(review level)、问题解决能力(issue-resolving ability)、代码动态增长等。

项目质量由在项目范围内各个阶段、子项目、项目的组成单元(计划、协调、执行、文档等)的质量所构成,即项目工作质量。所以,软件项目度量也包括项目工作质量的度量。由于软件项目活动特有的需求不够稳定、程序的复杂度和规模计算的难度及协作关系的复杂性,在一定程度上增加了项目度量的难度。

8.1.3 软件质量度量概述

1. 软件质量度量的地位

建立了软件质量模型和质量标准之后,软件质量的度量方法就应运而生。根据软件质量模型,每个软件质量指标都需要建立与之对应的度量方法,并需要建立综合的方法评价软件的整体质量状况;另一方面,软件质量度量方法建立在一般的软件度量方法的基础之上,例如,每千行代码所含的缺陷数用来衡量软件代码质量,而该指标需要软件程序规模的度量,软件程序规模的度量属于一般的软件度量方法的范畴。

能用于软件质量定量评价的软件度量是很多的。例如,美国国防部 AD 报告把质量表现形式归纳为 190 多个问题,也就是说软件质量度量要解决这 190 多个问题。即使根据 McCall 质量模型、Boehm 质量模型、ISO 9126 质量模型,也至少有 20 多个指标需要度量。在 IEEE 质量标准词典里,规定了 39 组度量公式,这 39 度量项又被分为以下 4 个级别。

- 0级——已公式化,尚未被运行有效确认。
- 1级——已为软件界采用,但应用范围有限。

- 2 级——已被软件界接受,已取得一定经验。
- 3 级——软件界已广泛使用,已取得相当经验。

在已广泛使用的 3 级中,有以下 8 个度量项。

(1) 缺陷密度;

(2) 需求可追踪性;

(3) Halstead 软件科学;

(4) McCabe 复杂性度量;

(5) 发现 k 个缺陷的平均时间;

(6) 按耗时作故障分析;

(7) 平均故障时间;

(8) 故障率。

在一个软件公司,常用的软件质量度量如下。

- 产品设计文档质量状态,如每百页的问题数、通过评审的比例等。
- 源代码的质量,如每千行代码缺陷数、每个人注入一个缺陷的平均时间等。
- 开发过程的效率度量,如每人平均每日的代码行数。
- 缺陷数据有关度量,度量的值较多、应用较广。
- 测试用例的质量度量,如通过测试用例发现的缺陷数所占的比重。
- 测试执行过程的效率度量,如平均执行测试用例数等。
- 测试覆盖度量,如已测试的功能点覆盖率、已测试的代码行覆盖率等。
- 自动化测试度量,如自动化测试占测试工作量的比重。

以上这些度量项都是从不同方面对软件质量进行度量,本章将会对这些度量项加以分类整理,并在后面章节中展开阐述。

2. 软件质量度量的分类

软件质量度量是软件度量的一个子集,依据软件度量,软件质量度量按度量对象可分为 3 类:项目质量度量、产品质量度量和过程质量度量。虽然软件项目的规模、进度、成本、风险等度量,对软件产品质量的度量有较大的影响;但相比较而言,软件质量度量与软件开发过程、软件产品的度量联系紧密,而与项目度量的联系相对弱些。因此,软件质量度量主要分为软件产品质量度量、软件过程质量度量两方面。

- 软件产品质量度量是度量软件产品的特性和质量属性,如软件产品的功能、复杂性、设计特征、软件质量属性度量和顾客满意度等。
- 软件过程质量度量是度量软件开发和维护的改进过程,包括过程中某一时刻的状态(时间切面)、历史数据分析度量和未来变化预测的度量,如生产率、缺陷排除的有效性、软件缺陷变化趋势的度量和代码质量的变化过程等。

从度量方式看,度量可分为直接度量和间接度量。

- 直接度量:包括某个阶段的软件缺陷数、程序代码缺陷密度(Bug number/KLOC)、软件性能、软件所耗资源(CPU、内存、带宽等)、所投入的成本、所付出工作量等,这些数据可以直接通过度量获得。
- 间接度量:包括复杂性、效率、可靠性、可维护性和许多其他质量特性,必须通过度量其他产品特性(如类的耦合性、内聚力、接口开放性、模块性等)实现软件质量的度量。

1）软件产品质量度量

软件产品质量包含两个层次：产品本身质量和用户满意度。产品本身质量又可以分产品内部质量和外部质量两部分。产品内部质量是指从产品内部视角看产品自身质量特征；产品外部质量是指将软件系统看作一个整体对外所呈现出的质量特性。产品内部质量度量一般通过静态扫描、分析代码结构得到；产品外部质量度量一般通过测试、运行和观察可执行的软件或系统，结合软件行为分析而得到。

软件产品质量度量主要集中在以下几个方面。

- 软件产品内部质量属性的度量，如规模、复杂性度量、内聚力、耦合性等。
- 软件产品外部质量属性的度量，如功能一致性、性能、安全性、兼容性、可用性等。这部分可以参照产品质量模型进行。
- 缺陷度量。基于软件规模（源代码行数、功能点数、对象点数等）测量每个单位内的缺陷数或预测软件发表后潜在的产品缺陷。通过缺陷度量可以侧面反映出产品质量。
- 可靠性度量，如可靠性增长模型及缺陷预测等。
- 顾客满意度度量。来源于顾客，是产品质量的终极度量。

缺陷是指软件内部自身的错误、问题，包括界面不友好、适用性差、性能低。而失效是指在运行时发生的故障、对顾客使用造成障碍，即软件主要功能不起作用或由软件所提供的服务无效。一般来说，失效由软件缺陷或运行环境引起的。MTTF 度量，即软件平均失效时间，用来测量失效之间的时间间隔平均值，一般适用于高可靠性系统，如雷达军事监控系统、航天飞船控制系统、航班监控系统等，如美国雷达军事监控系统要求一年中失效时间小于 2 秒。采集失效间隔的时间数据的代价非常高或是非常困难的，特别是对高可靠性的系统，如果不采取一些特殊手段或工具，要记录一次软件失效的发生时间/事件，需要等上几个月甚至几年。

对于普通的计算机系统和商业软件，MTTF 度量就不合适了，而采用缺陷密度度量，或其他软件产品质量属性度量方法。缺陷密度的度量或预测，将十分有助于对软件维护阶段的费用和资源需求等预测。

2）软件过程质量的度量

软件过程质量的度量是对软件开发过程中各个方面质量指标进行度量。其目的在于预测过程的未来性能，减少过程结果的偏差，对软件过程的行为进行目标管理，为过程控制、过程评价、持续改善提供定量性基础。

软件过程度量主要包括 3 个方面的内容：成熟度度量、管理度量和生命周期度量。

- 过程成熟度度量（maturity metrics），主要包括组织能力度量、培训质量度量、文档标准化度量、过程定义能力度量、配置管理度量等。
- 过程质量管理度量（management metrics），主要包括质量计划度量、质量审查度量、质量测试度量、质量保证度量等。
- 生命周期度量（life cycle metrics），主要包括需求分析度量、设计度量、编程和测试度量、维护度量等。

如果换个角度看软件过程度量，即研究软件过程的性能，可以将软件过程度量分为 4 部分：过程质量度量、过程效率度量、过程成本度量和过程稳定性度量，如图 8-4 所示。

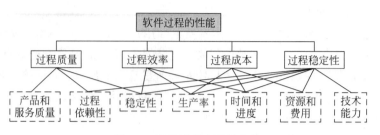

图 8-4 软件过程度量的分类

软件过程质量度量主要度量 3 个要素:软件过程中的服务质量、过程的依赖性、过程的稳定性。软件过程质量度量的流程遵守一般过程度量的流程,如图 8-5 所示。图中粗实线箭头表示流程的主要流动方向,即从确认过程问题到实施过程行动的全过程;细实箭头表示与过程强关联、过程度量受过程控制性的影响;虚线表示弱关联,相互参考。软件过程的质量度量,需要按照已经明确定义的度量流程加以实施,这样能使软件过程质量度量实施具有可控制性和可跟踪性,能保证软件过程度量获得有关软件过程的数据和问题,从而提高度量的有效性,进而对软件过程实施改善。

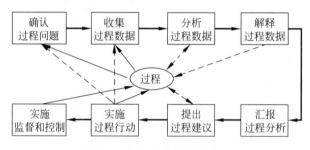

图 8-5 软件过程度量的流程

8.2 软件产品规模与复杂度度量

研究表明,软件产品内在质量和外在质量存在某种联系,通过早期产品内部属性度量可以一定程度上预测产品外部质量状况。例如,代码规模庞大的软件缺陷率就高。尽管不同的度量项在测量内容和方式存在区别,但由于度量发现的问题无法直接称为缺陷的这类度量,通常被统称为"复杂度度量"。

有关软件复杂性,业界还没有统一定义。IEEE 610.12—1990 将它定义为"对一个设计或实现系统,或构件,进行测试或验证的难易程度"。Zuse H. 在 *Software Complexity Measures and Models* 一书中把它定义为"分析、设计、测试、维护、改变和理解软件的困难程度"。

软件复杂性的度量可以帮助我们评估软件系统的可测试性、可靠性和可维护性;可以提高工作量估计的有效性和精度;并且在测试和维护过程中,能选择更有效的方法提高软件系统的质量和可靠性,帮助今后系统设计、程序设计的改进。

最早引起人们对软件复杂性的关注,是由于程序代码规模的不断增加,给软件测试和维护带来了难度。近些年,业界在软件复杂性方面做了很多研究,根据度量目标对象的不同,将这些方法分为:结构化程序的复杂性度量和面向对象程序的复杂性度量。

8.2.1 软件规模估算方法

在软件过程度量中,一般需要两类数据:目标值与实际值,以此计算过程执行偏差。实际值是真实测量出来的,而目标值则是估算而来的。估算的起点是规模,它是一切度量的基础。

软件规模度量,估算方法有很多种,如:功能点分析(Function Points Analysis,FPA)、代码行(Lines Of Code,LOC)、德尔菲法(Delphi technique)、COCOMO 模型、特征点(feature point)、对象点(object point)、3D 功能点(3D function points)、Bang 度量(DeMarco's bang metric)、模糊逻辑(fuzzy logic)、标准构件法(standard component)等,这些方法不断细化为更多具体的方法。

下面先简单介绍几种比较经典的通用估算方法。

1. 项目估算方法

1) 德尔菲法(Delphi technique)

德尔菲法是一种专家评估技术,适用于在没有或历史数据不够的情况下,评定软件采用不同的技术所带来的差异,但专家的水平及对项目的理解程度是工作中的关键点。单独采用德尔菲法完成软件规模的度量有一定的困难,但对决定其他模型的输入时(包括加权因子)特别有用。因此,在实际应用中,一般将德尔菲法与其他方法结合起来使用。德尔菲法鼓励参加者就问题进行相互的、充分的讨论,其操作的步骤如下。

(1) 协调人向各专家提供项目规格和估算表格。

(2) 协调人召集小组会和各专家讨论与规模相关的因素。

(3) 各专家独立、匿名填写迭代表格。

(4) 协调人整理出一个估算总结,以迭代表的形式返回给专家。

(5) 协调人召集小组会,讨论较大的估算差异。

(6) 专家复查估算总结并在迭代表上提交另一个匿名估算。

(7) 重复步骤(4)~(6),直到最低估算和最高估算一致。

估算过程中比较重要的是:在启动下一轮估算之前,需要对上一轮的问题和分歧点比较大的地方,进行充分讨论、澄清,使得专家们有了一致的认识后,再进行下一轮估算。一般来说,经过 3 轮估算之后,估计值就会接近收敛、达成一致意见。

专家意见是否一致基于统计方法确定,一般采用偏差率计算。例如,规定偏差率<25%是可以接受的,偏差在这个范围内就代表意见可以达到一致,最终估算结果采用平均值。

$$偏差率 = max\{(最大值-平均值),(平均值-最小值)\}/平均值$$

2) Pert Sizing 估算方法

Pert Sizing 估算方法也称为三点估算法。Pert 指计划评审技术(Program Evaluation an Review Technique),运用网络图分析项目工期。Barry Boehm 将此技术应用到估计软件的规模、工作量或者成本上,称为 Pert Sizing 估算方法。

它的估算原理是,估计每一项任务时,按乐观、最可能、悲观 3 种情况给出估算值,分别记作 a、m、b,估算结果按如下公式计算:

$$期望值 E = (a+4m+b)/6$$
$$偏差 SD = (b-a)/6$$

$[E-SD,E+SD]$为估算可接受值,如果大家对估算结果没有异义,则结束估算,否则进行下一轮的估算。

该方法强调了中间值的重要性,反映数据的集中情况,极值往往被舍去,对估算结果不产生影响。Pert Sizing 估计方法对估算人数有如下要求。

- 如果估算人数是 1 人,则分别估算乐观、最可能、悲观 3 个值,然后计算期望值。
- 如果估算人数是 2~3 人,则每人分别估算乐观、最可能、悲观 3 个值,然后计算这 3 个值的平均值作为总体估算 a、m、b 值,再计算期望值。
- 如果估算人数是 4~6 人,则每人估算一个值,然后将些值进行排序,取其中最小值为 a,最大值为 b,中间的值平均后作为 m。
- 如果估算人数>6,则不建议采用此估算方法。

【案例】 某通信程序估算值如下:

a＝规模的最小值: 10 KLOC

b＝规模的最可能值: 12 KLOC

c＝规模的最大值: 15 KLOC

即:

$$E=(10+4\times12+15)/6=12.167 \text{ KLOC}$$
$$SD=(15-10)/6 \qquad =0.833 \text{ KLOC}$$

因此,该程序规模可能会在 11KLOC(12.167－0.833)和 13KLOC(12.167＋0.833)之间。

3) 构造性成本模型(Constructive Cost Model,CoCoMo)

构造性成本模型是一种精确、易于使用的基于模型的成本估算方法,最早由勃姆(Boehm)于 1981 年提出。CoCoMo 模型的应用阶段如图 8-6 所示,它是在软件规模估算后,进行成本、工作量、进度估算时应用。

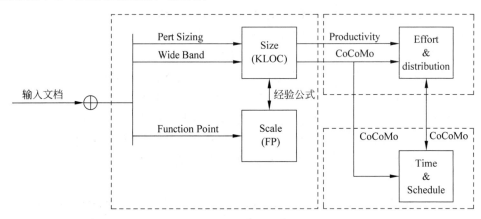

图 8-6 CoCoMo 模型的应用阶段

该模型按其详细程度分为如下 3 级。

(1) 基本 CoCoMo 模型,是一个静态单变量模型,它用一个以已估算出来的源代码行数(LOC)为自变量的函数来计算软件开发工作量。该模型在对系统了解很少时使用。

(2) 中间 CoCoMo 模型,在用 LOC 为自变量的函数计算软件开发工作量的基础上,再用涉及产品、硬件、人员、项目等方面属性的影响因素调整工作量的估算。该模型在明确需求以后使用。

（3）详细 CoCoMo 模型，包括中间 CoCoMo 模型的所有特性，但用上述各种影响因素调整工作量估算时，还要考虑对软件工程过程中分析、设计等各步骤的影响。该模型在设计完成后使用。

CoCoMo 具有估算精确、易于使用的特点，在该模型中使用的基本量如下。

- 规模。原始 CoCoMo 模型采用代码行作为输入，包括除注释行以外的全部代码。
- 开发工作量。度量单位为"人月"。
- 开发进度。度量单位为月，由工作量决定，代表开发持续时间

$$工作量 \ E = a_b(KLOC)^{b_b} \quad （单位：人月）$$
$$开发进度 \ D = c_b(E)^{d_b} \quad （单位：月）$$
$$人力资源 \ P = E/D \quad （单位：人）$$

式中的参数根据项目类型所取的参考值，如表 8-2 所示。其中，

- 组织式：集中在事务处理、包含数据库，如银行系统。
- 嵌入式：包含硬件集成大型系统中的实时软件，如导弹制导系统。
- 半分离式：介于两者之间。

表 8-2　CoCoMo 模型的参数取值参考

项 目 类 型	a_b	b_b	c_b	d_b
组织式	2.4	1.05	2.5	0.38
半分离式	3	1.12	2.5	0.35
嵌入式	3.6	1.2	2.5	0.32

【案例】　某组织式开发项目估计是 10KLOC Java 代码，则其开发周期估算为
$$E = 2.4 \times 10^{1.05} = 27 \ 人月$$
$$D = 2.5 \times (27)^{0.38} = 8.7 \ 月$$

升级后的 CoCoMo2.0 模型重点考虑了 15 种影响软件工作量的因素，定义相应的调整因子 EAF，从而准确、合理地估算软件的工作量，公式中的 a 与 b 参数的建议取值也相应更新，在此不再赘述。更进一步学习参见 *Software Cost Estimation with CoCoMo* Ⅱ 一书。

2. 软件规模度量与估算

1）代码行度量法(Line of Code，LOC)

代码行度量法是最基本、最简单的软件规模度量方法，应用较普遍。LOC 指所有的可执行的源代码行数，包括可交付的工作控制语言(Job Control Language，JCL)语句、数据定义、数据类型声明、等价声明、输入/输出格式声明等。代码行常用于源代码的规模估算。一代码行(one LOC)的价值和人月均代码行数可以体现一个软件组织的生产能力，根据对历史项目的审计核算组织的单行代码价值。但同时，优秀的编程技巧、高效的设计能够降低实现产品同样功能的代价，并减少 LOC 的数目，而且 LOC 数据不能反映编程之外的工作，如需求的产生、测试用例的设计、文档的编写和复审等。在生产效率的研究中，LOC 又具有一定的误导性，如果把 LOC 和缺陷率等结合起来使用，会更完整。

指令(或称代码逻辑行数)之间的差异以及不同语言之间的差异造成了计算 LOC 时的

复杂化,即使对于同一种语言,不同的计数工具使用的不同方法和算法也会造成最终结果的显著不同。常使用的度量单位有:SLOC(Single Line of Code)、KLOC(Thousand Lines of Code)、LLOC(Logical Line of Code)、PLOC(Physical Line of Code)、NCLOC(Non-Commented Line of Code)、DSI(Delivered Source Instruction)。IBM Rochester 研究中心也计算了源指令行数(即 LLOC)方法,包括可执行行和数据定义,但不包括注释和程序开始部分。计算实际行数(PLOC)与 LLOC 的差别而导致的程序大小的差异是很难估算的,甚至很难预测哪种方法会得到较大的行数。例如,BASIC、PASCAL、C 语言中,几个指令语句可以位于同一行;而有的时候,指令语句和数据声明可能会跨越多个实际行,特别是在追求完美的编程风格情况下。Jones(1992)指出,PLOC 与 LLOC 的差异系数可能达到 500%,通常情况下这种差异是 200%,一般 LLOC>PLOC;而对于 COBOL 语言,这种差异正好相反,LLOC<PLOC。LLOC、PLOC 各有优缺点,一般情况下,对于质量数据,LLOC 是比较合理的选择。当表示程序产品的规模和质量时,应该说明计算 LOC 的方法。

有些公司会直接使用 LOC 数作为计算缺陷率的分母,而其他一些公司会使用归一化(基于某些转换率的编译器级的 LOC)的数据作为分母。因此,工业界的标准应当包括从高级语言到编译器的转换率,其中最著名的是 Jones(1986)提出的转换率数据。如果直接使用 LOC 的数据,编程语言之间规模和缺陷率之间的比较通常是无效的。所以,当比较两个软件的缺陷率时,如果 LOC、缺陷和时间间隔的操作定义不同,则要特别地谨慎。

当开发软件产品的第一个版本时,因为所有代码都是新写的,使用 LOC 方法可以比较容易地说明产品的质量级别(预期的或实际的质量级别)。然而,当后期版本出现时,情况就变得复杂,这时候既需要测量整个产品的质量,还需要测量新增和修改部分的质量。后者是真正的开发质量——新增的以及已修改代码的缺陷率。为了计算新增和修改部分代码的缺陷率必须得到以下数据。

- LOC 数:产品的代码行数以及新增和修改部分的代码行数都必须可得到。
- 缺陷追踪:缺陷必须可以追溯到源版本,包括缺陷的代码部分,以及加入、修改和增强这个部分的版本。在计算整个产品的缺陷率时,所有的缺陷都须考虑;当计算新增及修改部分的缺陷率时,只考虑这一部分代码引起的缺陷。

这些任务可以通过像 CVS 软件版本控制系统/工具实现,当进行程序代码修改时,加上标签,系统会自动对新增及已修改代码使用特殊的 ID 及注释标记。这样,新增以及修改部分的 LOC 很容易被计算出来。

2) 功能点分析法(Function Point Analysis,FPA)

功能点分析法是在需求分析阶段基于系统功能的一种规模估算方法,是基于应用软件的外部、内部特性以及软件性能的一种间接的规模测量,近几年已经在应用领域被认为是主要的软件规模度量方法之一。FPA 由 IBM 公司的工程师艾伦·艾尔布策(Allan Albrech)于 20 世纪 70 年代提出,随后被国际功能点用户组(The International Function Point Users' Group,IFPUG)提出的 IFPUG 方法继承。FPA 从系统的复杂性和系统的特性这两个角度来度量系统的规模,其特征是:"在外部式样确定的情况下,可以度量系统的规模""可以对从用户角度把握的系统规模进行度量。"功能点可以用于需求文档、设计文档、源代码、测试用例度量,根据具体方法和编程语言的不同,功能点可以转换为代码行。经由 ISO 组织审核与批准,多种功能点估算方法已经成为国际标准,例如,

- 加拿大人艾伦·艾布恩(Alain Abran)等提出的全面功能点法。
- 英国软件度量协会(United Kingdom Software Metrics Association, UNFPUG)提出的 IFPUG 功能点法。
- 英国软件度量协会提出的 Mark Ⅱ FPA 功能点法。
- 荷兰功能点用户协会(Netherlands Function Point Users Group, NEFPUG)提出的 NESMA 功能点法。
- 软件度量共同协会(COmmon Software Metrics Consortium, COSMIC)提出的 COSMIC-FFP 方法。

还有特征点(feature point)、Bang 度量、3D 功能点(3D function point)等,所有这些方法都属于 Albrecht 功能点分析法的发展和细化。但由于随后的 IFPUG 有更好的市场和更大的团体支持,其他方法在紧随 Albrecht 功能点分析法后相继倒下。

功能点分析法的计数就是依据标准计算出的系统(或模块)中所含每一种元素的数目,具体说明如下。

- 外部输入数(External Input, EI): 计算每个用户输入,它们向软件提供面向应用的数据。输入应该与查询区分开,分别计算。
- 外部输出数(External Output, EO): 计算每个用户输出(报表、屏幕、出错信息等),它们向软件提供面向应用的信息。一个报表中的单个数据项不单独计算。
- 内部逻辑文件(Internal Logical File, ILF): 计算每个逻辑的主文件,如数据的一个逻辑组合,它可能是某个大型数据库的一部分或是一个独立的文件。
- 外部接口文件(External Interface File, EIF): 计算所有机器可读的接口,如磁带或磁盘上的数据文件,利用这些接口可以将信息从一个系统传送到另一个系统。
- 外部查询数(External Query, EQ): 一个查询被定义为一次联机输入,它导致软件以联机输出的方式产生实时响应。每一个不同的查询都要计算。

5 类基本计算元素的加权因子如表 8-3 所示。

表 8-3　5 类基本计算元素的加权因子

加权因子	EI	EO	ILF	EIF	EQ
总数	4	5	10	7	4
低复杂度	3	4	7	5	3
高复杂度	6	7	15	10	6

每个部分复杂度的分类是基于一套标准,这套标准根据目标定义了复杂度。例如,对于外部输出部分,假如数据类型数为 20 多,访问文件类型数为 2 或更多,复杂度就比较高。假如数据种类为 5 或更少,文件种类为 2 或 3,复杂度就比较低。

第一步是计算基于下面公式的功能数(FC):

$$FC = \sum \sum w_{ij} \times X_{ij}$$

w_{ij} 是根据不同的复杂度而定的 5 个部分的加权因子,取值参见表 8-3,X_{ij} 是应用中每个部分的数量。

第二步是用一个已设计的评分标准和方案评价 14 种系统特性对应用可能产生的影响。这 14 种特性是: ①数据通信; ②分布式功能; ③性能; ④频繁使用的配置; ⑤交易率;

⑥在线数据人口；⑦终端用户效率；⑧在线更新；⑨复杂处理；⑩用重用性；⑪安装简易程度；⑫操作简易程度；⑬多站；⑭修改的简易性。

然后将这些特性的分数(从 0 到 1)根据以下公式相加以得到修正值因子(VAF)：

$$VAF = 0.65 + 0.01 \sum C_i$$

C_i 是系统特性的分数。最后，功能点数可以通过功能数和修正因子的乘积得到：

$$FP = FC \times VAF$$

这只是功能点计算的简单公式。如果要完全了解计算方法，请参考国际功能点用户组(International Function Point Users Group，IFPUG)发布的文档，如功能点实用手册(Function Point Counting Practices Manual Release 4.1，1999)。

3) 面向对象软件的对象点度量法

在面向对象的设计和编程技术出现之前，其设计采用结构化方法，从顶向下逐层分解，完成模块的设计，然后基于业务流程进行编程，实现每一个函数和每个模块，所以源代码行衡量程序规模，对于这类方法编程的软件是有效的。

在面向对象的程序设计中，程序系统的实体(对象)，则是通过类的实例化(具体实现的类)实现，而类描述了一族相似对象的公共特征和操作。要实现的业务逻辑则是通过一系列类的属性(特种)和方法(操作)及其通信完成的。面向对象可以定义为：

面向对象(object-oriented) = 对象 + 分类 + 继承 + 通信

面向对象的软件设计和编程，就不是单一的连续思维，而是看似离散的、众多的对象和类构成的，其结构内紧外松。在面向对象的语言中，其创造性的 3 个特点——封装性(encapsulation)、继承性(inherited attribute)与多态性(polymorphic)，使得程序具有很好的复用性和较强的程序代码自动生成能力。

下面详细介绍对象点(Object Point Method，OPM)度量方法，对象点是根据以下几个方面的加权量进行计算。

- 相应类的对象类型(object types respectively classes)：包括对象属性(object attributes)、对象关系(object relations)和对象方法(object methods)。
- 消息(messages)：包括消息参数(parameters in messages)、消息源(message sources)和消息的目的地(message destinations)。
- 重用百分比(percentage of reuse)。

还有其他适用于面向对象系统规模的方法，这些作为对象点或和对象点有关的方法也常被关注，如：

- 对象点分析(Object Points Analysis，OPA，Banker，1991)；
- 面向对象的功能点(Function Points with OO，FPOO，Below，1995)；
- 用例和面向对象(Usecases and OO，UOO，Fetcke，1997)；
- 增强对象点(Enhanced Object Points，EOP，Stensrud，1998)；
- 预测性对象点(Predictive Object Points，POP，Georges，1999)。

这里以 POP 为例，说明对象点度量法的原理、描述和应用。这种方法通过测量每个顶层类并且根据类的操作(方法)类型不同进行加权，一旦得到每类加权方法数(Weighted Methods per Class，WMC)的值，POP 将把 WMC、有关对象组的信息和对象类之间的关系进行加权综合计算。

- 顶层类数(Number of Top Level Classes，NTLC)，计算类图中根部的类的多少，其

他所有的类都是继承根部的类。

- 每类的加权平均方法数（Average number of Weighted Methods per Class，AWMC），每类的方法平均数，可以适当根据方法的性质、参数和复杂性等进行加权以获得平均数。与之相对应的另外一种方法是求不同的对象总数。
- 平均继承树深度（Average Depth of Inheritance Tree，ADIT），派生类的平均层数，也就是从根类到其所继承最远类的长度，象征着继承的重用度——与系统的规模有直接联系。
- 平均每基类的子类数（Average Number of Children per base Class，ANOC）。每个类有 0 个或者更多的直接子孙（派生类），是对派生类的计算。它与 NTLC、ADIT 一起构成面向对象系统的广度和深度计算的基础。

确定了计算面向对象软件的基本数据项后，下一步工作就是收集这些数据项的值。在收集到数据的基础上，关键是要确定加权因子。加权因子建立在不同的方法类别上，根据专家、学者的研究，面向对象类的方法被分成 5 类，具体如下。

- 构造器（constructors）：实例化一个对象的方法。
- 解析器（destructors）：消灭一个对象的方法。
- 修正器（modifiers）：改变对象状态的方法，可包含本身和其他类的一个或多个属性。
- 读取器（selectors）：访问对象状态但不改变状态，即读取加载在对象上的数据。
- 叠加器（iterators）：以定义好的顺序访问对象的所有部分，可以访问一个对象集合中的每个成员，对每个成员执行同样的操作。

为了验证这种分类是否真实反映方法在复杂性上的不同和确定基于这些不同的加权系数，专家、学者研究了成百上千个 C++ 和 Java 构造的类的不同方法，按类别进行组织，并从实际工作中获得每个方法的工作量，然后为这些方法分配不同的系数。在分析过程中，人们发现构造器和解析器在复杂性方面没有明显的区别，可以将这两种方法类别合为一类。最终确定了各类方法的权重，如表 8-4 所示。

表 8-4　各类方法的权重

方 法 类 别	方法的复杂性	权　　重
构造器/解析器	低	1
	平均	4
	高	7
修正器	低	1
	平均	5
	高	10
读取器	低	12
	平均	16
	高	20
叠加器	低	3
	平均	9
	高	15

要确定各类方法的权重，就要辨别哪些方法的复杂性高于平均值，哪些低于平均值。根据研究，得到基于响应消息和影响属性数的计算规则，确定方法的复杂性，如表 8-5 所示。

表 8-5　方法复杂性的计算规则

响 应 消 息	属 性 数		
	0～1	2～6	7+
0～1	低	低	平均
2～3	平均	平均	平均
4+	平均	高	高

有了面向对象软件测量的基本数据项、对类方法的分类及其权重的计算,就基本解决了面向对象软件的规模(广度)、复杂性(深度)度量方法的定义。下面给出一个实例,说明如何完成一个实际项目的度量。假定有一个较高水平的、富有经验的开发团队,用 C++语言开发了一个拥有 58 个类和 1160 个方法的面向对象程序软件。软件开发团队的生产力高于平均值,他们有大量的软件开发经验。计算步骤和结果如下。

(1) 每类的加权平均方法数(ANWMC)=1160/58=20。

(2) 确定 5 种方法类别的所占比例:构造器/解析器(25%)=5,读取器(25%)=5,修正器(40%)=8,叠加器(10%)=2。

(3) 用每类发送消息数(number of messages sent)和实例变量数确定方法的复杂性,根据实际测量的结果(如表 8-7 所示),得到基于发送消息和实例变量的复杂性分配表,如表 8-6所示,22%为低复杂性,33%为高复杂性,45%为平均复杂性。

表 8-6　方法复杂性的确定

发送消息(总数百分比)	属性数(总数百分比)		
	0～1(31%)	2～6(44%)	7+(25%)
0～1(29%)	9% 低	13% 低	7% 平均
2～3(23%)	7% 平均	10% 平均	6% 平均
4+(48%)	15% 平均	21% 高	12% 高

表 8-7　发送消息数和实例变量数

消息发送数	1	2	3	4	5	6	7	8	9	10	11	12	13	14	15
方法数	240	40	90	90	60	50	40	20	10	10	10	30	5	10	5
实例变量数	1	2	3	4	5	6	7	8	9	10	11	12	13	14	15
类数	7	3	4	2	4	5	3	1	0	2	3	0	0	2	0

(4) 计算平均每基类的子类数 ANOC 和平均继承树深度 ADIT,用子类的总数(38)除以那些有子类的类(父类-20)的总数得到 ANOC=1.9;计算 ADIT=1.6,顶层类是 6。

(5) 最后根据上述结果和表 8-3 权重计算 POP 的值,即

构造器 / 解析器 $= 5 \times 22\% \times 1 + 5 \times 45\% \times 4 + 5 \times 33\% \times 7 = 22$

修正器 $= 5 \times 22\% \times 1 + 5 \times 45\% \times 5 + 5 \times 33\% \times 10 = 29$

读取器 $= 8 \times 22\% \times 12 + 8 \times 45\% \times 16 + 8 \times 33\% \times 20 = 127$

叠加器 $= 2 \times 22\% \times 3 + 2 \times 45\% \times 9 + 2 \times 33\% \times 15 = 18$

$POP = (22 + 29 + 127 + 18) \times 6 \times 1.9 \times 1.6 = 3575$

8.2.2　结构化程序的复杂性度量

有关结构化程序的复杂性度量根据度量对象不同可以细分为:①结构化程序的代码度

量：针对代码单元进行度量，包括代码规模、复杂度等；②结构化程序的设计度量：针对代码中不同单元之间关系进行度量，包括 Henry 复杂性、Card 复杂性度量等典型度量方法。下面将围绕这两方面内容进行探讨。

1. 结构化程序的代码度量

1) 代码规模

代码规模与程序缺陷数量密切相关。衡量代码规模的一个重要指标就是代码行。代码行(LOC)指源程序中除了注释行和空白行之外的任何语句，有时也称为有效代码行(eLOC)或非空非注释行(NBNC)。

实验结果发现，代码行与程序缺陷密度之间的关系呈 U 形曲线；一个模块中的代码行数量位于 200～400 之间最佳，此时潜在的缺陷最少；且代码行的最佳规模与程序语言类型无关。

代码行度量简单、直观、易于计算，但它存在以下问题。

- 忽略了单行语句代码内的复杂性差异。单行语句内影响复杂性的因素有：语句长度、运算符数目、运算符种类、运算粒度等。将多个表达式合成一行语句，或将多个简单语句合在一行写，或写成一个复合语句，在代码行度量里将它看作一行语句。例如，以下两行语句都算一行语句，但由于单行语句内所包含运算符的差异，它们的复杂度不可同日而语。

```
i = 0;
(a + b > c &&b + c > a&&c + a > b)?(i++):(j++);
```

- 忽略了不同语句类型的差异。由分支语句、循环语句所构成的程序内在逻辑复杂性是不同于顺序语句的复杂性。

除了代码行以外，还有其他因素也会对程序的复杂度产生影响，如函数参数个数、return 语句数、注释的语句行数、单行语句长度等。CheckStyle、Metrics 等代码静态分析工具可以提供这方面的度量功能。

代码规模方面度量指标整理如表 8-8 所示。一般来说，针对不同度量项，实现工具会提供一个默认的建议度量值，此值可以根据实际情况进行配置。

表 8-8　代码规模度量项

代码规模度量项	度量内容	建议度量值
有效代码行 (eLOC)	统计指定函数内有效代码行数	200～400
参数个数 (NumberOfParameters)	统计指定范围内函数所包含的参数个数	≤7
return 语句数 (returnCount)	统计指定范围内的 return 语句个数	≤2
注释密度 (DensityofComment Lines)	统计指定范围内注释行数占总代码行(代码行＋注释行)的比例	≥20％
单行语句长度 (LineLength)	统计指定范围内单行语句中包含字符数	≤80

2) 环形复杂度(cyclomatic complexity)

环形复杂度又叫圈复杂度,最先是由 McCabe 在 1976 年提出,所以也称 McCabe 度量。他认为,通过限制模块长度降低程序复杂度的方法是不完善的。程序复杂度应取决于程序结构,而程序结构由控制语句决定,也即程序复杂度取决于控制流的复杂程度。环形复杂度区别了不同语句类型的差异,在一定程度上解决了对测试困难度和最终可靠性标识的度量方法。试验研究表明,McCabe 度量和在源代码中存在的错误数以及发现和纠正这些错误需要的时间是有很强关联的,也就验证了这种方法的有效性。

通过对程序的控制流程图的分析,可导出程序基本路径集合中的独立路径条数,它决定了程序进行白盒测试的工作量。为了确定路径,程序过程可以被表示成一个只有单一入口和出口点的强连通图。

举一个简单的程序例子,画出它的程序基本路径的强连通图,如图 8-7 所示。计算圈复杂性的公式是:

$$M = V(G) = e - n + 2p$$

其中,$V(G)$ 为路径图的环形数目,e 为边的数目,n 为节点数目,p 为图中没有连接部分的数目。

图 8-7 中,$V(G) = 11 - 9 + 2 \times 1 = 4$,和 4 个区域(环形数目)是吻合的。进一步研究表明,发现值为 10 的环形计数复杂度似乎是一个实际模块大小的上限。当模块的环形计数复杂度超过 10,要充分测试一个模块就变得特别难。

McCabe 以图论为基础,主要考虑了 if,while,do,for,?:,catch,switch,case 等判定节点构成控制流图。对于同一个逻辑结构,写出来的程序、导出的控制流图也可能不同。例如,两个 && 连接的条件可以放在同一个 if 语句内,也可以拆分成两个 if 语句。因此,McCabe 在计算复杂度时还会计算单个布尔表达式中 &&,‖ 出现的次数。

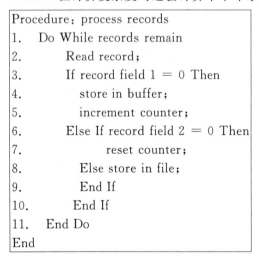

```
Procedure: process records
1.    Do While records remain
2.        Read record;
3.        If record field 1 = 0 Then
4.            store in buffer;
5.            increment counter;
6.        Else If record field 2 = 0 Then
7.            reset counter;
8.        Else store in file;
9.        End If
10.       End If
11.   End Do
End
```

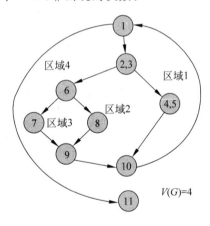

图 8-7　基本路径的强连通图

McCabe 度量的一个变种是 N 路径复杂性（NPathComplexity），它由 Brian 在 1988 年提出，有很多代码分析工具支持该度量。NPathComplexity 统计函数内所有非循环的执行路径。与 McCabe 复杂度相比，NPathComplexity 复杂度除了考虑每个条件和每个表达式外，还会把 continue、break、return 等语句纳入复杂度计算范围，可以说是汇总了一个函数可以执行的所有可能方式。NPathComplexity 的具体计算规则，如表 8-9 所示。

表 8-9　NPathComplexity 计算规则

Structure	Complexity expression
if	$NP((if-range))+NP((expr))+1$
if-else	$NP((if-range))+NP((else-range))+NP((expr))$
while	$NP((while-range))+NP((expr))+1$
do while	$NP((do-range))+NP((expr))+1$
for	$NP((for-range))+NP((expr1))+NP((expr2))+NP((expr3))+1$
switch	$NP((expr))+\sum_{i=1}^{j=n} NP((case-range))+NP((default-range))$
?	$NP((expr1))+NP((expr2))+NP((expr3))+2$
goto label	1
break	1
Expressions	Number of $\&\&$ and $\parallel$ operators in expression
continue	1
return	1
sequential	1
Function call	1
C function	$\prod_{i=1}^{j=N} NP$ (Statement)

【案例】　如下程序：

```
if (c == 'a')
  ca++;
if (c == 'b')
  cb++;
if (c == 'c')
  cc++;
if (c!= 'a' && c!= 'b' && c!= 'c')
  cother++;
```

由此，对复杂度度量得到

$$CyclomaticComplexity = 4+1=5$$
$$NPathComplexity = 2\times2\times2\times(2+2)=32$$

通过 McCabe 度量，一定程度上揭示复杂度与缺陷率之间存在某种关系，在实践中是较为有效的一种度量方法但其存在的问题是：

（1）忽视了数据流。N 条无分支的顺序语句，其复杂度被等同于一行代码。

（2）没有区分不同控制流。将 if、case 和 loop 语句的复杂度同等看待，但事实上循环语句的复杂度要高些。表 8-10 给出了控制流度量项参考。

（3）没有考虑控制节点嵌套的层数。例如，3 个并行 if 语句与 3 个嵌套的 if 语句，通过

McCabe 度量的结果相同,但事实上它们的复杂度并不一样。

表 8-10　控制流度量项

控制流度量项	度量内容	建议度量值
环形复杂度 (CyclomaticComplexity)	统计指定范围内有效代码行数	≤10
单个布尔表达式复杂度 (BooleanExpressionComplexity)	统计指定范围内单行语句中 boolean 表达式的 &&, ‖, &, │ 和 ^ 出现的次数	≤3
N 路径复杂度 NPathComplexity	统计指定范围内非循环的执行路径总和	≤200
块的嵌套层次 (NestedBlockDepth)	统计指定函数的块(以{}括起)的嵌套层次	≤4

3) 语法构造方法

McCabe 环形计数复杂性度量是一个局限于二元决策的指标,不能区分不同种类的控制流复杂性,如 loop 和 if-then-else 语句或 case 和 if-then-else 语句,也没有体现出数据对复杂度的影响。语法构造方法可以一定程度上揭示程序中单独的语法构造和缺陷率之间的关系,如独立的操作符个数(n_2)在识别错误可能性最大的模块时很有用,在 do-while、select、if-then-else 语句中 do-while 对软件缺陷率影响最大。

Halstead 复杂性度量法,基本思路是根据程序中可执行代码行的操作符和操作数的数量计算程序的复杂性。操作符和操作数的量越大,程序结构就越复杂,把程序复杂度 E 用编程努力程度衡量。

$$E = \frac{n_1 N_2 (N_1 + N_2) \log_2 (n_1 + n_2)}{2 n_2}$$

其中,n_1 表示程序中出现的不同种类的操作符个数;n_2 表示程序中出现的不同种类的操作数个数;N_1 表示程序中出现的操作符总个数;N_2 表示程序中出现的操作数总个数。

由此可见,$n_1 + n_2$ 即为程序的词汇量,$N_1 + N_2$ 即为程序的总长度。Halstead 复杂性从符号出发,仅区分操作符和操作数,但没有考虑代码的深度内在结构,因此它的度量仍有局限性。

2. 结构化程序的设计度量

传统的 McCabe 度量、语法构造方法等只适合对独立模块内部进行测量,不能考虑系统各个模块间相互耦合的关系。结构度量方法能考虑系统各个模块间的相互关系,如 Henry 在 1990 年给出结构复杂性定义为:

$$C_p = (扇入 \times 扇出)^2$$

其中,扇入为调用外部模块的模块数;扇出为被外部模块调用的次数。

如果进一步考虑模块过程的内部复杂性 C_{ip},则给出的度量公式为:

$$HC_{ip} = C_{ip} \times (扇入 \times 扇出)^2$$

Card/Glass(1990)则给出了另外一个系统复杂性(C_t)的度量模型,如图 8-8 所示:

$$C_t = S_t + L_t$$

其中,S_t 为结构(模块间)复杂性;L_t 为本地(模块内)复杂性。

S_t、L_t 可以通过系统的模块数 n、模块 i 扇出 $f(i)$ 和模块 i 的 I/O 变量数 $V(i)$ 计算：

$$S_t = \frac{\sum_i f^2(i)}{n}$$

$$L_t = \frac{\sum_i \dfrac{v_i}{f_i+1}}{n}$$

从公式可以看出，结构复杂性最小化期望模块间的扇出尽可能小，而本地复杂性最小化则期望更少的 I/O 变量、更多的扇出。因此在结构化设计中，可以适当地引入全局变量，减少重复的 I/O 数，扇出数保持一定的平衡，通过横向传递，可以减少程序复杂度。

Zuse 给出了对不少于 18 种不同软件复杂度度量的全面讨论，对每一种类中的度量给出了基本定义（例如，有许多环形计数复杂度的变种），且对每一个都进行了分析和评论。Zuse 的工作是至今为止最为全面的。

图 8-8　系统复杂性的度量模型

【案例】　模块间的层次结构，如图 8-9 所示。按照严格的结构化设计，数据 X 从模块 C 传递到模块 E，需要通过高层 A 经由 B 和 D 的调用，但实际上 A、B 和 D 并没有真正使用 X，由此造成了 B 和 D 的本地复杂度的增加。引入全局变量，数据 X 通过横向从模块 C 直接传递到模块 E，减少了重复变量，也减少了复杂度。

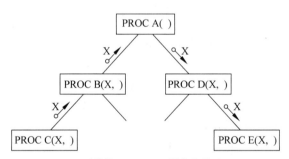

(a) 严格的TOP-DOWN结构化设计

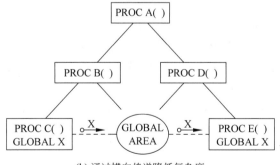

(b) 通过横向传递降低复杂度

图 8-9　模块间层次结构示意图

软件质量度量

8.2.3 面向对象程序的复杂性度量

自面向对象问世以来,传统的结构化软件的度量方法已不能完全适用,面向对象的度量问题不断被提出。Berard 定义了 5 个反映面向对象系统的特征:局部化、封装性、信息隐藏、继承性和对象抽象。相应地,面向对象的度量也应体现在这几个方面,比较典型的度量集如下。

1. C&K 度量集

由 S. R. Chidamber 和 C. F. Kemerer 在 1994 年提出,共包含了 6 个度量指标。

1) 类的加权方法数(Weighted Methods per Class,WMC)

$$WMC = \sum_{i=1}^{n} C_i$$

其中,C_i 指方法复杂度。其值可以取对应方法的 McCabe 复杂度值。如果每个方法复杂度的权重为 1,则该值即为类的方法个数。根据 M. Bunge 对事物复杂性的定义,事物复杂性由其主要特征所决定,而方法占了类的绝大多数。

观点:

- 方法数和其复杂度可以预测开发和维护该类所需的时间和人力。
- 由于子类继承父类的所有方法,父类方法数愈多,对子类潜在影响愈大。
- 拥有很多方法的类可能只适用于特定应用,从而限制了其可重用性。

2) 继承深度(Depth of Inheritance Tree,DIT)

DIT 指从类所在节点到根的继承树里最大路径的深度。根据 M. Bunge 对事物属性范围的定义,通过 DIT 确定有多少个父类会对该类产生潜在影响。

观点:

- 类继承深度愈深,方法愈多,行为愈难预测。
- 继承树愈深,涉及的类和方法愈多,设计困难度就愈高。
- 类继承深度愈深,潜在重用性愈好。

3) 每个类的子类数(Number Of Children,NOC)

NOC 指继承树中直接子类数。对 NOC 度量同样是依据属性作用范围的概念。

观点:

- 继承是重用的一种方式,子类愈多,重用愈高。
- 子类愈多,该类愈难以抽象,被误用的可能性愈大。
- 子类个数对类的设计造成了潜在影响,需要更多测试。

4) 类间耦合(Coupling Between Objects,CBO)

CBO 指与一个类耦合的其他类的个数。一个类的实现过程中使用了另一类的实例或方法、属性或实例,产生耦合。此处的 CBO 既包括该类使用其他类的个数,也包括其他类使用该类的个数。

观点:

- 过多的耦合不利于模块化设计和重用。一个类愈独立,重用性愈好。
- 为改进模块化、提高封装性,内部类的耦合应限制在最小。
- 耦合性的度量对测试复杂性度量很有用。

5）类的响应（Response For a Class，RFC）

$$\text{RFC} = \{M\} \bigcup_i \{R_i\}$$

其中，$\{M\}$ 指类中所有方法集；$\{R_i\}$ 指方法 i 所调用的所有方法集。

RFC 指一个类的方法及该类方法所调用的方法集的总和。如果响应一个消息有大量的方法被触发，触发的方法数愈多，该类愈为复杂。

观点：

- 如果一个消息的响应，触发了大量的方法调用，说明测试很困难。
- 可被触发的方法数愈多，说明类愈复杂。

6）方法间的内聚缺乏（Lack Of Cohesion in Methods，LCOM）

$$\text{LCOM} = |P| - |Q|，\quad 如果 |P| > |Q|，\quad 否则 = 0$$

其中，$P = \{(I_i, I_j) \mid I_i \cap I_j = \varnothing\}$，$Q = \{(I_i, I_j) \mid I_i \cap I_j \neq \varnothing\}$，$I_i$ 为方法 M 所使用的变量。

LCOM 采用了方法相似度的原理。相似度为一个类中任两个方法对之间使用相同属性集的元素个数。如果相似度为 0，则代表无交集。LCOM 即为相似度为 0 的方法数量减去相似度不为 0 的方法数量。

观点：

- 类内方法间的聚合提高了类的封装性。
- 如果缺乏内聚应该分成更多个子类。
- 低聚合提高了方法的复杂性。

$$\text{LCOM(C1)} = (C_7^2 - 6) - 6 = 9$$
$$\text{LCOM(C2)} = 4$$

C&K 所提出的 LCOM 在度量内聚时存在局限性。如图 8-10 所示，有两个类 C1 和 C2，LCOM 的计算结果显示 C2 的内聚要好于 C1，实际上 C2 方法间没有内聚。导致计算结果错误的主要原因在于计算方法中没有考虑到类中方法数目的影响。

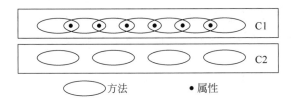

图 8-10　C&K 的 LCOM 度量内聚的局限性

研究者们在 C&K 所提出的 LCOM 基础上，先后又提出了一系列 LCOM 的度量方法。目前，用得比较多的是由 Henderson-Sellers 在 1996 年提出的 LCOM* 方法，计算公式如下。

$$\text{LCOM}^* = \frac{\left[\dfrac{1}{a} \sum_{j=1}^{a} \mu(A_j)\right] - m}{1 - m}$$

其中，a 和 m 分别表示属性数目和方法数目，$\mu(A_j)$ 表示访问任一属性 A_j 的方法数目。

为了验证 C&K 度量集在预测发现故障类的可能性时是否有用，1996 年 Basili 等在 Maryland 大学开展了 4 个月的经验研究，肯定了 C&K 度量的作用。其主要发现如下。

- 6 个度量之间相对来说是不相关的。
- DIT 和 NOC 的值比较小,进一步确认了继承使用的不足。
- LCOM 在预测缺陷类时缺乏辨识能力。
- DIT、RFC、NOC 和 CBO 在多变量统计分析中与缺陷类有显著的相关关系。
- 在预测缺陷方面,面向对象度量比代码度量好。

完整的 C&K 度量工具获得地址为 http://www.spinellis.gr/sw/ckjm/。

2. Lorenz 和 Kidd 度量集

基于面向对象的开发经验,Lorenz 提出了 11 个度量项及其检验规则,如表 8-11 所示。

表 8-11　Lorenz 提出的 11 个面向对象度量及其检验规则

序号	度　　量	经验规则和注释
1	平均方法规模	对于 C++,≤24LOC
2	每个类的方法的平均数量	≤20
3	每个类的实例变量的平均数量	≤6
4	类层次嵌套级别(继承树深度)	≤6
5	子系统/子系统关系数量	≤度量 6 的值
6	在每个子系统中类/类的关系数量	相关性高
7	实例变量使用	一组方法使用的实例变量集合有交集
8	平均注释行数量(每方法)	>1
9	每个类的问题报告数量	低
10	类被复用的次数	抽象类在不同应用中复用,>1
11	类和方法被丢弃的数量	有一个稳定比率

在这些面向对象的度量项里,有些可以沿用传统的结构化程序的度量方法,如平均方法规模、方法平均注释行数;有些属于准则或参考点,没有给出具体度量方法,如每个类的问题报告数量;还有些属于开发过程的度量指标,如类和方法被丢弃的次数。

后来,Lorenz 和 Kidd 将度量项进行整合,主要是围绕规以下 4 个方面展开。

1) 类的规模(Class Size,CS)

类的规模取决于类的方法总数,包括新增和继承的方法;还有类的属性总数,包括新增和继承的属性。

观点:
- 类的规模愈大,承担的责任愈多,类愈复杂。
- 一般情况下,继承和公开的方法应给予一定的权重。
- 平均类方法和属性数可以用来评价系统类的规模。

2) 类中方法重载数(Number Of Overridden Methods,NOO)

类继承时,需要特殊化重载方法的数目。

观点:NOO 越高,反映了与父类抽象设计的冲突越高。

3) 子类新增方法数(Number Of Added Methods,NOA)

类中非继承的方法数。

观点:NOA 越高,反映与父类抽象设计的冲突越高。

4）特殊化因子（Specialization Index，SI）

$$SI = \frac{NOO * level}{M_{all}}$$

其中，level 表示潜在层次位置，M_{all} 表示类中方法总数。

观点：SI 值越高，反映了与父类抽象设计的冲突越大。

3. MOOD 度量集

由 Brito 提出，给出了 6 个度量公式，分别从 4 个特征对面向对象的设计进行度量：封装性、继承性、耦合性和多态性。各个度量公式以因子方式给出，其中分子为特定类中的计数值，分母为理论上最大可能计数值。

（1）封装性度量。方法隐藏因子（Method Hiding Factor，MHF）和属性隐蔽因子（Atribute Hiding Factor，AHF）。

MHF ＝ 所有类隐藏的方法总和 ／ 所有类可用的方法总和

AHF ＝ 所有类隐藏的属性总和 ／ 所有类可用的属性总和

$$MIF = \frac{\sum_{i=1}^{TC} M_i(C_i)}{\sum_{i=1}^{TC} M_a(C_i)}$$

其中，TC 表示类的个数；$M_a(C_i)$ 表示类 C_i 的方法数；$M_i(C_i)$ 表示类 C_i 的属性数。

$$V(M_{mi}) = \frac{\sum_{j=1}^{TC} \text{is\_visible}(M_{mi}, C_j)}{TC - 1}$$

$$\begin{cases} \text{is\_visible}(M_{mi}, C_j) = 1, & j \neq i，且 C_j \text{ 能够调用 } M_{mi} \\ 0 & \text{其他} \end{cases}$$

观点：

- 参照方法隐藏因子，可获得属性隐藏因子。
- 隐藏因子值越高，信息隐藏越好，封装性越好。

（2）继承性度量。方法继承因子（Method Inherit Factor，MIF）和属性继承因子（Atribute Inherit Factor，AIF）。

MIF ＝ 所有类继承的方法总和 ／ 所有类可用的方法总和

AIF ＝ 所有类继承的属性总和 ／ 所有类可用的属性总和

$$MIF = \frac{\sum_{i=1}^{TC} M_i(C_i)}{\sum_{i=1}^{TC} M_a(C_i)}$$

$$AIF = \frac{\sum_{i=1}^{TC} A_i(C_i)}{\sum_{i=1}^{TC} A_a(C_i)}$$

其中，$M_i(C_i)$ 表示类 C_i 继承方法数；$M_a(C_i) = M_d(C_i) + M_i(C_i)$，类 C_i 所有方法数；$A_i(C_i)$

类 C_i 继承属性数; $A_a(C_i) = A_d(C_i) + A_i(C_i)$, 类 C_i 所有属性数。

观点:
- 参照方法隐藏因子, 可获得属性隐藏因子。
- 继承因子体现的是继承占比, 代表类的重用比例。

(3) 耦合性度量。耦合因子(Coupling Factor, COF)。

$$COF = 非继承性耦合的实际值 / 非继承性耦合的最大可能值$$

$$COF = \frac{\sum_{i=1}^{TC} \left[\sum_{j=1}^{TC} is\_client(C_i, C_j) \right]}{TC^2 - TC}$$

其中, 当 $is\_Client(C_i, C_j) = 1$ 时, 两个类的方法或属性间存在调用关系。

观点:
- 类间发生关系从而产生耦合, 关系可能是: 抽象数据耦合、消息传递、方法引用、使用实例等。
- 耦合性越高, 结构复杂性越高。

(4) 多态性度量。多态因子(Polymorphism Factor, POF)。

$$POF = 所有类中重载方法总和 / 所有类中新声明方法总和$$

$$POF = \frac{\sum_{i=1}^{TC} M_o(C_i)}{\sum_{i=1}^{TC} \left[M_n(C_i) \times DC(C_i) \right]}$$

其中, $M_o(C_i)$ 类表示 C_i 重载方法数; $M_n(C_i)$ 类表示 C_i 新方法数; $DC(C_i)$ 类表示 C_i 后代数。

观点: 由重载可以反映出类的多类性。

4. Martin 度量集

敏捷开发先驱 Robert Martin 在 1994 年提出 Martin 度量集, 该度量从抽象和依赖的关系分析面向对象的设计质量。众所知之, 过高的依赖性不利于重用与维护, 但子系统间需要合作, 依赖又是不可避免的。他认为, 一个"好的依赖"是指依赖对象相对稳定。在面向对象中, 包是一组高内聚、易于稳定的类的分组, 是可重用的粒度单位, 面向对象的依赖性度量也应以包为单位。

1) 依赖性

此处的依赖关系包括继承和关联。依赖性可以通过包与外部的交互体现, 采用 3 个度量项体现。
- 传入耦合 Afferent Coupling(C_a): 对该包内的类有依赖的其他包中类的个数。
- 传出耦合 Efferent Coupling(C_e): 被该包内的类所依赖的其他包中类的个数。
- 不稳定性 Instablitiy(I): 传出耦合与总耦合的比值。

$$I = \frac{C_e}{C_a + C_e}$$

观点:
- 包是发布和重用的基本单元, 包间的依赖度量更体现软件的稳定性。I 值愈高愈不稳定, $I = 0$ 最稳定。
- 包内的类间是紧密联系的, 它们彼此的依赖是允许的、无害的。

2）抽象性（Abstractness，A）

一个包的抽象性或通用性用该包中抽象类（或接口）的个数和该包中类（或接口）的总数的比值表示。

观点：

- 一个稳定的包是高度抽象的。抽象的包又一定是依赖的，因为它需要继承类实现它高度抽象的接口。
- 不是所有的类都应该是稳定的。一个具体的类往往是不稳定的包。A 值愈低愈具体，$A=0$ 最具体。

3）到主序列的距离（Distance From the Main Sequence，D）

每个包都具有一定的依赖性和抽象性。如图 8-11 所示，画出 A-I 曲线，代表在稳定性和抽象性达到了一定的平衡，该线称为主序列线。一个包度量点的理想位置上是在主序列线上。对于 $(A=0，I=0)$，既高度具体又高度稳定，但由于具体包很难扩展，稳定包很难改变。对于 $(A=0.5，I=0.5)$，既有一定的抽象性易于扩展，又有一定的灵活性易于改变。它体现了抽象性和稳定性的平衡。

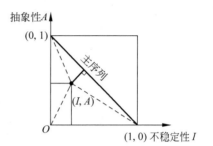

图 8-11　到主序列的距离

A 和 I 的值都不会超过 1，所有的点均会落在 $(1,0)$ 和 $(0,1)$ 围起的正方形里。如图 8-11 所示，设任一点坐标为 (I,A)，则到主序列的距离定义为：

$$D = \left| \frac{A+I-1}{\sqrt{2}} \right|$$

公式推导说明：大三角形内任一点将其切割成 3 个小角形，则大三角形面积可以表示成 3 个小三角形面积之和，列方程如下：

$$\frac{1}{2} \times 1 \times I + \frac{1}{2} \times 1 \times A + \frac{1}{2} \times \sqrt{2} \times D = \frac{1}{2} \times 1 \times 1$$

将该方程加以化简，并考虑到正方形另一半的三角形情形，最终得出公式。

D 取值范围为 $[0,0.707]$，为了便于解释，把 D 取值范围规范化为 $[0,1]$，由此，到主序列的距离度量公式可以定义如下。值为 0 表示与主序列重合，值为 1 表示包与主序列的距离最大。

$$D' = |A+I-1|$$

观点：

- 任何包都具有一定的稳定性和抽象性。D 值反映了这两点的平衡性。
- 理想情况是，$D=0$ 最佳，但实际情况往往不是；允许在 0 点附近一定控制范围内浮动。
- 关于度量标准，还需要根据实际情况具体应用。

【案例】　Eclipse Metrics Plugin 是一个开源的 Eclipse 内嵌插件的度量工具，其运行示例如图 8-12 所示。该工具除了提供通用的代码行 LOC、McCabe 复杂度统计外，还实现了面向对象的很多度量项，包括：C&K 度量集的 NOC、NOM、DIT、WMC 等度量项；Martin

度量集包括 C_a，C_e，I，A，D 在内全部度量项；Henderson-Sellers 的 LCOM 内聚；Lorenz 和 Kidd 度量集的 SI 因子等。工具功能方面，对每一项度量项给出了默认的建议阈值；对每一个度量项给出了实际测量结果的最大值、最小值和平均值；对于超出阈值的部分标红处理，并指明具体是哪个类哪个方法出了问题；为了辅助理解，还提供了包之间的依赖关系图。

工具获得地址为 http://sourceforge.net/projects/metrics。

Metric	Total	Mean	Std. Dev.	Maximum
⊞ Number of Overridden Methods (avg/max per type)	8	0.298	0.452	1
⊞ Number of Attributes (avg/max per type)	103	3.679	3.317	9
⊞ Number of Children (avg/max per type)	0	0	0	0
⊞ Number of Classes (avg/max per packageFragment)	28	4.667	3.682	9
⊞ Method Lines of Code (avg/max per method)	1403	3.997	5.497	47
⊞ Number of Methods (avg/max per type)	341	12.179	4.885	21
⊞ Nested Block Depth (avg/max per method)		1.245	0.456	4
⊞ Depth of Inheritance Tree (avg/max per type)		1.929	0.799	3
Number of Packages	6			
⊞ Afferent Coupling (avg/max per packageFragment)		4.667	6.992	18
⊞ Number of Interfaces (avg/max per packageFragment)	0	0	0	0
⊞ McCabe Cyclomatic Complexity (avg/max per method)		1.268	0.633	8
⊞ Total Lines of Code	2823			
⊞ Instability (avg/max per packageFragment)		0.741	0.388	1
⊞ Number of Parameters (avg/max per method)		0.621	0.833	6
⊞ Lack of Cohesion of Methods (avg/max per type)		0.54	0.407	0.941
⊞ Efferent Coupling (avg/max per packageFragment)		3.167	3.804	9
⊞ Number of Static Methods (avg/max per type)	10	0.357	0.479	1
⊞ Normalized Distance (avg/max per packageFragment)		0.259	0.388	1
⊞ Abstractness (avg/max per packageFragment)		0	0	0
⊞ Specialization Index (avg/max per type)		0.075	0.122	0.3
⊞ Weighted methods per Class (avg/max per type)	445	15.893	5.851	27
⊞ Number of Static Attributes (avg/max per type)	24	0.857	1.959	8

图 8-12　Eclipse Metrics Plugin 运行示例

某包的依赖关系如图 8-13 所示，取某类为例，它的方法和属性之间的调用关系如表 8-12 所示。

表 8-12　某包的方法和属性调用关系

方法	属　性				McCabe 复杂度
	BUFFER_SIZE	FileID	strFileName	strContentType	
Upload			√		1
Copy	√				12
getFile		√			1
setFile		√			1
getContentType				√	1
setContentType				√	1
geFileName			√		1
setFileName			√		1

根据调用关系表中数据可以算出该类内的部分度量指标值：

$NOA = 4$

$NOM = 8$

$Max(McCabe) = 12$

$WMC = 1 + 12 + 1 + 1 + 1 + 1 + 1 + 1 = 19$

$LCOM = ((1 + 2 + 3 + 2)/2 - 8)/(1 - 8) = 0.857$

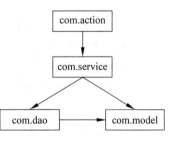

图 8-13　包的依赖关系示例

从计算结果中能看到度量存在的问题：方法的圈复杂度过高，过于复杂，LCOM 偏高，类的内聚度较低。

分析度量数据本身，也能看到一些特点：

- 内聚度量时，Get/Set 方法与属性之间天然的对应关系，可能会带来无意义的计算。
- Web 的 MVC 分层框架，由于不同的包其职责分工不同，这给度量值带来一定的分布特点。例如，model 包负责具体处理，其传入耦合 C_a 很高，传出耦合 $C_e=0$，$I=0$，呈现出极其稳定的状态；com. action、com. service 负责处理逻辑，传出耦合 C_e 很高，呈现出极其不稳定的状态，但这不代表该包存在着事实上的风险、需要重构。

案例再次说明：实际应用中需要结合具体情况对度量数据加以分析。

表 8-13 对面向对象程序的复杂性度量进行了分类汇总。

表 8-13　面向对象程序的复杂性度量分类汇总表

分类	粒度	面向对象度量项	度量内容
规模	类	类的规模 NumberOfClasses(CS)	统计指定范围内类的个数
	属性	类的属性数 NumberOfAttributes (NOA) NumberOfLocalProperty(NP)	统计指定类的属性个数
	方法	类的方法数 NumberOfMethods(NOM)	统计指定类的实现方法个数，包括新增方法和重载方法(不包括继承方法)
		类的方法权重和 Weighted Methods per Class(WMC)	统计指定类内所有方法带权重(一般取圈复杂度)的总和，权重取 1 即等于类的方法数
内聚	方法	类方法间内聚缺少 Lack Of Cohesion in Methods (LCOM)	统计指定类内方法和变量之间的关系，具体参见 LCOM 的 Henderson-Sellers 公式定义
耦合	属性	类成员数据抽象耦合 ClassDataAbstractionCoupling(DAC)	统计指定类中使用其他类的实例作为其成员变量的个数
	系统	耦合因子 Coupling Factor(COF)	所有类中非继承性耦合的实际值/非继承性耦合的最大可能值
	包	传入耦合 Afferent Coupling (Ca)	统计指定包中包外的 class 数依赖该包内的 class
		传出耦合 Efferent Coupling (Ce)	统计指定包中包内的 class 依赖包外的 class 数
		不稳定系数 Instability (I)	$I=C_e/(C_a+C_e)$
	类	类对象间耦合 Coupling Between Objects(CBO)	统计指定类中使用其他类或被其他类所使用的方法、属性或实例的数量，排除因继承关联耦合的数量
	方法	类的响应 ResponseForClass(RFC)	统计指定类所调用的所有本地方法和本地方法再调用的外部方法之和

分类	粒度	面向对象度量项	度 量 内 容
继承	系统	继承因子 Method Inherit Factor (MIF) Atribute Inherit Factor (AIF)	所有类继承的方法(属性)总和/所有类可用的方法(属性)总和
	包	Abstractness (A)	抽象类数/总类数
	类	类的后代数 Number of Children(NOC)	统计指定类的后代个数
		继承深度 Depth of Inheritance Tree(DIT)	统计指定类到根的最长距离
		特殊化因子(SI) Specialization Index	NOO * DIT / NOM
	方法	类的重载方法数 Number of Overridden Methods (NOO)	统计指定类的重载方法数
封装	系统	隐藏因子 Method Hiding Factor (MHF) Atribute Hiding Factor (AHF)	所有类隐藏的方法(属性)总和/所有类可用的方法(属性)总和
		多态因子 Polymorphism Factor(POF)	所有类中重载方法总和/所有类中新声明方法总和
总体	包	到主序列的距离 Normalized Distance from Main Sequence (Dn)	$|A+I-1|$,愈小愈好,趋于 0 最好

8.3 软件产品质量度量

软件产品质量度量是软件质量度量重要组成部分,其度量的对象是软件产品,测量软件平均失效时间、缺陷密度、适用性、可靠性等质量属性,并在此基础之上不断优化产品设计、产品制造和产品服务。

8.3.1 软件质量属性度量

软件质量属性度量是针对用户所关心的外部属性进行度量。有关软件质量模型有很多,此处以经典的 ISO 9126 质量模型为例,给出其中一些关键质量属性的度量方法。可靠性作为重要的质量属性,将在第9章介绍。有关功能和性能的度量,更多来自于软件测试结果,此部分可参见软件测试的相关内容,在此不再赘述。下面将分别就易用性、可维护性、可移植性质量属性的度量展开讨论。

1. 易用性度量

易用性是指"特定的用户在特定的环境下使用产品并达到特定目标的效力、效率和满意的程度"(ISO 9241-11 的定义)。Steve Krug 在著名的 *Don't Make Me Think* 一书中提出"易用性意味着确保产品工作起来顺畅,能力和经验处于平均水平(甚至以下)的人都可以在不感到无助和挫折的情况下使用该产品"。用户对产品的关注已不仅是可用,还包括易用和想用。易用性渐渐被用户体验代替。它是一个更大视角的名词,强调的是用户与产品之间的所有交互以及对交互结果的感知、想法和情感,而易用性通常关注的是用户与产品之间的交互结果。此处所说的易用性指大视角的易用性,易用性度量的是整体用户体验。

可用性度量主要归结到以下两方面。

- 绩效:测量用户能成功完成一个任务或一系列任务的程度。它与用户使用产品、与产品发生交互所做的所有行为有关,包括完成一个任务的时间,完成一个任务所付出的努力(鼠标点击数或认知努力程度),所犯错误的次数以及成为熟练用户所需要的时间(易学习性)。

- 满意度:与用户接触和使用某产品时所说和所想的一切有关,包括产品的使用是否容易、让人迷惑或超出人的预期;视觉是否吸引人或令人不太信赖等。

1) 绩效度量

绩效度量依赖用户使用软件产品的任务行为。用户在使用软件时会通过界面以一定形式与软件产品交互,如用户点击网站不同链接、用户通过遥控器按压 DVD 播放器按钮等,这些行为构成了绩效度量的基础。例如,测量用户在播放 DVD 时按了多少次不正确的按钮。绩效度量时需要考虑用户样本量大小,将收集到的数据进行统计,度量出来的是在某个合理置信水平内的统计值。绩效度量关心 5 个度量项:任务成功、任务时间、错误、效率和易学性,下面分别进行阐述。

(1) 任务成功。这个度量项是测量用户在合理时间范围内多大程度上能有效地完成一系列既定任务。为了测量任务成功,在收集数据之前首先需要定义任务成功标准,对于任务结束状态有一个清晰的标志。例如:

- 找到 Google 股票每股的当前价格是多少。
- 研究储蓄金的投资渠道有哪些。

对于任务如何设置终止规则的问题,有如下建议,可以在任务开始之前告知参加者。

- 对每个任务应一直操作到某个具体节点为止。
- 采用事不过三的原则。在任务结束前有三次重复尝试机会。
- 任务的超时机制,到点叫停。

在实验室易用性测试中,测试任务成功的最常用办法是让用户在完成任务后进行口头报告式回答。这种方式获得的信息真实、深入,但参加者有时会提出额外的难以解答的问题,则需要进行引导,确认任务成功情况。获得任务成功结果的另一种方式是让用户以一种更为结构化方式进行回答。例如,针对每个任务设计一些题目,每个题目设计一些选项,用户从中选择正确答案。

对于任务是否成功的状态获取,除了用户,产品则可以采用日志方式自动记录用户的交互行为,以任务为单位,截取用户在执行任务过程中的关键步骤、操作数据和任务结果状态。

有关成功数据值的设计,可以采用二分式成功或成功等级。二分式成功是记录任务状态的最简单的方法,即:要么成功要么失败。该种方式对于任务结果明确、易于判断的任务较为合适,如网上订购任务。采用成功等级,则对任务完成情况的刻画更为细致,当成功数据存在一些灰色数据不易判断时,划分成功等级更为合适。

有关成功等级取值如何划分的问题,有以下 3 种观点。

- 基于用户完成任务的程度。从完成任务结果来看是成功还是失败。
- 基于用户完成任务的体验。从用户付出努力多少来看完成任务困难如何。
- 基于用户完成任务的方式。从完成任务的过程和结果综合来看是不是最优、最合适的。

成功等级最常用的是 3 个等级：成功、失败和部分成功。有时成功等级还会与求助次数整合在一起。例如,成功无求助;成功求助 1 次等。以下给出一种按用户体验将成功等级划分成 4 点赋分值。

1—没有问题。用户没有任何困难地完成了任务。

2—小问题。用户成功完成了任务,但中间遇到了小困难或兜了个小圈子。

3—大问题。用户成功完成了任务,但中间遇到了不少问题或较大障碍。

4—失败/放弃。用户给出了错误的回答或在完成之前就放弃了。

(2) 任务时间。任务时间指用户完成任务所花费的时间,即从任务开始到任务结束所消耗的时间。一般来说,该值越小越好。

任务时间的收集,可以采用人工计时,也可以采用工具自动记录任务时间。自动记录没有太多强迫感,可以避免人为不停地点按钮给用户造成的不安。人工计时的好处是可以根据任务完成过程进行适当调整。例如,用户在完成任务过程中如果与专家讨论交互,则这部分时间需要从任务时间中剥离。实际应用中采用人工与自动化相结合的方式进行任务时间的收集。

对于用户在有限时间内操作失败的可以直接记录,对于用户无论如何尝试都无法完成或主动叫停的这一类,可以采用 MAX 值标示。MAX 值可根据任务所设置的阀值来确定。最终统计范围是所有任务还是成功任务,要根据配置需要来确定。

任务时间统计分析时,是采用中位数还是平均值来反映数据的总体水平,业界存在不同看法。有的专家认为采用中位数可以显示所有数据的中间点,有的专家认为时间是典型的偏正态分布,采用平均值更为合适。

【案例】　某下载软件任务自动记录格式如下,自动抓取到任务开始和任务结束时间、任务执行结果,由此任务成功、任务时间均可以自动统计计算而得。

Taskid,begintime,userID,userAgent,contentID,contendType endtime,Result

(3) 错误。此处的错误指的是用户在与产品交互时做出了错误的选择、执行了一个不正确的操作,由此可能导致任务完成的失败。

交互过程中的错误表明用户可能犯哪些错误,产品在哪些方面可能会使用户造成误解。例如,用户想进某个页面结果却点了错误的链接。典型的案例是美国 2000 年总统大选的"蝴蝶选票"事件,由于候选人次序与选票次序设计不一致,造成选民在错误的格子里做出了选择。

测量错误并不那么容易。为了证明操作的错误,需要给出一个正确的操作序列。例如,你正在研究密码重置功能,需要事先确认什么是正确的密码,重置操作序列是什么。对于正确和不正确的范围,定义得越明确,越易测试。

对于一个既定的任务,出错可能性是不同的。例如,对于表单中有多少输入区域就有多少出错可能性。按任务记录每个用户的错误数量,错误数量将在 0 到最大错误可能性之间变化。然后可以计算每个任务的出错率。对不同任务可以设置一个可接受的错误阈值,以此确认错误的严重程度。

另外,为了便于设计改进,测量时还会关心用户会犯哪一类错误,以便更准确地理解错误,这时可以定义错误类型,并记录每一类错误发生的频率。例如,导航错误、输入提示错误等。

(4) 效率。该度量项测量完成任务所付出的努力,往往通过测试用户执行每个任务时的操作或步骤的数量而得。它与任务时间共同用于可用性的效率的测量。

有关努力包括两种:认知上的和身体上的。认知努力包括确认什么样的操作是必要的,找到正确的操作点,解释操作结果。认知努力指 Thinktime,在效率测量上体现为任务时间。身体上的努力指执行操作所需要的身体动作。一个操作的动作形式可以有多种,如点击一个链接、按下一个按钮、拨弄一个开关、打开一个页面等,每个操作动作都代表了一定程度的努力。易用性的目标是把具体操作动作减到最少,能一次点击完成的不要二次点击。

确认了需要统计的操作动作,就可以收集计数。例如,按查看的页数或按下的按钮计数,收集方式可以采用人工方式,也可以采用自动化方式。又如,软件记录下每次的按钮单击,一般来说,操作动作计数只针对成功任务范围进行统计,失败任务有很多无效点击,统计没有意义。

Web 的效率度量有时会用到迷失度 Lostness(L)指标衡量。

$$L = \sqrt{\left(\frac{N}{S} - 1\right)^2 + \left(\frac{R}{N} - 1\right)^2}$$

其中,N 为操作任务时所访问的不同页面数;S 为操作任务时所访问的总的页面数;R 为操作任务时必须访问的最小(最优)的页面数。

迷失度 $L=0$ 最佳,当 $L>0.5$,用户呈现一定程度的迷失特征。

【案例】 如图 8-14 所示,某用户任务是在页面上搜索某产品 C,从首页开始到达目标页面所需访问的最小页面数 $R=3$,某用户到达目标页面却共经过了 6 个不同页面,所访问的总页面数为 8。计算所得迷失度 $L=0.56$,用户在页面有一定的迷失。

$$N = 6$$
$$S = 8$$
$$R = 3$$
$$L = \text{SQRT}((6/8 - 1)^2 + (3/8 - 1)^2) = 0.56$$

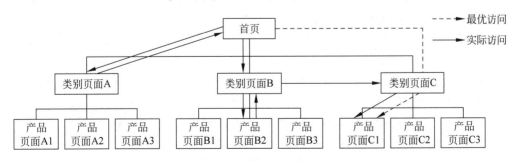

图 8-14　用户迷失度访问序列示例

(5) 易学性。易学性指软件可被学习的程度,通过测量用户熟练使用产品需要多少时间和努力而得。

学习是有周期的,这就需要多次收集学习数据,每次收集都是一次施测。施测间隔多少取决于所预期的使用频率,施测所收集的度量数据类型可以是绩效类的任何一种,任务成功、任务时间、错误或操作动作数量等。随着不断学习,将收集到的数据加以拟合,呈现一条学习曲线。如何判断用户熟练使用该软件?当学习曲线接近拐点时或开始出现实质性平滑,代表学习没有多大提升空间,这时候考查 y 轴的最大值和最小值,即为获得学习所达到的绩效。一般来说,至少要施测 4 次以上才可能有一个相对稳定的绩效。

【案例】 如图 8-15 所示,某软件产品共施测 5 次,每次间隔 1h,任务时间从起始的 25min 下降到 15min,达到最大绩效。由此可以认为,该软件产品上手需要 3~4h 的学习。

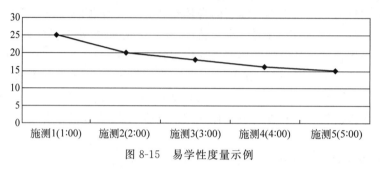

图 8-15　易学性度量示例

2) 满意度度量

满意度度量是从用户角度度量他对软件产品的感受和满意程度。由于这评价取决于用户,带有一定的主观性,该值的度量有以下 3 种途径。

- 自我报告式的度量:由用户自己说出使用产品时的感受。这往往借助问卷调查或量表展开。

- 心理特征度量:通过仪器或人工观察捕获用户在使用产品时身体上所呈现的心理特征,并将这些心理特征与用户感受联系起来,进而获得用户满意度的评价。

- 行为-情绪模型:分析用户使用行为与情绪之间的关系,并借助情感模型,对人使用产品时的情感进行计算。

(1)自我报告式的度量。自我报告式的度量指询问用户,让用户自己提供使用软件产品时的体验,提供方式可以是量表、问卷调查等。

获得自我报告式数据最有效的办法是使用评定量表,两种经典的评定量表是 Likert 量表和语义差异量表。5 点或 7 点评分量表最常用。

【案例】 语义差异量表,如图 8-16 所示,在两端呈现一对语义相对的词,中间是 7 点评分。

使用问卷调查收集用户的实际使用情况、用户的满意程度和遇到的问题,是可用性度量的一种常见方式。常见的可用性问卷有:用户交互满意度问卷(QUIS)、软件可用性测量目录(SUMI)、计算机系统可用性问题(CSUQ)等,具体问卷内容可

弱○○○○○○○强
美○○○○○○○丑

图 8-16　语义差异量表示例

以参见相关参考文献,在此不再赘述。网站分析和测量服务(WAMMI)(Web Analysis and Measurement Inventory-http://www.wammi.com/questionnaire.html)从 SUMI 发展而来,它提供在线服务,让用户满意度通过标准化途径获得反馈。WAMMI 已对上百个网站进行过评估,可以作为网站评估的参考数据库。

Albert 和 Dixon 在 2003 年提出一种不同的方法收集用户主观反应。他们认为,任务难易与用户期望相关,用户满意度取决于期望值与体验值的差异。根据每个任务的平均期望-平均体验值的象限分析,可以决定哪些问题需要改进,如图 8-17 所示。

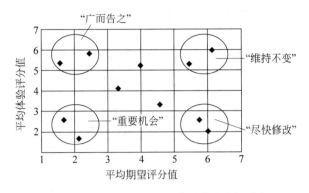

图 8-17　平均期望值-平均体验值的象限分析

（2）心理特征度量。在典型的可用性测试中,用户可能伴随有一些心理反应特征,如瞳孔放大、坐立不安、漫无目的地张望、手敲桌子等。这些身体语言和行为是心理学比较关注的,通过特定方式被记录下来,加以编码度量,以测试用户的情感体验。

身体语言和行为,包括语言行为和非语言行为。语言行为可以通过人工或视频记录下来,事后人工分析,提取出与感受相关的信息,将数据加以结构化。非语言行为包括面部表情、视线追踪、瞳孔反应、皮肤电反应和心率等。非语言行为往往需要仪器才能捕获,科技的发展,使得用户可以很自然地参加这些测量。

- 面部表情：最常用的是使用高质量视频来记录,提取出表情信息,根据面部表情编码系统(FACS)加以分析,再结合情绪解释字典(FACSAID)说明面部表情与情绪之间的复杂关联。

- 视线追踪：追踪用户眼睛的视线变化。Tobii 科技公司的视线跟踪监视器可以自动追踪用户视线,用户视线在页面上的注视点呈现出"热点地图",图上越明亮的区域代表注视越密集。测量用户注视某特定区域的比例、注视时间,可以获得用户的注视分布;测量用户扫视路径,可以获得设计有效性。扫视路径短的设计更有效。

- 瞳孔反应：关注瞳孔的放大和缩小,通过测量用户的瞳孔直径与基线水平的差异而得。圣地亚哥州大学的 Sandra Marshall 根据瞳孔反应开发了一种认知活动指数(ICA),以此确认用户的思维集中程度和情绪唤醒水平。

- 皮肤电反应和心率：与紧张相关的心理物理度量。紧张程度增加时,心率变异(HRV)指数下降。麻省理工学院媒体实验室的 Rosalind Picard 和 Jocelyn Scheirer 在 2001 年发明了一种电流触媒感知手套设备,可以不接触到手指测量到皮肤电反应。芬兰科技研究中心的 Jukka Lekkala 小组发明了 EMFi 座椅装置,当人们坐在上面,就能够测量心率。

（3）行为-情绪模型。用户情绪是用户使用软件产品时最为直接的心理反应。有关用户情绪模型有很多理论,以 Mehrabian 提出的 PAD 情绪空间(如图 8-18 所示)为

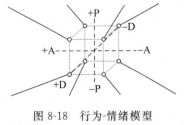

图 8-18　行为-情绪模型

例,说明如何将用户行为与情绪模型建立关系。

P: Pleasure,区分用户的正向和负向情绪。

A: Arousal,区分用户的生理唤醒紧张程度。

D: Dominance,区分用户的主观能动性程度。

情绪强度计算公式为 $S_{PAD} = \sqrt{P^2 + A^2 + D^2}$,3 个参数的取值范围均为 $[-1, 1]$。

用户情绪受用户使用产品时的行为影响,将用户行为投射到 PAD 模型上,关系如表 8-14 所示。表中空缺部分表示当前暂无法判断,需结合具体情境,配合机器学习训练,获得具体的映射值。

表 8-14 用户行为——PAD 模型映射

序　　号	用户行为体验	P	A	D
1	操作成功	1	1	1
2	操作失败	-1	-1	-1
3	帮助信息	1		1
4	错误信息	-1	-1	
5	中断操作	-1		-1
6	回退操作		0	0
7	停滞无反应	-1	-1	-1
8	丢失目标	0		-1
9	持续输入		-1	0

3) 总体易用性分数度量

采用启发式评估方式,结合易用性设计原则对软件易用性的各个方面进行打分,最后综合评定易用性得分。通过可用性分数便于不同软件系统之间进行易用性比较。

美国普渡大学的易用性测试检查表(Checklist),根据人类信息处理模型的基本原理设计,共有 100 个问题,从 8 个方面对软件可用性进行度量,包括兼容性、一致性、灵活性、可学习性、最少的行动、最少的记忆负担、知觉的有限性和用户指导。计算易用性分数的公式为:

$$\text{易用性分数} = \frac{\sum_i [w_i \cdot (s_i - p_i)]}{7 \sum (w_i \cdot I_i)} \times 100$$

其中,i 为第 i 个问题。

S_i 表示如果第 i 个问题适用且存在,则为该问题所得分数,一般取值 $[1, 7]$;如果第 i 个问题适合不存在,则为 0。

P_i 为 1,表示如果第 i 个问题适用但不存在;为 0,表示如果第 i 个问题不适用或存在且适用。

I_i 为 1,表示如果第 i 个问题适用;为 0,表示如果第 i 个问题不适用。

w_i 表示第 i 个问题重要性的得分,一般取值 $[1, 3]$。

2. 可维护性度量

可维护性指问题修改的难易程度。根据维护活动的不同,可维护性可以分为 3 类:为修正错误的纠正性维护;为了适应新环境的适应性维护;为了改进系统的优化性维护。不论出于什么样的目的,这些维护活动都涉及对软件产品的改动,在测量时可以不用考虑它的企图。

根据软件质量模型,可维护性又可分为 4 类子属性。

- 易分析性:包括代码的可读性、可理解性、可追溯性。例如,编码规范、变量命名自解释、函数规模、增加注释等,都可以增加代码的易分析性。
- 易修改性:包括代码定位找到修改点、修改后不会对其他部分造成影响。例如,代码逻辑简洁、代码可重用性等,可以增加代码的易修改性。
- 稳定性:不会造成代码修改连锁反应从而引起不良后果,主要靠数据抽象和封装解决。
- 易测试性:发现问题的难易程度。例如,通过注释、跟踪日志、打印消息等,可以增加可测试性。

有关可维护性度量有两种度量方式,其关系如图 8-19 所示。

- 内部度量:从软件内部状态来度量可维护性。大部分的软件结构度量都可以用来作可维护性的指标。例如,复杂性与可维护性之间存在千丝万缕的联系,往往通过静态分析得到。
- 外部度量:从外部活动度量可维护性。最直接的办法是测试维护活动。例如,通过测量修改所花费的时间获得易修改性度量;通过测量回归测试所花费的时间获得可测试性的度量。修改影响可以从修改数目和修改引起问题数目得到。

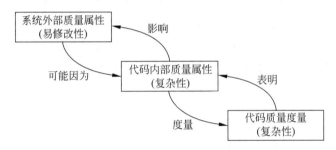

图 8-19 外部度量与内部度量关系

(1)内部度量。分层多维可维护性评估模型(Hierarchical Multidimensional Assessment Model,HPMAS),由 HP 工程师根据 16 个软件系统的评估经验而得,它是从已知的代码和结构度量值组合出可维护性度量。

$$MI = 171 - 5.2\ln(HV) - 0.23CC - 16.2\ln(LOC) + 50.0\sin\sqrt{2.46COM}$$

其中,MI 为可维护性指数;HV 为 halstead 容量度量;CC 为圈复杂度度量;LOC 为代码行度量;COM 为注释密度。该公式的值域为 $[0,100]$,取值为 100 时代表可维护性极佳。

可维护性是复合度量,很难看出是哪方面导致了可维护性的问题。可维护性子属性与代码内部特征之间大致的映射关系,如表 8-15 所示。

表 8-15 可维护子属性——代码内部特征映射关系

子 属 性	HV	CC	LOC	COM
易分析性	√		√	√
易修改性		√	√	√
稳定性		√		
易测试性		√	√	

（2）外部度量。基于一次完整的维护活动来度量可维护性。这时外部呈现的可维护性,不仅取决于产品本身的可维护性,还包括配套文档和工具的支持、软件的使用方式等,实际测量时把这些打包在一起,整体看待一个产品的可维护性。

可维护性外部度量围绕可维护性的 4 个子属性,如表 8-16 所示。

表 8-16　可维护性外部度量项

子　属　性	度　量　项	度　量　内　容
易分析性	分析周期	统计指定范围内:从收到问题至分析出问题原因的时间平均值
	分析能力	统计指定范围内:已分析出问题原因的问题占总问题数的比例
易修改性	修改周期	统计指定范围内:从收到问题至修改问题完毕的时间平均值
稳定性	修改成功率	统计指定范围内:修改成功问题占总问题数的比例
	修改引入问题密度	统计指定范围内:修改引入问题数/总修改问题数
易测试性	软件再测试周期	统计指定范围内:从问题修改完毕到回归测试确认问题已修改所花费的时间平均值

前面提到的可维护性度量,主要是围绕软件问题的修改维护活动展开度量。现阶段由于迭代开发,软件维护越来越频繁,可维护性活动还包括了如何将修改后的软件在现场进行更新、升级等活动,度量这些活动的一个重要指标是"升级中断时间"。从用户角度来说,软件升级期间业务中断时间越短越好,最好是用户无感知。例如,某软件的在线升级时间指标值定义为"已经建立的业务连接不中断,正在建立的业务可以丢弃,新业务能够在 10s 接入"。

3. 可移植性度量

可移植性指的是同一个软件系统或部件从一个环境移到另一个环境的能力。此处的环境可以是软件开发环境、软件运行环境等。

对软件来说,可移植性主要体现在:

（1）如何在软件的设计和开发过程中增强它的可移植性。这个问题主要体现在软件自身内建的可移植性能力上。

（2）如何将已有软件移植到一个特定的新环境中去。这个问题主要通过可移植性工程能力体现。

可移植性度量通过移植所需要的成本或工作量体现。通过可移植性度量框架公式为

$$M(p) = 1 - \frac{C_{\text{port}}(p)}{C_{\text{new}}(p)}$$

式中,$M(p)$ 为移植单元 P 的可移植性;$C_{\text{port}}(p)$ 为将单元 p 从源环境移植到目标环境中所需要的工作量;$C_{\text{new}}(p)$ 为在目标环境上重新构建单元 p 所需要的工作量。

有关工作量的度量基准如何设置由用户决定。工作量最直接的体现是代码行,由此公式就转化为移植新增代码行和重新构建新增加代码行比值。从可移植性工程角度看,一个软件从平台 A 移植到平台 B,可能增加的代码行很少,大量的工作量放在平台差异性分析和结果验证上。因此,用代码量度量不一定能真实反映出软件可移植性,度量需回归到工作量本身,也即:移植所花费的工作量与重新构建所花费的工作量,单位采用人天或人时均可。一个完整的可移植工程包含分析、设计、实现、测试等各个活动,移植工作量即为这些活

动的工作量总和。

可移植性度量公式涉及两个关键数据：移植工作量和重新构建工作量。一个现实问题是：软件要么部分移植，要么全部构建开发，二者不可能兼得。如何获得重新构建工作量的数据？在没有办法直接获得的情况下，主要是基于现有软件的可移植性和工程能力经验值估算而来。

【案例】 某软件产品需支持 A 和 B 两个平台，在软件开发前期做可移植性分析。假设该软件的工作量分布为：开发：测试＝7：3，如果构建软件的可移植性能力，需要额外增加 20％ 的工作量，但会给后续实际的可移植性工程实施减少大量的工作量。

根据产品开发经验，与原来相比，不同条件下所需工作量的变化值估计如表 8-17 所示。

表 8-17　可移植性度量示例

活　　动	无可移植性能力	内建可移植性能力
源环境构建工作量		增加 20％
移植开发工作量	增加 50％	减少 50％
移植测试工作量	减少 50％	减少 50％
目标环境重新构建工作量	减少 10％	减少 30％

无可移植性能力：
$$C_{\text{port}}(p) = 1.5 \times 0.7 + 0.5 \times 0.3 = 1.2$$
$$C_{\text{new}}(p) = 1 \times 0.9 = 0.9$$
$$M(p) = 1 - (1.2/0.9) = -0.33$$

内建可移植性能力：
$$C_{\text{port}}(p) = 1.2 \times (0.5 \times 0.7 + 0.5 \times 0.3) = 0.6$$
$$C_{\text{new}}(p) = 1.2 \times 0.7 = 0.84$$
$$M(p) = 1 - (0.6/0.84) = 0.29$$

8.3.2　软件缺陷度量

质量是反映软件与需求相符程度的指标，而缺陷被认为是软件与需求不一致的某种表现，所以通过对测试过程中所有已发现的缺陷进行评估，可以了解软件的质量状况。也就是说，软件缺陷评估是评估软件质量的重要途径之一。软件缺陷评估指标可以看作度量软件产品质量的重要指标，缺陷分析也可以用来评估当前软件的可靠性或预测软件产品的可靠性变化。

软件评估首先要建立基线，为软件产品的质量、软件测试评估设置起点。在这个基准线上再设置测试的目标，作为系统评估是否通过的标准。缺陷评测的基线是对某一类或某一组织的结果的一种度量，这种结果可能是常见的或典型的。例如，10 000 行源程序（LOC）是程序规模的一个基准，每一千行代码有 3 个错误是测试中错误发现率的基准。基准对期望值的管理有很大帮助，目标就是相对基准而存在，也就是定义可接受行为的基准，如表 8-18 所示。

表 8-18　某个软件项目质量的基准和目标

条　目	目　标	低　水　平
缺陷清除效率	＞95％	＜70％
缺陷密度	每个功能点＜4	每个功能点＞7
超出风险之外的成本	0	≤10％
全部需求功能点	＜1％每个月平均值	≥50％
全部程序文档	每个功能点页数＜3	每个功能点页数＞6

软件缺陷评估的方法相对比较多,从简单的缺陷计数到严格的统计建模,基于缺陷分析的产品质量评估方法有以下 7 种。

* 缺陷密度——软件缺陷在规模上的分布。
* 缺陷率——缺陷在时间上的分布。
* 整体缺陷清除率。
* 阶段性缺陷清除率。
* 缺陷趋势、预期缺陷发现率。
* 软件产品性能评估技术。
* 借助工具的其他方法。

此处着重介绍基于缺陷质量指标如何对软件产品质量进行评估,对于基于缺陷的度量模型在 8.5 章节专门介绍。

1. 缺陷密度

Myers 有一个关于软件测试的著名的反直觉原则:在测试中发现缺陷多的地方,还有更多的缺陷将会被发现。这个原则背后的原因在于:缺陷发现多的地方,漏掉缺陷的可能性也会越大,或者告诉我们测试效率没有被显著改善之前,在纠正缺陷时将引入较多的错误。这条原理的数学表达就是缺陷密度的度量——每 KLOC 或每个功能点(或类似功能点的度量——对象点、数据点、特征点等)的缺陷数,缺陷密度越低意味着产品质量越高。

* 如果缺陷密度与上一个版本相同或更低,就应该分析当前版本的测试效率是不是降低了? 如果不是,意味着质量的前景是乐观的;如果是,就需要额外的测试,还需要对开发和测试的过程进行改善。
* 如果缺陷密度比上一个版本高,就应该考虑在此之前为显著提高测试效率是否进行了有效的策划并在本次测试中得到实施? 如果是,虽然需要开发人员更多的努力去修正缺陷,但质量还是能得到更好的保证;如果不是,意味着质量恶化、质量很难得到保证。这时,要保证质量,就必须延长开发周期或投入更多的资源。

2. 缺陷率

缺陷率是指一定时间范围内的缺陷数与错误概率(Opportunities For Error,OFE)的比值。前面已经讨论过软件缺陷和失败的定义,失败是缺陷的实例化,可以用观测到的失败的不同原因数目近似估算软件中的缺陷数目。

软件产品缺陷率,即使是对一个特定的产品,在其发布后不同时段也是不同的。例如,以应用软件的角度说,90％以上的缺陷是在发布后两年内被发现的;而对操作系统,90％以上的缺陷通常在产品发布 4 年后才能被发现。

3. 整体缺陷清除率

先引入几个变量：F 为描述软件规模用的功能点；D_1 为在软件开发过程中发现的所有缺陷数；D_2 为软件发布后发现的缺陷数；D 为发现的总缺陷数。因此，$D = D_1 + D_2$。

对于一个应用软件项目，则有如下计算方程式（从不同的角度估算软件的质量）：

$$质量 = D_2/F$$

$$缺陷注入率 = D/F$$

$$整体缺陷清除率 = D_1/D$$

假如有 100 个功能点，即 $F = 100$，而在开发过程中发现了 20 个错误，提交后又发现了 3 个错误，则 $D_1 = 20, D_2 = 3, D = D_1 + D_2 = 23$。

$$质量（每功能点的缺陷数）= D_2/F = 3/100 = 0.03(3\%)$$

$$缺陷注入率 = D/F = 20/100 = 0.20(20\%)$$

$$整体缺陷清除率 = D_1/D = 20/23 = 0.8696(86.96\%)$$

有资料统计，目前美国的平均整体缺陷清除率大约为 85%，而一些具有良好的管理和流程的著名的软件公司，其主流软件产品的缺陷清除率可以超过 98%。

众所周知，清除软件缺陷的难易程度在各个阶段是不同的。需求错误、规格说明、设计问题及错误修改最难清除，如表 8-19 所示。

表 8-19　不同缺陷源的清除率

缺陷源	潜在缺陷	清除率%	被交付的缺陷
需求报告	1.00	77	0.23
设计	1.25	85	0.19
编码	1.75	95	0.09
文档	0.60	80	0.12
错误修改	0.40	70	0.12
合计	5.00	85	0.75

表 8-20 反映的是 CMM 的 5 个等级对软件质量的影响，其数据来源于美国空军 1994 年委托 SPR（美国一家著名的调查公司）进行的一项研究。从表中可以看出，CMM 级别越高，缺陷清除率也越高。

表 8-20　SEI CMM 级别潜在缺陷与清除率

SEI CMM 级别	潜在缺陷	清除率/%	被交付的缺陷
1	5.00	85	0.75
2	4.00	89	0.44
3	3.00	91	0.27
4	2.00	93	0.14
5	1.00	95	0.05

4. 阶段性缺陷清除率

阶段性缺陷清除率是测试缺陷密度度量的扩展。除测试外，它要求跟踪开发周期所有阶段中的缺陷，包括需求评审、设计评审、代码审查。因为编程缺陷中的很大百分比是同设计问题有关的，进行正式评审或功能验证以增强前期过程的缺陷清除率，有助于减少出错的注入。基于阶段的缺陷清除模型反映开发工程总的缺陷清除能力。

进一步分析缺陷清除有效性(Defect Remove Efficiency,DRE),DRE 可以定义为:

$$\frac{开发阶段清除的缺陷数}{产品中潜伏的缺陷数} \times 100\%$$

产品中潜伏缺陷的总数是不知道的,必须通过一些方法获得其近似值,如经典的种子公式方法。当用于前期或特定阶段时,此时 DRE 相应地被称为早期缺陷清除有效性和阶段有效性,对给定阶段的潜伏缺陷数,可以估计为:

当前阶段的潜伏缺陷数 = 当前阶段排除的缺陷数 + 以后发现的缺陷数

给定阶段的 DRE 度量值越高,遗漏到下一个阶段的缺陷就越少。

缺陷是在各个阶段注入阶段性产品或者成果中的,通过表 8-21 描述的与缺陷注入和清除相关联的活动分析,可以更好地理解缺陷清除有效性。回归缺陷是由于修正当前缺陷时而引起相关的、新的缺陷,所以即使在测试阶段,也会产生新的缺陷。

表 8-21　与缺陷注入和清除相关联的活动

开 发 阶 段	缺 陷 注 入	缺 陷 清 除
需求	需求收集过程和功能规格说明书	需求分析和评审
系统/概要设计	设计工作	设计评审
详细/程序设计	设计工作	设计评审
编码和单元测试	编码	代码审查、测试
集成测试	集成过程、回归缺陷	构建验证、测试
系统测试	回归缺陷	测试、评审
验收测试	回归缺陷	测试、评审

这样,阶段性的 DRE 又可以定义为:

$$\frac{清除的缺陷数(这一阶段)}{(这一阶段)入口处存在的缺陷数 + (这一阶段)开发过程中注入的缺陷数} \times 100\%$$

清除的缺陷数等于检测到的缺陷数减去不正确修正的缺陷数。如果不正确修正的缺陷数所占的比例很低(经验数据表明,测试阶段大概为 2%),清除的缺陷数就近似于检测到的缺陷数。

8.3.3　顾客满意度度量

顾客满意度,是软件产品质量最终的体现,也是软件产品度量的最重要组成部分。顾客满意度指标(Customer Satisfaction Index,CSI)以顾客满意研究为基础,对顾客满意度加以界定和描述。顾客满意度度量一般通过对顾客进行访问、调查和分析获得。对于具体的一次度量,会因为质量策略、质量管理理念及价值取向等不同,其度量的焦点也不同。简单的度量只有一个度量指标——顾客满意度,复杂的度量把顾客满意度量分解为多个度量的指标。例如,日本 NEC 公司曾经将顾客满意度度量尺度分解为 5 个属性:共感性、诚实性、革新性、确实性和迅速性,而每个尺度由两个要素和 4 个项目组成,共计 5 大尺度、10 个要素和 20 个项目。

顾客满意度度量是改善服务过程中不可或缺的部分,是所有业务流程都必须提供的。相关的顾客反馈带来的好处可能远胜于度量本身,确实可以给软件组织带来不可低估的衍生利益。顾客满意度度量的作用如下。

- 了解所提供的服务、产品，从而更好地改进产品或服务。
- 专注化的服务——向顾客传递更为清晰的信息，在内部员工中以及外部的顾客中传达我们的顾客导向。
- 度量期望与交付之间的差距，目标更清楚，提高控制能力。
- 根据顾客导向来进行资源分配，提高服务效率。
- 在管理流程中加入要素置换。
- 可以让更多的员工，增强质量意识，提高成就感及工作满足感。
- 更多的顾客参与，更好的内部与外部沟通。
- 对竞争对手的分析。

实施顾客满意度度量的第一步是在企业组织内部了解以下几个问题。

- 谁的满意度至关重要？
- 顾客需要的是什么？
- 我们能为顾客提供什么？
- 我们提供的东西有何特别之处？
- 服务的差距在哪里？

1. 顾客满意度要素

美国 Stephen H. Kan 在其软件质量工程度量专著 *Metrics and Models in Software Quality Engineering* 中认为，软件组织的顾客满意度要素如表 8-22 所示。

表 8-22　软件组织的顾客满意度要素及其内容

顾客满意度要素	顾客满意度要素的内容
技术解决方案	可靠性、有效性、易用性、价格、安装、新技术
支持与维护	灵活性、易达性、产品知识
市场营销	解决方案、接触点、信息
管理	购买流程、请求手续、保证期限、注意事项
交付	准时、准确、交付后过程
企业形象	技术领导、财务稳定性、执行印象

作为企业的顾客满意度的基本构成单位，项目的顾客满意度会受到项目要素的影响，主要包括：开发的软件产品、开发文档、项目进度以及交付期、技术水平、沟通能力、运用维护等。具体而言，可以细分为如表 8-23 所示的度量要素，并根据这些要素进行度量。

表 8-23　软件项目的顾客满意度度量要素

顾客满意度要素	顾客满意度度量内容
软件产品	功能性、可靠性、易用性、效率性、可维护性、可移植性
开发文档	文档的构成、质量、外观、图表及索引、用语
项目进度以及交付期	交付期的根据、进度迟延情况下的应对、进展报告
技术水平	项目组的技术水平、项目组的提案能力、项目组的问题解决能力
沟通能力	事件记录、格式确认、问题解答
运用维护	支持、问题发生时的应对速度、问题解决能力

2. 顾客满意度调查

顾客满意度度量,首先要获得顾客对产品或服务的感受、反馈等实际的、客观的数据,这些数据主要来源于顾客的反馈。顾客可以通过各种渠道来反馈信息,如定时对顾客进行拜访,接受顾客投诉,随产品发放反馈表,建立顾客咨询和反馈网站,开用户大会等。为了得到有代表性的、更广泛的数据,一种更有效的方法就是开展面对整体顾客的顾客满意度调查,这也是对产品(服务)度量的最主要途径之一。

顾客满意度调查可以由软件组织开展,也可以委托独立第三方进行调查。顾客满意度调查的主要形式有问卷调查、对顾客的采访和对历史数据的调查。3种方式的具体说明如下。

- 问卷调查。是普遍采用的一种方式,顾客比较容易接受,实施起来比较简单、成本低而且灵活。以前采用纸质的问卷比较多,现在借助互联网站的电子调查问卷越来越多。网站问卷调查,由于隐蔽性(匿名方式)容易得到更为客观的数据,统计工作就更容易。这种方法的缺点是响应率比较低、响应时间比较长、顾客重视不够、对调查项目容易产生误解。所以问卷调查的各个项目设计非常重要,需要有专业化知识和经验,其各个项目要做到准确、不二性、含义清楚、明确,有时结合一定的物质刺激(有奖问卷、礼物),帮助其有效实施。
- 对顾客的采访。采访可以面对面进行,也可以通过电话实现。这种方法有效、得到的数据更真实。通过直接交流,可以避免在问卷调查时出现对某些项目的误解,并能获得更多来自顾客反馈的信息。这种方法的缺点是耗时长、成本大,并需要较多的、受过培训的工作人员。
- 对历史数据的调查。从销售、市场、技术支持等各个方面获得间接数据。

【案例】 美国顾客满意度指数(the American Customer Satisfaction Index ACSI, http://www.theacsi.org/)是由密歇根大学的 Stephen M. Ross 商学院研制,它通过在线服务方式测量客户满意度并获得特定行业的指数。ACSI 已成为分析美国政府网站非常流行的工具。ACSI 采用问卷调查的方式获取数据,但针对特定度量可以进行定制。美国整体 ACSI 指数则是根据每年大约 70 000 用户、300 个公司、43 个产业,10 个经济部门的问卷调查数据综合而得,如图 8-20 所示。

3. 抽样方法

当顾客数量很大时,调查所有的顾客是非常昂贵的,常常是不可能的。通过代表性的抽样估计整体顾客群的满意度是一种更加有效的办法。为了获得代表性的样本,需要使用科学的概率抽样方法。基本的概率抽样类型有 4 种:简单随机抽样(Simple Random Sampling)、系统抽样(Systematic Sampling)、分层抽样(Stratified Sampling)和聚合/簇抽样(Cluster Sampling)。

(1) 简单随机抽样。对于一个规模为 n 的样本中每个个体被抽取的可能性/概率相等的抽样方法。但简单随机抽样也不是任意自由、随意地抽样,而要求是一个概率的样本。要得到一个简单随机样本,每个个体都必须被列出一次而且只有一次,可以借助一些工具或自动化过程,例如,使用随机数表或使用产生随机数的计算机程序获得样本。

(2) 系统抽样。首先假定将要抽取的样本量远小于整体样本量,只有整体样本量的 $1/k$($1/k$,也称抽样分数),从第一个 k 个体开始随机地选择一个,并顺着列表简单地从每个 k 序

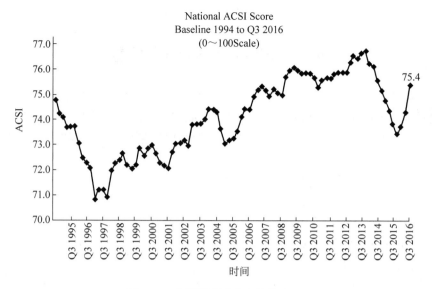

National ACSI Score
Baseline 1994 to Q3 2016
(0～100Scale)

图 8-20　美国顾客满意度指数 ACSI

（来源：http://www.theacsi.org/）

列个体中抽取一个,直至结束。例如,我们要从样本量 50 000 的整体样本中抽出 1000 个顾客作为被调查的样本,则 k 值为 50。首先从 1 到 50 之间的随机数开始,抽取第一个顾客,然后每隔 50 个(51～100,101～150,…)抽取一个顾客,直到所有 1000 个顾客被抽出来,就完成了样本的建立。系统抽样样本通常可以和简单随机样本互换,如果列表特别长或者要得到一个很大的样本,系统抽样比随机抽样要简单。在系统抽样时,列表的项不能是事先排序的,否则会造成样本产生一种趋势,影响结果。另外,如果列表的项拥有一种与 k 值相一致的循环特征,也会造成样本产生较大的偏差。

（3）分层抽样。首先将样本个体分成不重叠的组——层,然后从每一层中选择简单随机样本。层的分类一般建立在重要性参数之上,如网络系统的顾客可以按电话拨号、ISDN、ASDL 和宽带等接入方式来进行分类(层),各类的顾客满意度和需求往往不一样。分层抽样,如果设计好,将会比简单随机抽样和系统抽样更加有效。通过分层,可以确定样本中每层的个体都具有更好的代表性,所以在同样成本的条件下,分层样本可以产生更大的准确度。

（4）聚合/簇抽样。和分层抽样比较相似,把样本整体划分成许许多多的组——簇,然后从簇中抽取样本。一个簇样本就是一个简单随机样本,每一个抽样单位就是元素形成的簇。通常情况下,地域性的单位,如城市、地区、学校、工厂等都被视为抽样单位,并尽可能地选取不同的、足够小的簇为抽样单位。在软件公司顾客满意度调查中,簇抽样方法是最有效的。

无论哪种抽样方法,抽样的设计对于得到无偏差的、有代表性的数据都至关重要。那么,多大的样本才算充分? 这个问题的答案取决于度量所要达到的可靠性、可信度或精度。有一个公式可以根据可信度等级计算样本规模:

$$n = [NZ^2 \cdot p(1-p)]/\{NB^2 + [Z^2 \cdot p(1-p)]\}$$

其中,N 为整体样本规模数量;Z 为符合正态分布的置信等级值,$Z=1.28$ 对应 80% 置信等级,$Z=1.658$ 对应 90% 置信等级等;p 为估计的满意度;B 为错误的边缘。

8.4 软件过程质量度量

软件过程质量度量更为重要,可以帮助改进过程,进而提高软件产品质量。软件过程度量主要包括成熟度度量、管理度量和生命周期度量。软件成熟度度量见本章有关 CMM 的讨论。本节主要集中讨论生命周期的软件开发过程度量,包括需求过程度量、软件过程生产率度量、测试过程度量和维护过程度量等。

观察软件开发过程度量,可以分为以下两大类。

- 衡量过程效率和过程工作量——工作量指标,如软件过程生产率度量、测试效率评价、测试进度 S 曲线等。
- 从质量的角度来表明测试的结果——结果指标,如累计缺陷数量、峰值到达时间、平均失效时间(MTTF)等。

在实际过程度量工作中,会把两类度量结合起来进行分析。例如,测试过程相关的测试效率和缺陷数量的矩阵模型,就是将过程度量值和测试结果的缺陷度量一起研究,如图 8-21 所示。

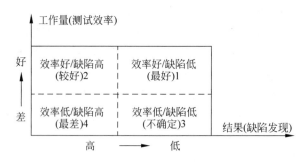

图 8-21 测试效率和缺陷数量的矩阵模型

- 情形 1 是最好情况,显示了软件良好的内在质量——开发过程中的错误量低,并通过有效测试验证。
- 情形 2 是一个较好的场景,潜伏的、较多的缺陷通过有效的测试被发现。
- 情形 3 是不确定的场景,我们可能无法确定低缺陷率是由于代码质量好还是测试效率不高而造成的结果。通常如果测试效率没有显著恶化,低缺陷率是一个好的征兆。
- 情形 4 是最坏的场景,代码有很多问题,但测试效率低,很难及时发现它们。

8.4.1 软件需求过程的质量度量

对于需求过程的质量度量,除了需求分析中缺陷度量之外,主要集中在需求规格说明书的度量和需求稳定性(需求变化)的度量上。当然,需求分析所存在问题(issues)也应该得到跟踪和度量。例如,问题关闭率(Issue Closed Rate,ICR)就是度量需求分析过程问题解决能力或效率。

1. 需求规格说明书的度量

需求规格说明书的度量是评估需求分析模型和相应的需求规格质量的特征,如明确性(无二义性)、完整性、正确性、可理解性、可验证性、内部和外部一致性、可完成性、简洁性、可追踪性、可修改性、精确性和可复用性等。此外,高质量的需求规格说明书应该是电子存储的,可执行的或至少可解释的,对相对重要性和稳定性进行注释的,并在适当的详细级别提供版本化、组织、交叉引用和表示等。

提高需求质量的一个直接方法就是对需求进行评审,结合需求质量标准的 Checklist 展开评审,提出问题,对其中的有效问题进行度量,以过程评审质量的指标呈现。以下公式是需求评审缺陷密度的计算方法,其中,需求规模可以是需求文档页数、需求规格数、功能点数等。

$$需求评审缺陷密度 = 需求评审发现的有效问题数 / 需求规模$$

在一个产品的需求规格说明书中有 n_r 个需求,所以

$$n_r = n_f + n_{nf}$$

其中,n_f 是功能需求的数目,n_{nf} 是非功能需求数目(如性能)。

为了确定需求的确定性(无二义性),一种基于复审者对每个需求的解释的一致性的度量方法:

$$Q_1 = n_{ui} / n_r$$

其中,n_{ui} 是所有复审者都有相同解释的需求数目。当需求的模糊性越低时,Q_1 的值越接近 1。

功能需求的完整性可以通过计算以下比率获得:

$$Q_2 = n_u / (n_i \cdot n_s)$$

其中,n_u 是唯一功能需求的数目;n_i 是由需求规格定义或包含的输入的个数;n_s 是被表示的状态的个数;Q_2 比率测度了一个系统所表示的必需的功能百分比,但是它并没有考虑非功能需求,为了把这些非功能需求结合到整体度量中以求完整,必须考虑需求已经被确认的程度。

$$Q_3 = n_c / (n_c + n_{nv})$$

其中,n_c 是已经确认为正确的需求的个数;n_{nv} 是尚未被确认的需求的个数。

2. 需求稳定性的度量

对于软件的需求,常常难以一次性定义清楚,需求的变化又是必然的,而需求的变化必然影响到软件开发过程的各个阶段,包括设计、编程和测试等,所以说需求变化是对开发过程影响最大的因素之一,软件需求定性度量是关键性度量之一。

需求稳定性度量通过需求稳定因子(Requirements Stability Index,RSI)表示,即:

$$RSI = (所有确定的需求数 - 累计的需求变化请求数) / 所有确定的需求数$$

所有确定的需求数(Number of all Resolved Requirements Request,N3R)可以表示为:

$$N3R = 初始需求请求列表数 + 接受的需求变化请求数$$

而接受的需求变化请求数是累计的需求变化请求数和待定的需求变化请求数之差,其过程是动态的,软件开发过程中越到后期,需求越趋于稳定。RSI 越大,需求越稳定,越接近于 1。

有时,需求稳定性还通过需求变更率来度量,即:

需求变更率 = 累计的需求变化请求数 / 所有确定的需求数

显然,需求稳定因子和需求变更率是一对和为 1 的互补指标。

【案例】 最近发布的几个版本的开发过程很不顺畅,项目经理小 A 深受问题困扰。经过缺陷分析,发现大部分的问题主要来源于需求问题。为此,针对后续版本的开发,小 A 采取以下的措施对需求进行质量控制。

- 对需求评审提出质量要求。收集需求评审过程中提出的有效问题数,度量目标:平均提出问题数≥5 个/需求;
- 对需求稳定度提出质量要求。收集开发过程中需求变更总数、累计需求数,并度量目标,要求每个阶段:新增需求率≤20%;需求变更率≤50%。

从表 8-24 可以看出,从设计到发布,虽然新增需求率没有变化,但需求变更率非常高。

$$需求总数 = 10 - 2 + 2 = 10$$
$$需求变更 = 2 + 2 + 2 + 2 + 2 = 10$$
$$新增需求率 = 0$$
$$需求变更率 = 100\%$$

表 8-24　软件需求变更示例

阶段	原有需求数	更　　新	新　　增	删　　除	需求变更总数	变更后累计需求总数
设计	10	2	2	0	4	12
编码	12	2	0	0	2	12
测试	12	2	0	2	4	10
发布	10	0	0	0	0	10

8.4.2　软件过程生产率的度量

软件生产率度量(productivity measurement)是在现有人员的能力和历史数据分析基础上,测量人员的生产力水平,包括软件开发过程整体生产率(成本核算模型)、软件编程效率和软件测试效率等,常用产生代码行数/人月(man-month),测试用例/人日(man-day)等表示。

不管是面向对象项目类/对象点的生产率度量,还是面向过程语言的功能点生产率度量都是两维的:工作量和产出。而在软件中,特别是项目级的生产率,其概念是三维的:产出(交付的大小或功能)、工作量和时间,如图 8-22 所示。因为在时间和工作量之间的关系不是线性的,所以时间维不能被忽视。如果质量作为另一个变量,那么生产率概念就变成四维的了。假如质量保持不变或质量标准作为已交付的需求的一部分,就能避免把生产率和质量混合而引起混乱,生产率还是保持一个三维的概念。

保持其中的任何两维不变,变化的就是第三维。例如,工作量(任务)和资源(成本)不变,要提高生产率,就是缩短时间、加快进度;工作量(任务)和时间(进度)不变,按时发布产品,要提

图 8-22　软件生产率度量的三维关系

高生产率,就是尽量节省资源、降低成本。

软件生产率的度量是通过每人日代码行、每人月功能点、每人年类数或每个类平均人天数等这样的测量来实现的。尽管测量单位不同,但概念一样,都是测量每个工作量单位产生出的程序量。程序量可以用软件规模度量计算,例如,代码行、功能点、类等,而工作量单位就更容易理解,不外乎是:人时(man-hour)、人日(man-day)、人月(man-month)或人年(man-year)。例如,每人日代码行经常在 C/C++语言编程中使用,业界平均水平在 70~80LOC/ man-day,包括编码、修正缺陷和构建软件包(daily build)等在内,达到软件发布质量标准而开发人员所做的工作来计算的,而不仅仅是把代码写出来。如果采用每人月类数作为度量单位,这个变化会更大,平均值会接近 4~5classes/man-month,相当于0.2classes/man-day。这样的话,一个类的工作量相当于 350~400 代码行。

对于每人月类数的影响因素,人们做了研究,得到一定的成果,如掌握了影响差异的相关因子,包括模型类 vs 用户接口类、具体类 vs 抽象类、关键类 vs 支持类、框架(Framework)类 vs 客户类以及不成熟类 vs 成熟类。例如:

- 对于业务逻辑的关键类,需要更多的开发时间,和领域专家更多交流。根据 IBM 等公司的研究,关键类的生产率特征值在 1~3classes/man-month,远低于平均值 4~5classes/man-month。
- 框架类很强大但不是很容易开发,需要更多工作量,其生产率特征值在 1.5classes/man-month,和关键类的生产率特征值接近,但略低。
- 成熟的类的特征是有很多的方法,但需很少的开发时间。上面已给出生产率特征值,约 4~5classes/man-month。

Stephen H. Kan 在其软件质量工程度量专著 *Metricsand Models in Software Quality Engineering* 中给出了来自于 IBM 开发的两个面向对象项目的数据,一个是开发商业框架的,另一个是 Web 服务有关的软件,测量限定在开发和测试而排除与设计及体系结构相关的工作量,其生产率数据如表 8-25 所示。

表 8-25　不同类型的应用软件对生产率的影响

	类(C++)	方法(C++)	Class/man-month	Methods/man-month
Web Service	598	1029	2.6	3.5
Framework	3215	24 670	1.9	14.8

这个项目的生产率比前面讨论的业界标准要低得多。这些数据说明不同的应用程序、软件系统、开发项目(如操作系统、数据库系统、ERP 管理系统、Web 服务系统等),其生产率也有较大不同。

8.4.3　测试阶段的过程质量度量

测试阶段的过程度量内容或项目比较多,包括软件测试进度、测试覆盖度、测试缺陷出现/到达曲线、测试缺陷累积曲线、测试效率等。在进行测试过程度量时,要基于软件规模度量(如功能点、对象点等)、复杂性度量、项目度量等方法,从 3 个不同的测度完整度量测试的过程状态。

- 测试广度:测量提供了多少需求(在所有需求的数目中)在某一时刻已经被测试,来度量测试计划的执行、测试进度等状态。

- 测试深度：对被测试覆盖的独立基本路径占程序中的基本路径的总数的百分比的测度，基本路径数目的度量可以用 McCabe 环形计算复杂度方法计算。

- 过程中收集的缺陷数度量：发现的、修正的和关闭的缺陷数量在过程中的差异、发展趋势等，为过程质量、开发资源额外投入、软件发布预测提供重要依据。

综上所述，测试过程的度量可以将过程状态度量和过程结果度量结合起来分析，使测试过程度量更有效。

测试阶段的过程质量度量主要有：

- 缺陷度量或缺陷分布度量；
- 测试用例的深度、质量和有效性；
- 测试执行的效率和质量；
- 缺陷报告的质量；
- 测试覆盖度（测试整体的质量）；
- 测试环境的稳定性或有效性。

缺陷度量是测试阶段的主要度量内容，包括产品缺陷度量和缺陷过程度量。产品缺陷度量在 6.4.2 中做了详细介绍，而和缺陷过程度量有关的软件缺陷到达模式、PTR 出现/积压模型已在 6.3.3 节和 6.3.4 节中做了介绍，而测试环境的稳定性或有效性度量，就像软件有效性一样，用 MTTF 测量。所以下面将简单介绍其他度量内容，如测试用例的度量、基于需求的测试覆盖评估、基于代码的测试覆盖评估等。

1. 测试用例的深度、质量和有效性

测试用例是测试执行的基础，其质量的好坏直接关系到测试的质量，也就影响着软件质量的保证过程。测试用例的度量包含测试用例的深度、质量和有效性，而且包含自动化程度的度量，即多少比例的测试用例已被自动化了。

测试用例的深度（Test Case Depth，TCD）度量可以用每 KLOC 的测试用例数或每个功能点/对象点的测试用例数表示。测试用例的效率可以用每 100 或 1000 个测试用例所发现的缺陷数衡量，不同的测试阶段是不一样的，应该对同一阶段的不同版本进行比较，而不宜对同一版本的不同阶段进行比较。测试用例的质量（Test Case Quality，TCQ）可以用由测试用例发现的缺陷数量来度量，即：

$$TCQ = 测试用例发现的缺陷数量 / 总的缺陷数量$$

还有一部分缺陷可以通过 Ad-hoc 测试（随机、自由的测试）、集体走查（Work-through）和 Fire-drill 测试（类似消防训练的用户压力/验收测试）等其他手段发现。

2. 测试执行的效率和质量

测试执行的质量可以用软件发布后所遗留的软件缺陷和总缺陷数的比值衡量，一般要求低于 0.5%，也可以通过种子公式或交叉测试等方法衡量。测试执行的效率可以用下列几种方法来综合度量。

- 每个人日所执行的测试用例数。
- 每个人日所发现的缺陷数。
- 每修改的 KLOC 所运行的测试用例数。

3. 缺陷报告的质量

缺陷报告质量是评估测试人员工作质量的方法之一,可测量的指标有:

- 缺陷报告有效性:所有修正/关闭的(等级高的)缺陷和测试人员所报的所有(等级高的)缺陷的比值。这个值越接近 1,有效性就越高。等级高的缺陷,其正常值为 0.92~0.96。

- 缺陷报告质量:可以用一些中间状态为"需要补充信息""不是缺陷"的缺陷数量衡量。一般占总缺陷数的 3%~5% 为正常,高于或低于这个值都可能不正常;高于5%,可能说明缺陷报告质量低;低于 3%,可能说明测试人员缺少怀疑。

4. 基于需求的测试覆盖评估

基于需求的测试覆盖评估,是依赖于对已执行/运行的测试用例的核实和分析,因此基于需求的测试覆盖评测就转化为评估测试用例覆盖率:测试的目标是确保 100% 的测试用例全部成功地执行。一般在测试计划中,就定义了测试的工作量、测试用例数量和测试用例覆盖率(98%~100%)。我们根据事先确定的测试日程安排,可以将测试计划值做成曲线,然后根据实际执行结果,定期(每天或每周)去画实际值曲线,从而可以进行测试全过程监控和预测。

在执行测试活动中,评估测试用例覆盖率又可分为两类测试用例覆盖率估算。

(1) 确定已经执行的测试用例覆盖率,即在所有测试用例中有多少测试用例已被执行。假定 T_x 是已执行的测试过程数或测试用例数,R_{ft} 是测试需求的总数。

$$已执行的测试覆盖率 = T_x/R_{ft}$$

(2) 确定成功的测试覆盖率,即执行时未出现失败的测试,如没有出现缺陷或意外结果的测试。假定 T_s 是已执行的完全成功、没有缺陷的测试过程数或测试用例数。

$$成功的测试覆盖率 = T_s/R_{ft}$$

5. 基于代码的测试覆盖评估

基于代码的测试覆盖评测是对被测试的程序代码语句、路径或条件的覆盖率分析。如果应用基于代码的覆盖,则测试策略是根据测试已经执行的源代码的多少表示的。这种测试覆盖策略类型对于安全至上的系统来说非常重要。

评估代码的测试覆盖率,需要制订测试目标期望的、总的测试代码行数,在测试中真正执行的代码行数及其百分比,并将此结果记录在测试评估报告中。测试过程中已经执行的代码的多少,与之相对的是要执行的剩余代码的多少。代码覆盖可以建立在控制流(语句、分支或路径)或数据流的基础上。控制流覆盖的目的是测试代码行、分支条件、代码中的路径或软件控制流的其他元素。数据流覆盖的目的是通过软件操作测试数据状态是否有效。例如,数据元素在使用之前是否已经定义。

基于代码的测试覆盖可通过以下公式计算。

$$已执行的测试覆盖 = T_c/T_{nc}$$

其中,T_c 是用代码语句、条件分支、代码路径、数据状态判定点或数据元素名表示的已执行项目数;T_{nc}(Total number of items in the code)是代码中的项目总数。

【案例】 某项目在测试阶段收集到数据如表 8-26 所示,根据数据对其做简单的质量分析。

表 8-26　软件测试阶段的过程质量度量示例

度量指标	度量值
代码行(LOC)	10 000
测试用例数(个)	100
测试用例发现缺陷数(个)	10
总缺陷数(个)	50

测试用例的深度 TCD＝100/(10000/1000)＝10(个/KLOC)

测试用例发现缺陷 TCQ＝10/50＝20％

百用例发现缺陷问题数＝10/(100/100)＝10

缺陷密度＝50/(10 000/1000)＝5(个/KLOC)

所谓基线参考值,来源于若干历史版本的经验数据,从中提取出参考值作为质量标准,如表 8-27 所示。根据度量结果来看,该项目的测试用例的深度、测试用例发现缺陷率明显偏低,导致缺陷密度也相对偏低。由此可以看出,该项目主要是测试设计质量引发的问题,通过加大测试设计投入,提高测试用例质量,进而提高测试质量、发现更多缺陷。

表 8-27　软件测试阶段的过程质量度量基线参考值

度量指标	度　量　值	基线参考值
测试用例的深度 TCD/(个/KLOC)	10	≥80
测试用例发现缺陷 TCQ(％)	20％	≥60％
百用例发现缺陷问题数(个)	10	≥11
缺陷密度/(个/KLOC)	5	≥7

8.4.4　维护阶段的过程质量度量

一个软件产品被发布到软件服务运行环境或投入市场时,它就进入了维护阶段。维护阶段的度量用平均失效时间(Mean Time to Failure,MTTF)和基于时间缺陷(或用户问题数)到达率来实现。这两项度量是描述维护阶段产品质量及其改进的过程,还不能完全反映维护过程的质量,所以还需要定义其他一些指标度量软件维护工作,如对顾客问题的响应速度、顾客问题的积压数、需求变化控制、软件缺陷修正响应时间、比率等。

维护阶段的需求变化和缺陷修正是软件维护的最主要工作,需求变化可以用需求稳定因子来度量;缺陷修正的度量指标是缺陷到达率和报告的问题修复率,可以简单地计算每个月或每个星期没有解决的用户所报告的问题,并用趋势图来直观表征缺陷修正的过程。

积压缺陷管理指标(BMI)也是维护过程的有效度量,它反映的是已解决的问题与该月报告的问题总数的比率。假如 BMI 大于 100,这意味着积压的缺陷正在减少;假如 BMI 小于 100,意味着积压的缺陷正在增加。更重要的是,通过控制技术来帮助维护过程的改进,如设定适当的控制限度,一旦超过了控制限度时应当进行更多的调查和分析,采取相应的、有效的措施。

国际标准建议了一个软件成熟度指标(SMI),它提供了对软件产品的稳定性的指标(基于为每一个产品的发布而做的变动），由以下信息来确定：

    MT＝当前发布中的模块数；

    Fc＝当前发布中已经变动的模块数；

    Fa＝当前发布中已经增加的模块数；

    Fd＝当前发布中已删除的前一发布中的模块数；

    软件成熟度指标以下面的方式计算：

$$SMI=[MT-(Fa+Fc+Fd)]/MT$$

当 SMI 接近 1.0 的时候，产品开始稳定。SMI 也可以用作计划软件维护活动的度量。产生一个软件产品的发布的平均时间可以和 SMI 关联起来，且也可以开发一个维护工作量的经验模型。

8.5 软件质量度量模型

软件质量度量模型由产品质量度量模型和过程质量度量模型两部分组成。软件产品质量模型通常包括确定每个由产品获得的特征的程度的度量。在 1.2.3 节中，我们讨论了产品质量模型和使用质量模型，着重分析了软件质量属性，这些模型研究的对象是软件产品，即在软件质量属性和软件设计、编程的特性之间建立关系，帮助我们全面了解软件产品的质量特性，更好地构建产品质量和验证产品质量的各个属性。

产品质量模型中用户自定义的度量层次结构（GRCM），要评估其可读性和可扩充性。GRCM 结构中，因素（Factor）对应于目的（Goal），准则（Criteria）对应于规则（Rules）。对于可读性和可扩充性建立一系列规则。例如，对可读性，目的在于理解类结构、界面和方法，可以建立以下 3 条规则。

(1) 一个类中方法数目（Methods Per Class，MPC）是否小于 20，即是否满足 MPC≤20。

(2) 一个类层次机构层次数（Hierarchy Nesting Level，HNL）或继承树深度（DIT）是否小于 6，即是否满足 HNL≤6 或 DIT≤6。

(3) 一个子类服务于子类（Number of Overridden Methods，NMO）是否合理。

随着软件复杂性增加、规模快速增大，软件过程质量问题比软件产品质量更为重要，或者说其过程管理更为复杂。软件过程质量的度量，可以帮助发现软件过程中的瓶颈或问题所在，为长期的过程质量改进评估效果。软件过程质量的保证才能真正保证软件产品的质量，所以软件过程质量的度量模型越来越受到重视。

例如，软件质量管理过程的成本是一个问题，它几乎总是在决定应该如何组织一个项目时被提出来。通常，使用一般的成本模型，它基于何时发现一个缺陷，修复这个缺陷需要的工作量。还有其他一些问题，如软件缺陷随时间遵守什么样的模式？何时停止测试？怎样达到最好的生产效率？趋势分析可以帮助预测或评估测试什么时候完成或完成的程度。

过去十几年，人们已经建立了众多连续分布数学模型（见表 8-28）进行各类过程的度量和分析，这些模型也应用了到软件过程质量度量中。软件过程质量度量模型中，常用的、有效的过程度量模型有：

- S 曲线模型:用于度量测试进度,进度的跟踪是通过对计划中的进度、尝试的进度与实际的进度三者对比实现的。其数据一般采用当前累计的测试用例(test cases)或者测试点(test points)数量。由于测试过程 3 个阶段中前后两个阶段(初始阶段和成熟阶段)所执行的测试数量(强度)远小于中间的阶段(紧张阶段),即随着时间的推移,累计数据的曲线形状越来越像一个扁扁的 S 形,所以被称为 S 曲线模型。
- PTR 到达和累积预测模型:类似的有缺陷到达数、测试缺陷的时间积压数。
- Rayleigh 模型:连续分布数学模型之一,常用于软件可靠性度量。

表 8-28　连续分布数学模型

CDF-累计分布函数(Beta cumulative distribution function)					
CDF-反向累计分布(Inverse cumulative distribution function)					
PDF-概率密度函数等(probability density function)					
参考:http://docs.dewresearch.com/MtxVecHelp/					
BetaCDF	BetaCDFInv	BetaPDF	CauchyCDF	CauchyCDFInv	CauchyPDF
ExpCDF	ExpCDFInv	ExpPDF	GammaCDF	GammaCDFInv	GammaPDF
LogNormalCDF	LogNormalCDFInv	LogNormalPDF	MaxwellCDF	MaxwellCDFInv	MaxwellPDF
NormalCDF	NormalCDFInv	NormalPDF	ParetoCDF	ParetoCDFInv	ParetoPDF
RayleighCDF	RayleighCDFInv	RayleighPDF	UniformCDF	UniformCDFInv	UniformPDF
WeibullCDF	WeibullCDFInv	WeibullPDF	FermiDiracPDF		

8.5.1　基于时间的缺陷到达模式

产品的缺陷密度或者测试阶段的缺陷率是一个概括性指标,缺陷到达模式可以提供更多的过程信息,有时即使得到的整体缺陷率是一样的,但其质量差异可能较大,原因就是缺陷到达的模式不一样。越多的缺陷到达越早,则测试过程质量就越好。无论是从测试进展的观点,还是从用户重新发现(customer rediscoveries)的观点看,缺陷的过程跟踪是非常重要的,开发周期里大量的严重缺陷将有可能阻止测试的进展,也必然直接影响软件产品的质量和性能。

相对产品发布时间、上一个版本的缺陷水平来说,经常会被项目经理或开发经理问的就是:

- 缺陷何时到达峰值? 这个峰值有时多少?
- 在到达峰值后又要花多少时间趋于(降低)到一个低而稳定的水平?
- 低而稳定的水平持续多少时间,当前版本可以发布?

回答这些问题,正是缺陷到达模式要实现的目标。定性的分析比较容易,测试团队越成熟,峰值到达得越早,有时可以在第一周末或第二周就达到峰值。这个峰值的数值取决于代码质量、测试用例的设计质量和测试执行的策略、水平等,多数情况下,可以根据基线(或历史数据)推得。从一个峰值达到一个低而稳定的水平,需要长得多的时间,至少是达到峰值所用的时间的 4～5 倍。这个时间取决于峰值、缺陷移除效率等。

一个成熟的软件开发过程中,缺陷趋势会遵循着和缺陷到达模式比较接近的模式向前发展。测试阶段初期,缺陷率增长很快,达到峰值后,就随时间以较慢的速率下降,降低到最低点——零点,如图 8-23 所示。

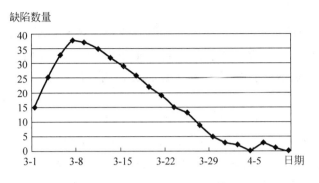

图 8-23　缺陷到达模式的理想趋势图

实际测试过程中,一般会出现一些波动现象,即缺陷数到达零点后反弹,以至于多次到达零点。微软公司就根据这些特点,从缺陷数趋势图中找出缺陷的收敛点,并定义为零 Bug反弹点(Zero Bug Bounce,ZBB)——出现没有激活状态缺陷的第一个时间,从这一时刻开始,产品进入稳定期,如图 8-24 所示。

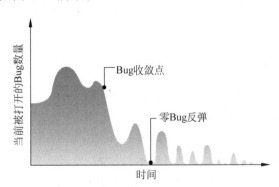

图 8-24　微软公司的缺陷到达模式

在可能的情况下,缺陷到达模式还可以用于不同版本或项目之间的比较,或通过建立基线或者理想曲线,进行过程改进的跟踪和比较。缺陷到达模式不仅是一个重要的过程状态或过程改进的度量,还是进度预测或缺陷预测的数据源和有力工具。

缺陷达到模式可以基于所有测试阶段的总缺陷数,也可以基于特殊测试阶段的缺陷数。虽然一般情况下,缺陷到达模式跟踪的是总缺陷数,但实际工作中,我们可能关心那些严重的软件缺陷——在产品发布前必须要修正的缺陷。因此,缺陷到达模式跟踪的对象就改为严重程度在前两个等级的缺陷。发布后续的版本或软件补丁时,由于时间关系,人们更关心新功能或功能增强而引起的缺陷和回归的缺陷,而往往忽视上一个版本存在的且到现在用户没有任何抱怨的缺陷,缺陷到达模式也随之发生变化。概括起来,常用的缺陷到达模式有以下 4 种形式。

(1)一定时间内的总缺陷数。

(2)一定时间内的严重程度在前两个等级的缺陷数之和。

(3) 一定时间内的新引进的缺陷及回归的缺陷之和。

(4) 一定时间内的新引进的缺陷及回归的缺陷,而且严重程度在前两个等级的缺陷之和。

为了保证对客户的负责态度,不管是新引进的缺陷还是以前存在的缺陷,只要它严重,我们就必须修正它。同时兼顾软件市场竞争激烈的需要,我们也没有必要修正所有的缺陷,而且几乎也是不可能的,质量只要达到客户满意的水平,所以第二种形式是更为常用的。

为了消除不同的程序规模等因素的影响,即消除可能产生的错误倾向或误导,需要对缺陷到达图表进行规格化。使用缺陷到达模式,还需要遵守下列原则。

- 尽量将比较基线的数据在缺陷到达模式同一个图表中表示出来。
- 如果不能获得比较基线,就应该为缺陷到达的关键点设置期望值。
- 时间(X)轴的单位为星期,如果开发周期很短或很长,也可以选天或月。Y 轴就是单位时间内到达的软件缺陷数量。

缺陷到达模式一方面可以用于整个软件开发周期,也可以用于整个测试阶段或某个特定的测试阶段,如功能测试、产品级测试、系统集成测试等;另一方面,缺陷到达模式还可以扩展到修正的、关闭的缺陷,以获得对于开发人员努力程度、缺陷修正进程、质量进程等更多的信息。

8.5.2 PTR 累积模型

测试的目标在于尽早地发现软件缺陷,通过测试用例可以更有效、更快地发现软件中缺陷,而软件缺陷通过问题跟踪报告(Problem Tracking Report,PTR)描述。因此,PTR 的数量一定程度上代表了软件的质量。每个缺陷或 PTR 都有一个生命周期,从测试人员发现问题并形成报告(称为 PTR 出现,也称缺陷到达),开发/设计人员要重现、修正这个缺陷或 PTR,并构建、提交包含已修正缺陷或 PTR 的新软件包(new build)给测试组,所修正的问题得到验证直到该问题通过测试为止(称为 PTR 关闭)。测试过程中特定时间 PTR 保持的数量(所有新发现的 PTR 和关闭的 PTR 的差值)称为 PTR 累积/积压值。PTR 出现模型和 PTR 累积模型就是根据问题跟踪报告的两种数据——某个时间单位内的 PTR 出现值和某个时间 PTR 累积值来度量测试中所发现的缺陷变化过程,即软件产品质量状态的变化过程。

相对于 PTR 出现模型,PTR 累积模型更稳定,能更多消除一些随机因素的影响,而且 PTR 累积模型抓住了积压的缺陷总量,其度量整个软件产品质量会更直观、过程控制更有力、预测进度会更准确,所以其应用会更为广泛。

同样,PTR 累积模型也可以演化为一些类似的方法,如严重性 PTR 数、PTR 数与版本规模的加权归一化、原始 PTR 出现与有效 PTR 数的比较以及每星期关闭的 PTR 数。其中,最有效的是严重性 PTR 数累积模型。比较现在的进展与历史情况时,加权归一化的 PTR 图表能够帮助减少视觉上的猜测。

如图 8-25 所示是 PTR 累积模型度量的一个例子。

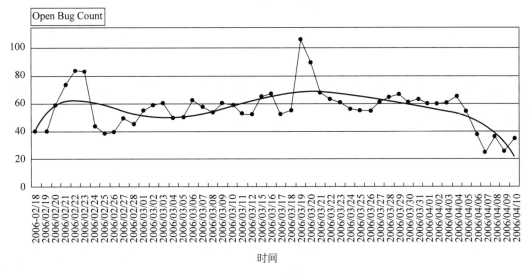

图 8-25　PTR 累积模型的一个例子

8.5.3　Rayleigh 模型

表 8-28 介绍了连续分布数学模型,Rayleigh 模型是这个家族中的一个重要成员,通过介绍这个模型,帮助大家理解其他连续分布数学模型在软件过程度量中的应用。

Rayleigh 模型是基于一个具体统计分布、正式的参数模型,其标志性特征之一是其概率密度的尾部逐渐地趋向于零。其累积分布函数 CDF 和概率密度函数 PDF 为:

$$\text{CDF:} \quad F(t) = 1 - \mathrm{e}^{-(t/c)^m}$$

$$\text{PDF:} \quad f(t) = \frac{m}{t}\left(\frac{t}{c}\right)^m \mathrm{e}^{-(t/c)^m}$$

其中,m 是形状参数;c 是尺度参数;t 是时间。应用于软件时,可以借助某一软件项目过程数据完成对这些参数(m, c)进行估算。PDF 指随时间变化的缺陷密度(率)或缺陷出现/到达模式,而 CDF 则是指累计缺陷出现的模式。

对于软件工程领域的应用而言,特定模型的选择不是随意的,而是要考虑基本性假设,并有软件项目过程数据的支持。其经验值告诉我们,在缺陷出现累计模式中,形状参数常为 $m=1$ 和 $m=2$,如图 8-26 所示。

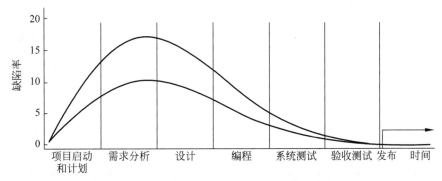

图 8-26　软件项目过程的 Rayleigh 模型形状

$m=2$ 时,Rayleigh 模型的 CDF 和 PDF 是

$$\text{CDF}: F(t) = 1 - e^{-(t/c)^2}$$

$$\text{PDF}: f(t) = \frac{2}{t}\left(\frac{t}{c}\right)^2 e^{-(t/c)^2}$$

Rayleigh 的 PDF 先上升到峰值,然后速率下降。参数 c 是 t_m 的函数,t_m 曲线到达峰值的时间。$f(t)$ 对 t 求导数,令其为零,解方程可得到 t_m。

$$t_m = \frac{c}{\sqrt{2}}$$

估计出 t_m 之后,就可以确定整条曲线的形状了。PDF 曲线下的总面积为 1,曲线以下到 t_m 部分的面积是总面积的 39.35%。上述公式表示标准分布,在实际应用中,公式乘以常数 K(K 是总缺陷数或者总累加缺陷率)。如果在公式中进行代换

$$c = t_m\sqrt{2}$$

就可以得到下述公式。为了从一个数据点集合确定模型,K 和 t_m 是需要进行估计的参数。

$$F(t) = K[1 - e^{(1/2t^2 m)t^2}]$$

$$f(t) = K\left[\left(\frac{1}{t_m}\right)^2 t e^{-(1/2t^2 m)t^2}\right]$$

Rayleigh 模型的实现并不困难,如果缺陷数据是可靠的(缺陷计数或缺陷率),可由计算机程序从这些数据中导出模型参数,这些程序使用许多统计软件包提供的统计功能。

8.5.4　ODC 缺陷分析模型

正交缺陷分类(Orthogonal Defect Classification,ODC)是指抽象出一组缺陷属性,这些属性之间两两正交,不存在关联关系。它由 IBM 研究中心的 Chillarege 在 1992 年提出,ODC 所定义的属性分类是 IBM 公司总结了若干项目后抽象提炼而得。ODC 作为一项从软件缺陷分类中提取语义的技术,其度量数据在一定程度上能反映软件本身或软件开发过程的质量。

早期的 ODC 文献中将缺陷属性分成了 8 种类别,每种类别及其属性取值如下。

- 发现活动(Activity):哪个阶段或通过什么活动发现了该缺陷。该属性取值一般包括需求评审、设计检查、代码审查、单元测试、功能测试、系统测试等。
- 触发条件(Trigger):缺陷发生时的环境或条件,通过什么样的操作或条件使得缺陷被激活。不同活动取值下触发条件取值是不一样的,对应关系参考表 8-29。

表 8-29　缺陷发现活动与触发条件对应关系

缺陷发现活动	设计和代码检查	单元测试	功能测试	系统测试
触发条件	设计一致性 逻辑 流程 向后兼容 横向兼容 并发性 内部文档 语言依赖性 边界效应	简单路径 复杂路径	覆盖率 变更 时序 交互作用	数据量 压力 恢复 例外启动 重启 硬件配置 软件配置

- 缺陷影响（Impact）：缺陷如果没有被发现，将对用户造成的影响，包括功能、性能、兼容性、安全性、易用性、可靠性、合规性等。该属性的取值一部分可参考软件质量属性模型，但取值范围比这要大。
- 缺陷类型（Type）：采用什么类型的方案来修改缺陷。该属性有 8 个取值，分别是赋值/初始化、检查、时间/序列、算法/方法、接口/消息、功能、构建配置和文档。缺陷类型的属性值与开发活动的对应关系，如表 8-30 所示。

表 8-30　缺陷类型与开发活动的对应关系

缺 陷 类 型	对应开发活动
赋值/初始化	编码
检查	编码
时间/序列	编码，详细设计
算法/方法	详细设计
接口/消息	概要设计
功能	需求分析
构建配置	构建，配置管理
文档	文档

- 缺陷界定（Qualifier）：对缺陷类型 Type 的进一步界定，是遗漏、多余还是不正确。
- 修复对象（Target）：为了修复这个缺陷，需要追溯到哪个阶段，哪个交付件。该属性可分为需求、设计、代码、构造/打包、开发信息、国际语言支持。例如，某缺陷描述为，由于接口定义不一致导致子系统间对接不一致，则该缺陷的修改对象为设计。
- 缺陷来源（Source）：缺陷通过什么途径引入的。引入来源包括内部开发、重用库、外购件/第三方、移植/兼容。
- 缺陷年龄（Age）：缺陷在哪个历史版本中引入的。通过该字段可以区分缺陷是新开发、修改引入、还是历史版本遗留缺陷。

缺陷分类属性的具体取值，分别在缺陷发现和修复两个阶段完成。随着 ODC 应用的深入，不同软件的缺陷分类属性会有所变化，或是属性的增加，或是属性值的变化，如图 8-27 所示。

图 8-27　缺陷分类属性

缺陷分类的目的是为了应用。ODC 的应用过程如图 8-28 所示。

- 缺陷分类（Classify）：为缺陷填写 ODC 分类属性，分别在缺陷发现和修改阶段进行

图 8-28　ODC 应用过程

相应的 ODC 属性信息的收集工作。

- 确认检查(Validate)：对每一个缺陷的属性信息进行评审,确认所填写的数据是有效的,能真实反映软件及其开发过程。
- 分析评估(Assess)：利用 ODC 分类数据对当前的开发过程进行评估,以采取恰当的行动。缺陷分类数据的分析粒度取决于应用场景。例如,如果是为了根据当前的缺陷数据分布来调整测试策略,则对缺陷属性按数量进行简单的统计分析即可;若是为了根据当前的缺陷数据寻找改进契机,则还需要对缺陷分类数据进行因果分析。有关缺陷根因分析的方法可以参见质量改进的相关章节内容。表 8-31 是常见的应用场景及所使用的的 ODC 属性组合。

表 8-31　ODC 的应用场景示例

应 用 场 景	ODC 属性	示　　　例
需求与设计质量	缺陷类型(Type),缺陷界定(Qualifier),修复对象(Target)	Type＝算法 && Target＝设计
代码质量	缺陷类型(Type),缺陷界定(Qualifier),修复对象(Target)	Type＝赋值/初始化 && Qualifier＝不正确
开发过程质量	发现活动(Activity),修复对象(Target),缺陷来源(Source)	发现活动 Activity＝单元测试 && Target＝代码
测试质量	触发条件(Trigger),缺陷年龄(Age)	Age＝历史版本遗留
用户使用及满意度	缺陷影响(Impact),缺陷类型(Type)	Impact＝安全性

- 采取措施(Take Action)：把当前 ODC 分析结果与期望的缺陷特征分布进行比较,如果存在偏差,说明产品或开发过程存在质量问题,需要采取行动来解决问题。例如,ODC 属性"Activity＝系统测试 && Target＝需求"的数据较多,说明需求存在很严重的质量问题,但在系统测试阶段才被发现,由此需要对开发过程进行回溯;如果发现是需求阶段的质量控制问题,则需要采取措施在需求阶段加大评审力度。

8.6　软件质量度量的执行

　　度量是项目管理和质量管理的一个工具,度量的实施就是这个工具如何被使用的过程,而工具的使用取决于人,因此度量实施的效果取决于软件开发组织的意识、态度和管理。要有效地开展度量,软件开发组织的管理层,包括 QA 经理、项目经理、开发经理的承诺是很重要的。但只有承诺是不够的,还需要良好的流程、足够的投入、有效的措施等有力保证。

　　为了成功地管理软件开发和维护过程中的质量,进而保证被发布产品的整个质量,必须有效地实施和完成软件过程中度量,最好的办法是项目管理和质量管理的集成方法,使质量度量贯穿整个项目过程：项目状态报告中总是包含质量的内容,过程度量中最核心的是质量,所有进度、成本、资源等度量围绕质量这个核心开展。在不同的度量中,质量与进度、代价和满意度一样,被有力地管理起来。

8.6.1 度量专家的思想和指导

关于如何开展度量活动,不少专家给出了非常有价值的指导,包括:

- 软件度量专家 van Solingen 提出的"软件度量的十大方针"。
- Scott Goldfarb 提出的"建立并实施有效软件度量体系的关键成功因素"。
- 美国卡耐基梅隆大学 SEI 列出的软件度量的规则。
- Robert E. Park 和 William A. Florac 等提出的软件度量和过程度量原则。

对此,下面只做简单的介绍,由于篇幅有限,不展开讨论,请参考这些专家的相关论著。

1. van Solingen 的软件度量的十大方针

参见 van Solingen 论著 *Product Focused Software Process Improvement*(以产品为中心的软件过程改善)。

(1) 让软件开发者参与软件度量项目。

(2) 开始软件度量工程前,了解软件产品的质量目标、过程模型和度量目的。

(3) 软件度量项目工程为目标导向,确保具备有限但相关的度量设定。

(4) 指定期望值(假设)。

(5) 由具有实际度量经验的人员,按照规则对度量数据作出分析和解释。

(6) 将度量数据的分析和解释聚焦于:详细而精确的过程行为、全局过程或者产品质量目标,但是决不要将度量数据作为个人绩效考核的依据。

(7) 需要全职人员支持度量项目工程的开发团队。

(8) 评价和确定实际产品质量和目标产品质量的差距。

(9) 评价过程行为对产品质量方面的影响。

(10) 将特定情景中的过程行为知识存储到经验数据库中。

2. Scott Goldfarb 的有效软件度量体系的关键成功因素

参见 Scott Goldfarb 论著 *Establishing a Measurement Program*(建立有效的度量体系),由品质与生产力管理集团(Quality/Productivity Management Group)出版。

(1) 确定度量目标和计划。

(2) 获得高层管理者的支持。

(3) 拥有专属资源。

(4) 面向员工的培训、教育和营销推广。

(5) 日常工作中的度量一体化。

(6) 集中于项目团队的结果。

(7) 度量不要针对个人。

(8) 有效定义数据以及实情报告制度。

(9) 推动度量自动化。

3. SEI 软件度量的规则

参见 SEI 的 *Software Measures and the Capability Maturity Model* 和 *Guideline of Software metrics*(软件度量指南)。

(1) 理解软件度量方法只是达到目的的手段。

（2）以应用度量结果而不是收集数据为中心。

（3）理解度量的目标。

（4）理解如何应用度量方法。

（5）设定期望值。

（6）制订计划以实现早期成功。

（7）以局部为重点、从小处着手。

（8）将开发人员与分析人员分开。

（9）确信度量方法适合要实现的目标。

（10）将度量次数保持在最低水平。

（11）避免度量数据的浮夸或不真实。

（12）编制度量工作成本。

（13）制订计划使数据收集速度至少是数据分析和应用的 3 倍。

（14）明晰关于工作投入水平数据收集的范围。

（15）至少每月收集一次关于工作投入水平的数据。

（16）仅收集受控软件的错误数据。

（17）不要指望能准确地度量纠错工作。

（18）不要指望找到包罗一切、放之四海而皆准的过程度量方法。

（19）不要指望找到过程度量的数据库。

（20）理解高级过程的特征。

（21）应用关于生命周期阶段的简单定义。

（22）用代码行表示规模。

（23）明确将哪些软件纳入度量范围。

（24）不要指望使数据收集工作自动化。

（25）使提供数据的工作更容易。

（26）使用商业上可用的工具。

（27）认为度量数据存在瑕疵、不精确也不稳定。

4. Robert E. Park 和 William A. Florac 等提出的软件度量

参见 Robert E. Park、Wolfhart B. Goethert 和 William A. Florac 的 *Goal-Driven Software Measurement—A Guidebook*(目标驱动软件度量指导手册,1996)中提出软件度量的原则。

1）部门管理者的度量原则

（1）设立清晰的目标。

（2）让员工协助定义度量手段。

（3）提供积极的管理监督：寻求和使用数据。

（4）完整理解员工报告的数据。

（5）不要使用度量数据来奖赏或者惩罚实施度量的员工,并确信大家都遵守这一规则。

（6）建立保护匿名的惯例,对匿名提供保护,将帮助建立起信任和可靠数据的收集机制。

（7）支持基于对组织有用数据的、来自员工的任何报告。

（8）不要强调那些排斥其他度量方式的某种度量方式或者指标。

2）项目管理者的度量原则

（1）理解组织的战略性焦点并强调支持该战略的度量手段。

（2）在追踪的度量手段上与项目组保持一致，并在项目计划中定义相应的这些度量手段。

（3）向项目组提供关于所收集数据的规则有序的反馈。

（4）不要私自单独地进行度量。

3）项目组的度量原则

（1）尽最大努力报告准确而及时的数据。

（2）协助在管理中将项目数据集中用于软件过程的改善。

（3）不要使用软件度量数量夸耀自身的优点，否则这将诱导其他人使用度量数据展示其反面。

4）通用原则

（1）在软件过程改善的全局战略中整合软件度量，为此应该拥有或者开发一种质量或经营策略指导软件度量计划。

（2）软件度量本身不要成为一个战略。

（3）带着共同目标与课题从点滴做起。

（4）设计一种持续的软件度量过程，以使其与组织目标与宗旨相联系，包括严格的定义、持续实施。

（5）在广泛实施所设计的度量手段和过程之前进行测试。

（6）对软件度量手段和度量活动的效果进行监控和分析。

5. Robert E. Park 和 William A. Florac 等的过程度量原则

参见 William A. Florac、Robert E. Park 和 Anita D. Carleto 著的 *Practical Software Measurement*：*Measuring for Process Management and Improvement*（实用软件度量：过程管理和改善度量）。

（1）过程度量受商业目标驱动。

（2）过程度量方法或手段源自软件过程。

（3）有效度量需要明确阐述的、可操作性的定义。

（4）不同的人拥有不同的度量观点和需求。

（5）度量结果必须在产生结果的过程和环境中检验。

（6）过程度量应当跨越整个生命周期。

（7）保持的数据应当提供分析未来的实际基线。

（8）度量是进行客观沟通交流的基础。

（9）在项目内部和项目之间对数据进行总计和比较需要细心和规划。

（10）结构性的度量过程将强化数据的可靠性。

8.6.2　软件度量的应用

软件度量的应用具有一定的挑战性，在实际的软件开发中可能会遇到一定的阻力，有时也难以在软件开发改善中产生立竿见影的效果。这往往会形成实施软件度量的阻力，挫伤软件度量人员的积极性和热情。那么，如何有效地推动软件度量？综合许多度量专家的指导,我们得到一个关于软件度量应用的更具体的、指导性的建议,如下所述。

(1) 度量的目的。软件度量不是为了得到度量数据,不能成为软件开发过程的目标,它只是一种有效的手段。软件度量的应用真正的目的是为了发现问题和差距,改进开发过程,提高产品质量。

(2) 塑造度量文化。在软件开发中有意识地塑造一种重视记录、亲近数据、偏好图表、基于度量进行作业的习惯或者说文化,将判断、分析和决策基于可预测性、可控制性和可改善性之上。度量的有效性、可靠性和正确性远比度量的数量重要。度量讲究的是客观,尽量通过数据说话。如果通过度量发现负面的问题或趋势,应避免开发团队把这种度量显示的负面征兆解释过去,应该正确地面对它,并尽快采取措施纠正它。

(3) 软件度量的用途。软件度量只针对项目、产品和过程而开展,用于对其成本、风险、效率和质量等进行分析、预测、评估和改进。软件度量不能用于评估个人的能力,也决不能作为评估个人的绩效或个人奖惩的依据,这样才能保持数据的可靠性、客观性和准确性。

(4) 从点滴开始,从小规模的、简单的度量项目开始,从能够吸引员工并能让其接纳的度量项目开始,保证软件度量能在避免受挫的情况下逐渐推进,避免因大规模运动带来的不适和阻力,同时尽可能提高软件度量的自动化程度。

(5) 解释为什么。这是消除抵制情绪和消解阻力的重要环节,因为人们不会切实地执行那些他们没有真正理解和接受的理念和措施。要让员工明白:使用度量将比没有任何度量要好;度量将在一定程度上增进对软件开发的理解、预测、评估、控制和改善;软件度量只针对软件产品、项目和过程,而不针对个人等。

(6) 根据项目实情加以具体实施。不同的项目拥有不同的产品、流程、环境、目标和顾客,顾客、软件开发人员、项目组甚至经营者对项目的需求也不同,必须聚焦解决该项目在产品、流程等方面的问题,而不是直接套用以前曾经实施或者已经模式化的度量标准。

(7) 共享数据,可以让员工感受到度量的切实性,即度量正在按照计划进展;其次,可以为员工提供度量的反馈信息,以改进现状;再次,可以通过比较,寻找最佳实践,实施标杆学习;最后,可以通过数据共享增进信任,消除软件度量可能带来的误解。

(8) 保持简单易懂,对于降低度量过程中的理解成本、沟通成本和实施成本不可或缺。因为软件开发人员没有必要成为软件度量理论、统计方法以及度量技术的专家,他们只需要知道软件度量与解决问题之间的关系,以及如何简单高效地实施度量。

在软件过程质量度量中,还有些其他原则,如下所列。

(1) 如果可能,使用日历时间而不是开发过程阶段作为过程度量的衡量单位。虽然可以使用一些基于阶段的度量或缺陷原因分析方法,然而,基于日历时间的过程度量提供了项目状态的直接描述,表明项目是否能按时完成并达到要求的质量。更好的方法是将基于时间的度量和基于阶段的度量结合起来使用。

(2) 对基于时间的度量,用发布日期作为 X 轴的参考点,并以"星期"作为时间单位,可以描绘真实的过程状态。根据经验,发现基于每天的数据波动过大,而基于每月的数据又不够及时,两者都不能提供一种易于发现的趋势。而每周的数据被证明无论对衡量趋势还是措施周期都是最优的。项目接近开发周期后期时,可能需要每天监控某些度量。

(3) 度量应该可以表示质量或进度的"好"与"坏"。为了达到这些目标,通常设定一个用于比较的基线(一个模型或一些历史数据),并采用类似趋势图的图形和相应表格——使度量具有很好的可视性,而不需通过大量的分析就能评价度量的结果。

(4) 一些度量受到管理措施的影响,而有些不受影响。例如,缺陷到达模式是项目质量的一个重要指标,它受到测试有效性和测试进度的影响,不应人为控制,测试发现缺陷时,缺陷报告应公开并追踪;另一方面,测试进程是可以管理的。因此,缺陷到达模式只可以通过测试管理间接影响。

8.6.3 选择和确定质量因素

度量的对象是软件质量指标,而质量指标是受多种因素影响的,即:质量指标和这些因素有很强的相关性。软件度量就必须研究质量指标的相关性,通过对相关性的分析,找出影响质量指标的相关因素。质量指标和因素间的关系是通过要素和准则间的关系反映的,要素和准则的关系有以下 3 种情况。

(1) 准则是要素的基本属性。

(2) 准则对要素有有利的影响。

(3) 准则对要素有不利的影响。

通过要素与准则的关系推出要素之间的关系,一般也存在 3 种情况。

(1) 几个要素共享同一准则。

(2) 某个要素的准则对其他要素存在有利的影响。

(3) 某个要素的准则对其他要素存在不利的影响。

从上述 3 种情形看,肯定存在着一些要素,受到某几个要素有利、不利的同时影响,从而使得这些要素间的关系比较复杂,而且它们之间存在着冲突,要使这些要素指标达到最佳结果,通常比较困难。例如,对于软件产品质量的属性中,效率与可靠性、可维护性及可移植性都有较严重的冲突,这时我们不能追求单个指标达到最优,而是要尽力使他们达到统一平衡,追求系统整体质量达到最优。

根据规定的质量水平为要素规定质量指标,为每个要素打分,并与设定的质量指标进行对照,就可以知道这个阶段的工作的质量是否达到了要求。另外,每个要素对产品整体质量影响不一样,这时需要加上一个权重因子,准则的权说明了准则和要素的特殊关系,即准则在要素中所占的比重。在整体质量评估中,就是为每个要素得分及其权重因子的乘积。通过第 3 章的讨论,我们已清楚影响软件质量的要素有:阐述性、正确性、连贯性、容错性、执行效率/存储效率、存取控制/存取检查、可操作性、可训练、沟通良好、简单性、易操作的、工具、自我操作性、扩展性、一般性、模块性、软件系统独立性、机器独立性、通信公开性、数据公开性。

它们集中在软件产品的 3 个重要方面:操作特性、承受改变的能力和对新环境的适应能力。与这些因素相对应是一系列的软件质量要素/指标有:正确性、可靠性、效率、完整性、可用性、可维护性、可测试性、灵活性、可移植性、重复性、互用性。

这些因素对上述软件质量的指标都有积极、有利的影响。虽然这些因素的影响是明显的,但对它们的度量却不是很容易的。例如,可训练、沟通良好、简单性、易操作的、一般性等因素的度量值只能主观地测度。度量可以用检查表的形式,给软件的特定属性进行评分,这通过设计好的评分方案以及专业人员组成的评审组进行评分完成。

8.6.4 质量度量中的数据采集

度量的活动开始于采集数据,一般情况下,每个度量中都包含有偶然的成分,每一组度量本质上都或多或少是一个未知条件的样本。对于软件质量度量,这种情况依然存在,软件开发中,人为因素比较多,由于新构建的软件包失败了,测试的执行受影响,缺陷数据样本的偶然的成分就增大了。这些偶然的成分,在数据采集中是可以分析鉴别出来的。但是数据的"完整、正确、可信、精确"始终不能被忽视,需要遵循 4 个标准:真实性、同步性、一致性和有效性。对于过程质量度量的数据,还要注意数据的时间性、前后关联性、取值的稳定性等。

软件质量度量,一般实现了自动化的数据采集,可实时获得动态数据。基于数据库的软件质量度量的数据采集,数据的更新和条件过滤也比较容易实现。例如,采用 SQL 语言构造数据过滤条件,而且容易构造各种各样的数据组合,这样可以保证数据的有效性和准确性,同时,可使每一个人拿到相同的数据,即保证度量数据的一致性。

度量是一个采样过程,该过程通过已知的定律或自然法则,得到所需的历史数据,从而进行分析以预测未来。历史数据是企业的财富,没有历史数据,无法预测未来。通过对历史数据的分析还可以获得很多有关软件开发过程的信息,也包括过程质量和已有产品质量的信息。

为过程管理采集数据的过程中,还有如下任务。

(1) 设计数据采集和保存的要求、方法、模板和格式等,并获得相应的支持工具。

(2) 召集并培训执行数据采集过程的人员。

(3) 监控数据采集和保存活动的一致性和效率。

计划、创建和管理过程度量数据库系统时,应慎重地考虑以下事项。

(1) 采集和保存定义以及上下文、环境描述,不只是直接的度量数据。

(2) 把度量值与度量的定义、规则和实践结合到一起。

(3) 适应过程剪裁(通过记录过程规格说明的描述、剪裁、过程之间的其他区别)。

(4) 适应发展度量定义和过程描述。

(5) 解决与其他数据库(配置管理、人员等数据库)的关联、存取以及协作。

(6) 不要存取间接度量值,以免信息冗余、丢失。

其他需要考虑的问题还包括数据的访问、保存、安全性等问题,这些都对成功的度量起着重要的作用。

8.6.5 质量度量的统计分析

质量度量的统计方法,是对质量评估量化的一种比较常用的方法,并且有不断增长的趋势。质量度量的统计方法包含以下步骤。

(1) 收集和分类软件缺陷信息。

(2) 找出导致每个缺陷的原因(例如,不符合规格说明书、设计错误、代码错误、数据处理不对、对客户需求误解、违背标准、界面不友好等)。

(3) 使用 Pareto 规则(80%缺陷主要是由 20%的主要因素造成的;20%缺陷是由另外80%的次要因素造成的),要将这 20%的主要因素分离出来。

(4) 一旦标出少数的主要因素,就比较容易纠正引起缺陷的问题。

为了说明这一过程,假定软件开发组织收集了为期一年的缺陷信息。有些错误是在软件开发过程中发现的,其他缺陷则是在软件交付给最终用户之后发现的。尽管发现了数以百计的不同类型的错误,但所有错误都可以追溯到下述原因中的一个或几个。

(1) 说明不完整或说明错误(IES)。

(2) 与客户交流不够所产生的误解(MCC)。

(3) 故意与说明偏离(IDS)。

(4) 违反编程标准(VPS)。

(5) 数据表示有错(EDR)。

(6) 模块接口不一致(IMI)。

(7) 设计逻辑有错(EDL)。

(8) 不完整或错误的测试(IET)。

(9) 不准确或不完整的文档(IID)。

(10) 将设计翻译成程序设计语言中的错误(PLT)。

(11) 不清晰或不一致的人机界面(HCI)。

(12) 杂项(MIS)。

为了使用质量度量的统计方法,需要收集上述各项数据,如表 8-32 所示,表中显示 IES、MCC、EDR 和 IET 占所有错误的近 62%,是影响质量的、少数的主要原因。如果只考虑那些严重影响产品质量的因素,少数的主要原因就变为 IES、EDR、PLT 和 EDL。一旦确定少数的主要原因(IES、EDR 等),软件开发组织就可以集中到这些领域采取改进措施,质量改善的效果就会非常明显。例如,为了减少与客户交流不够所产生的误解(改正 MCC),在产品规格设计说明书中尽量不用专业术语,即使使用了专业术语,也要定义清楚,以提高与客户的通信及说明的质量。为了改正 EDR(数据表示有错),不仅采用 CASE 工具进行数据建模,而且对数据字典、数据设计要实施严格的复审制度。

表 8-32　质量度量的统计数据收集

错误	总计(E_i)		严重(S_i)		一般(M_i)		微小(T_i)	
	数量	错误率	数量	错误率	数量	错误率	数量	错误率
IES	296	22.3%	55	**28.2%**	95	18.6%	146	23.4%
MCC	204	**15.3%**	18	9.2%	87	17.0%	99	15.9%
IDS	64	4.8%	2	1.0%	31	6.1%	31	5.0%
VPS	34	2.6%	1	0.5%	19	3.7%	14	2.2%
EDR	182	**13.7%**	38	**19.5%**	90	17.6%	54	8.7%
IMI	82	6.2%	14	7.2%	21	4.1%	47	7.5%
EDL	64	4.8%	20	**10.3%**	17	3.3%	27	4.3%
IET	140	**10.5%**	17	8.7%	51	10.0%	72	11.6%
IID	54	4.1%	3	1.5%	28	5.5%	23	3.7%
PLT	87	6.5%	22	**11.3%**	26	5.1%	39	6.3%
HCI	42	3.2%	4	2.1%	27	5.3%	11	1.8%
MIS	81	6.1%	1	0.5%	20	3.9%	60	9.6%
总计	1330	100%	195	100%	512	100%	623	100%

当与缺陷跟踪数据库结合使用时,我们可以为软件开发周期的每个阶段计算其"错误指标"。针对需求分析、设计、编码、测试和发布各个阶段,收集到以下数据。

- $E_i =$ 在软件工程过程中的第 i 步中发现的错误总数。
- $S_i =$ 严重错误数。
- $M_i =$ 一般错误数。
- $T_i =$ 微小错误数。
- $P_i =$ 第 i 步的产品规模(LOC、设计说明、文档页数)。

W_s、W_m、W_t 分别是严重、一般、微小错误的加权因子,建议取值为 $W_s = 0.6$、$W_m = 0.3$ 和 $W_t = 0.1$(构成 100%)。所以每个阶段的错误度量值 PI_i 可以表示为:

$$PI_i = W_s(S_i/E_i) + W_m(M_i/E_i) + W_t(T_i/E_i)$$

最终的错误指标 EP 通过计算各个 PI_i 的加权效果得到,考虑到软件测试过程中越到后面发现的错误其权值越高,简单用 $1, 2, \cdots$ 序列表示,则 EP 为

$$EP = \sum_i (i \cdot PI_i)/PS$$

其中 $PS = \sum_i P_i$。错误指标与表 8-32 中收集的信息相结合,可以得出软件质量的整体改进指标。

质量度量的统计方法告诉我们:将时间集中用于主要的问题解决之上,首先就必须知道哪些是主要因素,而这些主要因素可以通过数据收集、统计方法等分离出来,从而可以真正有效地提高产品质量。实际上,大多数严重的缺陷都可以追溯到少数的根本原因之上,常常和我们的直觉是比较接近的,但是很少有人花时间收集数据以验证他们的感觉。

本 章 小 结

这一章介绍了度量的基本原理、度量的过程和原则,理解了"测量""度量"和"指标"的准确含义,并知道如何将一个现实、经验的世界转化为数学、形式的世界。还先后介绍了分类尺度、序列尺度、间隔尺度和比值尺度的区别和度量的不同层次,测量标准中最重要的指标——有效性和可靠性。

在此基础上,全面介绍了软件的过程度量、项目度量和产品度量。过程度量是战略性的,针对组织范围内进行,是大量项目实践的总结和模型化,为项目度量提供指导意义;项目度量是战术性的,针对具体的项目预测、评估、改进项目工作;产品度量是对产品质量的度量,用于对产品质量的评估和预测。

本章的重点集中在软件产品的质量度量和整个软件开发生命周期中的过程质量度量。软件产品的质量度量包括规模度量、复杂性度量、质量属性度量、缺陷度量和顾客满意度等度量;而过程质量度量包括过程度量模型(如缺陷达到模式)、需求分析度量、设计度量、测试度量到维护阶段的度量。

最后介绍了度量专家的思想和指导,质量度量的应用以及质量度量的统计方法。

思 考 题

1. McCall 的质量因素是在 20 世纪 70 年代提出的,但应用至今,根据这个事实能得出什么结论吗?

2. 为什么没有一个单一的、全包容的对程序复杂度或程序质量的度量?

3. 通过一些实例,描述软件过程质量的度量方法的应用。

4. 对软件产品缺陷的度量方法进行比较分析,找出各自的优缺点。

5. 在众多软件度量实施的原则中,最重要的 3 条原则是什么?

6. 软件质量度量实施中,最大的困难在哪里?

7. 一个信息系统有 500 个模块,其中有 20 个控制模块,240 个模块其功能依赖于前处理,系统处理大约 100 个数据对象,每个对象平均有 3 个属性,有 150 个独特的数据库条目和 20 个不同的数据库,300 个模块有单一的入口和出口点,用功能点方法计算软件规模。

8. 简述德尔菲法的估算过程。

9. 试对某款软件采用代码质量工具(如 Metrics 工具)进行度量,并分析其度量结果。

(1) 度量值是如何计算得到的。

(2) 根据度量结果对代码质量简要分析,并给出改进建议。

(3) 至少要体现:代码行、圈复杂度、内聚、耦合这些方面的指标度量。

10. 请针对某个网站进行可用性度量设计,包括度量指标设计和度量场景设计。

11. 请设计场景度量某个软件产品的可修改性。

12. 某软件产品支持多平台,在软件开发前期做可移植性分析。假设该软件的工作量分布为:开发:测试=6:4,如果构建软件的可移植性能力,需要额外增加 15% 的工作量,但能给后续实际的可移植性工程实施减少工作量,具体值如下表所示。请估算该软件的可移植性。

活 动	内建可移植性能力
源环境构建工作量	增加 20%
移植开发工作量	减少 50%
移植测试工作量	减少 50%
目标环境重新构建工作量	减少 30%

13. 某软件项目测试过程收集到数据如下表所示,请结合度量指标对该项目测试过程度量数据进行简要分析,并对该项目测试过程质量提出改进建议。

代码行(LOC)	5000
测试用例数	500
测试用例发现缺陷数	10
总缺陷数	50

14. 结合 ODC 缺陷分析模型对某个软件的缺陷数据进行分析,并对其代码质量作一个简要的评估,指出哪一类的问题居多。

实验 4　基于代码的质量度量

一、实验目的

① 巩固所学的代码质量度量方法及度量指标计算方法。

② 掌握常见的代码质量度量工具的使用(基于 Java 语言)。

③ 学习如何对度量结果进行分析、应用。

二、实验前提与准备

① 理解各种代码度量指标的含义、计算方法、度量指标的建议值或建议范围。

② 度量工具的安装：基于 Eclipse 平台的插件,包括 Metrics、CheckStyle 等。

③ 提前准备好实验所需要的待分析 Java 代码。

三、实验内容

此处的基于代码的度量包含以下内容。

① 代码度量：对代码单元的度量,如规模、复杂度。

② 设计度量：对代码单元之间关系的度量,如内聚、耦合等。

在该实验中,基于代码的度量主要考虑了如下几方面的度量项。

- 规模：非空非注释的代码行(NBNC)、函数参数个数、return 语句数。
- 控制流：CyclomaticComplexity、BooleanExpressionComplexit、NPathComplexity、NestedBlockDepth(NBD)。
- 耦合：扇入 Ca,扇出 Ce。
- 内聚：LCOM。
- 面向对象的度量：类的规模、类的方法数(NoM)、类的属性数(NoA)、DIT、WMC。

四、实验环境

Eclipse IDE 平台,已安装好 Metrics、CheckStyle 等代码度量插件。

Metrics 插件获取地址：https：//sourceforge. net/projects/metrics/。

CheckStyle 插件获取地址：http：//checkstyle. sourceforge. net/。

也可以通过 Eclipse IDE 平台在线安装插件。

五、实验过程

1) 度量工具安装与配置

(1) Metrics 插件。

Metrics 插件以 Java 包为单位进行度量,属于设计级度量。除了通用的代码行 LOC、McCabe 复杂度等之外,该款工具主要提供了面向对象的很多度量项,包括：C&K 度量集的 NOC、NOM、DIT、WMC 等度量项；Martin 度量集包括 Ca,Ce,I,A,D 在内全部度量项；

Henderson-Sellers 的 LCOM 内聚；LorenZ&Kidd 度量集的 SI 因子等。

有关该款工具的安装配置，具体可参见相关的工具安装指导。

安装配置后，需要根据度量需要进行调整参数（Window → Preference → Metrics Preference），主要关注如下。

- 度量项的排列次序。一般来说，产品中较为关心的度量指标放到前面，每个度量指标的含义参见相关说明。
- 度量项的统计范围配置。例如，一些静态方法是否纳入 LCOM 的度量范围。
- 部分度量项的安全范围 Safe Ranges 配置。此值作为度量通过标准，超过此值工具会给予告警，例如，圈复杂度的最大值为 10。但不是所有的度量项工具给出了默认值，没有给出阀值的度量项可以参照教科书中所给出的建议范围进行设置。

实验中用到的 Metrics 的度量项及默认阀值如下。

Metrics 度量项	指标解释	默认阈值
规模		
TotalLines of Code	有效代码行数	
Namer of Parameters	参数个数，单个函数所包含的参数个数	≤5
控制流		
McCabe Cyclomatic Complexity	圈复杂度	≤10
Nested Block Depth(NBD)	块的嵌套层次	≤5
内聚与耦合		
Afferent Coupling (Ca)	扇入，包外 class 数依赖该包内 class 数	
Efferent Coupling (Ce)	扇出，包内 class 依赖该包外 class 数	
Instability (I)	不稳定系数，愈高愈不稳定 Ce/(Ca+Ce)	≤1
Lack of Cohesion Of Methods(LCOM)	缺乏内聚	
面向对象		
Number of Classes	类的个数，指定包内的 class 数	
Number of Methods(NoM)	单个 class 的方法数	
Number ofAttributes(NoA)	单个 class 的属性数	
Depth of Inheritance Tree(DIT)	继承深度	
Weighted methods Per Class(WMC)	类的方法权重和，指定类内所有方法带权重（一般取圈复杂度）的总和，权重取 1 即等于类的方法数	

（2）CheckStyle 插件。

CheckStyle 是开发人员桌面必备工具，目前很多基于 Java 的 IDE 开发环境都集成了该款工具。该款工具为人们所熟知的是代码规范检查，也提供了较多实用的代码度量项。其度量主要集中在 Size Violations 和 Metrics 这两个模块，分别对应规模和控制流这两方面的度量项。

工具的安装配置同样需要调参，配置必检项、检查标准等。每个项目可以有自己的配置文件，在度量前选择修改（Project→Properties→CheckStyle→Configure）。

实验中用到的 Checkstyle 度量项及默认值如下表所示。

Checkstyle 度量项	指 标 解 释	默 认 阀 值
规模		
ParameterNumber	参数个数,单个函数所包含的参数个数	$\leqslant 7$
returnCount	return 语句数,单个函数内 return 语句个数	$\leqslant 2$
JavaNCSS	类/方法中没有注释的语句行数 A methodMaximum B classMaximum C fileMaximum	A$\leqslant 50$ B$\leqslant 1500$ C$\leqslant 2000$
LineLength	单行语句包含字符数	$\leqslant 80$
FileLength	源文件长度	$\leqslant 2000$
MethodLength	方法长度	$\leqslant 150$
控制流		
CyclomaticComplexity	环形复杂度	$\leqslant 10$
BooleanExpressionComplexity	布尔表达式复杂度,单行语句中 boolean 表达式的 &&、||、&、|和^出现的次数	$\leqslant 3$
NPathComplexity	N 路径复杂度,指定函数非循环的执行路径总和	$\leqslant 200$
NestedBlockDepth	块的嵌套层次,指定函数的块({}括起)的嵌套层次	$\leqslant 4$

2)质量工具应用

(1)导入实验所准备的项目程序,选择相应的工具进行度量,度量数据会在相应的窗口显示。

对于 Metrics:选择 Window→Show View→Other→Metrics,度量结果在专门 View 中显示。

对于 CheckStyle:右击选择 CheckStyle,违反项以浮动窗口的形式提示。

(2)度量结果数据分析。

每个指标的度量值是一个通用统计值,在实际应用时需要结合实际情况具体分析,以确认是否修改代码。例如,框架代码,由于架构上职责分工,使得度量值具有一定的分布特点,如果某类负责分发,处于调用链的上层,则它的扇出必然很高,此时度量值超出范围也不必修改。某段代码度量值过高,如果修改出错的风险较高,经过综合评估后,也可以暂时不处理。

六、交付成果与总结

① 实现中所要求的过程数据、分析结果和分析报告。

② 实验过程数据遇到的问题及解决方案。

第9章 | 软件可靠性度量和测试

软件可靠性是软件质量特性中重要的固有特性和关键因素。软件可靠性反映了用户的质量观点。

——SEI CMU

可靠性概念最初是从硬件系统可靠性提出的,源于一些对稳定性要求相对较高的硬件系统经常或偶尔会出现难以预料的功能失效而逐步发展起来的。例如机械式复印机,通常情况进行小批量复印作业时,它工作很正常,没有出现类似夹纸或由于系统过热导致的系统烧坏等问题,即使在进行大批量复印作业时也很少出现问题。但它偶尔会出现令人难以预料的问题,当准备让它不停地从晚上到早上无人值守地执行复印作业时,却因为在夜间的某个时刻突然停止作业而导致既定的任务无法按时完成。这带来的影响可能并不太大,但如果是一个大规模的生产线,因为某一个中间环节出现问题所带来的损失将是巨大的。

随着软件业的快速发展,软件的规模与复杂度逐步增加,人们也经常遇到软件的可靠性问题。类似某一程序由于长时间运行而挂起,生产线主机控制程序突然中断等,都可归于软件的可靠性问题。如何有效地测试与度量软件的可靠性,成了软件可靠性工程所要解决的问题,也是本章将论述的问题。

9.1 软件可靠性

软件系统可靠的生命周期有别于硬件系统。如图 9-1 所示,硬件系统生命周期中的故障率在产品研发阶段明显高,随着系统的不断完善,故障率趋于平稳,但由于硬件固有的特性——老化,所以平稳一定时间后故障率又快速而明显地增加。相对于硬件系统,软件系统固有的特性——无磨损性,决定了软件系统的故障率变化趋势。在软件开发的早期阶段,软件的可靠性较低,随着系统的不断完善,软件系统的故障率无限减小,甚至接近无故障状态,如图 9-2 所示。

软件可靠性的研究也就是研究如何有效地发现、修复软件产品的可靠性问题,从而减少软件系统中可能存在的可靠性问题,以满足软件产品最终用户的需要。

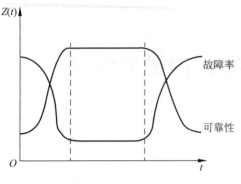

图 9-1　硬件系统故障率与可靠性

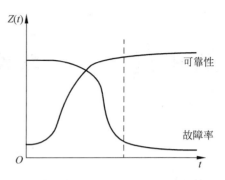

图 9-2　软件系统故障率与可靠性

9.1.1　软件失效的过程与类别

软件不能完成规定的功能即称软件失效(failure)或软件故障。如果软件存在缺陷,那么缺陷会永远潜伏在软件中,直到它被发现并得到修正。反过来如果软件在一定的环境下运行正确,它也将继续保持这种正确性,除非环境发生变化。

在软件生命周期的各个阶段,尤其在早期的设计和编码阶段,如果存在需求不完整、理解有歧义、没有完全实现需求或潜在需求、算法逻辑错误、编程问题等,设计者和编程人员的工作可能导致软件在一定条件下不能或将不能完成规定功能,这样就不可避免地存在"失效"。

软件失效是广义上的软件缺陷的一种,通常所说的软件缺陷是指狭义的软件缺陷,如软件在设计功能实现上、兼容性、容错能力、用户界面等方面存在问题。软件失效通常是指软件在一般情况下工作很正常,符合设计功能与用户的需求,只是在某种特定的情况下原来可以正常使用的功能突然不能工作了。狭义的软件缺陷与软件失效也存在部分的交叉,如在特定的软件运行剖面失效,既可以归结为软件的可靠性问题也可以归结为普通的软件缺陷。

软件失效依据其影响面的大小可分为**系统失效**和**局部失效**。

- 系统失效:主要是指由于软件故障的发生而导致的系统死机、系统无法启动、系统挂起及系统运行完全失去应有运行轨迹等,如计算器无法正确地计算,或只要执行计算系统就出错等。
- 局部失效:主要是指系统中的某个或几个模块的功能失效,但并不影响其他模块的正常使用。例如,一个基于网络的分布式软件,因网络连接模块的功能失效使得系统无法与服务器进行数据同步,但由于该系统支持离线工作,一旦网络连接故障排除便可与服务器进行数据同步,这种情况称为软件系统的局部失效。

若用到了有缺陷的部分,则软件的计算或判断就会与规定的不符从而使软件丧失执行要求的功能的能力。对于容错设计得不好的软件,局部失效则可能导致整个软件失效。对于容错设计比较好的软件,局部故障或失效并不一定导致整个软件失效。

9.1.2　可靠性定义

可靠性是指产品在规定的条件和时间完成规定功能的能力,其无故障的概率度量称为可靠度。软件的可靠性是软件系统的固有特性之一,它表明了一个软件系统按照用户的要求和设计的目标执行其功能的正确程度。软件的可靠性与软件缺陷有关，也与系统输入和系统使用有关。理论上说，可靠的软件系统应该是运行正确、功能完整、各功能运行协调一致和健壮的。实际上，任何软件都不可能达到百分之百的正确，而且也无法精确度量。一般情况下，只能通过对软件系统进行测试来度量其可靠性。

软件的可靠性包含 3 个要素：规定的时间、规定的环境条件和规定的功能。

1. 规定的时间

软件的可靠性只体现在其运行阶段，所以将运行时间作为对参数"规定的时间"的度量。运行时间包括软件系统运行后工作与挂起（开启但空闲）的累计时间。

2. 规定的环境条件

环境条件指软件的运行环境。它涉及软件系统运行时所需的各种支持要素，如所需支持的硬件、支持运行的操作系统、辅助运行的其他支持软件、允许或不允许输入的数据格式和范围以及操作规程等。例如，基于 Windows 系统应用软件，在编码与测试阶段只在常用版本的 Windows 系统上进行编码与测试，但由于 Windows 版本不同，API 或系统提供的标准接口的升级与变化，就有可能在某些版本的 Windows 系统上无法正常运行。因此"规定的软件运行环境"是我们对软件进行可靠性测试与评估的重要因素之一。

3. 规定的功能

软件的可靠性还与规定的任务和功能有关。由于要完成的任务不同，软件的运行剖面（其概念在后续章节会有详细介绍）会有所区别，则调用的子模块就不同（即程序路径选择不同），其可靠性表现也就可能不同。例如，一个计算器软件，正常情况下所使用的范围有限，普通的计算基本不会有问题，但如果我们使用的计算器精度非常高，就有可能导致计算误差，这与该计算器设计时的精度有关。另外，如果当初只完成了计算器普通计算的全部测试，类似积分处理、三角函数处理、复杂公式的组合计算等不一定做了系统完整的测试，可能会存在一些缺陷。当我们使用存在软件缺陷的部分功能时，则可能会出现软件失效。因此，要准确度量软件系统的可靠性必须首先明确它的任务和功能。

9.2 可靠性模型及其评价标准

软件可靠性模型用来指导对软件的可靠性进行评估和预测。正确地选择与运用可靠性模型有利于指导软件可靠性设计与测试。错误地或不恰当地选择可靠性模型将会带来错误的预测值，从而错误地指导软件过程。

9.2.1 可靠性模型

软件可靠性模型是评估软件可靠性、预测产品中可能存在的缺陷数的一套方法。依据软件失效间隔时间、失效修复时间、失效数量、失效级别等数据，选择并建立适当的可靠性模型，从而得到系统的失效率及可靠性变化趋势，指导软件的可靠性评估和预测。

1. 可靠性增长模型

可靠性增长模型有两个主要类别，一类是基于故障时间间隔模型（Time Between Failures Model），另一类是基于特定时间间隔内故障或缺陷数目（或标准化后的比率）。

（1）时间间隔模型，变量为故障之间的时间间隔。当缺陷从软件产品中被清除后，故障时间间隔即变得越来越长。此模型假设第 $n-1$ 个缺陷和第 n 个缺陷的时间间隔遵循一种分布：参数与第 $n-1$ 个故障遗留在软件产品中的潜伏缺陷数有关。这种分布，随着缺陷被检测出来并从产品中清除，能够反映出产品可靠性的提高。同时依据这种分布也可以从故障之间的时间间隔来预测下一个故障的平均时间。

（2）故障数目模型，通常以 CPU 执行的时间或日历时间为一个特定的时间间隔标准，观察此时间间隔内的缺陷或故障数目。以此为随机变量，当有缺陷被检测并从软件产品中移除时，据此模型，意味着单位时间所能检测到的故障数目将会减少，并可以此估算出保留下来的缺陷或故障数目。

2. 指数模型

指数模型可以说是可靠性增长模型的最基本形式。尽管软件可靠性模型数量繁多，众多的专业媒体展开过专业的讨论，事实上对于这些模型的实用性、有效性和局限性都没有完整的实践验证。大多数模型最终并没有得到广泛应用的原因有很多，如模型所要求的数据采集成本过高、模型本身不易理解，更有甚者是模型根本就是一个空洞的假设，预测与实际出现反差，不实用。

指数模型是 Weibull 系列的一个特例，其形状参数为 1，适合于单一衰减速为渐进的统计过程，其累积分布函数（Cumulative Distribution Function，CDF，简称分布函数 $F(t)$）和概率密度函数（Probability Density Function，PDF，简称密度函数 $f(t)$）为

$$\text{CDF：} F(t) = 1 - e^{-(t/c)} = 1 - (1/e^{\lambda t}) \qquad \text{（图 9-3 所示）}$$

$$\text{PDF：} f(t) = (1/c)e^{-(t/c)} = \lambda/e^{\lambda t} \qquad \text{（图 9-4 所示）}$$

式中，c 为尺度因子；t 为时间；λ 是 c 的倒数。软件可靠性的应用中，λ 指故障检测率或称故障率。

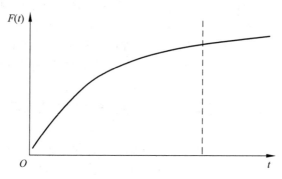

图 9-3　累积分布函数

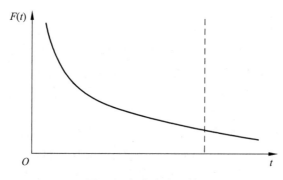

图 9-4　概率密度函数

在软件可靠性领域中,指数模型是比较著名的一个模型,而且经常被认为是其他的软件可靠性增长模型的基础。例如,Goel-Qkumoto(1979)非齐次泊松过程模型(Nonhomogeneous Poisson Process Model,NPPM)中的平均值函数(CDF)实际就是指数模型。

9.2.2 可靠性模型评价标准

软件可靠性模型通常假设失效之间是相互独立的。失效的产生需要两个条件:错误引入和错误被输入状态激活。这两个条件都是随机的,根据对实际项目的调查,失效之间没有发现很强的关联性。

通过对可靠性模型的概念与影响因素的了解可知对模型的评价标准如下。

(1) 基于合理的假设。模型假设是否合理是评价一个模型的基本条件,建立模型的开始如果错误,后续的工作都将是没有意义的。

(2) 预测的有效性。能够对系统的失效行为进行很好的预测,依据模型所产生的质量数据要符合产品的实际情形才能确保预测的有效性。同时,模型本身也应该涵盖常用的对产品的未来状态进行预测的方法。

(3) 模型实现的可操作性。模型并不是越复杂越好,模型的理论基础很好,推理与逻辑都很严密精准,如果实施的过程非常复杂,以至于实施它所需要付出的代价已经超出模型的使用所带来的益处,这种模型将不会被人采纳,或者采纳了也不会持久,所以应更多地关注模型可以计算有用的量的多少。从某种意义上讲,可靠性模型是否简单易操作比模型的其他评价标准都重要得多。

(4) 预测的及时性。如果不能在适当的项目阶段反映产品的质量信息,再好的模型也是没有多大实际意义的。

(5) 预测的覆盖率。主要体现在反映质量问题的广度与深度上。一个好的模型主要体现在可以预测有用的量的多少与准确性,如果可以预测的量极少,可能还需要同时使用多个模型才可以满足产品可靠性预测的需求,无形中会浪费更多的项目资源。

9.3 软件可靠性测试和评估

软件可靠性测试与一般测试有着明显的不同之处。

(1) 软件失效是由设计缺陷造成的,软件的输入决定是否会遇到软件内部存在的故障。所以软件可靠性测试强调按实际使用的概率分布随机选择输入,并强调测试需求的覆盖度。这使得软件可靠性测试实例的采样策略与一般的功能测试不同。软件可靠性测试必须按照使用的概率分布随机地选择测试实例,这样才能得到比较准确的可靠性估计,也有利于找出对软件可靠性影响较大的故障。

(2) 软件可靠性测试过程中还要求比较准确地记录软件的运行时间,它的输入覆盖一般也要大于普通软件功能测试的要求。

(3) 软件可靠性测试对使用环境的覆盖比一般的软件测试要求高,测试时应覆盖所有可能影响程序运行方式的物理环境。对一些特殊的软件,如容错软件、实时嵌入式软件等,在一般的使用环境下很难对软件的异常处理能力进行针对性的测试,因此可靠性测试时常常需要多种测试环境。

提高软件可靠性除了对前期软件设计有较高合理性要求以外,就是要对软件进行可靠性测试。软件可靠性测试也是评估软件可靠性水平、验证软件产品是否达到软件可靠性要求的重要且有效的途径。

9.3.1 影响软件可靠性的因素

影响软件可靠性的因素较多,小到开发人员编码前一天有没有休息好,大到软件项目所采用的开发方法,下面对主要的因素进行介绍。

1. 软件规模

软件规模越大,复杂度自然会增加,隐藏在软件当中的潜在问题可能就会更多,所以软件的规模是影响软件可靠性重要因素之一。

复杂度主要是指软件内部的结构,它与软件规模还是有本质区别的。一个软件可能很大但不一定很复杂,一个小型的软件可能因为逻辑复杂,实现困难,牵涉太广而变得复杂。例如,一个铁水凝固过程的数值模拟软件,它其实很小,只需计算一个单位的铁水在特定环境下自然冷却时,从外向内或从内向外各个单位点的温度随时间的变化曲线。但是它很复杂,它需要考虑的因素太多,诸如时间、不同位置点、外界环境、铁水的成分等,所以保证它的可靠性需要进行深入测试。

2. 运行剖面

简单地讲,运行剖面就是使用软件时的不同路径。使用 Windows 系统时有个很好的感受,同样的功能可以在很多个地方实现。例如,要打开某个目录除了直接双击“我的电脑”,还可以通过右击“开始”按钮打开;也可通过右击“我的电脑”的弹出菜单中的“资源管理器”子菜单打开;还可以通过键盘上的带 Windows 图标的 Windows+E 组合键打开;还可以在 IE 的地址栏直接输入要浏览的磁盘与目录。这仅是同一个功能,对于不同的功能的相互组合将会更复杂。例如,要给计算机设定一个固定 IP,首先要给网卡装上驱动,然后添加 TCP/IP 协议,再到“网络设置”进行设置,对于这 3 个步骤中的每一步都有不同的实现途径,不同途径的组合就是一个运行剖面。从上述实例中可以体会运行剖面越多,潜伏在软件中的考虑不周全的问题可能就越多,这也是影响软件可靠性的重要因素。

3. 开发方法

软件开发方法有很多种,如结构化方法、面向对象的方法、形式化方法以及几种方法的结合等。每种方法都有各自的适用范围与场景,选择不同的开发方法将会在后续的项目进程中对最终产品的可靠性产生不同影响。例如,结构化方法简单实用、技术成熟、应用广泛,但对于规模大的项目或特别复杂的项目就不太适合。这种方法难以解决软件的重用问题,会导致软件的代码重复率高,稍有变化将会有大量的代码改动,从而使软件维护变得复杂,也就降低了软件的可靠性。面向对象的方法是目前应用最广最流行的一种方法,它也不是完美无缺的,它在软件开发阶段的划分上比较模糊,通常在分析、设计与实现的阶段间多次迭代,这无形中也增加了软件可靠性的风险。

4. 开发人员素质

开发人员的能力与经验对于编码的质量有直接影响。目前一些软件企业对编码过程的控制方法很好,减少依赖于个人的编码能力。但个人的能力与经验还是起举足轻重的作用,包括编码的习惯、编码的风格、编码的规范程度等。

5. 开发的支持环境

支持环境主要是指软件开发过程中的各阶段的模拟真实使用环境的拟合程度。如果开发的是一个大型门户网站,最终产品线上的环境可能是 Linux,选择 Apache 作 Web 服务器、Oracle 数据库。如果开发或测试人员为了自己方便使用 Window IIS 作 Web 服务器,使用 MS-SQL 数据库进行调试与测试环境。理论上是可行的,实际上却存在很多不确定因素。尽管已经考虑到它们之间的不同,但无法预料或想不到的问题还有很多。当然支持的环境不仅仅是调试与测试环境。

6. 可靠性设计

软件的可靠性不完全是通过测试发现的,也不完全是增强编码能力可以达到的,对软件项目的前期进行可靠性设计也非常重要。对软件真实使用环境的准确分析,软件的容错设计的周全考虑以及与周边软件的接口等方面的因素考虑的周全程度,都会影响到最终软件产品的可靠性。了解这些方面就可以在设计阶段将其考虑进去,做相应的设计传递到开发过程下个阶段,这样就可以在早期有效地避免潜在的问题。

9.3.2 可靠性度量指标

可靠性概率度量称为可靠度,即:在规定的条件下、在规定的时间内,不引起系统失效的概率。对于关键安全系统(SCS)来说,一旦失效将会对人、财产或环境造成重大损害,因此对于它的可靠性要求极高。例如,电信系统要求可靠性达到 5 个 9。

失效指的是系统或部件不能按规定的性能要求执行它所要求的功能。失效不等于故障或缺陷。失效更多是从用户角度感知到的运行结果,直接表现为服务中断。故障或缺陷则是软件系统内部的不正确,故障发生后可以通过故障处理使软件系统不失效。"要么不出现问题,出现问题尽快恢复",可靠性的度量体现为系统失效和故障处理能力两方面。

1. 系统失效度量

1) 失效率 λ

根据 GB/T 11457—2006 软件工程术语定义,失效率指的是失效数与给定测量单位的比率,即:单位时间的失效次数或若干次事务处理的失效次数。在电信行业,往往也称为中断频率。例如,某软件以年为单位度量失效率(λ),假如软件系统内每个部件都有相同规模、相同失效可能,则年失效率定义为:

$$\lambda = \frac{N_f}{\Delta t \cdot N_0} = 12\frac{m}{N}$$

相应地,年平均中断时间(Δt)定义为:

$$DT = 12\frac{\sum_{i=1}^{m} P_i}{N}$$

其中,N 为软件系统内部件数量;N_f 为失效内部件数;N_0 为总数;m 为统计软件系统内一个月内所有部件的中断次数;P_i 为第 i 次的中断时长。

2) 平均失效间隔时间(Mean Time Between Failure,MTBF)

两次失效之间的平均时间反映了可靠性的时间度量,体现了产品在规定条件规定时间内保持功能的一种能力。MTBF 的值如图 9-5 所示:

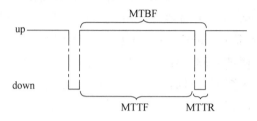

图 9-5　失效相关的时间间隔

$$MTBF=MTTF+MTTR$$

其中,MTTF-mean time to Failure 为平均失效等待时间,或称平均无故障时间;MTTR-mean time to restoration 为平均失效恢复时间。MTTR 是系统从 down 到 up 的时间间隔,实际上就是业务中断时间。

MTBF 值的另一种计算方法是取失效率的倒数,即 $MTBF=1/\lambda$。

【案例】　假如以产品以年计失效率,$\lambda=2.4$ 次/年,则有

$$MTBF=1/\lambda=0.42 \text{ 年}$$
$$=[(365)(24)]/\lambda$$
$$=650 \text{ 小时}$$

3) 可用度 A

可用度指软件系统任一时刻处于正常状态的概率,用软件正常状态的时长占总运行时长之比来度量。通常所说的 5 个 9,即指的是可用度为 99.999%。可用度用公式表示为:

$$A=\frac{[uptime]}{[uptime]+[downtime]}=\frac{MTTF}{MTBF}=\frac{MTTF}{MTTF+MTTR}$$

从可靠性角度看,期望 MTTF 尽可能长,MTTR 尽可能少;当 MTTR 足够小时,$MTTF\approx MTBF$,可用度为 1。

电信标准 TL-9000 通过测量一个系统的年度平均业务中断数和业务中断时间(停工期),得到可用度。其公式定义为:

$$A=\frac{AT-DT}{AT}$$

其中,AT 代表统计的单位时间范围;DT 代表系统在单位时间范围内允许的业务中断时间范围。与通用可用度公式对比可以发现,DT 即为单位时间内的总 downtime。

【案例】　电信产品一般要求 $A\geqslant99.999\%$,根据公式,可以求得一年内允许业务中断时间范围:$DT\leqslant5$ 分钟,如表 9-1 所示。

$$A=[(365)(24)(60)-DT]\div[(365)(24)(60)]\geqslant99.999\%$$

假如在一个包含 20 个部件的软件系统中,一个月内由共发生了 4 次由供方原因造成的业务中断,分别持续了 20 分钟,40 分钟,60 分钟,10 分钟,则:

失效率　　　　　　　　　　　$\lambda=12(4/20)=2.4$ 次/年

中断时长　　　　$DT = 12[20+40+60+10] \div 20 = 78$ 分钟/年

可用度　　　$A = [(365)(24)(60)-78]/[(365)(24)(60)] = 99.985\%$

表 9-1　系统可用性和每年停工时间的关系

系统可用性/%（24×365 为基准）	系统每年的停工时间
99.999	5.3min
99.99	52.6min
99.95	4.4h
99.90	8.8h
99.8	17.5h
99.7	26.3h
99.5	43.8h
99.0	87.6h
98.5	131.4h
98.0	175.2h
97.5	219.0h

有关业务中断标准根据业务类型及人的感觉差异会有所不同,主要表现在业务请求的响应时延和成功率方面。对于语音业务来说,>15s 响应就认为是失效;但对于短信业务来说,响应时间≤60s 就可以认为是成功。对大多数非实时业务,用户可以接受操作经过一次重试后成功,也即成功率≥50%。可以设置某业务成功率最低阈限 Benchmark(SR),相应地,如果 $t_j - t_i$ 大于对应业务所允许的中断间隔时间上限,则可以视为业务中断时间,如图 9-6 所示。

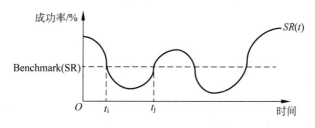

图 9-6　业务中断标准示例

4）系统过载控制度量

系统过载控制指的是当业务量超过系统设计容量时,系统仍然按照设计容量的一定比例提供业务的能力,不能由于业务量增大而导致业务中断。系统过载控制度量是对系统负荷能力的一种考验,特别是在一些突发的大业务量冲击下系统能否经受住考验,如春节大话务量的冲击。

系统过载控制能力可通过系统的过载倍数与业务处理比例的关系来度量。随着过载倍数增加,业务处理比例会有一定程度的下降。此时,理想情况是系统始终按其最大业务量来处理;最低标准是系统始终保持服务不宕机。

【案例】　某系统的系统过载指标采用分级定义,具体指标值定义如表 9-2 和图 9-7 所示。

表 9-2　系统过载指标分级定义

过 载 倍 数	业务处理比例		
	Ⅰ级	Ⅱ级	Ⅲ级
1～1.5	≥90%	100%	100%
1.5～3	≥80%	100%	100%
3～10	≥50%	80%	100%
10～64	≥20%	≥50%	≥80%
>64	>0%	≥20%	≥50%

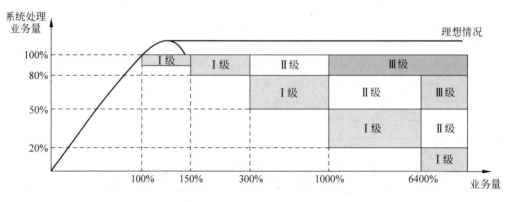

图 9-7　系统过载指标分级定义

2. 故障处理能力度量

为了提高系统的可靠性,需要增加对故障的容错设计,特别是对发生频率高的故障进行容错设计,在减少失效率的同时尽可能减少业务中断时间。在此提出一系列用于度量系统故障处理能力的指标。

图 9-8 所示为故障发生到业务恢复正常的故障处理时间窗,其中: t_1 ＝故障检测时间; t_2 ＝故障定位时间; t_3 ＝故障修复时间,如果系统无故障容错处理则为人工修复时间,如果系统有故障容错处理,则为故障自动恢复正常所需要的时间。可以看出,系统故障处理能力主要体现为故障检测、故障定位和故障恢复能力,而每种能力又主要体现在故障处理的自动化程度及时间消耗上。对于人工处理的故障,其故障处理时间因人而异,难以有效度量。

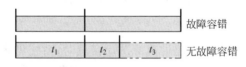

图 9-8　故障处理时间窗示例

由此,故障处理能力度量指标(FTC)可以定义为六元组: $FTC = \{Pd, MTTD, Pl, MTTL, Pr, MTTR\}$,其中:

- Pd 为故障自动检测率,故障自动检测数占总故障数比例。
- MTTD 为平均故障检测时间,从故障开始到收到确切故障检测消息的平均时间。
- Pl 为故障自动定位率,故障自动定位数占总故障数比例。
- MTTL 为平均故障定位时间,从故障开始到收到确切故障定位消息的平均时间。

其中包含故障检测时间。

- Pr 为故障自动恢复率,故障自动恢复数占总故障数比例。
- MTTR 为平均故障恢复时间(平均业务中断时间),从故障开始到业务恢复正常的平均时间,也即系统 down 到系统 up 的平均时间,其中包括故障检测时间。

$$MTTD = t_1$$
$$MTTL = t_1 + t_2 = MTTD + t_2$$
$$MTTR = t_1 + t_2 + t_3 = MTTL + t_3 = MTTD + t_2 + t_3$$

根据指标定义可以看出,MTTD≤MTTL,MTTL≤MTTR,Pd≥Pl,Pd>Pr,理想情况下 MTTD=MTTL,Pd=Pl,即:在故障自动检测的同时完成了故障自动定位。如果软件系统没有进行故障容错设计,不能使故障自动恢复但能够在故障检测的同时故障自动定位(即 MTTD=MTTL),且可以通过人工快速修复系统(如重启),则故障恢复时间 MTTR 与提供故障容错设计的系统接近相同。

关于故障检测时间和故障定位时间的统计,如图 9-9 所示,故障检测间隔 T_a 时间定期触发,当故障在 t_0 时刻发生,则故障检测时间 $MTTD \approx T_a$;当故障恢复时间 $MTTR > T_a$ 时,则故障检测程序有可能将故障恢复误判为故障发生,由此造成反复重启的现

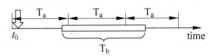

图 9-9　故障检测时间窗示意

象。因此,一般要经过 n 个 T_a 时间间隔后才会确认是故障。故障检测时间 MTTD 在 $[0, n * T_a]$ 波动,故障检测时间和定位时间,需要经过重复测试 n 次后取其平均值。

关于故障自动定位的判别,要求故障定位信息能指示到故障发生位置。对于通信软件来说,一般要求定位到可更换单元(FRU)或可管理单元(FMU),如进程、网卡。对于发生故障的在线系统来说,最重要的是业务尽快恢复使用,时间是第一要素,故障自动定位的目的是能够尽快在线恢复系统到使用状态(如重启某进程),然后再离线修复缺陷。

关于故障自动恢复的判别,主要观察业务是否恢复可用,系统能对发生的故障自行恢复(如进程退出可以自动重启)或通过故障容错机制保证基本业务可用。常见的故障容错机制有冗余、集群、放通和流控等。

9.3.3　可靠性测试

软件可靠性测试能有效地发现影响软件可靠性的缺陷,估计软件的可靠性水平,验证软件可靠性是否达到要求,从而保证软件可靠性的增长。可靠性测试是有针对性的,对软件的可靠性进行测试的一系列测试活动,一般分为可靠性增长测试和可靠性验证测试。

软件可靠性测试也存在一定的困难和局限性。它是一项高投入的测试工作。进行软件可靠性测试必须了解软件的使用历史,或估计可能的使用,构造软件的运行剖面,准备测试环境,且要进行大量的测试运行;它不能代替其他测试和验证方法。从有效发现缺陷角度出发,软件可靠性测试可能不是最有效的方法,必须结合其他的测试和验证方法、手段发现软件中存在的各种缺陷;它难以验证可靠性要求极高的软件,如失效率为 10^{-9}。对于可靠性要求极高的软件,用软件可靠性测试的方法进行验证是不切合实际的,必须采用如形式化验证等方法加以解决。

1. 可靠性测试活动

软件可靠性测试的一般过程,如图 9-10 所示,主要活动包括测试数据、测试环境的准备,测试运行,可靠性数据收集,可靠性数据分析和失效纠正。

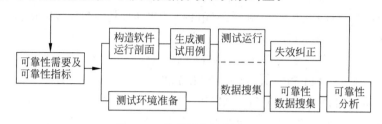

图 9-10　软件可靠性测试过程

(1) 构造运行剖面,参见 9.3.1 节。

(2) 选取测试用例。软件可靠性测试采用的是按照运行剖面对软件进行可靠性测试的方法。因此,可靠性测试所用的测试用例是根据运行剖面随机选取得到的。

(3) 测试环境的准备。为了得到尽可能真实的可靠性测试结果,可靠性测试应尽量在真实的环境下进行。但在多数情况下,在真实的环境下进行软件的可靠性测试很不实际,因此需要开发软件可靠性的仿真测试环境。例如,多数嵌入式软件,与之依赖的环境的开发常常与软件的开发是同步的甚至是滞后的,因此无法及时进行软件可靠性测试;有些系统由于软件依赖的环境非常昂贵,无法用于进行大规模的可靠性测试。

(4) 可靠性测试运行。在真实的测试环境中或可靠性仿真测试环境中,用按照运行剖面生成的测试用例对软件进行测试。

(5) 数据收集。收集的数据包括软件的输入数据和输出结果,以便进行失效分析和回归测试;软件运行时间数据,可以是 CPU 执行时间、日历时间、时钟时间等;可靠性失效数据包括失效时间数据和失效间隔时间数据,包括每次失效发生的时间或一段时间内发生的失效数。失效数据可以实时分析得到,也可以事后分析得到。可靠性数据的收集是可靠性评估的基础,数据收集质量决定着可靠性评估的准确性,应尽可能采用自动化手段进行数据的收集,以提高效率、准确性和完整性。

(6) 数据分析。主要包括失效分析和可靠性分析。失效分析是根据运行结果判断软件是否失效,以及失效的后果、原因等;而可靠性分析主要是指根据失效数据,估计软件的可靠性水平,预计可能达到的水平,评价产品是否已经达到要求的可靠性水平,为管理决策提供依据。

(7) 失效纠正。如果软件的运行结果与需求不一致,则称软件发生失效。通过失效分析,找到并纠正引起失效的程序中的缺陷,从而实现软件可靠性的增长。

2. 可靠性增长测试

软件可靠性增长测试是为了满足用户对软件的可靠性要求,提高软件可靠性水平而对软件进行的测试,即对软件进行测试—可靠性分析—修改—再测试—再分析—再修改的循环过程。

3. 可靠性验证测试

软件可靠性验证测试是为了验证在给定的统计可信度下,软件当前的可靠性水平是否满足用户的要求而进行的测试,即用户在接收软件时,确定它是否满足软件规格说明书中规定的可靠性指标。一般在验证过程中,不对软件进行修改。软件可靠性验证测试过程如

图 9-11 所示。

图 9-11　软件可靠性验证过程

9.3.4　可靠性测试结果分析和评估

在软件的开发过程中,利用测试的统计数据,估算软件的可靠性,以控制软件的质量。

1. 推测错误的产生频度

估算错误产生频度的一种方法是估算平均失效等待时间(Mean Time To Failure, MTTF)。MTTF 估算公式(Shooman 模型)是

$$\text{MTTF} = \frac{1}{K(E_T/I_T - E_C(t)/I_T)}$$

其中,K 是一个经验常数,统计数字表明,K 的典型值是 200;E_T 是测试之前程序中原有的故障总数;I_T 是程序长度(机器指令条数或简单汇编语句条数);t 是测试(包括排错)的时间;$E_C(t)$ 是在 $0\sim t$ 期间内检出并排除的故障总数。

公式的基本假定如下。

- 单位(程序)长度中的故障数 E_T/I_T 近似为常数,它不因测试与排错而改变。统计数字表明,通常 E_T/I_T 值的变化范围为 $0.5\times10^{-2}\sim2\times10^{-2}$。
- 故障检出率正比于程序中残留故障数,而 MTTF 与程序中残留故障数成正比。
- 故障不可能完全检出,但一经检出立即得到改正。

下面对此问题做如下分析。

设 $E_C(t)$ 是 $0\sim t$ 时间内检出并排除的故障总数,t 是测试时间(月),则在同一段时间 $0\sim\tau$ 内的单条指令累积规范化排除故障数曲线 $\varepsilon_C(t)$ 为:

$$\varepsilon_C(t) = E_C(t) - I_T$$

这条曲线在开始呈递增趋势,然后逐渐和缓,最后趋近于一水平的渐近线 E_T/I_T。利用公式的基本假定:故障检出率(排错率)正比于程序中残留故障数及残留故障数必须大于零,经过推导得:

$$\varepsilon_C(t) = \frac{E_t}{I_t}(1 - e^{-R_1 t})$$

这就是故障累积的 S 形曲线模型,参看图 9-12。

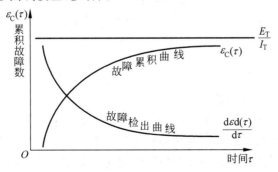

图 9-12　故障累积曲线与故障检出曲线

故障检出曲线服从指数分布,亦在图 9-12 中显示。

$$\frac{\mathrm{d}\varepsilon_c(\tau)}{\mathrm{d}\tau} = K_1\left(\frac{E_I}{I_I}\mathrm{e}^{-Rt}\right)$$

2. 估算软件中故障总数 ET(Error Total)的方法

(1)利用 Shooman 模型估算程序中原来错误总量 E_T——瞬间估算。

$$\mathrm{MTTF} = \frac{1}{K(E_T/I_T - E_C(t)/I_T)} = \frac{1}{\lambda}$$

所以,

$$\lambda = K\left(\frac{E_T}{I_T} - \frac{E_C(t)}{I_T}\right)$$

若设 T 是软件总的运行时间,M 是软件在这段时间内的故障次数,则

$$T/M = 1/\lambda = \mathrm{MTTF}$$

现在对程序进行两次不同的互相独立的功能测试,相应检错时间 $\tau_1 < \tau_2$,检出的错误数 $E_C(\tau_1) < E_C(\tau_2)$,则有

$$\begin{cases} \lambda_1 = \dfrac{E_C(\tau_1)}{\tau_1} = \dfrac{1}{\mathrm{MTTF}_1} \\[3mm] \lambda_2 = \dfrac{E_C(\tau_2)}{\tau_2} = \dfrac{1}{\mathrm{MTTF}_2} \end{cases}$$

且

$$\begin{cases} \lambda_1 = K\left(\dfrac{E_T}{I_T} - \dfrac{E_C(\tau_T)}{I_T}\right) \\[3mm] \lambda_2 = K\left(\dfrac{E_T}{I_T} - \dfrac{E_C(\tau_2)}{I_T}\right) \end{cases}$$

解上述方程组,得到 E_T 的估计值和 K 的估计值。

$$\hat{E} = \frac{E_C(\tau_2)\lambda_1 - E_C(\tau_1)\lambda_2}{\lambda_1 - \lambda_2}$$

$$\hat{K} = \frac{I_T\lambda_1}{E_T - E_C(\tau_1)} \quad \text{或} \quad \hat{K} = \frac{I_T\lambda_2}{E_T - E_C(\tau_2)}$$

(2)利用植入故障法估算程序中原有故障总数 E_T——捕获—再捕获抽样法。

若设 NS 是在测试前人为地向程序中植入的故障数(称播种故障),n_S 是经过一段时间测试后发现的播种故障的数目,n_O 是在测试中又发现的程序原有故障数。假设测试用例发现植入故障和原有故障的能力相同,则程序中原有故障总数 E_T 的估算值为

$$\hat{n}_O = \frac{n_O \cdot N_S}{n_S}$$

此方法中要求对播种故障和原有故障同等对待,因此可以由对这些植入的已知故障一无所知的测试专业小组进行测试。

这种对播种故障的捕获—再捕获的抽样方法显然需要消耗许多时间在发现和修改播种故障上,这会影响工程的进度,而且要想使植入的故障有利于精确地推测原有的故障数,如何选择和植入这些播种故障也是一件很困难的事情。为了回避这些难点,就有了不必埋设播种故障的方法。

（3）Hyman 分别测试法。

这是对植入故障法的一种补充。由两个测试员同时互相独立地测试同一程序的两个副本，用 t 表示测试时间（月），记 $t=0$ 时，程序中原有故障总数是 B_0；$t=t_1$ 时，测试员甲发现的故障总数是 B_1；测试员乙发现的故障总数是 B_2；其中，两人发现的相同故障数目是 b_C；两人发现的不同故障数目是 b_i。在大程序测试时，头几个月所发现的错误在总的错误中具有代表性，两个测试员测试的结果应当比较接近，b_i 不是很大。这时有：

$$B_0 = \frac{B_1 \cdot B_2}{b_C}$$

如果 b_i 比较显著，应当每隔一段时间，由两个测试员再进行分别测试，分析测试结果，估算 B_0。如果 b_i 减小，或几次估算值的结果相差不多，则可用 B_0 作为程序中原有错误总数 E_t 的估算值。

本 章 小 结

本章从概念出发，逐步深入地介绍了软件可靠性概念、可靠性的模型、可靠性测试与度量。在可靠性模型部分，主要介绍模型的概念、模型的建立、模型的评价标准以及常用的几种可靠性模型。在可靠测试部分，主要依据可靠测试的一般流程使大家更容易理解可靠性测试到底是什么，最终给我们带来的是什么。

思 考 题

1. 简述可靠性概念，并用自己的语言描述图 9-1 和图 9-2 所表达的软件可靠性和硬件可靠性的异同。
2. 列出常用的可靠性模型并描述其相同点与不同点。
3. 通过对可靠性测试的学习，试着绘出软件可靠性测试流程简图。
4. 用公式说明软件故障数据的趋向性分析过程。

过程篇

全过程提升软件质量

第10章　软件质量计划

质量不是偶然产生的,它的产生必定是有策划的。而质量策划过程是一个双面孵化器,停止产生新鳄鱼,就需要关闭不好的孵化器。

——J. M. 朱兰

从本章开始,我们将质量保证和管理的思想、方法、工具等应用到软件开发和维护的全过程中,提高软件需求分析、软件设计、编程和测试的过程及中间产品的质量。为了达到预期的、良好的效果,在实施质量保证和管理的思想、方法之前,要进行周密的软件质量策划,即:要制订好质量方针、政策,以及完成项目的整体质量计划和各个阶段的质量计划。

提高质量是软件工程的主要目标,但由于软件产业不同于传统行业,软件开发过程不是制造生产过程,而是高科技的智力创造性活动——设计过程,很难像传统工业那样通过执行严格的操作规范来保证软件产品的质量,也没有像传统工业那样的自动化生产线来保证生产过程高度的一致性、稳定性和有效性,软件开发过程质量的保证工作也具有相当的难度。所以,软件的质量策划显得更为重要,是质量体系中的首要工作,在软件质量保证工作中具有必要性。

10.1　朱兰三部曲与质量策划

朱兰博士在其著名的质量三部曲提出了质量策划的概念。朱兰三部曲就是质量策划、质量控制和质量改进,如图 10-1 所示。

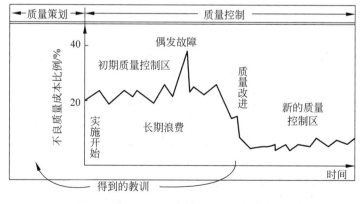

图 10-1　朱兰的质量三部曲

- 质量策划。为建立有能力满足质量标准化的工作程序,质量策划是必要的。
- 质量控制。为了掌握何时采取必要措施纠正质量问题就必须实施质量控制。
- 质量改进。质量改进有助于发现更好的管理工作方式。

三部曲的3个过程是相互有关的,图 10-1 表示它们之间的相互关系,其横轴表示时间,纵轴表示不良质量成本(质量缺陷)的百分比。最先的活动是质量策划,策划人员确定谁是顾客以及这些顾客的需求是什么。于是计划人员提出满足这些需求的、有关产品和过程的解决方案(计划)。随后,计划人员把这一计划转换为操作计划,操作计划的实施就是转换过程——产品开发或生产的过程。在产品开发或生产的执行过程中,必然产生质量缺陷,产生劣质成本,如有 20% 的工作需要重做,所以必须进行质量控制。通过控制,可以调整质量计划,降低产生质量缺陷,降低劣质成本。但质量控制能力是有限的,真正要最优化产品开发或生产的过程,必须依靠三部曲的第三个过程来实现,即"质量改进"。

质量策划是指设定质量目标的活动和开发达成这些质量目标所要求的产品和过程。不可能抽象地策划,只有在目标设定之后才能进行策划。质量策划的活动,主要有:

- 设定质量目标;
- 识别顾客——受目标影响的人;
- 确定顾客需求;
- 确定反映顾客需求的产品特征;
- 开发能够生产具有这种特征的产品的过程;
- 设定过程控制,并把由此得出的计划转换为操作计划。

策划的过程就是通过识别顾客的要求,开发出让顾客满意的产品,并使产品的特征最优化,同时优化产品的生产过程。这样不但能够满足客户的需求,也能满足企业的需求。

质量策划也是具有层次的,从战略质量目标制订到小组质量目标的确定,具有逐层分解的过程:

- 组织战略质量目标;
- 组织战略质量分目标;
- 部门质量目标(可以看作战术目标);
- 部门职能质量目标;
- 小组具体质量目标。

战略目标是由公司一级设定的,并作为公司整个经营计划的一部分。战略质量目标的概念是把质量列为公司目标中最优先考虑的目标。

为达到质量目标需要采取行动,质量管理部门或组织的最高层管理者应为这样的行动建立指导方针,来引导大家朝质量目标方向前进、为实现质量目标而努力工作。质量方针都以满足顾客需求为根本,如何进行质量改进,将顾客范围扩展到组织内部,扩展到经营的所有领域,识别要满足顾客的哪些具体需求,从产品、服务、供应等各个环节来让顾客满意。

尽管具体行业及公司有其独特性,某些质量目标却具有广泛的适用性:

- 产品特性。这一目标涉及那些决定顾客需求、满足流程的产品质量特性,如易安装性、易用性、功能强、平均故障间隔时间低,这些特征直接影响到产品的适销性。
- 质量竞争力。市场经济条件下不可缺少的一项目标,也应成为战略经营计划的一个组成部分。

- 质量改进。该目标旨在提高产品的适销性以及降低不良质量成本,主要是在改进各方面的流程和质量控制方法。
- 降低不良质量成本。质量改进的目标总是包括减少由于不良质量引起的成本,降低相对值。我们可能不知道劣质成本的准确数字,但我们能知道相对量,而且这个相对量是很高的,特别是对软件业。
- 大过程的绩效,质量目标往往是跨职能、跨部门共同承担的,相互之间存在着影响、依赖关系,必须齐心协力来完成质量目标。

10.2 软件质量计划概述

质量管理包括制订质量方针、目标和职责,并通过质量体系内的质量策划、质量控制、质量保证和质量改进等方法实施的、全部管理职能的活动。而质量计划则是软件项目整体计划中的组成部分之一,但同时,我们不能将质量计划仅看作软件项目计划的一个组成部分,因为质量第一,质量计划是一个注重质量的组织的所有努力和决策,应该处在一个统领的位置,质量计划成为指导软件项目整体计划制订的纲领性文件,其他内容的计划应该服从质量计划的需求。

下面主要介绍:
- 质量计划的目标和要素;
- 软件质量计划内容;
- 软件质量计划的制订原则;
- 制订质量计划的方法和规程。

10.2.1 质量计划的目标和要素

质量计划包括确定哪种质量标准适合该项目并决定如何达到这些标准。在项目计划中,它是程序推进的主要推动力之一,应当有规律地执行并与其他项目计划程序并行。例如,对管理质量的要求可能是成本或进度计划的调节,对生产质量的要求则可能是对确定问题的详尽的风险分析。比 ISO 9000 国际质量体系的发展更进一步的是,这里作为质量计划所描述的工作是作为质量保证的一部分而进行广泛讨论的。

- 企业最高层亲自抓质量体系,包括制订企业的质量方针和质量目标,配备足够的人力、物力资源,明确各岗位的质量职责,并保证质量体系的运行。
- 质量方针要反映对顾客的承诺,如"科技领先、科学管理、精益求精、用户满意",从技术、管理、产品质量和满足顾客方面作出了承诺。
- 文件化的操作规程,即根据质量标准的要求,建立程序文件、操作指导书和质量记录,对公司运行的主要过程规定了操作的规范,并在工作中严格执行。企业的运行流程规范必须符合质量标准的要求,这些流程并得到有效的执行,如对开发人员、测试人员和内审员进行各自专业的培训,是质量体系运行和产品质量的保证。

除此之外,还有一些质量计划的方法和技术问题。首先,质量计划是为了满足用户的期望。用户的期望一般都有过高的可能,软件所能实现的功能和特性一般很难完全满足用户所有的期望,但是通过制订完善的质量计划,包括一系列的测试计划,特别是验收测试计划,充分验证用户特定的需求,保证用户的需求得到实现,可以最大程度满足用户的期望。

其次,质量计划是为了降低不良质量的成本(COPQ 或 PONC),进一步提高企业的竞争力。我们知道,过多的软件缺陷会给企业造成较大的开发和运营成本,引起客户的不满,损害客户的利益,降低企业的竞争力。质量计划制订时,对用户的质量需求进行很好的分析,了解客户的真正需求,为产品的质量建立一个适当的水平。

最后,质量计划是为了在软件开发全过程中实施质量保证。一个基本道理是大家都接受的:软件质量是在软件开发全过程中形成的,而不是在某个环节或测试阶段保证质量,也就是说,软件缺陷从一开始就不断注入软件中,测试只是发现已存在软件中缺陷的一种手段,避免低质量的产品发布到用户。软件测试不能提高软件质量,要提高软件质量就必须从一开始就关注软件质量,进行缺陷预防和质量管理,而质量计划正是在软件需求分析、设计之前所进行的质量活动,帮助人们在整个软件开发全过程中开展质量管理活动,实施质量保证的各项措施,所以有效的质量计划的建立和实施是提高软件产品和过程质量的最重要的手段之一。

概括起来,质量计划可以向企业管理者、顾客和供应商等提供质量的信心,从满足客户的需要、降低不良质量成本到全过程质量管理等进行质量策划,从组织上、管理上、过程改进、质量标准和项目的具体要求等多方面,对质量管理的思想、方法、工具和措施进行阐述。

为了保证质量计划达到上述的目的,质量计划所具有的要素包括组织、管理、流程、方法、工具等:

- 在组织上,如何建立、宣传质量方针;
- 管理上质量文化的形成;
- 质量风险和成本的分析;
- 如何用流程改进来实施质量管理;
- 如何通过方法和工具来提高质量管理的有效性;
- 如何进行软件评审来检验质量管理的实施效果。

10.2.2　软件质量计划内容

在相应的国际标准(ANSI/IEEE STOL 730—1984,983—1986)和国内标准《计算机软件质量保证计划规范》中对质量计划的内容做了具体的规定。质量保证计划有:

- 计划目标:阐述本质量计划所要达到的、特定的目标,以及本计划所涉及的范围。质量计划的范围也是质量的主要输入,只有确定了输入,才能保证质量计划内容的正确性和有效性。并有必要在此介绍所涉及的软件产品,因为产品是影响质量计划的主要因素之一。
- 参考文献:给出所有参考的文件列表。
- 管理:在管理上,要从组织、任务和责任 3 方面来论述,即在质量管理上行使职能权利和协调质量工作的组织和人员,如质量保证小组(SQA)、软件工程过程小组(SEPG)或六西格玛质量管理的黑带大师、黑带等,以及这些组织和人员的责任和任务。
- 文档:对文档制作、审查和存档等质量提出具体的要求,包括必须生成的软件工程文档(需求规格说明书、设计文档、用户手册等)和其他文档(质量检查记录表、问题跟踪表等）。

- 标准和约定：阐述本质量计划所引用或参考的、适用于特定领域的质量管理标准，以及相关质量指标的约定。例如，软件系统测试应包含性能、负载、容量测试的条目、单元测试的覆盖率、软件代码注释行要求、算法精度等。这项内容，一般还包括质量保证和管理的最好实践。例如，建议如何让软件开发和软件质量标准保持一致性；怎样更好地发现产品规格说明书和软件设计中没有遵守质量标准所约定的内容和格式；设计采用什么样的先进方法。

- 复审、内审或评审：这是质量计划中的主要内容，包括评审的目的和评审的要求，同时，不仅包括软件开发过程的各阶段评审（如软件需求的评审、设计评审、软件验证和确认评审），也包括软件开发过程的不同方式、不同方面的评审（如功能评审、技术评审、内部过程评审和管理评审等）。

- 配置管理：指配置项的识别、配置项控制、配置项审计和评审等，详见第 5 章。配置管理包括代码和文档控制。例如，如何进行程序代码库的管理，包括库函数的创建、维护，以及代码的修改保护、新版本的定义、创建和跟踪。

- 测试：对测试所提出的具体要求，软件有其独立的测试计划，但测试计划是建立在质量计划的基础之上，是在质量计划要求和指导下完成的。

- 问题报告和改正活动：是质量工作活动中不可忽视的内容，所有问题应该被报告出来，不能被掩盖起来。软件中的质量问题也经过一个生命周期，从报告出来、会诊、调试和分析，到最后修正、关闭，都有相应的定义和约束，而且这些问题在产品发布之前被修正。但一般来说，对一个企业会建立比较通用的流程和方法，所以不会只作为一个具体项目的软件质量计划来完成。

- 工具、技术和方法：在软件质量保证和管理中，所采用的具体工具、技术和方法，包括各种数据统计分析工具。

- 媒体的控制：对软件的各种媒体数据如何进行保护，避免不被允许的存取或破坏，也就是计算机系统或软件中各种数据安全性的保证计划，包括数据的安全存取权限的设置策略和备份计划，避免产生各种可能的数据误用、数据暴露或数据损坏，如防止非法入侵、抗病毒攻击、防水/防潮、防火等。

- 供应商的控制：对于一些软件外包项目的质量控制计划，可以从 CMM 角度进行合同管理、协作、沟通、产品递交等流程描述。

- 记录、收集、维护和保密：对所有涉及软件质量的数据、文档如何进行记录、收集、维护和保密等进行相应的阐述。

- 培训：相关的质量思想、方法和工具的培训计划。

- 风险管理：有关质量风险的识别、消除和各种预防措施、手段的描述。

1. 质量计划的管理内容

质量计划的管理内容包括 3 部分：组织、任务和责任。实施质量保证和管理的组织应具有充分的授权去执行独立的、所有流程相关的检验和验证，所承担的任务有：

- 软件需求、需求规格说明书的评审。
- 软件配置管理计划。
- 软件测试需求和计划。

- 软件架构设计、详细设计或程序设计的复审。
- 软件代码和单元测试的审查。
- 软件集成和系统测试的审查。
- 参与验收测试。
- 对产品质量状态、产品维护变更的全程跟踪。
- 对顾客满意度的调查。

而相应的责任有：

- 定义质量保证过程中所涉及的各类人员的责任。
- 使质量计划通过评审,即让项目管理人员、开发/测试组接受(buy in)。
- 通过评审、数据监控等手段,保证质量计划得到实施。
- 对软件开发过程的审查,保证软件开发的各项活动遵守质量标准、已定义的流程。
- 解决软件开发中的非一致性的质量问题。
- 确保评审按质量规范、标准进行,达到预期效果。
- 及时改善软件流程。

2. 文档

在质量计划中,着重阐述软件文档如何被创建,如何被审查和修改,以及文档需要达到的具体质量标准。所涉及的主要文档有：

- 软件规格设计说明书(Software Requirement Specification,SRS)。
- 软件设计描述(Software Design Description,SDD)。
- 软件验证计划(Software V&V Plan,SVVP),检验 SRS 所描述的产品功能和特征是否得到实现,包括文档审查、内容评审和测试。
- 软件配置计划（Software Configuration Plan,SCP)或软件配置管理计划（Software Configuration Management Plan,SCMP)。
- 软件验证报告,描述软件各种验证后的结果。
- 软件开发过程中所涉及的、质量手册所参考的、各种质量标准文档。
- 用户指导手册、操作手册和相关技术手册。

10.2.3　软件质量计划的制订原则

在软件质量计划制订过程中,要遵守下列原则。

(1)制订正确的质量方针,用零缺陷、六西格玛等质量管理思想作为质量的指导方针;该质量方针应与组织内的运营战略或方针保持一致。在质量计划中,最好提出一些必要的措施以保证其质量方针能为本组织的各级人员所理解、实施和评审。

(2)始终以客户需求为焦点,从软件客户需求出发,进行需求分析、软件设计,如采用快速原型法、测试驱动方法来保证更好地满足客户的需求。

(3)质量计划程序必须考虑效益/成本平衡。有效的质量体系应满足顾客和组织内部双方的需要和利益,重视计算和评估与所有质量要素和目标有关的费用,以使质量损失最小。

(4)质量计划应得到管理层的认可和承诺,只有和管理层达成共识,质量计划的实施才比较顺利。

（5）预防为主的质量管理指导思想，防止软件缺陷的产生。对已完成的项目进行分析，分析过去产生过的缺陷，找出并确定引起缺陷的通常原因及其优先级，从而在质量计划中，规划缺陷预防活动，系统地消除软件缺陷。例如，要求对用户需求进行充分讨论，各方人员的认识和理解一致后，才可以开始进行设计。

（6）控制所有过程的质量，不同的软件项目其侧重点不同。例如，需求分析往往是ERP那样企业级软件系统的质量计划工作的重点阶段，对一些特别领域的软件系统，需求是比较清楚的，重点会放在系统的可靠性上。软件的质量管理应该是全过程的，软件质量计划不能顾此失彼。各个阶段质量管理的目标、方法和工具是不同的，为每个阶段设定对应的质量计划也是必要的。

（7）选择合适的质量标准，应该说明采用哪个组织的标准。不同的应用领域或不同的软件开发技术，所涉及的质量标准是不同的。例如，民用软件系统不宜采用军用软件系统采用的质量标准。

（8）质量策划的一个关键任务是挑选出关键的质量属性，然后对如何达到这些质量属性做出规划，所以集中在质量的关键要素，如适用性、性能、安全性和可信性等目标。质量管理计划为整个项目计划提供了输入资源，也要考虑各种潜在的软件质量属性，必须兼顾项目的质量控制、质量保证和质量提高。

（9）持续的质量改进，定期评价质量体系。软件质量的目标要适中，不要想一蹴而就，质量的改进需要一步一步地进行。

（10）质量管理计划应说明项目管理小组如何具体执行它的质量策略，包括产品的质量要求及其评定方法，并且定义最重要的质量属性。

（11）质量管理的中心任务是建立并实施文档化的质量体系，对文档的要求会有严格的质量要求，并形成完整的、全面的体系。

10.2.4 制订质量计划的方法和规程

Humphrey给出了软件质量规划的结构框架：

- **产品介绍**：说明产品、产品的意向市场及对产品性质的预期。
- **软件计划**：包括产品确切的发布日期、产品责任及产品的销售和售后服务计划。
- **过程描述**：产品的开发和管理中应该采用开发和售后服务质量过程。
- **质量目标**：包括鉴定和验证产品的关键质量属性。
- **风险和风险管理**：说明影响产品质量的主要风险和这些风险的应对措施。

制订质量计划的过程，可以看作是确定质量计划的输入、输出、手段和技巧等的过程，如图10-2所示。制订质量计划，首先要定义好其输入内容，然后必须借助一些有效的方法和工具进行质量成本分析、试验设计、模板制订等工作，最后完成其输出内容。质量管理计划可以是正式的或非正式的，高度细节化的或框架概括型的，皆以项目的需要而定。

（1）识别本软件项目或产品的主要质量因素或关键质量因素。

（2）软件质量风险分析，包括识别风险、采取措施回避风险和降低风险等。

（3）效益/成本分析。第一次就把事情做好，减少返工，降低劣质成本，并提高项目相关人员的满意度，从而达到高效率、低成本。

（4）质量水平基线。进行项目间、同行业的企业间的比较，确定基线，找出提高质量水

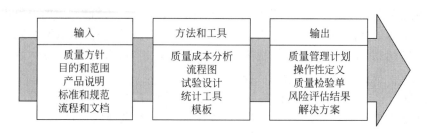

图 10-2 制订质量计划的三部曲

平的思路,并确定相对基线的质量考核标准。

（5）质量分析工具。如显示系统中各要素之间的相互关系的关联图、流程图和因果图等。

（6）试验设计。如正交表、多指标正交试验设计,有助于鉴定哪些变量对整个项目的成果产生最大的影响。

（7）检验单(Checklist)是一种常用的组织管理手段,用以帮助检查需要执行的一系列步骤是否已经得到贯彻实施,确保对常规工作的要求保持前后一致。

10.3 质量计划实例

我们已经了解了质量计划的内容和制订的原则,以及如何进行质量策划,下面通过小项目和内部项目的质量计划、大型软件项目的质量计划的实例或特点等,进一步帮助大家理解质量计划的内涵。

10.3.1 小项目与内部项目的质量计划

对于小项目和内部项目,质量计划主要集中在项目评审质量、测试计划、流程和文档控制等,如下所示。

项目名称:公司内部人事管理系统 V2.0

项目经理:张 xx　　开发组长:　　　测试组长:

质量目标:本项目遵守公司质量管理体系已约定的质量目标。本项目具体的质量目标有:所有定义的功能得到实现,性能不低于 V1.0,所有严重缺陷(S0,S1,S2 级别)都被修正。

组织:质量保证小组(SQA)负责全程质量跟踪,对开发过程中的文档、评审活动等进行抽查、评估,及时纠正不正确的操作及与流程所要求不一致的地方。

评审:所有重要文档(SRS、SDD、SVVP、SCP 等)都需要通过项目经理、开发组长、测试组长等 3 个以上人员审查并达成一致。项目进行过程中,每周和每月至少进行一次项目评审,并按照已有的模板,提交状态报告。同行评审由项目组、开发组或测试组自己计划、安排,并写入开发计划和测试计划中,所有评审都需要记录、存档。

测试计划:为本项目所做的测试计划,详见文档"人事管理系统 V2.0 测试计划书",其文档号为:QT06003。该文档由测试组长维护,需要经过项目组审查。对该文档审查通过后的任何修改,需要经过"变更控制"的流程。

标准和规划：软件需求分析、设计和编程遵守公司已有的规范，包括 Java Programming Checklist。对于软件的配置项，详见《人事管理系统的软件配置计划书》。

　　流程：本项目遵守公司已定义的内部项目流程，包括源代码的检入/检出流程、每日软件包构建流程、集成测试规范、系统测试规范、安装和验收测试流程等。为了提高本项目的开发效率，可以对某些流程进行剪裁，使之更贴近本项目的开发需要，但需要经过本项目组和 SEPG 的审查和批准。

　　文档控制：所有文档按照已定义的类别进行分类，都应该检入文档管理系统。主要文档要保存各种版本和修改历史，一些临时文档只要保留最终一个版本。

10.3.2　大型项目的质量计划

　　大型软件项目的质量计划需要周密策划，从顾客调查、质量需求分析开始，确定质量目标，直至软件开发过程每个阶段的质量计划，如附录 C 所示。在此，主要介绍如何策划大型软件项目的质量管理，如何制订质量计划书。

　　制订质量计划书，一般由类似"质量管理委员会""质量管理小组"或"质量保证小组"（SQA）等组织单元负责，征求市场人员、产品设计人员、开发人员和测试人员的意见，不断审查、修改，最后才能定稿和公布。客户或用户在 SQA 过程中是一个重要的参与者，将告知其有关评估的时间和地点。项目程序经理或质量经理负责通知、安排客户或客户代表参与软件质量的评估活动，客户或客户质量代表具有无须通知就可监控和审核 QA 活动的自由。

　　对于大型软件项目，一般有专职的产品经理、程序或项目经理、开发经理和测试经理，各司其职，产品经理负责产品功能特性的定义或保证产品与客户需求保持一致；程序或项目经理负责项目的运行，包括日程安排和时间控制、成本核算、风险评估、协调各方关系等；SQA 小组负责制订质量计划书、产品或过程的评审活动，发挥质量管理功能，及时发现问题、提供建议和改进流程，和产品经理、程序经理等一起工作，保证质量计划的实施。在大型软件项目的组织结构中，拥有清晰、独立的质量管理或质量保证组织单元，对实施质量管理体系（ISO 9000、CMM、零缺陷管理、六西格玛质量管理等）起着核心、关键的作用。

　　质量计划书和项目管理计划、软件配置管理计划、软件测试计划等有着联系，要检查它们的一致性，特别是质量计划书与软件配置管理计划、测试计划等紧密相关，需确保它们的一致性。大型软件项目的质量计划书应包含质量计划书所规定的各项内容，如目的、范围、参考文档、资源、组织、计划估算、进度、跟踪、工具和方法、度量、培训和特定审核等。

1. SQA 程序和过程

　　为确保软件和相关产品符合合同要求，SQA 程序和过程（Program & Procedure）由必要的过程、方法和组织资源组成，包括软件生命周期的需求分析、设计、编码、测试和安装以及检查等阶段中执行的 QA 事务，同时也考虑了在检验和操作过程中的维护活动。所有测试结果、评审数据、项目跟踪与工作报告等需要文档化并存档，通过系统来记录软件开发中所需的事件、产品、测试和媒体的状态。要求由 QA 实施的所有评审结果都通过邮件及时分发给程序经理、开发经理、测试经理以及评估专业领域相应的技术专家或技术负责人。

SQA 过程就是要确保软件开发的各项活动和所开发出来的中间或最终产品都遵循已定义的质量标准和规范,项目的各类人员理解在同一个层面上,质量管理与软件开发、配置和测试计划保持一致。SQA 确保软件组织单元执行相关的软件活动过程中,遵守约定的软件流程,并进行自我评估,提交适当的过程评估表或产品评估表。

2. SQA 审核

SQA 的审核可以说无处不在,对软件项目运行状态的审核,对软件产品及其相关软件文档的审核,对管理活动或开发流程的审核等,SQA 审核不仅适用于客户产品或客户满意度的审核,同样也适用于软件过程或组织内的定期评审,通过评审促进实施过程的持续改善。由 SQA 执行的活动与为开发过程的每个阶段所计划的活动直接相关。

运用计划中制订的质量评估标准,QA 监控这些开发活动以保持与项目计划的一致性,评估已生产的软件产品,并参与软件开发的技术评估。每个子系统可能处于不同的进度,因此必须独立运作由 QA 为每个子系统执行的活动,如表 10-1 所示。

表 10-1　SQA 审核任务/评估

评　　估	对　　　象
需求定义	确定用户的需求得到正确、完整的理解
功能设计	确保产品设计规格说明和需求一致
系统和程序设计	确保系统的质量特性和产品功能在设计中实现
代码	确保遵守组织内部软件编程规范
测试	确保根据项目计划和测试案例来执行测试
软件配置管理过程(SCMP)	确保活动执行与 SCMP 和 SCM 的指示一致
软件开发库（SDL）	确保软件产品的控制和维护与 SCMP 一致
评审问题	确保问题的报告、跟踪和解决

3. 资源

为了使 QA 人员监控和评估软件开发过程、完成质量活动,QA 人员能掌握和使用足够的资源(Resource),如计算机设备、软件工具、系统账号和支持项目等,掌握并有权使用供软件需求分析、系统设计和编程、配置管理和自动化测试等各类软件工具,并获得可以访问开发系统的所有信息/产品的账号,包括文档管理系统、软件缺陷或问题报告跟踪库,QA 能够更新不一致问题的评估记录并跟踪其状态直至解决。除此之外,SQA 需要使用正确的、适合该项目的软件质量度量的方法、技术和工具。

4. SQA 记录

SQA 在审查、评审、复审和评估活动中记录下来的各类问题及其讨论或解决方案,形成文档成为 SQA 记录(Recording)。这些记录提供了质量评估所需要的客观依据,使实施于整个软件开发中的操作具有可跟踪性。由 QA 执行并维护质量报告系统,并把系统状态、结果和软件开发的进展文档化。由系统产生的报告以事件驱动方式或通过邮件方式及时分发给程序经理、开发经理和测试经理,其内容包括问题汇报、测试进度及其结果、变更控制活动、评审、评估及其结果等。

5. SQA 参与风险管理过程

由 SQA 和项目经理或程序经理共同确认和评定基于特定项目的质量目标、进度和成本方面的软件风险。QA 用风险状态指示器(如橙色—警示、红色—问题必须解决)对项目计划中所列的风险区域进行监控。在软件开发过程和结果产品的审核及评估中要及时发现任何风险区域,向项目管理者报告已确认风险的影响,以便运用适当的控制和资源减小风险。

由 QA 评估项目计划中所提出的风险区域软件指示器,确保其定期、及时地更新,能及时采取措施消除"橙色"的风险和减小"红色"的问题所带来的损失。

6. 软件配置管理

在项目开始时,SQA 评估 SCMP、项目开发计划及软件质量计划的一致性。评估 SCMP 对特定项目指定形式的支持、对合同需求的服从性及其完整性。当第一个软件工作产品置于配置控制下时,SQA 开始评估配置控制过程,即审查这个配置控制过程以确定 SCMP 的合理性和衡量其执行的状态,确保所有的软件配置项被接受并得到控制和管理,确保对软件基线不进行未经授权的变更。

由于软件变更的专业化特点,需建立软件项目的配置控制委员会(CCB),软件产品的所有变更须得到该委员会的授权。QA 是 CCB 里的一员,确保软件基线的正确性和变更记录的可管理性。

7. 软件缺陷的修正

通过一个基于数据库的系统来跟踪和管理所有软件的缺陷报告、分析和修正的过程。SQA 审核软件缺陷的修正过程,执行软件缺陷的趋势分析,确保所有应该修正的缺陷得到及时处理。软件缺陷跟踪系统可以看作软件配置管理系统的一部分,是 SCMP 文档化的主要表现形式之一,所有已确认的软件或软件相关的问题,无论是来自于测试人员,还是来自于客户,都应该得到记录,进行跟踪直至其关闭。任何问题根据其出现的位置、范围、原因和出现频率,决定该问题对客户使用该产品或服务的影响,来评估这个问题处理的优先级。优先级的定义,服从公司相关文档的描述。

软件质量保证人员根据自己的经验和对项目的认识进行判断,决定某个"不一致项"是否给项目带来风险以及风险影响的问题。如果出现的风险很大,而且该风险没有在软件项目计划里面得到识别、分析和相应的处理措施,并且这个不一致项不能在项目组中得到满意的解决时,软件质量保证人员要将"不一致项"报告给更高一级的管理组织或管理人员。

10.4 质量计划实施体系

质量计划的全面实施依赖于一套完整的体系来保证,从组织到基础设施,从生命周期活动全过程评估到标准化的系统评估。我们将分别就以下几个方面做进一步介绍。

- 基础设施防护和组织关系。
- 项目生命周期活动评估。
- 标准化、认证与 SQA 系统评估。

10.4.1 基础设施防护和组织关系

质量计划覆盖面很广,涉及软件开发的各个阶段和各个层次,质量计划的实施需要全体员工的关注和参与,但其关键或主导作用还是来自企业的管理层和质量管理部门和人员。

(1) 质量计划的实施,首先需要管理层的重视、支持和承诺,才能创造一个良好的质量文化,树立"质量=品牌""第一次就把事做对"等强烈的、先进的质量第一意识,有利于对企业全体员工进行足够的教育和培训,有利于进行必要的组织变革等。管理层是质量计划实施的关键保证。

(2) 质量计划的实施,依赖于组织内的质量管理组织和人员,他们负责质量方针、质量管理思想和计划的具体操作,规划、监督、指导和改进公司质量体系的运行,检查开发结果是否符合规定,可以更全面、客观、公正地观察企业的质量态势。质量管理组织的主要职能有:

- 制订质量管理工作计划。
- 对各部门的质量管理工作提出建议指导。
- 跟踪、内审、分析质量体系的运行。
- 控制软件和开发文档的版本。
- 确认软件产品的测试结果。
- 组织质量体系的改进。

根据 CMM 过程质量改进的思想,一般设立 3 个质量管理组织单元:SEPG(软件工程过程小组)、SCM(软件配置管理小组)、SQA(软件质量保证小组)。

- SEPG 负责软件开发流程的定义、解释、评估和改进。
- SCM 负责软件配置管理,包括配置项识别、基线建立、版本控制和变更控制等。
- SQA 负责软件产品和软件过程的质量审计、评审活动和质量评估。

由于质量管理组织具有很高的授权和工作的独立性,可以公正、详细地搜集和分析质量体系运行过程中各种有关质量的数据,包括顾客满意度的数据,在此基础上提出过程、方法和工具等的改进方案,并监督改进方案的执行。

(3) 软件测试部门或测试组在质量管理中也起着重要的作用,负责软件质量的检验,即对软件产品要实现的特定功能规格和用户所需的特性进行验证,通过功能测试、性能测试、可靠性测试等来测量产品质量。软件测试部门要接受 SEPG、SCM、SQA 等质量组织单元的指导,遵守已定义的流程,集中在产品的检验上。质量管理组织单元最终对产品质量进行确认,如软件的测试等是否按程序文件的规定完成并达到规定的质量要求等。

10.4.2 项目生命周期的质量活动

软件 QA 活动贯穿整个软件项目生命周期,从需求分析开始直至软件维护时期,其目的就是通过无处不在的评估手段帮助组织和项目组实现质量计划设定的质量目标。

为保证质量计划在整个软件项目生命周期中得到切实的实施,SEPG、SCM、SQA 等质量组织负责管理和执行有关软件流程改进、质量保证和软件配置管理等各种活动,如:

- 将质量计划的质量目标分解到项目生命周期内的各个阶段,并提出达到这些阶段性质量目标的方法和建议。
- 规划项目的软件质量管理活动,定义可度量的、阶段性质量目标的优先级。
- 跟踪、定量化管理已分解的、具体的质量目标在软件项目实施过程中的实际执行状态,确保逐步实现。
- 必要时调整质量计划或质量目标,以满足客户及最终用户对高质量产品的需要和期望。

- 客观地检验软件活动是否按照已有的标准、规范、流程和其他特定要求运作。
- 相关的软件团队和个人能够获取或了解软件质量保证和管理活动的结果。
- 复审及审核软件产品，验证是否满足客户需求，是否和所有软件文档定义保持一致。
- 在整个软件生命周期中系统地控制这些配置的调整，并维持其完整性和可跟踪性。

为了更好地在软件项目生命周期内开展质量保证和管理活动，保证质量计划的实施，除了 SEPG、SCM、SQA 等质量组织单元的工作之外，软件项目的各类人员也应主动参与到质量活动中，按质量目标要求，做好自己的本职工作。对各种开发文档的评审和各阶段软件测试的确认，保证开发输出的质量。这种对各阶段开发输出的严格评审，一般都包括详细功能描述、系统模型、用户界面设计、软件结构设计、编程、单元测试、集成测试、系统测试（包括功能测试、性能测试、接口测试、回归测试等）。除此之外，我们还应该特别重视软件设计、需求变更、合同评审和技术支持。

软件设计起着承上启下的关键作用，是软件项目质量的主要控制点。设计输入是用户需求分析，把握住设计输入，也就把握住了用户的需求，因此所有的设计需要文档化并经用户审查确认。设计输出是程序代码的输入，直接关系到软件的最终实现，因此对设计的评审也是至关重要的，需要从严掌握。

软件开发的一个特点是迭代性——循环反复。由于需求的变更比较频繁发生，对设计、代码的修改影响较大，所以需求变更控制是软件质量管理中的另一个重点。

合同评审是审核公司满足用户要求的能力的措施，由质量管理、研发、市场、财务等各部门对合同进行评审，评价各部门的满足合同要求的能力，并做相应的安排。如果合同有更改，必要时还要进行评审，并及时把更改信息传达到各有关部门。对于部分模块外包给其他公司开发，公司首先严格审核承包商的资格，包括人员、设备、资质、以往业绩、管理水平等，与其签订外包合同后，则对承包商进行与本公司软件开发相同的开发过程监控和验收。

公司需要建立严密的售后服务方面的流程，保证技术支持服务的质量水平。这些客户服务的流程主要包括：在公司内实施远程技术支持流程、现场技术支持流程、用户本地化技术支持流程、用户走访流程、用户满意度调查等，为用户提供全方位的、周到的服务，真正体现了全面质量管理"让顾客满意、顾客是上帝"的精神。

10.4.3 标准化、认证与 SQA 系统评估

通过 ISO 质量标准和 CMM 的第三方权威、专业的认证，也是实施软件开发标准化、提高软件组织的质量管理水平、保证质量计划得到彻底执行的最有效办法之一。

基于 ISO 质量标准和 CMM 过程改进的思想，软件组织要使软件开发过程标准化和文档化，制订软件生命周期的各类质量管理和改进的程序文件和指导书，以及记录、审核流程操作和产品结果的表格和其他文档模板。这些文档涵盖了合同评审、项目管理、软件开发、变更控制、设计评审、文档控制、测试控制、不合格品控制、安装和部署、售后服务、技术支持、培训管理等软件开发的全过程，另外还有保证质量体系有效性的管理评审、内审、文件/记录控制、纠正/预防措施控制等程序文件，为各项操作提供了科学合理的指导，构成了完整严密的质量保证体系。

本 章 小 结

首先从朱兰博士的质量三部曲开始引出质量策划和软件质量计划,并逐步展开软件质量计划:

- 质量计划的目标和要素,包括组织、管理、流程、方法和工具等。
- 软件质量计划内容:计划目标、管理、文档、标准和约定、复审、内审或评审、配置管理、测试、问题报告和改正活动、工具、技术和方法、媒体的控制、供应商的控制、记录、收集、维护和保密、培训、风险管理等。
- 软件质量计划的制订原则。
- 制订质量计划的方法和规程。

通过对小项目和内部项目的质量计划、大型软件项目的质量计划的介绍,进一步帮助大家理解质量计划的内涵和进行质量计划的制订。质量计划的全面实施,依赖于一套完整的体系来保证,从组织到基础设施,从生命周期活动全过程评估到标准化的系统评估,做了全面介绍。

思 考 题

1. 质量计划的制订,其核心是什么?
2. 质量计划的实施,你觉得主要的挑战有哪些?
3. 针对一个具体的或设想的软件项目做一个质量计划书。

实验5 制订特定项目的质量计划

一、实验目的

① 巩固所学的朱兰三部曲和质量策划。
② 培养学生的系统思维能力,把握好质量管理的全局。
③ 提高学生实际的质量计划编写能力。

二、实验前提与准备

① 理解质量计划的目标、要素和主要内容,基于场景的测试方法和探索式测试。
② 掌握制订质量计划的方法和规程。
③ 选择一个相对熟悉的软件项目。
④ 完成学生分组,每组3~5人,选好组长。

三、实验内容

通过小组讨论,明确项目背景,列出写作大纲,充分讨论,并做适当分工。
① 明确本项目的质量目标及其参考的依据、标准。
② 讨论本项目涉及的质量管理,包括评审、配置管理。

③ 本项目采用哪些质量管理的方法和工具。

④ 如果出现质量问题,如何处理和解决。

⑤ 需要收集哪些质量数据,如何做好质量风险控制等。

四、实验环境

① 明确的软件项目,最好有整体项目计划书或客户需求文档。

② 安装了思维导图和多个质量工具的计算机。

③ 白纸、笔等。

五、实验过程

① 充分讨论本项目特点和客户需求,明确质量目标。

② 基于质量目标,讨论通过哪些方法和操作方式来实现质量目标。

③ 讨论本质量计划制订过程中有哪些风险,哪些注意事项。

④ 明确分工,每个组员分别写自己的部分,并发给组长。

⑤ 组长统稿,形成计划书的初稿。

⑥ 大家评审初稿,再进行修改。

⑦ 组长统稿,形成计划书的修改稿。

⑧ 重复步骤(6)和步骤(7)直到满意,最好整理出一个完整的质量计划书。

六、交付成果与总结

① 完整的质量计划书。

② 每个组员的总结,如学到什么,哪些理解和认识更深刻了。

第11章　高质量的软件需求分析

胜兵,先胜而后求战;败兵,先战而后求胜。

——孙膑

1993 年,伦敦股票交易所放弃了 Taurus 项目,而该项目已花费 7500 万英镑。导致该项目失败的主要原因在于:没有进行充分的需求分析,项目没有足够明确的需求,系统需求还经历了项目相关人员的不断更改。同样失败的例子还有 Performing Rights Society(演出权益协会)PROMS 项目,花费 1100 万英镑之后被放弃(1992 年),糟糕的需求分析是项目失败的一个主要因素,它未能以常人能够理解和检查的形式表达软件需求。Wessex Regional Information Systems Plan(RISP 项目),花费 4300 万英镑之后被放弃(1990 年),主要原因之一是缺乏对项目范围的清晰定义。London Ambulance Service Dispatch System,在运行两天后被关闭(1992 年),社会服务领域糟糕的需求分析导致了项目的最终失败。Swanick Air Traffic Control,计划在 1998 年完成,但 2001 年还未完成(额外开支 1.8 亿英镑),主要原因包括缺乏足够充分的需求说明就开始进行系统实现。

Standish Group 调查了自 1995 年开始的 8000 个软件项目,结果显示:三分之一的项目没能完成,而在完成的项目中,又有二分之一的项目没有成功实施。与需求过程相关的原因占了 45%(其中缺乏最终用户的参与占 13%;不完整的需求占 12%)。ESI 在对 17 个国家 3800 公司的调查(1996 年)中发现超过 50%的问题存在于需求规格说明和需求管理中。

Boehm 的调查(1981 年)显示,在项目的最后阶段修正需求错误比在需求阶段修正它要多花费 200 倍的代价。在传统的制造业,系统的设计者和工程师都清楚地知道不负责任的设计将导致原材料的浪费。由于软件产品的无形性,人们就会认为,可以根据不断变化的需求对软件进行各种修改。在这种思想的指导下,就会有人主张边开发边设计,而不是一开始就给出一个完善的设计方案;有时即便一开始就有了完善的设计方案,在开发过程中也会出现把方案改糟的情况。

11.1　全面获取需求与去伪存真

需求分析的任务是发现问题域并求精的过程,但在需求被分析之前,必须通过一个诱导过程来收集客户需求。客户提出需求,开发者针对客户的请求进行研究,客户和开发团队的交流和沟通就开始了,但是从交流到完整的理解是个复杂、反复的过程,并不是一帆风顺的。

11.1.1 全面获取用户的真实需求

需求获取（requirement elicitation）是需求工程的主体，是确定用户需要的过程和通向最终解决方案的第一步。获取需求的一个必不可少的结果是对客户需求有深刻的理解。一旦理解了需求，分析者、开发者和客户就能探索出描述这些需求的多种解决方案。

1. 项目视图及范围文档（Vision and Scope Document）

业务需求确定项目视图。通过对业务需求的收集（问题域的研究），项目的业务需求在范围上形成文档。项目视图描述了产品最终所具有的功能特征集。范围描述了产品应该实现的部分和不应该实现的部分；当然，它还确定了项目的局限性。项目视图可以把项目参与者定位到一个共同且明确的方向上。对问题域的研究（业务需求的收集）不仅决定了应用程序所能实现的业务任务（应用宽度），还决定了对用例所支持的等级和深度。它为以后的需求分析工作打好了基础。

项目视图和范围文档包括业务描述、项目视图、目标、产品适用范围和局限性的陈述、客户的特点、项目优先级和项目成功因素的描述。这个文档虽然简单，却是整个项目分析、设计、开发的基础。在整个软件项目开发过程中，要把注意力始终集中在项目的范围上。项目视图和范围文档中业务需求的确定，为防止在以后开发过程范围的任意扩展提供了有利的手段。项目视图和范围文档可以帮助开发组织判断客户所提出的特性和需求放进项目是否合适。

2. 系统关联图（Context Diagram）

绘制系统关联图，是用于定义系统与系统外部实体间的界限和接口的简单模型。它明确了外部实体和系统之间通过接口传递的数据流和信息流。软件项目范围的描述为系统和系统外部实体划清了界限。关联图正是通过系统和外部实体之间的联系描述这一界限。

关联图作为按照结构化分析形成的数据流图的最高抽象层（Robertson 和 Robertson，1994 年）可以被加入项目视图和范围文档或软件需求规格说明中，或者作为系统数据流模型的一部分。有时关联图将给出与项目的问题域有关的端点之间的联系（Jackson，1995年），这样，关联图还可以用来确定项目风险承担者之间清晰而精确的关系。

3. 用户需求的获取

用户需求的获取可能是软件开发中最困难、最关键、最易出错及最需要交流的方面。需求获取只有通过有效的客户和开发者的合作才能成功。最常用的需求获取方法是举行预备会议或访谈。

1）用户和业务专家团队

为了方便进行交流，就要确定重要用户和其他可以为需求分析提供重要信息的人员（软件行业中，经常把他们称为业务专家）。理想情况下，不仅要有熟悉日常业务的人员参与，而且也要有能从战略角度分析的人士参与。业务专家的数量大致控制在 5～7 人，这些人包括客户、系统设计者、开发者和可视化设计者等主要工程角色。当然，从极少的代表那里收集信息或者只听到呼声最高、最有舆论影响的用户的声音，也会造成问题，这将导致忽视特定用户类的重要的需求，或者其需求不能代表绝大多数用户的需要。

2）需求访谈

Gause 和 Weinberg 建议需求的获取从一组语境无关的问题开始。例如：

高质量的软件需求分析

- 谁是这个项目的发起者?
- 谁将使用该解决方案?
- 成功的解决方案的收益是什么?
- 有没有另外需要解决的问题?

询问一个可扩充的问题,有助于更好地理解用户目前的业务过程并且知道新系统如何帮助或改进他们的工作。调查需求可能遇到的变更,用户潜在的功能需求,或者站在用户的角度,寻求更多的需求信息,可以问下面一些问题。例如:

- 如何理解由成功的解决方案带来的积极的影响?
- 什么是该解决方案主要解决的问题?
- 能描述一下解决方案所使用的环境吗?
- 有没有影响解决方案特殊的性能问题或其他约束条件?

需求获取还存在效率的问题,关注于效率的提问通常如下。

- 你的回答是正式的吗?
- 我的问题和要解决的问题相关吗?
- 其他人员可以提供什么附加信息吗?
- 我有没有漏掉应该问你的问题?

还有,探讨例外的情况。

- 什么会妨碍用户顺利完成任务?
- 对系统错误的显示,用户是如何理解的?

询问问题时,以"还有什么能……""当……时,将会发生什么""你有没有曾经想过……""有没有人曾经……"作为开头,记下每一个需求的来源,这样可以向下跟踪直到发现特定的客户。有些时候,尝试着问一些"愚蠢"的问题有助于与客户的交流。如果你直接要求客户写出业务是如何实现的,客户十有八九无法完成。但是如果你尝试着问一些实际的问题,如"以我的理解,你们收到订单后,会……"客户立刻就会指出你的错误,并滔滔不绝地开始谈论业务流程。这样的"抛砖引玉"有时会带来很好的效果,但是,提问和回答的方式并不总是可以取得有效的需求。因此,Q&A会议应该仅限于初期采用,以后,它会被包含问题的求解、谈判、规约等活动的会议形式所取代。

4. 便利的应用规约技术(Facilitated Application Specification Technique,FAST)

便利的应用规约技术鼓励建立客户和开发者的联合团队。他们一起工作以标识问题,提出解决方案的元素,谈判不同的方法以及刻画初步的解决方案的需求集合。FAST方法的基本原则如下。

- 在中立的地点举行会议,由系统开发人员和客户出席。
- 建立筹备和参与会议的规则。
- 建议一个议程,它覆盖需求范围所有的要点,但不鼓励思维的任意流动。
- 一个"协调者"(客户、开发者或是其他人员)控制会议。
- 使用一种"定义机制"(工作表、图表、电子公告牌、聊天室或虚拟论坛等)。
- 目标是标识问题,提出解决方案的元素,谈判不同的方法以及刻画初步的解决方案的需求集合。

FAST方法提供了集中不同观点,即时讨论和求精的好处。作为一种团队方法,它是一个迈向系统说明开发的具体步骤。

客户和开发者随时随地都会对潜在的产品及其特性产生新的构思,你不可能一次性地收集到所有的需求。下列情形的出现会暗示你在需求获取的过程中,已完成了第一个里程碑。

- 用户不能给出更多的使用实例。
- 用户给出的新使用实例,可以从其他使用实例的相关功能需求中获取。
- 用户提出的新需求比已确定的需求的优先级低。
- 用户提出的新需求是对将来产品的要求,而不是现在要实现的特定产品。

在需求获取的过程中,你可能会发现早期对项目范围的定义存在误差,不是太大就是太小。如果项目范围过大,你收集的是比真正需要更多的需求,用以传递足够的业务和客户的需求,此时获取过程将会拖延。如果项目范围太小,那么客户将经常会提出很重要的但又在当前产品范围之外的需求,太小的范围将导致一个不能令人满意的产品。需求的获取有可能导致项目的范围和任务的修改,要做出这样具有深远影响的改变,一定要小心谨慎。

11.1.2 去伪存真

需求分析在对问题域研究、求精的过程中常用到的技术主要有:

- 原型法;
- 用例分析技术;
- 建立需求模型;
- 分析可行性、确定需求优先级;
- 质量功能部署。

1. 原型法(prototype)

原型法把系统主要功能和接口快速开发制作成"软件样机",以可视化形式展现给用户。这样开发人员可以及时征求用户意见,从而明确无误地确定用户需求。原型也用于征求内部意见,作为分析和设计的方法之一,它方便了沟通。当开发人员或用户不能确定需求时,开发一个接口原型(一个可能的局部实现),这样可使得许多概念和可能发生的事件更为直观明了。通过评价原型将使项目参与者更好地理解所要解决的问题(注意要找出需求文档与原型之间所有的冲突之处)。

原型法主要价值是可视化、强化沟通、降低风险、节省后期变更成本、提高项目成功率。一般来说,采用原型法可以改进需求分析的质量;虽然先期投入了较多资源,但可以显著减少后期变更的时间;对于较大型的软件,原型系统可以成为开发团队的蓝图;另外,原型通过和客户充分交流,还可以提高客户满意度。

原型方法包括两个基本过程,即原型制作和原型评价(如图 11-1 所示)。对原型的基本要求包括:

- 体现主要的功能;
- 提供基本的界面风格;
- 展示比较模糊的部分,以便于确认或进一步明确;
- 原型最好是可运行的,至少要在各主要功能模块之间建立相互连接。

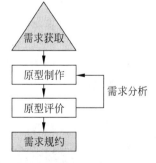

图 11-1 需求分析的原型法

高质量的软件需求分析

原型的表达工具有多种,如果是演化型的原型,优先选用软件本身的开发工具;如果是丢弃型原型,还可以应用各种快速显示用户界面的工具,如 HTML、PowerPoint、Visual Basic 等,只要能够充分而形象地表达就可以。原型表达中,为了说明"当前模块或界面的主要目的,由哪些角色操作,能解决什么问题",可以在界面上比较显著的地方加上标注。这么做可以使得用户或开发团队成员一开始就有非常清楚的概念。又如,对于决策分析,可以直接把一些分析结果画成图,并且配上文字说明,这样可以避免输入大量的初始数据等。值得注意的是界面设计的引入,将界面风格在原型阶段就进行基本确定是一种优化的做法,因为软件前期对界面的确定可以避免后期开发时对界面进行统一调整所带来的不必要的成本花费。

用户原型的引入存在的风险有:需要付出前期进度和人力成本;由于程序员对问题的不了解而导致效率低下;由于受客户牵制而在原型上反复修改;因为仓促设计而完成不利于进一步在其基础上继续开发;由于过早展示原型给客户,使得客户期望值提高,并提出更多离谱的要求。

2. 用例分析技术(use case)

用例分析技术是 Ivar Jacobson 于 1967 年在爱立信公司开发 AXE 交换机时开始研究的,他于 1986 年总结并发布了这项源于实践的需求分析技术。用例分析技术为软件需求规格化提供了一个基本的、可验证、可度量的方法。用例可以作为项目计划、进度控制、测试等环节的基础,而且用例还可以使开发团队与客户之间的交流更加顺畅。

为了创建用例,必须首先标识系统参与者。参与者(actor),定义了与系统交互过程中的不同人员,也可以是另一个相关的系统(外部)。重要的是,参与者与用户并非是一回事。一个典型的用户可能在使用系统时扮演不同的角色。例如,手持式带有跑表和时钟的计算器,一个典型用户既可作为系统设置员来设置系统时钟(系统设置模式),又可使用计算器功能(计算模式)和秒表计时功能(跑表模式)。

用例描述是用例分析技术的核心,在标识参与者之后,用例实例(场景)是在系统中执行的一系列动作,这些动作将生成特定参与者可见的价值结果。一个用例定义一组用例场景,如图 11-2 所示。

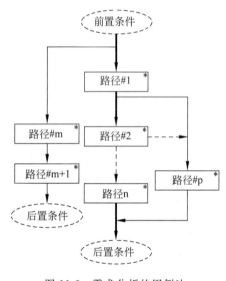

图 11-2　需求分析的用例法

- 前置条件:指用例启动时,参与者与系统应置于什么状态,这个状态应该是系统能够检测到的、可观测的。
- 后置条件:指用例结束时,系统应置于什么状态,这个状态也应该是系统能够检测到的、可观测的。
- 基本事件流:基本事件流是对用例中常规、预期路径的描述,也被称为 Happy day 场景,这是大部分事件所遇到的场景;它将体现系统的核心价值(如图中粗体箭头所描述的事件流)。

- 扩展事件流：主要是对一些异常情况、选择分支进行描述（如图中箭头所描述的事件流）。

计算器的系统时钟设置的用例描述如下。

［前置条件］：计算器电源打开，系统启动并自动切换至时钟显示状态。

［基本路径］：

(1) 系统时钟设置员键盘输入 set，进入系统时钟设置模式。

(2) 按系统提示，键入正确年份，输入完成后输入"＝"进入月设置

(3) 依次调整月、日、时、分、秒，设置如步骤 2。

(4) 秒设置完成后，系统时钟设置员输入"＝"，切换至时钟显示状态。

［扩展路径］：

(1) 系统时钟设置员调整年、月、日、时、分时，输入"＋"回到年调整状态。

(2) 系统时钟设置员调整年、月、日、时、分、秒时，输入"C"，放弃当前调整（年／月／日／时／分／秒）并返回时钟显示状态。

［后置条件］：系统时钟更新，系统返回时钟显示状态。

在编写事件流（基本／扩展事件流）时，应注意以下几点。

- 语法简单：主语明确，语义易于理解。
- 明确写出"谁控制"：清楚地表明是参与者控制还是系统控制。
- 从俯视的角度编写（第三者的角度）：指出参与者的动作以及系统的响应。
- 显示过程向前推移：也就是第一步都在前进（即系统的状态改变）。
- 显示参与者的意图而非动作（光有动作，让人不容易直接从事件流中理解用例）。
- 包括"合理的活动集"（含有数据的请求、系统确认、更改内部、返回结果）。
- 用"确认"而非"检查是否"：（如系统确认用户密码正确，而非系统检查用户密码是否正确）。
- 可选择地提及时间限制。
- 采用"用户让系统 A 与系统 B 交互"的习惯用语。
- 采用"循环执行步骤 x 到 y，直到条件满足"的习惯用语。

用例分析技术是一种需求分析技术，它的使用基于传统的需求捕获技术的基础上。它把在需求捕获中收集的零散的特性通过分析、归纳、总结、合成为用例。通过用例把客户需求体现出来。

3. 建立需求模型

为需求建立模型，需求的图形分析模型是软件需求说明的极好的补充。它能提供不同的信息以及需求之间的关系，有助于找到不正确的、不一致的、遗漏的和冗余的需求。这样的模型包括数据流图、实体关系图、状态变换图、对话框图、对象类及交互作用图（详见 13.3 节）。尽量理解用户用于表述他们需求的思维过程，充分研究用户执行任务时作出决策的过程，并导出潜在的逻辑关系。流程图和决策树是描述这些逻辑决策途径的好方法。

4. 分析可行性，确定需求优先级

对需求的全面考察需要一种技术，利用这种技术不但考虑了问题的功能需求，还可讨论项目的非功能需求。通过与客户的沟通，让客户理解对于某些功能的讨论并不意味着即将在产品中实现它。分析需求的可行性，在允许的成本、性能要求下，分析每项需求实施的可

行性,明确与每项需求实现相联系的风险,包括与其他需求的冲突,对外界因素的依赖和技术障碍。对于所有收集到的需求必须集中处理并设定优先级,以避免一个带有很多不必要功能的庞大项目。

5. 质量功能部署(**Quality Function Deployment,QFD**)

质量功能部署是一种质量管理技术,它将客户的需要翻译为软件的技术需要。它提供了一种分析方法以明确哪些是对客户最有价值的,然后在工程活动中部署这些价值。QFD将需求分为 3 类。

- 正常的需求:产品或系统的构建目的。如果这些需求被提出,客户将得到满足。
- 期望需求:客户未有显式地描述,但若缺少会让他们感到不满意。
- 兴奋需求:客户的期望范围之外,即令人愉快的和出人意料的。

QFD使用客户访谈和观察、调查以及历史书籍的检查作为活动的原始数据,这些数据被翻译为需求表,开发团队会与客户一起评审,然后用图、矩阵和评估方法抽取期望的需求,并试图导出令人兴奋的需求。

11.1.3 准确的需求传递

软件的产品功能说明书作为需求开发的成果,它和最终解决方案的质量密切相关(它将用户需求和需求分析结果传递给实现人员)。客户和开发小组对将要开发的产品达成一致协议。这一协议综合了业务需求、用户需求和软件功能需求。在产品功能说明书中,需求将以最终的实现的方式来表示。通常来说,期望产品功能说明书"精细到无微不至"是不可能的,但是,产品功能说明书应该抓住用户需求的本质。Balzer 和 Goldman 给出的产品功能说明书的制作原则有:

- 产品的功能和实现的分离。
- 开发一个行为模型,它包含系统对来自外部各种数据和事件的反应。
- 通过刻画与系统其他构件的交互方式,建立操作语境。
- 定义系统运作的环境。
- 创建认知模型(不是设计或实现模型),该模型以用户所感觉的方式描述系统。
- 认识到"产品功能说明书必定是不完整的和可修改的"。它总是在描述通常来说比较复杂的现实情景的一个模型(一个抽象),因此,它是不完整的,而且还会有多个细节层次;
- 产品功能说明书的结构和内容能够适应未来的变化。

编写软件需求规格说明有 3 种方法,具体如下。

- 用好的结构化和自然语言编写文本型文档。
- 建立图形化模型,这些模型可以描绘转换过程、系统状态和它们之间的变化、数据关系、逻辑流或对象类和它们的关系。
- 编写形式化规格说明,可以使用数学上精确的形式化逻辑语言定义需求。

形式化需求说明具有很强的严密性和精确度,因此,所使用的形式化语言只有极少数软件开发人员才熟悉,更不用说客户了。虽然结构化的自然语言有许多缺点,但在大多数软件项目中,它仍是编写需求文档最现实的方法。图形化分析模型通过提供可视化模型,增强了软件需求规格说明。软件产品功能说明书将软件的功能和性能通过以完整的信息描述、详细的功能和行为描述、性能需求和设计约束、合适的确认标准以及其他和需求相关的数据而精化。IEEE 给出了软件产品功能说明书的候选样式如下。

- "引言"给出软件产品目标(软件范围),基于计算机系统的语境进行描述。
- "信息描述"给出软件所解决问题的详细描述,信息内容和关系、流和结构均被记录,通过对外部系统元素和内部软件功能的描述刻画软、硬件环境和 UI。解决问题的功能会在"功能描述"中给出;"行为描述"中列出了为检查外部事件和内部产生的控制特征的结果而发生的操作。
- "确认标准"是最重要的。"怎样识别成功的实现?""为了确认功能、性能和约束,必须进行哪些类型的测试?"要完成这部分内容,必须对软件需求有个全面的理解,这在分析建模阶段是很难做到的,因此,它也是经常被忽视的。然而,作为对其他需求的隐式评审,我们应该把时间和注意力集中到这方面来。
- 软件产品功能说明书包括参考书目和附录,参考书目包含对该软件相关文档的引用。附录包含产品功能说明书的补充信息、表格数据、算法的详细描述,图表或其他材料。

通常,软件产品功能说明书还可能伴随着原型或用户手册(草稿)。

11.2　基于模型准确分析需求

从技术的角度来看,软件项目是从建模开始的。建模完成是对需求说明和全面设计的完整表示。一组模型实际上是完整系统的第一次技术表示。本节主要介绍结构化分析方法,面向对象的分析方法(OOA)和敏捷建模方法。

11.2.1　结构化分析建模

结构化分析的方法最初是作为结构化设计的附属被提出的(20 世纪 60 年代末期)。Douglas Ross 第一次使用这个术语,DeMarco 对它进行了推广并引入用于创建信息流模型的关键图形符号,提出了使用这些符号的模型。在 20 世纪 80 年代中期,Ward 和 Mellor 以及后来 Hatley 和 Pirbhai 引入了实时"扩展",它使得用于工程问题的一个更强壮的分析方法产生了。分析模型必须达到以下 3 个主要目标。

(1) 描述客户需要。

(2) 创建软件设计基础。

(3) 定义软件实现后可以被确认的需求。

基于这些目标,结构化分析建模所导出的分析模型所描述的形式如图 11-3 所示。

- 数据字典,是模型的核心,是系统用到的所有数据元素和结构的含义、类型、数据大小、格式、度量单位、精度以及允许取值范围的共享仓库。
- 实体-关系图(Entity Relationship Diagram,

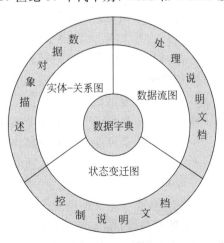

图 11-3　分析模型的结构

ERD),描述数据对象间的关系,在ERD中出现的数据对象的属性可以用"数据对象描述"来说明。

- 数据流图(Data Flow Diagram,DFD),用于说明数据在系统中流动时的变换和描述对数据流变换所实现的功能。此外,DFD提供的附加信息可以被用于信息域的分析,并作为功能建模的基础。DFD中出现的功能描述被包含在处理说明文档中。
- 状态变迁图(State Transition Diagram,STD),给出了在特定外部事件发生后(特定的状态时)系统是如何工作的。STD表示了系统的各种状态以及状态间的变换方式。STD是行为建模的基础。软件控制方面的信息被加入到控制说明文档中。

1. 创建数据字典

数据字典的使用可以确保开发人员使用统一的数据定义。在需求阶段,数据字典应至少定义客户数据项以确保客户与开发小组使用一致的定义和术语。分析和设计工具通常应包括数据字典组件。数据字典可以把不同的需求文档和分析模型紧密结合在一起。如果所有的开发人员在数据字典上取得一致意见,就可以缓和集成性问题。为了避免冗余和不一致性,创建一个独立的数据字典是必要的,在每个需求出现的地方定义每一个数据项是不可取的。数据字典的维护独立于软件需求说明,并且在产品的开发和维护的任何阶段,各个风险承担者都可以访问数据字典。

数据字典通常包括数据项、数据结构、数据流、数据存储和处理过程5个部分。

(1) 数据项:数据项是不可再分的数据单位。对数据项的描述通常包括以下内容。

数据项描述=﹛数据项名,数据项含义说明,别名,数据类型,长度,取值范围,取值含义,与其他数据项的逻辑关系﹜

其中,"取值范围"和"与其他数据项的逻辑关系"定义了数据的完整性约束条件,是设计数据检验功能的依据。

在数据字典中,可以使用简单的符号表示数据项(Robertson,1994)。数据项写在等号的左边,其定义写在等号的右边。这种符号定义了原数据元素、组成结构体的复杂数据元素、重复的数据项、一个数据项的枚举值以及可选的数据项。

- 原数据元素。一个原数据元素是不可分解的,可以给它赋予一个数量值。原数据的定义必须确定其数据类型、大小、允许取值的范围等。典型的原数据元素的定义是一行注释文本,并以星号作为界限。例如:请求标识号= *6位系统生成的顺序整数,以1开头,并能唯一标识每个请求 *。
- 组合项。一个数据结构或记录包含多个数据项。如果数据结构中的项是可选的,就把它用括号括起来。
- 重复项。如果一个项的多个实例将出现在数据结构中,就把该项用花括号括起来。如果你知道可能允许的重复次数,就用"最小值:最大值"这种形式写在括号之前。
- 选择项。如果一个原数据项元素可以取得有限的离散值,就把这些值列举出来:数量单位=["克"|"千克"|"个"]表明了数量单位的文本串只允许3种取值。注释提供了数据项定义的信息。

(2) 数据结构:数据结构反映了数据之间的组合关系。一个数据结构可以由若干数据项组成;也可以由若干数据结构组成;或由若干数据项和数据结构混合组成。对数据结构的描述通常包括以下内容。

　　　　数据结构描述＝｛数据结构名,含义说明,组成:〈数据项或数据结构〉｝

　　（3）数据流:数据流是数据结构在系统内传输的路径。对数据流的描述通常包括以下内容。

　　　　数据流描述＝｛数据流名,说明,数据流来源,数据流去向,组成:〈数据结构〉,平均流量,高峰期流量｝

　　其中,"数据流来源"说明该数据流来自哪个过程;"数据流去向"说明该数据流将到哪个过程去;"平均流量"是指在单位时间(每天、每周、每月等)里的传输次数;"高峰期流量"是指在高峰时期的数据流量。

　　（4）数据存储:数据存储是数据结构停留或保存的地方,也是数据流的来源和去向之一。对数据存储的描述通常包括以下内容。

　　　　数据存储描述＝｛数据存储名,说明,编号,流入的数据流,流出的数据流,组成:〈数据结构〉,数据量,存取方式｝

　　其中,"数据量"是指每次存取多少数据,每天(或每小时、每周等)存取几次信息。"存取方式"包括是批处理还是联机处理,是检索还是更新,是顺序检索还是随机检索等。另外,"流入的数据流"要指出其来源,"流出的数据流"要指出其去向。

　　（5）处理过程:数据字典中只需要描述处理过程的说明性信息。通常包括以下内容:

　　　　处理过程描述＝｛处理过程名,说明,输入:〈数据流〉,输出:〈数据流〉,处理:〈简要说明〉｝

　　其中,"简要说明"主要说明该处理过程的功能及处理要求。功能是指该处理过程用来做什么而不是怎么做;处理要求包括处理频度要求(如单位时间里处理多少事务,多少数据量)、响应时间要求等。这些处理要求是后续物理设计的输入及性能评价的标准。

　　创建数据字典和词汇表,可以大大减少由于项目的参与者对一些关键信息的理解不一致所带来时间浪费。如果能够保持词汇表和数据字典的正确性,那么在系统的整个维护期间以及后续产品的开发中,它们都将是非常有价值的工具。

2. 数据建模及实体-关系图

　　数据建模的主要任务是,系统处理哪些主要的数据对象? 每个数据对象的组成如何? 它们有哪些属性? 对象在系统中的地位是什么? 与其他对象的关系如何? 对象和对对象的处理有何关系? 除此之外,一个给定关系中对象出现的次数(基数),以及关系的出现是可选的或是必需的(形态),也都包含在数据建模中。

　　对象-关系是数据模型的基础,它们会以实体-关系图(ERD)的形式表示。ERD的主要目的是表示数据对象及其关系。基本的ERD符号有,带标记的矩形表示数据对象;连接数据对象的带标记的线表示关系;数据对象的连接和关系使用各种指示基数和形态的特殊符号来标记。除基本符号之外,分析员还可通过ERD表示数据对象类型层次和对象间的关联。数据建模和实体-关系图提供了一种简明的符号体系,它使得在数据处理应用的语境中分析数据成为可能。数据建模是创建分析模型的一部分,它常常用于数据库的设计,也支持其他的需求分析方法。

3. 功能建模及数据流图

　　结构化分析方法开始是作为信息流建模技术而产生的。基于计算机的系统可以表示成系列的信息变换。矩形用于表示外部实体(它给出系统的输入信息或接收系统送来的输出信息);圆圈表示应用到的数据并以给定的方式加工或变换;箭头表示数据项;双线表示数据的存储。DFD 符号系统的简单性是结构化分析技术被广泛应用的原因。数据流图 (DFD)也被称为数据流图表(Data Flow Graph)或泡泡图(Bubble Chart),它可以用来在任何抽象级别表示系统或软件。事实上,数据流图可以被划分为表示信息流和功能的细节逐渐增加的多个级别,因此,数据流图既提供了功能建模的机制,也提供了信息流建模的机制。需要注意的是,数据流图没有提供显式的处理顺序或条件逻辑(逻辑细节设计会在系统设计时给出),这一点不同于流程图。

DFD 的基本符号自身并不能充分描述软件需求。箭头所代表的数据的内容会在结构化分析的另一部分基本符号——数据字典中给出。

Ward 和 Mellor 对基本的结构化分析符号体系进行了扩展以适应实时系统的要求。

- 在时间连续的基础上进行信息流的收集或生产。
- 控制信息被传遍整个系统以及相关的控制处理。
- 在多任务条件下遇到同一变换的多个实例。
- 系统的状态和状态间的变迁。

传统的数据流图中,控制流和数据流没有被明显地区分。为此,开发了代表事件流和控制处理的特殊符号(控制流表示为虚线箭头或阴影箭头,只处理控制流的处理);而控制处理则被表示为虚线泡泡。Hatley 和 Pirbhai 建议虚线符号和实线符号分开表示,这就是控制流图(Control Flow Diagram,CFD)。

4. 行为建模及状态变迁图

系统状态是任意可观测的行为模式。状态变迁图(STD)通过描述状态以及导致系统状态改变的事件来指明系统如何在状态间移动。矩形代表系统的不同状态;箭头代表状态间的变迁;每个箭头用规则表达式标记;顶值指明导致变迁的条件;底值指明作为事件结果发生的行为。行为建模则是需求分析方法的操作性表述。

5. 控制说明文档和处理说明文档

控制说明文档(C-Spec)一方面通过状态变迁图说明行为的"顺序";另一方面通过程序激活表(PAT)指明行为的组合。程序激活表在处理的语境中表示 STD 所包含的信息,即当事件发生时,哪些处理过程(泡泡)会被激活。

处理说明文档(P-Spec)描述了在求精过程的最终层次的所有流模型的处理。处理说明书的内容包括叙述性正文、处理算法的程序设计语言(PDL)描述、数学方程、表、图或图表。

11.2.2 面向对象的分析建模

在 20 世纪 80 年代末到 20 世纪 90 年代,对象技术的流行使得面向对象的分析(Object-Oriented Analysis,OOA)得到很大的发展,OOA 的方法进入百花齐放的时期。其中,被广泛使用的有 Booch 方法、Rambaugh 方法、Jocobson 方法、Coad 和 Yourdon 方法以及 Wirfs-Brock 方法。虽然这些 OOA 方法的术语和过程步骤各异,但整体的过程是十分相似的。面向对象的分析建模的过程主要如下。

- 获取系统的客户需求;
- 标识场景或用例(use case);
- 使用基本需求来确定类和对象;
- 为每个系统对象表示属性和操作;

- 定义组织类的结构和层次；
- 建造对象-关系模型；
- 建造对象-行为模型；
- 依据 use-case/场景评审 OOA 模型。

1. 统一的 OOA 方法和 UML

在最近的 10 年中，面向对象的分析方法有了更大的发展。Ivar Jacobson 加盟 Rational 后，与 Grady Booch 和 James Rumbaugh 合作，把他们各自的面向对象分析和设计方法中最好的特征组合成统一方法（Unified Process，UP），即使用统一建模语言（Unified Modeling Language，UML）构建系统模型。使用 UML，系统可以被 5 种视图表示，它们从不同的视角表述系统。

- 用户模型视图。该视图从用户的视角表示系统。use-case 是用于用户模型视图的建模方案。它的重要性在于从终端用户的视角描述使用场景。
- 结构模型视图。该视图从系统内部分析数据和功能，即对静态结构建模。
- 行为模型视图。这部分给出系统动态或行为方面，它也描述各种元素间的交互或协作。
- 实现模型视图。系统的结构和行为在建构时的表示。
- 环境模型视图。系统将被实现的环境的结构和行为方面的表示。

通常来说，UML 分析建模着重于用户模型视图和结构模型视图，而 UML 设计建模则涉及行为模型视图、实现模型视图和环境模型视图。

2. OOA 过程

OOA 过程是从对系统工作的方式理解开始的。因此，用户场景和用例的定义是软件建模的开始。

类-责任-协作者（Class-Responsibility-Collaborator，CRC）建模，一旦系统的基本使用场景开发完毕，下一步就是标识候选类，并指明它们的责任和相互间的协作。类-责任-协作者建模提供了一种简单的标识和组织与系统或产品需求相关的类的方法。一个 CRC 模型实际上就是一组标准的表示类的索引卡片（如图 11-4 所示）。卡片被分成 3 个部分，卡的顶部是类的名字；卡片左部列出类的责任（与该类有关的属性和操作）；右边列出协作者（为类提供要完成责任所需要的信息的类）。

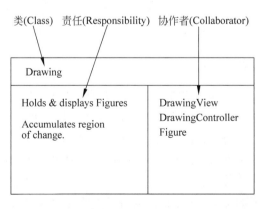

图 11-4   CRC 卡片

一旦类和对象被 CRC 模型标识,则类模型的结构和层次(类与子类的产生)就成为关注的焦点。使用 UML,一系列的类图将被创建,可以对标识出的类导出其一般化/特殊化类结构。在某些情况下,一个表示在初始模型中的对象实际上是由一组成员部件构成,这些聚合对象可以表示为复合聚合(composite aggregate)。复杂系统的分析模型可能有数百个类和数十个结构,作为 CRC 和结构模型的简化,当所有类的某个子集相互协作以完成一组内聚的责任时,它们被称为子系统或包。从外部观察,子系统可以被看作黑盒,它包含一组责任并有自己的协作者。一个子系统实现了和其外部协作者间的一个或多个合约(contract)。一个合约是协作者可以对子系统进行的一组特定的请求。

(1)对象-关系模型的构建:在 CRC 基础上,通过改编结构化分析中的实体-关系建模符号体系,统一建模语言构建出对象-关系模型,也就是对象通过命名和其他对象连接,连接的基数被确定并建立整体关系网络。

(2)对象-行为模型的构建:不论 CRC 还是对象-关系模型,它们都表示了 OOA 模型的静态元素。为了将系统的行为表示为特定的事件和时间的函数,就必须构建对象-行为模型,对象-行为模型给出了 OO 系统如何对外部事件和激励做出响应。创建该模型的步骤如下。

① 评估用例,完全理解系统的交互序列。

② 标识驱动交互序列事件并理解这些事件如何与特定的对象相关联。

③ 为每个用例创建事件发生序列并最终构造事件流图。

④ 为系统构建状态变迁图。

⑤ 评审对象-行为模型(验证精确性和一致性)。

UML 使用状态图、序列图、协作图和活动图的组合,表示作为分析模型一部分而被标识出的类和对象的动态行为。

11.3　系统需求的质量保证

在系统需求工程的两个阶段(需求开发和需求管理)中,质量管理都起着非常重要的作用。需求开发阶段最终通过需求评审而建立的需求基线,是设计和后续软件开发活动的基础,因此必须对需求评审(需求确认)给予特别的重视。同样,需求管理本身就是基于严格质量流程的需求变更控制,它使得开发团队对软件需求修改时能保证修改的质量和一致性。

11.3.1　严格的需求评审

作为需求工程的工作成果,系统说明书以及相关的补充文档会在需求确认中对其质量进行评估。需求确认用来保证系统需求在系统说明书及相关的文档中被无歧义地描述,不一致、遗漏和错误将会被审查出来并得到改正,而且系统说明书或其他需求描述文档应该符合软件过程和软件产品的标准。需求确认完成后,系统说明书将会被最终确认,它将作为软件开发的"和约(合同的一部分)"。虽然此后会有需求的变更,但是客户必须清楚地知道,以后的变更都是对软件范围的扩展,它可能会带来成本的增加和项目进度的延长。

1. 需求说明书的标准

对系统需求的评审着重于审查对用户需求描述的解释是否完整、准确。根据 IEEE 建议的需求说明的标准,对系统需求所进行的审查的质量因素有如下内容。

- 正确性。需求定义是否满足标准的要求?算法和规则是否有科技文献或其他文献作为基础?有哪些证据说明用户提供的规则或规定是正确的?是否定义了对在错误、危险分析中所识别出的各种故障模式和错误类型所需的反应?是否参照了有关标准?是否对每个需求都给出了充分的理由?对设计和实现的限制是否都有论证?
- 完备性。需求定义是否包含有关文件(指质量手册、质量计划及其他有关文件)所规定的需求定义所应该包含的所有内容?需求定义是否包含有关功能、性能、限制、目标、质量等方面的所有需求?功能性需求是否覆盖了所有非正常情况的处理?是否对各种操作模式(如正常、非正常、有干扰等)下的环境条件都作出规定?是否识别出了所有与时间因素有关的功能?它们的时间准则是否都明了?时间准则的最大、最小执行时间是否都被定义?是否识别并定义了将来可能会变化的需求?是否定义系统的所有输入?是否标识清楚系统输入的来源?是否识别系统的输出?是否说明了系统输入和输出的类型?是否说明了系统输入和输出的值域、单位、格式等?是否说明了如何进行系统输入的合法性检查?是否定义了系统输入和输出的精度?不同负载情况下,系统的生产率如何?不同的情况下,系统的响应时间如何?系统对软件、硬件或电源故障必须做什么样的反应?是否充分定义了关于人机界面的需求?
- 易理解性。是否每一个需求都只有一种解释?功能性需求是不是以模块方式描述的,是否明确地标识出其功能?是否使用了形式化或半形式化的语言?语言是否有歧义性?需求定义是否只包含了必要的实现细节而不包含不必要的实现细节?是否过分细致?需求定义是否足够清楚和明确使其能够作为开发设计说明书和功能性测试数据基础?需求定义的描述是否将对程序的需求和所提供的其他信息分离?
- 一致性。各个需求之间是否一致?是否有冲突和矛盾?所规定的模型、算法和数值方法是否相容?是否使用了标准术语和定义形式?需求是否与其软硬件操作环境相容?是否说明了软件对其系统和环境的影响?是否说明了环境对软件的影响?
- 可行性。需求定义是否使软件的设计、实现、操作和维护都可行?所规定的模式、数值方法和算法是否对待解问题合适?是否能够在相应的限制条件下实现?是否能够达到关于质量的要求?
- 健壮性。是否有容错的需求?
- 易修改性。对需求定义的描述是否易于修改?例如是否采用良好的结构和交叉引用表等?是否有冗余的信息?是否一个需求被定义多次?
- 易测试性和可验证性。需求是否可以验证?是否对每一个需求都指定了验证过程?数学函数的定义是否使用了精确定义的语法和语法符号?
- 易追溯性。是否可以从上一阶段的文档查找到需求定义中的相应内容?需求定义是否明确地表明前阶段中提出的有关需求的设计限制都已被覆盖?例如,使用覆盖矩阵或交叉引用表?需求定义是否便于向后继开发阶段查找信息?
- 兼容性。界面需求是否使软、硬件系统具有兼容性?

2. 需求评审的方法

(1) 建立评审团队。需求评审可能涉及的人员包括:需求方的高层管理人员、中层管理人员、具体操作人员、IT 主管、采购主管；供方的市场人员、需求分析人员、设计人员、测试人员、质量保证人员、实施人员、项目经理以及第三方的领域专家等。这些人员由于各自所处的立场不同，对同一个问题的看法也不相同。有些观点和系统的目标有关系，有些则关系不大，不同的观点可以形成互补。为保证评审的质量和效率，需要精心挑选评审员。首先，要保证不同类型的人员都参与进来，否则可能会漏掉很重要的需求。其次，在不同类型的人员中要选择真正和系统相关的，对系统有足够了解的人员参与进来，否则可能使评审的效率降低或者最终不切实际地修改了系统的范围。很多情况下，评审员是领域专家而不是进行评审活动的专家，他们没有掌握进行评审的方法、技巧、过程等，因此需要对评审员、主持评审的管理者进行培训，以便于参与评审的人员能够紧紧围绕评审的目标进行评审活动。

（2）分层次评审。用户的需求是分层次的，一般而言可以分成如下的层次。

- 目标性需求：定义了整个系统需要达到的目标。这一层次的需求是企业的高层管理人员所关注的。
- 功能性需求：定义了整个系统必须完成的任务。这一次层的需求是企业的中层管理人员所关注的。
- 操作性需求：定义了完成每个任务的具体的人机交互。这一层次的需求是企业的具体操作人员所关注的。

对不同层次的需求，其描述形式是有区别的，参与评审的人员也是不同的。如果让具体的操作人员去评审目标性需求，可能会很容易地导致"捡了芝麻，丢了西瓜"的现象；如果让高层管理人员也去评审那些操作性需求，无疑是一种资源的浪费。

（3）分阶段评审。在需求形成的过程中进行分阶段评审，而不是在需求最终形成后再进行评审。分阶段评审可以将原本需要进行的大规模评审拆分成各个小规模的评审，降低了需求分析返工的风险，提高了评审的质量。例如，可以在形成目标性需求后进行一次评审；在形成系统的初次概要需求后进行一次评审；对概要需求细分成几个部分，对每个部分进行各自评审；最终再对整体的需求进行评审。

需求获取、分析、传递和确认并不完全遵循线性的顺序，这些活动是相互隔开、增量和反复的，它贯穿着整个需求开发阶段。

11.3.2 可控的需求变更

我们生活的世界是不断变化的，软件的系统需求也是如此。需求的变更贯穿了软件项目的整个生命周期。需求变更的原因很多。例如，没有识别完全的需求所带来的需求的增加；业务(流程)发生了变更所带来的需求的更新；需求错误；需求不清楚等。那么，面对用户的需求变更时，我们该怎么办呢？正如敏捷建模核心原则之一所说的那样：拥抱变化。但变更在没有得到管理策略的控制时，会给工作团队带来误解和混淆。需求管理是一组用于在项目进行时候标识、控制和跟踪需求的活动。它的目标是最大限度地减少需求变更所带来的误解和错误，提高生产效率。

1. 需求的标识和跟踪

需求管理从标识开始。每个需求被唯一的标识符所表示。例如:<需求类型><需求#>。

需求类型可以是：F＝功能需求；D＝数据需求；B＝行为需求；I＝接口需求；O＝输出需求。

标识为 F03 的需求是编号为 3 的功能需求。

标识了需求之后,就要建立跟踪表。跟踪表将标识的需求和系统或其环境的一个或多个方面相关联。常见的跟踪表如下。

- 特性(特征)跟踪表:表示需求如何与可观察的系统(产品)特性相关联。
- 来源跟踪表:标识每个需求的来源。
- 子系统跟踪表:按需求支配的子系统来分类需求。
- 接口跟踪表:表示需求如何与内部和外部的系统接口相关联。

通常来说,跟踪表是需求数据库的一部分,有专业的人员或需求管理软件来维护。通过跟踪表,项目参与者能够快速地得到和理解一个需求的变更会对整个系统(或哪些模块)带来影响。

2. 基线

基线是软件配置管理的一个概念。它可以使项目团队在不严重阻碍合理的变更的情况下控制变更。IEEE 定义的基线如下描述。

已经通过正式评审和批准的某系统说明书或产品,因此可以作为进一步开发的基础,并且只能通过正式的变更控制规程被改变。

这意味着需求在未形成基线之前,变更可以快速地、非正式地进行。当评审完成,基线一旦建立,变更可以进行,但必须通过特定的、正式的过程评估和验证每个变更。在需求工程中,基线是需求开发的里程碑。它以通过对一个或多个需求项的正式技术评审来认可的。一旦系统说明中的所有需求项均通过正式的技术评审,则需求基线就建立起来了。此后,任何对需求的进一步变更只能在该变更被评估和批准之后方可进行。

3. 变更控制

变更控制对于软件项目的顺利实施至关重要。项目团队在面临变更时,需要平衡各个方面的因素。变更控制就像双刃剑,过于繁杂的变更控制会削弱团队创造力,新颖的设计思想会被扼杀;而无控制的变更就像脱笼的猛虎,难以控制,会迅速导致混乱。

对于大型的软件开发项目,变更控制会结合相应的流程和自动化工具建立一个变更的机制。变更控制过程如图 11-5 所示。首先,变更请求会被提出。然后,通过评估可能带来的负面作用、对系统整体功能、工作量和进度的影响,以变更报告的形式提交给变更授权人(Change Control Authority,CCA,可能包含一个人或一个工作组)。在变更授权人(CCA)批准变更后,被批准的变更会生成工程变更任务书(Engineering Change Order,ECO)。ECO 描述了变更、相关的约束以及评审和审计的标准,将被修改的项目从需求数据库中提取(Check out)出来,修改完成后,该项目会重新汇入(Check in)数据库。

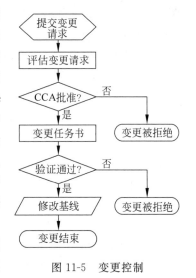

图 11-5 变更控制

“提取”和“汇入”的过程体现了两个重要的变更控制流程——访问控制和同步控制。访问控制决定了对项目的访问或修改权限。同步机制则保证两个并行的变更不会相互覆盖。得到 ECO 后,软件工程师“提取”需要修改的对象,访问控制保证了“提取”的

高质量的软件需求分析

合法性,同步机制则同时对数据库中的该对象进行"加锁",这使得当前被"提取"的对象在"汇入"之前,他人不能对该对象进行修改。"提取"的基线对象的复制会按照 ECO 的描述进行修改,经过评审或审核后,修改后的基线对象会"汇入"数据库,新的基线产生,同时同步机制将"解锁"存于数据库中的组成基线的对象。

需要再次说明的是,在需求未形成"基线"之前(需求确认之前),变更是迅速的、非正式的。系统需求经过评审并被认可(基线被创建)后,其后的任何变更都要通过变更控制(基线的更新)实施。

本 章 小 结

需求分析作为软件工程过程的第一个技术阶段,高质量的需求过程将为软件设计、实现以及所有后续阶段打下坚实的基础。需求的分析必须关注于求解问题的信息域、功能域和行为域。为了更好地理解需求,创建模型、细化问题、描述需求要素、细节的实现都是可行的手段。其中原型法和用例分析技术是经常使用的技术。

即使是采用最好的需求工程过程,在软件开发过程中依然存在不断变化的需求,需求的变更控制对在修改需求基线时保证质量和一致性起到关键作用。软件需求说明书作为分析的结果,它对于保证开发团队与客户之间对需求认知的一致性非常重要。需求的评审是保证其质量的必要过程。

思 考 题

1. 谈谈自己对需求的理解,以及如何保证需求分析的质量?
2. 简要叙述软件的需求工程过程的几个阶段。
3. 软件需求说明书包含哪些内容、标准,在质量上有什么要求?
4. 请给出计算器的跑表计时的用例描述。
5. 简要叙述结构化分析建模的方法和 OOA 过程。
6. 你是怎么理解敏捷建模的。
7. 什么是基线?它在需求变更控制过程中发挥什么作用?

实验 6　基于用例分析技术的需求分析

(共 2 个学时)

实 验 目 的

◇ 加强需求质量的意识;
◇ 提高需求分析的能力;
◇ 掌握不同的需求分析技术。

实验背景

某公司在线教育事业部正在开发一个在线教育系统，涉及三个版本：Android App、iOS App 和 Web 应用，由"课程发现""课程购买""课程学习""课程分享"和"账户管理"等五个模块组成，例如：

◇ 课程发现具有课程搜索、课程试读、课程分类等功能；

◇ 课程购买有不同的支付方式和购买方式（如拼团购买）；

◇ 课程学习包含已购课程管理、课程留言、课程评分等功能；

◇ 课程分享包含生成海报、收益管理等功能。

系统应用也有不同的几个角色。

实验内容

◇ 基于上述业务/应用背景，进行用户角色分析；

◇ 基于已给出的功能提示，完善相关的系统功能；

◇ 结合角色和系统功能，进行用例分析，画出用例图；

◇ 针对一些常用的功能（如课程发现、课程试读、拼团购买等），进行应用场景的挖掘。

实验过程

（1）5 个学生组成一个小组。

（2）小组成员认真阅读实验背景，每个成员独立列出用户角色，再同时呈现出来，进行讨论，整合成一个"角色列表"。

（3）每个组员领取其中一个功能模块，每个组员先独立进行自己模块的功能完善，如增加新功能、功能分解等。

（4）汇集大家所列功能，全组成员一起讨论，整合成一个完整的、按模块分类的功能列表。

（5）小组成员各自扮演不同角色，设想要使用哪些功能？如何使用？了解每个角色所使用的特定功能，挖掘应用场景，并记录下来。

（6）根据上述记录，大家一起绘制用例图，进一步分析功能，理清功能之间的关系。

（7）针对一些常用的功能列出应用场景，进一步开展头脑风暴活动，最后列出常用功能的一些典型的应用场景。

（8）如果可能，决定功能需求的优先级（对客户的价值、应用的频繁性等）。

交付成果

（1）用户角色列表。

（2）（按优先级，从高到低的）功能列表。

（3）系统用例图。

（4）针对关键功能，一些典型的应用场景列表。

第12章　提高软件设计质量

> 设计模式使得人们可以更加简单和方便地去复用成功的软件设计和体系结构,从而能够帮助设计者更快更好地完成系统设计。
>
> ——Gang of Four

大量实践统计表明,在大规模软件开发中有70%的错误来自需求和设计阶段。良好的需求分析和软件设计过程不仅可以提高软件开发效率,也是确保软件产品正确、可靠的基础。本章主要讨论软件设计的目标、评价标准和设计原则,着重介绍软件体系结构设计、技术设计、典型系统设计和数据库设计的设计质量改进方法,包括设计模式和 UML 的应用。

起初,人们把软件设计的重点放在数据结构和算法的选择上,随着软件系统规模越来越大、越来越复杂,整个系统的架构设计显得越来越重要。在这种背景下,人们认识到软件体系结构的重要性,并认为对软件体系结构的系统进行深入的研究,将会成为提高软件生产率和解决软件维护问题的最有希望的新途径。

12.1　软　件　设　计

软件设计是软件开发的重要阶段之一。它是将软件需求转换为软件表示的过程,也是将用户需求准确转化为软件系统的唯一途径。在需求分析质量得到保证的前提下,软件设计质量就是最重要的。它关系到软件的最终实现,包括对软件编程、测试和维护的直接影响。

12.1.1　软件设计的目标

软件设计越来越多地被看成由软件体系选型、系统架构设计、系统模块/组件设计、系统接口设计、系统数据(库)设计、系统功能设计、界面设计和部署设计等组成。

软件设计分为体系结构设计(Architecture Design)和详细设计(Detailed Design)两个阶段。

- 体系结构设计:高层次的设计将软件需求转化为数据结构和软件的系统结构,并定义子系统(组件)和它们之间的通信或接口。过去习惯将其称为总体设计或概要设计。
- 详细设计:通过对结构表示进行细化,得到软件详细的数据结构和算法,包括对所有的类都进行详尽描述,给编写代码的程序员一个清晰的规范说明。

体系结构设计是软件开发过程中决定软件产品质量的关键阶段。软件设计人员需要在比较抽象的层次上分析、对比多种可能的系统实现方案和多种可能的软件体系结构,从中选出最佳的方案和最合理的软件结构。体系结构设计的基本任务是:

- 设计软件系统结构。
- 数据结构及数据库设计。
- 编写概要设计文档。
- 概要设计文档评审。

详细设计就是考虑在技术上如何实现已设计好的体系结构。例如,在面向对象设计中就是具体描述技术性的类和子类,如业务对象类、用户接口和数据处理类及其子类。在需求分析阶段对用例进行的文字性描述;在详细设计阶段可以形成测试用例,并要证明在技术上也能被处理,如顺序图就是用来说明用例如何在系统中被实现的。

用户需求的变更直接影响到软件设计,因此把握软件设计的目标就很重要。在整个软件设计过程中,必须始终牢记软件设计的基本目标,就是应确保软件在总体结构、外部接口、主要部件功能分配、全局数据结构以及各主要部件之间的接口等方面的合适性、完整性,从而保证用较低的成本开发出较高质量的软件系统。除此之外,软件设计的目标还有:

(1)可靠性。软件系统对于用户的商业经营和管理来说极为重要,因此软件系统必须随时为用户提供可靠的服务,包括具有良好的容错性。例如,系统设计保证不存在单点失效,任何系统关键部位,都有故障转移处理机制。

(2)性能和安全性。软件系统承担的日常业务处理或商业交易,必须具有良好的操作性能和数据的安全性。

(3)可扩展性。软件必须能够在用户的使用率、用户的数目增加很快的情况下,保持合理的性能。只有这样,才能适应用户的市场扩展的可能性。具备灵活性、扩展性,用户可以进行二次开发或更加具体的开发。

(4)可定制性或可移植性。同样的一套软件,可以根据客户群的不同和市场需求的变化进行调整。

(5)可维护性。软件系统的维护包括两方面:一是排除现有的错误,二是将新的软件需求反映到现有系统中。一个易于维护的系统可以有效地降低技术支持的花费。

(6)可重用性。系统的组件或模块可以被其他系统开发所采用,从而降低软件的开发成本和加快软件开发的周期。

12.1.2　软件设计评价标准

软件设计质量的分析与评价包含 3 个方面:质量属性、度量和质量分析与评价技术。质量属性在第 2、3 章做了很多介绍,有关软件设计的质量属性(可维护性、可移植性、可测试性、可追踪性、正确性、健壮性、目标的适应性)的实现,也就是软件设计的目标。当然,我们可以进一步区分软件设计的质量属性。

- 对软件运行时间进行评价的质量属性:性能、安全性、可用性、功能性、可使用性。
- 对软件运行时间不能区别,但对维护时间进行评价的质量属性:可修改性、可移植性、可复用性、可集成性、可测试性。
- 与体系结构质量相关的质量属性:概念完整性、正确性、完备性和可构造性。

软件设计的评价还依赖于软件规模、结构、质量的度量,包括复杂度、耦合性、内聚性等

提高软件设计质量

的度量。使用度量可以评定或定量估计软件设计的不同方面,对软件设计的度量方法,依赖于其设计方法,可以分为两类。

(1) 面向功能(结构化)设计的度量:通过功能分解得到的设计结构,通常表示为结构图(有时称为层次图),可以计算其多种度量。

(2) 面向对象设计的度量:设计的总体结构通常表示为类图,可以计算多种度量,也可以计算每个类内部的内容的度量。

软件设计的评价工具和技术比较多,以帮助人们确保软件设计的质量。

- 软件设计评审:有正式的和半正式的,通常是以小组方式进行,验证和保证设计结果的质量。
- 静态分析:正式或半正式的静态(不可执行的)分析技术,可以用于评价一个设计。例如,故障树分析或自动交叉检查。
- 模拟与原型:软件设计通过软件系统设计模型表示,软件设计评价可以转化为软件系统设计模型的评价,这是评价设计的动态的技术。例如,性能模拟或可行性原型。

下面以软件系统设计模型的评价较详细地介绍软件设计的评价。

软件系统设计模型由实体空间、过程空间和形式空间组成,如图 12-1 所示。其中:

- 实体空间是物理的、现实的空间,是源系统所在的空间。源系统是表示软件要实现自动化的系统。
- 形式空间是抽象的、逻辑空间;目标系统表示要实现的软件本身(软件系统)。
- 软件表示模型(即系统分析模型和系统设计模型),是沟通源系统和目标系统的桥梁。表示模型的形成需要一个过程,称其为过程空间。

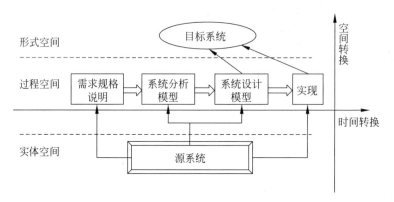

图 12-1　软件系统设计模型示意图

这样,软件设计评价应该具有 3 类标准,分别是实体空间标准、过程空间标准和形式空间标准。

(1) 实体空间标准,以源系统作为标准度量系统设计模型,是一个软件设计最终应该符合的标准。它依赖于我们对于源系统的认识程度。同时软件设计是思维的产物,它又很难直接应用于软件设计模型上,设计的合理性就是实体空间标准,但没有一个具体的内容和形式。实体空间标准的执行,一般可由业务领域专家组或用户代表根据经验进行评审实现。

(2) 过程空间标准,可以看作实体空间的间接标准,基于分析模型和设计模型来定义。由于设计模型的存在,过程空间标准在设计评价中就比较容易使用。例如,设计是否符合需求,就是检验设计模型和分析模型的一致性。软件开发一般采用迭代的或增量的分阶段模型进行,设计活动也分多次进行,通过不同阶段设计结果(设计书)的对比,可以找到设计不一致的地方(设计缺陷),并能检查设计对需求的覆盖情况。

(3)形式空间标准,以目标系统的角度(即软件产品质量属性)检验系统设计。实体空间标准和过程空间标准,可以保证目标系统的功能满足源系统,但不能保证目标系统在运行状态下的质量属性。形式空间标准实际就是产品质量标准,可以使用质量模型进行评价。例如,围绕产品改进、产品运行、产品移交 3 种使用情况组织质量属性,并测试目标系统。

通过形式空间标准对软件设计进行检验时,检验标准往往不是唯一的。这是因为实际软件的质量要求不唯一,不同的软件有不同的质量属性要求。特定软件的质量要求是在需求分析、设计的过程中逐步形成的。这些质量要求最终成为我们检验软件设计的标准之一。因此,在实际设计评价标准中,采用一些具体的设计质量标准的考察指标,如下所述。

(1)设计结果的稳定性,以设计维护不变的时间衡量。如果因为用户需求的变化或现有设计的错误或不足,必须修改设计,那么修改范围的大小和次数就是影响软件设计质量重要因素。

(2)设计的清晰性,涉及目标描述是否明确、模块之间的关系阐述是否清楚、是否阐述了设计所依赖的运行环境、业务逻辑是否准确并且完备。清晰的设计也是重用性的基础。

(3)设计合理性,主要包括合理地划分模块和模块结构完整性、类的职责单一性、实体关联性和状态合理性等。可以进一步考察是否对不同的设计方案作了介绍和比较,是否有选择方案的结论,是否清楚阐述方案选择的理由。

(4)系统的模块结构所显示的宽度、深度、扇入值和扇出值是衡量系统的复杂性的简单标准指标,如图 12-2 所示。

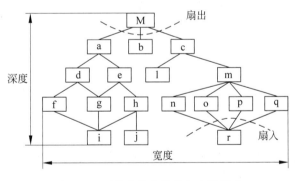

图 12-2　系统的模块结构复杂性描述

(5)模块间松耦合而模块内部又保持高度一致性、稳定性是设计高质量软件的关键之一。所以,评定软件设计的质量需要考察模块间的关系。

(6)给出的系统设计结构和数据处理流程是否能满足软件需求规格说明中所要求的全部功能性需求。模块的规格及大小划分是否和功能需求项以及约束性需求项之间保持一致。

(7)可测试性和可追溯性,所有的设计目标(性能、容量、兼容性等)是否可以通过测试结果衡量;每一部分的设计是否都可以追溯到软件需求的定义,包括功能需求项和非功能需求项。

（8）所要设计的系统在整个软件项目（或在大系统中）中所处的地位、作用，及其与同级、上级系统之间的关系描述是否准确。

（9）不完整、易变动或潜在的需求项是否都进行了相应的设计分析。对各种设计限制是否做了全面的考虑。

12.1.3 软件设计原则

软件设计原则，可以分为基本原则、设计的思想原则和设计的技术原则。设计的基本原则是软件设计的宗旨；设计的思想原则可以指导设计的技术原则。软件设计的基本原则，只有两条：

- 设计过程始终以质量为目标而展开。
- 设计越简单越好，只要满足质量目标和功能需求，越简单越有利于编程、测试和维护，系统的可靠性、性能也会越高。

1. 软件设计的思想原则

（1）用户需求远比技术重要。设计的目的是将用户需求转化为软件系统。技术虽然很有趣、有挑战，但是设计的软件很难使用或者不能满足用户的需求，后台用再好的技术也于事无补。

（2）需求其实很少改变，改变的是我们对需求的理解。Object ToolSmiths 公司的 Doug Smith 常喜欢说：“分析是一门科学，设计是一门艺术。”如果发挥我们的创造力和想象力，理解需求和忠实于需求，就可以在众多的“正确”分析模型中找到一个最好的分析模型，把它变为设计模型，完全满足解决某个具体问题的需要。

（3）接受变化。敏捷方法也告诉我们，拥抱需求变化。唯一不变的只有变化，需求变化是正常的，不变才不正常。我们要以设计的灵活性适应需求的变动，而且以积极的态度来应付。通过在建模期间考虑这些假设的情况，就有可能开发出足够强壮且容易维护的软件。决不能以消极的方法对待，“头痛医头脚痛医脚”只能使设计变得越来越复杂，越来越难以修改和维护。

（4）不要低估软件规模的需求。互联网曾带给我们的最大的教训是：在软件设计初期没有考虑用户的急剧增加的需求，现在用 IPv6，似乎又困难重重。在软件设计的初期，根据在用例模型中定义的事务处理功能，设计时要充分考虑系统的事务处理能力和容量。

（5）软件设计没有捷径。软件设计所投入的精力和时间不够，将来在编程、测试和维护要付出更大的代价（存在严重的设计缺陷而不得不重新设计、重新编程和测试等）。避免走捷径，只设计一次但要设计对(do it once by doing it right)。

（6）不要对某一种设计模式、体系结构崇拜。任何体系结构(J2EE 或.NET)都有它自身的优点和缺点，设计模式也一样。适合就是最好的，为正在设计的软件系统选择合适的体系结构和设计模式，才是最重要的。越成熟的或越被广泛应用的模式或体系结构，应优先得到考虑。

（7）沟通对设计质量的提高同样重要。没有很好的沟通，设计模型不能反映需求模型；没有很好的沟通，一个设计好的很成熟的系统模型，编程人员却不能理解，那也无法得到完整的实现。

（8）工具只是手段，不能代替一切。设计原理和方法还是最重要，UML 可以更好地帮助我们描述设计,但其基本的思想、逻辑和过程靠设计人员的努力。

(9) 理解完整的软件开发过程,设计者要考虑全局,对需求、编程、测试、维护过程和方法也要非常清楚。设计必须从长远角度考虑如何使软件满足用户需要,如何提供维护和技术支持等。

(10) 常做验证,早做验证。设计要及时进行原型验证和测试,多做评审,及时发现设计问题。越晚发现的错误越难修改,修改成本越昂贵。

2. 软件设计的技术原则

耦合性是程序结构内不同模块之间相互关联的度量,内聚性是模块独立性的另外一个形象因素,它们影响软件的复杂程度和设计质量。高耦合度或低内聚力的系统是很难维护的。

体系结构设计的准则如下:

- 改进软件结构提高模块独立性,降低软件模块间的耦合度和提高模块间的聚合性。
- 模块适当的深度、宽度、扇出和扇入。
- 力争降低模块接口的复杂程度。
- 设计单入口单出口的模块。
- 模块功能应该是可以预测的。

如何改进软件结构提高模块独立性?设计出软件的初步结构之后,应该审查分析该结构,通过模块分解或合并,力求降低耦合性、提高内聚力。例如,可以通过分解或合并模块减少信息传递对全局数据的引用,并降低接口的复杂性。还可以通过以下方法降低程序的耦合度:隐藏实现细节、强制构件接口定义、不使用公用数据结构、不让应用程序直接操作数据库等。

图 12-3 显示 7 种耦合的表现形式,从非直接耦合到内容耦合,耦合性逐渐增强,内容耦合度最高,在设计中要尽量避免,并借助数据库、特别是 XML 等,将公共环境耦合、外部耦合、控制耦合、特征耦合转化为数据耦合,以降低耦合性。

而图 12-4 显示系统模块内部的聚合力,从偶然内聚、逻辑内聚、时间内聚、过程内聚、通信内聚、信息内聚到功能内聚,是内聚性和模块独立性不断增强的过程。

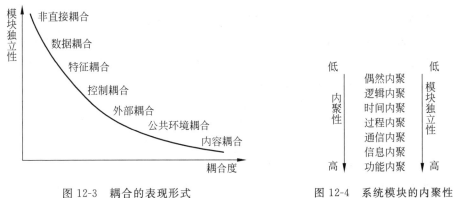

图 12-3　耦合的表现形式　　　　图 12-4　系统模块的内聚性

除了降低耦合度和提高聚合性之外,在软件设计时,早期就定义软件模块之间的接口,并考虑软件的移植性、性能和接口的单一性等。好的软件设计者把特有的实现细节打包隐藏起来,所以,当那些特性改变的时候,只需要更新某个模块或组件,而不影响整个系统的设计。

在面向对象设计时,应遵循下列设计原则。

(1) 开-闭原则(Open-Closed Principle,OCP)。一个软件实体应对扩展开放,对修改关闭,即使这个模块可以在不被修改的前提下被扩展(改变这个模块的行为)。

(2) 单一职责原则(Simple Responsibility Pinciple,SRP)。就一个类而言,应该只有一个引起它变化的原因。如果有多于一个的动机去改变一个类,就应再创建一些类来完成每一个职责。

(3) 里氏代换原则(Liskov Substitution Principle,LSP)。一个软件实体,如果使用的是一个基类,那么一定适用于其子类,而且根本不能察觉基类对象和子类对象的区别,但反过来不成立。也就是说,应当尽量从抽象类继承,而不从具体类继承。基于契约设计(Design By Contract,DBC)对 LSP 提供了支持。

(4) 依赖倒转原则(Dependence Inversion Principle)。要求客户端依赖于抽象耦合,抽象不应当依赖于细节,细节应当依赖于抽象;应当使用接口和抽象类进行变量的类型声明、方法的返还类型声明以及数据类型的转换等。

(5) 接口隔离原则(Interface Segregation Principle,ISP)。根据客户需要的不同,为不同的客户端提供不同的服务是一种应当得到鼓励的做法。

(6) 合成/聚合复用原则(Composite/Aggregate Reuse Principle,CARP)。在一个新的对象里面使用一些已有的对象,使之成为新对象的一部分;通过向新的对象委派达到复用已有功能的目的。

(7) 迪米特法则(Law of Demeter,LoD)或称最少知识原则(Least Knowledge Principle,LKP),一个对象应当对其他对象有尽可能少的了解。如果两个类无须直接通信,那么这两个类就不应发生直接的相互作用;如果其中的一个类需要调用另一个类的某个方法,可以通过第三者转发这个调用。

12.2　如何构建设计质量

为了解决两层 C/S 分布式体系结构存在的不足,提出了 3 层或多层分布式对象体系结构。在这种情况下,业务逻辑从客户端分离,移到中间层。于是,在服务器和客户机之间增加了业务逻辑层或其他应用服务层。系统就成为具有客户端的表示层、中间的业务逻辑层和数据库服务器的 3 层或多层体系结构。

多层体系结构将客户和资源分开,降低了服务器的负载,避免服务器的性能缺陷对整个系统性能的影响。在多个服务器上分布应用程序处理的多层可变结构,比两层的体系结构的伸缩性和扩展性更强。

在多层分布式系统中,不同的组件可能用不同的语言来实现,且这些组件可能运行在不同类型的处理器上。数据模型、信息表示法以及通信协议可能都不一样。因此,多层分布式系统就需要某种软件来管理这些不同部分,确保它们之间能通信和交换数据。中间件就是这样一种软件,位于系统的不同分布式组件之间。

中间件能够使应用系统相对独立于计算机软硬件平台,为大型分布式应用搭起一个标准的平台,把企业分散的系统技术组合在一起,从而实现企业应用软件系统的集成。中间件具有标准的程序接口和协议,使不同硬件和操作系统平台上分布的应用数据可共享和互操作。中间件在操作系统、网络和数据库之上,应用软件之下,总的作用是为处于自己上层的应用软件提供运行和开发环境,帮助用户灵活、高效地开发和集成复杂的应用软件。

随着分布式技术和面向对象技术的结合,产生了大量基于分布式对象中间件的模型。目前,主要的分布式系统中间件技术标准有 Microsoft 公司的 COM/DCOM 技术、Sun 公司的 EJB 技术和 OMG(对象管理集团)的 CORBA(公共对象请求代理体系结构)技术为代表的 3 种基于中间件技术的分布式模型框架。

中间件的目标是隐藏底层的异构性,增加系统的可配置性和扩展性,增加系统的实时响应性。因此,理想的中间件应该提供对多种程序设计语言的支持,有良好的跨平台能力,同时还应具有网络透明性、位置透明性和访问透明性等特点。

12.2.1　有质量的软件设计

软件都是有体系结构的,不存在没有体系结构的软件。体系结构(architecture)一词在英文里就是“建筑”的意思。把软件比作一座楼房,从整体上讲,它有基础、主体和装饰,即操作系统之上的基础设施软件、实现计算逻辑的主体应用程序、方便使用的用户界面程序。从细节上来看,每一个程序也是有结构的。

好的开始相当于成功一半。软件体系结构设计相当于软件的骨架,体系结构设计的好坏直接关系着软件产品的关键性质量因素。软件架构是一个系统的草图。软件架构描述的对象是直接构成系统的抽象组件。各个组件之间的连接则明确和相对细致地描述组件之间的通信。在实现阶段,这些抽象组件被细化为实际的组件。

一个良好的体系结构设计是一个可扩展的和可改变的系统的基础,子系统(组件)可能关注特定的功能领域或关注特定的技术领域。将应用程序逻辑(域类)和技术逻辑分离是至关重要的,这样不管哪一部分发生改变都不会影响其他部分。

下面以异步体系结构为例,介绍软件体系结构的设计。

在行业应用程序中出现的许多处理并非都能够即时执行。例如,对于运行时间相对较长的处理,无论它们需要 10 秒还是需要 10 天,都应当断开与应用程序的连接以异步方式运行。以异步方式运行某个处理意味着,发出此调用的系统并不需要等待该请求执行完毕,请求发出之后,调用就立即返回。

这种处理方式有许多优点,但最主要的结果是,它切断系统中不同处理之间的连接,让它们以不同的速度运行。对应于同步体系结构,异步结构具有以下的优点。

1. 更快的响应时间

在异步系统中,例如提交一份订单后,客户的延迟时间仅仅是将该订单传递给处理的下一步所花费的时间。在某种程度上,这样的更快响应时间只是一种假象,因为客户收到响应时该处理并未真正完成,但客户不需要再等待了,这是重要的优点,即更快的响应时间。

2. 负载平衡

在接收高流量通信的系统中,人们常常希望将负载分布到多台服务器上,并且还希望根据需要调整这种分布以适应计算机数量的变化。异步体系结构能够在不增加额外软件的情况下轻松地提供灵活的负载平衡能力。

3. 具有更好容错能力

异步体系结构具有很好的容错能力,即使在处理中出现中断,整个系统也不会崩溃。对灵活的负载平衡提供支持的功能,同时也是对容错能力提供支持的功能。如果某个软件故障删除了某个处理步骤,请求执行该步骤的那些挂起请求就在队列中等候直至该服务被恢复。也可以通过使用服务器集群方式提供;集群方式可以在不进行任何负载平衡工作的情况下提供故障转移能力。

4. 支持断续连接的系统

系统与合作伙伴的系统之间的连接有可能是间断的,或者仅在需要时才连接。因此,异步功能可以将不可靠通信连接的影响降至最低程度,而且还可以实现更经济的系统操作,因为它将通信资源的占用减至最少。断续连接的系统引入它们自己的一套体系结构决策,包括连接的频率,在连接期间对请求进行批处理,处理失败的连接尝试等。

异步体系结构自身也存在着不少问题。例如:

- 利用通知或轮询进行状态跟踪。
- 处理超时。
- 创建和执行补偿逻辑。

总的来说,异步工作流是很强大的体系结构,它不仅能够提高系统的可伸缩性和可靠性,也是处理自动业务的好方法。

12.2.2 借助设计模式提高质量

在长期的软件实践过程中,人们逐渐总结出了一些实用的设计模式,并将它们应用于具体的软件系统中,出色地解决了很多设计上的难题。正如经典著作《设计模式》一书中所说的:

设计模式使得人们可以更加简单和方便地去复用成功的软件设计和体系结构,从而能够帮助设计者更快、更好地完成系统设计。

《建筑的永恒方法》一书中,Alexander 是这样描述模式的:

模式是一条由 3 部分组成的规则,它表示了一个特定环境、一个问题和一个解决方案之间的关系。每一个模式描述了一个在我们周围不断重复发生的问题,以及该问题的解决方案的核心。这样,你就能一次又一次地使用该方案而不必做重复劳动。

将设计模式引入软件设计和开发过程的目的在于充分利用已有的软件开发经验,这是因为设计模式通常是对于某一类软件设计问题的可重用的解决方案。优秀的软件设计师都非常清楚,不是所有的问题都需要从头开始解决,他们更愿意复用以前曾经使用过的解决方案,每当他们找到一个好的解决方案,他们会一遍又一遍地使用,这些经验是他们成为专家的部分原因。设计模式的最终目标就是帮助人们利用熟练的软件设计师的集体经验,设计出更加优秀的软件。

软件设计模式的起源归因于 Christopher Alexander 所做的工作。作为架构师,Alexander 注意到在给定的环境中存在常见问题及其相关的解决方案。Alexander 将此"问题-解决方案-环境"三元组称为"设计模式",架构师在架构设计过程中可通过它以统一的方式快速解决问题。

1995 年,软件业首次广泛采用了设计模式,因为它们与构建应用程序直接相关。4 位作者 Gamma、Helm、Johnson 和 Vlissides(统称为四人组或 GoF)将 Alexander 的设计模式与他们的作品 *Design Patterns：Elements of Reusable Object-Oriented Software*（Addison-Wesley 出版公司于 1995 年出版)中的刚刚兴起的面向对象的软件开发动向结合起来。凭借他们丰富的经验和对现有对象框架的分析，GoF 提供了 23 种设计模式（见附录 F），这些模式分析了在设计和构造应用程序时遇到的常见问题和解决方案。

一般而言，一个模式有 4 个基本要素：

- 模式名称(pattern name)：一个助记名，它用一两个词来描述模式的问题、解决方案和效果。模式名可以帮助我们思考，便于我们与其他人交流设计思想及设计结果。找到恰当的模式名也是设计模式工作的难点之一。

- 问题(problem)：描述了应该在何时使用设计模式。它解释了设计问题和问题存在的前因后果。

- 解决方案(solution)：描述了设计的组成部分，以及它们之间的相互关系及各自的职责和协作方式。解决方案并不描述一个特定而具体的设计或实现，而是提供设计问题的抽象描述和怎样用一个具有一般意义的元素组合（类或对象组合）解决问题。

- 效果(consequences)：描述模式应用的效果及使用模式应权衡的问题。因为复用是面向对象设计的要素之一，所以模式效果包括它对系统的灵活性、扩充性或可移植性的影响，显式地列出这些效果对理解和评价模式很有帮助。

示例：MVC 设计模式

源于 Smalltalk，并在 Java 中得到广泛应用的"模型-视图-控制器"(Model-View-Controller，MVC)模式，是一个非常经典的设计模式，通过它可以更好地理解"模式"这一概念。

- 模型(Model)：封装数据和所有基于对这些数据的操作。
- 视图(View)：封装的是对数据的显示，即用户界面。
- 控制器(Controller)：封装外界作用于模型的操作和对数据流向的控制等。

MVC 通过建立一个"订购/通知"协议分离视图和模型。视图必须保证它的显示正确地反映了模型的状态。一旦模型的数据发生变化，模型将通知有关的视图，每个视图相应地得到刷新的机会。这种方法为一个模型提供不同的多视图表现形式，也能够为一个模型创建新的视图而无须重写模型。

MVC 模式通常用于开发人机交互软件，这类软件的最大特点是用户界面容易发生改变。例如，当你要扩展一个应用程序的功能时，通常需要通过修改菜单反映这种变化。如果用户界面和核心功能紧紧交织在一起，要建立这样一个灵活的系统通常是非常困难的，因为很容易产生错误。为了更好地开发这样的软件系统，系统设计师必须考虑下面两个因素。

- 用户界面应该是易于改变的，甚至在运行期间也是有可能改变的。
- 用户界面的修改或移植不会影响软件的核心功能代码。

332

> 为了解决这个问题,可以采用将模型、视图和控制器相分离的思想。在这种设计模式中,模型用来封装核心数据和功能,它独立于特定的输出表示和输入行为,是执行某些任务的代码,至于这些任务以什么形式显示给用户,并不是模型所关注的问题。模型只有纯粹的功能性接口,也就是一系列的公开方法,这些方法有的是取值方法,让系统其他部分可以得到模型的内部状态;有的是置值方法,允许系统的其他部分修改模型的内部状态。
>
> 视图用来向用户显示信息,它获得来自模型的数据,决定模型以什么样的方式展示给用户。同一个模型可以对应于多个视图,这样对于视图而言,模型就是可重用的代码。一般来说,模型内部必须保留所有对应视图的相关信息,以便在模型的状态发生改变时,可以通知所有的视图进行更新。
>
> 控制器和视图联合使用,它捕捉鼠标移动、鼠标点击和键盘输入等事件,将其转化成服务请求,然后再传给模型或者视图。整个软件的用户通过控制器与系统交互的,通过控制器操作模型,从而向模型传递数据,改变模型的状态,并最后引起视图的更新。
>
> MVC 设计模式将模型、视图与控制器 3 个相对独立的部分分隔开,这样可以改变软件的一个子系统而不至于对其他子系统产生重要影响。例如,将一个非图形化用户界面软件修改为图形化用户界面软件时,不需要对模型进行修改,而是添加一个对新的输入设备的支持,这样通常不会对视图产生任何影响。

虽然设计模式并不是万能钥匙,但它是一个非常强大的工具,开发人员或架构师可使用它积极地参与任何开发项目。设计模式可确保通过熟知和公认的解决方案解决常见问题。模式存在的事实基础在于大多数问题可能已经被其他个人或开发小组遇到并解决了。因此,模式提供了一种在开发人员和组织之间共享可使用的解决方案的机制。无论这些模式的出处是什么,这些模式都利用了大家所积累的知识和经验。这可确保更快地开发正确的代码,并降低在设计或实现中出现错误的可能性。

设计模式在工程小组成员之间提供了通用的语义。参加过大型开发项目的人员都知道,使用一组共同的设计术语和准则对成功完成项目来说是至关重要的。最重要的是,设计模式可以节省大量的时间。

在开发给定项目的过程中,通常会使用设计模式概念解决与应用程序设计和结构有关的某些问题。设计模式使人们可以更加简单方便地复用成功的设计和体系结构。将已证实的技术表达成设计模式也会使新系统开发者更加容易理解其设计思路。

设计模式帮助做出有利于系统复用的选择,避免设计损害系统复用性。通过提供一个显式类和对象作用关系以及它们之间潜在联系的说明规范,设计模式甚至能够提高已有系统的文档管理和系统维护的有效性。

简而言之,设计模式可以帮助设计者更快、更好地完成系统设计。

12.2.3 通过 UML 改善设计

UML 和 Rational Software Architect 结合起来是分析和设计面向对象软件系统的强大

工具，可以帮助先建模系统再编写代码，从而一开始就保证系统结构合理。利用模型可以更方便地捕获设计缺陷，从而以较低的成本修正这些缺陷。

UML 是一种直观化、明确化、构建和文档化软件系统的通用可视化建模语言。它捕捉了被构建系统的有关决策和理解，可以与所有的开发方法、生命阶段、应用领域和媒介一同使用。

设计的任务是通过综合考虑所有的技术限制，以扩展和细化分析阶段的模型。设计的目的是指明一种易转化成代码的工作方案，是对分析工作的细化，即进一步细化分析阶段所提取的类（包括其操作和属性），并且增加新类以处理诸如数据库、用户接口、通信、设备等技术领域的问题。

设计可以分为两个部分：体系结构设计和详细设计。其中，详细设计是细化包的内容，使编程人员得到所有类的一个足够清晰的描述，可以使用 UML 中的动态模型，用来说明类的对象如何在特定的情况下做出相应的表现，描述特定情况下这些类的实例之间的行为。详细设计的目的是通过创建新的类图、状态图和动态图，描述新的技术类，并扩展和细化分析阶段"素描"的商业对象类。

规格说明（功能设计的重要内容）比需求分析更详细，通过 UML 设计可以使规格说明更直观、更清晰。使用 Class 框图描述系统处理的数据结构。例如，在银行交易系统中规格说明设计时可以使用 Class 框图描述系统需要处理的各种数据。在规格说明阶段，还需要识别出系统的对象。首先以功能块划分，广泛地找出系统的主要对象；然后使用 Collaboration 框图描述它们之间的关系。在规格说明阶段进行系统的业务描述，即规范系统完成一定功能的主要流程，这可以利用 Activity 框图进行。

规格说明完成后，需要对系统的各个模块及模块之间的关系仔细地分析，从而确定哪些部分使用硬件完成，哪些部分使用软件实现。

系统设计分为两个分支：硬件设计及软件设计。使用 UML 的 Collaboration 图和 Component 图对系统的硬、软件分别进行系统设计。

接下来对每一个系统构件进行详细的设计。对于某些大型工程，甚至需要把每一个构件作为一个项目，重新以需求分析、规格说明开始展开构件设计循环。在构件设计中，除了可以使用前面介绍过的各种 UML 框图外，通常还需要使用 State Chart 和 Sequence 这两种框图描述具体的系统流程细节。

在开发中，完整的系统会被分成更小的部件或子系统，这样做的好处如下。

- 使系统更容易开发。
- 有利于重用。子系统可以被其他或未来的项目所重用，减少开发完整系统所需的成本与时间并提高质量。
- 允许开发项目进行分散。在不同区域或公司的几个小的团队可以独立工作开发系统。
- 可以反映系统的物理构造。

利用 UML 和系统的设计方法可以使传统的嵌入式系统设计告别"手工作坊"的开发方式，大大提高嵌入式系统的开发速度和产品质量，增强设计的可复用性。

UML 是图形化描述语言，比较适用于面向对象的程序设计；对于精确的规格设计或非面向对象的语言设计来说就不尽如人意了。在具体应用中，灵活应用注释功能，把框图对应

提高软件设计质量

模块所需的具体规格要求以注释的形式写在框图中,便于理解。

12.3 数据库设计质量

设计数据库是指对于一个给定的应用环境,构造最优的数据模式,建立数据库,使其能够有效地存储数据记录,并能满足各种应用需求。在设计一个数据库时,应该注意把该数据库的设计和应用系统的设计结合起来。也就是说,要注意结构(数据)设计和行为(处理)设计结合起来。数据库设计质量的好坏将直接影响到系统中各个处理过程的质量和运行性能。一个设计失败的数据库往往到了应用程序的开发阶段还要不断地修改。

数据层是跟数据库打交道,对于传入的数据,数据层决定写入还是添加到数据表中,实现对各种数据库和数据源的访问。数据层主要是封装对数据库的访问,但也是系统访问其他数据源的统一接口。

构建数据层的方法是构建一个简单的数据库文件,用它保存应用程序需要存储的所有底层数据。该数据库中实际存储的是用户需要存储到自己的数据库(用户信息、企业资料、产品资料等)以及有关项目借用状态的信息。数据层尽量将数据库的操作封装好。

在一个分层的系统中,数据层承担的任务是为系统提供需要的数据。在系统变更之后,选择数据访问模型,将元数据引入到数据层,使系统有极强的扩展能力、变更能力。

一个稍有规模的系统,目前一般会使用分层的设计。数据层的概念由此产生,为系统提供必需的数据,屏蔽数据存取,使用简单易用的接口实现数据操作。它将实现 Create、Read、Update、Delete 的操作提供给上层。

数据是一个软件系统的核心,数据层则是介于系统与数据库之间,为两者交互提供服务。因为业务的不确定性或业务发展,导致系统的变更几乎无法避免。同时一个开发好的系统也可能需要使用不同的数据库。引入数据访问模型使得变更在数据层不用更改代码,可以使用同一个数据层组件来适应不同的系统。

数据层被分成数据提供层、数据访问层和一个数据访问元数据。下面分别介绍这4 个文件的作用。

- 数据访问元数据:描述数据的存取方法的数据,为系统的每一个存取数据逻辑提供描述,并使用数据访问点命名此访问逻辑,元数据存于数据库中。
- 通用数据访问层:是一个组件,管理数据库驱动,屏蔽数据库差别,为上层提供简单一致的接口执行调用。
- 通用数据提供组件:使用通用数据访问层执行数据的 CRUD 操作,使用数据访问元数据控制数据调用指令。
- 专用数据提供组件:如果数据访问元数据构建的数据访问模型构建得不充分,需要此组件提供必要的功能补充。

通用数据访问层设计原则:简化对数据库的操作。数据存取进行集中处理,有利于屏蔽数据库之间的差别。

通用数据提供组件设计原则:仅返回需要的数据;为不同的调用提供一致接口;为输入输出参数提供简单的映射和转换;使上层不用关心数据存储;主要包括提供元数据的接口、查询参数、结果集的描述;处理一个主表和相关联的表;执行优化操作和锁定等数据库操作；缓存数据和非事务性的查询结果；在使用分布式或多数据库的系统下，提供动态的数据库路由等。

我们在设计一套系统软件的时候，首先要进行需求分析。需求分析要求能够表达和理解问题的数据域和功能域，系统的目的是为了解决数据处理问题，就是将一种形式的数据转换为另一种形式的数据。数据域应包括数据流、数据内容和数据结构。

- 数据流：数据通过系统时的变化方式。对数据进行转换就是程序的功能或子功能，两个转换之间的数据传递确定了功能间的接口。
- 数据内容：即数据项，如人的数据项包括姓名、性别、出生日期等。
- 数据结构：即各种数据项的逻辑组织，如是表格结构还是树形结构、数据项间的相互关系。

其中数据流的设计贯穿整个系统的始终，标识了所有系统数据的处理流向以及运行过程。在软件的设计过程中以业务为主线，搞清每个业务的每个环节的流程关系、涉及部门、输入输出项；再以数据为主线，搞清数据采集方式、数据流向、数据之间的内在联系。

在设计系统的过程中，为了对整个系统的框架有个全面了解，可采用结构化方法对其进行分析，画出数据流图。设计数据流图必须逐步求精。

- 输出数据流的规范表述。首先指定所考察的职能域编码；再指定去向职能域或单位编码；标出用户视图标识。
- 输入数据流的规范表述。首先指定来源职能域或外单位编码；再指定所考察的职能域编码；标出用户视图标识。决定哪些部分需要计算机化和怎样计算机化（取决于用户投资限制和自身技术限制）。
- 描述数据流细节。大型软件可以使用数据字典描述所有数据元素。定义处理逻辑；定义数据存储，即定义每个存储的确切内容及其表示法；定义物理资源；确定输入输出规格说明；确定硬件所需有关数值；确定软硬件接口和环境需求。

12.4　软件设计优化

自从软件系统首次被分成许多模块，模块之间有相互作用，组合起来有整体的属性，就具有了体系结构。

12.4.1　模块设计和接口设计的要求

在计算机软件中，模块化的概念早已被采用。软件被划分成若干可单独命名和编址的元素，它们被称作模块，这些模块组成整体。

模块化是软件能够处理复杂问题所应具备的属性，也是软件能够被有效地管理维护所应具备的属性。因此，验证模块及模块内部设计是否合理对软件结构设计是很重要的。对于模块设计的准则，主要从以下几个方面进行验证。

- 模块的划分是否合适、模块与模块之间是否具有一定的独立性。
- 每个模块的功能和接口定义是否正确。
- 数据结构的定义是否正确。
- 模块内的数据流和控制流的定义是否正确。

在软件设计中,接口设计也是至关重要的,下面的准则有助于确保正确设计接口。

- 用户接口设计是否正确全面,是否有单独的用户界面设计文档。
- 是否包含硬件接口设计,硬件接口设计是否正确且全面。
- 概要设计规格说明是否包含软件接口设计,软件接口设计是否正确且全面。
- 是否包含通信接口设计,通信接口设计是否正确且全面。
- 是否描述了各类接口的功能、各接口与其他接口或模块之间的关系是否具有可测试性。

12.4.2 详细设计的要求

详细设计的目标是将概要设计阶段的内容具体化,该阶段要形成软件详细设计说明书。详细设计阶段的主要任务有以下几个方面。

- 为每个模块确定采用的算法,选择某种适当的工具表达算法的过程,写出模块的详细过程性描述。
- 确定每一模块使用的数据结构。
- 确定模块接口的细节,包括对系统外部的接口和用户界面,对系统内部其他模块的接口,以及模块输入数据、输出数据及局部数据的全部细节。
- 要为每一个模块设计一组测试用例,以便在编码阶段对模块代码(即程序)进行预定的测试。

在详细设计的过程中,要掌握以下原则。

- 模块的逻辑描述要清晰易读、准确可靠。
- 采用结构化设计方法,改善控制结构,降低程序的复杂程度,从而提高程序的可读性、可测试性和可维护性。其基本内容归纳为如下几点。

(1) 程序语言中应尽量少用 GOTO 语句,以确保程序结构的独立性。

(2) 使用单入口单出口的控制结构,确保程序的静态结构与动态执行情况相一致,保证程序易理解。

(3) 程序的控制结构一般采用顺序、选择和循环 3 种结构构成,确保结构简单。

(4) 用自顶向下逐步求精方法完成程序设计。结构化程序设计的缺点是存储容量和运行时间增加 10%~20%,优点是易读、易维护。

软件详细设计的标识形式种类很多,具体有代表性的如下。

- 流程图。流程图是使用得最广泛的描述过程的方法。但它也是最容易被错误理解和引起争议的方法。
- 伪码。伪码又称过程设计语言,它是一种混杂语言,使用一种结构化程序设计语言的语法控制框架,而在内部却可灵活使用一种自然语言表示各种操作条件和过程。
- IPO(Input-Process-Output)图。这是 IBM 公司推出的一种图解式设计表示方法。它的特点是能表示输入/输出数据与软件过程之间的关系。
- PAD(Problem Analysis Diagram)。PAD 是问题分析图的简称。它的目的在于用图表现程序的逻辑结构,使之易读、易记、易理解。
- 判定表(树)。它是一种表格工具,适合于描述逻辑条件比较复杂的过程。

以上 5 种软件详细设计的表示方法,在表示能力、结构化、可读性等方面各有优缺点。

如表 12-1 所示。

表 12-1　详细设计表示方法的比较

准则	表示法				
	流程图	伪码	IPO	PAD	判定表
易用性	优	优	中	良	中
逻辑表达能力	中	良	良	良	优
机器可读性	中	优	差	中	差
易转换程序代码	良	中	差	良	良
结构化	差	良	中	优	差
易修改性	差	良	中	差	良
数据表示能力	差	中	差	中	中
易验证性	差	中	中	中	中

12.4.3　界面设计的要求

用户界面设计是软件系统设计的重要组成部分,特别是对于交互式软件系统,用户界面设计的好坏常直接影响软件系统设计的成败。用户界面设计不好,用户使用时感到麻烦,软件系统就难以发挥应有的效益,甚至被用户抛弃不用。

用户界面设计应服从以下几个最基本的原则。

1. 用户界面必须保持一致性

系统和子系统各部分的命令和菜单应有相同的形式,包括对参数、分隔符等的约定均应相同,以免造成不必要的混乱和增加记忆难度。

如果可以在一个列表的项目上双击后弹出对话框,那么应该在任何列表中双击都能弹出对话框。要有统一的字体字号、统一的色调、统一的提示用词、窗口在统一的位置、按钮也在窗口的相同的位置。

2. 用户界面应有自助功能

用户界面应提供不同层次的帮助信息和一定的错误恢复能力,方便用户使用。提示信息必须规范、恰当、容易理解,还应该出现在一致的位置。

3. 用户界面易懂性

用户界面的形式和术语必须适应用户的能力和需求。

设计用户界面时,最好是先看看微软公司或其他公司比较优秀的应用程序,我们会发现许多通用的东西,如工具栏、状态条、工具提示、上下文菜单以及标记对话框等;也可以凭借自己使用软件的经验,想一想曾经使用过的一些应用程序,哪些很好用。

Windows 操作系统的主要优点是为所有的应用程序提供了公用的界面,即 Windows 界面准则。知道如何使用基于 Windows 应用程序的用户,很容易学会使用其他应用程序。而与创建的界面准则相差太远的应用程序不易让人接受。

目前流行的界面风格有两种方式:多窗体和单窗体。无论哪种风格,以下规则是应该被重视的。

(1)易用性:界面上所有的按钮、菜单名称应该易懂,用词准确,能望文知意。理想的情况是用户不用查阅帮助就能知道该界面的功能并进行相关的正确操作。

(2) 规范性：通常界面设计都按 Windows 界面的规范来设计，包含"菜单条、工具栏、工具厢、状态栏、滚动条、右键快捷菜单"的标准格式，可以说，界面遵循规范化的程度越高，则易用性相应地就越好。

(3) 帮助设施：系统应该提供详尽而可靠的帮助文档，用户在使用过程中可以随时方便地查找到解决方法。

(4) 美观与协调性：界面大小应该适合美学观点，让人感觉协调舒适，能够在有效的范围内吸引用户的注意力。

(5) 独特性：在框架符合以上规范的情况下，设计具有自己独特风格的界面也很重要。这在商业软件流通中能够起到很好的、潜移默化的广告效应。

(6) 快捷方式的组合：在菜单及按钮中使用快捷键可以让喜欢使用键盘的用户操作得更快，在 Windows 及其应用软件中快捷键的使用大多是一致的。

(7) 错误保护：开发者应当尽量周全地考虑到各种可能发生的问题，使出错的可能性降至最低。例如，应用出现保护性错误而退出系统，这种错误最容易使用户对软件失去信心。因为这意味着用户要中断思路，并费时费力地重新登录，而且已进行的操作也会因没有存盘而全部丢失。

一个优秀的用户界面应该是一个直观的、对用户透明的界面，用户首次接触这个软件就一目了然，不需要多少培训就可以方便地上手使用。说起来很简单，可是在实际开发中，真正能够做到这一点却很不容易。微软公司出版的《窗口界面、应用设计指南》(*The Windows Interface*,*An Application Design Guide*(*1992*))是微机平台上界面设计的公认标准。

12.5　一些典型的系统设计

为了更好地适应互联网应用、大数据分析，出现了一些典型的系统，如分布式系统和微服务架构、中台系统等，本节介绍前两种系统的设计。

12.5.1　分布式系统的设计

1. 多层分布式体系主要层次

在多层体系设计中，各层次按照以下方式进行划分，实现明确分工。

- 客户：提供简洁的人机交互界面，完成数据的输入/输出。
- 业务服务：完成业务逻辑，实现客户与数据库对话的桥梁。同时，在这一层中，还应实现分布式管理、负载均衡、失败/恢复、安全隔离等。
- 数据服务：提供数据的存储服务。一般就是数据库系统。

2. 多层分布式体系设计要点

- 安全性：设计中间层隔离了客户直接对数据服务器的访问，保护了数据库的安全。
- 稳定性：多层分布式体系提供了更可靠的稳定性。中间层缓冲客户端与数据库的实际连接，使数据库的实际连接数量远小于客户端应用数量。
- 易维护：业务逻辑在中间服务器。当业务规则变化后，客户端程序基本不做改动。
- 快速响应：通过负载均衡以及中间层缓存数据能力，可以提高对客户端的响应速度。
- 系统扩展灵活：基于多层分布体系，当业务增大时，可以在中间层部署更多的应用服务器,提高对客户端的响应,而所有变化对客户端透明。

3. 多层分布式体系结构的应用开发

分布式多层体系的开发主要考虑 3 方面的技术。首先是开发环境,开发人员需要一种创建新组件,并将已有组件加以集成的开发环境。其次是应用程序的集成,开发人员需要集成各种应用程序,以创建更强大的应用。最后是应用程序的配置,分布式多层体系的开发需要配置平台的支持,以便在用户剧增时能有效地扩展,并保持系统的稳定。

目前多层分布应用的开发,比较重要的有两种规范:COM+和 CORBA。其中,COM+主要用于 Windows 平台,CORBA 则可提供跨平台的能力。

系统平台软件和终端软件的体系结构的划分是以高性能、高可靠性、高安全性、高扩展性和可管理为原则。系统软件采用分布式处理方式,将不同功能的应用放在不同的计算机上处理,也可以将相同功能的应用分布在不同的计算机上处理,这样可以在不提高单个计算机的处理能力情况下有效提高整个系统的处理能力,以保护或减小用户的投资。

12.5.2 彻底解耦:微服务架构

一个简单的应用会随着时间推移逐渐变大。在每次的迭代中,开发团队都会面对新的功能特性,然后加入许多新代码。几年后,单体开发模式的应用会变成一个巨大的怪物。微服务架构模式通过分解巨大单体式应用为多个服务方法解决复杂性问题。

微服务是指应用被分解为多个可管理的分支或服务,开发一个个小型但有业务功能的服务,每个服务都有自己的处理和轻量通信机制、一个用 RPC 或者消息驱动 API 定义清楚的边界,可以部署在单个或多个服务器上。微服务是指一种非常松耦合的面向服务架构,给采用单体式编码方式很难实现的功能提供了模块化的解决方案,其主要特点是组件化、松耦合、自治、去中心化,体现在以下几个方面。

第一,这种架构使得每个服务都可以由专门开发团队来开发。开发者可以自由选择开发技术,提供 API 服务。当然,许多公司试图避免混乱,只提供某些技术选择。然后,这种自由意味着开发者不需要被迫使用某项目开始时采用的过时技术,他们可以选择现在的技术。甚至于,因为服务相对简单,即使用现在技术重写以前代码也不是很困难的事情。

第二,微服务架构模式是每个微服务独立的部署。开发者不再需要协调其他服务部署对本服务的影响。这种改变可以加快部署速度。UI 团队可以采用 AB 测试,快速地部署变化。微服务架构模式使得持续化部署成为可能。

最后,微服务架构模式使得每个服务独立扩展。开发者可以根据每个服务的规模部署满足需求的规模,甚至可以使用更适合于服务资源需求的硬件。例如,可以在 EC2 Compute Optimized instances 上部署 CPU 敏感的服务,而在 EC2 memory-optimized instances 上部署内存数据库。

(1)一组小的服务。服务粒度要小,而每个服务是针对一个单一职责的业务能力的封装,专注做好一件事情。

(2)独立部署运行和扩展。每个服务能够独立被部署并运行在一个进程内。这种运行和部署方式能够赋予系统灵活的代码组织方式和发布节奏,使得快速交付和应对变化成为可能。

(3)独立开发和演化。技术选型灵活,不受遗留系统技术的约束。合适的业务问题选择合适的技术可以独立演化。服务与服务之间采取与语言无关的 API 进行集成。相对单体架构，微服务架构是更面向业务创新的一种架构模式。

（4）独立团队和自治。团队对服务的整个生命周期负责，工作在独立的上下文中，自己决策自己治理，而不需要统一的指挥中心。团队和团队之间通过松散的社区部落进行衔接。

Spring Cloud Contract 包含 3 个项目：Spring Cloud Contract Verifier，Spring Cloud Contract WireMock 和 Spring Cloud Contract RestDocs。

在 Spring Cloud 开发微服务的过程中就变得很简单，往往只需要在方法上添加一行注解@AutoConfigureStubRunner，而且它是基于服务发现实现的，意味着存根注册在一个服务注册中心的内存版本中，这样就可以像调用微服务的其他任何服务一样向一个 http 服务器发送真正的 http 请求进行验证，如图 12-5 所示。

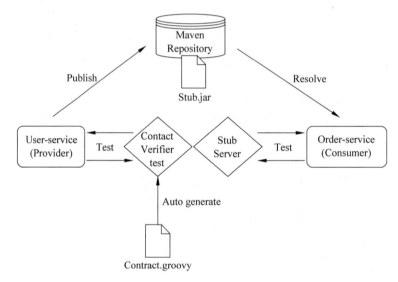

图 12-5　微服务中 Spring Cloud 工作原理图

（1）在服务提供者（Provider）端，使用 groovy DSL 编写 Contract（Contract. groovy），通过 Contact Verifier 验证编写的 Contact 所生成的测试。

（2）测试通过后，将 Stub. jar 存根发布到 Maven 仓库中。

（3）在服务消费者（Consumer）端拉下（pull）对应的存根 Stub. jar，然后运行测试，同时 Artifact 作为基础设施启动存根服务 Stub Server，在测试中向 Stub Server 服务发送请求验证 API 的正确性。

Spring Cloud Contract 的 Stub Runner 对执行一些冒烟测试也非常方便，把存根放在服务发现中，契约中的消息可以发送给真正的消息队列（如 RabbitMQ）。

真正在实践中，通过接口规约生成对应的模板代码，开发人员只能根据模板开发接口，消费者也只能按照既定的规约去做数据处理。例如，Google 公司的 GRPC 远程过程调用就规定，1 号位只能传 A 字段，2 号位只能传 B 字段。契约测试对于经过垂直划分或横向划分的业务，从基础组件、业务组件再到系统服务，这些在微服务中常用的组件，通过契约的理念规范起来，质量的确会有保障。

前后端分离已经是业界所共识的一种开发、部署模式了，即后端开发人员只需要定义出接口就可以了,而不需要编写 JSP 等代码,而前端开发人员也只需要专心做界面,需要数据的地方直接调用接口。但这会给前后端的集成带来一些问题,如前后端开发完之后进行测试,发现接口不匹配,这时不容易知道是前端问题还是后端问题。虽然现在有类似 Swagger API 这样规范的接口文档,但是在实际的项目中,往往都是多个页面、多个 API、多个版本、多个团队同时进行开发,这样如何跟踪到最新的 API 依旧是一个很大的难题。这时,采用一份基于 JSON 或 XML 的契约会降低非常多的调试时间,使得集成相对平滑。因为可以根据这份契约建立一个 Mock Server 模拟服务器,所有的测试都发往这个 Mock Server 服务器,定期检查前端和微服务后端的一致性,能及时发现其差异性。如果第二天发现这些参数有的失败了,那么就需要和后端人员进行沟通,这就有可能是业务逻辑发生了变化导致接口和契约的 API 不一致,这时只要更新契约以满足新的业务需求。

Truffle 是一个为以太坊(Ethereum)设计的开发框架,接管了智能合约编译、库链接和部署,以及在不同区块链网络中处理制品的工作。鼓励开发者为智能合约编写测试,这得益于其内置的测试框架以及与 Test RPC 的集成,Truffle 可以允许我们使用 TDD 的方式来编写智能合约。

本 章 小 结

本章主要从软件系统结构设计、数据设计、设计模型等方面阐述软件设计阶段,并简单介绍了每个阶段设计的要求以及软件设计评价的标准。

软件设计处于软件工程中的技术核心位置,它开始于对软件需求进行分析和规约。系统结构设计定义了程序的主要结构元素直接的关系。数据设计将分析时创建的信息变换成实现软件所需的数据结构。设计模型可以方便地复用成功的体系结构,帮助设计者更好地完成系统设计。

软件设计为我们提供了可以用于质量评估的软件表示,设计使我们能将用户需求准确地转换为完整的软件产品或系统。

思 考 题

1. 软件设计分哪几个阶段? 每个阶段的设计要求分别是什么?

2. 软件设计评价有哪几类标准?

3. 简述微服务架构的特点及优势。

4. 设计模式有哪些分类?

5. 如何进行软件体系结构的选择? 你在进行软件设计的过程中,考虑过软件体系结构的选择问题吗?

提高软件设计质量

第13章 高质量编程

人们看到的最好的作家有时并不理会修饰学的规则。还好,当他们这样做虽然付出了违反常规的代价,读者还经常能从句子中发现某些具有补偿性的价值,除非作者也明确其做法的意思,否则最好还是按规矩做。

——W. Strunk,E. B. White

经过前期对产品的需求分析和设计,软件产品即进入实施阶段——代码编写阶段。因为软件质量控制是贯穿软件的整个生命周期的,所以对编码阶段的质量控制也显得十分重要,编码质量体现在代码风格、编程技术、代码审查和单元测试等方面。在高质量的需求分析和设计下所编制出的高质量的代码,能够确保最高的客户满意度和最低的维护更新成本。

13.1 代码风格

程序员编写代码的过程属于创造性劳动,其代码里常含有个人的使用思路和习惯。即使在同一个项目中,一个程序员也不一定能够完全看懂和理解其他程序员的代码。众所周知,软件产业中的个人英雄时代已经过去,目前几乎没有一个软件在其整个生命周期内是由原始作者维护的,所以如果要提高整体产品质量,就必须考虑整个团队的效率和以后的维护过程,团队中使用相同的代码风格的益处之一就是能提高程序的可理解性。下面介绍Windows 程序和 GNU 程序代码风格方面的知识,最后将重点放到函数处理方面一些约定俗成的规则上。

13.1.1 为什么要谈代码风格

在一个团队中进行代码风格检查是比较困难的——因为没有足够的人力和时间进行代码风格的检查。可是在 Bug 分析中,大家可能会看到,许多 Bug 都可以通过代码风格的严格检查来避免。

好的代码风格对于软件质量的好处在于可以加快软件开发进度,提高软件的可移植性和增加代码的可维护性。首先,看一个例子:

```
If(1 == j)                          /好的代码风格/
If(j == 1)                          /一般的代码风格/
```

上面的例子中,如果 1==j 由于粗心,写成了 1=j,在编译的时候,编译器就能给出错误信息;而如果 j==1 被错写成了 j=1,编译器认为是合法代码,这样一个逻辑错误就隐藏在程序中(此类关系运算常常用于条件判断的循环和分支语句),修正一个逻辑错误的代价远大于一个编译错误。又例如：

```
If(j>MAX_NUM)                   /好的风格/
If(j>2000)                      /差的代码风格/
```

前者的可读性显然要好于后者，对于要长期维护和合作开发的软件，可读性是非常重要的。对于前者，如果最大的数量发生变化时，只需要修改宏定义，而后者要在代码中所有引用到2000的地方修改。最后，好的程序风格可以定义宏使得数据类型与操作系统平台无关，提高了软件的可移植性。

13.1.2　Windows 程序命名规则

"匈牙利命名规则"是为了纪念传奇性的 Microsoft 程序员 Charles Simonyi 的一种给变量取名字的方式。该规则非常简单，变数名以一个或者多个小写字母开始，这些字母表示变量的类型，如表 13-1 所示。这样，看看变量的名字就知道变量的类型了。例如，iNumber 代表"是存储数字的整型变量"。在 cName 和 cSex 中的 c 开头表示"数据类型"，后面跟着的是变量的含义，一般用大写表示。如果是两个或两个以上的单词（或拼音）组成，如 cStudentName，每个单词首字母大写，用以区分，方便阅读。

表 13-1　匈牙利命名规则对照表

关 键 字 首	数 据 类 型
c	char
by	BYTE(无符号字节)
n	short
i	int
x,y	int 分别用作 x 和 y 坐标
cx,cy	int 分别用作 x 和 y 长度，c 代表"计数器"
b 或 f	BOOL(int)，f 代表"标志"
w	WORD(无符号短整型)
l	LONG(有符号长整型)
dw	DWORD(无符号长整型)
fn	function(函数)
s	string(字符串)
sz	以数组值为 0 结尾的字串
h	句柄
p	指针

匈牙利命名表示法能够帮助我们及早发现并避免程序中的错误。由于变量名既描述了变量的作用，又描述了变量类型，就比较容易避免产生类型不匹配的错误。但在实际使用中，如果一直遵守该规则，可能会觉得繁琐，因此在这里对"匈牙利"命名规则进行了简化，以下的命名规则简单易用，比较适合于应用软件的开发。

（1）对于一般标识符，适当地使用简写形式，以最短的组合词表达所需要表达的意义。

部分程序员喜欢使用中文拼音作为标识符，这是不合适的。标识符最好采用英文单词形式,以便于别人看懂和修改。另外,具体程序中的英文单词一般不会很长,所以用词应该符合英文规则。一般来说,长名字能更好地表达含义,所以函数名、变量名、类名长达十几个字符不足为怪。但名字不是越长越好,例如 SetSecValue 就比 SetVarofSecondsValue 要好得多。当然,在注释中尽量不用缩写。

（2）程序中不要出现仅靠大小写区分的相似的标识符。例如:

```
int x, X;                          // 变量 x 与 X 容易混淆
void foo(int x);                   // 函数 foo 与 FOO 容易混淆
void FOO(float x);
```

程序中也尽量不要出现标识符完全相同的局部变量和全局变量,尽管两者的作用域不同不会发生语法错误,但会使人误解。

（3）变量的名称应当使用"名词"或者"形容词＋名词"。全局函数的名称应当使用"动词"或者"动词＋名词"(动宾词组)。类的成员函数应当只使用"动词",被省略掉的名词就是对象本身。例如:

```
float value;
float oldValue;
float newValue;
DrawBox();                         // 全局函数
box -> Draw();                     // 类的成员函数
```

（4）用正确的反义词组命名具有互斥意义的变量或相反动作的函数。例如:

```
int minValue, maxValue;
int SetValue( … );
int GetValue( … );
```

（5）类名和函数名用大写字母开头的单词组合而成;变量和参数用小写字母开头的单词组合而成;而常量全用大写的字母,用下划线分割单词。例如:

```
class Node, LeafNode;              // 类名
void Draw(void), SetValue(int value);   // 函数名
BOOL flag;
int drawMode;
const int MAX_LENGTH = 100;
```

（6）静态变量加前缀 s_(表示 static)。如果必须定义使用全局变量,则使全局变量加前缀 g_(表示 global)。例如:

```
void Init( … )
{
    static int s_initValue;        // 静态变量
    …
}
int g_howManyPeople;               // 全局变量
```

（7）类的数据成员加前缀 m_(表示 member),这样可以避免数据成员与成员函数的参数同名。例如:

```
void Object::SetValue(int width, int height)
{
    m_width = width;
    m_height = height;
}
```

（8）为了防止某一软件库中的一些标识符和其他软件库中的冲突，可以为各种标识符加上能反映软件性质的前缀。例如，三维图形标准 OpenGL 的所有库函数均以 gl 开头，所有常量（或宏定义）均以 GL 开头。

（9）使用 i、j、k、l、m 作为循环计数变量。这起源于 Fortran 程序设计语言，但已经成为事实上的工业标准，大家需要尽量遵守。

除了上面介绍的 9 个部分，Windows 代码风格还包括缩进、注释、分块等很多部分。

13.1.3　GNU 风格习惯

作为开源项目中最知名的 GNU 项目，其命名习惯已被广泛接受。下面简要地介绍其命名习惯。

GNU 的命名习惯：文档名＋主版本号＋辅版本号＋补丁编号。

GNU 的命名规则：以所有字母都小写的主文档名称作为前缀，后跟一个破折号，再跟一个版本号、扩展说明以及其他后缀。

举例说明：假定有一个项目起名为 foobar。现在的进展状况是第 1 版、第二次发布、第三补丁。如果它只有一个文档包（可能就是所有的源码），那么它的名称应该是：

foobar.1.2.3.tar.gz(源代码文档包)
foobar.1sm(如果需要将该项目提交到 Metalab 上，则需要这个 LSM 文件)

如果还想对源代码包和二进制包有所区别，或者想区分不同类型的二进制包，由不同编译选项编译出来的二进制包，那么就需要在文档名的"扩展说明"部分写入，扩展说明紧跟在版本号之后，即可以这样定义名字：

foobar.1.2.3.src.tar.gz(表示源代码包)
foobar.1.2.3.bin.tar.gz(表示二进制包,但不确定具体类型)
foobar.1.2.3.bin.ELF.tar.gz(表示 ELF 格式的二进制包)
foobar.1.2.3.bin.ELF.static.tar.gz(表示静态链接库的 ELF 格式二进制包)
foobar.1.2.3.bin.SPARC.tar.gz(表示 SPACE 格式的二进制包)

通常情况下，一个好的文档名按顺序包含：项目名称前缀、破折号、版本号、点、src 或 bin 标记(可选)、点或者破折号(建议使用点)、二进制格式和选项(可选)、压缩后缀。当然，有时候也还要尊重一些在局部范围内流行的惯例。在有些个别项目中还存在着与上面命名规则并不完全一致的，同时又是定义得非常好的特有的命名规则。例如，在 Apache 项目中，它的模块命名通常采用 rood-foo 的命名方式，而且模块名中还会既包含模块的版本号又包含模块可工作的 Apache 的版本号。

13.1.4　函数处理

除了标识符命名，函数处理中的有些规则也是编程风格的一部分。我们知道，函数接口的两个要素是参数和返回值,而在 C 语言中,函数的参数和返回值的传递方式有两种:值传递(pass by value)和指针传递(pass by pointer);C++ 语言中多了引用传递(pass by reference)。有关函数参数、返回值和接口部分的常用规则如下。

(1) 参数的书写要完整,不要图省事只写参数的类型而省略参数名字。如果函数没有参数,则用 void 填充。

例如:

```
void SetValue(int width, int height);        // 良好的风格
void SetValue(int, int);                      // 不良的风格
float GetValue(void);                         // 良好的风格
float GetValue();                             // 不良的风格
```

(2) 参数命名要恰当,顺序要合理。

例如:

```
void StringCopy(char * str1, char * str2);
```

上述例子,使我们很难判断究竟是把 str1 复制到 str2,还是把 str2 复制到 str1。所以应该将这参数命名为 strSource 和 strDestination,就清楚知道把 strSource 复制到 strDestination。而且,参数的顺序要遵循程序员的习惯,一般将目标参数放在前面,源参数放在后面,即函数声明为:

```
void StringCopy(char * strDestination, char * strSource);
```

(3) 如果参数是指针且仅作输入用,则应在类型前加 const,以防止该指针在函数体内被意外修改。例如:

```
void StringCopy(char * strDestination, const char * strSource);
```

(4) 如果输入参数以值传递的方式传递对象,则宜改用 const & 方式传递,这样可以省去临时对象的构造和析构过程,从而提高程序的效率。

(5) 避免函数参数太多,参数个数尽量控制在 5 个以内。如果参数太多,在使用时容易将参数类型或顺序搞错,同时尽量不要使用类型和数目不确定的参数。

(6) 不要省略返回值的类型。C 语言中,凡不加类型说明的函数,一律自动按整型处理,可是 C++ 语言有很严格的类型安全检查,不允许上述情况发生。由于 C++ 程序可以调用 C 函数,为了避免混乱,规定任何 C++/C 函数都必须有类型。如果函数没有返回值,那么应声明为 void 类型。

(7) 函数名字与返回值类型在语义上不可冲突。

(8) 不要将正常值和错误标识混在一起返回。正常值用输出参数获得,而错误标识用 return 语句返回。

(9) 有时候函数原本不需要返回值,但为了增加灵活性(如支持链式表达),可以附加返回值。

例如:字符串复制函数 strcpy 的原型:

```
char * strcpy(char * strDest, const char * strSrc);
```

strcpy 函数将 strSrc 复制至输出参数 strDest 中, 同时函数的返回值又是 strDest。这样做并非多此一举, 可以获得如下灵活性:

```
char str[20];
int length = strlen( strcpy(str, "Hello World") );
```

(10) 如果函数的返回值是一个对象, 注意"引用传递"和"值传递"的不同使用。

对于赋值函数, 应当用"引用传递"的方式返回 String 对象。如果用"值传递"的方式, 虽然功能仍然正确, 但由于 return 语句要把 * this 复制到保存返回值的外部存储单元之中, 增加了不必要的开销, 降低了赋值函数的效率。

对于相加函数, 应当用"值传递"的方式返回 String 对象。如果改用"引用传递", 那么函数返回值是一个指向局部对象 temp 的"引用"。由于 temp 在函数结束时被自动销毁, 将导致返回的"引用"无效。

(11) 在函数体的"出口处", 对 return 语句的正确性和效率进行检查。如果函数有返回值, 那么函数的"出口处"是 return 语句; 如果 return 语句写得不好, 函数要么出错, 要么效率低下。如 return 语句不可返回指向"栈内存"的"指针"或者"引用", 因为该内存在函数体结束时被自动销毁。

例如:

```
char * Func(void)
{
    char str[] = "hello world";          // str 的内存位于栈上
    …
    return str;                          // 将导致错误
}
```

如果函数返回值是一个对象, 要考虑 return 语句的效率。

例如:

```
return String(s1 + s2);
```

这是临时对象的语法, 表示"创建一个临时对象并返回它"。不能认为它与"先创建一个局部对象 temp 并返回它的结果"是等价的。

例如:

```
String temp(s1 + s2);
return temp;
```

实质上, 上述代码将发生三件事。首先, temp 对象被创建, 同时完成初始化; 然后复制构造函数把 temp 复制到保存返回值的外部存储单元; 最后, temp 在函数结束时被销毁(调用析构函数)。然而"创建一个临时对象并返回它"的过程是不同的, 编译器直接把临时对象创建并初始化在外部存储单元中, 省去了复制和析构的开销, 提高了效率。

13.2 编程规则

有了好的编程风格之后, 即使是新手, 但程序看上去就像"老手"的作品, 但好的代码风格本身并不能覆盖团队中的整体编程技术方面的缺陷。为了使程序的质量和创造代码效率有根本上的提高,更多依赖于编程规则。

传统的编程方法以流程为基本路线,随着流程一步步推进,并且中间夹杂分叉和决策,从而构成整个系统的流程图。然而,随着信息化程度的加深,软件需要解决的已不再是一些简单的计算问题。软件项目的规模越来越大,越来越复杂,常常包括多个相互连接的部件,其运作不一定遵循一些简单的流程。特别当软件开发人员有相当数量的时候,如何协调各小组和个人之间的工作,若用传统的编程方法,就显得十分困难。为了解决上述问题,大家发现建立简明准确的模型是把握系统的关键。因此,开发者们找到了新的编程方法——面向对象技术。

面向对象的程序设计方法能自然、准确地模拟现实世界的问题,并具有封装、继承和多态性编程思想。通过类的封装和继承,达到代码的可复用性(reusability),同时也提高了软件整体质量。

13.2.1　函数重载

函数重载是面向对象程序设计中函数多态性的一种体现方式,也是 C++支持的一种特殊函数。C++编译器对函数重载的判断增加了 C++语言的复杂性,因此编程者必须准确理解重载机制,才可以避免相关 Bug 被引入产品。

1. 函数重载的概念

在 C++中函数重载就是允许两个或两个以上函数名称相同,而参数类型或参数个数不同的函数存在于程序的某一相同的声明域中。当函数被调用时,编译器根据函数实参的类型和个数在多个名称相同的函数中寻找最佳的匹配函数,然后自动调用该函数。这就实现了函数重载。同时,将一组功能相同而又作用于不同对象上的操作函数定义为重载函数。例如,对于输出函数 display,我们可以把该函数重载以使该函数不仅能输出整数信息,而且还可以输出字符信息。

```
void display(int x);                    //显示整数
void display(int x,char * ptr);         //显示整数和字符串
void display(char ptr,int x);
```

以上为一组函数重载的声明。

2. 函数重载的作用

C++中的函数重载机制,使得作用于不同对象上的函数可以有相同的函数名。这样使程序员便于记忆函数的同时提高了函数的易用性。例如,对于前述的 display 函数在需要显示数据时,程序员只需在该处调用此函数,并将要显示的信息作为该函数的参数,简单又方便。

3. 函数重载的实现机制

C++之所以能够提供函数重载机制,是因为它对数据类型的检查和控制非常严格。C++函数重载的实现是通过编译器对被调用函数的参数类型和个数的检查来实现的。在程序调用重载函数时,编译器首先检测被调用函数参数的数据类型和个数,然后查找与该参数列表相匹配的函数,最后确定哪个函数在参数上匹配符合得最好。如果能找到匹配最好的函数,则调用成功,否则调用失败编译器生成错误信息。

4. 函数重载的错误分析

在 C++ 中，重载函数出现错误的实质是 C++ 编译器对重载函数不能正确识别。如果是参数类型、个数、顺序不同则编译器容易区分；如果是返回值类型不同那么编译器不能正确区分。所以，对于不同的返回值的重载函数，最好使用不同的函数名。

重载函数和普通的 C++ 函数一样，函数参数的运用是多样的、灵活的。这种优势增强了 C++ 的功能，方便了用户的使用。但在重载函数中，有时却会出现一些问题。因为重载函数是由编译器自动在多个函数中确定参数匹配正确的函数，这种多选一的方式，容易因为参数而出现歧义。

C++ 是一种严格区分数据类型的函数，仅对数字而言就可分为整数、单精度、双精度等，而数字本身是没有数据类型的。在重载函数中，使用数字作为参数，系统可能会进行数据类型的隐式转换，有时会产生编译错误。

13.2.2　代码重构

在面向对象的软件开发中，能否易于扩充以满足新的需求是衡量一个软件质量的重要标准之一。为了达到客户或项目经理的更高质量需求，我们经常需要将原有的设计进行修改和扩展。尽管软件开发人员在设计中也力求使设计具有一定的灵活性，可是研究表明，对软件需求未来的变化并非都在开发人员的意料之中，所以原有的设计有时并不能很好地适应需求的变化。若不首先对原来的设计进行修改，就会导致软件结构变坏。但随着碎小修改的增加，软件的质量就会不断下降，甚至可能导致整个项目的失败。因而，重构的概念便应运而生，并且得到了广泛的关注和研究。

重构是指在不改变代码外在行为的前提下对代码做出修改，以改进代码的内部结构的一种行为。重构通常有如下直接目的。

* 使程序变得更加容易理解。
* 使程序可以重用。
* 为了适应随后的变化。

重构保证了对原有的软件扩充而不会降低软件本身的质量。目前，重构已经被广泛地研究和应用在多种面向对象的编程语言上（如 SmaUtalk 和 Java），并且相应地出现了许多自动化重构工具（如 Smalhalk Refactory 和 JRefactory 等），而且还系统地整理出了一套重构名录，用于指导重构的执行。

哪些代码需要重构呢？如果我们的代码有以下特征（Bad smells，代码的症状），那么就需要考虑代码重构。

* 多段重复的代码，特别是两个类中有重复的部分。
* 类过大。
* 函数或参数列表过长。
* 代码散乱。
* 重复的数据块。
* 大量的必需的注释。
* 过度继承。

确定代码需要重构以后，下一步就是选择代码重构的方法，主要包括重新组织函数与数据、简化函数调用、分解继承体系、提炼子类等。按重构类型可以分为手工重构和使用重构工具。需要指出的是,代码重构完成以后,充分的单元测试和集成测试必不可少。如果读者在这方面有兴趣,需要阅读相关内容,可参考本节参考文献。

13.2.3 Java 编程规则

Java 是具有简单、面向对象、分布式、键壮、跨平台、动态等特点的编程语言,为用户提供了一个良好的程序设计环境。Java 编程规则很多,这里通过常用语句使用的基本规则介绍,使读者更好地理解编程规则对提高代码质量的作用。

1. Try 和 Catch 的使用规则

Try 可以用来指定一段预防所有异常的程序。紧跟在 Try 程序后面,应包含一个 Catch 子句来指定想要捕捉的异常类型。Catch 子句的目标是解决异常情况,把一变量设到合理的状态,并像没有出错一样继续运行。如果一个子程序不处理某个异常,则返到上一级处理,直到最外一级。

在编程过程中,当同一段程序可能产生不止一种异常情况时。可以放置多个 Catch 子句,其中每一种异常类型都将被检查,第一个与之匹配的就会被执行。如果一个类和其子类都有的话,应把子类放在前面,否则程序将永远不会执行到子类。

在一个 Try 语句不能包含所有出现的异常情况时,可以使用嵌套 Try 实现。在一个成员函数调用的外面写一个 Try 语句;在这个成员函数内部,写另一个 Try 语句保护其他代码。每当遇到一个 Try 语句,异常的框架就把它放到堆栈上面,直到所有的 Try 语句都完成。如果下一级的 Try 语句没有对某种异常进行处理,堆栈就会展开,直到遇到有处理这种异常的 Try 语句。

2. Throws 和 Throw 的使用规则

Throws 用来标明一个成员函数可能抛出的各种异常。对大多数 Exception 子类来说,Java 编译器会强迫你声明一个成员函数中抛出的异常的类型。如果异常的类型是 Error 或 RuntimeException,或它们的子类,这个规则不起作用,因为这种情况在程序的正常部分中是不会出现的。如果在编程时想明确地抛出一个 RuntimeException,必须用 Throws 语句来声明它的类型。重新定义成员函数的定义方法为:

```
Return type method - name(arg - list)  Throws exception - list {}
```

Throw 语句用来明确地抛出一个异常。首先须得到一个 Throwable 实例的控制句柄,通过参数传到 Catch 子句,或者用 new 操作符创建一个。Throw 语句的通常形式为 Throw ThrowableInstance;系统运行时程序会在 Throw 语句后立即终止而不执行后面的程序,然后在包含它的所有 Try 块中从里向外寻找含有与其匹配的 Catch 子句的 Try 块。

3. Finally 语句的使用规则

当一个异常被抛出时,程序的执行就不再是线性的,跳过某一行,甚至会由于没有与之匹配的 Catch 子句而过早地返回。有时保证一段代码不管发生什么异常都被执行到是必要的,关键词 Finally 就是用来标识这样一段代码的。即使没有 Catch 子句,Finally 程序块也会在执行 Try 程序块后的程序前执行。每个 Try 语句都需要至少一个与之相配的 Catch 子句或 Finally 子句。一个成员函数执行结束后需要返回到调用它的成员函数,一般通过一个没捕捉到的异常,或者通过一个明确的 Return 语句来返回,而 Finally 子句总是恰好在成员函数返回前执行。

线程一旦启动,就相当于一个主程序。它的 run 方法中如果出现异常或错误,将不会有其他主程序来捕获它。一般在写程序时,会捕获线程中的异常,不捕获将通不过编译,但要记住同时需捕获 Error 或 RuntimeException,否则如果一个线程运行中出现这样的问题,很有可能程序会无声无息地死去。所以一个线程的 run 方法中最好要有一个包含整个方法的 Try…Catch 块。

13.2.4 C++编程规则

C++对于开发者相对来说易于使用,但要写出一段高质量的 C++程序却很难。例如,使用继承时,特别是使用具有多个基类的多继承时,派生类同时可以得到多个已有类的特征,很多情况下会出现同名的成员,如果这时还是简单地使用成员名来访问基类的成员,就不一定能达到访问的目的。下面将以此为例,讲述 C++编程的部分规则。

1. 使用成员名访问的局限性

在面向对象程序设计中,类成员的访问可以通过成员名来实现,也可以通过派生类的对象名访问从基类继承的成员。不是任何情况下都可以直接使用成员名访问,下面的情况就不能直接使用成员名进行访问。

(1)派生类和基类有同名成员。

在类的派生层次结构中,基类的成员和派生类新增的成员都具有类作用域,但两者的作用范围不同,它们是相互包含的两个层,派生类在内层,基类在外层。如果派生类声明了一个和某个基类成员同名的新成员,派生的新成员就覆盖了外层同名成员,这时直接使用成员名只能访问派生类的成员,而不能访问基类的成员。

(2)派生类的不同基类有公共的基类。看下面的例子,类的派生关系及派生类的结构如图 13-1 所示。

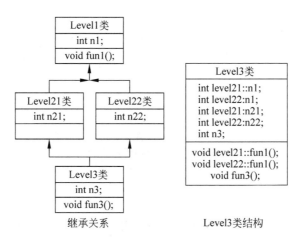

图 13-1 类的派生图

间接基类 Level1 的成员经过两次派生之后,通过不同的派生路径以相同的名字出现在派生类 Level3 中。在这种情况下,派生类对象在内存中就同时拥有成员 n1 及 fun1()的两个同名拷贝。如果仅通过成员名访问该类的成员 n1 和 fun1(),系统就无法唯一确定要引用的成员。实际上,这时已经产生了二义性。

2. 同名成员的唯一标识及访问方法

在派生类的访问中,有两个问题需要解决:第一是唯一标识问题;第二是可见性问题。对于在不同的作用域声明的标识符,其可见性原则是:如果存在两个或多个具有包含关系的作用域,外层声明的标识符在内层没有声明同名标识符,则它在内层仍可见;如果内层声明了同名标识符,则外层标识符在内层不可见,这时称内层变量覆盖了外层同名变量,这种现象称为同名覆盖。

下面讨论如何访问能唯一标识的可见成员。

(1)使用作用域分辨符。作用域分辨符就是我们经常见到的":: ",它可以限定要访问的成员归属哪个类。同名成员可以使用作用域分辨符唯一标识,而且必须用直接基类进行限定,如图 13-1 所示。

(2)使用对象指针。引入派生的概念后,被说明为指向基类对象的指针可以指向它的公有派生类。在使用引入派生类之后的对象指针时,要特别注意:可以用一个声明指向基类对象的指针指向它的公有派生的对象,若试图指向它的私有派生的对象则是被禁止的,不能将一个声明为指向派生类对象的指针指向其基类的对象;声明为指向基类对象的指针,当其指向派生类对象时,只能利用它直接访问派生类中从基类继承过来的成员,不能直接访问公有派生类中特定的成员。例如:

```
class Base
{
    public:
    void show1();
};
class Derive: public Base
{
    void show2();
};
main()
{
    Base obj1, ptr;
    Derive obj2;
    ptr = &obj1;                    //将基类指针 ptr 指向基类 Base 的对象 obj1
    ptr -> show1();                 //调用基类的成员函数 show1()
    ptr = &obj2;                    //将基类指针 ptr 指向派生类 Derive 的对象 obj2
    ptr -> show1();                 //调用派生类 Derive 的成员函数 show1()
    ptr -> show2();                 //错误! 试图调用派生类的特定成员
    return 1;
}
```

(3)通过虚基类。在图 13-1 所示的多继承的例子中,我们看到派生类对象在内存中同时拥有非直接基类中成员的两份同名拷贝。为了正确标识从不同直接基类继承的成员,可以使用作用域分辨符,通过直接基类名的限定来分别访问不同的成员。除此之外,C++还提供了虚基类技术来解决这一问题。

具体做法是将共同基类设置为虚基类,这样从不同路径继承过来的同名成员在内存中就只有一个拷贝,同一个函数名,也只有一个映射,所以也可以解决同名成员的唯一标识问题。

13.3 提高程序质量的技术

在当前的商业应用程序开发过发中,程序性能越来越受到重视。本节将先介绍内存分配与管理、智能指针技术,然后以 Java 为例介绍提高程序性能的技术与方法。

13.3.1 内存分配和管理

在进程刚启动时,系统便在刚创建的进程虚拟地址空间中创建了一个堆,该堆即为进程的默认堆。进程的默认堆是比较重要的,可供众多 Windows 函数使用。进程也允许根据需要创建自己的堆,所以一个进程中可以同时存在多个堆。开发人员一般通过调用 C 函数 malloc 或者 C++的 new 或者 WIN32 API 函数 HeapAlloc 动态分配内存,这些函数最终都将调用 NTDLL 中的 RtlAllocateHeap 进行实际的内存分配工作,所以只需要分析 RtlAllocateHeap 就可以获得堆内存分配的方法。

1. 缓冲区溢出原理

由于 C/C++语言不进行数组的边界检查,因此,在许多用 C/C++语言实现的程序中,假定缓冲区的长度是足够的。然而,事实并非如此,当程序出错或者某一恶意用户故意写入一个过长的字符串时,便会产生溢出,覆盖相邻的其他变量的空间,使变量的值不可预料。如果溢出部分碰巧覆盖了程序的返回地址单元,则子程序执行完毕返回时,就转到一个无法预知的地址,使程序流程执行发生错误,甚至应用程序访问了不在进程地址空间的地址,而使进程发生段违例故障。以下面的一个缓冲区溢出程序为例加以分析:

```
void function(char * str)
{
    char buffer[16];
    strcpy(buffer,str);
}
void main()
{
    int i;
    char buffer[128];
    for(i = 0;i < 127;i +  + )
    buffer[i] = 'A';
    buffer[127] = '0';
    function(buffer);
    print("this is a test\n");
}
```

这是一个典型的缓冲区溢出错误的程序。在函数 function()中,将一个 128B 长度的字符串复制到只有 16B 长度的局部缓冲区中去,且在操作时没有进行缓冲区越界检查。运行必然会得到一段违例的错误:

```
$ gcc - g - o test test.C
$ test
$ test
```

程序未能输出期望的值,如果用调试工具,如 gdb,则得到如下错误:

program received signed SIGBUS,Bus error.

由图 13-2 可知,由于缓冲区溢出,当程序执行到 function()时,返回地址已发生了变化。假设在刚好覆盖子程序返回地址的数组位置上,以字符方式填入特定的地址序列,那出现的后果是可想而知的。通过上面的分析可知,缓冲区溢出可以修改程序的返回地址,让它去执行一段精心设计的程序。

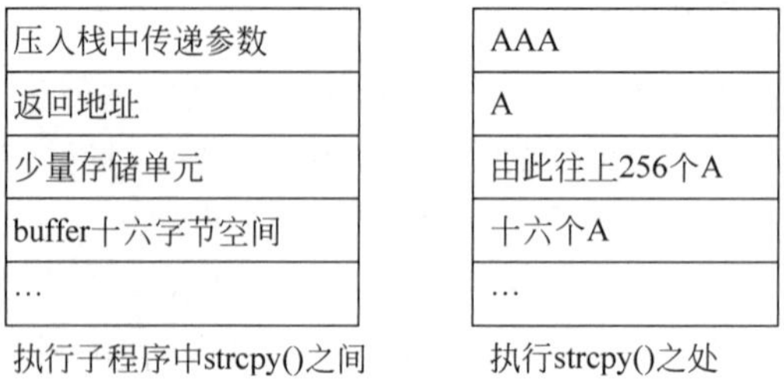

压入栈中传递参数	AAA
返回地址	A
少量存储单元	由此往上256个A
buffer十六字节空间	十六个A
...	...
执行子程序中strcpy()之间	执行strcpy()之处

图 13-2　调用子程序 function()堆栈情况

一个缓冲区溢出程序通常由以下 4 部分组成。

- 准备一段可以调出一个 Shell 机器码形成的字符串,一般称为 shellcode。
- 申请一个缓冲区,并将机器名填入缓冲区的低端。
- 估算机器码在堆栈的可能起始位置,并将这个位置写入缓冲区高端,这个起始地址是执行这一程序的反复调用的一个参数。
- 将这个缓冲区设为系统一个有着缓冲区溢出错误的一个入口参数,并执行这个有错误的程序。

2. 缓冲区溢出的危害

缓冲区溢出的主要危险在于可能使一般用户得到超级用户的权限和破坏堆栈。

- 获取超级用户权限。缓冲区溢出最多是用来非法获取超级用户权限,也用来使一个命令或程序出错。
- 破坏堆栈。缓冲区溢出攻击的分类取决于缓冲区的分配。如是缓冲区一个函数的本地变量,那么缓冲区存在于 run-time stack,这是缓冲区溢出攻击最流行的形式。

当函数被一个 C 程序调用时,在执行跳到被调用函数的实际代码前,函数的激活记录必须被推入 run-time stack。在 C/C++程序中,激活记录由下列区域组成:为函数中每个参数分配空间;返回地址;动态连接;为函数中每个本地变量分配空间。

为了便于研究,假设动态连接区域的地址就是激活记录的基地址,函数能够存放它的参数和基地址变量,且在函数执行期间,寄存器包容函数激活记录的基地址,即动态连接区域的地址。参数位于栈中此地址之下,且本地变量在此上面。当函数返回时,寄存器必须恢复到它以前的值,来指向被调用函数的激活记录,即当函数被调用时,寄存器的值被保存在动态连接区域中。这样,每个激活记录的动态连接区域,在栈上指向是前激活记录的动态连接域,它接着再指向前的激活记录的动态连接域,以此类推,一直到底部。在栈的第一个激活记录是 main(),这一指针被称为动态连接。

许多 C/C++ 编译器中，缓冲区向栈的底部发展，这样如果缓冲区溢出且溢出足够长，那么返回地址将被破坏或覆盖，从而指向攻击代码，当函数返回时将被执行，实现对程序的劫持，攻击代码存于缓冲区中。攻击者如果拥有被攻击目标程序的源代码，那么可以确切地知道缓冲区的大小、返回地址等信息，及 payload 字符中必须有多大。payload 不能含空字符，避免使用 C/C++ 中的特殊字符，因为这将终止复制 payload 到缓冲区。如不知道任何关于攻击程序运行的准确细节，则可使用各种技术做近似猜测。同样，payload 字符串的尾巴可以由一张希望用来覆盖返回地址的重复猜测攻击代码地址的表构成。这些技术增加了猜测攻击地址的机会，从而足够接近编码攻击工作。

3. 如何避免缓冲区溢出

一个不错的办法是选择一个安全版本的 C 语言库，目前比较好的是贝尔实验室工作组将库存中具有脆弱性的函数转换成较安全的函数 Libsafe，在其站点上可免费下载。具体方法是在使用标准 C 语言库前用 Libsafe 装载搜索器代替，以便安全函数替代标准库工作。

此法不能安全防止缓冲区溢出，因为它不知道缓冲区的真实大小，但却有效地防止了返回地址与动态连接域被重写。对存在缓冲区溢出可能的那些函数，要么使用相应的可替换函数，可用 fget()、strncpy()、strncat() 替换 gets()、strcpy()、strcat()；要么在使用这些函数之前，仔细检查字符串长度。

另一种新技术就是指针保护，即编译器生成程序指针完整性检查，基本思想是通过在所有的代码指针之后放置附加字节检验指针在被调用之前的合法性。如果检验失败，就警告并退出程序执行，从而保证了系统的安全性。

13.3.2 智能指针

智能指针（smart pointer）是一种像指针的 C++ 对象，它能够在对象不使用的时候自毁。熟练地使用智能指针，能够使程序的健壮性有较大提高。许多库都提供智能指针的操作，分别有自己的优点和缺点。下面分别介绍 Boost 和 Loki 智能指针。

1. Boost 智能指针

Boost 库是一个高质量的开源的 C++ 模板库，很多人都建议将其加入下一个 C++ 标准库的版本中。Boost 提供了几种智能指针，如表 13-2 所示。

表 13-2　Boost 智能指针

智能指针	说　　明
shared_ptr < T >	本指针中有一个引用指针计数器，表示类型 T 的对象是否已经不再使用。shared_ptr 是 Boost 中提供的普通智能指针，大多数地方使用 shared_ptr
scoped_ptr < T >	离开作用域能够自动释放的指针，因为它是不传递所有权的。事实上任何想要这样做的企图都会被禁止
intrusive_ptr < T >	比 shared_ptr 更好用的智能指针，但是需要类型 T 提供自己的指针，使用引用记数机制
weak_ptr < T >	一个弱指针，帮助 shared_ptr 避免循环引用
shared_array < T >	和 shared_ptr 类似，用来处理数组
scoped_array < T >	和 scoped_ptr 类似，用来处理数组

下面将分别介绍它们各自的特性。

- scoped_ptr：用作指向自动(栈)对象的、不可复制的智能指针。该模板类存储的是指向动态分配的对象(通过 new 分配)的指针。被指向的对象保证会被删除，或是在 scoped_ptr 析构时，或是通过显式地调用 reset 方法。注意该模板没有"共享所有权"或是"所有权转让"语义。同时，它也是不可复制的(noncopyable)。正因为如此，在用于不应被复制的指针时，它比 shared_ptr 或 std：auto_ptr 更安全。与 auto_ptr 一样，scoped_ptr 也不能用于 STL 容器中，要满足这样的需求，应该使用 shared_ptr。另外，它也不能用于存储指向动态分配的数组的指针，这样的情况应使用 scoped_array。scoped_ptr 的用途和 auto_ptr 类似，但 scoped_ptr 类型的指针的所有权不可转让，这一点和 auto_ptr 不同。

- scoped_array：该模板类与 scoped_ptr 类似，但用于数组而不是单个对象。std：：vector 可用于替换 scoped_array，并且非常灵活，但其效率要低一点。在不使用动态分配时，boost：：array 也可用于替换 scoped_array。

- shared_ptr：用于对被指向对象的所有权进行共享。与 scoped_ptr 一样，被指向对象也保证会被删除，不同的是这将发生在最后一个指向它的 shared_ptr 被销毁时，或是调用 reset 方法时。

  shared_ptr 符合 C++标准库的"可复制构造"(CopyConstructible)和"可赋值"(Assignable)要求，所以可用于标准的库容器中。另外，它还提供了比较操作符，可与标准库的关联容器一起工作。shared_ptr 不能用于存储指向动态分配的数组的指针，这种情况应使用 shared_array。该模板的实现采用了引用计数技术，因此无法正确处理循环引用的情况，可使用 weak_ptr"打破循环"。shared_Ptr 还可在多线程环境中使用。

- shared_array：该模板类与 shared_ptr 类似，但用于数组而不是单个对象。指向 std：：vector 的 shared_ptr 可用于替换 scoped_array，并且非常灵活，但其效率也要低一点。

- weak_ptr：该模板类存储已由 shared_ptr 管理的对象的"弱引用"。要访问 weak_ptr 所指向的对象，可以使用 shared_ptr 构造器或 make_shared 函数将 weak_ptr 转换为 shared_ptr。

  与原始指针不同的是，届时最后一个 shared_ptr 会检查是否有 weak_ptr 指向该对象，如果有就将这些 weak_ptr 置为空。这样就不会发生使用原始指针时可能出现的"悬吊指针"(dangling pointer)情况，从而获得更高的安全水平。weak_ptr 符合 C++标准库的"可复制构造"(CopyConstructible)和"可赋值"(Assignable)要求，所以可用于标准的库容器中。另外，它还提供了比较操作符，可与标准库的关联容器一起工作。

2. Loki 智能指针

Loki 的智能指针方案采用了基于策略的设计。其要点在于将各功能域分解为独立的、由主模板类进行混合和搭配的策略。Loki 智能指针模板类 SmartPtr 的定义如下。

```
template
<
```

```
      typename T ,
      template < class > class OwnershipPolicy = RefCounted,
      class ConversionPolicy = DisallowConversion,
      template < class > class Checkingpolicy = AssertCheck,
      template < class > class StoragePolicy = DefaultSPStorage
>
class SmartPtr;
```

除了 SmartPtr 所指向的对象类型 T 以外,在模板类 SmartPtr 中包括这些策略:
OwnershipPolicy、ConversionPolicy、CheckingPolicy、StoragePolicy。正是通过这样的分
解,使得 SmartPtr 具备了极大的灵活性。我们可以任意组合各种不同的策略,从而获得不
同的智能指针实现。下面先对各个策略逐一进行介绍。

- OwnershipPolicy(所有权策略):指定所有权管理策略,可以从以下预定义的策略中
  选择:DeepCopy(深度复制)、RefCounted(引用计数)、RefCountedMT(多线程化引
  用计数)、COMRefCounted(COM 引用计数)、RefLinked(引用链接)、
  DestructiveCopy(销毁式复制)以及 NoCopy(无复制)。
- ConversionPolicy(类型转换策略):指定是否允许进行向被指向类型的隐式转换。
  可以使用的实现有 AllowConversion 和 DisallowConversion。
- CheckingPolicy(检查策略):定义错误检查策略。可以使用 AssertCheck、
  AssertCheckStrict、RejectNullStatic、RejectNull、RejectNullStrict 以及 NoCheck。
- StoragePolicy(存储策略):定义怎样存储和访问被指向对象。Loki 已定义的策略
  有 DefaultSPStorage、ArrayStorage、LockedStorage 以及 HeapStorage。

除了 Loki 已经定义的策略,还可以自行定义策略。实际上,Loki 的智能指针模板覆盖
了 4 种基本的 Boost 智能指针类型:scoped_ptr、scoped_array、shared_ptr 和 shared_array;
至于 weak_ptr,也可以通过定义相应的策略实现其等价物。通过即将成为 C++ 标准的
typedef 模板特性,还可以利用 Loki 的 SmartPtr 模板直接定义表 13-2 提到的 Boost 的前 4
种智能指针类型。例如,可以这样定义 shared_ptr:

```
Templare < typename T >                // typedef 模板还不是标准的
typedef Loki::SmartPtr
<
    T,
    Refcounted,                        //以下都是缺省的模板参数
    DisallowConversion,
    AssertCheck,
    DefauitSPStorage
>
shared_ptr;
```

读者如果想参考更多的 Boost 文档,请登录 http://www.boost.org 查阅。

13.3.3 提高程序性能的方法

程序功能和性能直接影响用户对该软件的体验,没人愿意花钱购买打开一个实例需要
半分钟以上的软件产品,但是国内软件业的现状是重功能,轻性能。根据笔者的项目经验,
在代码层级上提高程序性能可以从以下几个方面考虑。

- 减少创建对象。
- 减少循环体的执行代码。
- 提高处理异常出错效率。
- 减少 I/O 操作时间。

系统不仅要花时间生成对象,还需花时间对这些对象进行回收和处理,所以生成过多的对象将会给程序的性能带来很大影响。例如字符串对象,每次修改一个 String 对象,就要创建一个或者多个新的对象(以 Java 为例)。

如下面的语句:

```
String name:new String("Hello," );
System.out.println( name + "World!");
```

看似已经很精简了,其实并非如此。为了生成二进制代码,要进行如下的步骤和操作。

(1) 生成新的字符串 new String(STR1)。

(2) 复制该字符串。

(3) 加载字符串常量"Hello,"(STR2)。

(4) 调用字符串的构架器(Constructor)。

(5) 保存该字符串到数组中(从位置 0 开始)。

(6) 从 java.io.PrintStream 类中得到静态的 out 变量。

(7) 生成新的字符串缓冲变量 flew StringBuffer(STR_BUF_1)。

(8) 复制该字符串缓冲变量。

(9) 调用字符串缓冲的构架器(Constructor)。

(10) 保存该字符串缓冲到数组中(从位置 1 开始)。

(11) 以 STR1 为参数,调用字符串缓冲(StringBufer)类中的 append 方法。

(12) 加载字符串常量"is my"(SqTL3)。

(13) 以 STR3 为参数,调用字符串缓冲(StringBufer)类中的 append 方法。

(14) 对于 STR_BUF_1 执行 toString 命令。

(15) 调用 out 变量中的 println 方法,输出结果。

由此可以看出,这两行简单的代码,就生成了 STR1、STR2、STR3、STR4 和 STR_BUF_1 5 个对象变量。这些生成的类的实例一般都存放在堆中,堆要对所有类的超类、类的实例进行初始化,同时还要调用类及其每个超类的构架器,这些操作都是非常消耗系统资源的。因此,避免过多的对象创建操作,是完全有必要的。

上面的代码可以用如下代码替换。

```
StringBuffer name = new StringBuffer("Hello,");
System.out.println(name.append ("World!").toString());
```

系统将进行如下操作。

(1) 生成新的字符串缓冲变量 new StringBuffer(STR_BUF_1)。

(2) 复制该字符串缓冲变量。

(3) 加载字符串常量"Hello,"(STR1)。

(4) 调用字符串缓冲的构架器(Constructor)。

（5）保存该字符串缓冲到数组中（从位置 1 开始）。

（6）从 java.io.PrintStream 类中得到静态的 out 变量。

（7）加载 STR_BUF_1。

（8）加载字符串常量"World!"（STR2）。

（9）以 STR2 为参数，词用字符串缓冲（StringBufer）实例中的 append 方法。

（10）对于 STR_BUF_1 执行 toStrlng 命令（STR3）。

（11）调用 out 变量中的 println 方法，输出结果。

由此可以看出，经过改进后的代码只生成了 4 个对象变量：STR1、STR2、STR3 和 STR_BUF_1。大家可能觉得少生成一个对象不会对程序的性能有很大的提高，但下面代码段 2 的执行速度将是代码段 1 的 2 倍，因为代码段 1 生成了 8 个对象，而代码段 2 只生成了 4 个对象。

代码段 1：

```
String name = new StringBufer("Hello,");
name + = "World!";
name + = " This is a test!";
```

代码段 2：

```
StringBuffer name = new StringBuffer("Hello,");
name.append("World!");
name.append (" This is a test!"). toString();
```

对于程序出错的情况，例如可能导致程序崩溃的错误输入数据，Java 使用一种错误捕获方法进行处理，称作异常处理。由于用 Try…Catch 进行异常处理，使用起来十分方便，导致过度使用异常成为一个趋势。例如，对地址栏输入的 URL，只要简单地使用一个 MalforrnedURLException 处理就可以了。尽管系统设置一个异常处理器无须开销，但对于一个异常的真正处理却总会花费很长时间。例如，使用 Stack 类对一个空栈尝试 100 万次弹栈操作：

代码 1：

```
if(!s.empty()) s.pop();
```

代码 2：

```
try(){
s.pop();}
catch(EmptyStackException){}
```

经过测试得到的耗时数据：

代码 1：

$110\mu s$

代码 2：

$24\,550\mu s$

由此可以看出,捕获异常要比简单测试花费多得多的时间,所以如果可以用 if、while 等逻辑语句处理就不要用 Try…Catch 语句。

另外,使用左移运算符≪和右移运算符≫计算倍增和倍减,可以提高程序的执行速度。如果将值每左移一次,相当于将该值乘以 2,最高位(最左边的位)被移出,并用 0 填充右边,这是快速乘 2 的方法。但要注意,如果将 1 移进最高位,那么该值将变成负值。将值每右移一次,相当于将该值除以 2 并舍弃了余数。被移走的最高位(最左边的位)由原来的最高位数字补充,称为符号位扩展。需要注意的是,由于符号位扩展,−1 右移的结果总是−1。

Java 的 I/O 性能变差的一个重要原因就在于大量地使用单字符 IO 操作,即用 InputStream. read()和 Reader. read()方法每次读取一个字符。Java 的单字符 IO 操作继承自 C 语言,在 C 语言中,单字符 I/O 操作是一种常见的操作。例如,重复地调用 getc()读取一个文件。C 语言单字符 I/O 操作的效率很高,因为 getc()和 putc()函数以宏的形式实现,且支持带缓冲的文件访问,因此这两个函数只需要几个时钟周期就可以执行完毕。在 Java 中,情况完全不同:对于每一个字符,不仅要有一次或者多次方法调用,更重要的是,如果不使用任何类型的缓冲,要获得一个字符就要有一次系统调用。因此,对于需要大量读写的操作,应该尽可能地多使用缓存,但如果要经常对缓存进行刷新(flush),则建议不要使用缓存。

13.4　代 码 审 查

提高代码质量还有一种重要的方法,就是加强代码审查,特别是由资深开发/质量工程师牵头组织多次代码审查会议。

软件的覆盖率测试和结构测试属静态分析的范畴,可以依靠一些软件工具进行。但是,代码审查必须依靠具有软件系统开发经验的技术人员集体审查。在实际工作中,这个重要的环节往往被忽视,没有经过静态分析和代码审查,直接进入单元测试。本文就这个问题进行了讨论,并将工作中的一些体会总结出来,希望静态分析和代码审查能够引起技术人员的重视。

13.4.1　静态分析和代码审查的目的

如果采用结构化方法进行软件开发,在详细设计阶段,软件会被再分解为功能细化的软件单元。为保证代码本身的质量,在软件编码后,一般需要进行静态分析和代码审查,然后进行软件单元测试、集成测试、系统测试。

- 静态分析:静态分析的目的是通过对源程序分析、目测,但不执行程序,找出源代码中可能的错误和缺陷,对程序设计的结构属性(如分支、路径、转移等)进行审查,尽可能地掌握源程序的结构,为单元测试设计测试用例和进行单元测试提供信息。
- 代码审查:代码审查的目的是检查源程序编码是否符合详细设计的编码规定,确保编码与设计的一致性和可追踪性。检查的方面主要包括:书写格式、子程序或函数的入口和出口、数据、参数、程序语言的使用、存储器的使用、可读性、逻辑表达式的正确性、代码结构合理性等。

静态分析和代码审查通常可同时进行,通过静态分析掌握源程序结构,通过代码审查,尽量减小书写错误和隐含的逻辑错误,为单元测试提供比较稳定的环境。

13.4.2 代码走查

代码走查(walk through)是一种使用静态分析方法的非正式评审过程。在此过程中,设计者或程序员引导小组部分成员已经阅读过书写的设计和编码,其他成员提出问题并对有关技术、风格、可能的错误以及是否有违背开发标准和规范的地方进行评论。

代码走查过程是让与会成员充当计算机,由被指定作为测试员的小组成员提出一批测试实例,在会议上对每个测试实例用头脑来执行程序,在纸上或黑板上监视程序的状态(即变量的值)。在这个过程中,测试实例并不起关键作用,它们仅作为怀疑程序逻辑与计算错误的参照。大多数代码走查中,在怀疑程序的过程中所发现的缺陷比通过测试实例本身发现的缺陷更多。编程者对照讲解设计框图和源码图,特别是对两者相异之处加以解释,有助于验证设计和实现之间的一致性。

进行代码走查时要注意限时和避免现场修改。限时是为了避免跑题,不要针对某个技术问题进行无休止的讨论。发现问题时不要现场修改,适当地进行记录,会后再进行修改是必要的,否则浪费了大家的时间,以后就没有人愿意参加该活动了。会议主持人要牢记会议的宗旨和目标。检查的要点是代码编写是否符合标准和规范,是否存在逻辑错误。

13.4.3 代码审查

软件编码的人为因素较多,如编程习惯、编程能力、编程技巧,不同的人对同一个软件设计的思想也不完全相同,但是,软件编程中也存在一些共同的特点是可以规范和控制的。例如语句的完整性、注释的明确性、数据定义的准确性、嵌套的次数限制、特定语句的限制等,这些方面是软件编码中无论采用何种工具都面临的共同问题。代码审查作为提高编程质量的一个方面,已经越来越受到重视,特别是在开发周期中代码冻结至软件发布的阶段。以下是一些常用的代码审查内容,供读者参考。

1. 语句的完整性

语句的完整性在源程序中是容易出错的一个方面,在条件语句 If…Else、选择语句 Switch、循环语句 For 或 While 中对 Break、Return 的使用,经常被程序员简写或忽略,从程序的严密性讲,这是应当在代码审查中特别注意的。

2. 注释的明确性

一个完整的软件程序应有明确的注释,注释主要包括序言性注释、功能性注释、数据注释、软件模块注释等。注释的比例一般应大于源程序总行数的 1/5。

(1)序言性注释:主要指对源程序序言的注释,它应置于每个源程序模块的顶部,给出整体说明。一般的序言注释应包括以下内容。

- 源程序简要说明:包括源程序标题、功能、用处和操作要求。
- 采用的主要算法说明:在源程序之中,如果采用了某种数学公式或数据库的查询算法,应在此加以说明。
- 接口描述:每一个模块一般要求单一入口和单一出口。接口调用执行后必须返回到调用它的程序,因此,接口描述包括调用形式、返回要求、参数描述、子程序清单等;如果模块有多个出口或返回值要求,请分别描述。
- 变量描述:包括变量名称、变量用途、变量约束、变量限制等方面。

- 连接关系：与其他程序的关系，如并列关系、父子关系、交叉引用关系等。
- 开发人员情况：包括设计者姓名、复审者姓名、复审日期、修改日期等。

（2）功能性注释，主要体现在以下3点。

- 它是对序言性注释的进一步展开，体现在源程序的不同段落。
- 嵌在源程序中：例如，If语句说明条件满足时执行动作的理由；I/O语句标明处理的记录或文件的性质；CALL语句说明调用过程的理由。
- 功能的分布实现说明、实现的结果说明：由于软件单元功能的实现体现了软件设计者的思想，对每一个单元的注释解释了设计的思路和方法，这一点对于软件文档的重用性和明确性非常重要。

（3）数据注释：数据注释用于说明软件单元中所用到的变量定义，也应遵循以下法则。

- 数据说明应遵循一定的顺序，主要包括常量说明、简单变量类型说明、数组说明、公用数据块说明和所有文件说明，并应注明是全局变量还是局部变量。
- 数据类型应明确声明：整型、实型、字符、逻辑等。
- 对多个变量名用一个语句说明时，变量顺序按字母顺序排列。
- 在软件开发中，常常用到数组、多维数组、结构、联合等复杂的数据结构，对于复杂的数据结构，应说明结构特点以及程序执行时的要点。

3. 限定语句的使用

GOTO语句常用于两种情况：一是用于从嵌套层次较多的多重环境跳到最外层；二是用于当某条件成立时，转到所在程序的尾部。但是，如果不合理地使用GOTO语句，容易造成程序分支的混乱，对数据堆栈和程序运行堆栈造成频繁动态变换，使得程序结构清晰度较差、运行无规章可循，追踪困难。在静态分析中，一些软件工具，如Rational的pure系列，都能在GOTO语句较多时，给出警告提示。

4. 数据定义的准确性

数据定义必须准确，因为它会涉及内存的占用，定义一个标识符，就要分配一定的存储空间。无符号和有符号（Unsign-Sign）、字符和整型（Char-Int）、单精度浮点和双精度浮点（Float-Double）、短整数和长整数（Short-Long）等，占用的字节数是不同的，如果定义不准确，那么，在内存数据所占的字节数就不同，本应占用16B，如果数据定义不准确，内存可能仅分配8B，在无察觉的情况下，数据栈就可能发生变化；而且，十进制、八进制、十六进制都有特定的表示方法，尤其是工作站和普通PC的C语言编程，在数据定义时有很大的差别，应特别注意。

在数据类型分类中，常用的数据类型如图13-3所示。

数据与变量紧密相关，对于变量的检查应注意下面3个方面。

- 未给初值的变量：对于全局变量一般来讲应该赋予初值，而对于局部变量并不作严格限制。
- 已定义但未使用的变量：这种变量会浪费内存资源，应剔除。
- 未经说明或无用的符号：程序中所有的符号应有实际意义，不应存在无用符号。

5. 嵌套的层次

程序设计中函数的嵌套最好由总体设计人员和详细设计人员根据系统资源情况确定嵌套的层次。这样做的目的，不仅是考虑程序的可读性，而且从运行程序的性能来讲，多重嵌

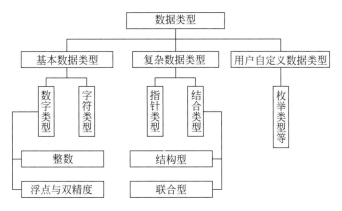

图 13-3　数据类型分类图

套,必然会有多次返回,出错概率大增。同时,应考虑多重嵌套时,外层嵌套的变量不能与内层变量相同,否则变量的数量也会增多。一般来讲,嵌套以二层嵌套为宜,不应超过 3 层,超过 3 层,阅读时比较困难,注释要求较高。

6. 检查所有的返回代码

为保证程序的稳定性,在调用第三方提供的外部库函数或进行系统调用时,要认真检查返回代码。返回代码的不确定性带来缺陷,极有可能出现不可预知的错误,如不可预知的系统资源溢出和不可预知的环境变量变化,尤其是带有参数返回的情况需特别注意。

7. 边界检查

边界检查的主要目的是防止缓冲区溢出,检查代码中是否存在较小的缓冲区,却放入或输入很大的数据,要根据开发语言的不同,考虑静态和动态缓冲区两种情况。检查时,应从定义的存贮区的起始位置跟踪到程序结束,并确保缓冲区最终释放。为保证变量值落在预期范围内,必须进行范围检查,并检查是否有出错处理,出错处理的完善可以保证程序不会出现死机现象。检查的主要内容包括:字符输入的长度、数组指针的指向、函数指针定位、数值下标、动态存储分配尺寸使用等。

经过资深开发人员细致的静态分析和严格的代码审查,在测试人员已经编写好测试用例的情况下,单元测试就可以开始了。

13.5　单　元　测　试

单元测试是软件测试过程中进行的最早期的测试活动。在单元测试活动中,软件的独立单元将在与程序的其他部分相隔离的情况下进行测试。单元测试是软件开发过程中进行的最基本的测试,集中在最小的可编译程序单元——模块、子例程、进程或封装的类或对象。单元测试目的是,检验每个软件单元能否正确地实现其功能,以及能否满足其性能和接口要求;验证程序和详细设计说明的一致性。

13.5.1　单元测试的重要性

在很多软件的测试工作中,发现仅对软件进行合格性测试仍会存在许多潜在的问题。这使得整个软件的可靠性很差,许多缺陷潜伏在角落里,聚集在边界上,总是找不完。问题就在于合格性测试之前,没有进行很好的单元测试。单元是整个软件的构成基础,因此单元的质量是整个软件质量的基础,所以充分的单元测试是必要的。

但是并不是所有的人都认为单元测试很重要,以下是一些开发人员,甚至是开发经理对单元测试的一些理解误区。

(1)浪费的时间太多。一旦编码完成,有的开发人员就会迫不及待地进行软件集成工作。在这种情形下,系统能进行正常工作的可能性不大,更多的情况是充满了各式各样的Bug。这些Bug在单元测试里也许是琐碎、微不足道的,但是在软件已经集成为一个系统时会增加额外的工期和费用。其实完成单元测试,确保手头拥有稳定可靠部件的情况下,再进行高效的软件集成才是真正意义上的进步。程序的可靠性对软件产品的质量有很大的影响,在大型软件公司,每写一行程序,都要测试很多遍。由此可见大型软件公司对测试的重视程度。

(2)软件开发人员不应参与单元测试。对每个模块进行单元测试时,不能忽略和其他模块的关系,为模拟这一关系,需要辅助模块,因此仅靠测试人员进行单元测试,往往工作量大,周期长,耗费巨大,结果事倍功半。单元测试常常和编码同步进行,每完成一个模块就应进行单元测试——持续集成。因此,软件开发人员应该参与单元测试,而且应起主导作用。

(3)设计和代码质量很高,不需要进行单元测试。如果我们真正擅长编程和有合适的设计,就应当不会有错误,但这只是一个神话。编码一般不会一次性通过,必须经过多种测试,单元测试只是其中一种。缺乏测试的程序代码可能包含许多Bug,程序员在没有测试保护的情况下修改Bug,会引发更多Bug,从而忙于修复Bug,于是更没有时间进行测试。如此循环往往会导致项目的崩溃。为避免产生恶性循环,代码必须有一张安全网来保护,随时进行的单元测试就是这张安全网。

(4)单元测试效率不高。在实际工作中,开发人员不想进行单元测试,认为没有必要且效率不高;其实错误发生和被发现之间的时间与发现和改正该错误的成本是指数关系,频繁的单元测试能使开发人员排错的范围缩得很小,大大节约排错所需的时间;同时错误尽可能早地被发现和消灭会减少由于错误而引起的连锁反应。

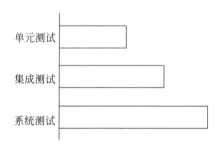

图13-4 测试阶段与测试花费的时间比较

在某一功能点上进行准备测试、执行测试和修改系统缺陷的时间的统计结果,单元测试的效率大约是集成测试的两倍、系统测试的3倍,如图13-4所示。

关于单元测试进行的时机,一般认为应紧接在编码之后,当源程序编制完成并通过复审和编译检查,便可开始单元测试。进行动态的单元测试前,先要对程序进行静态分析和代码审查,这样会发现一些代码的逻辑表达错误。一旦发现错误,就会同时对错误的性质及其位置进行定位,从而降低调试的代价。动态测试需要设计测试用例进行结果记录和分析,测试用例的设计应与复审工作相结合,根据设计信息选取测试数据,将增大发现各类错误的可能性。在确定测试用例的同时,应给出期望结果。为了使单元测试能充分细致地展开,在测试用例的设计中要遵循以下技术要求。

(1)语句覆盖达到100%。

(2)分支覆盖达到100%。

（3）覆盖错误处理路径。

（4）单元的软件特性覆盖。

（5）对使用额定数据值、奇异数据值和边界值的计算进行检验，用假想的数据类型和数据值运行，测试排斥不规则输入的能力。

提高模块的内聚度可简化单元测试，所需测试用例数目将显著减少，模块中的错误也更容易发现。单元测试可以平行开展，使多人同时测试多个单元，这样可以提高测试效率。

13.5.2　单元测试方法

单元测试一般采用结构化测试方法，对程序结构进行有针对性的测试。测试方法主要包括逻辑驱动法和基本路径测试法，其中逻辑驱动法包含语句、判定、条件等覆盖方法。。

- 语句覆盖：选择足够的测试用例，使得程序中每一条可执行语句至少被执行一次。
- 判定覆盖：选择足够的测试用例，使得程序中每一个分支判断的每一种可能结果都至少被执行一次。判定覆盖也叫分支覆盖。
- 条件覆盖：选择足够的测试用例，使得程序中每一个分支判断中的每一个条件的可能结果都至少被执行一次。
- 判定/条件覆盖：选择足够的测试用例，使得同时满足判定覆盖和条件覆盖。
- 条件组合覆盖：选择足够的测试用例，使得程序中每一个分支判断中的每一个条件的每一种可能组合结果都至少被执行一次。
- 路径覆盖：选择足够的测试用例，使得程序中所有的可能路径都至少被执行一次。
- 循环测试：在上下边界及可操作范围内运行所有的循环。

在参数调用情况下，会采用等价类划分方法、边界值分析方法甚至组合测试方法设计参数的测试数据。在功能性测试方面我们通常会利用 3 种数据进行测试，即正常数据、边界数据和错误数据。

- 正常数据：在测试中所用的正常数据的量是最大的，也是最关键的。少量的测试数据不能完全覆盖需求，但要从中提取具有高度代表性的数据作为测试数据，以减少测试时间。
- 边界数据：介于正常数据和错误数据之间的一种数据。它可以针对某一种编程语言、编程环境或特定的数据库而专门设定。例如，使用 SQL Server 数据库，则可把 SQL Server 关键字设为边界数据。其他边界数据还有 HTML、<＞等关键字以及空格、@、负数、超长字符等。
- 错误数据：显而易见，错误数据就是编写与程序输入规范不符的数据从而进行程序的容错性检验。

为了完成相对独立的被测单元，需要针对被测试单元的接口，开发相应的驱动模块（Driver）和桩模块（Stub），或采用 Mock 技术。

13.5.3　单元测试工具

目前，单元测试工具很多，可以分为开源测试工具和商业测试工具，更多是根据编程语言进行分类，不同的编程语言都有相应的测试工具。例如，Java 的 JUnit 和 TestNG，其中 JUnit 就是单元测试工具 XUnit 家族的代表。XUnit 是指，对于各种不同编程语言，单元测试有相应的框架系列的统称。在这个大家族里,单元测试框架都以 Unit 为名,前缀 X 则代表相应的编程语言或平台。XUnit 家族有很多成员,其中比较著名成员有 JUnit、CppUnit(C++语言)、Nunit、DBUnit、HttpUnit、PyUnit 和 JSUnit(JavaScript)。商业单元测试工具主要有 Parasoft 的 JTest、C++Test、Insure++以及 LDRA TestBed。

　　静态代码检查的工具有很多,针对不同语言,或者针对检查的不同方面各有特色。Java 语言常用的开源代码检查工具有 FindBugs、PMD 和 Checkstyle,都是以插件的方式运行于 IDE。

　　除了动态测试工具和静态分析工具,单元测试还要引入覆盖测试工具。对于不同的语言,其实现的技术方式和内容差别很大,很难有一个统一的实现框架或实现模式。JUnit 框架下通过 EclEmma(基于 JaCoCo 覆盖率库而构建的)插件方式实现单元覆盖测试,Jcoverage 也能实现覆盖测试功能;在 Nunit 框架下通过提供 Ncover 插件方式也能实现单元覆盖测试功能;针对 C/C++语言的开源覆盖测试工具中比较著名的是与 GCC 配套的 Gcov 工具;Coverlipse 是一个基于 Eclipse IDE 的覆盖测试插件;Maven 作为调用测试代码和代码覆盖率分析工具提供很强大的功能,其他的还有 Cobertura、Quilt 等。

13.5.4　代码质量展示平台 SonarQube

　　通过 SonarQube 综合呈现,全面展示代码质量,这可以通过在持续集成工具 Jenkins 中增加两个插件:SonarQube Plugin 和 Sonargraph Plugin,然后在"构建后操作"增加一项 Publish SonarQube Report,获得类似图 13-5 那样的结果。还支持 Ant、Maven(命令 mvn sonar:sonar)、Gradle,或直接使用 SonarQube Runner 也能呈现代码质量 dashboard,如图 13-6 所示,可以进一步从其官方站点获取更详细的信息。

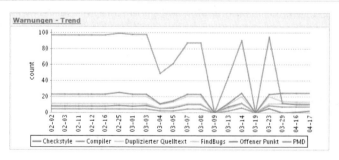

图 13-5　收集多种静态分析工具的结果

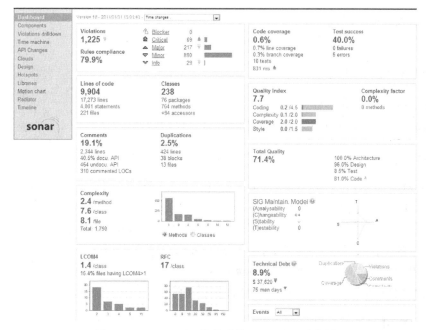

图 13-6 SonarQube 代码质量 dashboard 示意图

本 章 小 结

本章内容围绕如何产生高质量的代码,从而减轻后续测试压力和修改成本。首先介绍了代码风格相关的内容,并列出了一些常用的规则,供读者参考。在编程方面着重阐述了面向对象编程特点以及 C++ 和 Java 的编程规则。程序稳定性的提高与内存管理技巧是相辅相成的,智能指针方面的内容相信有助于大家提高编程质量。最后所述的单元测试及单元测试方法也是发布高质量代码包必不可少的环节。

思 考 题

1. 代码风格包括哪些内容? Windows 程序和 GNU 程序的命名规则有哪些?
2. 面向对象编程有哪些优点,体现在哪些方面?
3. 智能指针有哪两种常用方案,分别包括哪些指针?
4. 代码审查和代码走查分别包括哪些内容?
5. 为什么需要单元测试? 单元测试包括哪些工作?

实验 7 SonarQube 平台搭建与使用

（共 3 学时）

一、实验目的

① 巩固所学的知识与实践。

② 加强代码质量意识。

③ 熟悉 SonarQube 平台搭建与使用。

二、实验前提与准备

① 完成第 8 章实验 4,保留那个实验的环境。

② 提前准备 1~2 个包含较完整源代码的 Java 项目。

三、实验内容

基于源代码管理、自动构建、CI 调度等工具(如 SVN/Git、Ant/Maven、Jenkins 等)搭建 SonarQube 平台,并和静态测试工具(如 FindBugs、Checkstyle 等)集成起来。

① 明确实际项目 CI 运行环境的具体要求、工具选型、环境设计等。

② 相应的配置文件(如 build.xm,pol.xml)等的配置及其说明。

③ 过程中碰到的问题,需要解决,并做记录。

④ 能够成功完成从代码检出、代码静态分析和质量呈现等完整过程。

四、实验环境

本次实验需要安装和配置的工具如下。

① 服务器环境,如 JDK、Tomcat 等。

② 持续集成调度工具选其一,如 Jenkins 等。

③ 源码管理工具,选本地 Git 或远程 Github 等。

④ 版本构建工具选 Maven 等。

⑤ 静态分析工具,如 FindBugs、Checkstyle 等,按第 8 章实验 4 进行。

⑥ 质量呈现工具 SonarQube 等。

五、实验过程

① 构建持续集成的环境。

- 对 Maven 的环境变量和项目参数进行设置,包括 settings.xml 或 pol.xml 等的设置,并对如何完成配置进行记录或说明。
- Jenkins 构建新的 Maven 项目并进行该项目的相关配置,如源码路径、构建触发器、Build 和构建设置等。
- 完成 Git 与 Jenkins 的集成。

② 代码静态检查:参考第 8 章的实验。

③ 参考 SonarQube 官方站点,搭建 SonarQube 平台。

④ 运行代码检出,进行分析,在 SonarQube 能看到代码质量分析结果。

六、交付成果与总结

① 能够在 SonarQube 展示代码静态分析。

② 完整的实验报告,包括环境设置、实施过程、遇到的问题以及如何解决所遇到的问题。

第 14 章　软件测试的质量

> 程序测试是为了发现错误而执行程序的过程。
>
> —— G. J. Myers

在前面 3 章,我们分别讨论了软件需求分析、软件设计和编程 3 个阶段的过程质量保证和管理,本章将讨论软件测试过程的质量保证。软件测试可以看作质量控制或质量保证的一个重要组成部分。保证软件测试工作的质量也非常重要,是软件过程质量保证的不可分割的内容。

通过之前内容的学习,我们对软件质量、软件质量控制有了很好了解,明确了软件质量控制的方法和技术,知道软件质量控制和软件测试有密不可分的关系。软件质量控制要求对软件产品的检验,这种检验的最主要手段就是软件测试。同时,软件测试的方法要受软件质量保证小组的指导,软件测试的结果为软件质量保证活动提供依据,所以软件测试和软件质量保证的关系同样深厚。软件测试过程的质量保证主要集中在:

- 测试计划的质量;
- 测试用例设计的质量;
- 测试工具的有效使用和自动化效率;
- 测试执行的质量和过程质量的度量;
- 测试结果的评估;
- 测试组织和管理的质量。

14.1　软 件 测 试

在 G. J. Myers 的经典著作《软件测试的艺术》中,给出了测试的定义:"程序测试是为了发现错误而执行程序的过程"。测试的目的是发现程序中的错误,是为了证明程序有错,而不是证明程序无错。在软件开发过程中,分析、设计与编码等工作都是建设性的,唯独测试带有"破坏性",测试可视为分析、设计和编码 3 个阶段的"最终复审",在软件质量保证中具有重要地位。

14.1.1　软件测试和质量保证的关系

软件测试在软件生命周期中占据重要的地位。在传统的瀑布模型中,软件测试仅处于编码之后、运行维护阶段之前,是软件产品交付用户使用之前软件质量保证的最后手段,这是一种误导。今天人们普遍认为:软件生命周期每一阶段中都应包含测试,从静态测试到动态测试,要求检验每一个阶段的成果是否符合质量要求及是否达到定义的目标,尽可能早地发现错误并加以修正。如果不在早期阶段进行测试,错误的不断扩散、积累常常会导致最后成品测试的巨大困难、开发周期的延长、开发成本的剧增等。

事实上,对于软件,不论采用什么技术和方法,软件中仍会有错。采用新的语言、先进的开发方式、完善的开发过程,可以减少错误的引入,但不可能完全杜绝软件中的错误。这些引入的错误需要通过测试来发现,软件中的错误密度也需要通过测试进行估计。测试是所有工程学科的基本组成单元,是软件开发的重要部分,一直伴随着软件开发走过了半个多世纪。统计表明,在典型的软件开发项目中,软件测试工作量占软件开发总工作量的 40% 以上。而在软件开发的总成本中,用在测试上的开销占 30%~50%。

一般规范的软件测试流程包括项目计划检查、测试计划创建、测试设计、执行测试、更新测试文档;而 SQA 的活动可总结为:协调度量、风险管理、文档检查、促进/协助流程改进、监察测试工作。二者的相同点在于都是贯穿整个软件开发生命周期的流程。

SQA 的职能是向管理层提供正确的可视化的信息,从而促进与协助流程改进。SQA还充当测试工作的指导者和监督者,帮助软件测试建立质量标准、测试过程评审方法和测试流程,同时通过跟踪、审计和评审,及时发现软件测试过程中的问题,从而帮助改进测试或整个开发的流程等。有了 SQA,测试工作就可以被客观地检查与评价,同时也可以协助测试流程的改进。

它们的不同之处在于 SQA 侧重对流程中过程的管理与控制;而测试是对流程中各过程管理与控制策略的具体执行实施,常常被认为是质量控制的最主要手段。如今,软件质量保证和软件质量控制之间的界限越来越模糊,两者已合二为一,可以说,软件测试是 SQA中的重要手段,两者已无法分开。

14.1.2 测试在软件开发各个阶段的任务

软件测试是软件开发过程中的重要内容之一,是软件质量保证的关键。软件测试贯穿软件产品开发的整个生命周期,软件测试和软件项目同时开始,从产品的需求分析审查到最后的验收测试,直至软件发布。

从实际的测试过程来看,软件测试的过程是由一系列的不同测试阶段组成。这些软件测试的阶段分别为:需求分析审查、设计审查、单元测试、集成测试(组装测试)、功能测试、系统测试、验收测试、回归测试(维护)等,如表 14-1 所示。

表 14-1　各测试阶段输入和输出标准

阶　　段	输入和要求	输　　出
需求分析审查 (requirements review)	市场/产品需求定义、分析文档和相关技术文档。 要求:需求定义要准确、完整、一致,真正理解客户的需求	需求定义中问题列表,批准的需求分析文档。 测试计划书的起草
设计审查 (design review)	产品规格设计说明、系统架构和技术设计文档、测试计划和测试用例。 要求:系统结构的合理性、处理过程的正确性、数据库的规范化、模块的独立性等。 清楚定义测试计划的策略、范围、资源和风险,测试用例的有效性和完备性	设计问题列表、批准的各类设计文档、系统和功能的测试计划和测试用例。 测试环境的准备

阶　　段	输入和要求	输　　出
单元测试 （unit testing）	源程序、编程规范、产品规格设计说明书和详细的程序设计文档。 要求：遵守规范、模块的高内聚性，功能实现的一致性和正确性	缺陷报告、跟踪报告；完善的测试用例、测试计划。 对系统功能及其实现等了解清楚
集成测试 （integration testing）	通过单元测试的模块或组件、编程规范、集成测试规格说明和程序设计文档、系统设计文档。 要求：接口定义清楚且正确、模块或组件一起工作正常、能集成为完整的系统	缺陷报告、跟踪报告；完善的测试用例、测试计划；集成测试分析报告。 集成后的系统
功能验证 （functionality testing）	代码软件包（含文档），功能详细设计说明书；测试计划和用例。 要求：模块集成功能的正确性和适用性	缺陷报告、代码完成状态报告、功能验证测试报告
系统测试 （system testing）	修改后的软件包、测试环境、系统测试用例和测试计划。 要求：系统能正常地、有效地运行，包括性能、可靠性、安全性、兼容性等	缺陷报告、系统性能分析报告、缺陷状态报告、阶段性测试报告
验收测试 （acceptance testing）	产品规格设计说明、预发布的软件包、确认测试用例。 要求：向用户表明系统能够按照预定要求那样工作，使系统最终可以正式发布或向用户提供服务。用户要参与验收测试，包括 α 测试（内部用户测试）和 β 测试（外部用户测试）	用户验收报告、缺陷报告审查、版本审查。 最终测试报告
版本发布 （release）	软件发布包、软件发布检查表（清单）	当前版本已知问题的清单、版本发布报告
维护 （maintance）	变更的需求、修改的软件包、测试用例和计划。 要求：新的或增强的功能正常，原有的功能正常，不能出现回归缺陷	缺陷报告、更改跟踪报告、测试报告

14.1.3　软件测试目标

由于软件开发人员思维上的主观局限性，以及目前开发的软件系统的复杂性，导致在开发过程中会不可避免地出现软件错误，软件中过多的或严重的错误会导致程序或系统的失效。软件错误产生的主要原因如下。

（1）需求规格说明书（requirement specification or functional specification）包含错误的需求或漏掉一些需求，或没有准确表达客户的需求。

（2）需求规格说明书中有些功能无法实现。

（3）系统设计（system design）中的不合理性。

（4）程序设计中的错误、程序代码中的问题，包括错误的算法、复杂的逻辑等。

若能尽早排除软件开发中的错误，有效减少后期工作的麻烦，就可以尽可能地避免付出高昂的代价,从而大大提高系统开发过程的效率。根据 G. J. Myers 观点,对软件测试的目的可以简单地概括如下。

(1) 软件测试是为了发现错误而执行程序的过程。

(2) 一个好的测试能够在第一时间发现程序中存在的错误。

(3) 一个好的测试是发现了至今尚未发现的错误的测试。

软件测试的目标,就是为了更快、更早地将软件产品或软件系统中所存在的各种问题找出来,并促进程序员尽快地解决这些问题,最终及时地向客户提供一个高质量的软件产品。

14.2 测试的现实和原则

要做好测试,保证测试的质量,就必须了解测试的现实,了解测试的挑战在哪里? 了解测试的风险在哪里? 然后,制订正确的测试原则,成功地保证测试的计划执行。

14.2.1 测试的现实

测试始终是一个具有风险的工作,例如,现在越来越多地用"风险"概念定义测试,测试被认为是"理解并评估与发布的软件系统有关的利益和风险状况的过程",测试的作用则是管理或转移系统失败的风险,以及如何最大程度地消除给用户带来的不良影响。

测试工作为什么总存在风险呢? 因为当我们测试某个应用系统或一个软件产品时,不可能把所有可能的情况都测试一遍。例如,即使对一个计算器程序,要测试的数字可以从 0 开始到一个很大的数,就算 8 位数字(99999999),仅仅测试其加法运算的可能情况就有 10^{16} 种,要完成这些测试,即使借助计算机,每秒完成 10 万个测试用例,一个测试人员穷其一生也完成不了,因为需要 3100 多年。如果再加上负数、减法、乘法、除法、括号以及它们的各种组合,所有全部可能的情况将是一个天文数字,因此,完成全部可能的情况是不现实的。

所以,我们必须借助一些测试用例的设计方法,如边界值分析方法、等价类划分方法等来解决这个问题。选择样本数据,用极有限的、代表性的测试数据来代替实际的、巨大的测试数据。这些方法的应用是基于一个假设:如果程序在这些样本数据情况下运行正确,那么该程序也满足所有类似的数据。这种假设的存在,也就意味着一定的风险存在。对于简单的程序,这种风险很小,但是对越来越复杂的应用程序或软件系统,这种风险就越来越大。

即使完成了全部功能的测试,也很难完成所有用户环境下的测试。测试的环境是有限的,而软件系统的实际运行环境是复杂的、千变万化的,不仅有不同的硬件(主板、CPU、内存、网卡、显示卡等)型号差异,而且还有操作系统及其版本、驱动程序及其版本、已安装的应用程序等的差异。要完成各种用户环境下的软件测试,也是几乎不可能的。即使可以实现,其成本也是巨大的,一般软件企业不堪重负。同样,系统的性能测试、有效性测试和可靠性测试等蕴含着较大的风险。例如,可靠性测试是通过模拟方法实现,不能在完全真实的情况下进行,不可能对真实系统连续进行 10 年或 20 年的不间断测试。

测试工作除了始终存在的风险之外,还会受到其他多方面的挑战,主要如下所述。

- 测试不能提高质量。软件产品发布后,若缺陷较多,往往被认为是测试人员的错。在许多人的心目中,测试人员是预防缺陷的盾牌或最后一堵墙。实际上,所有的软件缺陷都是在需求分析、设计和编程时被注入的,注入的缺陷越多,被漏掉的缺陷可能性就越大。

- 测试人员的素质和待遇。国内还存在对测试理解的误区,如测试不需要技术或不需要过高的技术。在选用测试人才时,往往降低要求,所给的待遇也偏低,从而造成测试队伍的整体能力比较弱、工作热情比较低,对测试质量有较大的负面影响。
- 测试时间被压缩。虽然软件项目一旦启动,测试工作就开始,包括产品需求文档审查、产品规格说明书审查、测试计划/用例的设计等,但软件测试的主要执行时间是在代码完成后。由于软件的日程估计往往不够准确,代码完成时间延迟经常会发生,但管理层又不想推迟整个产品的发布日期,结果测试时间首当其冲,测试周期被缩短,造成测试不够充分或已计划好的测试项目不能保质保量地完成。

总之,测试工作所面临的挑战比较大,有时可以说是严峻的。但是,只要我们敢于面对现实,坚持测试原则,就能克服困难,运用正确的、更有效的测试方法和工具,保证足够的测试和测试的质量。

14.2.2 测试的原则

原则是最重要的,方法应该在这个原则指导下进行。软件测试的基本原则是站在用户的角度,对产品进行全面测试,尽早、尽可能多地发现 Bug,并负责跟踪和分析产品中的问题,对不足之处提出质疑和改进意见。零缺陷(Zero-Bug)是一种理念,足够好(Good-Enough)是测试的基本原则。

在软件测试过程中,应注意和遵循的具体原则,可以概括为以下 10 项。

(1) 所有测试的标准都建立在用户需求之上。正如我们所知,软件测试的目标就是验证产品的一致性和确认产品是否满足客户的需求,所以测试人员要始终站在用户的角度去看问题,去判断软件缺陷的影响,系统中最严重的错误是那些导致程序无法满足用户需求的缺陷。

(2) 软件测试必须基于"质量第一"的思想去开展各项工作,当时间和质量冲突时,时间要服从质量。质量的理念和文化(如零缺陷的"第一次就把事情做对")同样是软件测试工作的基础。

(3) 事先定义好产品的质量标准。有了质量标准,才能依据测试的结果对产品的质量进行正确的分析和评估。例如,进行性能测试前,应定义好产品性能相关的各种指标。同样,测试用例应确定预期输出结果,如果无法确定测试结果,则无法进行校验。

(4) 软件项目一启动,软件测试就开始,而不是等程序写完,才开始进行测试。在代码完成之前,测试人员要参与需求分析、系统或程序设计的审查工作,而且要准备测试计划、测试用例、测试脚本和测试环境。测试计划可以在需求模型一完成就开始,详细的测试用例定义可以在设计模型被确定后开始。应当把"尽早和不断地测试"作为测试人员的座右铭。

(5) 穷举测试是不可能的。即使一个大小适度的程序,其路径排列的数量也非常惊人,因此,在测试中不可能运行路径的每一种组合。然而,充分覆盖程序逻辑和程序设计中使用的所有条件是有可能的。

(6) 第三方进行测试会更客观、更有效。程序员应避免测试自己的程序,为达到最佳的效果,应由第三方来进行测试。测试是带有"挑剔性"的行为,心理状态是测试自己程序的障碍。对于需求规格说明的理解产生的错误,很难在程序员本人测试时被发现。

软件测试的质量

（7）软件测试计划是做好软件测试工作的前提。在进行实际测试之前，应制订良好的、切实可行的测试计划并严格执行，特别要确定测试策略和测试目标。

（8）测试用例是设计出来的，不是写出来的，所以要根据测试的目的，采用相应的方法去设计测试用例，从而提高测试的效率，更多地发现错误，提高程序的可靠性。除了检查程序是否做了应该做的事，还要看程序是否做了不该做的事；不仅应选用合理的输入数据，对于非法的输入也要设计测试用例进行测试。

（9）不可将测试用例置之度外，排除随意性。特别是对于做了修改之后的程序进行重新测试时，如果不严格执行测试用例，将有可能忽略由修改错误引起的新错误。所以，回归测试的关联性也应引起充分的注意，有相当一部分最终发现的错误是在早期测试结果中遗漏的。

（10）对发现错误较多的程序段，应进行更深入的测试。一般来说，一段程序中已发现的错误数越多，其中存在的错误概率也就越大。错误集中发生的现象，可能和程序员的编程水平和习惯有很大的关系。

14.3　测试的方法应用之道

测试工作的质量，首先取决于先进的质量理念和文化，坚持质量第一的原则；其次，取决于对各种测试方法有着辩证统一的理解和正确有效的运用。在这一节，我们将探讨软件测试方法的应用之道。

14.3.1　测试的三维构成

软件测试是一个过程，是哲学思想在软件工程中的运用，更是质量目标的扩展和延伸。软件测试构成了具有丰富内容的三维空间，如图14-1所示。

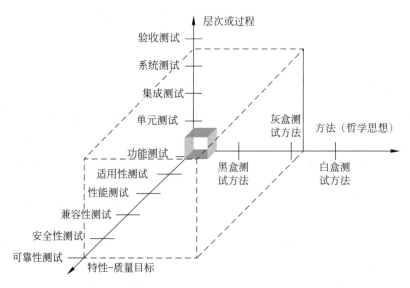

图 14-1　软件测试的三维空间

1. 测试目标——质量特性的验证

（1）正确性测试（correctness testing）或功能性测试：基于产品功能规格说明书，从用户角度针对产品特定的功能和特性所进行的验证活动，以确认每个功能是否得到完整的实现，用户能否正常使用这些功能。功能性测试一般在完成集成测试后进行，而且是针对应用系统在实际运行环境下进行的测试。

（2）性能测试（performance testing）：测试在一定条件下系统行为表现，是否在设计的性能指标范围内。例如，测试网站在并发用户数为 10、100、1000、10 000 等情况下，页面的响应时间是否在 3 秒或 5 秒内，响应时间最长是否不超过 15 秒或 30 秒。性能测试不同于负载测试（stress/load testing），性能测试是在定义的各种条件下去衡量系统的有关性能指标；而负载测试只测试在一些极端条件下，系统还能否正常工作，或加载到系统崩溃从而找出系统性能的瓶颈，所以二者可以结合起来进行。

（3）可靠性测试（reliability testing）：评估软件在运行时的可靠性，即通过测试确认平均无故障时间（Mean Time To Failure，MTTF）或最初平均寿命，即故障发生前平均工作时间（Mean-Time-TO-First-Failure，MTTFF）。可靠性测试强调随机输入，并通过模拟系统实现，很难通过实际系统的运行来实现。可靠性测试，一般伴随着强壮性测试（robustness/strong testing）。

（4）安全性测试（safety or security testing）：测试系统在应付非授权的内部/外部访问、非法侵入或故意的损坏时的系统防护能力，以检验系统有能力使可能存在来自于内/外部的伤害或损害的风险限制在可接受的水平内。软件可靠性要求，通常包括了安全性要求。但是软件的可靠性不能完全取代软件的安全性，因为安全性还涉及数据加密、保密、存取权限等方面的要求。

（5）容错性测试（tolerance testing）：检查软件在异常条件下自身是否具有防护性措施或者某种灾难性恢复的手段。例如，当系统出错时，能否在指定时间间隔内修正错误并重新启动。容错性测试看作由系统异常处理测试和恢复测试组成。

（6）恢复测试（recovery testing），在系统崩溃、硬件故障或者其他灾难发生之后，重新恢复系统和数据的能力测试，包括确定软件系统的平均修复时间（Mean Time to Repair，MTTR）。

（7）兼容性测试（compatibility testing），测试在各种的硬件/软件/操作系统/网络环境下的软件表现，包括硬件接口、软件新旧版本兼容、已存在数据的兼容能力。

2. 测试方法——哲学的思考

测试的方法技术，经过多年的发展，已经相当成熟，方法比较多，如白盒测试方法（White-box test）、灰盒测试方法（Gray-box test）和黑盒测试方法（Black-box test）。测试方法就是一种哲学思想在软件测试中的体现和延伸。从哲学观点看，分析问题和解决问题的方法有两种：白盒子方法和黑盒子方法。如果对被测的对象/世界（软件）认知很少，可以不用了解其内部结构，完全只关注其外部的变化（如外部的输入、外部作用或被测的对象所处的条件以及被测的对象输出的结果），就可以完成测试，这就是黑盒测试方法。随着对被测的对象的认知越来越多，就可以采用灰盒测试方法。当完全认知被测的对象时，就可以用白盒测试方法。所谓白盒子方法，即通过剖析事物的内部结构和运行机制，完成测试。

14.3.2 测试方法的辩证统一

软件测试的众多方法是辩证统一的,它们相互依赖而存在,相互对立又相互补充。任何一种测试方法都有其优点,在特定的测试领域能得到充分发挥。同时,任何一种测试方法都不能覆盖所有测试的需求,在某些场合存在一定的局限性和不足。这种测试的辩证统一,从下面这些相对应的测试方法就得到很好的印证。

- 白盒测试方法和黑盒测试方法
- 静态测试(Static test)和动态测试(Dynamic test)
- 手工测试(Manual test)和自动化测试(Automated Test)
- 有计划测试(Planned Test)和随机测试(Ad-hoc test 或 Random test)
- 新功能测试(New feature test)和回归测试(Regression testing)

1. 白盒测试方法和黑盒测试方法

黑盒测试方法,不考虑程序内部结构和内部特性,而是从用户观点出发,针对程序接口和用户界面进行测试,根据产品应该实现的实际功能和已经定义好的产品规格,来验证产品所应该具有的功能是否实现,是否满足用户的要求。

所以,黑盒测试方法技术相对要求低,方法简单有效,可以整体测试系统的行为,可以从头到尾(end-to-end)进行数据完整性测试。黑盒测试方法适合系统的功能测试、易用性测试,也适合和用户共同进行验收测试、软件确认测试。黑盒测试方法不适合单元测试、集成测试,而且测试结果的覆盖度不容易度量,其测试的潜在风险比较高。

白盒测试方法,由于已知产品的内部工作过程,针对性很强,可以对程序每一行语句、每一个条件或分支进行测试,测试效率比较高,而且可以清楚已测试的覆盖程度。如果时间足够多,可以保证所有的语句和条件得到测试,测试的覆盖程度达到很高。所以,白盒测试方法适合单元测试、集成测试,而不适合系统测试。白盒测试方法准备的时间很长,如果要覆盖全部程序语句、分支的测试,一般要花费比编程更长的时间。

白盒测试方法所要求的技术也较高,相应的测试成本要大。对于一个应用系统,程序的路径数可能是一个天文数字,即使借助一些测试工具,白盒测试法也不可能进行穷举测试,企图遍历所有的路径往往是做不到的。即使穷举路径测试,也不能查出程序违反了设计规范的地方,不能发现程序中已实现但不是用户所需要的功能,可能发现不了一些与数据相关的错误或用户操作行为的缺陷。所以,白盒测试方法也存在一定的局限性。

2. 静态测试和动态测试

静态测试是通过对软件的程序源代码和各类文档或中间产品(产品规格说明书、技术设计文档),采用走查、同行评审、会审等方法来查找错误或收集所需要的度量数据,而不需要运行程序,所以相对动态测试,可以更早地进行。

静态分析的查错和分析功能是其他方法所不能替代的。静态分析能发现文档中的问题(也只能通过静态测试实现),通过文档中的问题或其他软件评审方法来发现需求分析、软件设计等的问题,而且能有效地检查代码是否具有可读性、可维护性,是否遵守编程规范,包括代码风格、变量/对象/类的命名、注释行等。静态测试已被当作一种自动化的、主要的代码校验方法。

动态测试是通过观察程序运行时所表现出来的状态、行为等发现软件缺陷,包括在程序运行时,通过有效的测试用例(对应的输入/输出关系)分析被测程序的运行情况或进行跟踪对比,发现程序所表现的行为与设计规格或客户需求不一致的问题。

动态测试是一种经常运用的测试方法,无论在单元测试、集成测试中,还是在系统测试、验收测试中,都是一种有效的测试方法。但动态测试不能发现文档问题,必须等待程序代码完成后进行,发现问题相对迟得多,一旦发现问题,必须重新设计、重新编码,必然增大不良质量的成本。

3. 手工测试和自动化测试

手工测试是指通过测试人员对系统进行操作完成测试;而自动化测试是指通过计算机运行测试工具和测试脚本自动进行测试。自动化测试具有很多优点,如执行速度高而缩短测试周期,可以多次重复运行相同的测试而减少测试的单调性,真实反映测试结果并24小时不知劳累运行等,因此,在测试工作中,我们应尽力实现测试自动化,或扩大自动化测试的覆盖范围。但自动化测试前期投入大,对被测对象要求高以及存在其他的局限性。

软件测试自动化绝不能代替手工测试,它们两者有相应的测试对象和范围。

(1)工具本身并没有想象力和灵活性。根据业界统计结果,自动测试只能发现15%～30%的缺陷,而手工测试可以发现70%～85%的缺陷;所以自动化测试有其局限性,不适合软件的新功能测试,而特别适合回归测试,可以保证对已经测试过部分重新进行测试的准确性和客观性。

(2)在系统功能的逻辑测试、验收测试、适用性测试、涉及物理交互性测试时,也很难通过自动化测试来实现,多采用黑盒测试的手工测试方法。

(3)单元测试、集成测试、系统负载或性能测试、稳定性测试、可靠性测试等比较适合采用自动化测试。

(4)当界面、需求变化比较频繁、软件开发周期很短或做一次性软件开发项目(而不是做软件产品)时,自动化测试吃力不讨好,投入大而产出小。

(5)有些测试工具只能运行在 Windows 平台上,不能运行在 Mac/UNIX 等平台上。多数情况下,手工测试和自动化测试相结合,以这种最有效的方法完成测试任务。

4. 有计划测试和随机测试

在测试执行前,我们一般都会进行测试的策划、计划,分析测试的重点和范围,精心设计测试用例,做好测试执行前的准备。通过测试计划和测试用例进行的测试是有计划的测试;不通过事先计划或不借助测试用例,完全凭感觉、猜测进行的自由、灵活的测试,被称作随机的测试或 Ad-hoc test。有计划的测试效率高、针对性强,可以很好地达到测试目标。由于用户使用软件的情况很多、千变万化,测试用例很难覆盖各种情况,特别是一些边界和特殊的操作。根据经验和历史数据统计,对于大型系统软件测试用例的覆盖度一般为90%～95%。所以,必须借助一些自由的 Ad-hoc test,充分发挥测试人员最大的灵动性、创造性,进行各种猜测和试探,去发现一些相对隐藏比较深或偏僻的软件缺陷。Ad-hoc test 另外一个作用是帮助测试人员尽早地熟悉产品,改进测试用例。

5. 新功能测试和回归测试

即使在开发一个新软件(第 1 个版本),在进行系统测试还是功能测试时,总会发现一些严重的缺陷而需要修正,这时就要构造一个新的软件包(full build)或新的软件补丁包(patch),然后进行测试。这时的测试不仅要验证是否真正修复了软件缺陷,而且要保证以

软件测试的质量

前所有运行正常的功能依旧保持正常,而没有受到这次修改的影响。对于检验原有正常功能没有出现回归的缺陷而进行的测试,称为回归测试。对于开发第二、三个版本或以后的版本,这种回归测试所占的比重越来越大。所以,一个完整的测试,可以看作新功能或新修改的测试,加上回归测试的组合。

在软件产品实现过程中,新功能的实现固然重要,可以增强产品的亮点和竞争力,增加市场份额,但是不能正常工作的已有功能所引起的客户抱怨可能更大,因为客户已经习惯地使用已有功能了,而对于新功能,客户还没怎么使用或者客户可能不知道这个新功能,甚至我们可以在客户知道前去掉这个功能。所以,从这个意义上说,回归测试显得更为重要。

综上所述,各种测试方法有利有弊,有各自特定的使用范围。因此,测试时,把几种方法结合起来更有效,如表 14-2 所示。

表 14-2　软件测试方法的有机组合

组　　合	静态测试	动态测试	自动化测试
白盒测试	① 静态白盒测试方法: 走查、复审、评审程序源代码、数据字典、系统设计文档、环境设置、软件配置项等	② 动态白盒测试方法: 通过驱动程序、桩程序来调用、驱动程序的运行,如进行单元测试、集成测试和部分性能、可靠性、恢复性测试等	白盒测试工具: Logiscope,C++Test,JTest,DevPartner、Purify、TrueCov erage 等
黑盒测试	③ 静态黑盒测试方法: 文档测试,特别是产品需求文档、用户手册、帮助文件等的审查	④ 动态黑盒测试方法: 通过数据输入并运行程序来检验输出结果,如功能测试、验收测试和一些性能、兼容性、安全性测试等	黑盒测试工具: Rational 公司的 Robot GUI,Compuware 的 QACenter 和 MI 的 WinRunner 等
自动化测试	静态测试工具: Logiscope, CheckMate, QA C++, QStudio Java, TrueJ 和语言编译器等	动态测试工具: DevPartner, Purify, Robot GUI, QACenter, WinRunner, Load Runner,WebKing	
手工测试	走查、评审、会审	单元、集成测试,功能、安装、性能、可靠性测试等	测试用例和测试脚本依然是自动化测试中的关键内容之一,但这是来自于手工,并依赖手工测试来验证自动化测试结果。
回归测试	复审、变更审查	所有测试领域	最好的结合区域:自动化回归测试

注:①②③④构成了测试的 4 种基本方法,基本覆盖了测试领域。

14.3.3　验证和确认缺一不可

在软件测试中不仅要检查程序是否出错,程序是否和软件产品的设计规格说明书一致,而且还要检验所实现的正确功能是否就是客户或用户所需要的功能,两者缺一不可,这两部分活动构成了一个完整的测试活动。这就是软件测试中有名的 V&V,即 Verification 和

Validation。

1. 验证（Verification）

Verification，翻译为"验证"，也可以译为"检验"，即验证或检验软件是否已正确地实现了产品规格书所定义的系统功能和特性。验证过程提供证据表明，软件相关产品与所有生命周期活动（需求分析、设计、编程、测试等）的要求（如正确性、完整性、一致性、准确性等）相一致。

验证是否满足生命周期过程中的标准、实现和约定；验证为判断每一个生命周期活动是否已经完成，以及是否可以启动其他生命周期活动建立一个新的基准。

2. 有效性确认（Validation）

Validation，翻译为"确认"，更准确地翻译，应该是"有效性确认"。这种有效性确认要求更高，要保证所生产的软件可追溯到用户需求的一系列活动。确认过程提供证据，表明软件是否满足客户需求（指分配给软件的系统需求），并解决了相应问题。

3. 两者的区别

为了更好地理解这两个测试活动的区别，可以概括地说，验证（Verification）是检验开发出来的软件产品和设计规格书的一致性，即是否满足软件厂商的生产要求。但如果设计规格书本身就可能有问题、存在错误，那么即使软件产品中某个功能实现的结果和设计规格书完全一致，所设计的功能也不是用户所需要的，依然是软件严重的缺陷。因为设计规格书很有可能一开始就对用户的某个需求理解错了，所以仅仅进行验证（Verification）测试是不充分的，还需要进行有效性确认（Validation）测试。确认（Validation）就是检验产品功能的有效性，即是否满足用户的真正需求。

下面是 Boehm 对 V&V 的最著名又最简单的解释。

- Verification：Are we building the product right？是否正确地构造了软件？即是否正确地做事，验证开发过程是否遵守已定义的内容。
- Validation：Are we building the right product？是否构造了正确的软件？即是否正在做用户真正所需要的事。

14.3.4 测试用例设计方法的综合运用

测试用例是按一定的顺序执行的与测试目标相关的测试活动的描述，用来确定"怎样"测试。测试用例被看作是有效发现软件缺陷的最小测试执行单元，也被视为软件的测试规格说明书。在测试工作中，测试用例的设计非常重要，是测试执行的正确性和有效性的基础。如何有效地设计测试用例，一直是测试人员所关注的问题；设计好测试用例，也是保证测试工作的最关键的因素之一。

设计测试用例，分为白盒设计方法和黑盒设计方法。白盒设计方法分为逻辑覆盖法和基本路径覆盖法，或者分为语句覆盖、判定覆盖、条件覆盖方法；而黑盒设计方法分为等价类划分法、边界值划分法、错误推测法、因果图法等。在实际测试用例设计过程中，不仅根据需要、场合单独使用这些方法，也常常综合运用多个方法，使测试用例的设计更为有效。

判定-条件覆盖方法就是将两种白盒设计方法"判定覆盖"和"条件覆盖"结合起来的一种设计方法，它的测试用例是判定覆盖设计和条件覆盖设计的测试用例的交集，即设计足够精巧的测试用例，使得判断条件中的所有条件可能取值至少执行一次，同时，所有判断的可能结果也至少执行一次。

1. 等价类划分方法和边界值分析方法的结合

数据测试是功能测试的主要内容,或者说功能测试最主要手段之一就是借助数据的输入/输出判断功能是否正常运行,其最常用的方法是等价类划分法和边界值分析法。边界值分析法是在某个变量范围的边界上,验证独立的输入/输出是否正确的测试方法。实践证明,程序在输入/输出数据边界更容易发生错误,所以检查边界情况的测试用例是比较高效的,可以更快地查出错误。但是,仅仅测试边界数据是不够的,对于正常区域的数据以及那些非法的、无效的数据也要进行测试,以测试系统的容错性。因此,必须采用等价类划分方法对边界值分析法进行补充。从另一个方面看,要划分数据的等价类,首先是要确定数据边界,也就是找出数据等价类的边界。在实际测试用例设计工作中,将边界值分析法和等价类划分方法结合起来:先用边界值分析法确定数据边界,再用等价类划分方法得到等价的数据类,从而有效地设计出精而少的测试用例。

让我们看一个简单的例子,如图 14-2 所示。假如一个输入数据是一个有限范围的整数,即学生成绩管理系统中的学生分数的输入(不计小数点)。这时,我们可以确定输入数据的最小值 N_{min} 和最大值 N_{max},则有效的数据范围是 $N_{min} \leqslant N \leqslant N_{max}$,如学生分数的输入范围是 $0 \leqslant N \leqslant 100$,这个范围就是有效数据区域。除此之外,就是无效数据区域,即 $N < N_{min}$ 或 $N > N_{max}$,如 $N < 0$ 或 $N > 100$。这时测试的数据从近乎无限的数据简化为 5 个输入数据,就是:

- 边界值两个: N_{min} 和 N_{max},如 0 和 100;
- 有效数据的等价输入值 N_i,如 75;
- 无效数据的等价输入值两个: N_{Lm1} 和 N_{Lm2},如 -999 和 999。

为了得到更好的覆盖率,可以在最靠近边界取一些值,共 4 个,即

$$N_{min}+1, N_{min}-1, N_{max}+1, N_{max}-1,$$

如 $-1,1,99,101$,所以,一个有效的测试数据集合是 $\{-1,0,1,99,100,101\}$;更完整的测试数据集合是 $\{-999,-1,0,1,75,99,100,101,999\}$。

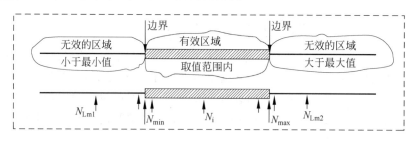

图 14-2 边界值分析法和等价类划分方法的综合运用示例

2. 因果图法和组合分析法

因果图法和组合分析可以看作测试用例黑盒设计方法的综合方法。因果图法是一种利用图解法分析输入的各种组合情况,生成判定表,从而设计测试用例的方法,它适合于检查程序输入条件的各种情况的组合。即使各种单个输入条件可能出错的情况已经被排除,但多个输入情况组合起来还是可能会出错。检验各种输入条件的组合并非一件很容易的事情,因为即使将所有的输入条件划分成等价类,它们之间的组合情况也相当多。因此,必须

考虑采用一种适合于多种条件的组合,相应能产生多个动作的形式进行测试用例的设计,这就是因果图法。

组合分析是一种基于每对参数组合的测试技术,主要考虑参数之间的影响是主要的错误来源和大多数的错误起源于简单的参数组合。

3. 功能图法

功能图法是一种黑盒和白盒混合用例设计方法,在功能图方法中,要用到逻辑覆盖和路径测试的概念和方法,这属于白盒设计方法;而确定输入数据序列以及相应的输出数据,则是黑盒设计方法。

每个程序的功能通常由静态说明和动态说明组成,动态说明描述了输入数据的次序或者转移的次序;静态说明描述了输入条件和输出条件之间的对应关系。对于比较复杂的程序,由于大量的组合情况的存在,如果仅仅使用静态说明组织测试往往是不够的,必须还要动态说明来补充。功能图法就是因此而产生的一种测试用例设计方法。

功能图法是使用功能图形式化地表示程序的功能说明,并机械地生成功能图的测试用例。功能图模型由状态迁移图和逻辑功能模型组成。其中,状态迁移图用于表示输入数据序列以及相应的输出数据,由输入和当前的状态决定输出数据和后续状态;逻辑功能模型用于表示在状态输入条件和输出条件之间的对应关系。逻辑功能模型只适合于描述静态说明,输出数据仅仅由输入数据决定。测试用例测试由测试中经过的一系列的状态以及在每个状态中必须依靠输入/输出数据满足的一对条件组成。

14.3.5 测试工具的有效使用

自动化测试的引入,就是通过测试工具来实现的。这里所说的测试工具,主要指用于测试产品特性(功能、性能等)的软件,在自动化软件中还有对测试项目(计划、用例、执行、缺陷库等)的管理,不是本节所讨论的内容。

1. 基本要点或原则

不管是自己开发测试工具,还是购买第三方现成的工具产品,当开始启动测试自动化(Test Automation,TA)时,不要希望一下就能做很多事情,可以从最基本的测试工作切入,如对每日构造的新版本进行验证测试(Build Verification Test,BVT),效率高又能及早发现代码改动造成的严重缺陷。或者可以从某一个模块开始,如果这个模块做成功了,再向其他模块推进。因为 TA 在前期的投入要比手工测试的投入大得多,除了在购买软件测试工具所投入的资金(一般这类工具软件还比较贵)和大量的人员培训之外,还要花很多时间去写测试脚本、维护脚本等。TA 的切入点,也可以选择系统性能或负载测试,成功之后,再大规模向功能回归测试推进。

2. 选择测试工具

在实施 TA 之前,还有一件重要的事要做——选择测试工具。除了一些特殊应用的测试工具,一般不建议自己开发,选用第三方专业软件测试工具厂家的产品是一种比较明智的方法。

首先,根据软件产品或项目的需要,确定要用哪一类的工具,是白盒测试工具还是黑盒测试工具?是功能测试工具还是负载测试工具?确定了测试工具的范围,然后从众多不同的产品中做出选择。选择产品,不外乎针对自己的需求,对产品的不同功能、价格、服务等进行比较分析,选择比较适合自己的、性价比高的 2~3 种产品作为候选对象。在此基础上,一个比较好的方法就是请这 2~3 种候选产品的开发商来做演示,并帮助解决实际的几个比较难或典型的测试用例。最后根据演示的效果、商业谈判的价格/售后服务等,做出决定。

在引入/选择测试工具时,还要考虑测试工具引入的连续性,也就是说,对测试工具的选择必须全盘考虑,分阶段、逐步地引入测试工具。并不是功能越强大越好,在实际的选择过程中,预算是基础,解决问题是前提,质量和服务是保证,适用才是根本。为不需要的功能花钱是不明智的。同样,仅仅为了省钱,忽略产品的关键功能或服务质量,也不明智。如何评价其功能? 或者说,在比较不同产品之间的功能时,要注意哪些方面呢? 具体内容参见参考文献[1]。下面简要给出软件测试工具的几条关键特征。

(1) 支持脚本语言(Script Language),和所熟悉的通用语言(如 VB、C 语言等)越接近或一致,脚本语言功能越强大。

(2) 脚本语言是否支持外部函数库、函数的可重用。

(3) 对程序界面中对象(如窗口、按钮、滚动条等)的识别能力强,录制的测试脚本才具有良好的可读性、修改的灵活性和维护的方便性。

(4) 抽象层。在被测应用程序和录制生成的测试脚本之间增加一个抽象层,用于将程序界面中存在的所有对象实体一一映射成逻辑对象,测试就可以针对这些逻辑对象进行,而不需要依赖于界面上元素的变化,以减少测试脚本建立和维护的工作量。

(5) 分布式测试(Distributed Test)的网络支持,包括测试工具支持网络传输的多个协议,可以从不同的远程客户端执行同一个测试任务,且这些客户端动作的先后次序、相互依赖性可以事先设定。

(6) 支持数据驱动测试(Data-Driven Test),对主流的数据库(Oracle、SQL Server、Access 等)、格式文件的操作,使测试脚本和测试数据能分离开来,减少编程和维护工作量,也有利于测试用例的扩充和完善。

(7) 具有良好的容错性,可以自动处理一些异常情况而对系统进行复位,或者允许用户设置是否可以跳过某些错误,然后继续执行下面的任务。

(8) 具有脚本开发良好的环境,类似软件集成开发环境中的调试功能,支持脚本单步运行、设置断点,更有效地对测试脚本的执行进行跟踪、检查,迅速定位问题。

(9) 图表功能。以一些图表表示,会使结果更直观、更容易被理解和解释。

(10) 测试工具的集成能力。能否和软件产品开发工具、测试管理系统等进行良好的集成。

(11) 其他。如操作系统的兼容性,是否支持 Mac、Linux 等跨平台的测试。

3. 运行框架

为 TA 构造一个适当的集成环境,会极大地提高自动化的效率。图 14-3 就是一个比较好的例子。通过数据库服务器存储和管理测试用例和测试结果,以提高过程管理的质量,同时生成统计所需要的数据,供 Web 服务器使用,来显示测试结果、生成统计报表、结果曲线。运行一个 TA 任务时,客户端先通过 Web 服务器查询所用的测试用例和资源,然后提交任务。Web 服务器负责向控制服务器提交任务,最后,控制器负责测试的执行、调度,向 TA 实验室的运行测试工具(或代理(Agent))且空闲的机器发出指令,开始执行测试任务。测试的结果,经控制器存储到数据库中。

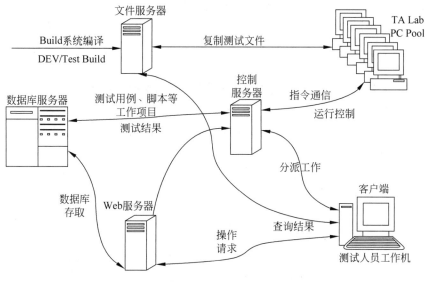

图 14-3　测试自动化的集成运行环境

14.3.6　开发高质量的测试脚本

脚本是一组测试工具执行的指令集合,也是计算机程序的一种形式。脚本可以通过录制测试的操作产生,然后再做修改,来减少脚本编程的工作量。当然,也可以直接用脚本语言编写脚本。脚本的技术围绕着脚本的结构设计、基础函数的建立、测试数据和脚本的分离等来实现测试用例,在建立和维护脚本的代价中得到平衡。

脚本技术可以分为以下几类。

(1) 线性脚本:是录制手工执行的测试用例得到的脚本。这种脚本包含所有的击键、移动、输入数据等,可以得到完整的回放。对于线性脚本,也可以加入一些简单的指令,如时间等待、比较指令等。线性脚本适合于那些简单的回归测试,多数用于脚本的初始化或用于演示。

(2) 结构化脚本:类似于结构化程序设计,具有各种逻辑(分支、循环)结构,而且具有函数调用功能。结构化脚本具有很好的可重用性、灵活性,易于维护。

(3) 共享脚本:指某个脚本可以被多个测试用例使用,即脚本语言允许一个脚本调用另一个脚本。可以将线性脚本转化为共享脚本。

(4) 数据驱动脚本:将测试输入存储在独立的(数据)文件中,而不是存储在脚本中。这样一个脚本可以针对不同的数据输入实现多个测试用例。

实际上,在建立脚本时,都是将几种技术结合起来应用,如结构化脚本和共享脚本技术经常是一起使用的。

测试脚本也是程序,所以应该遵守已有的编程标准和规范。用编程语言或脚本语言写出短小的程序来产生大量的测试输入(包括输入数据与操作指令),或同时也按一定的逻辑规律产生标准输出。输入与输出的文件名字,统一进行规划,按规定进行配对,以便进行自动化测试结果的对比分析。自动测试应该是整个开发过程中的一个有机部分。自动测试要依靠配置管理来提供良好的运行的环境,同时它必须与开发中的软件的构建紧密配合。

只要是程序,就可能存在缺陷,所以在实际执行测试任务之前,对脚本进行测试以发现脚本中的缺陷,保证测试脚本的正确性。测试脚本相对简单,其测试也相对容易。在实际应用中发现问题,不是被测试的对象有问题,就是测试脚本或测试工具自身有问题,总之,问题容易被发现。

14.4　测试目标实现的完整性和有效性

测试的目标很清楚,就是验证软件是否和软件产品规格说明书一致,并确认所实现的正确功能是否是客户所需要的功能。测试的整体目标可以分解为各个具体的目标,即完成系统的组件、模块和子系统的集成测试;在集成后的系统基础上,完成功能测试、适用性测试、性能测试、容量测试、容错性测试、安全性测试、安装测试和验收测试等。

14.4.1　集成测试

集成测试阶段,测试方法是动态变化的,从白盒测试方法向黑盒测试方法逐渐过渡。在自底向上集成的早期,白盒测试方法占较大的比例,随着集成测试的不断深入,这种比例在测试过程中将越来越少,渐渐地,黑盒测试慢慢占据着主导地位。

集成模式是软件集成测试中的策略体现,其重要性是明显的,直接关系到测试的效率、结果等,一般要根据具体的系统来决定采用哪种模式。集成测试基本可以概括为以下两种。

- 非渐增式测试模式:先分别测试每个模块,再把所有模块按设计要求一次全部组装成所要的系统,然后进行整体测试。
- 渐增式测试模式:把下一个要测试的模块同已经测试好的模块结合起来进行测试,测试完以后再把下一个模块结合进来测试。

非渐增式测试时可能发现一大堆错误,为每个错误定位和纠正非常困难,并且在改正一个错误的同时又可能引入新的错误,新旧错误混杂,更难断定出错的原因和位置。与之相反的是渐增式集成模式,程序一段一段地扩展,测试的范围一步一步地增大,错误易于定位和纠正,接口的测试亦可做到完全彻底。两种模式中,渐增式测试模式虽然需要编写的 Driver 或 Stub 程序较多、发现模块间接口错误相对稍晚,但渐增式测试模式还是具有比较明显的优势。

当今的优秀实践采用持续集成方式,如果不采用持续集成策略,开发人员经常需要集中开会来分析软件究竟在什么地方出了错。因为某个程序员在写自己这个模块代码时,可能会影响其他模块的代码,造成与已有程序的变量冲突、接口错误,导致被影响的人还不知道发生了什么,缺陷就出现了。随着时间的推移,问题会逐渐恶化。通常,在集成阶段出现的缺陷早在几周甚至几个月之前就已经存在了。结果,开发者需要在集成阶段耗费大量的时间和精力来寻找这些缺陷的根源。如果使用持续集成,这样的缺陷绝大多数在引入的第一天就会被发现。由于一天之中发生变动的部分并不多,因此可以很快找到出错的位置。这也就是为什么进行每日构建软件包的原因。持续集成可以提高软件开发的质量与效率。

概念：持续集成

持续集成(Continuous Integration,CI)是敏捷开发的最佳实践,是持续地将代码集成到同一个分支或主干,然后编译、测试、打包的过程,而且这个过程借助工具(如Jenkins)实现自动化调度和实施。持续集成,意味着每天至少完成一次代码集中的版本构建,也就意味着每天可能会发生多次集成。每次集成都通过自动化的构建和自动化测试来验证,从而尽早地发现集成错误,也容易定位错误。它可以实现产品的快速迭代,同时还能保持较高的代码集成质量。

14.4.2　功能测试和适用性测试

功能测试一般在完成集成测试后进行,而且是针对应用系统进行测试。功能测试基于产品功能说明书,在已知产品所应具有的功能,从用户角度进行功能验证,以确认每个功能是否都能正常使用,是否实现了产品规格说明书的要求,是否能适当地接收输入数锯而产生正确的输出结果等。功能测试,包括用户界面测试、各种操作的测试、不同的数据输入、逻辑思路、数据输出和存储等的测试。对于功能测试,针对不同的应用系统,其测试内容的差异很大,但一般都可归为界面、数据、操作、逻辑、接口等几个方面。如:

- 程序安装、启动正常,有相应的提示框、适当的错误提示等。
- 每项功能符合实际要求。
- 系统的界面清晰、美观;菜单、按钮操作正常、灵活,能处理一些异常操作。
- 能接受正确的数据输入,对异常数据的输入可以进行提示、容错处理等。
- 数据的输出结果准确,格式清晰,可以保存和读取。
- 功能逻辑清楚,符合使用者习惯。
- 系统的各种状态按照业务流程而变化,并保持稳定。
- 支持各种应用的环境,能配合多种硬件周边设备,与外部应用系统的接口有效。
- 软件升级后,能继续支持旧版本的数据。

软件产品以软件的客户为出发点,好的用户界面,除了正确性和实用性,还包括另外5个要素:符合标准和规范、直观性、一致性、灵活性和舒适性。

(1) 符合标准和规范:软件在现有的平台上运行,通常标准是已经确立的(如Mac或者Windows),这些规则和约定也是功能测试的依据。这些标准和规范是在大量实践基础上随着时间而沉淀下来的方便用户的各种规则和约定,如软件菜单格式、快捷键、复选框和单选按钮的界面,使用提示信息、警告信息或者严重警告信息等特定场合。

(2) 直观性:首先,考虑所需的功能或期待的响应明显并在预期的地方出现。其次,要考虑用户界面的组织和布局是否合理,界面是否洁净、不拥挤以及是否有多余的功能,是否太复杂难以掌握等因素。

(3) 一致性:软件自身的一致性以及软件与其他软件的一致性。字体和界面的各元素风格是否一致是比较容易判定的,而较难的一致性判断体现在用户操作方式上。用户习惯于将某一程序的操作方式带到另一个程序中使用。例如,在Windows平台客户已经习惯用Ctrl+C组合键表示复制操作,而在软件中将复制操作的快捷键定义为其他键,必定会给用户造成挫败感,难以接受。

(4)灵活性:软件可以选择不同的状态和方式,完成相应的功能。但灵活性也可能发展为复杂性,太多的状态和方式的选择增加的不仅仅是用户理解和掌握的困难程度,多种状态之间的转换,增加了编程的难度,更增加了软件测试的工作量。

(5)舒适性:人们对舒适的理解各不相同,但总体上要求恰当的表现、合理的组织、色调和谐、必要的提示等。

14.4.3 性能测试和容量测试

对于软件应用系统,特别是那些实时和嵌入式系统,软件实现了用户所需要的功能,也不能保证用户的满意度很高。例如,主要功能运行时慢如蜗牛,用户一定会弃之不用。系统的性能一般在产品需求文档中定义,一般有以下3种方法。

- 给出产品性能的主要指标。例如,在 100 000 个记录中查询一个特定数据的时间为 0.5s。
- 以某个已发布的版本为基线。例如,比上一个版本的性能提高 30%～50%。
- 和竞争对手的同类产品作比较。

1. 性能测试

性能测试,一般通过测试工具模拟人为的操作进行。性能测试的重点在于前期数据的设计与后期数据的分析。因为性能测试需要获得特定条件下(如 100、200、500、1000 个实时的连接)的系统占用资源(CPU、内存等)数据或系统行为表现,而且还要依靠测试工具或软件系统记录下这些指标变化的数据结果。例如,如果对一个 Browser/Server 结构的网络实时在线的培训系统软件进行测试,系统性能焦点是在不同数量的并发连接下,服务器的CPU、内存的占用率、客户端的响应时间等,如表 14-3 所示。

表 14-3 HTTP 连接性能表

HTTP	1×5	1×50	1×100	1×300	1×500	1×600	1×700	1×800	1×900	...	10×5	60×5
CPU/%	1.2	2.5	4.5	11	20	20	28	23	25	...	4	24
物理内存/MB	55	45	38	38	32	48	75	46	37	...	178	232
虚拟内存/MB	836	841	831	855	865	858	867	874	884	...	871	1472
加入时间/s	12.04	12.14	11.6	15.48	126.1	104.76	168.1	123.7	218.11	...	12.01	9.17
建会时间/s	12.01	11.35	12.38	13.32	13.63	14.06	14.35	14.98	17.68	...	10.9	11.39
延时/s	...	...	...	...	...	...	...	...	...	...	...	...
断开时间/s	8.58	9.11	7.94	9.09	8.26	8.35	8.46	11.41	11.1	...	8.79	8.22

测试过程中,并发连接的不断增加(负载的增加)在系统性能上的表现越来越明显。在系统性能测试时,加载过程中每到一个测试点时须让系统平稳运行一段时间后再获取数据,以消除不同测试点的相互影响。从表中可以看出,同样是 300 个用户,1×300 与 60×5 的性能表现差别很大,加载的方式对系统性能影响也较大,所以,尽量模拟不同的加载方式进行系统的性能测试。除此之外,还可以测试 TCP、HTTPS 等不同连接方式下的数据进行比较。通过比较和分析,可以清楚知道系统的性能状况,以及什么样的条件下系统性能达到最佳状况,什么地方是性能的瓶颈。性能测试要求测试环境应尽量与产品运行环境保持一致,

应单独运行,尽量避免与其他软件同时使用。

2. 容量测试

通过性能测试,如果找到系统的极限或苛刻环境中系统的性能表现,就一定程度上完成了负载测试和容量测试。容量可以看作系统性能指标中特定环境下的一个特定性能指标,即设定的界限或极限值。

容量测试目的是通过测试预先分析出反映软件系统应用特征的某项指标的极限值(如最大并发用户数、数据库记录数等),系统在其极限值状态下没有出现任何软件故障,还能保持主要功能正常运行。容量测试还将确定测试对象在给定时间内能够持续处理的最大负载或工作量。对软件容量的测试,能让软件开发商或用户了解该软件系统的承载能力或提供服务的能力,如某个电子商务网站所能承受的同时进行交易或结算的在线用户数。知道了系统的实际容量,如果不能满足设计要求,就应该寻求新的技术解决方案,以提高系统的容量。有了对软件负载的准确预测,不仅能对软件系统在实际使用中的性能状况充满信心,同时也可以帮助用户经济地规划应用系统,优化系统的部署。

3. 强度测试或压力测试

强度或压力测试是在一种需要异常数量、频率或资源的方式下,执行可重复的负载测试,以检查程序对异常情况的抵抗能力,找出性能瓶颈。异常情况,主要指那些峰值、极限值、大量数据的长时间处理等,包括:

- 连接或模拟了最大(实际或实际允许)数量的客户机;
- 所有客户机在长时间内执行相同的性能可能最不稳定的重要业务功能;
- 已达到最大的数据库大小,并且同时执行多个查询或报表事务;
- 当中断的正常频率为每秒一至两个时,运行每秒产生 10 个中断的测试用例;
- 运行可能导致虚存操作系统崩溃或大量数据对磁盘进行存取操作的测试用例等。

压力测试可以分为稳定性测试和破坏性测试。

(1) 稳定性压力测试。在选定的压力值下,持续运行 24 小时以上的测试。通过压力测试,可以考察各项性能指标是否在指定范围内,有无内存泄漏,有无功能性故障等。

(2) 破坏性压力测试。在压力稳定性测试中可能会出现一些问题,如系统性能明显降低,但很难暴露真实的原因。通过破坏性不断加压的手段,往往能快速造成系统的崩溃或让问题明显地暴露出来。

在压力测试中,会给程序加上一些跟踪机制(如 Log、日志等),然后查看监视系统、服务器等性能的日志文件是必要的,找出问题出现的关键时间或检查测试运行参数,通过分析问题或参数从而有目的地调整测试策略或测试环境,使压力测试结果真实地反映软件的性能。

综上所述,压力测试、容量测试和性能测试的手段和方法很相似,有时可以交织在一起进行测试。压力测试的重点在于发现功能性测试所不易发现的系统方面的缺陷。容量测试和性能测试更着力于提供性能与容量方面的数据,以供软件开发商参考、改进或进行广告宣传。

14.4.4 容错性测试和安全性测试

容错性测试和安全性测试容易被忽视,但这两项测试越来越重要。容错性对系统的稳定性、可靠性影响很大,随着网络应用、电子商务、电子政务等越来越普及,安全性越来越重要。容错性测试和安全性测试,相对来说是比较难的,需要得到足够关注,需要得到设计人员、开发人员的更多参与。

1. 容错性测试

我们已经从 14.3.1 节知道,容错性测试包括两个方面的测试。

(1) 输入异常数据或进行异常操作,以检验系统的保护性。如果系统的容错性好,系统只给出提示或内部消化掉,而不会导致系统出错甚至崩溃。

(2) 灾难恢复性测试。通过各种手段,强制性地让软件发生故障,然后验证系统已保存的用户数据是否丢失,系统和数据是否能很快恢复。

关于自动恢复测试,需验证重新初始化、检查点、数据恢复和重新启动等机制的正确性;对于人工干预的恢复系统,还需估测平均修复时间,确定其是否在可接受的范围内。

从容错性测试的概念可以看出,容错测试是一种对抗性的测试过程。要测试软件出现故障时,如何进行故障的转移与恢复有用的数据。故障转移(failover)是确保测试对象在出现故障时,能成功地将运行的系统或系统某一关键部分转移到其他设备上继续运行,即备用系统不失时机地"顶替"发生故障的系统,以避免丢失任何数据或事务,不影响用户的使用。要进行故障转移的全面测试,一个好的方法是将测试系统全部对象用一张系统结构图描绘出来,对图中的所有可能发生的故障点设计测试用例。如果系统结构图中,存在单点失效的关键对象,就是设计的缺陷。

2. 安全性测试

在进行安全测试时,测试人员假扮非法入侵者,采用各种办法试图突破防线。例如:

- 想方设法截取或破译口令。
- 专门开发软件破坏系统的保护机制。
- 故意导致系统失败,企图趁恢复之机非法进入。
- 试图通过浏览非保密数据,推导所需信息等。

安全性一般分为两个层次,即应用程序级别的安全性和系统级别的安全性,针对不同的安全级别,其测试策略和方法也不相同。

- 应用程序级别的安全性,包括对数据或业务功能的访问,在预期的安全性情况下,操作者只能访问应用程序的特定功能和有限的数据。其测试是核实操作者只能访问其所属用户类型已被授权访问的那些功能或数据。测试时,确定有不同权限的用户类型,创建各用户类型并用各用户类型所特有的事务来核实其权限,最后修改用户类型并为相同的用户重新运行测试。
- 系统级别的安全性,可确保只有具备系统访问权限的用户才能访问应用程序,而且只能通过相应的网关来访问,包括对系统的登录或远程访问。其测试是核实只有具备系统和应用程序访问权限的操作者才能访问系统和应用程序。

14.4.5 回归测试

在软件生命周期中,会由于增加新的功能、增强原有的功能或修正所发现的缺陷而修改软件,一旦软件被修改了,就可能引起新的缺陷,使原来工作正常的功能出现问题。回归测试的目的就是在程序有修改的情况下保证原有功能正常的一种测试策略和方法,因为这时的测试一般不需要从头到尾进行全面测试,而是根据修改的情况和由修改引起的影响面进行有效的测试。另一方面看,由于扩充和维护的测试用例库可能变得相当庞大,每次回归测试都重新运行完整的测试用例包变得不切实际,时间和成本约束不允许。所以,需要根据软件修改所影响的范围,从测试用例库中选择相关的测试用例,构造一个优化的测试用例组来完成回归测试。

回归测试的价值在于它是一个能够检测到回归错误的受控实验。当测试组选择缩减的回归测试时,有可能忽略了那些将揭示回归错误的测试用例,从而错失了发现回归错误的机会。然而,如果采用了代码相依性分析等安全的缩减技术,就可以决定哪些测试用例可以被删除而不会影响回归测试的结果。选择回归测试方法应该兼顾测试风险(覆盖面)和有效性两个方面,根据项目实际情况,达到平衡。

(1) 基于风险选择测试。基于一定的风险标准来从测试用例库中选择回归测试包。首先运行最重要的、关键的和可疑的测试,而跳过那些次要的、例外的测试用例或那些功能相对很稳定的模块。运行那些次要用例即便发现缺陷,这些缺陷的严重性也较低。

(2) 基于操作剖面选择测试。如果测试用例是基于软件操作剖面开发的,测试用例的分布情况反映了系统的实际使用情况。回归测试所使用的测试用例个数可以由测试预算确定。回归测试可以优先选择那些针对最重要或最频繁使用功能的测试用例,释放和缓解最高级别的风险,有助于尽早发现那些对可靠性有最大影响的故障。

(3) 再测试修改的部分。当测试者对修改的局部化有足够的信心时,可以通过相依性分析识别软件的修改情况并分析修改的影响,将回归测试局限于被改变的模块和它的接口上。通常,一个回归错误一定涉及被修改的或新加的代码。在允许的条件下,回归测试尽可能覆盖受到影响的部分。这种方法可以在一个给定的预算下最有效地提高系统可靠性,但需要良好的经验和深入的代码分析。

回归测试作为软件生命周期的一个组成部分,在整个软件测试过程中占有很大的工作量比重,软件开发的各个阶段都可能需要进行多次回归测试。在渐进和快速迭代开发中,新版本的连续发布使回归测试进行得更加频繁,而在极限编程方法中,更是要求每天都进行若干次回归测试。因此,通过选择正确的回归测试策略改进回归测试的效率和有效性是非常有意义的。

14.4.6 安装测试

安装测试是指按照软件产品安装手册或相应的文档,在和用户使用该产品完全一样的环境中或相当于用户使用环境中,进行一步一步的安装同时所做的测试。安装测试主要进行以下 3 个方面的测试。

(1) 环境的不同设置或配置。强调用户的使用环境,考虑各种环境因素的影响,如一个完全崭新的、非常干净的操作系统或应用系统之上进行某个产品的安装,或者是考虑各种硬件接口的要求。

(2) 安装文档的准确性。进行安装测试时,必须一步一步地完全按照文档去做(如复制文档指令,粘贴到系统安装相应地方),不能下意识地使用已有的经验去纠正安装不对的地方。

(3) 安装的媒体制作是否有问题,包括最后制作时可能会丢了一个文件,或感染上计算机病毒等。

安装测试有时容易被忽略,如果没做好,损失依然很大,如必须换回全部安装盘,重印安装手册,或加重技术支持负担,所以安装测试也是一个重要的测试阶段。

14.5　测试的过程评审和质量保证

在14.3节,我们探讨了测试方法的应用之道,测试方法是测试中的灵魂,可以使测试工作事半功倍,但是测试方法还得靠良好的测试过程去支持。过程的质量重要性在软件测试中依然适用,良好的测试过程是保证测试件(Test Ware)质量的关键因素之一。通过严格的、规范的、科学的测试过程,可以保证测试计划、测试用例、测试结果、测试报告等具有良好的质量,以正确地评估产品的质量。

14.5.1　测试计划的有效性和全面性

无论做什么工作,都是计划先行,然后按照所制订的计划去执行、跟踪和控制。软件测试也一样,先制订测试计划是做好整个测试工作的前提。在进行实际测试之前,应制订良好的、切实可行的、有效的测试计划。软件测试计划的目标是提供一个测试框架,不断收集产品特性信息,对测试的不确定性(测试范围、测试风险等)进行分析,将不确定性的内容慢慢转化为确定性的内容。该过程最终使得我们对测试的范围、用例数量、工作量、资源和时间等进行合理的估算,从而对测试策略、方法、人力、日程等做出决定或安排。

1. 测试计划的要点

测试规划与软件开发活动同步进行,在需求分析时,就开始测试策划,确定测试需求、目标、资源等。测试计划可以按不同的测试阶段(集成测试、系统测试等)来组织,也可以按每个测试任务或目标(安全性、性能、可靠性等测试)进行考虑。

测试计划主要集中在测试目标、质量标准、测试策略、测试范围、测试用例设计方法、所需资源和日程安排等,其关键是制订有效的测试策略,界定测试范围,识别测试中所存在的各种风险并找出风险回避、监控和管理的方法,针对不同的测试目标或阶段确定测试方法,对测试工作量及所需的资源、时间进行合理的估算。所有这些,都是为了两个根本目的:测试的质量和效率。

2. 制订测试策略

制订测试策略主要分析测试的目标和质量指标,确定测试的对象和依据、测试的重点和所采用的方法,包括在规定的时间内哪些测试内容要完成,软件产品的特性或质量在哪些方面得到确认。测试策略可以分为:

- 基于测试技术的测试策略。根据软件系统的技术构成和层次结构,着重考虑如何分层测试,选择哪些测试工具,如何将白盒测试和黑盒测试有机地结合起来等。
- 基于测试方案的综合测试策略。根据测试的目标和范围,着重考虑如何更好地满足测试需求,如何让功能测试、适用性测试和兼容性测试等进行有机结合,如何充分利用测试资源,如何更有效地完成回归测试等。

为了更好地制订测试策略,要做到:

- 全面细致地了解产品的项目信息,包括应用领域、测试范围、市场需求、产品特点、主要功能和技术架构。

- 基于模块、功能、系统、版本、性能、配置和安装等各个因素对产品质量的影响,客观地、全面地展开测试计划。
- 根据软件单元在系统结构的重要性差异和一旦发生故障将给客户造成的损失大小,来确定软件测试的等级、重点和先后顺序。
- 需要在测试用例数和测试覆盖率上进行权衡而获得一个平衡点,以便使用尽可能少的有效测试用例去发现尽可能多的程序错误。测试不足意味着让用户承担隐藏错误带来的危险;同时反过来看,过度测试则又会浪费许多宝贵的资源或延误软件产品的发布时间。

3. 确定测试范围

测试主要依据"产品设计规格说明书"和代码所发生的变化及其影响的区域,来确定哪些功能和特性需要进行测试,哪些功能和特性不需要进行测试。确定测试范围时,主要考虑的因素如下。

- 优先级最高的需求功能。
- 新增加的功能和编码改动较大的已有功能。
- 容易出现问题的部分功能。
- 过去测试不够充分的地方。
- 经常被用户使用的功能和配置(占20%)。

4. 所需资源和日程安排

为了合理、准确地安排日程,需要对测试工作量进行正确的估计。除了对工作量的估计,还要正确评估参与该项目人员的培训时间、适应过程和工作能力等。由于涉及不同的项目、不同的测试人员、不同的前期介入方式,要对每人每天能够完成的平均测试用例数目做出一个准确的估计确实很困难,但是可以根据以前一些项目测试的经验或历史积累下来的数据进行判断推理,并适当增加10%～20%的余量,估算结果就比较准确了。

在估算的基础上,进行有效的、合理的资源安排。不同的测试阶段人力资源的需求是不一样的,所以人力资源的计划要有一定的灵活性和动态性,形成有机的动态平衡,保证测试的进度和资源的使用效率。

5. 编制测试计划的技巧

要做好测试计划,测试设计人员要仔细阅读有关资料,包括用户需求规格说明书、设计文档等,全面熟悉系统,并建议注意以下方面。

(1) 让所有合适的相关人员参与测试项目的计划制订,特别是在测试计划早期。

(2) 测试所需的时间、人力及其他资源的预估,尽量做到客观、准确、留有余地。

(3) 测试项目的输入、输出和质量标准,应与各方达成一致。

(4) 建立变化处理的流程规则,识别出在整个测试阶段中哪些是内在的、不可避免的变化因素,加以控制。

6. 测试项目计划的评审

测试项目的计划不可能一气呵成,而是要经过计划初期、起草、讨论、审查等不同阶段,才能将测试计划制订好。测试计划的评审是完成测试计划关键的一个环节,包括测试组织内部的自我评审、讨论和修改,然后交到评审会进行正式的评审,直至测试计划得到审批。

测试计划的正式评审,项目中的每个人(产品经理、项目经理、开发工程师等)都应当参与。计划的审查是必不可少的,每一个参与者都可能根据其经验及专长提出问题或建议,弥补在测试范围、工作量、风险等各方面的不足,进一步完善测试计划。

14.5.2 测试用例的复审

测试用例的设计是整个软件测试工作的核心。测试用例反映对被测对象的质量要求和评估范围,决定测试的效率和测试自身的质量。所以对测试用例的评审,就显得非常重要。测试用例设计完成之后,要经过非正式和正式的复审和评审,详见第9章。在测试用例审查、评审过程中,主要检查下列内容。

- 测试用例设计的整体思路是否清晰,是否清楚系统的结构和逻辑从而使测试用例的结构或层次清晰,测试的优先级或先后次序是否合理。
- 测试用例设计的有效性,测试的重点是否突出,即是否抓住修改较大的程序或系统的薄弱环节等。
- 测试用例的覆盖面,有没有考虑产品使用中一些特别场景(scenario),以及一些边界和接口的位置。
- 测试用例的描述,前提条件是否存在,步骤是否简明清楚,期望结果(criteria)是否符合产品规格说明书或客户需要。
- 测试环境是否准确,测试用例有没有正确定义测试所需要的条件或环境。
- 测试用例的复用性和可维护性,良好的测试用例将会具有重复使用的功能,保证测试的稳定性。
- 测试用例是否符合其他要求,如可管理性、易于自动化测试的转化等。

测试用例经过评审后,根据评审意见做出修改,然后继续评审,直至通过评审。在以后的测试中,如果有些被发现的缺陷,没有测试用例,应及时添加新的测试用例或修改相应的测试用例。和软件缺陷相关的测试用例是更有效的测试用例,其执行的优先级也高。通过测试用例所发现的缺陷占所有软件缺陷的比值,是衡量测试用例质量和有效性的方法之一。

14.5.3 严格执行测试

虽然我们都认为,有效的测试计划是进行测试用例设计、测试执行的指导性文件,是成功测试的前提和必要条件。测试用例设计是测试工作的核心,测试用例的成功设计已经完成了一半的测试任务。但是测试的执行是基础,是测试计划和测试用例实现的基础,严格的测试执行使测试工作不会半途而废。测试执行的管理相对复杂,在整个测试执行阶段,我们需要面对一系列问题,如:

- 如何确保测试环境满足测试用例所描述的要求?
- 如何保证每个测试人员清楚自己的测试任务和要达到的目标?
- 如何保证每个测试用例得到百分之百的执行?
- 如何保证所报告的软件缺陷正确、描述清楚、没有漏掉信息?
- 如何在验证 Bug 或新功能与回归测试之间寻找平衡?
- 如何跟踪 Bug 处理的进度使严重的 Bug 及时得到解决?

要实现上述目标,得到一个真实、符合要求的执行过程,需要很好地全程跟踪测试过程,进行过程度量和评审,借助有效的测试管理系统等来实现。主要的方法和措施如下。

（1）增强测试人员的素质和责任心,树立良好的质量文化意识和专业素质,奖惩分明。

（2）严格审查测试环境,包括硬件型号、网络拓扑结构、网络协议、防火墙或代理服务器的设置、服务器的设置、应用系统的版本,包括被测系统以前发布的各种版本和与其相关的或依赖性的产品。

（3）将要执行的所有测试用例进行分类,构造成测试套件(test suite)。在此基础上建立要执行的测试任务,这样任务的分解有助于进度和质量的有效控制,减少风险。

（4）所有测试用例、测试套件、测试任务和测试执行结果,都通过测试管理系统进行管理,使测试执行的操作和过程记录在案,具有良好的可跟踪性、控制性和追溯性,容易控制好测试进度和质量。

（5）对每个阶段的测试结果进行分析,保证阶段性的测试任务得到完整的执行并达到预定的目标。

（6）缺陷的跟踪和管理一般由数据库系统执行,容易对缺陷进行跟踪、统计分析和趋势预测,并设定一些有效的规则和流程来配合测试执行。例如,通过系统自动发出邮件给相应的开发人员和测试人员,使得任何缺陷都不会被错过,并能得到及时处理。

（7）良好的沟通,不仅和测试人员保持经常的沟通,还可以和项目组的其他人员保持有效的沟通,如每周例会,可以及时发现测试中问题或不正常的现象。

14.5.4 准确报告软件缺陷

软件缺陷的描述是软件缺陷报告的基础部分,也是测试人员就一个软件问题与开发小组交流的最初且最好的机会。一个好的描述,需要使用简单的、准确的、专业的语言来抓住缺陷的本质。否则,它就会使信息含糊不清,可能会误导开发人员。准确报告软件缺陷是非常重要的,因为:

（1）清晰准确的软件缺陷描述可以减少软件缺陷从开发人员返回的数量。

（2）提高软件缺陷修复的速度,使每一个小组能够有效地工作。

（3）提高测试人员的信任度,可以得到开发人员对清晰的软件缺陷描述有效的响应。

（4）加强开发人员,测试人员和管理人员的协同工作,让他们可以更好地合作。

在多年实践的基础上,我们积累了较多的软件缺陷的有效描述规则,主要如下。

（1）单一准确。每个报告只针对一个软件缺陷。在一个报告中报告多个软件缺陷的弊端是常常会导致缺陷部分被注意和修复,不能得到彻底的修正。

（2）可以再现。提供缺陷的精确操作步骤,使开发人员容易看懂,可以自己再现这个缺陷,通常情况下,开发人员只有再现缺陷,才能正确地修复缺陷。

（3）完整统一。提供完整、前后统一的软件缺陷的步骤和信息,如图片信息、Log文件等。

（4）短小简练。通过使用关键词,可以使软件缺陷的标题描述既短小简练,又能准确解释产生缺陷的现象。如"主页的导航栏在低分辨率下显示不整齐"中的"主页""导航栏""分辨率"等是关键词。

（5）特定条件。许多软件功能在通常情况下没有问题,而是在某种特定条件下会存在缺陷,所以软件缺陷描述不要忽视这些看似细节但又必要的特定条件(如特定的操作系统、浏览器或某种设置等),如"搜索功能在没有找到结果返回时跳转页面不对"。

(6) 补充完善。从发现 Bug 那一刻起,测试人员的责任就是保证它被正确地报告,并且得到应有的重视,并继续监视其修复的全过程。

(7) 不做评价。在软件缺陷描述不要带有个人观点,对开发人员进行评价。软件缺陷报告是针对产品、针对问题本身,将事实或现象客观地描述出来,不需要任何评价或议论。

14.5.5 提高测试覆盖度

测试覆盖度评估是软件测试的一个阶段性的结论,用所生成的测试评估报告确定测试是否达到完全和成功的标准,所以说,测试覆盖率是用来衡量测试完成多少的一种量化的标准。测试评估贯穿整个软件测试过程,可以在测试每个阶段结束前进行,也可以在测试过程中某一个时间进行,目的只有一个,提高测试覆盖度,保证测试的质量。通过不断的测试覆盖度评估或测试覆盖率计算,及时掌握测试的实际状况与测试覆盖度目标的差距,及时采取措施,提高测试的覆盖度。

系统的测试活动,依据测试目标,建立在至少有一个测试覆盖策略基础上,而覆盖策略是帮助进行测试覆盖度的有效评估。覆盖策略有:

- 基于需求的测试覆盖评估,依赖于对已执行/运行的测试用例的核实和分析,所以基于需求的测试覆盖评测就转化为评估测试用例覆盖率,测试的目标是确保 100% 的测试用例全部成功地执行。
- 基于代码的测试覆盖评估,是对被测试的程序代码语句、路径或条件的覆盖率分析。如果应用基于代码的覆盖,则测试策略是根据测试已经执行的源代码的多少来表示的。这种测试覆盖策略类型对于安全至上的系统来说非常重要。

如果测试需求已经完全分类,则基于需求的覆盖策略可能足以生成测试完全程度评测的量化指标。例如,如果已经确定了所有性能测试需求,则可以引用测试结果得到评测,如已经核实了 90% 的性能测试需求。除此之外,如果测试软件的数量较大,还要考虑数据量。

14.5.6 测试结果分析和质量报告

测试报告和质量报告是测试人员的主要成果之一。一个好的测试报告,是建立在正确的、足够的测试结果的基础之上的,不仅要提供必要的测试结果的实际数据,同时还要对结果进行分析,发现产品中问题的本质,对产品质量进行准确的评估。

1. 缺陷分析

对缺陷进行分析,确定测试是否达到结束的标准,也就是判定测试是否已达到用户可接受的状态。在评估缺陷时应遵照缺陷分析策略中制订的分析标准,最常用的缺陷分析方法如下。

(1) 缺陷分布报告。允许将缺陷计数作为一个或多个缺陷参数的函数来显示,生成缺陷数量与缺陷属性的函数,如缺陷在程序模块的横向分布,严重性缺陷在不同的模块的分布等。

(2) 缺陷趋势报告:按各种状态将缺陷计数作为时间的函数显示,如缺陷数量在整个测试周期的时间分布。趋势报告可以是累计的,也可以是非累计的,可以从中看出缺陷增长和减少的趋势。

(3) 缺陷年龄报告:这是一种特殊类型的缺陷分布报告,显示缺陷处于活动状态的时间,展示一个缺陷处于某种状态的时间长短,从而了解处理这些缺陷的进度情况。

(4)测试结果进度报告:展示测试过程在被测应用的几个版本中的执行结果以及测试周期,显示对应用程序进行若干次迭代和测试生命周期后的测试过程执行结果。

同时,也可以在项目结束后进行缺陷分析,以改进开发和测试进程,如:

- 通过缺陷(每日或每周新发现的缺陷)趋势分析了解测试的效率,也可根据丢失的Bug数和发现的总Bug数,了解测试的质量。可以根据执行的总测试用例数,计算出每发现一个Bug所需要的测试用例数、测试时间等,对不同阶段、不同模块等进行对比分析。

- 通过缺陷数量在模块的分布情况,可以掌握程序代码的质量,如通过对每千行代码所含的Bug数分析,了解程序代码质量。通过缺陷(每日或每周修正/关闭的缺陷)趋势分析开发团队解决Bug的能力或状态。

2. 产品总体质量分析

对测试的结果进行整理、归纳和分析,一般借助于Excel文件、数据库和一些直方图、圆饼图、趋势图等进行分析和表示,主要的方法有对比分析、根本原因(Root Cause)查找、问题分类、趋势(时间序列)分析等。

(1)对比分析:软件执行测试结果与标准输出的对比工作,因为可能有部分的输出内容是不能直接对比的(例如,对运行的日期时间的记录,对运行的路径的记录,以及测试对象的版本数据等),需要用程序进行处理。

(2)根本原因查找:找出不吻合的地方并指出错误的可能起因。

(3)问题分类:"分类"包括各种统计上的分项如对应的源程序的位置,错误的严重级别(提示、警告、非失效性错误、失效性错误等),新发现的还是已有记录的错误。

(4)趋势(时间序列)分析:根据所发现的软件缺陷历史数据进行分析,预测未来情况。

其他统计分析,通过对缺陷进行分类,然后利用一些成熟的统计方法对已有数据进行分析,以了解软件开发中主要问题或产生问题的主要原因,从而比较容易提高软件质量。

14.6　软件测试组织和管理

测试过程中,每个阶段测试的具体任务和要求不一样,但软件测试工作的基本范畴是一样的,可以分为两个层次。

(1)软件测试工作的组织与管理:制订测试策略和测试计划,确认所采用的测试方法与规范,控制测试进度,管理测试资源。

(2)测试工作的实施:包括编制符合标准的测试文档,搭建测试环境,与开发组织协作实现各阶段的测试活动。

14.6.1　测试项目的管理原则

软件测试项目管理是软件工程的保护性活动。它先于任何测试活动之前而开始,且持续贯穿于整个测试项目的定义、计划和测试之中。软件测试项目的过程管理能否成功,通常受到3个核心层面的影响,即项目组内环境、项目所处的组织环境和整个开发流程所控制的全局环境。这3个环境要素直接关系到软件项目的可控性。项目组管理模型与项目过程模型、组织支撑环境和项目管理接口是上述3个环境中各自的核心要素。除此之外,为了保证测试项目过程的成功管理,坚持下列的测试项目管理原则是非常必要的。

（1）始终能够把质量放在第一位。测试工作的根本在于保证产品的质量,应该在测试小组中建立起"质量是企业生存之本"的观念,建立一套相适应的质量责任制度。

（2）可靠的需求。应当有一个经各方一致同意的、清楚的、完整的、详细的和切实可行的需求定义。

（3）能够制订好测试策略、有计划地安排系统的解决方案、制订合理的时间表。为测试计划制订、测试用例设计、测试执行(特别是系统测试)以及它们的评审等留出足够的时间,不应使用突击的办法完成项目。

（4）充分测试并尽早测试。每次改错或变更后,都应重新测试。项目计划中要为改错、再测试、变更留出足够时间。

（5）遇到问题,能准确地判断是技术问题还是流程问题,更关注流程上的问题,从而从根本上解决问题,而不是只治标不治本。

（6）通用项目管理原则,如流畅的有效沟通、文档的一致性和及时性、项目的风险管理等。

14.6.2　测试资源的合理分配

测试资源的分配,不仅要考虑测试团队的构成,而且要考虑不同项目所需要的人数及对人员的要求是不同的。其次,软件测试项目所需的人员和要求在各个阶段是不同的。

（1）在初期需要项目经理或测试组长介入,为测试项目提供总体方向,制订测试策略和测试计划,申请系统资源。

（2）在测试前期,需要一些比较资深的测试设计、开发人员对被测软件进行详细了解,做测试评估、测试需求的分解,设计测试用例、开发测试脚本。

（3）在测试中期,主要是测试执行,要看测试自动化实现的程度。如果测试自动化程度高,人力的投入没有明显的增加;如果测试自动化程度低,测试执行的人员要求多,需要比较早的计划,保证足够的资源。

（4）在测试后期,资深的测试人员可以抽出部分时间去做新项目的准备工作。

一个有效的软件测试项目管理者(测试组长、QA经理或测试经理),在测试资源的分配上尽量做到合理,既不过于保守,浪费资源,也不过于激进,使资源的使用总是处于紧张状态,随时有"崩盘"的危险。所以,在资源分配和管理中,要做到以下几点。

- 合理分配任务,明确规定每一个人在测试工作中的具体任务、职责和权限,每个组员都明确自己该做什么、怎么做、负什么责任、做好的标准是什么。做到人人心中有数,为保证和提高产品质量(或服务质量)提供基本的保证。
- 在安排任务时,尽量考虑每个人不同的技术特长、能力、性格、工作风格等,因为资源需求的估计依赖于工作量的估计和每个工程师的能力评估。
- 在不同的测试阶段,可以进行人员的相互调换,起到相互补充、相互督促或控制的作用。

- 人员的安排应该有一个提前量和余量(buffer,10%左右),因为一个合格的测试人员可能需要一个较长的培训,要熟悉产品特性和适应测试流程。
- 做出最后安排决定之前,最好和每一个测试人员做一次沟通,达成共识。有良好的意识去关心组员,关注项目组员的情绪,以鼓励为主,不断激励员工,鼓舞士气,发挥每一位员工的潜力,注重团队的工作效率。

14.6.3　测试进度和成本的控制

项目的进度管理是一门艺术,是一个动态的过程,需要不断调度、协调,保证项目的均衡发展,实现项目整体的动态平衡。项目开始前的计划,对任务的测试需求的认识深度不够,此时进度表只是一个时间上的框架,在一定程度上靠计划制订者的经验把握。随着时间的推移、测试的不断深入,对任务会有进一步认识,对很多问题都不再停留在比较粗的估算上,项目进度表会变得越来越详细、越准确。

项目的进度管理主要通过里程碑、关键路径的控制并借助工具来实现,同时要把握好进度与质量、成本的关系,以及充分了解进度的速度和质量的双重特性。

1. 进度的速度和质量的双重特性

任何一项工作,开始总是很容易看到进度。例如,盖房子,从无到有,变化是很明显的。可是越到后来,它的进度越来越不明显。软件测试也是如此,测试之初,Bug比较容易被发现,但测试的进展并不是按Bug的数量计算的,越到后面,Bug越来越难发现。要提高测试进度的质量,将严重的、关键的问题在第一时间发现出来,这样才不至于在最后阶段使得开发人员要对代码做大规模的变动,进而无法保证测试的时间,从而影响软件的质量。这就是测试项目进度的速度和质量的双重特性,我们在关注进度的同时要把握好这两个特性,在注重进度速度的同时,还要看进度前期的质量。

2. 测试进度的管理方法

首先,尽量利用历史数据,从以前完成的项目进行类比分析,以确定质量和进度所存在的某种数量关系,控制进度和管理质量。可以采用对进度管理计划添加质量参数的方法,也就是通过参数调整进度和质量的关系。

其次,可以采用测试项目进度的度量方法:测试进度S曲线法和缺陷跟踪曲线法。在进度压力之下,被压缩的时间通常是测试时间,这导致实际的进度随着时间的推移,与最初制订的计划相差越来越远。如果有了正式的度量方法,这种情况就很难出现,因为在其出现之前就有可能采取了行动。

14.6.4　测试风险的管理

测试风险是不可避免的、总是存在的,所以对测试风险的管理非常重要,必须尽力降低测试中存在的风险,最大程度地保证质量和满足客户的需求。关于风险管理的方法,在4.1.2节中有较多介绍。在测试工作中,主要的风险如下。

(1) 质量需求或产品的特性理解不准确,造成测试范围分析的误差,结果某些地方始终测试不到或验证的标准不对。

(2) 测试用例没有得到百分之百的执行,如有些测试用例被有意或无意地遗漏。

(3) 需求的临时/突然变化,导致设计的修改和代码的重写,测试时间不够。

（4）质量标准不都是很清晰的，如适用性的测试，仁者见仁、智者见智。

（5）测试用例设计不到位，忽视了一些边界条件、深层次的逻辑、用户场景等。

（6）测试环境，一般不可能和实际运行环境完全一致，造成测试结果的误差。

（7）有些缺陷出现频率不是百分之百，不容易被发现；如果代码质量差，软件缺陷很多，被漏检的缺陷可能性就大。

（8）回归测试一般不运行全部测试用例，是有选择性的执行，必然带来风险。

前 3 种风险是可以避免的，而(4)至(7)的 4 种风险是不能避免的，可以降到最低。最后一种回归测试风险是可以避免，但出于对时间或成本的考虑，一般也是存在的。

针对上述软件测试的风险，有一些有效的测试风险控制方法，如：

（1）测试环境不对可以通过事先列出要检查的所有条目控制，在测试环境设置好后，由其他人员按已列出条目逐条进行检查。

（2）有些测试风险可能带来的后果非常严重，能否将它转化为其他一些不会引起严重后果的低风险。例如，产品发布前夕，在某个不是很重要的新功能上发现一个严重的缺陷，如果修正这个缺陷，很有可能引起某个原有功能上的缺陷。这时处理这个缺陷所带来的风险就很大，对策是去掉(diasble)那个新功能，转移这种风险。

（3）有些风险不可避免，就设法降低风险，如"程序中未发现的缺陷"这种风险总是存在，我们就要通过提高测试用例的覆盖率(如达到 99.9%)降低这种风险。

为了避免、转移或降低风险，事先要做好风险管理计划和控制风险的策略，并对风险的处理制订一些应急的、有效的处理方案，如：

- 在做资源、时间、成本等估算时，要留有余地，不要用到 100%。
- 在项目开始前，把一些环节或边界上可能会有的变化、难以控制的因素列入风险管理计划。
- 对每个关键性技术人员培养后备人员，做好人员流动的准备，采取一些措施确保人员一旦离开公司，项目不会受到严重影响，仍能可以继续下去。
- 制订文档标准，并建立一种机制，保证文档及时产生。
- 对所有工作多进行互相审查，及时发现问题，包括对不同的测试人员在不同的测试模块上相互调换。
- 对所有过程进行日常跟踪，及时发现风险出现的征兆，避免风险。

要想真正回避风险，就必须彻底改变测试项目的管理方式，针对测试的各种风险，建立一种"防患于未然"或"以预防为主"的管理意识。与传统的软件测试相比，全过程测试管理方式不仅可以有效降低产品的质量风险，而且还可以提前对软件产品缺陷进行规避，缩短对缺陷的反馈周期和整个项目的测试周期。

本 章 小 结

本章介绍了软件测试的任务和目标、测试的现实和原则。在此基础上，论述了测试的方法应用之道。

- 测试的三维构成和测试方法的辩证统一。

- 验证和确认缺一不可。
- 测试用例设计方法的综合运用。
- 测试工具的有效使用和开发高质量的测试脚本。

对于测试的不同阶段,通过介绍相应的要求、最佳实践和方法,完整地、有效地实现测试目标。测试过程的评审和质量保证可以通过下列各方面达到。

- 测试计划的有效性和全面性。
- 测试用例的复审。
- 严格执行测试和准确报告软件缺陷。
- 提高测试覆盖度。

最后,介绍软件测试组织和管理原则,包括测试资源的合理分配、进度和成本的控制以及测试风险的管理。

思 考 题

1. 如何进一步理解测试方法的辩证统一?
2. 在性能测试中,如何提高测试结果的准确性?
3. 测试计划的质量改进难点在哪里?
4. 如何管理好软件测试项目、降低测试的风险?
5. 如何根据测试结果评估软件产品的质量、软件开发过程的质量?

实验 8 移动 App 多项测试实验
（共 4 学时,实验可选）

一、实验目的

① 巩固所学到的软件测试方法和 Android 自动化测试(TA)技术。
② 提高软件测试的实际动手能力。

二、实验前提

① 了解流行的 Android TA 工具。
② 具有较好的 Java 编程能力。
③ 选择被测的 Android App 软件(SUT),如华为健康运动,去网站下载其 App。

三、实验内容

① 针对被测试的 Android App 软件进行功能的手工测试。
② 针对被测试的 Android App 软件进行功能的自动化测试。
③ 针对被测试的 Android App 软件进行耗电量、内存和流量的专项测试。

四、实验环境

① 每 6 个学生组成一个测试小组;

② 每个人有一台 PC,安装了 Java 开发环境(如 eclipse)和 Android SDK 及其工具。建议安装 Android Studio;

③ 有 Android 智能手机更好,没有可以使用 Android 模拟器。

五、实验过程

① 小组讨论本 App 应用的特点,以及任务的安排,如代码能力强的成员负责功能的自动化测试。

② 其中两位同学负责手工的功能测试,包括测试用例的设计和执行,报告所发现的缺陷。

③ 其中两位同学负责耗电量、内存和流量的专项测试,进行测试结果分析。

④ 其中两位同学负责自动化测试,选择一款合适的测试工具(如 Appium),安装环境,开发和调试自动化脚本,进行功能的最基本操作和验证。

⑤ 各自介绍测试的方法和成果,对移动 App 测试有一个直觉的认识。

六、交付成果

① 测试用例、测试脚本、测试发现的缺陷。

② 完整的测试报告(包括测试环境、测试执行过程、Android TA 经验和问题的总结)。

第15章 软件发布和维护的质量管理

软件完成所需要的各种测试和评估之后,需要发布出去以投入到使用和应用中去。软件发布是软件开发过程中最后一个环节,也是软件开发和软件运行之间的衔接阶段。经过"软件发布"衔接阶段,软件开发阶段意味着结束,进入软件市场、软件服务和软件维护过程,是直接服务顾客的过程。进入维护过程,要满足用户需求的变化。变化是永恒的,不变才是暂时的。当软件系统运行出错时,或者不能很好地满足客户新的需求时,软件需要修改,发布新的版本,这是软件维护主要工作之一。

本章主要讨论软件发布程序、软件部署、技术支持、软件维护等过程中的质量保证,与该篇前面的章节,构成软件整个软件生命周期的质量保证和管理。

15.1 软 件 发 布

严格按照软件产品发布流程发布软件版本是建立和完善软件产品版本控制,保证软件产品质量的关键过程之一。互联网发展到今天,软件发布已发生了很大的改变,已经从"直接发布软件产品到用户手上"的单一模式,发展到今天至少有 3 种模式。

(1) 供应商安装,通过软件公司或专卖店,直接发布软件产品(CD 版本)。

(2) 自主安装,在网络上发布软件产品(纯电子内容)。

(3) 软件即服务(SaaS),在网络服务器上部署软件以提供将来的软件服务。

"在网络服务器上部署软件"这种模式发展很快,必将得到越来越多的应用。

软件发布的模式不同,其质量管理的模式也就必然存在着差异,包括软件发布的程序也是不同的。下面介绍软件发布的程序,以及对应不同的软件发布的方式而采取的质量保证的一般方法和流程。

15.1.1 软件产品发布一般程序

软件发布是将测试和评估的合格软件通过一定的方式分发给最终用户或为用户提供软件服务。软件发布程序,描述了那些使软件产品对最终用户具有可用性的相关的活动,包括软件打包、成品验证、生成软件本身以外的产品、安装软件、为用户提供帮助等。

在软件系统的应用环境比较复杂情况下,测试工作很难在软件开发组织内部完成,必须由实际的用户参与测试(即 Beta 测试),这时需要计划、提供软件产品 Beta 测试版、收集和管理测试结果。对于提供软件服务模式的软件发布,还包括软件系统的移植或升级、数据的备份和移植等。

软件发布的质量主要靠程序(program)保证,这里的程序不是由编程语言写成的软件源代码,它相当于软件发布的流程,再加上时间表、资源、活动等管理项。没有一个很好的软件发布程序管理,可能会出现各种各样的问题:软件包中少了几个文件,刻好的软件产品CD含有病毒,在某些环境上软件安装不成功,软件文档和应用系统不一致,软件运行系统的可靠性低等。软件发布的管理工作不是在软件完成测试后进行,而是在一个软件产品开始策划和定义时就开始,包括版本定义、运行环境设计、软件发布和部署的时间表等。软件发布的程序管理,一般设置专业的程序经理(program manager)负责。

软件产品发布,首先要构建软件产品包,这个包是要通过验收测试的,包括文档审查、安装测试等。要保证"待发布的软件产品包"和"被测试的软件产品包"是同一个东西。有一点是重要的,构建一个包,先要放到一个专门用于存储"待发布的软件产品包"指定的服务器目录下,然后再从这个目录下将数据包传递/上载到测试服务器或测试环境。对于一个软件产品包,所包含的配置项主要有:

- 软件可执行程序文件等;
- 需要的示例、数据;
- Readme.txt 或 readme.html:最基本的信息,如基本产品信息、版本号、基本要求和告知安装或指明安装文档;
- Release Note:系统安装、运行要求和版本信息,如新功能、增强的功能、已修正的问题和需告知的问题;
- 版权信息文件;
- 安装文档:如果安装非常简单,其信息就包含在 Readme.txt;
- 培训文档(Flash 和其他类型动画文件);
- 在线帮助(或用户操作手册、技术参考手册)。

其次,要制造软件产品包的母盘,可能要加入事先准备好的共用内容。母盘制造后,要完成病毒扫描,和已测试产品包中文件进行对比,重新进行安装测试和基本功能测试等。只有在这些验证成功后,才开始进行大批量的复制。最后,将软件成品投入市场,通过市场进入用户手中,如图 15-1 所示。

图 15-1　软件产品发布的一般程序

15.1.2　软件服务模式的产品发布程序

软件服务模式的产品发布程序比一般软件产品的发布复杂得多,要涉及软件产品部署和实施的前期活动和后期活动。

- 前期活动:包括软件产品的部署(deployment)规划、部署设计、部署设计的验证等。这些活动与软件需求分析、设计、编程和测试过程并行进行,在测试结束前完成。
- 后期活动:包括软件产品的部署(实施)、软件产品运行监控的设立。这些活动发生在产品完成测试之后,也可以看作从软件开发到软件维护的过渡阶段。

软件服务模式的产品发布程序如图 15-2 所示。需要说明的是,软件服务模式的产品主要考察的对象是软件系统,特别是服务器程序,而不是单个客户端软件。单个客户端软件,相对比较简单,基本类似于图 15-1 中描述的一般软件产品发布,只是不用传统的发布/销售渠道,而是通过网络渠道和客户自我更新的方式。

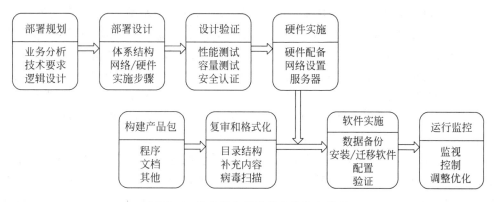

图 15-2　软件服务模式的产品发布程序

对于不同的软件服务模式,其发布程序也存在一些差异,有两种基本的软件服务模式。

(1) 所有用户使用同一服务器软件版本,相当于所有用户访问同一个网站,如 Baidu.com、Sohu.com、Maps.yahoo.com、Google.com 等。虽然每个用户可以定制自己的个人界面、喜好(favorite、profile、preference),但获得的服务功能是一样的。

(2) 用户根据自己需要使用不同服务器软件版本,每一个用户有自己定制的网站,主要是适合于企业用户。有些用户可能停留在 1.0 版本,另外一些用户可能停留在 2.0 或 3.0版本,如 WebEx.com、SalesForce.com 等。其软件发布要复杂得多,如版本升级,需要考虑多种方式,1.0→4.0,2.0→4.0,3.0→4.0 而不只是一种方式 3.0→4.0。其次,要考虑不同客户的定制内容,保证客户已定制的内容和功能在升级过程中不丢失。

在软件服务模式的发布程序中常常要考虑版本的网站或数据的迁移,多种升级方式的错开和验证。当产品发布到运行环境(服务器)中,在用户开始使用之前,还要进一步验证。所以,对软件服务模式的产品发布中最后实施阶段,其时间性非常强,一般放在周末或晚上时间(9:00pm~6:00am)。如果提供 7×24 不间断的软件服务,就需要采用 DNS、服务器、目录等快速切换方式实现无缝升级。

软件服务模式的软件发布和客户的关系也更为密切。针对提供给个人用户的软件服务,其产品发布时间安排、实施的主动权要好得多,而提供企业用户的软件服务的产品发布,要处理好客户之间的关系,对于功能变化较大的新版本升级,一般要事先得到用户的许可或同意。

15.1.3　软件产品发布类型和版本

在软件开发中,不管对一般产品还是对软件服务模式,软件产品发布通常都存在着多种策略或情形,可以被看作 3 种软件产品发布类型,即主发布(Major Release,MR)、服务包发布(Service Pack Release,SP)和紧急补丁包发布(Emergency Patch Release,EP)。

(1) 主发布(MR):软件产品的主要版本,完全新开发产品的首次发布,以及相继发布的,同时产品结构发生改变或增加了较多的新功能等版本。这一类型的产品版本,开发的计划完备、周期很长,并要完成各种各样的测试,一般包含所有文件而形成一个完整的软件包,所以也称完整软件包发布(Full Release),如 Windows 7、Windows 8、Windows 10、Windows 2018 等。

(2) 服务包发布(SP):产品次要版本号,在产品的主发布基础上,对原有功能增强,还可能增加少量新功能,修正较多的、已发现的缺陷等,而发布的次要版本,如 Windows 2010 SP1/SP2/SP3/SP4、Windows 7 SP1/SP2 等。这是软件开发分阶段增量模型的体现,以满足软件市场策略的需求,解决软件需求分析复杂性问题。SP 的开发周期相对短,一般不包含全部文件,只包含所修改或必需的文件。由于所有测试在主版本已经做过,有些测试不需要再做,但回归测试工作量较大,而且主要针对新功能或修改过的功能进行测试,性能或安全性等方面的对比或补充测试也少不了。

(3) 紧急补丁包发布(EP):主要用于被客户发现的、抱怨比较大的或危害较严重的缺陷修正而紧急发布的软件补丁。EP 不增加任何新功能,只修正极少的软件缺陷,修改范围很小、开发周期也很短,一般是几天,最多不超过 2~3 周。如 IE 浏览器/Windows 操作系统发布过多个有关安全性、病毒攻击等问题的补丁包。

在软件开发流程上,这 3 种软件发布类型也表现不同,开发人员会根据它们的特点来设计流程。一般 MR 的流程环节最多,SP、EP 的流程是在 MR 的流程上进行剪裁而得,强调时间性和效率。但也不是"时间性越强,遵守流程的严格性越低",严格性是一样的,或者说,SP、EP 的质量对流程的依赖性更强,由于环节少,每一步都很重要。SP、EP 产品发布的周期也很短,即很快投入市场让用户使用,没有 MR 所必须经过的 Alpha 或 Beta 测试。

软件版本是软件配置管理中一项重要内容,主要集中在版本的访问与同步控制、版本的分支和合并等,在第 7 章做了详细介绍,这里主要讨论如何具体定义软件版本号,即软件版本定义规则,它是软件发布中一项不可忽视的内容,特别是内部版本号。

软件版本号,可以考虑外部(软件市场)和内部(软件开发组织内部)两种类型。

(1) 外部版本号:对外表现形式,可以简单些,采用 3 个独立数字(段)表示,即为 a.b.c,有时是两段,有时是 3 段,如 1.0、2.1、3.1.2 等。

(2) 内部版本号:主要是软件开发组织内部使用,考虑到软件产品包的每日构建,以及软件单元的版本在不同产品中的差异,一般需要 4 个独立的数字(段)表示,即 a.b.c.d,每一位都不可忽略,如 1.0.0.426,2.1.0.1263,3.1.2.34 等。

a.b.c 或 a.b.c.d 中的 a、b、c、d 的含义以及命名规则如下。

a——产品主要版本号,代表着产品的发展历史。

b——产品次要版本号,依附于主要版本号而存在的。

c——产品小版本号,依附于次要版本号而存在的。

d——每日或常规构建包的版本号,在整个软件开发过程中发生的。

版本号的定义,实际对应于产品发布的类型。一般来说,具有下列的对应关系。

- a 对应于主发布版本,如 1.0,2.0,3.0 等。
- b 对应于 SP 发布,如 1.1,2.1,3.2 等。
- c 对应于 EP 发布,如 1.0.1,1.1.2,3.2.1 等。

每次公开发布或者提交用户时,a,b,c 中至少有一个要发生改变,即对应的段递增 1 变为下一个整数,产生新的一个 a.b.c 格式的版本号。

软件产品(包括模块、组件等)初始软件版本号为 0.0.0.1,对于 d 段的命名,不能从第一个软件包开始不断递增 d 的值,否则会引起很多冲突。在软件开发过程中版本的分支和合并总是存在的,或者说,在开发第二个主要版本的同时,需要对第一个版本进行维护,两个版本的基线可能不一样。即使一样,另外一个 EP 或 SP 可能发生在另外一个版本(SP 或 MR)的开发过程中,这时往往会产生冲突,如图 15-3 中的 1.0.0.144、1.1.0.179、1.2.0.179 等。

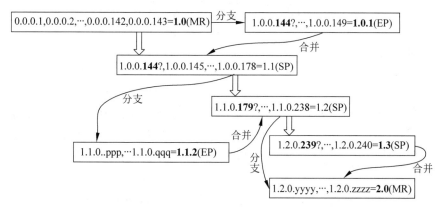

图 15-3　软件开发过程中版本定义可能存在的冲突

为了避免冲突,建议对 d 段的命名,从一个次要发布版本开始(包括 SP、MR 两者),重新置为 1,但保持在 EP 的版本号的增长。这样确保版本的控制准确,又不会产生冲突,如图 15-4 所示。

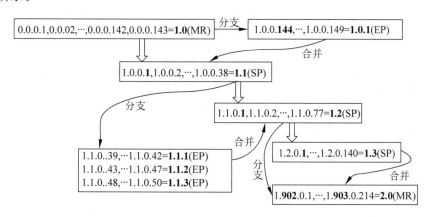

图 15-4　软件版本定义规则和冲突解决方案

当基于一个次要版本开发一个主版本(MR)时,如图 15-3 中 MR2.0 的第一个版本号,既不能设为 1.2.0.1(它是为版本 1.3 准备的),又不能设为 2.0.0.1(因为 2.0 还没有发布),这时,有一个小小的技巧,设为 1.902.0.1,02 代表从 1.2 开始,9 表示正在并行开发下一个主版本。如果是从 1.3 开始或已完成 1.3 合并后,版本号改为 1.903.0.1 或 1.903.0.xxx,xxx 表示 1.3 合并动作,这时 d 不置为 1,保持继续增加,而只修改 b 段。

软件版本定义,还有其他一些规则,如:

• 任何一次修改都会产生一个新的内部版本号。

软件发布和维护的质量管理

- 任何一次产品发布都会产生一个新的外部版本号。
- 两数字段(a.b)且 b＝0 的外部版本号就是一个 MR 的发布。
- 两数字段(a.b)且 b＞0 的外部版本号就是一个 SP 的发布。
- 三数字段(a.b.c)的外部版本号就是一个 EP 的发布。
- 客户端和服务器端程序、软件模块或组建需要分开进行版本维护。

15.2　软件部署

如果软件开发组织发布的不是软件产品,而是软件服务,这时软件部署(Deployment)是一个必不可少的、关键的环节。软件部署,简单说就是软件系统的安装,但不是一个简单的软件系统安装,是为完成系统安装而进行规划、设计和实施的全过程。更准确地说,软件部署是通过整合的、虚拟化的或逻辑化的资源和进程的集中管理,对所要运行的程序提供技术和环境的支撑,从而保证软件系统被部署到合适的运行环境中能具有最优的、最可靠的性能表现,并能对用户和系统的各种数据进行有效的存储、备份和恢复等。

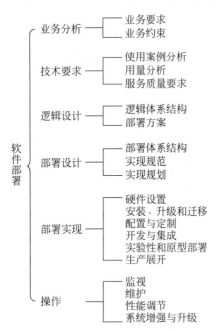

图 15-5　软件部署的阶段和活动内容

软件部署要涉及软件系统的技术要求、业务要求,要认真分析这些要求对系统部署的影响,从而决定系统运行环境的设计,包括网络、服务器的硬件设计、设置优化等,最后根据部署的设计来实施。概括起来,软件部署可以分为 6 个阶段:业务分析、技术要求的确定、逻辑设计、部署的详细设计、部署的具体实施和操作,如图 15-5 所示。

15.2.1　持续交付与持续部署

持续交付(Continuous Delivery,CD)属于敏捷开发的目标,即尽早持续交付有价值的软件让客户满意。为减少软件开发的成本和时间,减少风险,开发团队采取小批量频繁地部署或发布软件的新版本,以供质量团队或者用户评审,尽可能早地获取质量反馈,使版本快速达到随时可交付状态。

持续交付有利于更快速地实现软件产品的价值,并且在快速获得反馈的基础上及时修正问题、提高产品质量、应对需求的变更。实现持续交付,需要从需求分析、产品的用户体验到交互、设计、开发、测试、运维等角色的密切协作,也需要这些过程实施高效可靠的自动化。

持续部署(Continuous Deployment)是指软件通过评审后自动部署到生产环境。从某种程度上代表了一个开发团队工程化的程度。持续交付意味着所有的变更都可以被部署到生产环境中,持续部署则意味着所有的变更都会被自动部署到生产环境中。

15.2.2　软件运行的服务质量

服务质量(QoS)要求是指定某些功能(如性能、可用性、可伸缩性和可维护性)的系统特性的技术规范。QoS 要求由业务要求阶段指定的业务需要驱动。例如,如果服务必须全年每天 24 小时可用,则可用性要求必须解决或满足此业务要求。

表 15-1 中所列的各系统特性是密切相关的。对一个系统特性的要求可能会影响对其他系统特性的要求和设计。例如,提高安全性级别可能会影响性能,而性能又会影响可用性;如增加服务器来应对可用性问题会影响可维护性(维护成本)。能否设计出既可满足业务要求,又能兼顾业务约束的系统的关键在于了解各系统特性间的关联方式并作出权衡。

表 15-1　影响 QoS 要求的系统特性

系统质量	说　明
性能	按用户负载条件对响应时间和吞吐量所做的度量
可用性	对系统资源和服务可供最终用户使用的程度度量,通常以系统的正常运行时间表示
可伸缩性	随时间推移为部署系统增加容量(和用户)的能力。可伸缩性通常涉及向系统添加资源,但不应要求对部署体系结构进行更改
安全性	对系统及其用户的完整性进行说明的复杂因素组合。安全性包括用户的验证和授权、数据的安全以及对已部署系统的安全访问
潜在容量	在不增加资源的情况下,系统处理异常峰值负载的能力。潜在容量是可用性、性能和可伸缩性特性中的一个因素
可维护性	对已部署系统进行维护的容易度,其中包括监视系统、修复出现的故障以及升级硬件和软件组件等任务

服务级别协议(SLA)指定了最低性能要求以及未能满足此要求时必须提供的客户支持级别和程度。与 QoS 要求一样,服务级别要求源自业务要求,对要求的测试条件及不合要求的构成条件均有明确规定,并代表着对部署系统必须达到的整体系统特性的担保。服务级别协议被视为合同,所以必须明确规定服务级别要求。

15.2.3　软件部署规划

软件部署的规划是和软件系统的需求分析、系统设计同时进行,明确软件系统自身要实现的一组质量目标、产品/服务特性要求以及它们的优先级。成功的规划开始于分析软件系统的质量目标,并确定满足这些目标的系统业务需求,然后将业务要求转变为技术要求,这些技术要求将用作设计和实现软件系统的质量目标的基础。

因为软件部署的规划先行,其结果决定了软件部署的设计和实施,所以软件部署的规划是至关重要的。规划过程的任何环节出现错误或失策都可能引发严重的问题,导致系统在后期部署设计和实施中出现各种各样的问题。例如,系统可能达不到所规定的性能要求、维护困难或成本很高,系统硬件资源过高而造成浪费,运行环境不能根据业务的增长而进行有效的扩充等。

软件部署的规划要考虑系统运行基础平台的不同层次,定义不同层次要实现的目标和识别所受到的限制,从业务分析逐渐向技术分析推进,从软件服务的质量目标出发,寻求技术上的支持。

在软件服务的质量目标、业务分析的基础上,定义部署项目的业务目标和阐述实现这些目标所必须满足的业务要求,应尽可能考虑那些影响业务目标实现能力的各种各样的约束和因素。通过因果图分析方法,确定影响因素和软件服务质量目标之间的关系,找出在软件部署上对软件服务的质量目标影响最关键的因素,制订软件部署的目标、策略等。

在软件部署的技术分析上,就是从业务要求出发,将这些要求转化为可用来设计部署体系结构的技术规范。技术规范是描述软件部署的体系结构所要达到的服务质量(QoS)技术指标,如性能指标、安全性等级、可靠性要求等,一般包含下列文档。

- 用户任务和使用模式分析,对不同的用户使用模式进行分析。
- 模拟用户与规划系统间交互的使用案例,如采用统一建模语言(UML)标准绘制使用案例图,以最终用户的视角说明操作的完整流程。为使用案例指定相对加权,加权最高的使用案例代表最常见的用户任务。
- 源自业务要求的服务质量要求,对不同使用模式的技术要求也不一样,分别进行针对性分析。

技术规范就是将软件部署规划的成果,作为部署设计的输入。在技术要求阶段,可能还会指定作为随后创建的 SLA 基础的服务级别要求。服务级别协议规定为维护系统所必须提供的客户支持的条款,并且通常在部署设计阶段作为项目标准的一部分签署。

1. 用量分析和性能规划

对用户设计模式的分析,可以预估系统的负载情况,这就是软件部署规划中的用量分析。要做好用量分析,应尽可能与用户以及先前发布的类似系统的相关人员面谈,对与使用模式有关的现有数据进行研究。表 15-2 列出了用量分析中应考虑的各种因素。

表 15-2　用量分析因素

主　题	说　明
用户数量及类型	确定解决方案必须支持的用户数量,并在必要时对用户进行分类。例如: • "企业对企业"(B2B)解决方案的访问用户数比较小,但每个用户访问时间长,对性能、安全性要求高。 • "企业对消费者"(B2C)或"消费者对消费者"(C2C)解决方案一般会有大量访问者,操作量大、数据大,而且区域分布也比较明显
活动和非活动用户	确定活动和非活动用户的使用模式和使用比率。活动用户是指登录系统并与系统的服务进行交互的用户,系统的运行或操作性能主要关注这类用户。而非活动用户则对数据库、数据查询、存储需求影响较大。
管理用户	确定用户对系统访问的权限和范围,从而管理对软件部署进行监控、更新和支持的用户,包括安全性技术要求和特定的用户管理模式(例如,从防火墙外部管理部署)
使用模式	确定各类用户如何访问系统,并提供预期用量目标。例如: • 是否存在因用量高涨而产生的高峰期? 持续时间是多少? • 正常业务时段和非正常业务时段的分布和区别,或 7×24 不间断服务? • 用户是否呈明显的区域分布

主　　题	说　　明
用户增长	确定用户群体规模是否固定,如果用户数量具有不断增长趋势,要进行预测并适当加大预测结果
用户事务	确定必须支持的用户事务类型,可将这些用户事务转化为使用案例。例如: • 用户登录后是否保持登录状态?是否频繁登录、注销? • 用户登录后,会执行哪些任务?有什么关键业务? • 用户间的重要协作是否通过公共电子日历、Web 页面或会议等来实现
用户/历史数据	利用现有用户研究和其他资源确定用户行为模式。应用程序的过去记录的日志文件可能会包含一些有用的统计数据,对估量会有较大帮助

2. 可用性的规划

当可用性的要求达 99.99％或 99.999％,通常要求系统必须是一个容错系统。容错系统必须能够在硬件或软件出现故障时继续运行,其实现手段是为提供关键服务的硬件(如 CPU、内存和网络设备)及软件配置冗余组件。可用性设计将考虑到可用性降低或组件丢失时所发生的情况。其中,要考虑连接的用户是否必须重新启动会话和一个区域内的故障对系统的其他区域的影响程度。QoS 要求应考虑这些方案并指定部署如何对这些情况做出反应。

单一故障点(Single-point Failure)是指没有备用的冗余组件的硬件或软件组件,而这些组件是重要路径的组成部分,即该组件出现故障会使系统无法继续提供服务。设计容错系统时,必须确定并消除潜在的单一故障点。

容错系统的实现和维护肯定增加很大成本,因此,在软件部署规划时,确实要根据业务(软件所提供的服务)对可用性的实际要求来决定容错系统的设计目标和策略,以得到平衡的、满足可用性要求的解决方案。

在用户看来,可用性更多牵涉的是单个服务的可用性,并不总是整个系统的可用性。例如,即时消息传送服务不可用,通常情况下对其他服务的可用性几乎没有影响。但是,对有些所依存的服务的可用性则有较大影响。较高的可用性规范应该明确要求引用更高可用性的特定使用案例和用量分析。根据一组有序的优先级列出可用性需求,对软件部署的可用性规划会有帮助,如表 15-3 所示。

表 15-3　不同优先级服务的可用性

优　先　级	服务类型	说　　明
1	关键任务	任何时候都必须可用的服务。例如,应用程序的数据录入和 LDAP 目录服务功能、远程会议系统的会议服务(预定、开会/加会等)功能等
2	必须可用	必须可用,但可以较低性能获得的服务。例如,在某些业务环境中,应用程序的查询功能应随时可用,但有时慢些,用户可以接受
3	可延迟	在特定时间段内必须可用的服务。例如,在某些业务环境中,日历服务的可用性要求较低
4	可选	可无限期延迟的服务。例如,在某些环境中,即时消息传送服务可能有用,但非必须

3. 可伸缩系统的规划

可伸缩系统的规划,一般有以下 3 个策略,可以从中选择一个或综合多个策略以形成综合性策略。

(1) 高性能设计策略。在性能要求的确定阶段加入潜在容量,以处理可能会随时间推移而增长的负载,并在预算控制内尽可能提高系统的可用性。这一策略使系统具有一定的缓冲时间应付增长的负载,所以可以相对从容地制订更大的系统扩展方案。

(2) 渐增式部署。基于负载的要求以及评估,事先明确系统扩展的条件以及条件可能达到的时间,对每一个重大的系统扩展特定日期/时间有一个估计和安排,从而建立部署的整个日程表。

(3) 大范围性能监视。对性能进行监视有助于确定准确增加资源的时机。监视性能的要求可为负责维护和升级的操作员和管理员提供指导。

表 15-4 列出了可伸缩性规划应考虑的一些因素。

表 15-4 可伸缩性因素

主 题	说 明
分析使用模式	通过研究现有数据了解当前(或预测)用户群体的使用模式。如果缺少现时数据,可对行业数据或市场估计进行分析
设定合理的最高目标	通过设计以满足已知和潜在需求的最高目标。最高目标往往是根据现有用户负载的性能评估和对未来负载的合理预期而作出的 24 个月估计。预计周期的长短在很大程度上取决于预测的可靠性
设置合适的重大事件点	以渐增方式实现部署设计来满足短期要求,同时设立缓冲区来应对意外增长。设置增加系统资源的重大事件点。例如: • 获得预算(如每季度或每年); • 购买硬件和软件的提前时间(如一到六个星期); • 缓冲区(10%到 100%,具体取决于增长预期)
融入新兴技术	了解新兴技术(如速度更快的处理器和 Web 服务器)和此技术会对基础体系结构的性能产生怎样的影响

4. 安全性的规划

规划系统安全是部署设计的重要项目之一,主要考虑以下几点。

* 物理安全。物理安全是对路由器、服务器、服务器机房、数据中心等设施的访问策略。如果未经授权的人可以进入服务器机房,然后拔掉路由器电源,则其他安全措施将毫无意义。

* 网络安全。网络安全是通过防火墙、安全访问区、访问控制列表和端口访问对网络进行访问的策略。应开发针对未授权访问、篡改和拒绝服务(DoS)攻击的策略。

* 应用程序和应用程序数据安全。包括通过验证和授权过程及策略访问用户账户、公司数据和企业应用程序,包括口令、加密、认证、访问权限和控制等策略。

* 个人安全惯例。组织范围的安全策略,定义工作环境和所有用户必须遵守的惯例,以确保其他安全措施按设计实施。通常的做法是编印《安全手册》并对用户进行培训。要实现有效的总体安全策略,可靠的安全惯例必须成为企业文化的组成部分。

15.2.4 软件部署的逻辑设计

软件部署的设计和软件系统或架构设计同时进行,软件部署设计分为逻辑设计和物理设计,两者相辅相成,其设计结果形成一个完整的软件部署设计方案,从而最终保证实施的有效性。软件部署设计要完成下列一系列任务,包括:

- 构造软件系统的逻辑体系结构,包括软件系统的层次依赖关系。
- 将逻辑体系结构中指定的组件映射到物理环境,从而生成一个高级部署体系结构。
- 创建一个实现规范,该规范提供关于如何构建部署体系结构的详细信息。
- 创建一系列详细说明实现软件部署方案的计划,包括迁移计划、安装计划、用户管理计划、测试和验证计划等。

逻辑设计是将系统的使用案例作为输入,确定实现解决方案所需的软件体系结构、组件及其之间的相互关系。逻辑体系结构和 QoS 关系密切,组成一个部署方案,但逻辑体系结构并不指定实现解决方案所需的硬件。对部署方案的具体设计,包括硬件的设计,是软件部署设计的第二个阶段——物理设计,在 15.2.5 节介绍。

开发逻辑体系结构时,不仅需要确定向用户提供服务的组件,还要确定提供必要中间件和平台服务的其他组件。基础结构服务依赖性和逻辑层提供了两种执行此分析的补充方法。例如,在 Java EE 体系结构中,正是由 QoS、基础结构服务依赖性和逻辑层构成了一个完整的三维体系,如图 15-6 所示。

(1) 系统服务质量。如性能、可用性、可伸缩性及其他要素。

(2) 逻辑层。基于软件服务的特性,表示软件组件组成的逻辑层次关系及其层次之间的关系;逻辑层表示可被客户层访问的表示、业务和数据服务,逻辑体系结构在逻辑层间分配组件。

(3) 基础结构服务依赖性。软件组件需要一套允许分布式组件间相互通信和交互操作的底层基础结构服务。

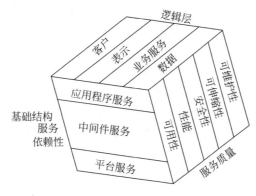

图 15-6 Java EE 解决方案的三维体系结构

这里以 Java EE 体系结构来揭示逻辑体系结构的逻辑层次关系、关键软件组件等,如图 15-7 所示。

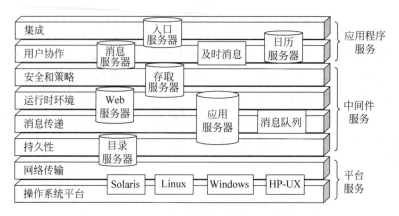

图 15-7　Java EE 体系结构逻辑层次和关键组件

1. 多层体系结构设计

目前,无论是对 Java EE 体系结构还是. NET 体系结构都非常适合设计为多层体系结构。在多层体系结构中,服务根据其提供的功能放在不同层中。每个服务都是逻辑独立的,并且可由同层或不同层的服务访问。例如,一个企业应用程序由"客户层、表示层、业务服务层和数据层"构成了多层体系结构模型,如图 15-8 显示。

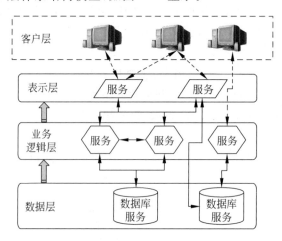

图 15-8　多层体系结构模型示意图

在软件部署设计阶段,根据多层体系结构中的功能或服务层次有助于确定在网络中分配服务的方式,有助于确定体系结构中的组件之间所存在的访问或支持服务。多层体系结构的直观性有助于规划软件部署解决方案的可用性、可伸缩性、安全性和其他质量特性。

2. 组件相关性

软件组件之间存在着一定的依赖性,有些组件需要另外一些组件的支持。例如,在 J2EE 逻辑体系结构中,将消息服务器(Messaging Server)作为必要组件,则需要目录服务器(Directory Server)、存储管理器(Access Manager)等组件的目录、单点登录的服务支持。表 15-5 列出了 Java EE 逻辑体系结构中一些常见或关键的组件相关性,非常有助于软件部署的逻辑设计。

表 15-5 Java EE 体系结构的组件相关性

Java EE 组件	所依赖的组件
应用服务器(Application Server)	消息队列(Message Queue) 目录服务器(可选)
日历服务器(Calendar Server)	消息服务器(用于电子邮件通知服务) 存储管理器(用于单点登录) Web 服务器(用于 Web 接口) 目录服务器(目录服务器)
通信快递(Communications Express)	存储管理器,日历服务器,消息服务器 Web 服务器,目录服务器,即时消息(Instant Messaging)
目录服务器(Directory Proxy Server)	目录服务器
存储管理器	应用服务器或 Web 服务器 目录服务器
及时消息	存储管理器,目录服务器
消息队列	目录服务器
消息服务器	存储管理器,Web 服务器,目录服务器
入口服务器(Portal Server)	日历服务器,消息服务器,即时消息,存储管理器 应用服务器或 Web 服务器,目录服务器
入口服务器	安全远程存取(Secure Remote Access)
Web 服务器	存储管理器

3. 逻辑体系结构的一个示例

图 15-9 示例是一个消息服务器部署的逻辑设计方案。在消息服务器部署的基本逻辑体系结构中,同样可以被分为 4 层,其关键逻辑层是数据层和业务逻辑层。

- 数据层由消息服务器消息存储(STR)和目录服务器构成。消息存储负责电子邮件消息的检索和存储;目录服务器提供对 LDAP 目录数据的访问。
- 业务逻辑层由消息服务器消息传输代理(MTA)和消息多路复用器(MMP)构成。MTA 负责接收、路由、传输和发送电子邮件消息;MMP 负责路由至合适的消息存储的连接,进行检索和存储。MMP 访问目录服务器,查找目录信息以确定适合的消息存储。

逻辑体系结构不为消息服务器组件指定备份服务,备份机制将在部署的物理设计阶段考虑。根据使用案例映射组件间的交互,从而获得一个有助于部署设计的组件交互视图。使用案例 1 是"用户成功登录到消息服务器"的过程,而使用案例 2 是"已登录用户发送电子邮件消息"的过程。

4. 访问区

另一种表示逻辑体系结构组件的方式是将其置于访问区中,显示体系结构如何提供安全访问。访问区,一般又分为内部访问区、外部访问区和安全访问区。

- 内部访问区(内联网),通过由内联网与互联网间的防火墙执行的策略访问互联网。内部访问区通常用于最终用户进行 Web 浏览和发送电子邮件。有些情况下,允许直接访问互联网进行 Web 浏览。但是,通常与互联网间的安全访问由外部访问区提供。

- 外部访问区(DMZ),提供与互联网间的安全访问,发挥关键后端服务的安全缓冲器的作用。
- 安全访问区(后端),提供对关键后端服务的受限访问,仅能从外部访问区访问这些服务。

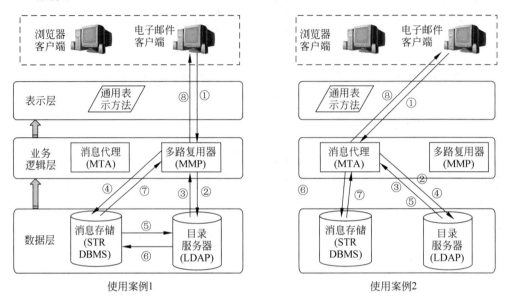

图 15-9　消息服务器使用案例

如图 15-10 所示,直观地描述了提供远程和内部访问的组件以及与安全措施(如防火墙、访问规则)间的关系。将多层体系结构设计与显示访问区的设计结合使用,提供规划部署的逻辑模型。

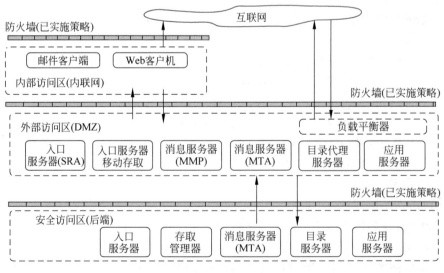

图 15-10　逻辑体系结构访问区的构成

15.2.5 软件部署的物理设计

软件部署的物理设计,是将物理服务器和其他网络设备映射到逻辑体系结构中确定的组件,从而创建以部署体系结构。QoS 要求对硬件配置提供指导,以满足性能、可用性、可伸缩性和其他相关 QoS 规范。软件部署的物理设计是一个反复进行的过程,通常要复查QoS 要求和初步设计,考虑不同 QoS 要求之间的相互关系,平衡 QoS 和成本以获得最佳解决方案,最终满足该项目的业务目标。

1. 物理设计质量的影响因素

软件部署的物理设计所影响质量的因素,主要有:

- 逻辑体系结构。将逻辑体系结构用作确定分配服务最佳方式的关键,物理设计受逻辑体系结构的约束,或者说物理设计是在逻辑体系结构框架下展开的。
- 服务质量要求。必须满足服务质量(QoS)要求,建立逻辑体系结构和 QoS 要求的映射关系,从而达到性能、可用性、可伸缩性、可维护性等软件服务的质量目标。
- 用量分析。有助于通过系统负载的使用模式来隔离性能瓶颈,开发出满足 QoS 要求的策略用于物理设计。
- 用例(use case)。尽管用例已包含在用量分析中,但评估部署设计时,应参考用例,确保任何用例中所揭示的问题在物理设计中得到处理或解决。
- 服务级别协议。指定了最低性能要求以及未能满足此要求时必须提供的客户支持级别和程度,相当于物理设计的底线(Bottom Line)。
- 成本。在物理设计中,满足 QoS 要求的同时,尽量降低成本。因此,有必要设计 2～3 个软件部署的物理方案,通过分析、比较,对资源优化采用平衡策略,能够在业务约束范围内达到业务要求,并获得成本最优化。
- 业务目标。它是软件部署的最终目标,包括这些目标实现的业务要求或约束。软件部署设计的质量好坏,最终取决于对满足业务目标的能力的评估。

2. 物理设计的方法

物理设计不仅是一门科学,也是一门艺术,不能用特定的步骤和过程详细规定其设计方法。设计经验、系统体系结构知识、特定领域知识和创造性思维,都是成功完成物理设计的因素。物理设计通常围绕逻辑体系结构、满足 QoS 要求而展开。物理设计的策略必须对设计决策中的各种方案进行充分评估,以期优化解决方案而达到最佳平衡。物理设计的方法通常涉及下列任务。

- 估计资源需求。始于代表最大负载的使用案例,然后继续考虑每个使用案例所支持的组件负载,从而估计和确定每个组件所需的资源(CPU、内存、外部存储器等)。当然,根据经验或测试结果,可以进行相应地调整、修改和优化。
- 服务备份以实现可用性和可伸缩性。考虑能够解决可用性和故障转移事项的负载平衡解决方案,包括对可维护性、成本等的影响。
- 确定瓶颈。进一步分析,确定任何导致数据传输低于要求的瓶颈并进行调整。
- 优化资源。考虑在满足要求的同时最小化成本的资源管理选项。
- 管理风险。复查设计中的业务和技术分析,针对早期规划中可能未预见到的事件或情况进行修改。

15.2.6 软件部署的可用性和可伸缩性策略

开发可用性要求策略时,应研究组件交互和用量分析,对组件进行逐个分析,以确定最适合可用性和故障转移要求的解决方案。下列项目是为帮助确定可用性策略而需收集的信息类型的示例。

- 指定的可用性中有多少个 9,99.9%、99.99% 或 99.999%?
- 故障转移情况下的性能要求是什么? 如 1 分钟完成故障转移,或故障转移的性能为原来的 60%。
- 用量分析是否区分高峰和非高峰使用时间?
- 地域考虑因素有哪些?
- 考虑可维护性、可伸缩性对可用性的要求?

对于 Java EE 体系结构的部署,其常用的可用性策略如下。

- 负载平衡。使用冗余硬件(如服务器集群,Server Cluster)和软件组件分流处理负载。负载平衡器(如 NetScaler LoadBalance)把对某个服务的任意请求引导至该服务的服务器集群中当前负载最小的某个服务器上。如果任一实例发生故障,其他实例可以承担更大的负载。
- 故障转移。涉及对冗余硬件和软件的管理,在任何组件发生故障时提供对服务的不间断访问并保证关键数据的安全。如 Sun Cluster 软件为后端组件管理的关键数据提供了故障转移解决方案。
- 复制或备份服务。为同一数据的访问提供多个源,如目录服务器为 LDAP 目录访问提供多个复制和同步策略。

1. 水平冗余系统

利用"负载平衡和故障转移"两种功能的平行冗余服务器提高可用性的方法有若干种。最简单的一种情形是双服务器系统,一台服务器即可满足性能要求,另一台服务器作为备份服务器。其中一台服务器发生故障时,另一台服务器立刻接受请求,继续提供 100% 的服务,但这种成本比较高。

为了降低成本,可以通过在两台服务器间分配性能负载来实现负载平衡和故障转移。如果一台服务器发生故障,所有服务仍然可用,但是性能只能达到完全性能的某一百分比。例如,为满足性能要求的单个服务器需要配置 10 个 CPU,这时每个服务器配置 6 个 CPU,两个服务器为 12 个 CPU,正常运行(它们同时运转)时能保证 100%~120% 的性能。当其中一台服务器发生故障时,另一台服务器提供 6 CPU 计算能力,即满足 60% 的性能要求。

如果用 5 台双 CPU 服务器(5×2=10)提供同样性能要求的软件服务,这时如果一台服务器发生故障,其余服务器可继续提供总计 8 CPU 的计算能力,达到 10 CPU 性能要求的 80%。如果在设计中增加一个具有 2 CPU 计算能力的服务器,实际得到的便是 $N+1$ 设计。如果一台服务器发生故障,其余服务器可满足 100% 的性能要求。$N+1$ 设计具有下列优点。

- 单台服务器发生故障时的性能得到提升。
- 即使不止一台服务器停机,仍然具有可用性。
- 可轮换将服务器停机,以进行维护和升级。

- 多台低端服务器的价格通常低于单台高端服务器。

但是,增加服务器数量会使管理和维护成本大幅增加,还应考虑在数据中心驻扎服务器的成本。达到某一数量后,再增加服务器所得到的性能提升会越来越小。

集群系统是冗余服务器、存储器及其他网络资源相结合的产物,群集中的服务器彼此间不间断地通信,如果其中一台服务器脱机,群集中的其余设备会将该服务器隔离,并将故障节点上的任何应用程序或数据故障转移到另一节点。这一故障转移过程所需时间较短,几乎不会中断为用户提供的服务。

2. 可用性设计示例

消息服务器的示例用于说明负载平衡的可用性策略。假定逻辑体系结构中每个组件(消息服务器 MTA 入站/出站、消息存储、MMP 等)都是 2 CPU,4GB 内存。其服务质量要求如下。

- 可用性:总体系统可用性应为 99.99%(不包括计划停机),单个计算机系统故障不会导致服务故障。
- 可伸缩性:日常峰值负载情况下,任何服务器的使用量都不应超过 80%,而且系统必须能够适应每年 10% 的长期增长速度。

为满足可用性要求,应为每个消息服务器组件提供两个实例,每一个都位于不同的硬件服务器上。如果一个组件的服务器发生故障,另一个组件可提供服务。图 15-11 显示了两种可用性策略。

(1)对所有关键的单个组件提供备份,分为主、从设备,正常情况下,它们都可以正常工作。属于本地模式,即图中的方案一。

(2)对一些提供 7×24 小时关键服务的系统,要设立异地备份,即系统之间互为主、从关系,即图中的方案二。

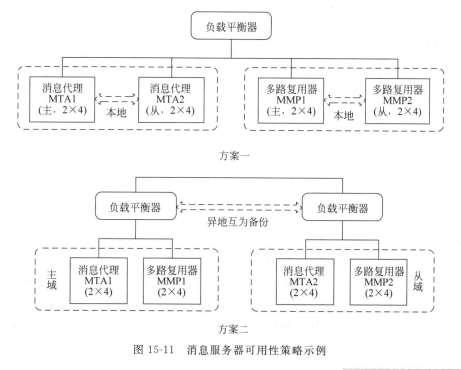

图 15-11　消息服务器可用性策略示例

软件发布和维护的质量管理

在可用性方案中,配置比所需的资源要高,如 CPU 数量为原估计数量的两倍,则可能产生的结果如下。

- 在一台服务器发生故障的情况下,另一台服务器提供处理负载的 CPU 能力。
- 对于任何服务器在峰值负载下利用程度不超过 80% 的可伸缩性要求,添加的 CPU 能力可提供此保险余量。
- 对于适应年增长 10% 负载的可伸缩性要求,添加的 CPU 能力增加了潜在容量,在需要另外扩大规模之前可用于处理增长的负载。

可以再看一个实例,即对目录服务进行复制,以便在不同服务器间分配事务,从而提供高可用性,其目录服务器的主要策略如下。

- 多数据库,在不同数据库中存储目录树的不同部分。
- 链锁和引用,将分布数据链接到单个目录树。
- 单主复制,为主数据库提供一个中心源,然后将该中心源分配到使用者副本中。
- 多主复制,在多个服务器间分配主数据库。然后,这些主数据库中的每一个都在使用者副本中分配其各自的数据库。

这里,仅通过介绍"多主复制"策略(如图 15-12)帮助进一步理解如何建立高可用性的目录服务。在多主复制中,一个或多个目录服务器实例管理主目录数据库。每个主数据库都有一个指定同步主数据库的复制协议,可被复制为任意数量的使用者数据库并定期更新,而使用者的实例都按读取和搜索访问进行了优化,使用者接收的任何写操作都被引向主数据库。多主复制策略提供了一个在更新主数据库时提供负载平衡、对目录操作提供本地控制的可用性策略。

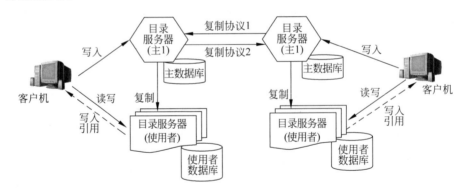

图 15-12　多主复制示例

3. 可伸缩性策略

可伸缩性是指增加系统容量的能力,而且要求在增加系统资源时不改变部署的体系结构。在系统需求分析、设计阶段,系统容量的预测往往只是估计值,可能与部署系统的实际情况存在较大差异,所以部署具体设计时,应考虑必然存在的偏差,引入系统部署可伸缩性的策略,使部署后的系统具备足够的灵活性,具有足够处理合理时间内(如系统运行 6~12 个月后)增加的负载的潜在容量,直到系统使用附加资源进行升级为止。

潜在容量是可伸缩性的一个方面,即在系统中增加额外的性能和可用性资源,以便在出现异常峰值负载时能够从容应对。分析使用案例有助于确定可能产生异常峰值负载的方案。利用对异常峰值负载的分析，并对意外增长的因素加以考虑，便能够设计给系统注入安全机制的潜在容量。

在上面消息服务器的可用性示例中，可进一步进行水平和垂直扩展来实现系统的可伸缩性。水平扩展可向服务器添加额外的 CPU 以处理增长的负载，垂直扩展通过添加额外的服务器分摊负载来处理增长的负载。但更为关键的是，可伸缩性设计是能确定消除潜在的性能瓶颈的策略。可以根据不同硬件的类别对性能瓶颈进行分类，表 15-6 就是对此的具体描述，以及对可能存在的性能瓶颈提出的补救措施。

表 15-6　不同硬件类别的性能表现

硬 件 类 别	相对访问速度	改善性能的补救措施
处理器	ns	垂直扩展：提高更多的处理能力，增强处理器高速缓存水平 扩展：添加负载平衡的并行处理能力
系统内存(RAM)	μs	使系统内存专用于特定任务 垂直扩展：添加额外内存 水平扩展：创建附加实例，用于并行处理和负载平衡
磁盘读写	ms	使用磁盘阵列(RAID)优化磁盘访问 使磁盘访问专用于特定功能，如只读或只写 在系统内存中缓存频繁访问的数据
网络接口	随网络节点的带宽和访问速度的不同而不同	增加带宽 传输安全数据时添加加速器硬件 增强网络内节点的性能，以便数据更加可用

4. 系统性能改善

部署设计通常从每个组件以及它们的相关性进行底线处理能力估计开始，然后确定如何避免与系统内存和磁盘访问相关的性能瓶颈，最后检查网络接口，确定潜在的性能瓶颈并集中精力解决它们的策略。

部署设计需要考虑磁盘上数据集(如 LDAP 目录)的访问速度。磁盘对数据的访问速度最低，很可能是性能瓶颈的源头。其优化的方法如下。

(1) 将写入操作与读取操作分开进行。不仅写入操作比读取操作更加费时，读取操作的出现频率也远远高出写入操作。

(2) 将各个磁盘专用于不同类型的 I/O 操作。例如，为目录服务器日志记录操作与 LDAP 读写操作分别提供磁盘访问。

(3) 实现一个或多个专用于读写操作的目录服务器实例以及使用分布于各本地服务器的复制实例进行读取和搜索访问。链锁和链接选项也可用于优化对目录服务的访问。

存储访问速度/性能的影响因素主要有：

- 最低内存和磁盘空间要求。提供各种大小的目录所需的磁盘和内存的估计值。
- 估计缓存访问的物理内存。根据目录服务器的计划用量和总规划内存用量估计高速缓存大小提供指导。
- 估量磁盘子系统大小。提供根据目录后缀和影响磁盘使用的目录服务器因素规划磁盘空间要求的信息,还提供在磁盘(包括各种磁盘阵列变通方案)间分布文件的信息。

5. 设计最佳资源使用方案

部署设计不只是对满足 QoS 要求所需的资源进行估计,还对所有可用选项进行分析,确保平衡利用资源,追求总体受益,制订出成本最低又能满足 QoS 要求的解决方案。要做到这一点,必须分析每个设计决策中的平衡点,确保在某一方面获得的益处不会被另一方面产生的成本抵消。例如,针对可用性进行水平扩展可能会提升总体可用性,但代价是需要增加维护和维修成本;针对性能进行垂直扩展可能会以经济的方式提高附加的计算能力,但所提供的软件服务对这些附加能力的使用效率不高。

资源利用的平衡分析通常是检查某一方面的系统特性如何对系统其他特性产生的影响。表 15-7 列出某些系统特性及相应的资源管理考虑事项。

表 15-7　资源利用的平衡分析项目

系 统 性 质	说　　明
性能	对于将 CPU 集中分布在个别几台服务器上的性能解决方案,服务能否对计算能力加以高效利用(例如,某些服务对可高效利用的 CPU 数量有上限)
潜在容量	设计策略是否处理超出性能估计的负载。 对于过载,是进行垂直扩展的方式,或以负载平衡到其他服务器的方式,还是以这两种方式兼用的方式进行处理。 达到下一部署扩展重大事件点前,潜在容量是否足以处理出现的异常峰值负载
安全	是否对处理安全事务所需的性能开销给予了充分考虑
可用性	对于水平冗余解决方案,是否对长期维护资源给予了充分估计。 是否已将系统维护所需的计划停机考虑在内。 是否在高端服务器和低端服务器间求得了成本平衡
可伸缩性	是否对部署扩展的重大事件点进行了估计。 是否制订了可在达到部署扩展重大事件点前提供足够的潜在容量来处理预测的负载增长的策略
可维护性	是否在可用性设计中考虑了管理、监视和维护成本。 是否考虑了采用委派管理解决方案来降低管理成本

15.2.7　软件部署验证和实施

软件部署逻辑、物理设计完成后,必须通过验证才能进入实施阶段。部署设计的验证首先是在实验室环境中进行,和软件的系统测试结合起来做,包括性能测试、安装测试等,这被称为软件部署的试验性系统验证。实验室环境还不是真正产品运行的环境,部署设计的进一步验证需要在实际的运行环境中进行,这就是原型系统的验证。Beta 测试将系统(试用版)有限地部署给选定的一组用户,以确定能否满足业务要求,因此可以被看作原型系统验证的一部分。

软件部署的试验性系统和原型系统验证完成之后,实际也宣告了软件部署的实施结束。

软件部署的验证和实施的过程一般包括以下步骤。

- 开发试验性系统（构建网络和硬件基础结构、安装和配置相关的软件）。
- 根据测试计划/设计,执行安装测试、功能测试、性能测试和负载测试。
- 测试通过,开始规划原型系统。
- 完成原型系统的网络构建、软硬件的安装和配置。
- 数据备份或做好可以恢复(Roll-back)的准备。
- 将数据从现有应用程序迁移到当前解决方案。
- 根据培训规划培训部署管理员和用户。
- 完成所有的部署。

在这些过程中,保证系统和用户数据不丢失是非常重要的,大家都知道,数据比系统更为重要。

试验性部署测试和原型部署测试的目的是：在测试条件下尽可能确定部署是否既能满足系统要求,又可实现业务目标。理想情况下是功能性测试可以模拟各种部署方案以完成所需要执行的测试用例,并且定义相应的质量标准来衡量其符合性。负载测试衡量在峰值负载下的系统性能,通常使用一系列模拟环境和负载发生器来完成测试。对于没有明确定义、缺乏原始数据积累的全新系统,功能性测试和负载测试尤其重要。

通过测试能够发现部署设计规范存在的问题,可能需要返回先前的部署设计阶段,重新设计或修正设计,再进行试验性部署测试,直至没有问题,才向原型系统展开部署。如果发生这种情况,其代价相当大,并严重影响产品发布的时间表。所以,软件部署设计的评审是非常重要的,应避免任何严重设计的问题被忽视。这样,部署测试所发现的问题,就可以通过软硬件的配置调整解决,如增加内存、参数修改等。

实际运行系统的部署,通常分阶段进行,有助于隔离、确定和解决服务可能在实际运行环境中遇到的问题,特别是对可能影响大量用户的大型部署具有尤其重要的意义。分阶段部署(灰度发布)可以先向一小部分用户部署,然后逐步扩大用户范围,直至将其部署给所有用户。分阶段部署也可这样进行：先部署一定类型的服务,然后逐步引入其余类型的服务。软件实际运行系统的部署过程被分为两个重要阶段：LA 和 GA(见 15.2.5 节)。由于测试永远不可能完全模拟生产环境,并且已部署解决方案的性质会发生演进和改变。因此,应继续监视部署的系统,以确定是否有需要调整、维护或修补的部分。

15.3 软件维护

软件维护在软件生命周期中,占有很重要的地位,不管是提供软件产品还是软件服务,都是不可缺少的。软件维护是指软件产品交付使用后,为纠正错误、改进性能或其他属性或使产品适应改变了的环境而进行的修改活动。

软件维护可以分为改正性维护、适应性维护、完善性维护、预防性维护和运行环境(部署)维护、客户技术支持等,其主要目的是解决软件系统遗留的问题,满足客户新的需求,为客户提供持续的、不间断的服务,最终使客户满意。实际上,软件维护是一个综合的过程,不同性质(改正性、适应性、完善性和预防性)的维护往往交织在一起。例如,在修正软件系统遗留的缺陷同时,也增强某些已存在的功能或增加一些新的功能来完善系统。在进行软件修正的同时,还要保证已有功能的正常运行。软件修正受到时间和成本的严格控制。因此,软件维护的质量保证所受到的挑战更大,应引起更多的重视。

15.3.1 软件维护的作用和分类

事实表明,许多软件在投入运行后发现维护性差,一些维护问题难以解决,其根源是软件开发时遗留下来的。所以,软件维护不是软件发布后才要考虑的问题,项目一开始就要考虑维护问题。软件质量重要特性之一就是可维护性,也就是说,软件维护的工作应追溯到系统需求分析、设计和编程阶段。在整个软件开发周期,都要保证软件系统可维护性得到实现。而且,软件的变更是不可避免的,所以能保证软件维护工作的质量或真正能做好维护工作,实际不是在维护自身阶段,很大程度上取决于软件开发的前期过程。在软件开发各个阶段,一定要充分考虑提高软件的可维护性,为可维护性做好细致的基础工作,如丰富的软件文档。软件的可维护性的实现,最终应体现在以下几个方面。

- 系统的需求分析:对客户的需求是否有一个较为彻底的认识和分析,对要实现的需求是否有一个良好的规划。
- 系统的结构化、模块化、组件化的设计:系统结构层次是否清楚,模块划分是否合理,组件规模是否适度等。
- 软件系统的可恢复性:系统具有良好的备份、恢复机制,针对任何一个关键组件都有故障转移设计,即系统内部不存在任何单点失效。
- 系统的低耦合性、高内聚性:系统的每个模块或组件其内部紧凑而外部关联性小,各模块或组件独立性强。对象的封装和继承是在面向对象软件开发方法中实现"低耦合性、高内聚性"的主要方法。
- 软件组件代码的可重用性:在基于模块的低耦合性和高内聚性,借助对象的封装和继承技术,辅以标准的 API(应用程序接口)设计,实现代码的可重用性。
- 软件系统的可移植性:软件系统的架构设计(如业务逻辑层和表示层的分离)、编程语言的选择(如 Java 平台)、数据的独立性等有利于可移植性的实现。
- 编程质量:包括良好的程序风格、规范的程序变量命名和充分的注释行等。
- 文档质量:文档的完备性、一致性、正确性和标准化等。

系统需求分析、设计、编程和测试的质量,包括软件部署的质量,最终在软件可维护性上得到体现。软件维护的工作量和难度取决于软件开发过程的前期质量。

为了更好地理解软件维护阶段的作用,对软件维护进行分类,可以了解有关维护工作更多的内容。

(1) 改正性或纠错性维护(Corrective Maintenance):修改已发布软件中存在的问题或缺陷。这些问题或缺陷在测试和验收过程中没有被发现,一般要发布软件补丁(SP 和 EP,见 15.1.3 节)来修正这些缺陷。改正性维护是不可缺少的,而且时间性很强,要求能得到及时处理。

(2) 适应性维护(Adaptive Maintenance):适应性维护是为了适应应用环境的变化而进行修改的软件维护工作,这些变化包括规则变化、硬件变化、数据格式改变和软件环境改变等。例如,原来系统容量限制用户数的发展,系统需要迁移到不同的平台或操作系统。适应性维护和改正性维护比较接近,时间性也比较强。如果不能及时进行适应性维护,可能会很快导致软件缺陷的产生,而不得不紧急处理。改正性维护和适应性维护,都可以看作问题处理类型的维护。

(3) 完善性维护(Perspective Maintenance):不断完善系统而增加新的功能或增强原有的功能等,是软件开发的分阶段实施的体现。无论是通过迭代模型还是增量模型的实现,软件维护必然经过这样一个完善性的过程,软件产品功能越来越强大、系统越来越稳定。

(4) 预防性维护(Preventive Maintenance):为防止问题发生而进行的事先维护,即防止软件错误产生、防止软件结构退化并提高软件的可维护性而进行的维护工作。当软件进行了较多的改正性、适应性等更改后,系统的结构复杂度增加很快、性能降低,必须要进行软件结构调整、软件重构、代码优化等预防性维护。预防性维护和完善性维护比较接近,都可以看作增强类型的维护。

(5) 运行环境(部署)维护:在软件产品不升级情况下,监控运行并解决运行中出现的环境的问题;在用户不断增加情况下,改善运行环境、提高系统性能等;软件产品升级时,对软件运行环境维护以适应新的需求。

(6) 客户技术支持:对客户在使用软件产品中出现的任何问题,提供倾听、回答、咨询和解决问题等各种帮助。

15.3.2　软件维护的框架和计划

软件维护的框架,一般由用户需求、软件产品、组织环境、维护人员、系统运行和操作环境、系统变更的过程等组成,它们之间存在着相辅相成的关系,构成一个完整的维护框架。

(1) 用户需求可以看作以下 3 部分。
- 已有的需求得到完全的满足,修正缺陷和功能增强是为了满足这部分需求。
- 新的需求或需求的变化,增加新功能、修改某些功能是为了满足这部分需求。
- 在使用产品或接受服务过程中,希望得到培训、帮助和支持。

(2) 软件产品:软件产品的构架、复杂度、可维护性、可扩充性和可移植性等。

(3) 维护人员:可分为专职维护人员和非专职维护人员。专职维护人员主要是技术支持人员;非专职维护人员主要有参与维护的程序经理、开发人员和测试人员等。

(4) 组织环境:包括组织的成熟度、经营策略、质量政策、质量文化和质量组织。

(5) 系统运行和操作环境:因为性能改善、稳定性和可靠性提高等而导致系统运行环境的变化,如服务器集群的扩充、增加内存、网络优化、配置改变等。

(6) 系统变更的过程:系统的维护思路、操作方法和所采取的一切活动,如需求变化频度、变更的控制过程和维护的流程等。

通过分析影响软件维护活动的各项因素,可以更好地控制软件维护过程,提高软件维护效率。因此,在制订软件维护计划之前或过程中,除了认真考虑 15.3.1 节所提到在需求分析、设计、编程和测试等过程中可维护性因素,还需要考虑下列影响因素。

(1) 系统应用时间:系统随着时间的推移,越来越稳定,其软件自身维护工作量降低(如果不考虑用户的增长);但同时,随着时间的推移,不断修改的积累使系统越来越复杂,最终导致软件维护的难度增大。也就意味着,越到后期,对维护的人员要求越高。

（2）软件维护任务和功能：对软件维护工作范围的界定，软件维护人员的职责确认等。

（3）软件维护策略：软件维护管理方法，是否设立专门的维护队伍，软件维护和新产品、新功能的关系处理或优先级设定等。

（4）软件维护流程：软件维护的操作和修改规程，对突发事件的处理，如何采集软件运行数据和现场跟踪，如何评估维护的结果等。软件维护流程和软件配置管理关系密不可分，应综合考虑。

（5）软件配置管理：版本控制、需求变化的管理等是软件维护中很重要的内容。详见第 7 章"软件配置管理"。

（6）专业领域的维护标准、维护工具等。

软件维护是一个综合过程，可以说，比软件开发更为复杂、要求更为严格，需要响应快、问题定位准确、需求和时间平衡等。

分析了对软件维护活动的各项影响因素之后，就可以制订软件维护计划，以保证有效的软件维护实施和可靠的软件维护质量。在软件维护计划中，要定义软件维护的目标、功能和任务、人员和资源分配、组织机构和保障措施等，而且要分析、制订和确认软件维护的策略、流程和规则、实施方法和工具等。软件维护的目标很清楚，主要有：

- 保证软件正常、稳定运行；
- 帮助客户正确地、有效地使用软件或充分获得服务；
- 解决软件运行和使用过程中出现的任何问题；
- 及时更新软件，满足用户新的需求和期望。

软件维护目标也可以根据不同的软件维护类型（改正性、适应性、完善性和预防性维护）制订特定的目标。确定了软件维护目标之后，就要制订相应的软件维护的功能和任务。

软件维护计划制订过程中，软件维护策略是其中一项很重要的工作，要分析维护的影响因素和可能存在的各种风险。如何克服一些不利的因素，如何将维护的风险降到最低，是软件维护策略的核心。软件维护策略就是在软件维护的过程中，以较小的代价最有效地实现软件维护的目标。为此，我们结合软件工程理论、软件质量工程最佳实践、软件维护影响因素和风险的分析，总结出一些实用的软件维护策略。按照这些策略进行软件维护活动，可以降低维护成本，保证维护质量，延长软件的生存期。

15.3.3　软件产品的维护质量

软件维护按照其性质分为改正性维护、适应性维护、完善性维护和预防性维护；还可以按照维护的对象分为软件产品维护和软件部署维护。

软件产品的维护质量，涉及软件配置管理、软件质量度量、软件质量标准的执行、软件流程的改进和软件开发过程中对可维护性的一贯支持等众多内容。本节主要讨论维护阶段的质量保证工作。

软件产品的维护质量不仅体现在外部：充分理解客户需求，维护工作响应及时，处理问题的态度比较诚恳，解决问题快，不断提高客户的满意度。同时，也体现在软件组织的内部：软件维护过程的流畅，软件维护的成本低，潜在的风险越来越小，产品越来越稳定等。软件产品的维护质量，主要来源于：

- 良好的质量文化和方针,以客户需求为中心。
- 有效的软件发布策略,如制订互补的、相对独立的软件发布类型,如主发布(MR)、服务包发布(SP)、紧急补丁包发布(EP)等。
- 需求变化的控制流程(Chang Control Process),如建立变更控制委员会(CCB)来管理需求变化。
- 有一套软件需求、软件配置的管理数据库系统。
- 和客户的有效沟通,经常拜访客户、及时收集客户信息。
- 软件文档的不断完善,包括技术设计文档的补充,需求变化的跟踪,更重要的文档要有系统错误记载、系统维护日志等。

软件产品的维护质量还依赖于一套良好的维护管理系统、软件发布的节奏控制、自动化回归测试能力等。例如,建立软件维护项目数据库,将所有需求变更的相关内容记录下来,包括变更申请人、批准人、时间、需求或问题的具体内容、分析评审意见、解决方案、维护负责人、维护具体人员或组织、结果评估等。对于维护的具体处理过程,如涉及产品的模块、对产品的哪些功能项目进行修改、修改的内容、验证修改的测试用例、对用户的操作影响、修改文件的新版本号、测试或验收人、其他跟踪事项等,都要记录其中。

软件产品的维护,最终落实在修改软件设计、源程序和文档上。为了正确、有效地修改设计和源程序,通常要先分析和理解原有产品功能和新的需求或更改请求的差异,才能正确地实现变更。修改的方案,应得到仔细地复审或审查,尽量避免引起问题本身之外的回归缺陷。回归缺陷非常容易导致客户的抱怨。"回归缺陷"相对"新功能没有实现"问题,后果更为严重。所以,在对设计、程序修改的时候,应该注意:

- 要基于优化结构的思路去解决问题,至少保持原有的程序结构,不要导致软件程序结构的退化。
- 程序维护过程中,可以逐步完成对原有程序的重构、重写,一次重写的部分要得到严格控制,以 10％～15％ 为佳,否则会由于时间关系,导致程序质量差。
- 对程序基础函数、公共接口等的任何修改,都要细致,需要所有涉及的开发小组或人员的审查。
- 软件修改测试,一方面可根据修改的范围进行有效测试,同时,应考虑更多的影响区域,有足够的回归测试。
- 所有的修改,无论在源程序中,还是在检入(Check-out)源程序管理系统(SVN、Git等)前,都应输入相应的注释。
- 注意对设计技术文档、用户文档等做相应的修改,保证软件所有部分的一致性。

软件产品的维护活动,也可以归为软件开发过程,遵守已有的、规范的软件开发过程,但由于在软件维护周期,软件产品正在被用户使用过程中,软件产品的维护流程就具有更多的内涵、更为苛刻的条件,对变更的时间、变更的范围、变更的风险等控制更为严格。例如,在软件产品的维护流程中,增加了:

- 变更需要请求,多数来自客户的反馈、抱怨等。
- 设立变更控制委员会(CCB)。
- 为每一个变更的请求确定优先级,优先级高的请求才可能得到批准。

软件发布和维护的质量管理

- 对变更风险进行详细的分析、识别和评估。
- 对客户解释,和客户沟通,获取用户的反馈,并注重用户的评价。
- 填写维护工作记录表,记录所有和变更有关的修改或新增加的内容。

软件产品的维护,存在两种形式:开发人员维护和独立机构维护。两者各有优缺点,如表 15-8 所示,但多数采用"开发人员维护"模式。

表 15-8　软件维护组织的两种模式

	开发人员维护	独立的机构维护
优点	• 非常了解系统,维护容易,且不易产生较多的回归缺陷; • 无须精心细致地编制文档; • 无须和维护人员建立联系,沟通成本降低; • 用户只需和一个软件组织打交道; • 系统的一致性比较好	• 迫使编制更好的文档、更规范的程序; • 迫使建立更规范的过程; • 维护程序员不得不全面了解系统,包括系统的薄弱环节,从而容易发现问题,提高程序的质量
不足之处	• 开发人员一般乐意做新东西,不会愉快地面对大量的维护工作,其工作热情也会受影响; • 维护工作会干扰新产品的开发,包括精力分散、日程安排的影响; • 有时不能及时得到维护的人力资源	• 建立维护组织和设施需要时间,学习新系统需要时间、大量训练,移交工作可能太慢; • 保障组织的可信度可能较低,用户保障可能变差; • 成本增大

15.3.4　软件部署的维护质量

软件部署维护是指为确保部署后的软件/系统在运行和部署期内,持续地维持其所具有的全部初始功能及后续功能,围绕其运行环境而开展的软件维护活动。

软件部署维护,首先必须有专业的、独立的维护团队,其成员的技术构成应比较完备,包括硬件工程师、网络设计工程师、安全认证工程师、(操作)系统工程师、数据库管理员(DBA)和应用系统的技术人员等。其次要有完整的操作流程和规范,培训每个维护人员,如何进行操作,哪些操作是允许的,哪些操作是不允许的。对于出现的紧急事件,制订相应的应急方案。除此之外,通过下列措施,进一步提高软件部署维护的质量。

- 安装有运行环境的监控程序,随时监控运行环境的情况,任何问题有先兆可以及时通知维护人员,形成预警机制。
- 保证 7×24 任何时间内有人值班或保持被呼叫(on-call)状态。
- 有一套系统(如 Remedy Ticket System)报告系统问题,并能及时得到响应和处理。
- 除了故障转移机制之外,有冗余的设备或冗余的系统运行能力。
- 做好软件部署的维护记录。

软件部署维护和技术支持是分不开的,软件技术支持的一部分工作就是为软件运行环境提供问题解决的服务(Troubleshooting)。软件部署维护工作中遇到的问题,如果维护操作人员解决不了,就由软件技术支持人员来解决。

15.3.5　软件技术支持

软件技术支持是软件维护工作中不可缺少的部分,是基础性的工作。即使软件不做修改,技术支持是不可少的。软件技术支持,一般包括以理两个层次。

(1) 客户的产品技术支持属于"咨询"层次,对客户进行培训、专业指导和咨询服务。例如,回答客户提出的有关软件产品使用的问题,帮助客户更好地理解产品、使用产品,认真听取客户对产品的技术反馈。在技术支持过程中,不对系统做任何改动,包括系统环境配置或软件参数设置的任何修改。

(2) 软件运行环境的高级技术支持,属于"故障处理"层次,对系统运行中出现的问题及时地处理或解决,不断优化系统的运行环境,提高系统运行的性能、稳定性和可靠性。例如,解决系统运行环境中出现的有关网络、服务器、数据库和应用系统层次上的问题,优化网络、服务器配置,协助完成数据的备份和恢复,协助完成软件运行环境的迁移、升级等,参与系统设计或系统的部署设计,参与系统部署的原型测试。

低层次的技术支持主要面向用户、面向软件产品、面向客户端;高层次的技术支持主要面向内部、面向软件部署、面向系统的服务器端。即使同一个层次的技术支持,还可以进一步分为一般技术支持和资深技术支持,如图 15-13 所示。

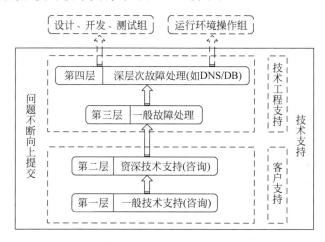

图 15-13　软件技术支持的层次性

在多层次的软件技术支持框架中,如果某个问题不能被当前层次的技术支持人员解决,就会被提交给高一层次的技术支持人员,依次类推,直到问题的解决。"解铃还须系铃人",有些问题可能需要得到开发人员的帮助才能解决。问题如果不能通过改变系统环境配置或软件参数设置解决,就必须修改,也就是要有软件补丁包的发布。

形成多层次的软件技术支持,效率可能降低,但软件支持人员的专业性、技术支持服务的有效性和质量能得到保证。技术支持的形式也多种多样,包括电话支持、邮件回复和现场咨询服务。还有新出现的技术支持形式:自助式呼叫中心(Call Center)和网络远程服务模式,其服务质量得到明显改善,应用越来越广。

- 自助式呼叫中心:当用户碰到问题时,呼叫一个特别服务电话,然后根据语音提示,允许用户根据问题的不同类型选择相应的数字,进入特定的问题域,得到问题的答案或得到特定的技术支持人员的咨询。

- 网络远程服务模式:当用户碰到问题时,在软件供应商或软件服务商网站上,点击一个"求救"按钮,就会启动一个会话,和对方技术支持人员建立远程、实时通信通道,而且可以相互共享应用程序、桌面,进行实时的、手把手的培训,像本地一样远程地解决用户的问题。这种方式打破了时空的限制,极大地缩短问题解决的时间。

对于软件技术支持,还需要和客户、其他人员保持良好的、有效的沟通。使用客户管理系统(Customer Relationship Management,CRM)、问题跟踪系统(Remedy Ticket System)可以更好地做好技术支持工作。

15.3.6　软件维护的管理性控制

软件维护的管理型控制,可以通过软件维护模型来实现。借助软件维护模型,可以知道软件维护要完成的活动、维护活动的顺序和维护活动之间的信息流向。这样可以控制软件维护的活动目标、过程,包括活动的顺序、信息流和优先级等。

软件维护研究表明,一个成功的软件维护机构必定有一个能够反映其维护过程的软件维护模型。软件维护模型主要有以下两类。

(1) 面向过程(process-oriented)的模型。着重维护活动的顺序,试图解决"谁干、干什么、在哪干、何时干、怎么干、为什么要这么干"(who,what,where,when,how,why)。该模型对于共享知识和经验十分有用,并且鼓励过程的改进。

(2) 面向维护机构或事物(organizational-or business-oriented)。着重维护活动之间的信息流向,描述软件维护过程不同阶段所涉及的机构、人员,以及他们之间的通信渠道,其相对研究较少。

1989 年美国的 Schneidewind 强调了软件维护标准化的必要性。1993 年 IEEE 计算机学会的软件工程标准分委会颁布了 IEEE 1219 即《软件维护标准》。该标准描述软件维护,由 8 部分组成,其内容如下。

(1) 修改请求。一般由用户、程序员或管理人员提出,是软件维护过程的开始。

(2) 分类与鉴别。根据软件修改请求(MR),由维护机构确认其维护的类别(纠错性、适应性还是完善性维护),即对 MR 进行鉴别并分类,并给予该 MR 一个编号,然后输入数据库。这是整个维护阶段数据收集与审查的开始。

(3) 分析。先进行维护的可行性分析,再进行详细分析。可行性分析主要确定软件更改的影响,可行的解决方法及所需的费用;详细分析则主要是提出完整的更改需求说明,鉴别需要更改的要素(模块),提出测试方案或策略,制订实施计划。最后,由变更控制委员会(CCB)审查并决定是否开始工作。通常维护机构就能对更改请求的解决方案做出决策,只需要通知 CCB 就可以了。但此时,维护机构应清楚哪些是可以进行维护的范围,哪些不是。CCB 要确定的是维护项目的优先级别,在此之前维护人员不应开展维护更改工作。

(4) 设计。汇总全部信息开始更改,如开发过程的工程文档、分析阶段的结果、源代码、资料信息等。本阶段应更改设计的基线、更新测试计划、修订详细分析结果、核实维护需求。

（5）实现。本阶段的工作是制订程序更改计划并进行软件更改，包括编码、单元测试、集成、风险分析、测试准备审查和更新文档。风险分析在本阶段结束时进行，所有工作应该置于软件配置管理系统的控制之下。

（6）系统测试。系统测试是确保加入的修改软件满足原来的需求，且没有引入新的错误。

（7）验收试验。应由客户、用户或第三方进行综合测试。报告测试结果，进行功能配置审核，建立软件新版本，准备软件文档的最终版本。

（8）交付。此阶段是将新的系统交给用户安装并运行。

15.4　DevOps

随着软件行业进入"互联网＋"时代，市场对软件产品和服务的快速交付以及交付的质量提出了更高的要求。但是，软件产品开发需求的频繁变更造成软件版本发布部署次数增多，使迭代研发工作比重逐渐增大，并且频繁的发布部署又会给运维部门带来极大的压力，造就了开发和运维之间不可逾越的"鸿沟"。

因此，为有效应对急速变化的 IT 产业需求，产生了敏捷、精益、DevOps 等新的思想和理念。DevOps 是 Development 和 Operations 的组合词。通过软件开发人员（Dev）和 IT 运维人员（Ops）之间的沟通和协同工作，使得构建、测试、发布软件能够更加的快捷、频繁和可靠。

DevOps 这个概念现在还没有标准的定义。在 2009 年的敏捷大会上，来自 Flickr 公司《每天部署 10 次》的分享，激发了 Patrick DeBios 在同年 10 月比利时的根特市举办了首届为期两天的 DevOpsDays 活动。为了方便大家在 Twitter 上的传播，人们把 DevOpsDays 这个词简写为♯DevOps。此后，DevOps 一词成为全球 IT 界的焦点话题，引起了越来越多的关注。

2009—2017 年，DevOps 的定义得到了充分发展。

2009 年，DevOps 是一组过程、方法与系统的统称，用于促进开发、技术运营和 QA 部门之间的沟通、协作与整合。

2011 年，快速响应业务和客户的需求，通过行为科学改善 IT 各部门之间的沟通，以加快 IT 组织交付满足快速生产软件产品和服务的目的。

2015 年，DevOps 强调沟通、协作、集成、自动化和度量，以帮助组织快速开发软件产品，并提高操作性能和质量保证；强调自动化软件交付和基础设施变更的过程，以建立一种文化和环境，通过构建、测试和发布软件等方法，可以快速、频繁、可靠地发布软件。

2016 年，DevOps 的目标是建立流水线式的准时制（JIT）的业务流程，以获得最大化业务成果，如增加销售和利润率，提高业务速度，减少运营成本。

2017 年，一个软件工程实践，旨在统一软件开发（Dev）和软件操作（Ops），与业务目标紧密结合，在软件构建、集成、测试、发布到部署和基础设施管理中大力提倡自动化和监控。DevOps 的目标是缩短开发周期，增加部署频率，更可靠地发布。

创始人 Patrick DeBois 倡导 DevOps 是关于人的问题（DevOps is a human problem）。

Damon Edwards 和 Jez Humble 等，用 CALMS 高度概括和诠释了 DevOps 的理念和精

髓,具体如下。

- Culture(文化):拥抱变革,促进协作和沟通。
- Automation(自动化):将人为干预的环节从价值链中消除。
- Lean(精益):通过使用精益原则促使高频率循环。
- Metrics(指标):衡量每一个环节,并通过数据改进循环周期。
- Sharing(分享):与他人开放分享成功与失败的经验,并在错误中不断学习改进。

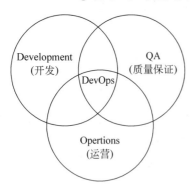

图 15-14 DevOps 概念模型

DevOps 已经上升为一种文化,能对产品交付、测试、功能开发和维护起到意义深远的影响,消除了开发和运维之间存在的"鸿沟"。由于团队间协作关系的改善,整个组织的效率因此得到提升,伴随频繁变化而来的生产环境的风险也能得到降低。因此,DevOps 经常又被描述为"开发团队与运营团队之间更具协作性、更高效的关系"。同时,也可以把 DevOps 看作开发、技术运营和质量保证(QA)三者的交集,如图 15-14 所示。

持续集成、持续交付、虚拟化和云基础架构、测试自动化和配置管理等,促使 DevOps 成为现实。其中,持续集成(CI)是开发人员和测试人员协作验证新代码的过程,即开发人员提交了新代码之后,立刻进行构建、(单元)测试,根据测试结果确定新代码和原有代码能否正确地集成在一起。持续交付是在持续集成的基础上,将集成后的代码不断创建发布版本,并部署到测试环境的过程。持续部署是在持续交付的基础上将稳定的产品版本部署到真实的运行环境中。

实施 DevOps 并不容易,DevOps 更适合"软件即服务"(SaaS)或"平台即服务"(PaaS)这样的应用领域。其显著的特征是必须拥有团队成员之间共同的目标,打通用户、PMO、需求、设计、开发(Dev)、测试、运维(Ops)等各上下游部门或不同角色,打通业务、架构、代码、测试、部署、监控、安全、性能等各领域工具链。

DevOps 基本工具链,一般需要覆盖 14 类工具,具体如下。

(1) 编码版本控制:维护和控制源代码库中的变更。

(2) 协作开发。

(3) 构建:版本控制、代码合并、构建状态。

(4) 持续集成。

(5) 测试:自动化测试及测试报告。

(6) 打包:二进制仓库、Docker 镜像仓库。

(7) 部署工具。

(8) 容器:容器是轻量级的虚拟化组件,它以隔离的方式运行应用负载。它们运行自己的进程、文件系统和网络栈,这些资源都是由运行在硬件上的操作系统所虚拟化出来的。

(9) 发布:变更管理、自动发布。

(10) 编排:当考虑微服务、面向服务的架构、融合式基础设施、虚拟化和资源准备时,计算系统之间的协作和集成就称为编排。通过利用已定义的自动化工作流,编排保证了业务需求是和用户的基础设施资源相匹配的。

（11）配置管理：基础设施配置和管理，维护硬件和软件最新的、细节的记录，包括版本、需求、网络地址、设计和运维信息。

（12）监视：性能监视、用户行为反馈。

（13）警告 & 分析工具。

（14）维护工具。

下面全面地推荐工具链中的一些工具。

（1）代码管理（SCM）：GitHub、GitLab、BitBucket、Subversion、Coding、Bazaa、JFrog Artiactory。

（2）构建工具：Ant、Grandle、Maven。

（3）自动部署：Capistrano、CodeDeploy、Superviso、Forever。

（4）持续集成（CI）：Jenkins 2.0 及其 Pipeline 插件、Capistrano、BuildBot、Bamboo、Fabric、CircleCI、Teamcity、Tinderbox、Travis CI、flow. ci Continuum、LuntBuild、CruiseControl、Integrity、Gump、CodeFrsh、CodeShip、Go。

（5）配置管理：Ansible、Bash、Chef、CFengine、Puppet、Rudder、RunDeck、SaltStack、ScripttRock GuardRail、Vagrant。

（6）容器：Docker、Rocket、Ubuntu(LXC)、第三方厂商（AWS/阿里云）、ElasticBox。

（7）编排：Kubernetes、Core、Apache Mesos、Rancher。

（8）微服务平台：OpenShift、Cloud Foundry、Mesosphere。

（9）服务开通：Puppet、Docker Swarm、Vagrant、Powershell、OpenStack Heat。

（10）服务注册与发现：Zookeeper、etcd、Consul。

（11）单元测试：Junit、Cppunit、Mocha、PyUnit、QUnit、PHPUnit、Nexus、TestNG。

（12）代码静态分析工具：Findbugs、C ++ Test、CPPTest、IBM AppScan Source Edition、Fortify Static Code Analyzer、Visual Studio、Google's Closure Compiler、JSHint、ychecker、PyCharm。

（13）API 测试：JMeter、Postman、SoapUI、Rest-Assured、Dubbo。

（14）功能测试：Selenium、CircleCi、Appium。

（15）性能测试：JMeter、Grandle、nGrinder。

（16）安全性测试：IBM AppScan、OWASP ZAP、Coverity、Fortify SSC、Knocwork insight、Peach Fuzzer、Android Tamer、Firebug、Wireshark、SQLInjector、SQL Power Injector、OWASP SQLiX。

（17）验收测试框架：RSpec、Cucumber、Whatever、Capybara、FitNesse。

（18）脚本语言：Python、Ruby、shell。

（19）缺陷跟踪：BUGtrack、JIRA、GitHub、MantisBT。

（20）日志管理：ELK、Logentries、Logstash、CollectD、Logz. io(ELK)、Splunk、Sumo Logic。

（21）系统监控、警告 & 分析：Graphite、lcinga、Nagios、PagerDuty、Solarwinds、Ganglia、Sensu、Zabbix、AWS CloudWatch、Graphite、Kibana、ElasricStack（Elasticsearch、Kibana、Logstash 以及 Beats 等）。

软件发布和维护的质量管理

（22）性能监控：AppDynamics、Datadog、DynaTrace、New Relic、Splunk。

（23）压力测试：JMeter、Blaze Meter、loader.io。

（24）预警：PagerDuty、pingdom、厂家自带如 AWS SNS。

（25）HTTP 加速器：Varnish。

（26）基础环境：RouterOS、VMware ESXi、FreeNAS、OpenLDAP。

（27）消息总线：ActiveMQ、SQS。

（28）应用服务器：Tomcat、JBoss。

（29）Web 服务器：Apache、Nginx、IIS。

（30）数据库：MySQL、Oracle、PostgreSQL 等关系型数据库；cassandra、mongoDB、redis 等 NoSQL 数据库。

（31）项目管理(PM)：禅道、Jira、Active Collab、Asana、Taiga、Trello。

（32）知识管理：MediaWiki。

总之，DevOps 的目的是为了快速响应需求变化、快速迭代和高效交付，是敏捷研发中持续构建(Continuous Build，CB)、持续集成、持续交付和持续部署的自然延伸，从研发周期向右扩展到部署、运维，不仅打通研发的"需求、开发与测试"各个环节，还打通"研发"与"运维"之间的壁垒。

本 章 小 结

本章主要介绍了 4 部分内容：软件发布程序管理、软件部署、软件维护，以及持续集成、持续发布、持续部署与 DevOps。

在软件发布程序管理中，重点介绍了软件服务模式的产品发布程序和软件产品发布类型和版本，特别是不同类型版本(MR、SP 和 EP)的定义。

软件部署的内容比较全面，涵盖了软件部署的所有关键内容，涉及以下 8 个方面。

（1）软件系统运行的基础架构平台。

（2）软件运行的服务质量。

（3）软件部署规划。

（4）软件部署的逻辑设计。

（5）软件部署的物理设计。

（6）软件部署的可用性和可伸缩性策略。

（7）软件部署的安全性设计和验证。

（8）软件部署验证和实施。

这样保证了软件部署的质量，也就是保证了软件运行的性能、稳定性、安全性和可靠性。

在软件维护部分，介绍了软件维护的作用、分类、框架和计划，如何提高软件产品和软件部署的维护质量，以及如何改进软件技术支持，进行软件维护的管理性控制。

最后，介绍了目前热门的持续集成、持续发布、持续部署与 DevOps 等概念和理念，以及打造 DevOps 流水线的全面的工具链。

思 考 题

1. 试叙述 3 种产品发布类型 MR、SP 和 EP 的含义,及其相应的发布策略和方法。
2. 程序经理在软件开发过程中关键的作用是什么?
3. 如何完成软件部署规划?
4. 如何做好软件部署的逻辑设计和物理设计之间的衔接工作?
5. 软件维护对产品质量的影响因素有哪些? 如何控制?

3D function points　3D 功能点

6M　Man Machine Material Method Mother Nature Measurement　人　设备　材料　方
　　法　自然环境　测量

Accessibility　易用性

Accountability　可说明性

Activity Diagram　活动图

Actor　参与者

ADP(Acyclic Dependencies Principle)　无环依赖原则

AM(Agile Modeling)　敏捷建模

Agile Software Development Alliance　敏捷软件开发联盟

Allocated Baseline　指派基线

Alternatlve-form Method　替换形式方法

Autonomy　系统自我恢复能力

Availability　有效性

B/S(Browser/Server)　浏览器/服务器

Base Line　基线

Behavioral Pattern　行为型模式

BPR(Business Process Reengineering)　业务流程再造

Bubble Chart　泡泡图

Business Process Engineering　业务过程工程

Business Requirement　业务需求

C&E(Matrix Cause and Effect Matrix)　原因结果矩阵六西格玛工具之一

C/S(Client/Server)　客户机/服务器

CAPA(Corrective And Preventive Action)　改正性和预防性措施

Capacity　容量

CBO(Coupling Between Objects)　对象间的耦合

CCA(Change Control Authorit)　变更授权人

CCP(Common Closure Principle)　共同封闭原则

CFD(Control Flow Diagram)　控制流图

Change Control　变更控制

Check In　汇入

Check Out 提取

Child Class 子类

Class Diagram 类图

CRC(Class-Responsibility-Collaborator) 类-责任-协作者

CMM(Capability Muturitiy Model for Software) 软件能力成熟度模型

Commonality 通用性

Compatibility 兼容性

Completeness 完整性

Complexity Measurement 复杂度度量

Component diagram 构件图

Composite Aggregate 复合聚合

COM(COMRefCounted) 引用计数

Consistency 一致性

Constrains 约束

Construct Validity 构造有效性

Constructors 构造器

Content Validity 内容有效性

Context Diagram 系统关联图

Contract 合约

COPQ(Cost of Poor Quality) 低质量成本

Copy Constructible 可复制构造

Creational Pattern 创建型模式

Criteria-related Validity 标准相关的有效性

CRP(Common Reuse Principle) 共同重用原则

C-SPEC 控制说明文档

CTQ(Critical To Quality) 关键质量特性

Customer Insight 客户洞察

Customer 客户

CVS(Concurrent Versions System) 并发版本系统

Cyclomatic Complexity 环形计数复杂度

Data Dictionary 数据字典

Deep Copy 深度复制

Defect Measurement 缺陷度量

Defect 缺陷

Delphi Technique 德尔菲法

DeMarco's Bang Metric Bang 度量

Deployment Diagram 配置图

Derived Class 衍生类

Design Pattern 设计模式

Destructive Copy　销毁式复制

Destructors　解析器

Development Design Document　技术设计文档

DFD(Data Flow Diagram)　数据流图

DFG(Data Flow Graph)　数据流图表

DIP(Dependency Inversion Principle)　依赖倒置原则

Distributivity　系统的分布性

DOE(Design of Experiment)　试验设计六西格玛工具之一

Domain View　领域视图

DPMO(Defeats Per Million Opportunities)　每百万机会的缺陷数

ECO(Engineering Change Order)　工程变更任务书

Efficiency　效率

Element View　元素视图

EOP(Enhanced Object Points Stensrud)　增强对象点

ERD(Entity Relationship Diagram)　实体-关系图

ERP(Enterprise Resource Planning)　企业资源规划

Extensibility　可扩展性

FAST(Facilitated Application Specification Technique)　便利的应用规约技术

Feature Point　特征点

Fitness For Use　适用性

FMEA(Failure Model Effect Analysis)　失效模式及后果分析

FP(Function Point)　功能点

FPA(Function Points Analysis)　功能点分析

FPOO(Function Points with OO)　面向对象的功能点

Function Customer　职能客户

Functional Baseline　功能基线

Functional Requirement　功能需求

Functional Specification　产品规格说明书

Functionality　功能性

Fuzzy Logic　模糊逻辑

Global View　全局视图

Goalpost　门柱法

HNL(Hierarchy Nesting Level)　一个类层次机构层次数

IDL(Interface Definition Language)　接口定义语言

Indicator　指标

Inheritance　继承

Inspection　审查

Internal Consistency Method　内部一致性方法

Interoperability　互操作性

Interval Scale　间隔尺度

ISO 9000　质量保证体系

ISP(Interface Segregation Principle)　接口隔离原则

Issue-resolving Ability　问题解决能力

Iterators　叠加器

IV(Index of Variation)　偏差指数或

KANO　满意度分析模型

KPA(Key Process Area)　关键过程域

KPIV(Key Process Input Variable)　流程关键输入变量

KPOU(Key Process Output Variable)　流程关键输出变量

LCOM(Lack of cohesion of methods Class/Cohesio)　类的内聚

LOC(Line of Code)　代码行

LSP(Liskov Substitution Principle)　替换原则

Maintainability　维护性

Measurement　测度

Message Destinations　消息的目的地

Message Sources　消息源

Messages　消息

Metric　度量

Micro　微观的

Migratability　可移植性

Milestone　里程碑

Modifiers　修正器

MPC(Methods Per Class)　一个类中方法数目

MSE(Measurement System Evaluation)　测量系统分析

Mthd-LOC(Lines ofCode in Method Body)　方法代码行

Mthd-MSG(Number ofMessage Sends in Method Body)　方法发送消息数

NCI(Number of Classes Inherited from Base/top Classes)　派生类数

NCV(Number of Class Variables Defined by Class)　类定义的变量数目

NIV(Number of Instance Variables)　每类实例化变量数

No Copy　无复制

NOC(Number of Immediate Children of Class)　子类数

Nomnal Scale　分类尺度

Number of Unique MessagesSent　独立消息发送数

Object Attributes　对象属性

Object diagram　对象图

Object Methods　对象方法

Object Point　对象点

Object Relations　对象关系

OOA(Object-Oriented Analysis) 面向对象的分析

OCP(Open-close Principle) 开放-封闭原则

OMG 对象管理组织

OOFP(Object Oriented Function Points) 面向对象功能点

OOP(Object Oriented Programming) 面向对象编程

OPA(Object Points Analysis Banker) 对象点分析

Operability 可操作性

Ordinal Scale 序列尺度

Organization 组织

Parameters in Messages 消息参数

Parent Class 父类

Pareto 帕累托原理

PDCA Plan 计划 Do 做 Check 检查 Action 行动

Performance 性能

POP(Predictive Object Points) 预测性对象点

Post Scale Customer 职级客户

Prioritize 确定优先级

Procedure 过程

Process Customer 流程客户

Productivity Measurement 生产率度量

Product 产品

Prototype 原型

P-SPEC 处理说明文档

QA(Quality Assurance) 质量保证

QC(Quality Control) 质量控制

QC(Quality Control) 质量控制

QFD(Quality Function Deployment) 质量功能部署

QFD(Quality Unction Deployment) 质量功能展开

QM(Quality Management) 质量管理

Quality House 质量屋

Quality 质量

Ratio Scale 比值尺度

RUP(Rational Unified Process) 统一过程模型

RefCounted 引用计数

RefCountedMT 多线程化引用计数

RefLinked 引用链接

Reliability 可靠性

REP(Reuse-Release Equivalence Principle) 重用发布等价原则

Requirement Analysis 需求分析

Requirement Elicitation　需求诱导

Requirement Engineering Process　需求工程过程

Requirement Engineering　需求工程

Requirement Modeling　需求建模

Resource Utilization　资源利用效率

Reusability　复用性

Review Level　文档复审水平

RFC(Response for a Class)　类的响应

Risk Measurement　风险度量

RSI(Requirement Stability Index)　需求稳定性或需求稳定因子

SAP(Stable Abstractions Principle)　稳定抽象原则

Scalability　可测量性

Schedule Measurement　进度度量

SCI(Software Configuration Item)　配置项

SCM(Software Configuration Management)　软件配置管理

SDP(Stable Dependencies Principle)　稳定依赖原则

SEI(Software Engineering Institute)　软件工程研究所

Selectors　读取器

Service Manageability　可维护性

Service　服务

Simplicity　简单性

SIPOC(Supplier Input Process Output Customer)　六西格玛工具

Size Measurement　规模度量

Smart Pointers　智能指针

Software Configuration Document　软件配置文档

Software configuration　软件配置

SOP(Standard Operation Procedure)　标准作业程序

SPC(Statistics Process Control)　统计过程控制

Split-halves Method　等分方法

SRP(Single Responsibility Principle)　单一职责原则

SRS(Software Requirement Specification)　软件需求说明书

Standard Component　标准构件法

STD(State Transition Diagram)　状态变迁图

Structural Pattern　结构型模式

Structured Analysis　结构化分析

Sub Class　次类

Sub-Process　子流程

Superclass　超类

System　体系

TQM(Total Quality Management) 全面质量管理

Traceability 可追溯性

UML(Unified Modeling Language) 统一建模语言

UOO(Usecases and OO) 用例和面向对象

UP(Unified Process) 统一方法

Usability 可用性

Use Case 使用实例

Use Case Diagram 用例图

User Requirement 用户需求

VF(Variation Factor) 偏差因子

Virtuality 虚拟性

Visibility 可视性

Vision and Scope Document 项目视图及范围文档

VOC(Voice of Customer) 顾客之声

VOP(Voice of Process) 流程之声六西格玛工具

Walk Through 走查

WMC(Weighted Methods per Class) 每类加权方法数

Work Procedure Customer 工序客户

Workload Measurement 工作量度量

附录B 主要的国内国际标准清单

---------------------------软件测试规范与方法---------------------------

GB/T 9386—2008	计算机软件测试文档编制规范
GB/T 15532—2008	计算机软件测试规范
GB/T 26856—2011	中文办公软件基本要求及符合性测试规范
GB/T 28035—2011	软件系统验收规范
GB/T 33447—2016	地理信息系统软件测试规范
GB/T 33783—2017	可编程逻辑器件软件测试指南
GB/T 34943—2017	C/C++语言源代码漏洞测试规范
GB/T 34944—2017	Java语言源代码漏洞测试规范
GB/T 34946—2017	C♯语言源代码漏洞测试规范
GB/T 28171—2011	嵌入式软件可靠性测试方法
GB/T 29831.3—2013	系统与软件功能性 第3部分：测试方法
GB/T 29832.3—2013	系统与软件可靠性 第3部分：测试方法
GB/T 29833.3—2013	系统与软件可移植性 第3部分：测试方法
GB/T 29834.3—2013	系统与软件维护性 第3部分：测试方法
GB/T 29835.3—2013	系统与软件效率 第3部分：测试方法
GB/T 29836.3—2013	系统与软件易用性 第3部分：测评方法
GB/T 34979.1—2017	智能终端软件平台测试规范 第1部分：操作系统
GB/T 34979.2—2017	智能终端软件平台测试规范 第2部分：应用与服务

---------------------------软件质量与评价---------------------------

GB/T 18905.1—2002	软件工程 产品评价 第1部分：概述
GB/T 18905.2—2002	软件工程 产品评价 第2部分：策划和管理
GB/T 18905.3—2002	软件工程 产品评价 第3部分：开发者用的过程
GB/T 18905.4—2002	软件工程 产品评价 第4部分：需方用的过程
GB/T 18905.5—2002	软件工程 产品评价 第5部分：评价者用的过程
GB/T 18905.6—2002	软件工程 产品评价 第6部分：评价模块的文档编制
GB/T 16260.2—2006	软件工程 产品质量 第2部分：外部度量
GB/T 16260.3—2006	软件工程 产品质量 第3部分：内部度量
GB/T 16260.4—2006	软件工程 产品质量 第4部分：使用质量的度量
GB/T 29831.1—2013	系统与软件功能性 第1部分：指标体系

GB/T 29831.2—2013	系统与软件功能性 第 2 部分：度量方法
GB/T 29832.1—2013	系统与软件可靠性 第 1 部分：指标体系
GB/T 29832.2—2013	系统与软件可靠性 第 2 部分：度量方法
GB/T 29833.1—2013	系统与软件可移植性 第 1 部分：指标体系
GB/T 29833.2—2013	系统与软件可移植性 第 2 部分：度量方法
GB/T 29834.1—2013	系统与软件维护性 第 1 部分：指标体系
GB/T 29834.2—2013	系统与软件维护性 第 2 部分：度量方法
GB/T 29835.1—2013	系统与软件效率 第 1 部分：指标体系
GB/T 29835.2—2013	系统与软件效率 第 2 部分：度量方法
GB/T 29836.1—2013	系统与软件易用性 第 1 部分：指标体系
GB/T 29836.2—2013	系统与软件易用性 第 2 部分：度量方法
GB/T 30264.1—2013	软件工程 自动化测试能力 第 1 部分：测试机构能力等级模型
GB/T 30264.2—2013	软件工程 自动化测试能力 第 2 部分：从业人员能力等级模型
GB/T 18492—2001	信息技术 系统及软件完整性级别
GB/T 28172—2011	嵌入式软件质量保证要求
GB/T 30961—2014	嵌入式软件质量度量
GB/T 32421—2015	软件工程软件评审与审核
GB/T 32423—2015	系统与软件工程验证与确认
GB/T 32904—2016	软件质量量化评价规范
GB/T 32911—2016	软件测试成本度量规范
GB/T 25000.10—2016	系统与软件工程 系统与软件质量要求和评价(SQuaRE)第 10 部分：系统与软件质量模型
GB/T 25000.12—2017	系统与软件工程 系统与软件质量要求和评价(SQuaRE)第 12 部分：数据质量模型
GB/T 25000.24—2017	系统与软件工程 系统与软件质量要求和评价(SQuaRE)第 24 部分：数据质量测量
GB/T 25000.51—2016	系统与软件工程 系统与软件质量要求和评价(SQuaRE)第 51 部分：就绪可用软件产品(RUSP)的质量要求和测试细则
GB/T 25000.62—2014	软件工程 软件产品质量要求与评价(SQuaRE)易用性测试报告行业通用格式(CIF)
IEC 60300—3—6	软件可信性
ISO/IEC 90003—2014	软件工程 ISO 9001：2008 应用于计算机软件的指南
ISO FDIS 25010—2010：	系统和软件工程系统和软件质量要求和评估(SQuaRE)系统和软件质量模型
JIS X25010—2013：	系统和软件工程系统和软件质量要求和评价(SQuaRE)系统和软件质量模型
ISO/IEC TS 30103：2015	软件和系统工程——生命周期过程——产品质量实现的框架
ISO/IEC 25000—2014：	系统和软件工程 系统和软件质量要求和评估(SQuaRE) SQuaRE 指南

ISO/IEC 25001—2014:	系统和软件工程 系统和软件质量要求和评价(SQuaRE)规划和管理
ISO/IEC 25010—2011:	系统和软件工程 系统和软件质量要求和评估(SQuaRE)系统和软件质量模型
ISO/IEC 25012:2008	软件工程—软件质量要求和评估(SQuaRE)数据质量模型
ISO/IEC 25020:2007	软件工程—软件质量要求和评估(SQuaRE)测量参考模型和指南
ISO/IEC 25021—2012:	系统和软件工程 系统和软件质量要求和评估(SQuaRE)质量评估要素
ISO/IEC 25022—2016:	系统和软件工程 系统和软件质量要求和评估(SQuaRE)使用中质量的测量
ISO/IEC 25023:2016	系统和软件工程 系统和软件质量要求和评估(SQuaRE)系统测量和软件产品质量
ISO/IEC 25024—2015	系统和软件工程 系统和软件质量要求和评估(SQuaRE)数据质量的测量
ISO/IEC 25030:2007	软件工程—软件质量要求和评估(SQuaRE)-质量需求
ISO/IEC 25040—2011:	系统和软件工程 系统和软件质量要求和评估(SQuaRE)评估过程
ISO/IEC 25041—2012	系统和软件工程 系统和软件质量要求与评估(SQuaRE)对于开发者、收购者和独立评估方的评价指南
ISO/IEC 25045:2010	系统和软件工程 系统和软件质量要求和评估(SQuaRE)可恢复性评估模块
ISO/IEC 25051:2014	系统和软件工程 系统和软件质量要求和评估(SQuaRE)——准备使用软件产品(RUSP)的质量要求和测试说明
ISO/IEC TR 25060:2010	系统和软件工程 系统和软件质量要求和评估(SQuaRE)——可用性的通用行业格式(CIF):与可用性相关信息的通用框架
ISO/IEC 2506:2006	软件工程 软件质量要求和评估(SQuaRE)——可用性测试报告的通用行业格式(CIF)
ISO/IEC 25063:2014	系统和软件工程 系统和软件质量要求和评估(SQuaRE)——用于可用性的通用行业格式(CIF):使用描述的上下文
ISO/IEC 25064:2013	系统和软件工程 系统和软件质量要求和评估(SQuaRE)——用于可用性的通用行业格式(CIF):用户需求报告
ISO/IEC 25066:2016	系统和软件工程 系统和软件质量要求和评估(SQuaRE)——可用性的通用行业格式(CIF):评估报告

------------------------------过程改进标准------------------------------

ISO/IEC15504—4:2004	信息技术-过程评估-第4部分:过程改进和过程能力确定的使用指南

443

ISO/IEC15504—5:2012	信息技术-过程评估-第 5 部分：示例软件生命周期过程评估模型
ISO/IEC15504—6:2013	信息技术-过程评估-第 6 部分：示例系统生命周期过程评估模型
ISO/IEC TS 15504—8:2012	信息技术-过程评估-第 8 部分：IT 服务管理的示例过程评估模型
ISO/IEC TS 15504—9:2011	信息技术-过程评估-第 9 部分：目标过程简介
ISO/IEC TS 15504—10:2011	信息技术-过程评估-第 10 部分：安全扩展
ISO/IEC 33001:2015	信息技术-过程评估-概念和术语
ISO/IEC 33002:2015	信息技术-过程评估-执行过程评估的要求
ISO/IEC 33003:2015	信息技术-过程评估-过程测量框架的要求
ISO/IEC 33004:2015	信息技术-过程评估-过程参考,过程评估和成熟度模型的要求
ISO/IEC 33020:2015	信息技术-过程评估-评估过程能力的过程测量框架
ISO/IEC 33063:2015	信息技术-过程评估-软件测试的过程评估模型
ISO/IEC 33071:2016	信息技术-过程评估-企业过程的综合过程能力评估模型
ISO/IEC TS 33072:2016	信息技术-过程评估-信息安全管理的过程能力评估模型
ISO/IEC TS 33073:2017	信息技术-过程评估-质量管理的过程能力评估模型
ISO/IEC 29169:2016	信息技术-过程评估-评定过程质量特性和组织成熟度的合格评定方法的应用

--------------------------------信息技术与信息系统测试--------------------------------

GB/T 17178.1—1997	信息技术 开放系统互连 一致性测试方法和框架 第 1 部分：基本概念
GB/Z 18493—2001	信息技术 软件生存周期过程指南
GB/T 18491—2001	信息技术 软件测量 功能规模测量
GB/T 17178.2—2010	信息技术 开放系统互连 一致性测试方法和框架 第 2 部分：抽象测试套规范
GB/T 17178.4—2010	信息技术 开放系统互连 一致性测试方法和框架 第 4 部分：测试实现
GB/T 17178.5—2011	信息技术 开放系统互连 一致性测试方法和框架 第 5 部分：一致性评估过程对测试实验室及客户的要求
GB/T 17178.6—2010	信息技术 开放系统互连 一致性测试方法和框架 第 6 部分：协议轮廓测试规范
GB/T 17178.7—2011	信息技术 开放系统互连 一致性测试方法和框架 第 7 部分：实现一致性声明
GB/T 29268.1—2012	信息技术 生物特征识别性能测试和报告 第 1 部分：原则与框架
GB/T 29268.2—2012	信息技术 生物特征识别性能测试和报告 第 2 部分：技术与场景评价的测试方法

GB/T 29268.3—2012	信息技术 生物特征识别性能测试和报告 第3部分：模态特定性测试
GB/T 29268.4—2012	信息技术 生物特征识别性能测试和报告 第4部分：互操作性性能测试
GB/T 29270.1—2012	信息技术 编码字符集测试规范 第1部分：蒙古文
GB/T 29270.2—2012	信息技术 编码字符集测试规范 第2部分：藏文
GB/T 29270.3—2012	信息技术 编码字符集测试规范 第3部分：维吾尔文、哈萨克文、柯尔克孜文行
GB/T 29272—2012	信息技术 射频识别设备性能测试方法 系统性能测试方法
GB/T 30268.1—2013	信息技术 生物特征识别应用程序接口（BioAPI）的符合性测试 第1部分：方法和规程
GB/T 30268.2—2013	信息技术 生物特征识别应用程序接口（BioAPI）的符合性测试 第2部分：生物特征识别服务供方的测试断言
GB/T 33842.2—2017	信息技术 GB/T 26237 中定义的生物特征数据交换格式的符合性测试方法 第2部分：指纹细节点数据
GB/T 33842.4—2017	信息技术 GB/T 26237 中定义的生物特征数据交换格式的符合性测试方法 第4部分：指纹图像数据
GB/T 33842.5—2018	信息技术 GB/T 26237 中定义的生物特征数据交换格式的符合性测试方法 第5部分：人脸图像数据

--------------------------------网络、安全相关--------------------------------

GB/T 28456—2012	IPSec 协议应用测试规范
GB/T 28451—2012	信息安全技术 网络型入侵防御产品技术要求和测试评价方法
GB/T 28457—2012	SSL 协议应用测试规范
GB/T 29240—2012	信息安全技术 终端计算机通用安全技术要求与测试评价方法
GB/T 30269.801—2017	信息技术 传感器网络 第801部分：测试：通用要求
GB/T 30269.802—2017	信息技术 传感器网络 第802部分：测试：低速无线传感器网络媒体访问控制和物理层
GB/T 30269.803—2017	信息技术 传感器网络 第803部分：测试：低速无线传感器网络网络层和应用支持子层
GB/T 29265.501—2017	信息技术 信息设备资源共享协同服务 第501部分：测试
GB/T 29265.502—2017	信息技术 信息设备资源共享协同服务 第502部分：远程访问测试
GB/T 30272—2013	信息安全技术 公钥基础设施 标准一致性测试评价指南
GB/T 30282—2013	信息安全技术 反垃圾邮件产品技术要求和测试评价方法
GB/T 32917—2016	信息安全技术 Web 应用防火墙安全技术要求与测试评价方法
GB/T 33851—2017	信息技术 系统间远程通信和信息交换 基于双载波的无线高速率超宽带物理层测试规范
GB/T 34975—2017	信息安全技术 移动智能终端应用软件安全技术要求和测试评价方法

GB/T 34976—2017	信息安全技术 移动智能终端操作系统安全技术要求和测试评价方法
GB/T 34977—2017	信息安全技术 移动智能终端数据存储安全技术要求与测试评价方法
GB/T 34990—2017	信息安全技术 信息系统安全管理平台技术要求和测试评价方法
GB/T 35277—2017	信息安全技术 防病毒网关安全技术要求和测试评价方法
GB/T 35286—2017	信息安全技术 低速无线个域网空口安全测试规范
IEC 61508	电气/电子/可编程电子安全相关系统的功能安全
IEC 60300—3—9	科技系统功能安全的风险分析

-------------------------军用软件国家标准-------------------------

GJB/Z 141—2004	军用软件测试指南
GJB/Z 161—2012	军用软件可靠性评估指南
GJB 3966—2000	被测单元与自动测试设备兼容性通用要求
GJB 1268A—2004	军用软件验收要求
GJB 2434A—2004	军用软件产品评价
GJB 5236—2004	军用软件质量度量
GJB 5234—2004	军用软件验证和确认
GJB 4072A—2006	军用软件质量监督要求
GJB 6389—2008	军用软件评审
GJB 6921—2009	军用软件定型测评大纲编制要求
GJB 6922—2009	军用软件定型测评报告编制要求
GJB 439A—2013	军用软件质量保证通用要求
GJB 9409—2018	通信与指挥自动化软件回归测试通用要求
GJB 9433—2018	军用可编程逻辑器件软件测试要求
GJB 9391—2018	军用自动测试系统接口适配器通用规范

-------------------------军用软件电子行业标准-------------------------

SJ 20356—1993	机载雷达软件质量保证规程
SJ 20807—2001	指挥自动化系统应用软件测试要求
SJ 21142.1—2016	军工软件质量度量-维护性 第 1 部分：指标体系
SJ 21142.2—2016	军工软件质量度量-维护性 第 2 部分：度量方法
SJ 21142.3—2016	军工软件质量度量-维护性 第 3 部分：测试方法
SJ 21143.1—2016	军工软件质量度量-可移植性 第 1 部分：指标体系
SJ 21143.2—2016	军工软件质量度量-可移植性 第 2 部分：度量方法
SJ 21143.3—2016	军工软件质量度量-可移植性 第 3 部分：测试方法
SJ 21144.1—2016	军工软件质量度量-易用性 第 1 部分：指标体系
SJ 21144.2—2016	军工软件质量度量-易用性 第 2 部分：度量方法
SJ 21144.3—2016	军工软件质量度量-易用性 第 3 部分：测试方法

SJ 21145.1—2016	军工软件质量度量-效率 第 1 部分：指标体系
SJ 21145.2—2016	军工软件质量度量-效率 第 2 部分：度量方法
SJ 21145.3—2016	军工软件质量度量-效率 第 3 部分：测试方法
SJ/T 11677—2017	信息技术 交易中间件性能测试规范
SJ/T 11681—2017	C♯语言源代码缺陷控制与测试指南
SJ/T 11682—2017	C/C++语言源代码缺陷控制与测试规范
SJ/T 11683—2017	Java 语言源代码缺陷控制与测试指南

------------------------------其他行业标准----------------------------------

HB/Z 180—1990	软件质量特性与评价方法-航空航天民航
QJ 2544—1993	航天用计算机软件质量度量准则
HB 7233—1995	民用机载计算机软件质量保证大纲编写指南
DB11/T 384.15—2009	图像信息管理系统技术规范 第 15 部分：软件质量评价方法

全面质量管理纲要

一、总则

为贯彻国家质量法律、法规、政策,提高公司市场竞争力,全面实现质量战略,特制定本纲要。

本纲要作为公司质量管理总指南。

二、定义和术语

质量。产品过程或服务所具备的满足明示或隐含需要的特征和特性的总和。

质量控制。为达到质量要求而采取的作业技术和活动。

质量保证。为使人们确信某产品或服务能满足特定质量要求所必需的全部有计划、有系统的活动。

质量方针。由公司的最高管理者正式颁布的总质量宗旨和目标。

质量管理。制定和实施质量方针的管理职能,是公司全面管理职能的一个方面。

质量体系。为实施质量管理责任所需的组织结构、职责、程序、过程和资源。

三、质量方针与目标

(1) 公司的质量方针为,如"质量是企业的生命","今天的质量,明天的市场"等。

(2) 公司的质量总目标,包括形成和保持公司的市场质量信誉,以消费者需求为导向,提供专门设计、质量上乘、价格合理的产品,且服务周到。

(3) 公司的定量质量目标,如: 年通过 ISO 9000)质量体系认证;

提高质量对公司增长贡献率为 %;

产品、服务质量优良率 %,合格率 %以上;

产品退货率 %,投诉率 %以下;

质监和社会对公司产品、服务质量抽检合格率 %以上;

消费者、用户满意度 %以上。

(4) 公司实现质量方针和目标的措施,包括措施项目、实施方法、落实单位、完成时间。

公司的质量方针目标应聚集公司员工共同质量意志,员工参与、自下而上地讨论制定,由公司最高管理者签署发布,使员工人人皆知。

确定后的质量方针目标,逐次展开,自上而下地形成各部门、分厂、车间、工段、班组直至个人的质量目标、方针和措施。

四、组织体系与责任制

(1) 总经理为公司产品和服务质量的总负责人。

(2) 公司可设立质量管理委员会,由总经理亲任主任(主席),作为企业质量决策的参议或协调,监控机构。

（3）公司设立质量管理办公室（或处，部），负责全企业质量职能工作的具体组织、计划、检查、监督、评价。该部门一般置于总经理直接领导下。

（4）公司可在制造部，技术部内专设质管科，在各职能处、部、室、分厂、车间、工段、班组设立质量管理小组或专职（兼职）质管员，以及质量控制点。

（5）公司设专门的质管稽核、质管工程、质管统计、进料检验、制程检验、线上检验、出货检验等职位。制定各岗位的职责和任职条件。

（6）公司的质量职能落实到各有关部门，成为该部门的质量责任。各部门的质量责任进一步展开成若干项具体的工作和要求，再落实到各工作岗位或人员，成为个人或岗位的质量责任。

（7）将所有质量责任写成书面文件，加上管理内容，形成质量责任制。在部门和岗位责任体系中，一般明列各部门和岗位的质量责任条文。

（8）将各部门和岗位的质量责任制和管理标准，纳入《质量手册》，并作为质量体系审核的依据。

（9）公司质量管理的边界不单局限在本公司的内部，应与本公司相关联的控股、参股子公司和供应商、经销商等协作企业，共同形成一个集团式的质量管理体系。

五、公司在产品形成全过程中的质量职能有 11 项

①销售情况和市场调研；②设计、规范地编制和产品开发；③采购；④工艺准备；⑤生产、制造；⑥检验、试验和测试；⑦包装和存储；⑧销售和配送；⑨安装和运行；⑩技术服务和维修；⑪用后处置。

六、公司对以上质量职能进行细分，展开时应广泛组织有关人员讨论，力争不漏项。

七、质管部门在质量职能展开基础上，提出质量职能分配方案，规定哪些职能应由哪个部门承担，并组织有关部门领导讨论方案。

八、企业领导亲自主持会议，协调并最终敲定质量职能分配方案。

九、根据分配的质量职能，修订或制定该质量职能的管理标准，也列入《质量手册》。

十、各部门的质量管理

（一）质量管理部门

质量管理部门主要工作内容为对产品质量进行事后检验把关。贯彻预防为主的质量管理原则。

（1）制定各类质量标准，检查执行情况。

（2）制定质量管理方案和实施计划，组织、协调并监督该计划的完成。

（3）清查索赔事件的质量原因，检查各种制度的执行情况。

（4）参与设计方案审查、工艺审查及试制鉴定工作，进行可靠性管理。

（5）评价产品质量，进行质量管理教育。收集用户对产品质量的意见，根据质量情报，对产品质量作出评价。

（6）做好质量管理中的各项记录工作，规定其保管方法和年限，指定专人妥善保管。

（二）产品开发部门

产品开发部门主要工作内容是收集、分析技术情报和质量信息。

（1）对市场现有产品、消费偏好和需求进行分析，找出公司产品之不足之处。

（2）在设计中采用标准原材料、零部件，确定设计、制图、工艺标准公差和视觉检查标准。

(3) 采用先进的设计方法,进行安全性、可靠性、价值工程分析。

(4) 对新技术、新材料先行试验,对样机、样品进行实验室和现场试验使用。

(5) 形成设计、评审、更改设计和程序和规范。

(三) 技术工艺部门

技术工作部门的主要工作内容为设计审查与工艺验证,对样机进行鉴定。

(1) 进行工序能力研究,充分利用现有设备。

(2) 编制可行的原材料、零部件及装配工序计划,向操作工人提供详细的作业指导书。

(3) 设计、制造或购买特殊生产及检验、测试设备。

(4) 新产品、老产品改进首轮试生产,调整工序计划,之后才能正式投入生产。

(5) 保管技术文件。对产品图纸、工艺规程妥善保管。发放、回收、修改、销毁技术文件,应按规定程序进行。

(四) 采购部门

采购部门的主要工作内容是选择最佳供应商与外协单位,确保供应质量、数量和服务,价格较低。

(1) 在供货合同中列明所有质量要求。

(2) 考查供应商质量管理工作状况,可驻厂进行质量监督或抽查。

(3) 催促履约,对进货进行要验检测,上报不合格品情况,与供商品交涉退货、索赔。

(五) 制造部门

制造部门主要工作内容是生产监督和检验,在各关键阶段对产品进行测试。

(1) 实施工序控制。通过各种方法,判断工序质量是否符合标准,质量数据的波动是否合理,工序是否处于稳定状态等。出现偏离标准或异常状况时,应查找原因,采取措施。

(2) 维护和校准生产和试验设备,检查各种仪器。

(3) 标注原材料和产品,使之可追溯。

(4) 预防不合格品的产生,查明出现原因,采取改进措施,对措施实施效果进行研究。

(5) 管好在制品,督促作业者对加工件实行自检。落实"不合格品不流入下道工序"的规则。

(6) 制定原材料加工、存储和包装的标准及业务指导,待运产品的最终试验和质量记录的保存。

(六) 检验部门

检验部门的主要内容是制定相应的产品质量检验标准,减少因人而异而出现的检验失误。

(1) 为提高检验效率并保证检验工作的质量,开发新的检验工具,或采用先进设备进行检验。妥善保管极验工具,测量仪器。

(2) 进行工序检验,包括首件、巡回和检验站检验,统计不合格数,查明原因,迅速反馈给各有关部门。

(3) 对原材料、外购件进行接收检验,查验各类合格证明和检验凭证。

(4) 出厂检验。主要是性能、安全性和外观性检验。

（七）营销部门

营销部门的主要工作内容是记录并尽量满足顾客订货合同或购买中的所有要求。

（1）负责从发运、收货、存储、拆包、安装、调试及售后服务一系列工作,保证各环节的产品和服务质量,必要时对产品功能进行试验。

（2）考虑运输方式和周期对产品质量的影响。

（3）注意产品证书随同货物发出,有关用户服务卡回收立档。

（4）对顾客提供技术服务和纠正使用缺陷。

（5）收集用户反馈意见,受理用户投诉。

（八）搬运部门

（1）制定搬运详细规程,保证零部件、成品在搬运途中不受损坏或质量降低。

（2）确保不同质产品不混淆,标记醒目,易辨认。

（3）确保宇航局精密仪器产品敏感性,防止有寄存器物料的损伤。

（4）搬运设备的日常保养。

（九）仓储部门

（1）各类物料按储存备件,分区隔离存放。仓储要求和警示张贴于库区和物料上。

（2）未经许可人员,不得进入仓储区。

（3）采取适当措施,调节通风、采光、温度、湿度等保存物料,定期极查盘点,发现受损品并上报处理。

（4）建立严密的收、发货程序,按先进先出发货。

（十）包装部门

（1）根据产品特性、运输、仓储条件决定包装方式和材料。

（2）在包装物上注明指导装卸,存储作业特殊标志及失效期等。

（十一）动力部门

（1）负责制定设备动计划,制定设备更新计划,对设备进行日常维护和保养。

（2）保证设备运转处于良好状态。

（十二）其他部门的质量管理职责和任务根据公司生产经营特点制定。

十一、质量成本管理

质量成本是实现质量目标的成本,其构成如下。

（1）预防成本。为了预防故障而支付的费用。

（2）鉴定成本。为评定产品是否符合质量水平而进行的试验和检验的费用。

（3）内部故障成本。交货前因产品或服务不合质量要求造成的损失(如返工、复修、重新服务、报废等)。

（4）外部故障成本。交货后因产品或服务不合质量要求造成的损失(如保修、保换、保退、直接成本、折扣和赔偿等)。

（5）外部质量保障成本。应顾客要求,向其提供客观证据支付的费用(如特定或附加的质保措施、程序、数据、试验、认定费用)。

十二、质量管理效益评价

（1）评价质量管理活动投入、产出,效益的因素有:

① 质量成本大小。

② 公司质量在同业中所占的位置。

③ 产品、服务满足顾客的适用程度。

④ 退货、投诉比例下降幅度。

（2）对公司质量管理活动,应进行总体和阶段性的有效性评价。在此基础上调整质量管理活动的策略。

（3）公司积极向国家和地方政府部门或协会,申报企业质量管理活动成果、评选和奖励。

附录D 计算机软件质量保证计划规范

1 主题内容与适用范围

本规范规定了在制订软件质量保证计划时应该遵循的统一的基本要求。

本规范适用于软件特别是重要软件的质量保证计划的制订工作。对于非重要软件或已经开发好的软件,可以采用本规范规定的要求的子集。

2 引用标准

GB/T 11457 软件工程术语

GB 8566 计算机软件开发规范

GB 8567 计算机软件产品开发文件编制指南

GB/T 12505 计算机软件配置管理计划规范

3 术语

下面给出本规范中用到的一些术语的定义,其他术语的定义按 GB/T 11457。

3.1 项目委托单位

项目委托单位是指为产品开发提供资金并通常也是(但有时也未必)确定产品需求的单位或个人。

3.2 项目承办单位

项目承办单位是指为项目委托单位开发、购置或选用软件产品的单位或个人。

3.3 软件开发单位

软件开发单位是指直接或间接受项目委托单位委托而直接负责开发软件的单位或个人。

3.4 用户

用户是指实际使用软件来完成某项计算、控制或数据处理等任务的单位或个人。

3.5 软件

软件是指计算机程序及其有关的数据和文档,也包括固化了的程序。

3.6 重要软件

重要软件是指它的故障会影响到人身安全会导致重大经济损失或社会损失的软件。

3.7 软件生存周期

软件生存周期是指从系统设计对计算机软件系统提出应用需求开始,经过开发,产生一个满足需求的计算机软件系统,然后投入运行,直至该软件系统退役为止。其间经历系统分析与软件定义、软件开发以及系统的运行与维护等三个阶段。其中软件开发阶段一般又划分成需求分析、概要设计、详细设计、编码与单元测试、组装与系统测试以及安装与验收等六个阶段。

3.8 验证

验证是指确定软件开发周期中的一个给定阶段的产品是否达到上一阶段确立的需求的过程。

3.9 确认

确认是指在软件开发过程结束时对软件进行评价以确定它是否和软件需求相一致的过程。

3.10 测试

测试是指通过执行程序来有意识地发现程序中的设计错误和编码错误的过程。测试是验证和确认的手段之一。

3.11 软件质量

软件质量是指软件产品中能满足给定需求的各种特性的总和。这些特性称作质量特性,它包括功能度、可靠性、易使用性、时间经济性、资源经济性、可维护性和可移植性等。

3.12 质量保证

质量保证是指为使软件产品符合规定需求所进行的一系列有计划的必要工作。

4 软件质量保证计划编制大纲

项目承办单位(或软件开发单位)中负责软件质量保证的机构或个人,必须制订一个包括以下各章内容的软件质量保证计划(以下简称计划)。各章应以所给出的顺序排列;如果某章中没有相应的内容,则在该章标题之后必须注明"本章无内容"的字样,并附上相应的理由;如果需要,可以在后面增加章条;如果某些材料已经出现在其他文档中,则在该计划中应引用那些文档。计划的封面必须标明计划名和该计划所属的项目名,并必须由项目委托单位和项目承办单位(或软件开发单位)的代表共同签字、批准。计划的目次是:

引言

管理

文档

标准、条例和约定

评审和检查

软件配置管理

工具、技术和方法

媒体控制

对供货单位的控制

记录的收集、维护和保存

下面给出软件质量保证计划的各个章条必须具有的内容。

4.1 引言

4.1.1 目的

本条必须指出特定的软件质量保证计划的具体目的。还必须指出该计划所针对的软件项目(及其所属的各个子项目)的名称和用途。

4.1.2 定义和缩写词

本条应该列出计划正文中需要解释的而在 GB/T 11457 中尚未包含的术语的定义,必要时,还要给出这些定义的英文单词及其缩写词。

4.1.3 参考资料

本条必须列出计划正文中所引用资料的名称、代号、编号、出版机构和出版年月。

4.2 管理

必须描述负责软件质量保证的机构、任务及其有关的职责。

4.2.1 机构

本条必须描述与软件质量保证有关的机构的组成。还必须清楚地描述来自项目委托单位、项目承办单位、软件开发单位或用户中负责软件质量保证的各个成员在机构中的相互关系。

4.2.2 任务

本条必须描述计划所涉及的软件生存周期中有关阶段的任务,特别要把重点放在描述这些阶段所应进行的软件质量保证活动上。

4.2.3 职责

本条必须指明软件质量保证计划中规定的每一个任务的负责单位或成员的责任。

4.3 文档

必须列出在该软件的开发、验证与确认以及使用与维护等阶段中需要编制的文档,并描述对文档进行评审与检查的准则。

4.3.1 基本文档

为了确保软件的实现满足需求,至少需要下列基本文档:

4.3.1.1 软件需求规格说明书

软件需求规格说明书必须清楚、准确地描述软件的每一个基本需求(功能、性能、设计约束和属性)和外部界面。必须把每一个需求规定成能够通过预先定义的方法(例如检查、分析、演示或测试等)被客观地验证与确认的形式。软件需求规格说明书的详细格式按 GB8567。

4.3.1.2 软件设计说明书

软件设计说明书应该包括软件概要设计说明和软件详细设计说明两部分。其概要设计部分必须描述所设计软件的总体结构、外部接口、各个主要部件的功能与数据结构以及各主要部件之间的接口;必要时还必须对主要部件的每一个子部件进行描述。其详细设计部分必须给出每一个基本部件的功能、算法和过程描述。软件设计说明书的详细格式按 GB8567。

4.3.1.3 软件验证与确认计划

软件验证与确认计划必须描述所采用的软件验证和确认方法(例如评审、检查、分析、演示或测试等),以用来验证软件需求规格说明书中的需求是否已由软件设计说明书描述的设计实现;软件设计说明书表达的设计是否已由编码实现。软件验证与确认计划还可用来确认编码的执行是否与软件需求规格说明书中所规定的需求相一致。软件验证与确认计划的详细格式按 GB8567 中的测试计划的格式。

4.3.1.4 软件验证和确认报告

软件验证与确认报告必须描述软件验证与确认计划的执行结果。这里必须包括软件质量保证计划所需要的所有评审、检查和测试的结果。软件验证与确认报告的详细格式按 GB8567 中的测试报告的格式。

4.3.1.5 用户文档

用户文档(例如手册、指南等)必须指明成功运行该软件所需要的数据、控制命令以及运行条件等;必须指明所有的出错信息、含义及其修改方法;还必须描述将用户发现的错误或问题通知项目承办单位(或软件开发单位)或项目委托单位的方法。用户文档的详细格式按 GB 8567。

4.3.2 其他文档

除基本文档外,还应包括下列文档:

a. 项目实施计划(其中可包括软件配置管理计划,但在必要时也可单独制订该计划):其详细格式按 GB 8567。

b. 项目进展报表:其详细格式可参考本规范附录 B(参考件)中有关"项目进展报表"的各项规定。

c. 项目开发各个阶段的评审报表:其详细格式可参考本规范附录 C(参考件)中有关《项目阶段评审表》的各项规定。

d. 项目开发总结:其详细格式按 GB 8567。

4.4 标准、条例和约定

必须列出软件开发过程中要用到的标准、条例和约定,并列出监督和保证书执行的措施。

4.5 评审和检查

必须规定所要进行的技术和管理两方面的评审和检查工作,并编制或引用有关的评审和检查规程以及通过与否的技术准则。至少要进行下列各项评审和检查工作:

4.5.1 软件需求评审

在软件需求分析阶段结束后必须进行软件需求评审,以确保在软件需求规格说明书中所规定的各项需求的合适性。

4.5.2 概要设计评审

在软件概要设计结束后必须进行概要设计评审,以评价软件设计说明书中所描述的软件概要设计的总体结构、外部接口、主要部件功能分配、全局数据结构以及各主要部件之间的接口等方面的合适性。

4.5.3 详细设计评审

在软件详细设计阶段结束后必须进行详细设计评审,以确定软件设计说明书中所描述的详细设计在功能、算法和过程描述等方面的合适性。

4.5.4 软件验证与确认评审

在制订软件验证与确认计划之后要对它进行评审,以评价软件验证与确认计划中所规定的验证与确认方法的合适性与完整性。

4.5.5 功能检查

在软件释放前,要对软件进行功能检查,以确认已经满足在软件需求规格说明书中规定的所有需求。

4.5.6 物理检查

在验收软件前,要对软件进行物理检查,以验证程序和文档已经一致并已做好了交付的准备。

4.5.7 综合检查

在软件验收时,要允许用户或用户所委托的专家对所要验收的软件进行设计抽样的综合检查,以验证代码和设计文档的一致性、接口规格说明之间的一致性(硬件和软件)、设计实现和功能需求的一致性、功能需求和测试描述的一致性。

4.5.8 管理评审

要对计划的执行情况定期(或按阶段)进行管理评审;这些评审必须由独立于被评审单位的机构或授权的第三方主持进行。

4.6 软件配置管理

必须编制有关软件配置管理的条款,或引用按照 GB/T 12505 单独制定的文档。在这些条款或文档中,必须规定用于标识软件产品、控制和实现软件的修改、记录和报告修改实现的状态以及评审和检查配置管理工作等四方面的活动。还必须规定用以维护和存储软件受控版本的方法和设施;必须规定对所发现的软件问题进行报告、追踪和解决的步骤,并指出实现报告、追踪和解决软件问题的机构及其职责。

4.7 工具、技术和方法

必须指明用以支持特定软件项目质量保证工作的工具、技术和方法,指出它们的目的,描述它们的用途。

4.8 媒体控制

必须指出保护计算机程序物理媒体的方法和设施,以免非法存取、意外损坏或自然老化。

4.9 对供货单位的控制

供货单位包括项目承办单位、软件销售单位、软件开发单位或软件子开发单位。必须规定对这些供货单位进行控制的规程,从而保证项目承办单位从软件销售单位购买的、其他开发单位(或子开发单位)开发的或从开发(或子开发)单位现存软件库中选用的软件能满足规定的需求。

4.10 记录的收集、维护和保存

必须指明需要保存的软件质量保证活动的记录,并指出用于汇总、保护和维护这些记录的方法和设施,并指明要保存的期限。

计算机软件质量保证计划规范

附录 E 评审检查表

需求规格说明书

1. 需求描述是否反映了项目用户的要求？
2. 需求的描述是否是实质性的、具体的、准确的？
3. 各项需求之间是否一致、不冲突？
4. 需求表达是否清晰、易于理解、没有二义性？
5. 需求是否充分？（足以表达用户的要求）
6. 需求是否与其软、硬件操作环境相容？
7. 需求是否只说明了"是什么"而没有涉及"怎么做"？

设计说明书

1. 设计是否可以满足需求的各项要求？是否可以作为需求的解决方案？
2. 设计的描述是否是准确的？
3. 各模块设计之间是否一致、不冲突？
4. 设计表达是否清晰、易于理解？
5. 是否可以按照设计进行编码？
6. 设计采用的算法是否可以进一步改进？
7. 设计是否支持测试？

代码检查

1. 数据类型和数据结构的定义和使用是否和设计一致？
2. 是否存在数据引用错误？
3. 是否存在数据声明错误？
4. 是否存在计算错误或是数学逻辑错误？
5. 是否存在值比较错误？
6. 是否存在控制流程错误？
7. 是否存在子程序参数错误？
8. 是否存在输入输出错误？
9. 代码的注释是否准确、充分？
10. 代码是否可以轻易实现移植？
11. 代码的注释是否符合规范？
12. 代码中包、类、方法、常量的命名是否符合规范？

测试

1. 测试用例是否覆盖了测试计划的"测试需求"中描述的所有测试类型和功能点？

2. 每个测试用例是否清楚地填写了测试特性、步骤和预期结果？

3. 用例设计是否包含了正面、反面的用例？

4. 非功能测试需求和不可测试需求是否在用例中列出并进行了说明？

5. 不同业务流程用例是否被覆盖？

6. 测试用例是否包含测试数据、测试数据的生成办法或者输入的相关描述？

7. 步骤/输入数据部分是否清晰,是否具备可操作性？

附录 F 软件设计模式的分类

设计模式主要用于得到简洁灵活的系统设计，Erich Gamma 等将设计模式按其解决问题的不同将 23 种设计模式分为 3 类：创建型（Creational Pattern）、结构型（Structural Pattern）和行为型（Behavioral Pattern），如表 F-1 所示。

表 F-1 设计模式分类

分　类	具 体 种 类	描　　述
创建型模式	Abstract Factory（抽象工厂）	提供一个创建一系列相关或相互依赖对象的接口，而无须指定它们具体的类
	Builder（生成器）	将一个复杂对象的构建与它的表示分离，使得同样的构建过程可以创建不同的表示
	Factory Method（工厂方法）	定义一个用于创建对象的接口，让子类决定实例化哪一个类。Factory Method 使一个类的实例化延迟到其子类
	Prototype（原型）	用原型实例指定创建对象的种类，并且通过拷贝这些原型创建新的对象
	Singleton（单件）	保证一个类仅有一个实例，并提供一个访问它的全局访问点
结构型模式	Adapter（适配器）	将一个类的接口转换成客户希望的另外一个接口。Adapter 模式使得原本由于接口不兼容而不能一起工作的那些类可以一起工作
	Bridge（桥接）	将抽象部分与它的实现部分分离，使它们都可以独立的变化
	Composite（组合）	将对象组合成树状结构以表示"部分 － 整体"的层次结构。Composite 使得用户对单个对象和组合对象的使用具有一致性
	Decorator（装饰）	动态地给一个对象添加一些额外的职责。就增加功能来说，Decorator 模式相比生成子类更为灵活
	Facade（外观）	为子系统中的一组接口提供一个一致的界面，Façade 模式定义了一个高层接口，这个接口使得这一子系统更加容易使用
	Flyweight（享元）	运用共享技术有效地支持大量细粒度的对象
	Proxy（代理）	为其他对象提供一种代理以控制对这个对象的访问

分　类	具体种类	描　述
行为型模式	Chain of Responsibility（职责链）	使多个对象都有机会处理请求，从而避免请求的发送者和接收者之间的耦合关系。将这些对象连成一条链，并沿着这条链传递该请求，直到有一个对象处理它为止
	Command（命令）	将一个请求封装为一个对象，从而使你可用不同的请求对客户进行参数化；对请求排队或记录请求日志，以及支持可撤销的操作
	Interpreter（解释器）	给定一个语言，定义它的语法的一种表示，并定义一个解释器，这个解释器使用该表示来解释语言中的句子
	Iterator（迭代器）	提供一种方法顺序访问一个聚合对象中的各个元素，而又不需要暴露该对象的内部表示
	Mediator（中介者）	用一个中介对象封装一系列的对象交互。中介者使各对象不需要显式的相互引用，从而使其耦合松散，而且可以独立地改变它们之间的交互
	Memento（备忘录）	在不破坏封装性的前提下，捕获一个对象的内部状态，并在该对象之外保存这个状态。这样以后就可将该对象恢复到原先保存的状态
	Observer（观察者）	定义对象间的一种一对多的依赖关系，当一个对象的状态发生改变时，所有依赖于它的对象都得到通知并被自动更新
	State（状态）	允许一个对象在其内部状态改变时改变它的行为。对象看起来似乎修改了它的类
	Strategy（策略）	定义一系列的算法，把它们一个个封装起来，并且使它们可相互替换。本模式使得算法可独立于使用它的客户而变化
	Template Method（模板方法）	定义一个操作中的算法的骨架，而将一些步骤延迟到子类中。Template Method 使得子类可以不改变一个算法的结构即可重定义该算法的某些特定步骤
	Visitor（访问者）	表示一个作用于某对象结构中的各元素的操作。它使你可以在不改变各元素的类的前提下定义作用于这些元素的新操作

1. 创建型模式

创建型模式抽象了实例化过程，帮助一个系统独立于如何创建、组合和表示它的那些对象。用一个系统创建的那些对象的类对系统进行参数化有以下两种常用的方法。

- 生成创建对象的类的子类。这对应于使用 Factory Method 模式。
- 对系统进行参数化的方法更多地依赖对象复合，定义一个对象负责明确产品对象的类，并将它作为该系统的参数。这是 Abstract Factory、Builder 和 Prototype 模式的关键特征。

2. 结构型模式

结构型类模式采用继承机制来组合接口或实现，描述了如何对一些对象进行组合，从而实现新功能的一些方法。

- Adapter 与 Bridge

Adapter 模式主要是为了解决两个已有接口之间不匹配的问题。Bridge 模式则对抽象接口与它的实现部分进行桥接。

Adapter 和 Bridge 模式通常被用于软件生命周期的不同阶段。当两个不兼容的类必须同时工作时,就有必要使用 Adapter 模式。Adapter 模式在类已经设计好后实施,而 Bridge 模式在设计类之前实施。

- Composite、Decorator 与 Proxy

Composite 旨在构造类,使多个相关的对象能够以统一的方式处理。Decorator 能够不需要生成子类即可给对象添加职责。这两种模式具有互补性,因此通常协同使用。

Proxy 模式构成一个对象并为用户提供一致的接口,目的是当直接访问一个实体不方便或不符合需要时,为这个实体提供一个替代者。

3. 行为模式

行为模式涉及算法和对象间职责的分配。行为模式不仅描述对象或类的模式,还描述它们之间的通信模式。行为模式使用继承机制在类间分派行为。

- 封装变化

封装变化是很多行为模式的主题。当一个程序的某个方面的特征经常发生改变时,这些模式就定义一个封装这个方面的对象。

- 对象作为参数

一些模式引入总是被用作参数的对象,如 Visitor。一个 Visitor 对象是一个多态的 Accept 操作的参数,这个操作作用于该 Visitor 对象访问的对象。

其他模式定义一些可作为令牌到处传递的对象,这些对象将在稍后被调用,Command 和 Memento 都属于这一类。

- 对发送者和接收者解耦

当合作的对象直接互相引用时,它们变得互相依赖,这可能会对一个系统的分层和重用性产生负面影响。命令、观察者、中介者和职责链等模式都涉及如何对发送者和接收者解耦。

命令模式使用一个 Command 对象定义一个发送者和一个接收者直接的绑定关系,从而支持解耦。观察者模式中的 Subject 和 Observer 接口是为了处理 Subject 的变化而设计的。中介者模式让对象通过一个 Mediator 对象间接地互相引用,从而对它们解耦。职责链模式通过沿一个潜在接收者链传递请求而将发送者与接收者解耦。

软件质量改进方案模板

（仅供参考，非真实数据）

某项目的软件质量改进方案

学　　院：＿＿＿＿＿＿＿＿＿＿

专业班级：＿＿＿＿＿＿＿＿＿＿

学号姓名：＿＿＿＿＿＿＿＿＿＿

指导老师：＿＿＿＿＿＿＿＿＿＿

时　　间：＿＿＿＿＿＿＿＿＿＿

2018 年 12 月 7 日

1. 概述

对选取的质量改进主题的背景作一个概要性的简述。通过此让读者对将要分析的质量问题有一个基本的认识。包括：背景描述、存在的问题等。

选取的质量改进主题为拟要解决的问题、质量改进的方向。主题来源可以是软件缺陷、外部反馈、未能达到某个标准等各个方面。例如，软件测试自动化率不高。

为方便提出问题，选择的主题可以不限定是软件领域，也可以从自身的学习或生活现状出发，只要是存在需要改进的地方，均可作为主题。例如，学习积极性不高。

通过该文档的撰写，目的是帮助学生加深对质量改进过程、质量工具等理解和应用。

2. 现状分析

详细描述质量主题的现有情况。

针对质量主题当前存在的问题，可以从各个方面设计问题、收集数据、并加以分析，进一步确认问题的分布。

针对分析的信息与当前情况进行改进可行性分析，确定改进目标。

例如，针对自动化率不高提出的问题：

最近各个版本的自动化率趋势如何？变高还是变低？（版本、自动化率）

各个部件的自动化率如何？例：前台、后台、接口等？

新增用例的自动化率如何？

针对提出的问题，收集数据如表 G-1 所示。

其中 R2 和 R3 版本的前台自动化用例数有新增，但总自动化用例数没有增加，原因是原来的部分前台自动化用例在新版本中失效了。

表　G-1

版　　本	部　　件	总 用 例 数	总自动化用例数	新增用例数	新增用例自动化数
R1	前台	700	200	0	0
R1	后台	800	800	200	200
R2	前台	800	100	100	50
R2	后台	800	800	0	0
R3	前台	1000	100	200	50
R3	后台	1000	1000	200	200

将收集到的原始数据加以分类分析发现，自动化率不高的主要原因在于前台自动化率不高。随着用例数增加，前台自动化用例率不断下降，如表 G-2 所示。

表　G-2

版　　本	自 动 化 率	前台自动化率	后台自动化率
R1	66.70%	28.50%	100.00%
R2	56.50%	12.50%	100.00%
R3	55.00%	10.00%	100.00%

根据质量要求,自动率达到75%。后台自动化率已达到100%,提升前台自动化率为50%。

对现有前台测试用例分析,大部分界面操作可以采用自动化流程来完成。理论上通过提升自动化测试用例效率是可以达成目标的。

3. 根因分析

通过根因分析,找到导致问题发生的关键因素,并且这些因素能被纠正。

在分析根因时,可以借助于鱼骨图(如图G-1所示)、5Why等根因分析工具;可以把问题原因从大到小、从粗到细分类。常见分类因素有:

6M分类:人、机器、材料、环境、方法、测量。

按开发流程分类:需求、设计、开发等。

按技术、流程、人员等各个维度。

……

识别出来的根因可能不止一个,存在多个方面不同层次。

找到根因后则聚集根因制订措施加以改进。

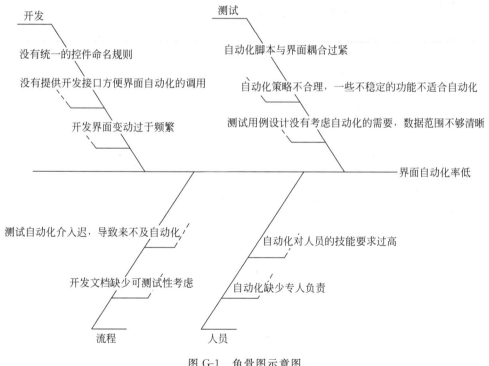

图G-1 鱼骨图示意图

4. 对策制定

针对根因中的问题逐一进行对策分析,如表G-3所示。

措施好坏与最终的效果有很大关系,在这个阶段上可以运用"脑力风暴"来集思广益。

另外,需要注意的是,措施需要从技术、流程等各方面考虑,真正是从解决方案上解决问题。

软件质量改进方案模板

表 G-3

主要原因	对　策	措　　施	目　　标	实施地点	完成时间	责任人
没有统一的控件命名规则	制定界面控件的统一命名规则	• 开发约束:统一控件识别方式、控件命名规则,在开发时统一遵循。 • 提供统一命名规则文档,作为自动化脚本的开发依据。 • 在界面成型前,预留好控件命名,方便提前开展自动化	自动化脚本与开发界面并行开发,自动化脚本可以在实际软件界面成功运行	…	…	…
自动化脚本与界面耦合过紧	解耦,分层设计	• 自动化脚本分层设计,将逻辑、公共功能等与界面操作分开。 • 界面控件的识别符专门文件管理,方便统一修改。 • 开发自动扫描界面脚本,提前识别界面控件的变动	• 自动化脚本不依赖于界面或只需很少的修改完成界面自动化	…	…	…
…	…	…	…	…	…	…

参 考 文 献

[1] 朱少民. 软件测试方法和技术[M]. 北京：清华大学出版社，2005.

[2] 宋明顺. 质量管理学[M]. 北京：科学出版社，2005.

[3] 唐晓芬，邓绩，王金德. 六西格玛管理丛书[M]. 北京：中国标准出版社，2002.

[4] 王金德. 6 SIGMA 管理的计划和实施[M]. 上海质量，2001(2)：20-22.

[5] 潘德. 六西格玛是什么.[M]. 王金德，译. 北京：中国财政经济出版社，2002.

[6] 潘德. 六西格玛团队实战手册[M]. 王金德，译. 北京：中国财政经济出版社，2003.

[7] 郑人杰. 软件工程[M]. 北京：清华大学出版社，1999.

[8] 徐晓春. 软件配置管理[M]. 北京：清华大学出版社，2002.

[9] 朱兰. 论质量策划[M]. 杨文士，译. 北京：清华大学出版社，1999.

[10] 张路，李欣. 基于复用的软件开发过程中的配置管理[M]. 计算机科学，1999，26(5)：41.

[11] 林锐，等. 高质量程序设计指南——C++/C 语言[M]. 北京：电子工业出版社 2002.

[12] 乐光学，赵嫦花. 缓冲区溢出攻击与防止技术[M]. 佳木斯大学学报，2003，21(4)：397-401.

[13] 洪伦耀，董云卫. 软件质量工程[M]. 西安：西安电子科大出版社，2004.

[14] 王涛. 软件质量保证与软件质量控制[M]. 电脑知识与技术，2005(3)：62-64.

[15] 金望正，李莹，徐江浩，等. 面向方面编程技术研究[M]. 计算机应用与软件，2005，22(8)：42-45.

[16] 李争艳. 基于 CMM 的计算机软件质量保证[M]. 今日科技，2003(12)：31-32.

[17] Roger S. Pressman. Software Engineering: A Practitioner's Approach[M]. Fifth Edition. New York: McGraw-Hill Companies，2002.

[18] David C. Hay. Requirements Analysis: From Business Views to Architecture[M]. Indiana: Prentice Hall，1999.

[19] Karl E. Wiegers. Software Requirements[M]. Washington: Microsoft Press，1999.

[20] Scott W. Ambler，Ron Jeffries. Agile Modeling: Effective Practices for eXtreme Programming and the Unified Process. Indianapolis: Wiley，2002.

[21] S. H. Kan，J. Parrish，D. Manlove. In-process Metrics for Software Testing[M]. New York: IBM Systems Journal，2001.

[22] S. H. Kan. Metrics and Models in Software Quality Engineering[M]. Edinburgh: Addison-Wesley Longman，Inc，1995.

[23] Arlene F. Minkiewicz. In Measuring Objectoriented Software with Predictive Object Points[M]. California: Price Systems，L. L. C，2002.

[24] Georges Teologolu. Measuring Objectoriented Software with Predictive Object Points [M]. Netherlands: Project Control for Software Quality，1999.

[25] Sheppard. Software Engineering Metrics[M]. Columbus: McGraw-Hill，1992.

[26] Shepperd. Foundations of Software Measurement[M]. Indiana: Prentice-Hall，1996.

[27] B. Tim Denvir，Ros Herman，R. W. Whitty. Formal Aspects of Measurement [M]. London: Workshops in Computing，1992.

[28] J. M. Juran. Juran on Quality by Design: the New Steps for Planning Quality into Goods and Services [M]. Southbury CT: Juran Institute Inc，1992.

[29] Mikel J. Harry. Abatement of Business Risk is Key to Six Sigma[M]. Scottsdale: Quality Progress，2000.

[30] Greg Brue，Six Sigma For Managers[M]. Columbus: McGraw-Hill，2003.

[31] Jinde Wang. Excess Payback from 'Hidden Factory' Exploitation[M]. Milwaukee: ASQ Six Sigma Forum，2003.

468

[32] Brian A. White. Software Configuration Management Strategies and Rational ClearCase [M]. Edinburgh：Addison Wesley,2003.

[33] Partha Kuchana. Software Architecture Design Patterns in Java[M]. Auerbach,2004.

[34] Stephen T. Albin. The Art of Software Architecture-Design Methods and Techniques [M]. Indianapolis：Wiley,2003.

[35] Wendy Boggs，Michael Boggs. Mastering UML with Rational Rose [M]. Indianapolis：Sybex Inc,1999.

[36] Martin Fowler. Refactoring：Improving the Design of Existing Code[M]. Edinburgh：Addison-Wesley Professional,1999.

[37] Stephen Walther. ASP. NET Unleashed[M]. Indianapolis：Sams Publishing,2001.

[38] Graig A. Berry,John Carnell, Matjaz B. Juric. J2EE Design Patterns Applied[M]. Michigan：Peer Information,2003.

[39] Bernstein. L. Notes on Software Quality Management[M]. San Francisco：International Software Quality Exchange,1992.

[40] Microsoft MSDN 技术资源库[OL]：http://www. netscum. dk/china/msdn/.

[41] Sun 公司 Java技术网站[OL]：http://www. sun. com/java/.